PLANEN MIT STAHL – DÄMMEN MIT SCHÖCK

SCHÖCK ISOKORB® KST: DIE EINZIG WIRKSAME LÖSUNG GEGEN WÄRMEBRÜCKEN IM STAHLBAU

Der Schöck Isokorb® KST erfüllt die Mindestanforderungen an den Wärme- und Feuchteschutz (DIN 4108-2). Er verhindert so zuverlässig das Entstehen von Wärmebrücken an Anschlussstellen von Stahlkonstruktionen und somit Bauschäden wie Feuchte und Korrosion.

- ▶ Reduziert Energieverbrauch
- ▶ Keine Tauwasser-, Schimmelpilzbildung und Korrosion
- ▶ Einfache Montage auf der Baustelle
- ▶ H

Schöck Bauteile GmbH · Vimbucher Straße 2 · 76534 Baden-Baden
Tel.: 07223 967-0 · Fax: 07223 967-450 · Internet: www.schoeck.de · E-Mail: schoeck@schoeck.de

STAHLBAU – DIE KALENDER (Hrsg: U. Kuhlmann)

Werkstoffe

Kommentierte Stahlbauregelwerke, CAD im Stahlbau, Guss, konstruktiver Glasbau, Konstruieren mit Aluminium, Faserverbundwerkstoffe im Bauwesen

Stahlbau-Kalender 2007

2007. 700 S.
450 Abb. Gb.
€ 135,–* / sFr 213,–
Fortsetzungspreis:
€ 115,–* / sFr 182,–
ISBN: 978-3-433-01834-7

Dauerhaftigkeit

Stahlbaunormen DIN 18800-7, Ermüdungsnachweis nach Eurocode 3, Bewertung bestehender Stahlbrücken, zerstörungsfreie Prüfung (ZfP) und Bewertung, Stahlwasserbau

Stahlbau-Kalender 2006

2006. XI, 829 S. 450 Abb.
80 Tab. Gb.
€ 135,–* / sFr 213,–
Fortsetzungspreis:
€ 115,–* / sFr 182,–
ISBN: 978-3-433-01821-7

Verbindungen

Verbundbau-Kommentar DIN 18800, Mechanische Verbundmittel, Betondübel, Steifenlose Anschlüsse, Klebeverbindungen, Zugstangen

Stahlbau-Kalender 2005

2005. 700 S. 450 Abb.
80 Tab. Gb.
€ 135,–* / sFr 213,–
Fortsetzungspreis:
€ 115,–*/ sFr 182,–
ISBN 978-3-433-01721-0

Stahlbau – die Zeitschrift

Die Zeitschrift für Stahl-, Verbund- und Leichtmetallkonstruktionen beinhaltet: Praxisorientierte Berichte von der Planung und Ausführung von Stahlbauten bis hin zu Forschungsvorhaben, Normen und Rechtsfragen.

Stahlbau

Chefredakteur:
Dr.-Ing. K.-E. Kurrer
Erscheint monatlich.
Jahresabonnement 2008:
€ 387,–* / sFr 629,–
Preis inkl. MwSt. und Versand

* Der €-Preis gilt ausschließlich für Deutschland
Irrtum und Änderungen vorbehalten.

002225096_my

Ernst & Sohn
Verlag für Architektur und
technische Wissenschaften GmbH & Co. KG

www.ernst-und-sohn.de

Für Bestellungen und Kundenservice:
Verlag Wiley-VCH
Boschstraße 12
69469 Weinheim
Deutschland

Telefon: +49(0) 6201 / 606-400
Telefax: +49(0) 6201 / 606-184
E-Mail: service@wiley-vch.de

Rolf Kindmann
Stahlbau, Teil 2: Stabilität und Theorie II. Ordnung
4. Auflage

Stahlbau

Teil 2: Stabilität und Theorie II. Ordnung

Rolf Kindmann

Univ.-Prof. Dr.-Ing. Rolf Kindmann
Prüfingenieur für Baustatik
Ruhr-Universität Bochum
Lehrstuhl für Stahl- und Verbundbau
Universitätsstraße 150
D-44801 Bochum

Titelbild: Stadthaus Münster (Foto: Dipl.-Ing. J. Haddick, Ingenieursozietät Schürmann-Kindmann und Partner GbR, Dortmund)

Bibliografische Information der Deutschen Nationalbibliothek
Die Deutsche Nationalbibliothek verzeichnet diese Publikation in der Deutschen Nationalbibliografie; detaillierte bibliografische Daten sind im Internet über http://dnb.d-nb.de abrufbar.

ISBN 978-3-433-01836-1

© 2008 Ernst & Sohn
Verlag für Architektur und technische Wissenschaften GmbH & Co. KG, Berlin

Alle Rechte, insbesondere die der Übersetzung in andere Sprachen, vorbehalten. Kein Teil dieses Buches darf ohne schriftliche Genehmigung des Verlages in irgendeiner Form – durch Fotokopie, Mikrofilm oder irgendein anderes Verfahren – reproduziert oder in eine von Maschinen, insbesondere von Datenverarbeitungsmaschinen, verwendbare Sprache übertragen oder übersetzt werden.

All rights reserved (including those of translation into other languages). No part of this book may be reproduced in any form – by photoprint, microfilm, or any other means – nor transmitted or translated into a machine language without written permission from the publisher.

Die Wiedergabe von Warenbezeichnungen, Handelsnamen oder sonstigen Kennzeichen in diesem Buch berechtigt nicht zu der Annahme, dass diese von jedermann frei benutzt werden dürfen. Vielmehr kann es sich auch dann um eingetragene Warenzeichen oder sonstige gesetzlich geschützte Kennzeichen handeln, wenn sie nicht eigens als solche markiert sind.

Umschlaggestaltung: eiche.eckert° | Werbeagentur, Achern
Druck: Strauss GmbH, Mörlenbach
Bindung: Litges & Dopf Buchbinderei GmbH, Heppenheim

Printed in Germany

Vorwort des Verlages

Mit dem vorliegenden Werk wurde die 4. Auflage von Stahlbau Teil 2 in der Reihe Bauingenieur-Praxis fertig gestellt – nunmehr neu bearbeitet durch Herrn Prof. Dr.-Ing. Rolf Kindmann.

Der Begründer des zweiteiligen Werkes Stahlbau in der Reihe Bauingenieur-Praxis Herr Prof. Dr.-Ing. Ulrich Krüger überarbeitete seinerzeit für die 1. Auflage seine als Skripten für die Studierenden an der FH Karlsruhe herausgegebenen Unterlagen. Von 1998 bis 2004 sind die Bücher Stahlbau Teil 1: Grundlagen und Stahlbau Teil 2: Stabilitätslehre, Stahlhochbau und Industriebau in jeweils drei Auflagen erschienen. Bei Studenten, Berufsanfängern und Bauingenieuren mit langjähriger Berufspraxis gleichermaßen fanden die Bücher großen Anklang – sie schlossen eine Lücke in der Fachliteratur.

Für die Fortführung des erfolgreichen Werkes konnte in enger Abstimmung zwischen Autoren und Verlag Herr Prof. Dr.-Ing. Rolf Kindmann gewonnen werden. Auf diese Weise erschien die 4. Auflage von Stahlbau Teil 1: Grundlagen im Dezember 2007, aktualisiert durch Herrn Prof. Krüger. Die vollständige Neubearbeitung des vorliegenden Werkes Stahlbau Teil 2: Stabilität und Theorie II. Ordnung durch Herrn Prof. Kindmann schlägt sich auch im geänderten Titel nieder.

Der Verlag Ernst & Sohn dankt Herrn Professor Krüger für die vertrauensvolle Zusammenarbeit und sein großes Engagement bei der stetigen, verlässlichen Aktualisierung und Ergänzung seines Werkes. Die Leser mögen Kontinuität und Neubearbeitung dieses Fachbuches gleichermaßen zu schätzen wissen.

Berlin, im Februar 2008 Verlag Ernst & Sohn

Vorwort des Verfassers

Die Stabilitätsfälle Biegeknicken, Biegedrillknicken und Plattenbeulen sowie Berechnungen nach Theorie II. Ordnung sind zentrale Themen des Stahlbaus. Aus Gründen der Sicherheit und Wirtschaftlichkeit muss sie jeder in der Praxis tätige Ingenieur beherrschen und die zweckmäßigen Nachweisverfahren kennen. Das vorliegende Buch ist als Lehrbuch für Studierende an Technischen Hochschulen, Universitäten und Fachhochschulen sowie für Ingenieure in der Baupraxis konzipiert. Im Vordergrund stehen daher das Verständnis für das Tragverhalten, der Zusammenhang mit den theoretischen Grundlagen und die Durchführung zweckmäßiger Tragsicherheitsnachweise. Besonderer Wert wird auf die Vermittlung von Methoden, Verfahren und Vorgehensweisen gelegt, die mit zahlreichen Berechnungsbeispielen veranschaulicht werden.

Das Buch ist in bewährter Weise am Bochumer Stahlbaulehrstuhl entstanden. Ich danke Frau Habel für die druckfertige Erstellung des Manuskriptes, Herrn Steinbach für die Anfertigung der Bilder und den Herren Dr.-Ing. Kraus und Dr.-Ing. Wolf für die wertvollen Hinweise, Kontrollen und fachlichen Diskussionen. Mein besonderer Dank gilt Herrn Dipl.-Ing. Vette, der mich weit über das übliche Maß hinaus mit Anregungen, Berechnungen, dem Entwurf von Bildern und eingehenden Kontrollen unterstützt hat. Aktuelle Hinweise zum Buch werden unter *www.kindmann.de* und *www.rub.de/stahlbau* veröffentlicht.

Bochum, im Februar 2008 R. Kindmann

BUCHEMPFEHLUNG

Kindmann, R./Kraus, M.
Finite-Elemente-Methoden im Stahlbau
2007. XI, 382 Seiten, 256 Abb.,
46 Tab. Broschur.
€ 55,–/sFr 88,–
ISBN: 978-3-433-01837-8

Neuerscheinung!

Die Finite-Elemente-Methode (FEM) bildet heute in der Praxis der Bauingenieure ein Standardverfahren zur Berechnung von Stahltragwerken.
Das Buch enthält eine Einführung in die Grundlagen der FE-Modellierung von Stäben, Stab- und Raumfachwerken und Hinweise für ihre Anwendung bei baupraktischen Aufgabenstellungen. Für die Beurteilung des Verformungsverhaltens und der Spannungsverteilung in dünnwandigen Querschnitten, wie bspw. im Brückenbau, bietet die Methode zahlreiche Vorteile.

Die Autoren:
Univ.-Prof. Dr.-Ing. Rolf Kindmann lehrt Stahl- und Verbundbau an der Ruhr-Universität Bochum und ist Gesellschafter der Ingenieursozietät Schürmann-Kindmann und Partner, Dortmund.
Dr.-Ing. Matthias Kraus ist wissenschaftlicher Mitarbeiter am Lehrstuhl.

Für:
Für praktisch tätige Bauingenieure und Studierende gleichermaßen werden alle notwendigen Berechnungen für die Bemessung von Tragwerken anschaulich dargestellt.

Ernst & Sohn
Verlag für Architektur und
technische Wissenschaften GmbH & Co. KG

Für Bestellungen und Kundenservice:
Verlag Wiley-VCH
Boschstraße 12
69469 Weinheim
Telefon: +49(0) 6201 / 606-400
Telefax: +49(0) 6201 / 606-184
E-Mail: service@wiley-vch.de

Fax-Antwort an +49 (0)30 47031 240

978-3-433-01837-8	Finite-Elemente-Methoden im Stahlbau		55,– €

Firma	
Name, Vorname	UST-ID Nr. / VAT-ID No.
Straße/Nr.	Telefon
Land – PLZ	Ort

Datum/Unterschrift

* € Preise gelten ausschließlich für Deutschland. Irrtum und Änderungen vorbehalten.   004737036_my

Form + Funktion = DETAN.

DETAN Zugstab-Systeme. Ihr Maßstab für transparentes Design.

*F*orm und Funktion ergänzen sich in perfekter Weise zum DETAN Zugstab-System. Durch individuelle Systemlösungen können selbst komplizierte Konstruktionen realisiert werden.

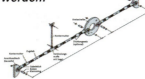

DETAN Zugstab-Konstruktionen können aus einigen oder allen in diesem Beispiel dargestellten Standard-Bauteilen bestehen.

Einfach
Durch geschraubte Anschlüsse ist kein Schweißen erforderlich.

Sicher
DETAN steht für Planungssicherheit durch Zulassung, Typenprüfung und Bemessungssoftware.

Effizient
Werkstoffe wie Feinkornbaustahl und Stahlguss haben die Effizienz des Zugstab-Systems deutlich erhöht.

Die hohe Festigkeit der Zugstäbe macht sie schlank und materialsparend: Kostenoptimierung und Design in einem Zug.

Viele Argumente, ein Fazit: Die Produkte von HALFEN-DEHA bedeuten Sicherheit, Qualität und Schutz – für Sie und Ihr Unternehmen.

HALFEN-DEHA Vertriebsgesellschaft mbH · International CompetenceCenter Technology
Tel. 02173/970-418 · **www.halfen-deha.de**

Inhaltsverzeichnis

Vorwort

1	**Einleitung und Übersicht**	**1**
1.1	Einführung	1
1.2	Grundsätzliches	4
1.3	Bezeichnungen und Annahmen	8
1.4	Inhalt und Gliederung	11
1.5	Berechnungsbeispiele (Übersicht)	13
2	**Tragverhalten, Berechnungs- und Nachweisverfahren**	**15**
2.1	Lineares und nichtlineares Tragverhalten	15
2.2	Nachweisverfahren	17
2.3	Definition der Stabilitätsfälle	20
2.4	Nachweisführung bei Theorie II. Ordnung	23
2.5	Erläuterungen zum Verständnis	29
2.6	Fließzonentheorie	35
2.7	Geometrisch nichtlineare Berechnungen	37
3	**Nachweise für das Biegeknicken mit Abminderungsfaktoren**	**42**
3.1	Vorbemerkungen	42
3.2	Planmäßig mittiger Druck	43
3.3	Einachsige Biegung mit Druckkraft	51
3.4	Zweiachsige Biegung mit Druckkraft	56
3.5	Nachweis von Stäben und Stabwerken	58
3.6	Knickzahlen ω nach DIN 4114	62
3.7	Modifizierte Abminderungsfaktoren κ	64
4	**Stabilitätsproblem Biegeknicken**	**66**
4.1	Ziele	66
4.2	Stabiles Gleichgewicht	67
4.3	Knickbedingungen	68
4.4	Eulerfälle I und IV	72
4.5	Knickbiegelinien und Knicklängen	75
4.6	*Eulersche* Knickspannung	78
4.7	Hinweise zur Berechnung von N_{Ki}	80

4.8	Ersatz von Tragwerksteilen durch Federn	85
4.9	Druckstäbe mit Federn an den Enden	89
4.10	Lösen von Knickbedingungen	97
4.11	Druckstab mit Wegfeder in Feldmitte	100
4.12	Elastisch gebettete Druckstäbe	102
4.13	Poltreue Normalkräfte/Pendelstützen	110
4.14	Knicklängen für ausgewählte Systeme	119
5	**Nachweise für das Biegedrillknicken mit Abminderungsfaktoren**	**125**
5.1	Vorbemerkungen	125
5.2	Stäbe ohne Biegedrillknickgefahr	125
5.3	Planmäßig mittiger Druck	127
5.4	Einachsige Biegung ohne Normalkraft	129
5.5	Druckgurt als Druckstab	133
5.6	Einachsige Biegung mit Drucknormalkraft	136
5.7	Zweiachsige Biegung mit Drucknormalkraft	138
5.8	Planmäßige Torsion	138
5.9	Abminderungsfaktoren nach Eurocode 3	140
5.10	Genauigkeit der Abminderungsfaktoren	144
5.11	Hinweise zur Nachweisführung	146
5.12	Stütze mit planmäßiger Biegung	149
6	**Stabilitätsproblem Biegedrillknicken**	**152**
6.1	Vorbemerkungen	152
6.2	Einführungsbeispiel	153
6.3	$M_{Ki,y}$ für vier Basissysteme	158
6.4	N_{Ki} für Biegedrillknicken	160
6.5	Aufteilung in Teilsysteme	163
6.6	Träger mit Randmomenten	165
6.7	Herleitung von Berechnungsformeln	171
6.8	$M_{Ki,y}$ für einfachsymmetrische I-Querschnitte	175
6.9	Seitlich abgestützte Träger	177
6.10	Kragträger	182
6.11	Träger mit Drehbettung	184
7	**Nachweise unter Ansatz von Ersatzimperfektionen**	**186**
7.1	Nachweisführung	186
7.2	Geometrische Ersatzimperfektionen	186
7.3	Schnittgrößen nach Theorie II. Ordnung	198

7.4	Nachweis ausreichender Querschnittstragfähigkeit	199
7.4.1	Spannungsnachweise	199
7.4.2	Plastische Querschnittstragfähigkeit	200

8 Theorie II. Ordnung für Biegung mit Normalkraft — 206

8.1	Problemstellung und Ziele	206
8.2	Grundlegende Zusammenhänge	208
8.3	Prinzip der virtuellen Arbeit	212
8.4	Differentialgleichungen und Randbedingungen	217
8.5	Lösung der Differentialgleichung	220
8.6	Weggrößenverfahren	229
8.7	Vergrößerungsfaktoren	235
8.8	Iterative Berechnungen	248
8.9	Tragverhalten nach Theorie II. Ordnung	252
8.9.1	Ziele	252
8.9.2	Biegebeanspruchte Stäbe mit Druck- oder Zugnormalkräften	252
8.9.3	Druckstab mit Randmomenten	254
8.9.4	Maßgebende Bemessungspunkte und Laststellungen	256
8.9.5	Seitlich verschiebliche Rahmen	258
8.9.6	Seitlich unverschiebliche Rahmen	261
8.9.7	Erhöhte Biegemomente in druckkraftfreien Teilen	265
8.10	Ersatzbelastungsverfahren für verschiebliche Rahmen	266
8.11	Berechnungsbeispiel Zweigelenkrahmen	277

9 Theorie II. Ordnung für beliebige Beanspruchungen — 283

9.1	Vorbemerkungen	283
9.2	Spannungen und Dehnungen	283
9.3	Verschiebungen u, v und w	286
9.4	Virtuelle Arbeit	291
9.5	Differentialgleichungen und Randbedingungen	297
9.6	Schnittgrößen	299
9.7	Lösungsmethoden	303
9.7.1	Berechnungsablauf	303
9.7.2	Genaue Lösungen	305
9.7.3	Näherungen	306
9.8	Beispiele zum Tragverhalten und zur Tragfähigkeit	309
9.8.1	Vorbemerkungen	309
9.8.2	Biegedrillknicken Einfeldträger	309
9.8.3	Biegedrillknicken Zweifeldträger	314
9.8.4	Einfluss der Querschnittsform	317

9.8.5	Biegedrillknicken mit planmäßiger Torsion	320
9.8.6	Einfluss von Trägerüberständen	322
9.8.7	Realistische Lastangriffspunkte	323
10	**Aussteifung und Stabilisierung**	**325**
10.1	Aussteifende Bauteile	325
10.2	Aussteifung von Gebäuden	326
10.3	Stabilisierung durch Abstützungen	330
10.4	Stabilisierung durch Behinderung der Verdrehungen	336
10.5	Stabilisierung durch konstruktive Details	341
10.6	Ausführungsbeispiel Sporthalle	342
10.7	Ausführungsbeispiel eingeschossige Halle	350
10.7.1	Vorbemerkungen	350
10.7.2	Stabilität der Zweigelenkrahmen	350
10.7.3	Dachverbände	359
10.7.4	Wandverbände	365
11	**Stabilitätsproblem Plattenbeulen und Beulnachweise**	**366**
11.1	Problemstellung	366
11.2	Nachweise bei beulgefährdeten Konstruktionen	369
11.3	Linearisierte Beultheorie	370
11.4	Beulen unausgesteifter Rechteckplatten	374
11.4.1	Ideale Beulspannungen	374
11.4.2	Konstante Randspannungen σ_x	375
11.4.3	Linear veränderliche Randspannungen σ_x	378
11.4.4	Schubspannungen τ	380
11.4.5	Beulfelder mit unterschiedlichen Randbedingungen	381
11.5	Ausgesteifte Beulfelder	382
11.5.1	Steifentypen	382
11.5.2	Querschnittswerte von Steifen	383
11.5.3	Wirksame Gurtbreiten	383
11.5.4	Steifenanordnung	385
11.5.5	Beulwerte für ausgesteifte Beulfelder	386
11.5.6	Stabilität der Beulsteifen	389
11.6	Beulnachweise nach DIN 18800 Teil 3	390
11.7	Nachweise mit b/t-Verhältnissen	394
11.8	Beulnachweise nach DIN Fachbericht 103	397
11.9	Methode der wirksamen Querschnitte	399
11.10	Konstruktionsdetails	403
11.11	Überkritisches Tragverhalten von Platten	405

11.12	Berechnungsbeispiele	408
11.12.1	Vorbemerkungen	408
11.12.2	Geschweißter Träger mit I-Querschnitt	408
11.12.3	Geschweißter Hohlkastenträger	410
11.12.4	Stegblech eines Durchlaufträgers	411
11.12.5	Ausgesteiftes Bodenblech eines Brückenhauptträgers	414

Literaturverzeichnis 418

Sachverzeichnis 424

1 Einleitung und Übersicht

1.1 Einführung

Die *Stabilitätsfälle Biegeknicken, Biegedrillknicken* und *Plattenbeulen* werden durch **Druck**beanspruchungen verursacht. Hinzu kommt beim Biegedrillknicken ein exzentrischer Lastangriff, der die Stabilitätsgefahr erhöht, und beim Plattenbeulen ein Stabilitätsverlust infolge von **Schub**spannungen.

Bild 1.1 Zeigestock unter Zugbeanspruchung (links) und Druckbeanspruchung (rechts)

Mit einem kleinen Experiment lässt sich anschaulich nachweisen, dass **Druck**beanspruchungen wesentlich kritischer als **Zug**beanspruchungen sind. Man benötigt nur einen normalen Zeigestock, der jedoch wie allgemein üblich dünn und schlank sein sollte. Aus welchem Werkstoff er besteht, ist in diesem Zusammenhang zweitrangig. In Bild 1.1 links **zieht** Herr Vette mit beiden Händen an den Enden des Zeigestocks. Trotz größter Anstrengungen gelingt es ihm nicht, den Zeigestock sichtbar zu verlängern. Wenn er dagegen, wie in Bild 1.1 rechts, den Zeigestock gegen die Wand **drückt**, hat er offensichtlich keine Mühe, Verformungen zu erzeugen. Es soll nicht unerwähnt bleiben, dass man dem Zeigestock eine kleine Auslenkung geben muss, sofern er ideal gerade ist. Alternativ dazu kann man einen etwas krummen, d. h. „imperfekten", Zeigestock verwenden. Damit sind die zentralen Themen des Buches bereits weitgehend angerissen: **Die *Stabilitätsfälle* und die Berechnung von *Verformungen* und Beanspruchungen nach *Theorie II. Ordnung* unter der Berücksichtigung von Imperfektionen.**

Das sind natürlich keine neuen Themen, schließlich hat die klassische Stabilitätstheorie schon eine lange Tradition! Was neu ist, betrifft die Berechnungsmethoden und die Denkweise, die sich in den letzten 10 bis 15 Jahren verändert hat und die in der Lehre und den Lehrbüchern entsprechend vermittelt werden muss. Bild 1.2 zeigt die Unterschiede. Beim Fall a, der klassischen Stabilitätstheorie, geht man von einem ideal geraden Druckstab aus und nimmt an, dass die Kraft genau mittig eingeleitet wird. Mit Aufbringen und Erhöhen der Last wird der Stab zusammengedrückt und bleibt, da er sich im **stabilen Gleichgewicht** befindet, zunächst gerade. Bei $N = N_{Ki}$, der Verzweigungslast, tritt *indifferentes Gleichgewicht* auf und der Stab ist unschlüssig, ob er gerade bleiben oder ausknicken soll. Fachlich präziser ausgedrückt nennt man den Übergang zum *labilen Gleichgewicht* „indifferentes Gleichgewicht" und spricht auch von der „Verzweigung des Gleichgewichts". So weit die klassische Stabilitätstheorie!

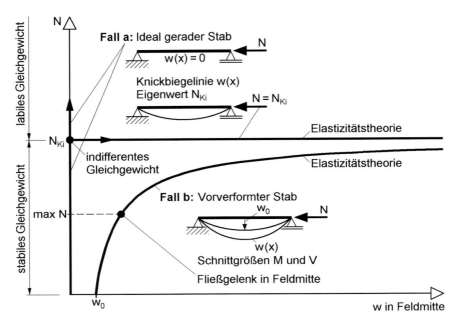

Bild 1.2   Stabilität und Tragfähigkeit eines Druckstabes

Mittlerweile hat sich die Denkweise geändert und man geht wie im Fall b von einem imperfekten (vorgekrümmten) Druckstab aus. Dabei ergibt sich die dargestellte nichtlineare Last-Verformungs-Beziehung und der Druckstab weist von Anfang an gewisse Auslenkungen auf. Sofern die Imperfektion klein ist und man unbegrenzt elastisches Tragverhalten voraussetzt, nähert sich die Kurve asymptotisch der horizontalen Gerade durch N_{Ki}. Darüber hinaus zeigt die Kurve, dass die Auslenkungen mit wachsendem N überproportional größer werden, was auch für die Biegemomente und Querkräfte gilt.

Da der Werkstoff nicht unbegrenzt elastisch ist, wird die maximale Normalkraft erreicht, wenn in Feldmitte infolge N und M ein Fließgelenk entsteht. Bei dieser Vorgehensweise müssen mit der Vorverformung w_0 ersatzweise alle Imperfektionen und Berechnungsvereinfachungen erfasst werden, die im Hinblick auf die Tragfähigkeit von Bedeutung sind. Natürlich gilt dies auch für den Fall, dass man vom Stabilitätsproblem, d. h. von N_{Ki}, ausgeht und max $N = \kappa \cdot N_{pl,d}$ mit Hilfe von Abminderungsfaktoren bestimmt, s. auch Abschnitt 2.4.

1.1 Einführung

Die Veränderung der Denkweise steht in engem Zusammenhang mit den alten und neuen Nachweismethoden. Früher, d. h. nach der alten Stabilitätsnorm DIN 4114 [17], hat man den Stabilitätsnachweis fast immer mit der Bedingung

$$\omega \cdot \frac{S}{F} \leq \sigma_{zul} \tag{1.1}$$

geführt und für die Ermittlung der *Knickzahlen* ω wurde die Knicklänge, die sich aus der Verzweigungslast ergibt, verwendet. Natürlich waren in den Knickzahlen ω die Einflüsse von Imperfektionen und infolge Theorie II. Ordnung enthalten. Dies war jedoch nicht in den Köpfen der Ingenieure verankert, sodass viele bei Einführung der DIN 18800 [9] glaubten, dass die Theorie II. Ordnung eine Erfindung der Normenmacher sei. Ein zu Gl. (1.1) vergleichbarer Nachweis ist mit

$$\frac{N}{\kappa \cdot N_{pl,d}} \leq 1 \tag{1.2}$$

auch in DIN 18800 Teil 2 enthalten. Der Unterschied zu früher besteht darin, dass heutzutage alle in der Praxis tätigen Ingenieure wissen, was die Abminderungsfaktoren κ (vergleichbar mit $1/\omega$) abdecken. Darüber hinaus werden mittlerweile häufig Nachweise geführt, bei denen die Berechnungen nach Theorie II. Ordnung unmittelbar erkennbar sind.

Mit einer über 30jährigen Erfahrung im Stahlbau hat der Verfasser sowohl die alte als auch die neue Stabilitätsnorm häufig verwendet und hat darüber hinaus an der Erstellung von DIN 18800 Teil 2 als Mitglied des Normenausschusses mitgewirkt. Man sollte sich stets bewusst sein, das Normen kein Lehrbuchwissen vermitteln und man ist daher diesbezüglich auf gute Lehrbücher angewiesen. In diesem Zusammenhang hat der Autor zahlreiche Lehrbücher und Veröffentlichungen herangezogen und damit das entsprechende Wissen erarbeitet. Einige Bücher hatten eine außergewöhnliche Bedeutung und sollen aufgrund der besonderen Wertschätzung nachfolgend genannt werden:

- Pflüger: Stabilitätsprobleme der Elastostatik [69]
- Roik/Carl/Lindner: Biegetorsionsprobleme gerader dünnwandiger Stäbe [72]
- Roik: Vorlesungen über Stahlbau [77]
- Wlassow: Dünnwandige elastische Stäbe [92]
- Bürgermeister/Steup/Kretschmar: Stabilitätstheorie [6]
- Petersen: Stahlbau [67], Statik und Stabilität der Baukonstruktionen [68]

1.2 Grundsätzliches

Zentrales Thema des vorliegenden Buches ist die *Stabilität* und Theorie II. Ordnung von Stabtragwerken. Da dabei auf der *linearen Stabtheorie* aufgebaut wird, sind einige grundlegende Erläuterungen zu den üblichen Annahmen, Methoden und Vorgehensweisen sowie Hinweise zu grundlegenden Aspekten der Stabilität und Theorie II. Ordnung sinnvoll.

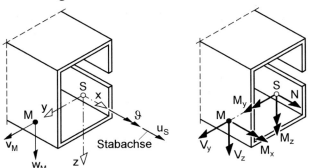

Bild 1.3   Stabquerschnitt im Koordinatensystem mit Verschiebungs- und Schnittgrößen

Stäbe werden in einem **x-y-z-*Koordinatensystem*** gemäß Bild 1.3 beschrieben, bei dem die **x-Achse die Stabachse** ist. Sie verläuft durch den ***Schwerpunkt* S** und **y und z sind die Hauptachsen** des Querschnitts. In diesem Koordinatensystem wird auch der ***Schubmittelpunkt* M(y_M, z_M)** angegeben. Bild 1.3 zeigt beispielhaft einen Sonderfall mit $y_M \neq 0$ und $z_M = 0$.

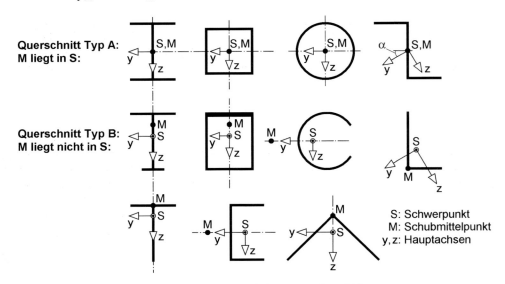

Bild 1.4   Richtung der Hauptachsen sowie Lage von S und M

1.2 Grundsätzliches

Zur Ermittlung der Punkte S und M sowie der Richtungen von y und z sind entsprechende Berechnungen durchzuführen. Sie werden in [25] ausführlich erläutert und die erforderlichen Vorgehensweisen hergeleitet. Bei **Querschnitten mit Symmetrieeigenschaften** vereinfachen sich die Berechnungen und bei Querschnitten mit mindestens zwei Symmetrieachsen entfallen sie gänzlich, weil S und M im Schnittpunkt der *Symmetrieachsen* liegen und y und z den Symmetrieachsen entsprechen. Bild 1.4 zeigt dazu Beispiele.

Bei einigen Problemstellungen wird auch eine **Profilordinate s** und eine **normierte Wölbordinate ω** benötigt, siehe Bild 1.5 und [25].

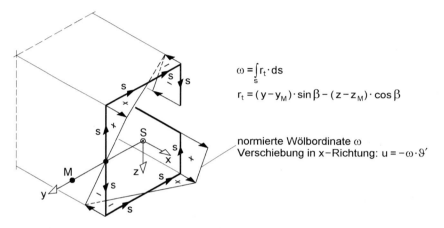

$$\omega = \int_s r_t \cdot ds$$

$$r_t = (y - y_M) \cdot \sin\beta - (z - z_M) \cdot \cos\beta$$

normierte Wölbordinate ω
Verschiebung in x-Richtung: $u = -\omega \cdot \vartheta'$

Bild 1.5   Profilordinate s und Wölbordinate ω

Zur Erläuterung weiterer Grundlagen und Prinzipien wird der *Kragträger* in Bild 1.6 betrachtet, der am freien Ende durch Einzellasten F_x, F_y und F_z belastet wird. Da F_y außermittig zum Schubmittelpunkt angreift, tritt auch Torsion auf, sodass hier der allgemeine Beanspruchungsfall „zweiachsige Biegung mit Normalkraft und Torsion" vorliegt.

Verformungen

Es versteht sich von selbst, dass die Verschiebungen u, v und w die Differenz zwischen der verformten Lage und der Ausgangslage sind. Die Richtungen von u, v und w entsprechen den Richtungen der Koordinaten x, y und z in der **unverformten Ausgangslage**. Wichtig ist, dass sich auch die Verdrehungen φ_x, φ_y und φ_z auf diese Richtungen beziehen, s. auch Bild 1.7. Das gilt auch für die im Folgenden verwendeten Verdrehungen $\vartheta \cong \varphi_x$, $w'_M \cong -\varphi_y$ und $v'_M \cong \varphi_z$. Der Index M bei w'_M und v'_M kennzeichnet, dass es sich um die Verdrehungen im Schubmittelpunkt handelt, s. auch Bild 1.3.

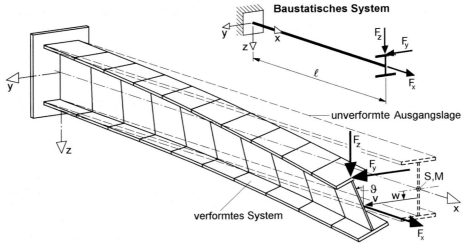

Bild 1.6 Grundsatzbeispiel Kragträger

Lasten

Es ist eine wesentliche Grundlage der Stabtheorie, dass Lasten bei der Verformung eines Tragwerks ihre Richtung beibehalten. Die Indizes x, y und z beziehen sich daher auf die *unverformte Ausgangslage*. Darüber hinaus wird angenommen, dass sie mit dem Tragwerk **fest verbunden** sind und daher wie ihr Angriffspunkt verschoben werden (s. Bild 1.6). Daraus resultiert auch, dass sich am verformten System (Theorie II. Ordnung) zusätzliche Beanspruchungen ergeben.

Koordinatensysteme

Alle Verformungs- und Lastgrößen werden auf das x-y-z-System in der **unverformten Ausgangslage** des Stabes bezogen (siehe oben). Bei einer Verformung des Stabes geht das Koordinatensystem mit, weil es wie die Lasten fest mit dem Stab verbunden ist. Eigentlich müsste man das „mitgehende" x-y-z-Koordinatensystem zwecks Unterscheidung anders bezeichnen. Dies hat sich aber nicht allgemein durchgesetzt, weil damit auch gewisse Nachteile verbunden sind.

Spannungen

Natürlich kann man Spannungen in beliebigen Koordinatensystemen angeben. Sinnvoll ist das aber nicht, weil damit die Tragfähigkeit von Querschnitten beurteilt werden soll. Es ist daher offensichtlich, dass sich die Richtungen von Spannungen auf das **mitgehende** x-y-z-Koordinatensystem beziehen. Die Normalspannung σ_x, die wichtigste Spannung bei Stäben, hat daher die gleiche Richtung wie die **verformte Stabachse**. Bei der Spannungsermittlung bestehen zwischen Theorie I. und II. Ordnung keine Unterschiede und man kann daher die üblichen Berechnungsformeln verwenden. Es kommt nur darauf an, den Einfluss der Theorie II. Ordnung bei den

1.2 Grundsätzliches

Schnittgrößen zu berücksichtigen und die Spannungen mit den „richtigen" **Schnittgrößen**, den so genannten Nachweisschnittgrößen, zu berechnen.

Schnittgrößen

Schnittgrößen werden in englischsprachigen Ländern häufig „stress resultants", also Spannungsresultierende genannt. Bei Stäben werden Spannungen σ_x, τ_{xy} und τ_{xz} in der Querschnittsebene zu „resultierenden" *Normalkräften, Querkräften, Biegemomenten, Torsionsmomenten und Wölbbimomenten*, also

N, V_y, V_z, M_y, M_z, M_x und M_ω

zusammengefasst. Da sie sich aus den Spannungen ergeben, beziehen sich die Schnittgrößen auf das **mitgehende** x-y-z-Koordinatensystem, d. h. auf Querschnitte in der **verformten Lage**. Diese Schnittgrößen werden im Folgenden auch *Nachweisschnittgrößen* genannt, wenn eine Klarstellung zweckmäßig ist. Teilweise ist es sinnvoll, die Schnittgrößen auf andere Richtungen zu beziehen, beispielsweise auf das x-y-z-Koordinatensystem in der **unverformten Ausgangslage**. Zwecks Unterscheidung werden sie *Gleichgewichtsschnittgrößen* genannt. Für die Beurteilung der Querschnittstragfähigkeit dürfen sie jedoch nicht verwendet werden.

Berechnungen nach Theorie II. Ordnung

Bei diesen Berechnungen wird das Gleichgewicht am „schwach" verformten System berücksichtigt, da die Theorie II. Ordnung eine Näherung für die geometrisch nichtlineare Theorie ist, s. Abschnitt 2.1. Bei dieser Näherung werden stets zwei Rechenschritte durchgeführt:

1. Berechnung nach Theorie I. Ordnung und Ermittlung der Schnittgrößen N, M_y, M_z und M_ω
2. Berechnung nach Theorie II. Ordnung unter Berücksichtigung der vorgenannten Schnittgrößen

Stabilitätsuntersuchungen

Bei Stabilitätsuntersuchungen sind homogene Gleichungen oder Gleichungssysteme der Ausgangspunkt der Berechnungen und es werden Eigenwerte sowie bei Bedarf Eigenformen ermittelt. Wie bei den Berechnungen nach Theorie II. Ordnung müssen in einem ersten Rechenschritt die Schnittgrößen N, M_y, M_z und M_ω bestimmt werden.

1.3 Bezeichnungen und Annahmen

Koordinaten, Ordinaten und Bezugspunkte

x	Stablängsrichtung
y, z	Hauptachsen in der Querschnittsebene
ω	normierte Wölbordinate
s	Profilordinate
S	Schwerpunkt
M	Schubmittelpunkt

Bei Stäben ist die **x-Achse stets die Stabachse** und die Achsen y und z bilden die Querschnittsebene, s. Bilder 1.3, 1.5 und 1.6. In den Bildern 1.4, 7.10 und 7.11 sind zahlreiche Querschnitte dargestellt. Sie zeigen beispielhaft die Lage der Bezugspunkte S und M sowie die Richtung der **Hauptachsen y und z**.

Verschiebungsgrößen

u, v, w	Verschiebungen in x-, y- und z-Richtung
$\varphi_x = \vartheta$	Verdrehung um die x-Achse
$\varphi_y \cong -w'$	Verdrehung um die y-Achse
$\varphi_z \cong v'$	Verdrehung um die z-Achse
$\psi \cong \vartheta'$	Verdrillung der x-Achse

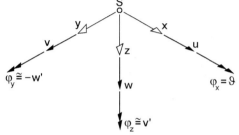

Bild 1.7 Definition positiver Verschiebungsgrößen

Einwirkungen, Lastgrößen

q_x, q_y, q_z	Streckenlasten
F_x, F_y, F_z	Einzellasten
m_x	Streckentorsionsmoment
M_{xL}	Lasttorsionsmoment
M_{yL}, M_{zL}	Lastbiegemomente
$M_{\omega L}$	Lastwölbbimoment

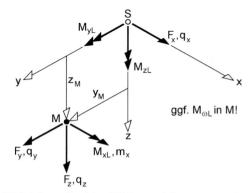

Bild 1.8 Positive Wirkungsrichtungen und Angriffspunkte der Lastgrößen

1.3 Bezeichnungen und Annahmen

Schnittgrößen

N	Normalkraft
V_y, V_z	Querkräfte
M_y, M_z	Biegemomente
M_x	Torsionsmoment
M_{xp}, M_{xs}	primäres und sekundäres Torsionsmoment
M_ω	Wölbbimoment
M_{rr}	siehe Tabelle 9.2
Index el:	Grenzschnittgrößen nach der Elastizitätstheorie
Index pl:	Grenzschnittgrößen nach der Plastizitätstheorie
Index d:	Bemessungswert (**d**esign)

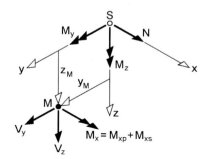

zusätzliche Schnittgröße M_ω in M!

Bild 1.9 Schnittgrößen an der positiven Schnittfläche eines Stabes

Spannungen

σ_x, σ_y, σ_z	Normalspannungen
τ_{xy}, τ_{xz}, τ_{yz}	Schubspannungen
σ_v	Vergleichsspannung

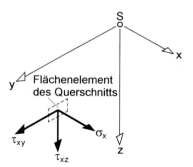

Bild 1.10 Spannungen an der positiven Schnittfläche eines Stabes

Querschnittskennwerte

A	Fläche
I_y, I_z	Hauptträgheitsmomente
I_ω	Wölbwiderstand
I_T	Torsionsträgheitsmoment
W_y, W_z	Widerstandsmomente
S_y, S_z	statische Momente
i_M, r_y, r_z, r_ω	Größen für Theorie II. Ordnung und Stabilität, s. Tabelle 9.2

$$i_p = \sqrt{\frac{I_y + I_z}{A}} \quad \text{polarer Trägheitsradius}$$

Biegeknicken und Biegedrillknicken

N_{Ki}	ideale Drucknormalkraft (Elastizitätstheorie, Eigenwert)
s_K	Knicklänge für Biegeknicken
ε	Stabkennzahl für Biegeknicken
η_{Ki}	Verzweigungslastfaktor des Systems (Eigenwert)
$M_{Ki,y}$	ideales Biegedrillknickmoment (Elastizitätstheorie, Eigenwert)
$\overline{\lambda}_K, \overline{\lambda}_M$	bezogene Schlankheitsgrade
$\kappa, \kappa_M; \chi, \chi_{LT}$	Abminderungsfaktoren (LT: **l**ateral **t**orsional buckling)

Plattenbeulen

σ_e	Bezugsspannung
$\kappa_\sigma, \kappa_\tau$	Beulwerte
σ_{Pi}, τ_{Pi}	ideale Beulspannungen (Elastizitätstheorie, Eigenwerte)
$\overline{\lambda}_P$	bezogener Schlankheitsgrad
κ, ρ	Abminderungsfaktoren

Werkstoffkennwerte (isotroper Werkstoff)

E	Elastizitätsmodul
G	Schubmodul
ν	Querkontraktion, *Poissonsche* Zahl
f_y	Streckgrenze
f_u	Zugfestigkeit
ε_u	Bruchdehnung

Teilsicherheitsbeiwerte/Bemessungswerte

γ_M	Teilsicherheitsbeiwert für die Widerstandsgrößen (**m**aterial)
γ_F	Teilsicherheitsbeiwert für die Einwirkungen (**f**orce)
ψ	Kombinationsbeiwert
S_d, R_d	Bemessungswerte der Beanspruchungen bzw. der Beanspruchbarkeiten

Sofern nicht anders angegeben, gelten folgende **Annahmen** und **Voraussetzungen**:

- Es wird linearelastisches-idealplastisches *Werkstoffverhalten* gemäß Bild 2.1 vorausgesetzt.
- Verformungen sind so klein, dass geometrische Beziehungen linearisiert werden können, s. Tabelle 2.1.
- Die Querschnittsform eines Stabes bleibt bei Belastung und Verformung erhalten.
- Für zweiachsige Biegung mit Normalkraft wird die *Bernoulli*-Hypothese vom Ebenbleiben der Querschnitte vorausgesetzt und der Einfluss von Schubspannungen infolge von Querkräften auf die Verformungen vernachlässigt (schubstarre Stäbe).
- Bei der *Wölbkrafttorsion* wird die *Wagner*-Hypothese vorausgesetzt und der Einfluss von Schubspannungen infolge des sekundären Torsionsmomentes auf die Verdrehung vernachlässigt.

1.4 Inhalt und Gliederung

Bild 1.11 enthält eine Zusammenstellung der Kapitelüberschriften und zeigt das Ordnungsprinzip sowie gegenseitige Verknüpfungen.

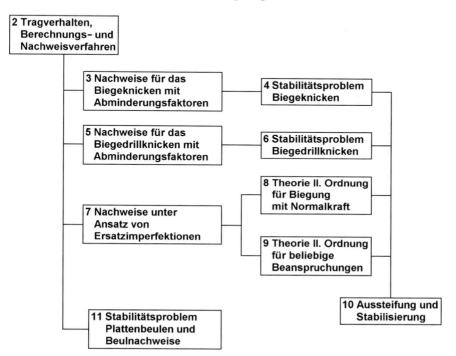

Bild 1.11 Kapitelgliederung und Abhängigkeiten

In **Kapitel 2** wird erläutert, welche Nachweisverfahren zur Verfügung stehen und was bei Berechnungen nach Theorie II. Ordnung und Stabilitätsuntersuchungen zu beachten ist. Das Kapitel soll vermitteln, dass Berechnungen nach der **Fließzonentheorie** die genauesten Ergebnisse liefern, für eine Verwendung in der Baupraxis aber nur in Ausnahmefällen geeignet sind. Man führt daher *vereinfachte Nachweise*, wobei zwei Verfahren unterschieden werden, die wie folgt gekennzeichnet sind:

- Verwendung von *Abminderungsfaktoren* (κ, κ_M, χ)
- **Ansatz** *geometrischer Ersatzimperfektionen* (v_0, w_0, φ_0) und Berechnungen nach Theorie II. Ordnung

Darüber hinaus wird in Kapitel 2 klargestellt, dass die Theorie II. Ordnung eine Näherung für die geometrisch nichtlineare Theorie ist, die für Baukonstruktionen nicht nur zweckmäßig ist, sondern auch zu sinnvollen Ergebnissen führt.

In **Kapitel 3** sind die **vereinfachten Nachweise für das Biegeknicken** unter Verwendung von **Abminderungsfaktoren** zusammengestellt. Dabei geht es im Wesentlichen um die Nachweisbedingungen in DIN 18800-2 und EC 3, deren Hintergrund im Hinblick auf das Verständnis erläutert wird. Ergänzend dazu werden modifizierte Abminderungsfaktoren κ angegeben und ein Bezug zu den Knickzahlen ω nach DIN 4114 hergestellt.

Das Stabilitätsproblem Biegeknicken wird in **Kapitel 4** behandelt und es werden Methoden zur Ermittlung von Knicklängen und *Verzweigungslasten* vermittelt. Sie werden für die vereinfachten Nachweise in Kapitel 3 benötigt, können aber auch für die Vergrößerungsfaktoren in Kapitel 8 verwendet werden. Kapitel 4 ist ein zentrales Kapitel des Buches, da dort das stabile Gleichgewicht baustatischer Systeme eingehend untersucht und entsprechende Berechnungsmethoden hergeleitet werden.

Die **vereinfachten Nachweise für das Biegedrillknicken** unter Verwendung von **Abminderungsfaktoren** werden in **Kapitel 5** behandelt. Es entspricht daher konzeptionell Kapitel 3, das die Nachweisbedingungen für das Biegeknicken enthält.

Kapitel 6 entspricht prinzipiell Kapitel 4, d. h. dort werden *Verzweigungslasten für das Biegedrillknicken* berechnet, die für die Nachweise in Kapitel 5 benötigt werden. Im Vordergrund des Kapitels stehen die Methoden zur Berechnung von M_{Ki} sowie die Herleitung und Verwendung von Berechnungsformeln.

In **Kapitel 7** ist zusammengestellt, wie bei den **Nachweisen unter Ansatz von Ersatzimperfektionen** vorzugehen ist. Dazu wird die richtige Wahl der **geometrischen Ersatzimperfektionen**, die Ermittlung der Schnittgrößen nach Theorie II. Ordnung und der *Nachweis ausreichender Querschnittstragfähigkeit* behandelt. Aus Gründen der Übersichtlichkeit und wegen des Umfangs wird die Schnittgrößenermittlung in die Kapitel 8 und 9 ausgelagert.

Kapitel 8, *Theorie II. Ordnung für Biegung mit Normalkraft*, ist ein zentrales Grundlagenkapitel des Buches, dass das Biegeknicken von Stäben und Stabwerken und darüber hinaus auch den Einfluss von Zugnormalkräften abdeckt. Es enthält alle erforderlichen Herleitungen, die im Übrigen auch für Kapitel 4 benötigt werden, und Lösungsverfahren für das Biegeknicken. Die Methoden und Verfahren sind für das Verständnis der Zusammenhänge und des Tragverhaltens von besonderer Bedeutung.

In **Kapitel 9** wird die *Theorie II. Ordnung für beliebige Beanspruchungen* behandelt. Da dabei die Verformungen u(x), v(x), w(x) und ϑ(x) in einer beliebigen Kombination auftreten können, sind die Herleitungen gegenüber Kapitel 8 umfangreicher und auch deutlich „theorielastiger". Als Erweiterung und Fortsetzung von Kapitel 8 dient es zur Lösung allgemeiner Problemstellungen bei Stäben und Stabwerken. Im Hinblick auf baupraktische Fragestellungen wird das Tragverhalten und die Tragfähigkeit beim *Biegedrillknicken ohne und mit planmäßiger Torsion* dargelegt und damit an das Biegeknicken in Kapitel 8 angeknüpft.

Die *Aussteifung* und *Stabilisierung* von Bauteilen und Tragwerken wird in **Kapitel 10** behandelt. Es wird gezeigt, welche Konstruktionen eine aussteifende Wirkung haben, wie sie die Stabilitätsgefahr verringern und welche Beanspruchungen in ihnen selbst auftreten. Die Übersicht in Bild 1.11 zeigt, das Kapitel 10 in einem engen Zusammenhang mit den Kapiteln 4, 6, 8 und 9 steht, da sich die Aussteifungen sowohl auf die Stabilität als auch auf die Theorie II. Ordnung auswirken.

In **Kapitel 11** werden das *Stabilitätsproblem Plattenbeulen* und die entsprechenden **Beulnachweise** behandelt. Unmittelbar ist es nur mit Kapitel 2 verknüpft, wo die Nachweisverfahren für alle Stabilitätsfälle im Vergleich erläutert werden. Für das Verständnis ist es hilfreich, wenn man die Kapitel 4 und 6 beherrscht, weil das Stabilitätsproblem auch beim Plattenbeulen ein zentrales Thema ist.

1.5 Berechnungsbeispiele (Übersicht)

Tabelle 1.1 gibt eine Übersicht zu den Berechnungsbeispielen, die in dem vorliegenden Buch enthalten sind. Mit den Beispielen sollen Erkenntnisse zum Tragverhalten und zur Methodik sowie die praxisgerechte Nachweisführung vermittelt werden. Aus Tabelle 1.1 kann abgelesen werden, in welchen Abschnitten die Beispiele zu finden sind. Teilweise wäre auch eine andere Zuordnung möglich, weil zum Vergleich mehrere Berechnungsmethoden gezeigt oder unterschiedliche Nachweise geführt werden. Soweit möglich, wurden „nachvollziehbare Handrechenverfahren" verwendet und EDV-Programme nur bei entsprechend schwierigen Problemstellungen eingesetzt. Bei den EDV-Programmen handelt es sich um die RUBSTAHL-Programme des Lehrstuhls für Stahl- und Verbundbau der Ruhr-Universität Bochum, Informationen finden sich unter *www.ruhr-uni-bochum.de/stahlbau*. Mehrfach eingesetzt wurden folgende Programme: KSTAB, FE-Rahmen, Beulen, QST-TSV-I und QST-TSV-3Blech.

Weitere Berechnungsbeispiele können [25], [31] und [49] entnommen werden. In [25] liegt der Schwerpunkt bei der Querschnittstragfähigkeit und bei der Berechnung von Querschnittskennwerten. Darüber hinaus werden jedoch auch einige ausgewählte Systeme eingehend untersucht. Zentrales Thema in [31] ist die Berechnung baustatischer Systeme mit Hilfe der Methode der finiten Elemente und es finden sich dort zahlreiche Berechnungsbeispiele zum Biegeknicken, Biegedrillknicken und Plattenbeulen. In [36] werden fast ausschließlich Verbindungen behandelt, sodass die Beispiele dort im Wesentlichen geschraubte und geschweißte Verbindungen betreffen.

Tabelle 1.1 Verzeichnis der Berechnungsbeispiele

Nr.	Abschnitt	Beispiel
1	2.3	Vier Beispiele zum Knicken von Stäben
2	2.4	Nachweise mit Abminderungsfaktoren für Biegeknicken, Biegedrillknicken und Plattenbeulen
3	2.4	Nachweise mit dem Ersatzimperfektionsverfahren für Biegeknicken und Biegedrillknicken
4	2.6	Biegeknicken eines Druckstabes
5	2.7	Biegeknicken einer Stütze
6	2.7	Biegedrillknicken eines Trägers
7	3.2	Freistehende unten eingespannte Stütze
8	3.3	Druckstab mit Querbelastung
9	3.4	Stütze mit zweiachsiger Biegung
10	3.5	Stütze mit veränderlicher Drucknormalkraft
11	3.5	Dreifeldträger mit einachsiger Biegung und Drucknormalkraft
12	4.9	Knicklänge eines Zweigelenkrahmens
13	4.10	Knicklänge eines Druckstabes mit einer Drehfeder am Stabende
14	4.10	Knicklänge eines Druckstabes mit drei Federn an den Enden
15	4.12	Druckgurt einer Vollwandträger-Trogbrücke
16	4.13	Aussteifungsverband einer Hallenwand
17	5.3	Drillknickgefährdete Stütze
18	5.4	Beidseitig gabelgelagerter Träger unter Gleichstreckenlast
19	5.5	Laufsteg im Industriebau
20	5.8	Kranbahnträger mit planmäßiger Torsion
21	5.11	Stütze mit planmäßiger Biegung
22	6.6	Dreifeldträger
23	8.5	Druckstab mit ungleichen Randmomenten
24	8.6	Einfeldträger mit Kragarm
25	8.7	Einfeldträger mit symmetrischer Belastung
26	8.7	Einfeldträger mit unsymmetrischer Belastung
27	8.7	Einfeldträger mit einseitiger Einspannung
28	8.8	Eingespannte Stütze
29	8.8	Zweistöckiger Rahmen
30	8.9.2	Biegebeanspruchte Stäbe mit Druck- und Zugkräften
31	8.9.3	Druckstab mit Randmomenten
32	8.9.4	Zweifeldträger mit Druck und planmäßiger Biegung
33	8.9.5	Seitlich verschieblicher Zweigelenkrahmen
34	8.9.6	Seitlich unverschieblicher Zweigelenkrahmen
35	8.10	Zweigelenkrahmen mit angehängten Pendelstützen
36	8.10	Zweistöckiger Rahmen
37	8.11	Zweigelenkrahmen
38	9.8.2	Biegedrillknicken Einfeldträger
39	9.8.3	Biegedrillknicken Zweifeldträger
40	9.8.4	Einfeldträger mit einfachsymmetrischem I-Querschnitt
41	9.8.5	Biegedrillknicken Einfeldträger mit planmäßiger Torsion
42	9.8.6	Biegedrillknicken Einfeldträger mit Überständen
43	9.8.7	Einfeldträger mit U-Querschnitt
44	10.6	Ausführungsbeispiel Sporthalle
45	10.7	Ausführungsbeispiel eingeschossige Halle
46	11.12.2	Geschweißter Träger mit I-Querschnitt
47	11.12.3	Geschweißter Hohlkastenträger
48	11.12.4	Stegblech eines Durchlaufträgers
49	11.12.5	Ausgesteiftes Bodenblech eines Brückenhauptträgers

2 Tragverhalten, Berechnungs- und Nachweisverfahren

2.1 Lineares und nichtlineares Tragverhalten

Bei der Berechnung von Tragwerken wird zwischen **physikalisch und geometrisch** linearem bzw. nichtlinearem *Tragverhalten* unterschieden. Das physikalische Tragverhalten ergibt sich aus dem Verhalten des Werkstoffs, aus dem das Tragwerk hergestellt wird. Bild 2.1 zeigt das ***Werkstoffverhalten*** für Baustahl, das auf dem im Zugversuch ermittelten Verhalten basiert. Es wird in der Regel für die Berechnungen durch zwei Geraden idealisiert. Im ersten Teil wird linearelastisches Verhalten angenommen, das durch das *Hookesche* Gesetz $\sigma = E \cdot \varepsilon$ beschrieben wird. Der zweite Teil ist ebenfalls eine Gerade, die mit $\sigma_x = f_{y,d}$ und $E = 0$ ein idealplastisches Verhalten des Werkstoffs beschreibt.

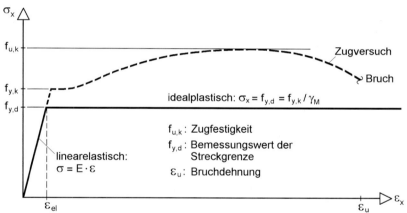

Bild 2.1 Linearelastische-idealplastische Spannungs-Dehnungs-Beziehung für Baustahl

Die Unterschiede zwischen der **geometrisch linearen und nichtlinearen** Theorie wird mit Hilfe von Tabelle 2.1 erläutert. Bei der geometrisch linearen Theorie, auch Theorie I. Ordnung genannt, wird das Gleichgewicht am **un**verformten System formuliert. Man ist bestrebt diese Theorie anzuwenden, weil sie am einfachsten ist und den geringsten Rechenaufwand erfordert. In einigen Anwendungsfällen reicht diese Näherung aber nicht aus und man muss genauer rechnen, weil man ansonsten katastrophal falsche Ergebnisse erhält und damit auf der unsicheren Seite liegt. Dies ist immer dann der Fall, wenn das Tragwerk stabilitätsgefährdet ist.

Bei der geometrisch nichtlinearen Theorie wird das Gleichgewicht am **verformten** System formuliert und es werden dabei große Verformungen berücksichtigt. Mit dieser Theorie erhält man die genauen Lösungen, muss dafür aber auch einen hohen

Rechenaufwand treiben. Bei Baukonstruktionen können mit der geometrisch nichtlinearen Theorie sehr große Verformungen berechnet werden, die unrealistisch sind, weil angrenzende Bauteile dann längst versagt haben (Gebrauchstauglichkeit), oder unsinnig sind, weil die Lasten nicht mehr eingeleitet werden können. Im Stahlbau verwendet man daher eine „Theorie II. Ordnung", die eine Näherung für die geometrisch nichtlineare Theorie ist. Dabei wird das Gleichgewicht am **verformten** System formuliert, jedoch nur mäßige Verformungen berücksichtigt. Die Skizzen in Tabelle 2.1 vermitteln anschaulich die Unterschiede bei den Verformungen.

Bei Tragwerken des Bauwesens sollte man die Verformungen stets so begrenzen, dass die Theorie II. Ordnung zu ausreichend genauen Ergebnissen führt. Abgesehen von Seilkonstruktionen ist es in der über 30jährigen Berufspraxis des Verfassers nur einmal vorgekommen, dass die geometrisch nichtlineare Theorie erforderlich war: Dabei war die Standsicherheit eines Windspiels von 16 m Höhe mit weit auskragenden beweglichen Armen zu prüfen. Planmäßig treten bei diesem Kunstwerk sehr große Verformungen auf.

Mit den beiden letzten Zeilen in Tabelle 2.1 werden Hinweise für theoretische Grundlagen gegeben. Sie beschreiben, wie die *Verzerrungen* (Dehnungen) bestimmt werden, wobei die Spannungen mit den „wirklichen" Verzerrungen ermittelt werden. Die virtuellen Verzerrungen dienen zur Formulierung der virtuellen Arbeit, s. Abschnitte 8.3 und 9.4.

Tabelle 2.1 Unterschiede zwischen Theorie I. und II. Ordnung sowie der geometrisch nichtlinearen Theorie, nach [47]

	Theorie I. Ordnung (geometrisch lineare Theorie)	Theorie II. Ordnung	geometrisch nichtlineare Theorie
Gleichgewicht	am **un**verformten System	am schwach verformten System	am stark verformten System
Stab unter Druckbelastung		Biegeknicken $N \leq N_{Ki}$	Verhalten nach Ausknicken $N > N_{Ki}$ siehe auch Bild 2.14
Stab unter Druck- und Querbelastung	$N \ll N_{Ki}$ $w < h$	$N < N_{Ki}$ $w \cong h$	$N \cong N_{Ki}$ $w \gg h$
Wirkliche Verzerrungen	lineare kinematische Beziehungen		nichtlineare kinematische Beziehungen
Virtuelle Verzerrungen	aus linearer kinematischer Beziehung	aus nichtlinearer kinematischer Beziehung - linearisiert -	- nichtlinear -

2.2 Nachweisverfahren

Im Hinblick auf die Tragsicherheit von Tragwerken sowie seiner Teile und Verbindungen fordert DIN 18800-1: Es ist nachzuweisen, dass die Beanspruchungen S_d die Beanspruchbarkeiten R_d nicht überschreiten, d. h. es ist folgender Nachweis zu führen:

$$S_d/R_d \leq 1 \qquad (2.1)$$

In Abhängigkeit vom gewählten Nachweisverfahren und den betrachteten Tragwerksteilen können die Nachweise als Spannungs-, Schnittgrößen-, Bauteil- oder Tragwerksnachweise geführt werden. Tabelle 2.2 enthält eine Zusammenstellung der Nachweisverfahren mit kurzen Erläuterungen. Die drei Nachweisverfahren gelten für beliebige baustatische Systeme und Beanspruchungsfälle, d. h. es spielt keine Rolle, ob der Einfluss der Theorie II. Ordnung berücksichtigt wird oder nicht.

Tabelle 2.2 Nachweisverfahren nach DIN 18800 und Nachweisführung

Nachweis-verfahren	Berechnung der **Beanspruchungen** S_d	Berechnung der **Beanspruchbarkeiten** R_d	**Nachweise**
Elastisch-Elastisch	Elastizitätstheorie $\Rightarrow$ Spannungen σ und τ	Elastizitätstheorie $\Rightarrow$ Bemessungswert der Streckgrenze $f_{y,d}$	Spannungsnachweise: $\sigma \leq \sigma_{R,d} = f_{y,d}$ $\tau \leq \tau_{R,d} = f_{y,d}/\sqrt{3}$ $\sigma_v \leq \sigma_{R,d} = f_{y,d}$
Elastisch-Plastisch	Elastizitätstheorie $\Rightarrow$ Schnittgrößen N, M_y usw.	Plastizitätstheorie $\Rightarrow$ Ausnutzung plastischer Tragfähigkeiten der Querschnitte	z. B. $M_y \leq M_{pl,y,d}$ bzw. mit Interaktionsbedingungen oder mit dem Teilschnittgrößenverfahren
Plastisch-Plastisch	Plastizitätstheorie $\Rightarrow$ Schnittgrößen nach der Fließgelenk- oder Fließzonentheorie	Plastizitätstheorie $\Rightarrow$ Ausnutzung plastischer Tragfähigkeiten der Querschnitte und des Systems	Nach der **Fließgelenktheorie** (kinematische Ketten oder schrittweise elastische Berechnungen) oder nach der **Fließzonentheorie** (nur mit EDV-Programmen)

Beim ersten Nachweisverfahren werden die Schnittgrößen wie allgemein üblich nach der Elastizitätstheorie berechnet, daraus **Spannungen** ermittelt und dann **Spannungsnachweise** geführt. Grundlage der Berechnungen ist das linearelastische Werkstoffverhalten in Bild 2.1. Auch bei dem zweiten Verfahren, das sich immer mehr in der Baupraxis durchsetzt, werden die **Schnittgrößen nach der *Elastizitätstheorie*** berechnet, die **Beanspruchbarkeit der Querschnitte jedoch unter Ausnutzung plastischer Tragfähigkeiten** bestimmt, sodass dabei das linearelastische-idealplastische Werkstoffverhalten gemäß Bild 2.1 eingeht. Die Nachweise werden beispielsweise mit Interaktionsbedingungen oder Nachweisbedingungen des Teilschnittgrößenverfahrens geführt. Beim dritten Nachweisverfahren werden die plastischen Tragfähigkeiten der Querschnitte **und** des Systems ausgenutzt. Mit Berechnungen nach der *Fließzonentheorie* (s. Abschnitt 2.6) kann die Grenztragfähigkeit am genauesten ermittelt werden. Man benötigt jedoch EDV-Programme und die Berechnungen sind aufwändig und nur mit weitreichender Erfahrung beherrschbar. Näherungen nach der **Fließgelenktheorie** mit kinematischen Ketten oder schrittweise elastischen Berechnungen sind möglich, aber ebenfalls aufwändig, sodass das dritte Nachweisverfahren in der Baupraxis nur selten zum Einsatz kommt.

Tabelle 2.3   *Werkstoffkennwerte* für Baustahl und Feinkornbaustahl

Stahl	t mm	$f_{y,k}$ N/mm²	$f_{u,k}$ N/mm²	E N/mm²	G N/mm²	α_T K⁻¹
Baustahl						
S 235	t ≤ 40	240	360			
	40 < t ≤ 100	215				
S 275	t ≤ 40	275	410			
	40 < t ≤ 80	255				
S 355	t ≤ 40	360	490			
	40 < t ≤ 80	335				
Feinkornbaustahl						
S 275 N u. NL	t ≤ 40	275	370			
	40 < t ≤ 80	255				
S 355 N u. NL	t ≤ 40	360	470	210 000	81 000	12 · 10⁻⁶
	40 < t ≤ 80	335				
S 460 N u. NL	t ≤ 40	460	550			
	40 < t ≤ 80	430				
S 275 M u. ML	t ≤ 40	275	370			
	40 < t ≤ 80	255				
S 355 M u. ML	t ≤ 40	360	450			
	40 < t ≤ 80	335				
S 460 M u. ML	t ≤ 40	460	530			
	40 < t ≤ 80	430				

Für die Ermittlung der Beanspruchbarkeiten R_d wird der Bemessungswert der Streckgrenze benötigt. Er ergibt sich, indem die charakteristischen Werte der Festigkeiten durch den Teilsicherheitsbeiwert dividiert werden:

$$f_{y,d} = f_{y,k}/\gamma_M \tag{2.2}$$

Gemäß DIN 18800 ist $\gamma_M = 1{,}1$ anzusetzen. Die charakteristischen Werte der Festigkeiten sowie weitere Werkstoffkennwerte sind für *Baustähle* und *Feinkornbaustähle* in Tabelle 2.3 zusammengestellt, s. auch Bild 2.1. In der Baupraxis werden hauptsächlich Baustähle S 235 und S 355 mit t ≤ 40 mm verwendet. Für diese Stähle beträgt der Bemessungswert der Streckgrenze:

$f_{y,d} = 240/1{,}1 = 218{,}2$ N/mm² für S 235

$f_{y,d} = 360/1{,}1 = 327{,}3$ N/mm² für S 355

Die Ausnutzung der plastischen Tragfähigkeit bei den Nachweisverfahren Elastisch-Plastisch und Plastisch-Plastisch setzt voraus, dass die Stähle ausreichend duktil sind, da die Gerade für das idealplastische Verhalten in Bild 2.1 nicht begrenzt wird und daher für beliebige Dehnungen gilt. Wie man sieht, erfordert diese Annahme entsprechend große Bruchdehnungen ε_u, was auch durch das Verhältnis von Zugfestigkeit zur Streckgrenze ausgedrückt werden kann. Gemäß DIN 18800 dürfen die vorgenannten Nachweisverfahren nur für Baustähle verwendet werden, wenn

$$f_u > 1{,}2 \cdot f_y \tag{2.3}$$

ist. Diese Bedingung ist für alle drei **Baustähle** in Tabelle 2.3 erfüllt.

Die Verwendung eines Nachweisverfahrens in Tabelle 2.2 setzt voraus, dass die einzelnen Querschnittsteile (Stege und Gurte) die Druckspannungen aufnehmen können, sodass kein Beulen auftritt und eine ausreichende Rotationskapazität vorhanden ist. Die b/t-Verhältnisse der Querschnittsteile dürfen daher gewisse Werte nicht überschreiten. Die Anforderungen sind den Tabellen 12, 13, 14, 15 und 18 der DIN 18800-1 zu entnehmen. Hilfen für die Überprüfung finden sich in Profiltabellen, s. z. B. [30].

Beim Nachweisverfahren Elastisch-Elastisch muss der Nachweis für die *Vergleichsspannung* σ_v erfüllt sein. Sofern nur Längsnormal- und Schubspannungen auftreten, ist:

$$\sigma_v = \sqrt{\sigma^2 + 3\tau^2} \tag{2.4}$$

Der Nachweis mit der *Vergleichsspannung* ist nur erforderlich, wenn σ/σ_{Rd} **und** $\tau/\tau_{R,d}$ > 0,5 sind. Die Nachweise mit Interaktionsbedingungen und mit dem Teilschnittgrößenverfahren (Nachweisverfahren Elastisch-Plastisch) werden in Abschnitt 7.4.2 behandelt.

Bei allen Nachweisverfahren sind grundsätzlich die folgenden Einflüsse zu berücksichtigen:

- planmäßige Außermittigkeiten
- Schlupf in den Verbindungen
- Tragwerksverformungen
- Imperfektionen

Darüber hinaus muss sich ein Tragwerk stets im **stabilen Gleichgewicht** befinden. Wie dieser Nachweis erbracht wird und wie der Einfluss der Theorie II. Ordnung zu berücksichtigen ist, wird in den folgenden Abschnitten geklärt.

2.3 Definition der Stabilitätsfälle

Beim **Knicken** von Stäben und Stabwerken wird zwischen dem **Biegeknicken** und dem **Biegedrillknicken** unterschieden. Die genannten Begriffe richten sich nach den Verformungen, die beim Stabilitätsversagen auftreten können.

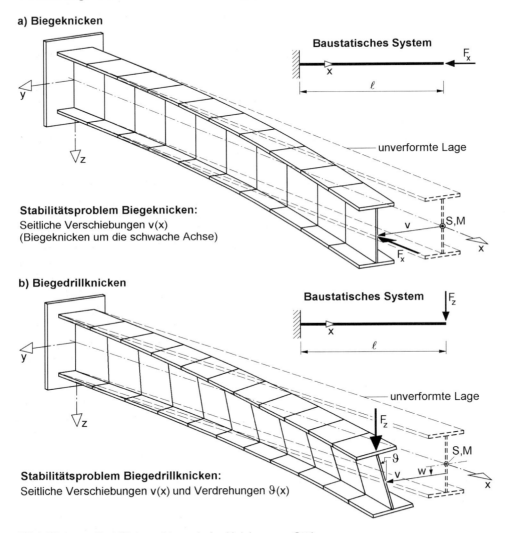

Bild 2.2 Stabilitätsprobleme beim Knicken von Stäben

Bei dem eingespannten Stab in Bild 2.2a entsteht aufgrund der angreifenden Last F_x eine Drucknormalkraft N. Dadurch wird der Stab zusammengedrückt, was zu Verschiebungen u in x-Richtung führt. Planmäßig treten keine weiteren Verformungen auf, weil der Stab ideal gerade sein soll und die Last genau mittig angreift. Solange

2.3 Definition der Stabilitätsfälle

stabiles Gleichgewicht vorhanden ist, ändert sich an diesem Zustand nichts. Bei einer gewissen Lastintensität geht jedoch das stabile Gleichgewicht verloren und es tritt das *Stabilitätsproblem Biegeknicken* auf. Der Übergang zum labilen Gleichgewicht erfolgt bei Erreichen der kritischen Normalkraft $N = N_{Ki}$. Bei Tragwerken darf dieser Fall nicht auftreten und die Belastung muss stets kleiner sein, da stabiles Gleichgewicht zu gewährleisten ist. N_{Ki} stellt daher eine obere Grenze für N dar. Das Stabilitätsproblem Biegeknicken ist durch reine Verschiebungszustände gekennzeichnet, Querschnittsverdrehungen ϑ treten nicht auf. Man unterscheidet zwei Fälle:

- **Biegeknicken um die y-Achse**, häufig auch Biegeknicken um die **starke Achse** genannt, mit **Verschiebungen w(x)**, d. h. in z-Richtung
- **Biegeknicken um die z-Achse**, häufig auch Biegeknicken um die **schwache Achse** genannt, mit **seitlichen Verschiebungen v(x)** wie in Bild 2.2a, d. h. in y-Richtung

Das Stabilitätsproblem Biegeknicken kann nur auftreten, wenn Drucknormalkräfte vorhanden sind.

In Bild 2.2b wird ein eingespannter Stab unter einer Querlast F_z betrachtet. Dabei treten planmäßige Biegemomente M_y auf und es ergeben sich Verschiebungen w(x) nach unten. Wie beim Druckstab in Bild 2.2a gibt es einen Übergang vom stabilen zum labilen Gleichgewicht, der durch die Druckspannungen im Querschnitt infolge M_y hervorgerufen und durch den Lastangriffspunkt von F_z beeinflusst wird. Der Fall in Bild 2.2b ist ein typisches Beispiel für das Stabilitätsproblem Biegedrillknicken, bei dem seitliche Verschiebungen v(x) und Verdrehungen $\vartheta(x)$ auftreten. **Kennzeichnendes Merkmal beim *Biegedrillknicken* sind die** in Bild 2.2b dargestellten **Verdrehungen $\vartheta(x)$**, wobei der Wortteil „drill" ausdrückt, dass es auf die Verdrillung, d. h. die Ableitung der Verdrehung, ankommt. Ein Sonderfall des Biegedrillknickens ist das Drillknicken, bei dem nur Verdrehungen $\vartheta(x)$ und keine Verschiebungen auftreten. Bild 5.3 enthält dazu mit dem *Drillknicken* einer Stütze infolge Drucknormalkraft ein Beispiel.

Anmerkung: Früher wurde das Biegedrillknicken von Biegeträgern (ohne Normalkräfte) wie z. B. in Bild 2.2b als *Kippen* bezeichnet. Dieser Begriff wird beispielsweise in der alten Stabilitätsnorm DIN 4114 und in vielen älteren Literaturstellen verwendet.

Zur Erläuterung der Stabilitätsfälle bei Stäben sind in Tabelle 2.4 vier Beispiele dargestellt. Dabei wird von einem Stab aus einem HEB 200 ausgegangen, der 4 m lang ist. Er ist beidseitig gelenkig gelagert und im Hinblick auf die Torsionsverdrehungen gabelgelagert. Die Berechnungsformeln zeigen, von welchen Parametern die Eigenwerte $N_{Ki,z}$, $N_{Ki,y}$, $N_{Ki,\vartheta}$ und $q_{Ki,z}$ abhängen. Bei den Druckstäben (Belastung N) ist das Biegeknicken um die schwache Achse mit Verschiebungen v(x) der maßgebende Fall. Wenn man den Stab in Feldmitte seitlich abstützt, d. h. $v = 0$ erzwingt, ergibt sich das Drillknicken mit Torsionsverdrehungen $\vartheta(x)$. Die zusätzliche Randbedingung $\vartheta = 0$ in Feldmitte führt zum Biegeknicken um die starke Achse mit Verschiebungen w(x). Beim Biegedrillknicken wird als Belastung eine Gleichstreckenlast q_z angesetzt, aus der planmäßige Verschiebungen w(x) folgen. Beim Stabilitätsproblem ist jedoch w(x) = 0 und es sind nur die Verformungen v(x) sowie ϑ(x) ungleich Null.

Tabelle 2.4   Vier Beispiele zu den Stabilitätsfällen bei Stäben

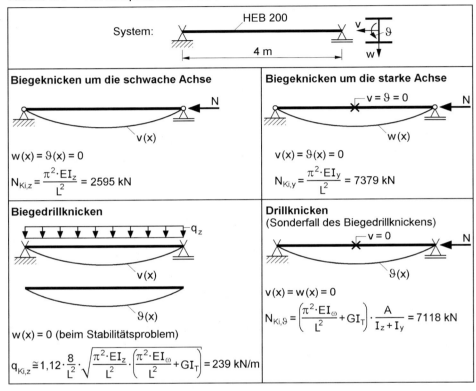

Bei ebenen **Flächentragwerken** tritt das *Stabilitätsproblem Plattenbeulen* auf. Zur Erläuterung wird das rechteckige Beulfeld in Bild 2.3 betrachtet. Es besteht aus einem Blech der Dicke t und ist an allen vier Rändern gelenkig gelagert. Als Belastung wird eine über die Breite konstante Druckspannung σ_x angesetzt. Aufgrund des Seitenverhältnisses a/b = 1,6 führt eine Eigenwertuntersuchung nach Kapitel 11 zu dem Ergebnis, das zum niedrigsten Eigenwert eine zweiwellige Beulfläche gehört. Sie ist in Bild 2.3 skizzenhaft und in Bild 2.4 genauer dargestellt.

Das Stabilitätsproblem wird **Platten**beulen genannt, weil bei der Beulfläche Verformungen w(x,y) auftreten, die den Durchbiegungen von Platten entsprechen. Die Beanspruchungen entsprechen den Schnittgrößen von Scheiben: $n_x = \sigma_x \cdot t$, $n_y = \sigma_y \cdot t$ und $n_{xy} = n_{yx} = \tau_{xy} \cdot t$. Verursacht wird das Plattenbeulen durch **Druck**spannungen σ_x oder σ_y, aber auch durch **Schub**spannungen τ.

2.4 Nachweisführung bei Theorie II. Ordnung

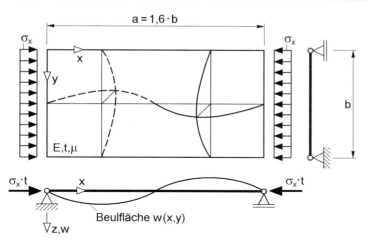

Bild 2.3   Beulfeld mit einem Seitenverhältnis von a/b = 1,6 und konstanten Druckspannungen σ_x

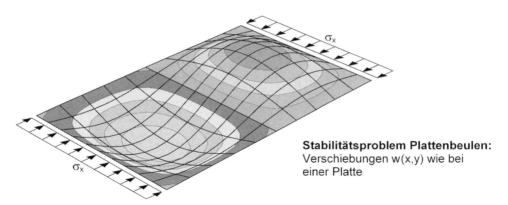

Bild 2.4   Zweiwellige Beulfläche beim Plattenbeulen des Beulfeldes in Bild 2.3

2.4 Nachweisführung bei Theorie II. Ordnung

Bei der Tragfähigkeit von Tragwerken müssen alle Einflüsse berücksichtigt werden, die die Beanspruchungen vergrößern oder auf andere Weise die Tragfähigkeit vermindern. Dazu gehören:

- *Streuungen* bei den Einwirkungsgrößen und den Werkstoffkennwerten
- *Abweichungen* bei der Querschnittsgeometrie und den Blechdicken
- *Imperfektionen* infolge Herstellung und Montage, d. h. infolge von Vorkrümmungen oder Vorverdrehungen (Schrägstellungen) der Stäbe sowie Eigenspannungen durch Walzen, Schweißen oder Richtarbeiten

- ***Tragwerksverformungen*** und die daraus resultierende Vergrößerung von Schnittgrößen nach Theorie II. Ordnung
- ***Fließzonen***, die aufgrund des Werkstoffverhaltens in Bild 2.1 entstehen und die Steifigkeit verringern

Die ersten beiden Punkte, die die Einwirkungsgrößen, die Werkstoffkennwerte, die Querschnittsgeometrie und die Blechdicken betreffen, brauchen hier nicht weiter verfolgt zu werden. Sie sind Bestandteil der dem Nachweis $S_d/R_d \leq 1$ zugrunde liegenden Sicherheitstheorie, d. h. diese Streuungen und Abweichungen werden durch die Teilsicherheitsbeiwerte γ_M und γ_F abgedeckt. Die anderen Punkte – Imperfektionen, Tragwerksverformungen und Fließzonen – müssen bei den Nachweisen in geeigneter Weise berücksichtigt werden. In den Abschnitten 2.5 und 2.6 wird gezeigt, wie sich diese Einflüsse auf die Tragfähigkeit auswirken. Die unterschiedlichen Möglichkeiten der Nachweisführung werden im Folgenden mit Hilfe von Tabelle 2.5 erläutert. Bild 2.5 zeigt anschaulich die Unterschiede zwischen den drei Nachweismöglichkeiten am Beispiel eines Druckstabes. Dargestellt ist der Idealfall, dass sich mit allen drei Verfahren die gleiche Tragfähigkeit ergibt, was jedoch bei baupraktischen Systemen eher die Ausnahme ist.

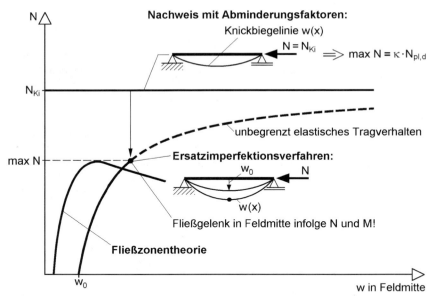

Bild 2.5 Erläuterungen zum Nachweis ausreichender Tragfähigkeit am Beispiel eines Druckstabes

Anmerkung: Gemäß DIN 18800 Teil 1, Element 728, sind bei der Berechnung die Gleichgewichtsbedingungen am verformten System aufzustellen (Theorie II. Ordnung.). Der Einfluss der sich nach Theorie II. Ordnung ergebenden Verformungen auf das Gleichgewicht darf vernachlässigt werden, wenn der Zuwachs der maßgebenden Schnittgrößen infolge der nach Theorie I. Ordnung ermittelten Verformun-

2.4 Nachweisführung bei Theorie II. Ordnung

gen nicht größer als 10 % ist. Diese Bedingung darf gemäß Element 739 beim Biegeknicken als erfüllt angesehen werden, wenn die Normalkräfte N des Systems nicht größer als 10 % der zur idealen Knicklast gehörenden Normalkräfte $N_{Ki,d}$ des Systems sind. Dies bedeutet, dass der Verzweigungslastfaktor $\eta_{Ki,d} = N_{Ki,d}/N > 10$ ist.

Tabelle 2.5 Alternative Methoden für den Nachweis ausreichender Tragsicherheit beim Biegeknicken, Biegedrillknicken und Plattenbeulen

Methodik	Biegeknicken	Biegedrillknicken	Plattenbeulen
Nachweise mit Abminderungsfaktoren			
• Beanspruchungen für die Nachweise	Schnittgrößen nach Theorie I. Ordnung		Spannungen nach Theorie I. Ordnung
• Verzweigungslasten (Eigenwerte)	$N_{Ki,y}$; $N_{Ki,z}$	$M_{Ki,y}$; N_{Ki}	σ_{xKi}, τ_{Ki}
• bezogene Schlankheitsgrade	$\bar{\lambda}_K$	$\bar{\lambda}_M$	$\bar{\lambda}_p$
• Abminderungsfaktoren	κ	κ_M	κ; κ_τ
Ersatzimperfektionsverfahren			
• Geometrische Ersatzimperfektionen	w_0 oder v_0	v_0	Noch nicht praxistauglich, Entwicklungen stecken in den Anfängen!
• Beanspruchungen für die Nachweise	Schnittgrößen nach Theorie II. Ordnung		
• Nachweise	Spannungsnachweise oder Nachweise unter Ausnutzung plastischer Tragfähigkeiten		
Fließzonentheorie			
• Imperfektionen	Geometrische Imperfektionen und Eigenspannungen		Es ist nicht zu erwarten, dass die Fließzonentheorie in absehbarer Zeit zu einem praxistauglichen Verfahren entwickelt wird.
• Beanspruchungen für die Nachweise	Schnittgrößen nach Theorie II. Ordnung unter Berücksichtigung von Fließzonen		
• Nachweise	Ausnutzung des plastischen Werkstoffverhaltens gemäß Bild 2.1		
• Hinweis	bedingt praxistauglich!		

Verwendung von Abminderungsfaktoren

Bei dieser Methode werden alle tragfähigkeitsabmindernden Einflüsse durch Abminderungsfaktoren erfasst und die Nachweise mit den Schnittgrößen bzw. beim Plattenbeulen mit den Spannungen nach Theorie I. Ordnung geführt. Man benötigt dabei die Eigenwerte wie z. B. N_{Ki}, M_{Ki}, σ_{xKi} und τ_{Ki}. Bei dem Druckstab in Bild 2.5 wird zunächst die Verzweigungslast N_{Ki} für Biegeknicken ermittelt, sodass damit der bezogene Schlankheitsgrad $\bar{\lambda}_K$ berechnet werden kann. Er dient zur Ermittlung des Abminderungsfaktors κ, mit dem der Nachweis $N \leq \kappa \cdot N_{pl,d}$ geführt werden kann.

Tabelle 2.6 enthält Beispiele zum Biegeknicken, Biegedrillknicken und Plattenbeulen, mit dem die Nachweisführungen konkret verfolgt und miteinander für die drei Stabilitätsfälle verglichen werden können. Die Nachweise sind dem Nachweisverfahren „Elastisch-Plastisch" in Tabelle 2.2 zuzuordnen, weil die plastische Tragfähigkeit der Querschnitte ausgenutzt wird. Nachweise unter Verwendung von Abminderungsfaktoren sind die üblichen Nachweise für das Biegeknicken und Biegedrillknicken einfacher Stäbe. Beim Plattenbeulen ist es die einzige Methode, die für baupraktische Nachweise sinnvoll ist.

In DIN 18800-2 werden diese Nachweise „vereinfachte Nachweise" genannt, was möglicherweise irreführend ist, da die Nachweise unter Ansatz von geometrischen Ersatzimperfektionen (s. Tabelle 2.5) ebenfalls Vereinfachungen im Sinne von Näherungen enthalten und bei vielen Anwendungsfällen nicht aufwändiger sind. „Vereinfachte Nachweise" sind es nur dann, wenn die Verzweigungslasten ohne großen Aufwand, wie z. B. bei den Eulerfällen, bestimmt werden können, s. Abschnitt 4.4.

Nachweise mit dem Ersatzimperfektionsverfahren

Bei dieser Methodik werden *geometrische Ersatzimperfektionen* angesetzt und die Schnittgrößen nach Theorie II. Ordnung berechnet. Bei dem Druckstab in Bild 2.5 wird eine Vorkrümmung mit dem Stich w_0 in Feldmitte angesetzt, sodass sich bei der Schnittgrößenermittlung Biegemomente ergeben und die Grenztragfähigkeit erreicht ist, wenn infolge N und M in Feldmitte ein Fließgelenk entsteht. Mit den geometrischen Ersatzimperfektionen werden die Einflüsse infolge von geometrischen Imperfektionen (Vorkrümmungen, Vorverdrehungen), Eigenspannungen und der Ausbreitung von Fließzonen erfasst und die Schnittgrößen am **elastischen** System ermittelt. Man kann jedoch auch Fließgelenke einführen, sodass nur das System außerhalb der Fließgelenke elastisch bleibt. Das Verfahren ist eine Näherung für die Fließzonentheorie. Die Zuordnung zu den Nachweisverfahren in Tabelle 2.2 hängt von der Art der Systemberechnung und der Nachweisführung ab:

- Elastisch-Elastisch: elastisches System und Spannungsnachweise
- Elastisch-Plastisch: elastisches System und Nachweise mit Interaktionsbedingungen oder anderen Bedingungen gemäß Abschnitt 7.4.2
- Plastisch-Plastisch: System mit Fließgelenken und Nachweis der Querschnittstragfähigkeit wie beim Verfahren Elastisch-Plastisch

In der Baupraxis setzt sich das Ersatzimperfektionsverfahren seit etwa 1995 vermehrt durch. Überwiegend kommt dabei das Verfahren Elastisch-Plastisch zum Einsatz, weil mit einem angemessenen Berechnungsaufwand ein wirtschaftliches Bemessungsergebnis erzielt wird. Dies gilt zumindest für die in Abschnitt 7.4.2 dargestellten Standardquerschnitte. Sofern die Querschnittsform komplexer ist, sind Spannungsnachweise mit dem Verfahren Elastisch-Elastisch sinnvoll. Das Nachweisverfahren Plastisch-Plastisch wird in der Baupraxis nur selten verwendet. Tabelle 2.7 enthält typische Anwendungsbeispiele für das Nachweisverfahren Elastisch-Plastisch. Aus Vergleichsgründen sind es die gleichen baustatischen Systeme wie in Tabelle 2.6.

2.4 Nachweisführung bei Theorie II. Ordnung

Tabelle 2.6 Nachweise mit Abminderungsfaktoren für Biegeknicken, Biegedrillknicken und Plattenbeulen

Biegeknicken um die schwache Achse (s. Kapitel 3)

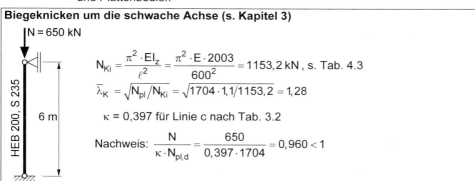

$$N_{Ki} = \frac{\pi^2 \cdot EI_z}{\ell^2} = \frac{\pi^2 \cdot E \cdot 2003}{600^2} = 1153{,}2 \text{ kN, s. Tab. 4.3}$$

$$\bar{\lambda}_K = \sqrt{N_{pl}/N_{Ki}} = \sqrt{1704 \cdot 1{,}1/1153{,}2} = 1{,}28$$

$\kappa = 0{,}397$ für Linie c nach Tab. 3.2

Nachweis: $\dfrac{N}{\kappa \cdot N_{pl,d}} = \dfrac{650}{0{,}397 \cdot 1704} = 0{,}960 < 1$

Biegedrillknicken (s. Kapitel 5)

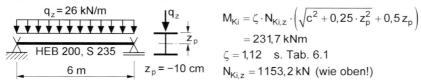

$$M_{Ki} = \zeta \cdot N_{Ki,z} \cdot \left(\sqrt{c^2 + 0{,}25 \cdot z_p^2} + 0{,}5 z_p \right)$$
$$= 231{,}7 \text{ kNm}$$

$\zeta = 1{,}12$ s. Tab. 6.1

$N_{Ki,z} = 1153{,}2$ kN (wie oben!)

$$c^2 = \frac{I_\omega + 0{,}039 \cdot \ell^2 \cdot I_T}{I_z} = \frac{167060 + 0{,}039 \cdot 600^2 \cdot 59{,}59}{2003} = 501{,}1 \text{ cm}^2$$

$\bar{\lambda}_M = \sqrt{M_{pl,y}/M_{Ki,y}} = \sqrt{140{,}2 \cdot 1{,}1/231{,}7} = 0{,}816$

$\kappa_M = 0{,}883$ und $\chi_{LT,mod} = 0{,}833$ nach Tab. 5.2

$\max M_y = q_z \cdot \ell^2/8 = 26 \cdot 6^2/8 = 117$ kNm

Der Nachweis wird mit $\chi_{LT,mod}$ geführt, weil er mit κ_M bei diesem System auf der unsicheren Seite liegt, s. Abschnitt 5.10:

$$\frac{M_y}{\kappa_M \cdot M_{pl,y,d}} = \frac{117}{0{,}833 \cdot 140{,}2} = 1{,}002 \approx 1$$

Plattenbeulen (s. Kapitel 11)

$\sigma_x = 30$ kN/cm²
$t = 1{,}2$ cm
S 355
40 cm
40 cm

$k_\sigma = 4{,}0 \qquad \sigma_e = 1{,}898 \cdot \left(\dfrac{100 \cdot t}{b}\right)^2 = 17{,}08$ kN/cm²

$\sigma_{pi} = 4{,}0 \cdot 17{,}08 = 68{,}3$ kN/cm²

$\bar{\lambda}_p = \sqrt{f_y/\sigma_{pi}} = \sqrt{36/68{,}3} = 0{,}726$

$\kappa = c \cdot \left(\dfrac{1}{\bar{\lambda}_p} - \dfrac{0{,}22}{\bar{\lambda}_p^2} \right) = 0{,}96$ mit $c = 1{,}25 - 0{,}25 \cdot \psi = 1{,}0$

Nachweis: $\dfrac{\sigma_x}{\kappa \cdot f_{y,d}} = \dfrac{30}{0{,}96 \cdot 36/1{,}1} = 0{,}955 < 1$

Anmerkung: In der alten Stabilitätsnorm DIN 4114 wurde eine vergleichbare Vorgehensweise mit „Nachweise nach der *Spannungstheorie II. Ordnung*" bezeichnet. Da man diesen Begriff auch heutzutage gelegentlich in der Literatur findet, soll klargestellt werden, dass die **Schnittgrößen** nach Theorie II. Ordnung zu berechnen sind und nicht die Spannungen. An der Art der Spannungsermittlung ändert sich nichts. Im Übrigen werden die Nachweise in der Regel mit Schnittgrößen geführt, s. Tabelle 2.7.

Tabelle 2.7 Nachweise mit dem Ersatzimperfektionsverfahren für Biegeknicken und Biegedrillknicken

Biegeknicken um die schwache Achse (s. Kapitel 8)

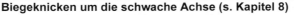

geometrische Ersatzimperfektion:

$v_0 = \ell/200 = 600/200 = 3{,}0$ cm

Maximales Biegemoment nach Theorie II. Ordnung:

$$\max M_z \cong N \cdot v_0 \cdot \frac{1}{1 - N/N_{Ki,d}} = 650 \cdot 3{,}0 \cdot \frac{1}{1 - 650 \cdot 1{,}1/1153{,}2}$$

$= 5132$ kNcm

Nachweis mit Tabelle 7.7 für $V_y/V_{pl,y,d} \leq 0{,}25$:

$M_{pl,z,d}$ ist auf $1{,}25 \cdot M_{el,z,d} = 1{,}25 \cdot W_z \cdot f_{y,d} = 1{,}25 \cdot 200{,}3 \cdot 24/1{,}1 =$ 5463 kNcm zu begrenzen. Mit $N/N_{pl,d} = 650/1704 = 0{,}381$ folgt:

$0{,}91 \cdot \dfrac{5132}{5463} + 0{,}381^2 = 0{,}855 + 0{,}145 = 1{,}000$

Biegedrillknicken (s. Kapitel 9)

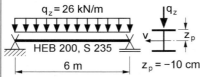 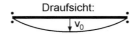

Geometrische Ersatzimperfektion
$v_0 = \ell/200 = 3{,}0$ cm gemäß Abschnitt 7.2:

Draufsicht:

Mit einem EDV-Programm ergeben sich nach Theorie II. Ordnung in Feldmitte folgende Schnittgrößen:

$M_y = 117$ kNm, $M_z = -10{,}92$ kNm, $M_\omega = 86{,}57$ kNmcm

Der Nachweis wird mit Hilfe von Tabelle 7.10 geführt:

$M_{pl,g,d} = 0{,}25 \cdot 1{,}5 \cdot 20^2 \; 24/1{,}1 = 3273$ kNcm

$\left|\dfrac{M_z}{2}\right| + \left|\dfrac{M_\omega}{a_g}\right| = \dfrac{1092}{2} + \dfrac{8657}{20 - 1{,}5} = 1014$ kNcm < 3273 kNcm

$b_o = 20 \cdot \sqrt{1 - 78/3273} = 19{,}76$ cm ; $b_u = 20 \cdot \sqrt{1 - 1014/3273} = 16{,}62$ cm

$h_o = \dfrac{18{,}5}{2} - \dfrac{19{,}76 - 16{,}62}{2} \cdot \dfrac{1{,}5}{0{,}9} = 6{,}63$ cm > 0

Wegen $h_o > 0$ ist der folgende Nachweis maßgebend:

$M_y = 11700$ kNcm $< (1{,}5 \cdot 16{,}62 + 0{,}9 \cdot 18{,}5/2) \cdot 18{,}5 \cdot 24/1{,}1 - 0{,}9 \cdot 6{,}63^2 \cdot 24/1{,}1$
$= 12560$ kNcm

Fließzonentheorie

Berechnungen nach der Fließzonentheorie bilden das tatsächliche Tragverhalten am besten ab. Diesem Vorteil steht gegenüber, dass man ohne EDV-Programme nicht auskommt und man darüber hinaus vertiefte Erfahrungen mit der Anwendung der Programme und Interpretation der Ergebnisse benötigt. Für baupraktische Anwendungen ist die Fließzonentheorie daher ungeeignet. Andererseits ist es zu erwarten, dass Fließzonenprogramme für das **Biegeknicken** entsprechend weiterentwickelt werden, sodass sie in naher Zukunft auch allgemeiner einsatzfähig werden.

Beim Druckstab in Bild 2.5 ergibt sich eine nichtlineare Last-Verformungs-Beziehung, die nach Erreichen der Traglast abfällt und für Stabilitätsprobleme typisch ist. Abschnitt 2.6 enthält ein Berechnungsbeispiel zur Anwendung der Fließzonentheorie, mit dem das Tragverhalten ausführlich beschrieben wird.

Anmerkung: In Fachnormen wird gefordert, dass Stabilitätsnachweise zu führen sind und in DIN 18800-1 heißt es: „Es ist nachzuweisen, dass das System im stabilen Gleichgewicht ist". Entsprechende Nachweise sind beispielsweise $\eta_{Ki,d} > 1$, $N < N_{Ki,d}$ und $M_y < M_{Ki,d}$. Derartige Nachweise werden in der Regel nicht direkt geführt, sie sind bei den κ-Nachweisen und Schnittgrößenermittlungen nach Theorie II. Ordnung verfahrensbedingt enthalten. Beim Plattenbeulen dürfen die vorhandenen Spannungen auch größer als die idealen Beulspannungen sein, da mit den κ-Werten überkritische Tragreserven ausgenutzt werden.

2.5 Erläuterungen zum Verständnis

Bei den Nachweisen in Abschnitt 2.4 sind verschiedene Einflüsse auf die Tragfähigkeit zu berücksichtigen. Im Folgenden wird anhand von einfachen Beispielen erläutert, wie sie sich auswirken und welche Bedeutung sie qualitativ haben.

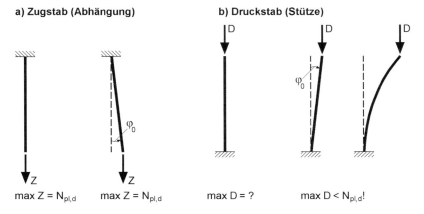

Bild 2.6 Zur Tragfähigkeit von Zug- und Druckstäben

Geometrische Imperfektionen

Zug- und Druckstäbe haben ein grundsätzlich unterschiedliches Tragverhalten. Während man beim Zugstab in Bild 2.6a max $Z = N_{pl,d}$ als Grenzbelastung unmittelbar angeben kann, ist das beim Druckstab weitaus schwieriger. Selbst wenn er ideal gerade ist und die Last genau mittig eingeleitet wird, traut man ihm schon gefühlsmäßig nicht eine ähnlich große Belastung wie beim Zugstab zu. Man spürt bei diesem Gedankenexperiment förmlich, dass max $D = N_{pl,d}$ nur bei kurzen gedrungenen Druckstäben erreicht werden kann, s. auch Bild 1.1.

Es stellt sich also die Frage, wodurch die Tragfähigkeit des Druckstabes abgemindert wird? Eine wesentliche Ursache sind geometrische Imperfektionen, weil bei Baukonstruktionen stets Abweichungen von der Sollform und -lage auftreten. Stäbe wie in Bild 2.6 sind nur in Ausnahmefällen exakt gerade und sie werden in der Regel auch nicht genau senkrecht eingebaut, sodass sich Abweichungen aus dem Herstellungsprozess und der Montage ergeben. Nimmt man wie in Bild 2.6a einen etwas schräg eingebauten Zugstab an, so entsteht infolge der nun außermittig angreifenden Last Z ein Biegemoment, das die Tragfähigkeit verringert. Dieser Einfluss ist in der Regel aber unbedeutend, weil dieses „Imperfektionsmoment" klein ist und die Zugkraft den Stab in die senkrechte Lage zu ziehen versucht.

Beim Druckstab führt die Schrägstellung ebenfalls zu einem Biegemoment. Die Druckkraft am Stützenkopf wirkt sich nun aber so aus, dass die Verformungen der Stütze zunehmen. Rein aus der Anschauung ergeben sich daher Zusatzbeanspruchungen in Form von Biegemomenten, die die Tragfähigkeit signifikant verringern können. Hinzu kommen Einflüsse infolge von Fließzonen und Eigenspannungen, die später erläutert werden.

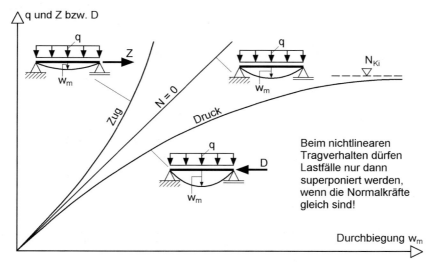

Bild 2.7 Nichtlineares Tragverhalten bei planmäßig biegebeanspruchten Zug- und Druckstäben

2.5 Erläuterungen zum Verständnis

Tragwerksverformungen

Bild 2.7 zeigt das Tragverhalten bei planmäßiger Biegebeanspruchung, wenn zusätzlich Zug- oder Drucknormalkräfte auftreten. Für den Fall N = 0 ergibt sich das bekannte **lineare Tragverhalten**, bei dem die Durchbiegungen proportional mit dem Anwachsen der Gleichstreckenlast q größer werden. Wenn man eine Zugnormalkraft hinzufügt, versucht diese den Stab gerade zu ziehen und die Durchbiegungen werden kleiner. Im Gegensatz dazu werden die Durchbiegungen, wie bei einem Bogen, den man immer weiter zusammendrückt, durch eine Drucknormalkraft größer. Die Kurven sollen zeigen, dass Normalkräfte zu einem nichtlinearen Last-Verformungs-Verhalten führen. Das nichtlineare Verhalten ergibt sich auch für Biegemomente, da Normalkräfte und Durchbiegungen zusätzliche Biegemomente ergeben, beispielsweise:

$\Delta M_m = D \cdot w_m$ bzw. $\Delta M_m = -Z \cdot w_m$

Beschränkte Superposition bei Theorie II. Ordnung

Bei der Bemessung von Tragwerken werden häufig die Schnittgrößen aus verschiedenen Lastfällen überlagert, was jedoch nur beim linearen Tragverhalten uneingeschränkt zulässig ist. Beim nichtlinearen Tragverhalten wie beispielsweise in Bild 2.7 dürfen Lastfälle nur superponiert werden, wenn die Normalkräfte gleich sind. In der Regel müssen daher entsprechende Lastfallkombinationen gebildet werden.

Entlastung durch Zugnormalkräfte

Bei dem Biegeträger in Bild 2.7 führt die Zugkraft Z zu einer Verringerung der Durchbiegungen und Biegemomente. Auf der sicheren Seite liegend kann man die Reduzierung der Beanspruchungen natürlich vernachlässigen und es stellt sich die Frage, ob man die Aussage verallgemeinern kann? Die Frage ist insbesondere auch deshalb von Bedeutung, weil bei einigen EDV-Programmen die Zugkraftentlastung gezielt aktiviert werden muss.

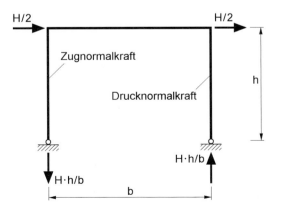

Bild 2.8   Zweigelenkrahmen mit Druck- und Zugnormalkräften

Bei dem Rahmen in Bild 2.8 ergeben sich im rechten Stiel eine **Druck**normalkraft und im linken eine **Zug**normalkraft, die, da sie aus der Last H resultieren, stets gleichzeitig auftreten. Bei der Berechnung von η_{Ki} sind daher beide Normalkräfte anzusetzen. Ohne die Zugkraftentlastung werden die Verformungen und die Biegemomente zu groß und der Verzweigungslastfaktor η_{Ki} zu klein ermittelt, s. Bild 2.8. Diese Vorgehensweise würde zwar auf der sicheren Seite liegen, kann aber bei einigen Anwendungsfällen zu **überdimensionierten** Konstruktionen führen. Von Ausnahmefällen abgesehen ist die Zugkraftentlastung daher bei den Berechnungen zu berücksichtigen.

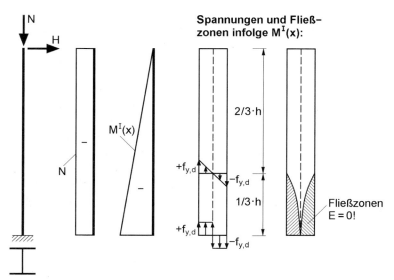

Bild 2.9   Fließzonen in einer biegebeanspruchten Stütze

Fließzonen

Die in Bild 2.9 dargestellte Stütze wird durch eine Druckkraft und planmäßige Biegung um die schwache Achse beansprucht. Sowohl nach Theorie I. als auch II. Ordnung ist der Querschnitt an der Einspannstelle für die Bemessung maßgebend. Zur Vereinfachung wird hier angenommen, dass die gesamte Drucknormalkraft vom Steg aufgenommen wird und $N = A_{Steg} \cdot f_{y,d}$ ist. Wenn man den Einfluss der Querkraft vernachlässigt, stehen die Gurte vollständig zur Aufnahme des Biegemoments zur Verfügung. Da die Gurte rechteckige Querschnitte sind, für die $\alpha_{pl} = 1{,}5$ ist, ergeben sich in Längsrichtung der Stütze ausgeprägte Fließzonen, d. h. Bereiche, in denen aufgrund des Werkstoffverhaltens in Bild 2.1 E = 0 ist. Wenn man nur das Biegemoment $M^I(x)$ betrachtet, ergeben sich die in Bild 2.9 dargestellten Fließzonen in den Gurten des I-Querschnitts, die wegen $\alpha_{pl} = 1{,}5$ im unteren Drittel der Stütze auftreten. Da hier nur der grundsätzliche Einfluss der Fließzonen dargelegt werden soll, wird dazu in Bild 2.9 nur die Spannungsverteilung infolge $M^I(x)$ herangezogen. Durch den Einfluss der Theorie II. Ordnung wird der Biegemomentenverlauf etwas bauchiger, so-

2.5 Erläuterungen zum Verständnis

dass die Fließzonen in Wirklichkeit länger sind. Darüber hinaus hat die Normalkraft auch auf die Spannungen im unteren Drittel der Stütze einen gewissen Einfluss, der hier außer Acht gelassen wird.

Wegen E = 0 führen Fließzonen zu einer Verringerung der Steifigkeiten, sodass dadurch die Biegesteifigkeit EI_z der Stütze im unteren Drittel reduziert wird. Daraus resultieren größere Verformungen als nach der Elastizitätstheorie und nach Theorie II. Ordnung ergeben sich daher größere Biegemomente sowie höhere Beanspruchungen.

Eigenspannungen

Beim Walzen, Schweißen und Richten entstehen in Bauteilen Eigenspannungen, die durch Erwärmen und Abkühlen verursacht werden. Als Beispiel sind in Tabelle 2.8 Eigenspannungen dargestellt, die in Walzprofilen auftreten können.

Beim Walzen von Profilen treten bekanntlich hohe Temperaturen auf und das Profil kühlt nach dem Walzvorgang auf Raumtemperatur ab. Dabei zieht sich der Stahl zusammen und das Profil verkürzt sich, wobei das Zusammenziehen nicht zwängungsfrei erfolgt, weil die Abführung der Wärme aufgrund der Materialdicken und der Lage im Querschnitt unterschiedlich ist. Offensichtlich kühlen die Gurtränder schneller ab als die Ausrundungsbereiche, sodass sie das Zusammenziehen dieser Bereiche behindern. Aus diesen Zwängungen ergeben sich an den Gurträndern **Druck**eigenspannungen, im Bereich der Ausrundungen Zugeigenspannungen. Da keine äußeren Kräfte wirken, sind die Eigenspannungen so verteilt, dass keine Schnittgrößen auftreten und es gilt beispielsweise N = M = 0.

Tabelle 2.8   Zur Größe und Verteilung von Eigenspannungen bei Walzprofilen

Quelle	h/b ≤ 1,2	h/b > 1,2
Erläuterungen zu DIN 18800 $f_y = 24 \text{ kN/cm}^2$	$0,3 \cdot f_y$ / $-0,5 \cdot f_y$ / $0,3 \cdot f_y$	$f_y/6$ / $-0,3 \cdot f_y$ / $f_y/6$
ECCS Publication Nr. 33 (1984) $f_y = 23,5 \text{ kN/cm}^2$	$0,5 \cdot f_y$ / $-0,5 \cdot f_y$ / $0,5 \cdot f_y$ / $-0,5 \cdot f_y$	$0,3 \cdot f_y$ / $-0,3 \cdot f_y$ / $0,3 \cdot f_y$ / $-0,3 \cdot f_y$

Bei Berechnungen nach Theorie I. Ordnung haben die Eigenspannungen keinen Einfluss auf die Tragfähigkeit, da sie die Schnittgrößen nicht verändern und mit wachsender Belastung herausplastizieren. Auch bei Theorie II. Ordnung wirken sie sich nicht unmittelbar auf die Schnittgrößen aus, sondern indirekt wie folgt:

- Verringerung der Steifigkeiten
- Vergrößerung der Verformungen
- Vergrößerung der Schnittgrößen

Die Einflüsse infolge von Eigenspannungen und Fließzonen, die bei Berechnungen mit den Nachweisverfahren Elastisch-Elastisch und Elastisch-Plastisch näherungsweise durch geometrische **Ersatz**imperfektionen abgedeckt werden, können unmittelbar nur im Rahmen der Fließzonentheorie erfasst werden. Welche Rolle dabei die Eigenspannungen spielen, soll hier mit Hilfe von Bild 2.10 prinzipiell erläutert werden.

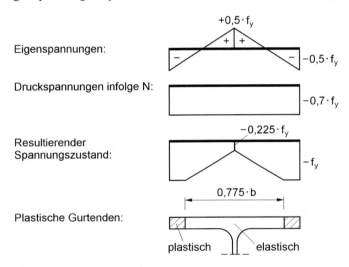

Bild 2.10 Beispiel zum Plastizieren der Gurtenden von Walzprofilen unter Berücksichtigung von Eigenspannungen, [31]

Beispielhaft wird von einem Druckstab ausgegangen, ein I-förmiges Walzprofil mit h/b ≤ 1,2 gewählt und eine geradlinige Eigenspannungsverteilung mit einer Druckspannung $\sigma_x = -0{,}5 \cdot f_y$ an den Gurträndern gemäß Tabelle 2.8 angesetzt. Ergänzend dazu wird in Bild 2.10 eine konstante Druckspannung $\sigma_x = -0{,}7 \cdot f_y$ infolge einer Druckkraft N hinzugefügt, jedoch aus Gründen der Übersichtlichkeit nur der Obergurt des Walzprofils betrachtet. Aus der Überlagerung mit den Eigenspannungen folgt, dass bei Annahme des Werkstoffverhaltens in Bild 2.1 22,5 % des Obergurtes plastiziert sind. Da dort E = 0 ist, entfallen diese Bereiche bei der Berechnung der Biegesteifigkeiten EI_y und EI_z. Dieser Effekt wirkt sich beim Biegeknicken um die schwache Achse besonders stark aus, weil die Gurtenden betroffen sind, die den größten Beitrag zum Trägheitsmoment um die schwache Achse liefern. Dadurch nimmt die Verzweigungslast $N_{Ki,z}$ stark ab und bei vorverformten Druckstäben entstehen größere Durchbiegungen und als Folge daraus zusätzliche Biegemomente. Die Tragfähigkeit wird daher durch Eigenspannungen ungünstig beeinflusst, was hier am Beispiel des Biegeknickens um die schwache Achse anschaulich qualitativ gezeigt worden ist, bei Stabilitätsproblemen aber allgemein der Fall ist.

Schnittgrößen nach Theorie II. Ordnung

Beim **Ersatzimperfektionsverfahren** gemäß Tabelle 2.5 werden die Schnittgrößen nach Theorie II. Ordnung benötigt. Bei ihrer Ermittlung sind drei Punkte zu beachten:

- Es sind geometrische Ersatzimperfektionen anzusetzen, s. Abschnitt 7.2.
- Berechnung der Schnittgrößen unter Berücksichtigung der Tragwerksverformungen (Theorie II. Ordnung) und geometrischen Ersatzimperfektionen
- Bezug der Schnittgrößen auf die **verformte Stabachse**, s. Bild 2.11

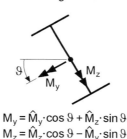
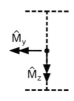

Bild 2.11   Zur Berechnung von Nachweisschnittgrößen

Bild 2.11 soll veranschaulichen, dass für die Nachweise Schnittgrößen benötigt werden, die sich auf die **verformte** Stabachse beziehen. In Bild 2.11a sind das die Schnittgrößen M_y, V_z und N, die bei einachsiger Biegung mit Normalkraft zu berechnen sind. Da sich bei planmäßiger oder unplanmäßiger Torsion die Querschnitte um den Winkel ϑ verdrehen, müssen die Biegemomente M_y und M_z auf diese Lage bezogen werden. Die Ermittlung der Schnittgrößen nach Theorie II. Ordnung wird in den Kapiteln 8 und 9 ausführlich behandelt. Wie sie sich im Vergleich zur Theorie I. Ordnung verändern, wird in den Abschnitten 8.9 und 9.8 sowie mit zahlreichen Berechnungsbeispielen erläutert.

2.6   Fließzonentheorie

Mit experimentellen Untersuchungen und begleitenden Berechnungen nach der Fließzonentheorie kann das Tragverhalten am genauesten analysiert werden. Die entsprechenden Berechnungen können nur mit Hilfe von EDV-Programmen durchgeführt werden und erfordern einen hohen Arbeitsaufwand sowie weit reichende Erfahrungen. Hier soll das tatsächliche Tragverhalten und das Wesen der Fließzonentheorie mit einem Beispiel gezeigt werden. Das Beispiel geht auf [93] zurück.

Der Druckstab in Bild 2.12 besteht aus einem HEB 400 in der Stahlgüte S 460. Gemäß Tabelle 2.9 wurden im Versuch 9120 kN erreicht. Unter Berücksichtigung der gemessenen Streckgrenzen beträgt die vollplastische Normalkraft N_{pl} = 9720 kN, sodass der Einfluss des **Biegeknickens um die schwache Achse** mit etwas über 6 % gering ist. Dies ist auch an der Last-Verformungs-Kurve erkennbar, die nach Erreichen des Maximums nur schwach abfällt.

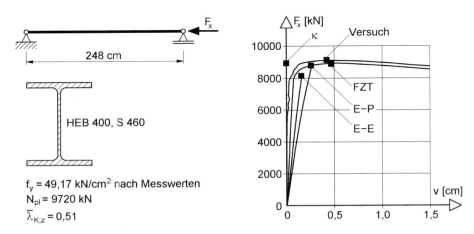

Bild 2.12 Biegeknicken eines Druckstabes – Versuch und Berechnungen

Tabelle 2.9 Grenzlast für den Druckstab in Bild 2.12

Art der Ermittlung	Hinweise	Grenzlast $F_{x,u}$	%
Versuch		9120 kN	100
κ-Verfahren	Knickspannungslinie a	8947 kN	98,1
Ersatzimperfektionsverfahren			
• Elastisch-Elastisch (E-E)	$v_0 = \ell/450$	8145 kN	89,3
• Elastisch-Plastisch (E-P)	$v_0 = \ell/300$	8899 kN	97,6
Fließzonentheorie (FZT)	$v_0 = \ell/1000$ und Eigenspannungen	8942 kN	98,0

Bei der Fließzonentheorie wird eine Vorkrümmung mit dem Stich in Feldmitte von $v_0 = \ell/1000$ und Eigenspannungen gemäß Tabelle 2.8 angesetzt. Gewählt wird die geradlinige Spannungsverteilung mit $0,5 \cdot f_y$, jedoch für f_y nur 24 kN/cm² also wie für einen Stahl S 235 angesetzt. Mit f_y = 49,17 kN/cm² würden sich unrealistisch hohe Eigenspannungen ergeben. Wie man sieht wird die Last-Verformungs-Kurve und die Versuchslast mit der Fließzonenberechnung gut angenähert. Dabei ergeben sich Fließzonen, die in Bild 2.13 skizziert sind und wie zu erwarten in Feldmitte besonders stark ausgeprägt sind. Bei den Gurten ergeben sich auf der rechten Seite plasti-

2.7 Geometrisch nichtlineare Berechnungen

zierte Randbereiche. Sie entstehen aus der Überlagerung von Druckspannungen, die aus den folgenden Einflüssen resultieren:

- Drucknormalkraft N
- Biegemoment N · $v_0(x)$ plus Vergrößerung nach Theorie II. Ordnung
- Eigenspannungen nach Tabelle 2.8

Bild 2.13 zeigt, dass der Querschnitt in Feldmitte nicht durchplastiziert ist. Maßgebend für die Grenzlast nach der Fließzonentheorie ist daher die Ausbreitung der Fließzonen und der daraus resultierenden Steifigkeitsverlust, d. h. der Eigenwert des teilplastizierten System beträgt nur noch N = 8942 kN.

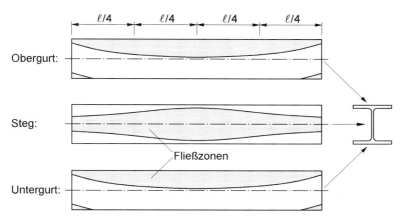

Bild 2.13 Fließzonen im Druckstab nach Bild 2.12 für F_x = 8942 kN

Mit den „vereinfachten" Verfahren, d. h. dem κ-Verfahren und dem Ersatzimperfektionsverfahren wird die Versuchstraglast bei diesem Beispiel relativ gut angenähert. Bei anderen baustatischen Systemen können sich aber auch deutliche Unterschiede ergeben. In [31] wird ein Beispiel zum Biegedrillknicken mit planmäßiger Torsion ausführlich behandelt. Ausgewählte Versuchsergebnisse und Erkenntnisse zum Tragverhalten, die im Rahmen des Forschungsvorhabens [18] gewonnen wurden, wurden in [37] veröffentlicht.

2.7 Geometrisch nichtlineare Berechnungen

In Abschnitt 2.1 wurde in Verbindung mit Tabelle 2.1 ausgeführt, dass das Gleichgewicht am verformten System Grundlage der zu führenden Nachweise ist. Geometrisch nichtlineare Berechnungen sind jedoch nur in seltenen Ausnahmefällen erforderlich bzw. sinnvoll. Andererseits sind einige kommerzielle EDV-Programme verfügbar, die auf dieser Basis rechnen und eine Verwendung nahe legen könnten. Da sie darüber hinaus für wissenschaftliche Untersuchungen häufig eingesetzt werden, sollen im Folgenden beispielhaft einige Erläuterungen gegeben werden.

Beispiel Biegeknicken

Es wird das Biegeknicken der Stütze in Bild 2.14 untersucht und dabei eine geometrische Imperfektion in Form einer Vorkrümmung mit dem Stich in der Mitte von $v_0 = \ell/1000$ angesetzt. Die kritische Last beträgt $P_{Ki} = 620{,}4$ kN, sie ist bei der Berechnung nach Theorie II. Ordnung eine obere Grenze. Bild 2.14c zeigt das Last-Verformungs-Verhalten der Stütze.

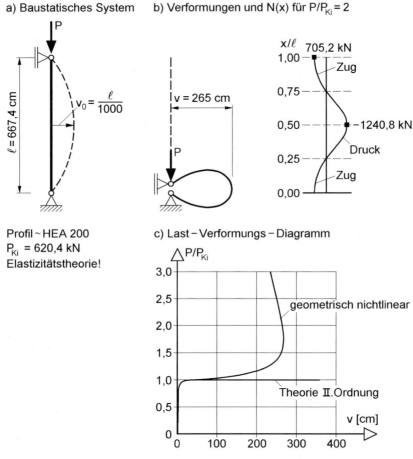

Bild 2.14 Geometrisch nichtlineare Theorie und Theorie II. Ordnung beim Biegeknicken einer Stütze, nach [93]

Bei der geometrisch nichtlinearen Berechnung nach der **Elastizitätstheorie** kann die Last erheblich vergrößert werden. In Bild 2.14c sind die Verschiebungen v der Stabmitte bis zu $P/P_{Ki} = 3$ dargestellt. Wie man sieht, ergeben sich erst für v > 100 cm nennenswerte Unterschiede zwischen den beiden Berechnungstheorien. P/P_{Ki} ist in diesem Verformungszustand nur geringfügig größer als Eins.

2.7 Geometrisch nichtlineare Berechnungen

In Bild 2.14b sind die Verformungen und der Normalkraftverlauf für $P/P_{Ki} = 2$ dargestellt. Bei dieser Belastung beträgt die Verschiebung in der Mitte $v = 265$ cm, was bezogen auf die Stützenlänge ca. 40 % sind, und der Stützenkopf hat sich bis auf ca. 47 cm zum Fußpunkt hin verschoben. Da sich die Normalkraft auf die verformte Stabachse bezieht, hat sie einen stark veränderlichen Verlauf mit $N = 705{,}2$ kN an den Enden (Zug!) und $N = -1240{,}8$ kN $= 2 \cdot P_{Ki}$ in Stützenmitte (Druck!). In Bild 2.14b ist der Verlauf über die unverformte Stütze dargestellt, da dies an der verformten Stabachse kaum möglich ist.

Bei der geometrisch nichtlinearen Berechnung kann P über P_{Ki} hinaus vergrößert werden, weil die extrem großen Verformungen den Normalkraftverlauf wegen

$$N = P \cdot \cos \varphi$$

signifikant verändern. Dabei entstehen, wie das Beispiel zeigt, sogar große Zugnormalkräfte, die die Stabilitätsgefahr erheblich reduzieren. Wenn man beispielsweise den Normalkraftverlauf für $P/P_{Ki} = 2$ in Bild 2.14b zugrunde legt, beträgt der Verzweigungslastfaktor $\eta = 6{,}83$, was die entlastende Wirkung deutlich macht. Die Verformungen in Bild 2.14b zeigen, dass man die theoretisch vorhandenen Tragreserven wohl kaum ausnutzen kann. Im Bauwesen sind derartige Verformungen völlig abwegig und die Einleitung der Last P sowie ihre Verschiebung um mehrere Meter ist bei Baukonstruktionen nicht möglich. Darüber hinaus verhält sich die Stütze auch nicht, wie hier angenommen, unbegrenzt elastisch. Wenn man als Stahlgüte S 235 wählt und das Werkstoffverhalten nach Bild 2.1 berücksichtigt, beträgt die rechnerische Grenzlast etwa $P = 500$ kN. Eine normengerechte Bemessung mit dem κ-Verfahren nach Abschnitt 3.2 führt zu max $P = 393$ kN.

Beispiel Biegedrillknicken

Als Beispiel zum Biegedrillknicken wird der Träger in Bild 2.15 untersucht. Aufgrund der Vorkrümmung $v_0 = \ell/1000$ tritt im Träger eine Torsionsbeanspruchung auf, was zu Verdrehungen ϑ und einer Verdrillung des Trägers führt. Da die Verdrehungen für das Tragverhalten die größte Bedeutung haben, sind sie in Bild 2.15b links dargestellt.

Die Verdrehungen sind in Radiant (Bogenmaß) angegeben. Da 2π in Radiant $360°$ (Altgrad) entsprechen, ist beispielsweise $\vartheta = 1$ rad eine Verdrehung von $57{,}3°$, sodass mit Bild 2.15b nennenswerte Unterschiede zwischen den beiden Berechnungstheorien ab etwa $\vartheta = 30°$ festgestellt werden können. Die Verdrehungen verursachen eine Veränderung der Schnittgrößen, die aus Bild 2.15b rechts abgelesen werden kann. Aus Gründen der Übersichtlichkeit sind nicht die Schnittgrößen M_y, M_z und M_ω dargestellt, sondern Größen, die auf die vollplastischen Schnittgrößen für $f_y = 24$ kN/cm^2 bezogen sind:

$$m_y = \frac{M_y}{M_{pl,y}}, \quad m_z = \frac{M_z}{M_{pl,z}} \quad \text{und} \quad m_\omega = \frac{M_\omega}{M_{pl,\omega}}$$

Dabei handelt es sich um reine Bezugswerte, da für die Berechnungen unbegrenzt elastisches Verhalten angenommen wird.

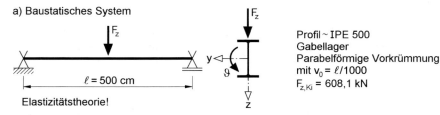

a) Baustatisches System

Profil ~ IPE 500
Gabellager
Parabelförmige Vorkrümmung
mit $v_0 = \ell/1000$
$F_{z,Ki} = 608{,}1$ kN

Elastizitätstheorie!

b) Verdrehungen und Schnittgrößen in Trägermitte

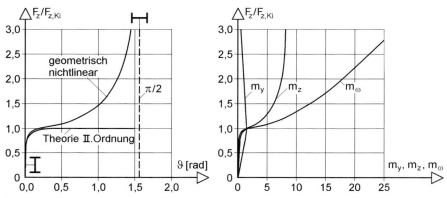

Bild 2.15 Geometrisch nichtlineare Theorie und Theorie II. Ordnung beim Biegedrillknicken eines Trägers nach [93]

Durch die Einzellast F_z wird der Träger planmäßig auf Biegung um die starke Achse beansprucht. Mit Bezug auf Bild 2.11b ist in Feldmitte

$$\hat{M}_y = F_z \cdot \ell/4,$$

sodass sich durch die Verdrehung ϑ

$$M_y = \hat{M}_y \cdot \cos\vartheta$$

$$M_z = -\hat{M}_y \cdot \sin\vartheta$$

ergeben und daher das Biegemoment M_y, das hauptsächlich für die Stabilitätsgefahr verantwortlich ist, bei großen Verdrehungen deutlich reduziert wird. Bild 2.15b zeigt, dass sich die Verdrehungen asymptotisch $\vartheta = \pi/2$, d. h. $\vartheta = 90°$, annähern. Der Träger versucht also, sich der Stabilitätsgefahr vollständig zu entziehen. Damit ergibt sich beim Biegedrillknicken ein ähnliches Verhalten wie beim Biegeknicken, wo sich der Normalkraftverlauf signifikant verändert. Im Hinblick auf die Ausnutzung des geometrisch nichtlinearen Verhaltens sei hier auf die Anmerkungen zum Biegeknicken verwiesen. Ergänzend dazu sind in Bild 2.16 zwei Zustände dargestellt, die auf die erforderliche Einleitung der Einzellast F_z hinweisen sollen. Möglicherweise

2.7 Geometrisch nichtlineare Berechnungen

kann man sich vorstellen, dass dies beispielsweise bei einem Winkel von 60° noch möglich ist, bei $\vartheta = 90°$ aber sicher nicht. Dafür sind Tragwerke nur in Ausnahmefällen konstruiert.

Welche Verdrehungen man bei den Berechnungen zulassen kann, hängt natürlich von den untersuchten Konstruktionen ab. Bei Theorie II. Ordnung begrenzt man ϑ meist auf etwa 0,3 rad, was 17,2 ° entspricht. Bis dahin sind die Näherungen $\sin \varphi = \varphi$ und $\cos \varphi = 1$ in der Regel ausreichend genau ($\sin 0,3 = 0,2955 \cong 0,3$ und $\cos 0,3 = 0,955 \cong 1$). Sofern man aufgrund der vorhandenen Konstruktion größere Winkel zulassen kann, sind auch Berechnungen nach der geometrisch nichtlinearen Theorie sinnvoll.

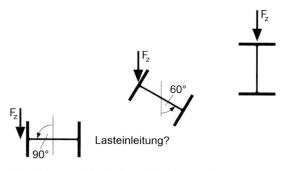

Bild 2.16 Verdrehung der Querschnitte um 60° und 90° sowie Einzellast F_z

3 Nachweise für das Biegeknicken mit Abminderungsfaktoren

3.1 Vorbemerkungen

Gemäß DIN 18800 Teil 2, Element 301, dürfen das Biegeknicken und das Biegedrillknicken von Stäben getrennt untersucht werden. In diesem Kapitel werden Nachweise für das **Biegeknicken mit dem κ-Verfahren** behandelt. DIN 18800 Teil 2 unterscheidet Nachweisbedingungen für drei Beanspruchungsfälle:

- Drucknormalkraft N
- Drucknormalkraft N und Biegemoment M_y oder M_z
- Drucknormalkraft N und Biegemomente M_y sowie M_z

Bei der einachsigen Biegung mit Drucknormalkraft N gilt die Nachweisbedingung der DIN für Biegeknicken (Ausweichen) in der Momentenebene. Es fehlt der Fall, dass planmäßig Biegemomente M_y um die starke Achse vorhanden sind und der Stab senkrecht dazu in Richtung der y-Achse ausweicht. Im Kommentar zur DIN [58] wird dieser Sachverhalt angesprochen und erläuternd ausgeführt, dass dieser Fall nicht bemessungsrelevant ist. Sofern diesbezüglich Zweifel bestehen, wird empfohlen, diesen Fall mit Hilfe des Ersatzimperfektionsverfahrens in Kapitel 7 zu untersuchen oder die Bedingung für zweiachsige Biegung mit Drucknormalkraft, d. h. Gl. (3.18), zu verwenden und $M_z = 0$ einzusetzen.

Die Nachweise mit dem κ-Verfahren werden in DIN 18800 „*vereinfachte Tragsicherheitsweise*" genannt. In der Literatur wird auch häufig der Begriff „*Ersatzstabverfahren*" verwendet, weil die tatsächliche Länge der Druckstäbe durch ihre Knicklänge (s. Kapitel 4) ersetzt wird. In den Nachweisbedingungen ist diese Methodik jedoch nicht unmittelbar erkennbar.

Beim Nachweis von Druckstäben mit dem *κ-Verfahren* wird vom ideal geraden Stab ausgegangen und der Einfluss von Imperfektionen (Vorverformungen, Einspannungen) durch Abminderungsfaktoren κ erfasst. Da, wie in Abschnitt 2.6 gezeigt, aufgrund der Imperfektionen Biegemomente auftreten und Fließzonen entstehen, die die Steifigkeit verringern, müssen auch diese Auswirkungen von den κ-Werten abgedeckt werden. Darüber hinaus wird damit auch die Vergrößerung der Biegemomente nach Theorie II. Ordnung berücksichtigt. Bei den Nachweisen mit dem κ-Verfahren werden daher die Biegemomente nach Theorie I. Ordnung eingesetzt und keine Imperfektionen angesetzt, s. jedoch Abschnitt 3.5 (Systeme mit Pendelstützen). Da in die Nachweisbedingungen keine Querkräfte eingehen, wird davon ausgegangen, dass ihr Einfluss unbedeutend ist. Ggf. sind ergänzende Nachweise zu führen und es ist die Vergrößerung der Querkräfte nach Theorie II. Ordnung zu beachten.

Im Folgenden werden zunächst die Nachweisbedingungen für Einzelstäbe behandelt. Im Vordergrund stehen dabei die Nachweise zum Biegeknicken nach DIN 18800 Teil 2. Ergänzend dazu werden auch vergleichbare Regelungen des Eurocode 3 erläutert. Abschnitt 3.7 enthält Hinweise zu den κ-Werten und genauere Abminderungsfaktoren für gewisse Anwendungsfälle.

Zur Ermittlung der Abminderungsfaktoren κ werden die Knicklängen s_K oder die idealen Drucknormalkräfte N_{Ki} benötigt. Ihre Berechnung ist die zentrale Aufgabe bei Nachweisen mit dem κ-Verfahren und erfordert – abgesehen von einfachen Standardsystemen - vertiefte Kenntnisse. Die Ermittlung von s_K und N_{Ki} wird daher ausführlich in Kapitel 4 behandelt.

3.2 Planmäßig mittiger Druck

Gemäß DIN 18800 Teil 2 ist der Tragsicherheitsnachweis für *planmäßig mittig gedrückte* Stäbe mit der folgenden Bedingung zu führen:

$$\frac{N}{\kappa \cdot N_{pl,d}} \leq 1 \tag{3.1}$$

Der Abminderungsfaktor κ ist für die maßgebende Ausweichrichtung ($\Rightarrow \kappa_y$ bzw. κ_z) in Abhängigkeit vom *bezogenen Schlankheitsgrad* $\bar{\lambda}_K$ zu ermitteln:

$$\bar{\lambda}_K \leq 0,2 : \kappa = 1 \tag{3.2a}$$

$$\bar{\lambda}_K > 0,2 : \kappa = \frac{1}{k + \sqrt{k^2 - \bar{\lambda}_K^2}} \tag{3.2b}$$

vereinfachend für $\bar{\lambda}_K > 3,0 : \kappa = \frac{1}{\bar{\lambda}_K \cdot (\bar{\lambda}_K + \alpha)}$ (3.2c)

Die Parameter in Gl. (3.2) sind:

$$k = 0,5 \left[1 + \alpha \left(\bar{\lambda}_K - 0,2 \right) + \bar{\lambda}_K^2 \right] \tag{3.3}$$

$\alpha = 0,21$ für KSL a
$\alpha = 0,34$ für KSL b
$\alpha = 0,49$ für KSL c
$\alpha = 0,76$ für KSL d

Die Querschnitte der Druckstäbe sind vier verschiedenen *Knickspannungslinien (KSL)* zugeordnet. Dabei werden nicht nur die Querschnittsformen unterschieden, sondern auch, ob das Ausweichen rechtwinklig zur y- oder z-Achse untersucht wird. Die Zuordnung der Querschnitte zu den Knickspannungslinien ist Tabelle 3.1 zu entnehmen. Für gewalzte I-Profile enthält die Tabelle unten eine unmittelbare Zuordnung für die gängigen Profilreihen.

Tabelle 3.1 Zuordnung der Querschnitte zu den Knickspannungslinien (KSL)

Querschnitt		Ausweichen rechtwinklig zur Achse	Knickspannungslinie
Hohlprofile warm gefertigt		$y-y$ $z-z$	a
kalt gefertigt		$y-y$ $z-z$	b
geschweißte Kastenquerschnitte		$y-y$ $z-z$	b
	dicke Schweißnähte und $h_y/t_y < 30$ $h_z/t_z < 30$	$y-y$ $z-z$	c
gewalzte I-Profile	$h/b > 1,2$; $t \leq 40$ mm	$y-y$ $z-z$	a b
	$h/b > 1,2$; $40 < t \leq 80$ mm $h/b \leq 1,2$; $t \leq 80$ mm	$y-y$ $z-z$	b c
	$t > 80$ mm	$y-y$ $z-z$	d
geschweißte I-Querschnitte	$t_i \leq 40$ mm	$y-y$ $z-z$	b c
	$t_i > 40$ mm	$y-y$ $z-z$	c d
U-, L-, T- und Vollquerschnitte		$y-y$ $z-z$	c
und mehrteilige Stäbe nach Abschnitt 4.4 (DIN 18800 Teil 2)			
Hier nicht aufgeführte Profile sind sinngemäß einzuordnen. Die Einordnung soll dabei nach den möglichen Eigenspannungen und Blechdicken erfolgen. Als dicke Schweißnähte sind solche mit einer vorhandenen Nahtdicke $a \geq \min t$ zu verstehen.			
Zuordnung gewalzter I-Profile	alle IPE, IPEa, IPEo, IPEv HEAA 400 bis 1000 HEA 400 bis 1000 HEB 400 bis 1000 HEM 340 bis 1000	$y-y$ $z-z$	a b *)
*) gemäß Abschnitt 3.7 kann eine Linie ab verwendet werden	HEAA 100 bis 360 HEA 100 bis 360 HEB 100 bis 360 HEM 100 bis 320	$y-y$ $z-z$	b c

3.2 Planmäßig mittiger Druck

Der bezogene Schlankheitsgrad wird mit

$$\overline{\lambda}_K = \sqrt{\frac{N_{pl}}{N_{Ki}}} \qquad (3.4)$$

berechnet. Alternativ kann auch die Berechnungsformel

$$\overline{\lambda}_K = \frac{\lambda_K}{\lambda_a} \qquad (3.5)$$

verwendet werden. Dabei wird der Schlankheitsgrad $\lambda_K = s_K/i$ aus der Knicklänge s_K und dem Trägheitsradius i ermittelt. Der *Bezugsschlankheitsgrad*

$$\lambda_a = \pi \cdot \sqrt{\frac{E}{f_{y,k}}} \qquad (3.6)$$

beträgt für die üblichen Baustähle:

$\lambda_a = 92{,}9$ für $f_{y,k} = 24$ kN/cm² (S 235, t ≤ 40 mm)
$\lambda_a = 75{,}9$ für $f_{y,k} = 36$ kN/cm² (S 355, t ≤ 40 mm)

Für vier Druckstäbe mit konstanter Druckkraft N und konstanter Biegesteifigkeit EI sind in Bild 3.1 die *Knicklängen* s_K und die Berechnung der kleinsten *Verzweigungslast* N_{Ki} angegeben. In Kapitel 4 wird die Ermittlung dieser Werte ausführlich behandelt und für ausgewählte baustatische Systeme werden Berechnungshilfen gegeben.

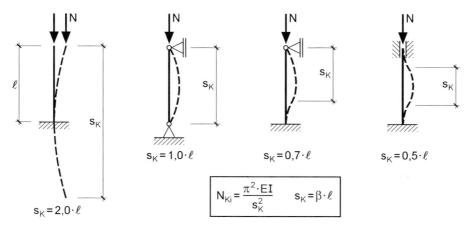

Bild 3.1 Knicklängen s_K und Verzweigungslasten N_{Ki} für die vier Eulerfälle

Die Überschrift „*Planmäßig mittiger Druck*" des vorliegenden Abschnitts wurde wie in DIN 18800 Teil 2 gewählt. Sie drückt aus, dass **planmäßig** nur Drucknormalkräfte und keine anderen Schnittgrößen auftreten. Da die Stabachse in Wirklichkeit nicht gerade ist, entstehen jedoch wie in Kapitel 2 erläutert Biegemomente, die die Tragfähigkeit reduzieren. Die Abminderungsfaktoren κ nach Gl. (3.2) enthalten alle Einflüsse, die die Tragfähigkeit von Druckstäben herabsetzen. Dies sind geometrische Imperfektionen (Vorkrümmungen, Vorverdrehungen) und daraus resultierende Biegemomente nach Theorie II. Ordnung sowie darüber hinaus die Auswirkungen von Eigenspannungen und Fließzonen, s. auch Kapitel 2.

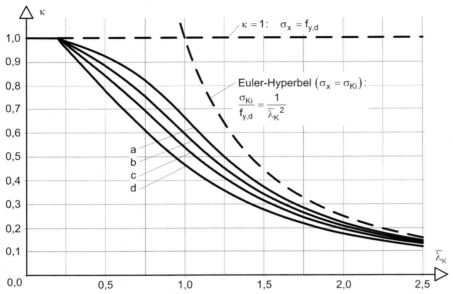

Bild 3.2 Knickspannungslinien a, b, c und d für das Biegeknicken von Druckstäben

Die Knickspannungslinien a, b, c und d nach Gl. (3.2) sind in Bild 3.2 dargestellt. Sie werden durch zwei Linien begrenzt: $\kappa = 1$ und $\overline{\sigma}_{Ki} = 1/\overline{\lambda}_K^2$. Der Wert $\kappa = 1$ bedeutet $N = N_{pl,d}$ und $\sigma_x = f_{y,d}$. Er ergibt sich als obere Grenze, weil die Normalspannung maximal gleich der Streckgrenze sein darf. Andererseits ist auch die Verzweigungslast N_{Ki} und die sich daraus ergebende *Eulersche Knickspannung* $\sigma_{Ki} = N_{Ki}/A$ eine obere Grenze. In dimensionsloser Form erhält man die *Eulersche Knickspannung* wie folgt:

$$\overline{\sigma}_{Ki} = \frac{\sigma_{Ki}}{f_{y,k}} = \frac{\pi^2 \cdot E}{\lambda_K^2 \cdot f_{y,k}} = \frac{\lambda_a^2}{\lambda_K^2} = \frac{1}{\overline{\lambda}_K^2} \tag{3.7}$$

Wie man sieht weichen die Knickspannungslinien im mittleren Schlankheitsbereich (um $\overline{\lambda}_K = 1,0$) am stärksten von den erwähnten Grenzlinien ab. Der Einfluss der Imperfektionen ist daher in diesem Bereich am größten. Als Hilfe für die Bemessung von Druckstäben sind in Tabelle 3.2 Zahlenwerte κ für die Knickspannungslinien a, b und c zusammengestellt.

3.2 Planmäßig mittiger Druck

Tabelle 3.2 Abminderungsfaktoren κ nach DIN 18800 Teil 2

$\overline{\lambda}_K$	Knickspannungslinie a	b	c	$\overline{\lambda}_K$	Knickspannungslinie a	b	c	$\overline{\lambda}_K$	Knickspannungslinie a	b	c
0,20	1,000	1,000	1,000	0,70	0,848	0,784	0,725	1,20	0,530	0,478	0,434
0,21	0,998	0,996	0,995	0,71	0,843	0,778	0,718	1,21	0,524	0,473	0,429
0,22	0,996	0,993	0,990	0,72	0,838	0,772	0,712	1,22	0,518	0,467	0,424
0,23	0,993	0,989	0,985	0,73	0,833	0,766	0,706	1,23	0,511	0,462	0,420
0,24	0,991	0,986	0,980	0,74	0,828	0,761	0,700	1,24	0,505	0,457	0,415
0,25	0,989	0,982	0,975	0,75	0,823	0,755	0,694	1,25	0,499	0,452	0,411
0,26	0,987	0,979	0,969	0,76	0,818	0,749	0,687	1,26	0,493	0,447	0,406
0,27	0,984	0,975	0,964	0,77	0,812	0,743	0,681	1,27	0,487	0,442	0,402
0,28	0,982	0,971	0,959	0,78	0,807	0,737	0,675	1,28	0,482	0,437	0,397
0,29	0,980	0,968	0,954	0,79	0,801	0,731	0,668	1,29	0,476	0,432	0,393
0,30	0,977	0,964	0,949	0,80	0,796	0,724	0,662	1,30	0,470	0,427	0,389
0,31	0,975	0,960	0,944	0,81	0,790	0,718	0,656	1,31	0,465	0,422	0,385
0,32	0,973	0,957	0,939	0,82	0,784	0,712	0,650	1,32	0,459	0,417	0,380
0,33	0,970	0,953	0,934	0,83	0,778	0,706	0,643	1,33	0,454	0,413	0,376
0,34	0,968	0,949	0,929	0,84	0,772	0,699	0,637	1,34	0,448	0,408	0,372
0,35	0,966	0,945	0,923	0,85	0,766	0,693	0,631	1,35	0,443	0,404	0,368
0,36	0,963	0,942	0,918	0,86	0,760	0,687	0,625	1,36	0,438	0,399	0,364
0,37	0,961	0,938	0,913	0,87	0,753	0,680	0,618	1,37	0,433	0,395	0,361
0,38	0,958	0,934	0,908	0,88	0,747	0,674	0,612	1,38	0,428	0,390	0,357
0,39	0,955	0,930	0,903	0,89	0,740	0,668	0,606	1,39	0,423	0,386	0,353
0,40	0,953	0,926	0,897	0,90	0,734	0,661	0,600	1,40	0,418	0,382	0,349
0,41	0,950	0,922	0,892	0,91	0,727	0,655	0,594	1,41	0,413	0,378	0,346
0,42	0,947	0,918	0,887	0,92	0,721	0,648	0,588	1,42	0,408	0,373	0,342
0,43	0,945	0,914	0,881	0,93	0,714	0,642	0,582	1,43	0,404	0,369	0,338
0,44	0,942	0,910	0,876	0,94	0,707	0,635	0,575	1,44	0,399	0,365	0,335
0,45	0,939	0,906	0,871	0,95	0,700	0,629	0,569	1,45	0,394	0,361	0,331
0,46	0,936	0,902	0,865	0,96	0,693	0,623	0,563	1,46	0,390	0,357	0,328
0,47	0,933	0,897	0,860	0,97	0,686	0,616	0,558	1,47	0,385	0,354	0,324
0,48	0,930	0,893	0,854	0,98	0,680	0,610	0,552	1,48	0,381	0,350	0,321
0,49	0,927	0,889	0,849	0,99	0,673	0,603	0,546	1,49	0,377	0,346	0,318
0,50	0,924	0,884	0,843	1,00	0,666	0,597	0,540	1,50	0,372	0,342	0,315
0,51	0,921	0,880	0,837	1,01	0,659	0,591	0,534	1,51	0,368	0,339	0,311
0,52	0,918	0,875	0,832	1,02	0,652	0,584	0,528	1,52	0,364	0,335	0,308
0,53	0,915	0,871	0,826	1,03	0,645	0,578	0,523	1,53	0,360	0,331	0,305
0,54	0,911	0,866	0,820	1,04	0,638	0,572	0,517	1,54	0,356	0,328	0,302
0,55	0,908	0,861	0,815	1,05	0,631	0,566	0,511	1,55	0,352	0,324	0,299
0,56	0,905	0,857	0,809	1,06	0,624	0,559	0,506	1,56	0,348	0,321	0,296
0,57	0,901	0,852	0,803	1,07	0,617	0,553	0,500	1,57	0,344	0,318	0,293
0,58	0,897	0,847	0,797	1,08	0,610	0,547	0,495	1,58	0,341	0,314	0,290
0,59	0,894	0,842	0,791	1,09	0,603	0,541	0,490	1,59	0,337	0,311	0,287
0,60	0,890	0,837	0,785	1,10	0,596	0,535	0,484	1,60	0,333	0,308	0,284
0,61	0,886	0,832	0,779	1,11	0,589	0,529	0,479	1,61	0,330	0,305	0,281
0,62	0,882	0,827	0,773	1,12	0,582	0,523	0,474	1,62	0,326	0,302	0,279
0,63	0,878	0,822	0,767	1,13	0,576	0,518	0,469	1,63	0,323	0,299	0,276
0,64	0,874	0,816	0,761	1,14	0,569	0,512	0,463	1,64	0,319	0,295	0,273
0,65	0,870	0,811	0,755	1,15	0,562	0,506	0,458	1,65	0,316	0,292	0,271
0,66	0,866	0,806	0,749	1,16	0,556	0,500	0,453	1,66	0,312	0,289	0,268
0,67	0,861	0,800	0,743	1,17	0,549	0,495	0,448	1,67	0,309	0,287	0,265
0,68	0,857	0,795	0,737	1,18	0,543	0,489	0,443	1,68	0,306	0,284	0,263
0,69	0,852	0,789	0,731	1,19	0,536	0,484	0,439	1,69	0,303	0,281	0,260

3 Nachweise für das Biegeknicken mit Abminderungsfaktoren

Tabelle 3.2 Abminderungsfaktoren κ nach DIN 18800 Teil 2 (Fortsetzung)

$\bar{\lambda}_K$	Knickspannungslinie a	b	c	$\bar{\lambda}_K$	Knickspannungslinie a	b	c	$\bar{\lambda}_K$	Knickspannungslinie a	b	c
1,70	0,299	0,278	0,258	2,20	0,187	0,176	0,166	2,70	0,127	0,121	0,115
1,71	0,296	0,275	0,255	2,21	0,185	0,175	0,165	2,71	0,126	0,120	0,115
1,72	0,293	0,273	0,253	2,22	0,184	0,174	0,164	2,72	0,125	0,119	0,114
1,73	0,290	0,270	0,250	2,23	0,182	0,172	0,162	2,73	0,124	0,119	0,113
1,74	0,287	0,267	0,248	2,24	0,180	0,171	0,161	2,74	0,123	0,118	0,112
1,75	0,284	0,265	0,246	2,25	0,179	0,169	0,160	2,75	0,122	0,117	0,111
1,76	0,281	0,262	0,243	2,26	0,178	0,168	0,159	2,76	0,122	0,116	0,111
1,77	0,279	0,259	0,241	2,27	0,176	0,167	0,157	2,77	0,121	0,115	0,110
1,78	0,276	0,257	0,239	2,28	0,175	0,165	0,156	2,78	0,120	0,115	0,109
1,79	0,273	0,255	0,237	2,29	0,173	0,164	0,155	2,79	0,119	0,114	0,109
1,80	0,270	0,252	0,235	2,30	0,172	0,163	0,154	2,80	0,118	0,113	0,108
1,81	0,268	0,250	0,232	2,31	0,170	0,162	0,153	2,81	0,117	0,112	0,107
1,82	0,265	0,247	0,230	2,32	0,169	0,160	0,151	2,82	0,117	0,112	0,107
1,83	0,262	0,245	0,228	2,33	0,168	0,159	0,150	2,83	0,116	0,111	0,106
1,84	0,260	0,243	0,226	2,34	0,166	0,158	0,149	2,84	0,115	0,110	0,105
1,85	0,257	0,240	0,224	2,35	0,165	0,157	0,148	2,85	0,114	0,109	0,104
1,86	0,255	0,238	0,222	2,36	0,164	0,155	0,147	2,86	0,114	0,109	0,104
1,87	0,252	0,236	0,220	2,37	0,162	0,154	0,146	2,87	0,113	0,108	0,103
1,88	0,250	0,234	0,218	2,38	0,161	0,153	0,145	2,88	0,112	0,107	0,102
1,89	0,247	0,231	0,216	2,39	0,160	0,152	0,144	2,89	0,111	0,107	0,102
1,90	0,245	0,229	0,214	2,40	0,159	0,151	0,143	2,90	0,111	0,106	0,101
1,91	0,243	0,227	0,212	2,41	0,157	0,149	0,141	2,91	0,110	0,105	0,101
1,92	0,240	0,225	0,210	2,42	0,156	0,148	0,140	2,92	0,109	0,105	0,100
1,93	0,238	0,223	0,209	2,43	0,155	0,147	0,139	2,93	0,108	0,104	0,099
1,94	0,236	0,221	0,207	2,44	0,154	0,146	0,138	2,94	0,108	0,103	0,099
1,95	0,234	0,219	0,205	2,45	0,152	0,145	0,137	2,95	0,107	0,103	0,098
1,96	0,231	0,217	0,203	2,46	0,151	0,144	0,136	2,96	0,106	0,102	0,097
1,97	0,229	0,215	0,201	2,47	0,150	0,143	0,135	2,97	0,106	0,101	0,097
1,98	0,227	0,213	0,200	2,48	0,149	0,142	0,134	2,98	0,105	0,101	0,096
1,99	0,225	0,211	0,198	2,49	0,148	0,141	0,133	2,99	0,104	0,100	0,096
2,00	0,223	0,209	0,196	2,50	0,147	0,140	0,132	3,00	0,104	0,099	0,095
2,01	0,221	0,208	0,195	2,51	0,146	0,139	0,132	3,01	0,103	0,099	0,095
2,02	0,219	0,206	0,193	2,52	0,145	0,138	0,131	3,02	0,102	0,098	0,094
2,03	0,217	0,204	0,191	2,53	0,143	0,137	0,130	3,03	0,102	0,098	0,093
2,04	0,215	0,202	0,190	2,54	0,142	0,136	0,129	3,04	0,101	0,097	0,093
2,05	0,213	0,200	0,188	2,55	0,141	0,135	0,128	3,05	0,100	0,096	0,092
2,06	0,211	0,199	0,186	2,56	0,140	0,134	0,127	3,06	0,100	0,096	0,092
2,07	0,209	0,197	0,185	2,57	0,139	0,133	0,126	3,07	0,099	0,095	0,091
2,08	0,207	0,195	0,183	2,58	0,138	0,132	0,125	3,08	0,098	0,095	0,091
2,09	0,205	0,194	0,182	2,59	0,137	0,131	0,124	3,09	0,098	0,094	0,090
2,10	0,204	0,192	0,180	2,60	0,136	0,130	0,123	3,10	0,097	0,093	0,090
2,11	0,202	0,190	0,179	2,61	0,135	0,129	0,123	3,11	0,097	0,093	0,089
2,12	0,200	0,189	0,177	2,62	0,134	0,128	0,122	3,12	0,096	0,092	0,088
2,13	0,198	0,187	0,176	2,63	0,133	0,127	0,121	3,13	0,095	0,092	0,088
2,14	0,197	0,186	0,174	2,64	0,132	0,126	0,120	3,14	0,095	0,091	0,087
2,15	0,195	0,184	0,173	2,65	0,131	0,125	0,119	3,15	0,094	0,091	0,087
2,16	0,193	0,182	0,172	2,66	0,130	0,125	0,118	3,16	0,094	0,090	0,086
2,17	0,192	0,181	0,170	2,67	0,129	0,124	0,118	3,17	0,093	0,090	0,086
2,18	0,190	0,179	0,169	2,68	0,129	0,123	0,117	3,18	0,093	0,089	0,085
2,19	0,188	0,178	0,168	2,69	0,128	0,122	0,116	3,19	0,092	0,089	0,085

3.2 Planmäßig mittiger Druck

Berechnungsbeispiel: Freistehende unten eingespannte Stütze

Die in Bild 3.3 dargestellte Stütze ist unten eingespannt, sodass mit Bild 3.1 die Knicklänge $s_K = 2,0 \cdot \ell = 12$ m ermittelt werden kann. Aufgrund der Trägheitsmomente $I_z = 2003$ cm^4 < $I_y = 5696$ cm^4 ergibt sich die kleinste Verzweigungslast für Biegeknicken um die schwache Achse. Dieser Fall ist für die Bemessung auch deshalb maßgebend, weil er der Knickspannungslinie c zuzuordnen ist und das Biegeknicken um die starke Achse gemäß Tabelle 3.1 der Knickspannungslinie b. Mit Bild 3.1 erhält man

$$N_{Ki,z} = \frac{\pi^2 \cdot 21000 \cdot 2003}{1200^2} = 288,3 \text{ kN}$$

und mit $N_{pl,d} = 1704$ kN aus den Tabellen in [30]:

$$\overline{\lambda}_K = \sqrt{\frac{1704 \cdot 1,1}{288,3}} = 2,55$$

Damit kann aus Tabelle 3.2 für die Knickspannungslinie c der Wert $\kappa_z = 0,128$ abgelesen und der Tragsicherheitsnachweis mit Bedingung (3.1) geführt werden:

$$\frac{N}{\kappa \cdot N_{pl,d}} = \frac{210}{0,128 \cdot 1704} = 0,963 < 1$$

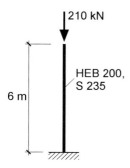

Bild 3.3   Freistehende unten eingespannte Stütze

Anmerkung: Der Nachweis mit Bedingung (3.1) ist dem Nachweisverfahren „Elastisch-Plastisch" nach DIN 18800 zuzuordnen. Die Querschnittsteile dürfen daher höchstens die in Tabelle 15 von DIN 18800 Teil 1 geforderten Abmessungsverhältnisse grenz (b/t) aufweisen. Für das Walzprofil HEB 200 aus S 235 des vorstehenden Berechnungsbeispiels kann aus den Tabellen in [30] abgelesen werden, dass die Bedingungen vorh (b/t) ≤ grenz (b/t) für die Gurte und den Steg erfüllt sind.

Nachweise nach Eurocode 3:

Der Nachweis nach Eurocode 3 [12] ist unmittelbar mit dem Nachweis nach DIN 18800 Teil 2 vergleichbar. Der Abminderungsfaktor wird in [12] jedoch χ genannt und es wird anstelle von „Knickspannungslinien" der Begriff „Knicklinien" verwendet. Die Linien selbst und die entsprechenden Abminderungsfaktoren sind identisch, wobei aber im Eurocode eine weitere Knicklinie a_0 mit $\alpha = 0{,}13$ vorhanden ist, die für einige Querschnitte aus S 460 verwendet werden darf. Bei den Nachweisen ist zu beachten, dass der zu $N_{pl,d}$ vergleichbare Wert mit den Streckgrenzen und Teilsicherheitsbeiwerten gemäß [12] zu berechnen ist.

Vergleich des κ-Verfahrens mit dem Ersatzimperfektionsverfahrens

Druckstäbe dürfen wahlweise mit Gl. (3.1) oder alternativ mit dem Ersatzimperfektionsverfahren nachgewiesen werden. Dabei ergeben sich durchaus nennenswerte Unterschiede, auf die hier hingewiesen werden soll. Bild 3.4 zeigt für den Eulerfall II und ausgewählte Profile das Verhältnis der Tragfähigkeiten. Da das κ-Verfahren bei Druckstäben das genauere Verfahren ist, wird die Tragfähigkeit N(κ) als Bezugswert gewählt. Für w_0 und v_0 wurden die in Tabelle 7.3 angegebenen Werte eingesetzt.

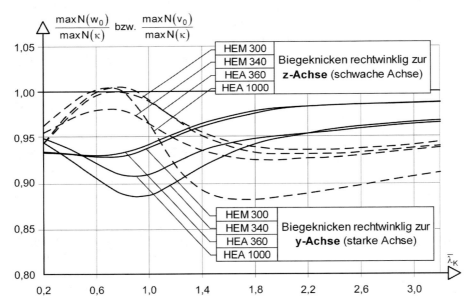

Bild 3.4 Tragfähigkeit von Druckstäben mit dem Ersatzimperfektionsverfahren im Vergleich zum κ-Verfahren

Wie man sieht, liegen die mit dem Ersatzimperfektionsverfahren ermittelten Tragfähigkeiten max $N(w_0)$ bzw. max $N(v_0)$ auf der sicheren Seite. Beim Biegeknicken um die schwache Achse und $\overline{\lambda}_K \approx 0{,}7$ stimmen die Ergebnisse nach beiden Verfahren fast genau überein. Die größten Abweichungen ergeben sich für das Biegeknicken eines HEM 340 um die starke Achse bei $\overline{\lambda}_K = 0{,}9$. Dabei ist die Tragfähigkeit mit dem Ersatzimperfektionsverfahren nahezu 12 % kleiner als mit dem κ-Verfahren.

3.3 Einachsige Biegung mit Druckkraft

Für den Fall, dass außer der Druckkraft ein planmäßiges Biegemoment auftritt, wird Bedingung (3.1) erweitert und der Tragsicherheitsnachweis ist unter Verwendung der Knickspannungslinien wie folgt zu führen:

$$\frac{N}{\kappa \cdot N_{pl,d}} + \frac{\beta_m \cdot M}{M_{pl,d}} + \Delta n \leq 1 \qquad (3.8)$$

mit

κ Abminderungsfaktor für Ausweichen in der Momentenebene

M Größter Absolutwert des Biegemomentes nach Elastizitätstheorie I. Ordnung ohne Ansatz von Imperfektionen

β_m Momentenbeiwert für Biegeknicken nach Tabelle 3.3; Momentenbeiwerte $\beta_m < 1$ sind nur bei Stäben mit unverschieblicher Lagerung der Stabenden und gleich bleibendem Querschnitt unter konstanter Druckkraft ohne Querlasten zulässig.

Δn $= \dfrac{N}{\kappa \cdot N_{pl,d}} \cdot \left(1 - \dfrac{N}{\kappa \cdot N_{pl,d}}\right) \cdot \kappa^2 \cdot \overline{\lambda}_K^2$,   jedoch $\Delta n \leq 0{,}1$

Vereinfachend darf für Δn auch entweder $0{,}25 \cdot \kappa^2 \cdot \overline{\lambda}_K^2$ oder $0{,}1$ gesetzt werden.

Tabelle 3.3   Momentenbeiwerte β_m für Biegeknicken

Momentenverlauf	β_m	Erläuterungen
Stabendmomente M_1 $\psi \cdot M_1$ $-1 \leq \psi \leq 1$	$\beta_{m,\psi} = 0{,}66 + 0{,}44\,\psi$ jedoch $\beta_{m,\psi} \geq 1 - \dfrac{1}{\eta_{Ki}}$ und $\beta_{m,\psi} \geq 0{,}44$	Bei den meisten baupraktischen Anwendungsfällen kann näherungsweise $\beta_m = 1{,}0$ gesetzt werden. Für Stäbe mit Endmomenten ist ab $\psi > 0{,}77$ $\beta_m > 1$. Da β_m der Zähler für den Momentenvergrößerungsfaktor $\alpha = \dfrac{\beta_m}{1 - N/N_{Ki}}$ ist, können auch genauere Werte verwendet werden, s. Abschnitt 8.7.
Momente aus Querlasten M_Q	$\beta_{m,Q} = 1{,}0$	
Momente aus Querlasten mit Stabendmomenten M_1 M_Q $\psi \cdot M_1$	$\psi \leq 0{,}77 : \beta_m = 1{,}0$ $\psi > 0{,}77 :$ $\beta_m = \dfrac{M_Q + M_1 \cdot \beta_{m,\psi}}{M_Q + M_1}$	

Bei der Berechnung von $M_{pl,d}$ ist gemäß DIN 18800 Teil 2, Element 123, die Begrenzung auf $\alpha_{pl} = 1{,}25$ zu beachten. Bei doppeltsymmetrischen Querschnitten, die mindestens einen Stegflächenanteil von 18 % haben, darf $M_{pl,d}$ in Bedingung (3.8) durch $1{,}1 \cdot M_{pl,d}$ ersetzt werden, wenn

$$N > 0{,}2 \cdot N_{pl,d} \tag{3.9}$$

ist. Alle Walzprofile der Reihen IPE, IPEa, IPEo, IPEv, HEAA, HEA, HEB und HEM haben mindestens 18 % Stegfläche.

Berechnungsbeispiel: Druckstab mit Querbelastung

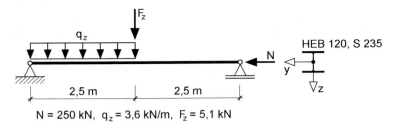

$N = 250$ kN, $q_z = 3{,}6$ kN/m, $F_z = 5{,}1$ kN

Bild 3.5   Druckstab mit Querbelastung

Für den Druckstab in Bild 3.5 mit Querbelastung wird das Biegeknicken um die starke Achse untersucht. Aus [30] können folgende Werte abgelesen werden:

$N_{pl,d} = 742$ kN, $M_{pl,d} = 36{,}05$ kNm, $I_y = 864{,}4$ cm^4,   KSL b

Mit $s_K = 5$ m folgt

$$N_{Ki,d} = \frac{\pi^2 \cdot 21000 \cdot 864{,}4}{500^2 \cdot 1{,}1} = 651{,}5 \text{ kN}$$

$$\Rightarrow \bar{\lambda}_K = \sqrt{742/651{,}5} = 1{,}067 \Rightarrow \kappa_b = 0{,}555 \quad \text{(s. Tabelle 3.2)}$$

Das maximale Biegemoment tritt in Feldmitte auf und beträgt:

$$\max M_y = 3{,}6 \cdot (2{,}5^2 \cdot 3/4 - 2{,}5 \cdot 1{,}25) + 5{,}1 \cdot 5/4$$
$$= 5{,}625 + 6{,}375 = 12{,}00 \text{ kNm}$$

Wegen $N > 0{,}2 \cdot N_{pl,d}$ wird in Bedingung (3.8) $1{,}1 \cdot M_{pl,d}$ eingesetzt. Mit $\beta_m = 1{,}0$ und der Näherung für Δn ergibt sich der folgende Nachweis:

$$\frac{250}{0{,}555 \cdot 742} + \frac{12{,}00}{1{,}1 \cdot 36{,}05} + 0{,}25 \cdot 0{,}555^2 \cdot 1{,}067^2 =$$

$$0{,}607 + 0{,}303 + 0{,}088 = 0{,}998 < 1$$

Bei der Anwendung der Nachweisbedingung (3.8) sind die Elemente 315 bis 319 gemäß DIN 18800-2 zu beachten. Sie enthalten ergänzende Regelungen für die folgenden Punkte:

3.3 Einachsige Biegung mit Druckkraft

- Einfluss von Querkräften
- Veränderliche Querschnitte und Normalkräfte
- Biegesteife Verbindungen
- Stababschnitte ohne Druckkräfte
- Einwirkungsfälle Lagerbewegung und Temperatur

Die größte Bedeutung für baupraktische Anwendungsfälle hat Element 318 „Stababschnitte ohne Druckkräfte". Als Beispiel dazu wird die Stütze in Bild 3.6 betrachtet. Im oberen Stützenbereich ist N = 0, sodass dort kein Nachweis mit Bedingung (3.8) geführt werden kann. Andererseits treten dort aber zusätzliche Beanspruchungen infolge von Imperfektionen und der Theorie II. Ordnung auf, da die Biegemomente am Übergang zum druckkraftfreien Teil gleich sind. Der Nachweis wird wie in Bild 3.6 angegeben geführt, wobei der Zahlenwert 1,15 (> 1) näherungsweise den Einfluss von Imperfektionen erfasst. Im Übrigen enthält die Nachweisbedingung für druckkraftfreie Teile den Momentenvergrößerungsfaktor nach Gl. (3.13) für $\beta_m = 1$. Bemessungsrelevant ist der Nachweis nur, wenn der Querschnitt des druckkraftfreien Bereiches schwächer ist oder dort die planmäßigen Biegemomente größer als im druckkraftbeanspruchten Teil sind.

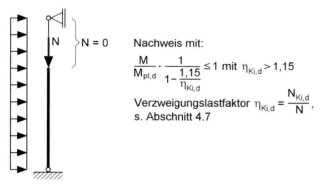

Bild 3.6 Stütze mit druckkraftfreiem Bereich

Hintergründe zur Bedingung (3.8)

Bedingung (3.8) geht auf die Herleitungen in [75] zurück. Wesentliche Grundlagen dabei waren:

- Ermittlung geometrischer Ersatzimperfektionen w_0 aus den κ-Werten der Knickspannungslinien
- Berechnung der Biegemomente nach Theorie II. Ordnung mit Vergrößerungsfaktoren
- Nachweis ausreichender Querschnittstragfähigkeit mit Hilfe von Interaktionsbedingungen

Die Vorgehensweise zur Herleitung von Bedingung (3.8) wird an dem baustatischen System in Bild 3.7 erläutert, d. h. Ausgangspunkt ist ein Stab, der durch Biegemomente um die starke Achse des I-Querschnitts und eine konstante Drucknormalkraft beansprucht wird. Das Biegeknicken senkrecht zur Zeichenebene sei durch seitliche Abstützungen verhindert.

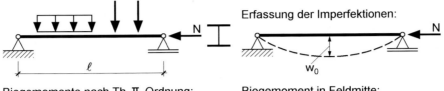

Biegemomente nach Th. II. Ordnung:

$$M^{II} = \alpha \cdot M^{I} \quad \text{mit} \quad \alpha = \frac{\beta_m}{1 - \frac{N}{N_{Ki,d}}}$$

Biegemoment in Feldmitte:

$$\max M^{II}(w_0) = N \cdot w_0 \cdot \frac{1}{1 - \frac{N}{N_{Ki,d}}} \Rightarrow w_0(\kappa, \bar{\lambda}_K)$$

Bild 3.7 Zur Herleitung von Bedingung (3.8)

Zunächst wird der Stab für M = 0 untersucht und dabei eine geometrische Ersatzimperfektion $w_0(x)$ affin zum 1. Eigenwert in Form einer Sinushalbwelle angesetzt: $w_0(x) = w_0 \cdot \sin(\pi \cdot x/\ell)$. Gemäß Abschnitt 8.7 kann das maximale Feldmoment wie folgt berechnet werden:

$$\max M^{II}(w_0) = N \cdot w_0 \cdot \frac{1}{1 - N/N_{Ki,d}} \tag{3.10}$$

Mit diesem Biegemoment kann der Tragsicherheitsnachweis geführt werden. Hier wird dazu die Interaktionsbedingung in Tabelle 16 von DIN 18800 Teil 1 für $N/N_{pl,d} > 0{,}1$ verwendet, sodass sich folgende Bedingung ergibt:

$$\frac{N}{N_{pl,d}} + 0{,}9 \cdot \frac{N \cdot w_0}{M_{pl,d}} \cdot \frac{1}{1 - N/N_{Ki,d}} \leq 1 \tag{3.11}$$

Da hier das Ziel verfolgt wird, w_0 durch die κ-Werte der Knickspannungslinien zu ersetzen, wird N durch $\kappa \cdot N_{pl,d}$ ersetzt. Nach einigen Umformungen erhält man

$$\kappa + 0{,}9 \cdot \kappa \cdot w_0 \cdot \frac{N_{pl,d}}{M_{pl,d}} \cdot \frac{1}{1 - \kappa \cdot \bar{\lambda}_K^2} \leq 1 \tag{3.12a}$$

und

$$w_0 \leq \frac{1-\kappa}{\kappa} \cdot \left(1 - \kappa \cdot \bar{\lambda}_K^2\right) \cdot \frac{M_{pl,d}}{0{,}9 \cdot N_{pl,d}} \tag{3.12b}$$

Gl. (3.12b) kann man für verschiedene Querschnitte systematisch auswerten und auf diese Weise die in Abschnitt 7.2 angegebenen geometrischen Ersatzimperfektionen w_0 bestimmen. Hier wird jedoch das planmäßige Biegemoment ergänzt und gemäß Bild 3.7 der Einfluss der Theorie II. Ordnung mit einem Vergrößerungsfaktor

3.3 Einachsige Biegung mit Druckkraft

$$\alpha = \frac{\beta_m}{1 - N/N_{Ki}} \qquad (3.13)$$

erfasst. Der Tragsicherheitsnachweis in Feldmitte ergibt sich nun zu:

$$\frac{N}{N_{pl,d}} + 0{,}9 \cdot \frac{\max M^{II}(w_0) + M^{II}}{M_{pl,d}} \leq 1 \qquad (3.14)$$

Mit den Gln. (3.10), (3.12b) und (3.13) erhält man:

$$\frac{N}{N_{pl,d}} + \frac{N}{N_{pl,d}} \cdot \frac{1-\kappa}{\kappa} \cdot \left(1 - \kappa \cdot \bar{\lambda}_K^2\right) \cdot \frac{1}{1 - N/N_{Ki,d}} + 0{,}9 \cdot \frac{M^I}{M_{pl,d}} \cdot \frac{\beta_m}{1 - N/N_{Ki,d}} \leq 1 \qquad (3.15)$$

Gl. (3.15) kann mit einigen Zwischenrechnungen in eine zu Gl. (3.8) vergleichbare Form gebracht werden:

$$\frac{N}{\kappa \cdot N_{pl,d}} + 0{,}9 \cdot \frac{M^I \cdot \beta_m}{M_{pl,d}} + \frac{N}{\kappa \cdot N_{pl,d}} \left(1 - \frac{N}{\kappa \cdot N_{pl,d}}\right) \cdot \kappa^2 \cdot \bar{\lambda}_K^2 \leq 1 \qquad (3.16)$$

Wie man sieht, sind der erste und der dritte Term identisch. Beim zweiten Term ist 1/0,9 näherungsweise gleich 1,1. Dieser Wert darf in Gl. (3.8) bei den I-Profilen für $N/N_{pl,d} > 0{,}2$ verwendet werden, der Faktor 0,9 in der Interaktionsbeziehung jedoch bereits ab $N/N_{pl,d} = 0{,}1$. Die Erhöhung der Grenze von 0,1 auf 0,2 erfolgte bei der Bedingung in DIN 18800 aufgrund genauerer Berechnungen.

Die Herleitungen zeigen, dass der Momentenbeiwert β_m Bestandteil des Momentenvergrößerungsfaktors α nach Gl. (3.13) ist. Sofern genauere Werte als nach Tabelle 3.3 bekannt sind, können sie verwendet werden, siehe auch Abschnitt 8.7. In der Regel ist es zweckmäßig, für die Nachweise näherungsweise $\beta_m = 1{,}0$ anzusetzen und nur für einen konstanten oder nahezu konstanten Momentenverlauf größere Werte. Der Term Δn erreicht für

$$\frac{N}{\kappa \cdot N_{pl,d}} = 0{,}5 \qquad (3.17)$$

seine Maximalwerte, sodass sich daraus die auf der sicheren Seite liegende Näherung $\Delta n = 0{,}25 \cdot \kappa^2 \cdot \bar{\lambda}_K^2$ ergibt. Bild 3.8 zeigt, welche Werte der Faktor $\kappa^2 \cdot \bar{\lambda}_K^2$ für die Knickspannungslinien a bis d in Abhängigkeit vom bezogenen Schlankheitsgrad annimmt. Der größte Wert von etwa 0,44 tritt bei $\bar{\lambda}_K = 1$ für die Knickspannungslinie a auf. Damit kann Δn maximal den Wert 0,11 annehmen, was zu der Festlegung in DIN 18800 für $\Delta n \leq 0{,}1$ geführt hat.

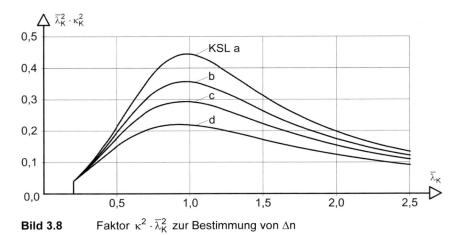

Bild 3.8 Faktor $\kappa^2 \cdot \bar{\lambda}_K^2$ zur Bestimmung von Δn

3.4 Zweiachsige Biegung mit Druckkraft

Für *zweiachsige Biegung mit Druckkraft* enthält DIN 18800-2 zwei Nachweismethoden, die wahlweise verwendet werden können. Die eine Methode entspricht in der Formulierung weitgehend dem Biegedrillknicknachweis nach Gl. (5.13) in Kapitel 5 und die andere ist eine Erweiterung der Gleichung mit Δn, Gl. (3.8). Beide Nachweisformeln sind aufgrund der enthaltenen Parameter in der Anwendung aufwändig und erfordern sorgfältige Berechnungen. In vielen Fällen ist es sinnvoll, die Nachweise mit dem Ersatzimperfektionsverfahren gemäß Kapitel 7 zu führen, zumal damit auch häufig deutlich höhere Tragfähigkeiten nachgewiesen werden können. Hier wird nur die Nachweismethode 2 gemäß Element 322 der DIN 18800-2 kurz vorgestellt:

$$\frac{N}{\kappa \cdot N_{pl,d}} + \frac{\beta_{m,y} \cdot M_y}{M_{pl,y,d}} \cdot k_y + \frac{\beta_{m,z} \cdot M_z}{M_{pl,z,d}} \cdot k_z + \Delta n \leq 1 \qquad (3.18)$$

mit

$\kappa = \min(\kappa_y, \kappa_z)$	Abminderungsfaktor der maßgebenden Knickspannungslinie
M_y, M_z	Größte Absolutwerte der Biegemomente nach Theorie I. Ordnung ohne Ansatz von Imperfektionen
$\beta_{m,y}, \beta_{m,z}$	Momentenbeiwerte für Biegeknicken nach Tabelle 3.3 zur Erfassung der Biegemomentenverläufe von M_y und M_z

$k_y = 1, \quad k_z = c_z \quad$ für $\kappa_y < \kappa_z$

$k_y = 1, \quad k_z = 1 \quad$ für $\kappa_y = \kappa_z$

$k_y = c_y, \quad k_z = 1 \quad$ für $\kappa_z < \kappa_y$

$$c_z = \frac{1}{c_y} = \frac{1 - \dfrac{N}{N_{pl,d}} \cdot \bar{\lambda}_{K,y}^2}{1 - \dfrac{N}{N_{pl,d}} \cdot \bar{\lambda}_{K,z}^2}$$

Für Δn siehe Abschn. 3.3, wobei $\bar{\lambda}_K$ zugehörig zu κ einzusetzen ist.

3.4 Zweiachsige Biegung mit Druckkraft

Berechnungsbeispiel: Stütze mit zweiachsiger Biegung

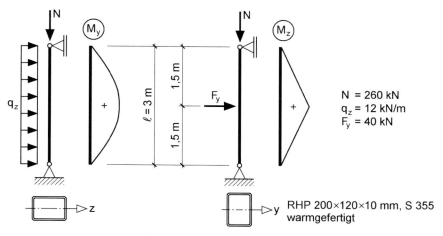

Bild 3.9   Stütze mit zweiachsiger Biegung

Die in Bild 3.9 dargestellte Stütze besteht aus einem rechteckigen warmgefertigten Hohlprofil und wird durch eine Drucknormalkraft N, eine Gleichstreckenlast q_z und eine Einzellast F_y beansprucht. Das Beispiel geht auf [15] zurück und wird dort nach DIN 18800-2 und dem Eurocode 3 nachgewiesen. Im Folgenden wird der Nachweis nach DIN 18800-2 geführt. Aus den Tabellen in [30] können die folgenden Werte abgelesen werden:

$I_y = 3026$ cm^4, $I_z = 1337$ cm^4,   KSL a, $i_y = 7{,}17$ cm, $i_z = 4{,}76$ cm

Bei den vollplastischen Schnittgrößen wird die Stahlsorte S 355 durch den Faktor 1,5 berücksichtigt:

$N_{pl,d} = 1{,}5 \cdot 1286 = 1929$ kN

$M_{pl,y,d} = 1{,}5 \cdot 82{,}66 = 124$ kNm $M_{pl,z,d} = 1{,}5 \cdot 57{,}42 = 86{,}13$ kNm

Die maximalen Biegemomente ergeben sich in Feldmitte zu:

max $M_y = 12 \cdot 3{,}0^2/8 = 13{,}5$ kNm

max $M_z = 40 \cdot 3{,}0/4 = 30$ kNm

Die bezogenen Schlankheitsgrade werden bei diesem Beispiel mit den Knicklängen, den Trägheitsradien und dem Bezugsschlankheitsgrad berechnet:

$$\bar{\lambda}_{K,y} = \frac{s_{K,y}}{i_y \cdot \lambda_a} = \frac{300}{7{,}17 \cdot 75{,}9} = 0{,}551$$

$$\bar{\lambda}_{K,z} = \frac{s_{K,z}}{i_z \cdot \lambda_a} = \frac{300}{4{,}76 \cdot 75{,}9} = 0{,}830$$

Da das I_z des Querschnitts kleiner als das I_y ist, ist das Biegeknicken um die schwache Achse (in y-Richtung) maßgebend. Aus Tabelle 3.2 wird daher $\kappa_z = 0{,}778$ abgelesen. Darüber hinaus sind $\beta_{m,y} = \beta_{m,z} = 1{,}0$, $k_z = 1$ und $k_y = c_y$.

Mit $N/N_{pl,d} = 260/1929 = 0{,}135$ folgt:

$$c_y = \frac{1 - 0{,}135 \cdot 0{,}830^2}{1 - 0{,}135 \cdot 0{,}551^2} = 0{,}95$$

Auf der sicheren Seite liegend wird $\Delta n = 0{,}1$ gesetzt, sodass sich der folgende Nachweis ergibt:

$$\frac{260}{0{,}778 \cdot 1929} + \frac{1{,}0 \cdot 13{,}5}{124} \cdot 0{,}95 + \frac{1{,}0 \cdot 30}{86{,}13} + 0{,}1 =$$

$$0{,}173 + 0{,}103 + 0{,}348 + 0{,}1 = 0{,}724 < 1$$

Es sind noch erhebliche Tragfähigkeitsreserven vorhanden, sodass auch ein kleineres Rechteckhohlprofil ausreichen würde. Darüber hinaus können mit dem Ersatzimperfektionsverfahren in vielen Anwendungsfällen höhere Tragfähigkeiten nachgewiesen werden, weil die Querschnittstragfähigkeit mit Gl. (3.18) häufig weit auf der sicheren Seite liegend erfasst wird.

3.5 Nachweis von Stäben und Stabwerken

In den Abschnitten 3.2 bis 3.4 wurden die Nachweisbedingungen für einteilige Druckstäbe mit und ohne planmäßige Biegemomentenbeanspruchung zusammengestellt. Die Nachweisbedingungen (3.1), (3.8) und (3.18) sind für einfeldrige Stäbe mit konstanter Druckkraft und gleich bleibendem Querschnitt hergeleitet worden. Sie dürfen aber auch bei anderen baustatischen Systemen verwendet werden, wobei teilweise zusätzliche Bedingungen einzuhalten sind. [75] enthält dazu einige grundsätzliche Überlegungen und Untersuchungen, die auch der Ausgangspunkt für einige Regelungen in DIN 18800 Teil 2 sind.

Gemäß Element 305 in DIN 18800 Teil 2 muss bei Anwendung von Bedingung (3.1) auf **Stäbe mit veränderlichen Querschnitten und/oder Normalkräften** der Nachweis für alle maßgebenden Querschnitte mit den jeweils zugehörigen Schnittgrößen und der zugehörigen idealen Drucknormalkraft N_{Ki} an der Nachweisstelle geführt werden. Zusätzlich müssen folgende Bedingungen eingehalten werden:

$$\eta_{Ki} = N_{Ki}/N \geq 1{,}2 \tag{3.19}$$

und

$$\min M_{pl} \geq 0{,}05 \max M_{pl} \tag{3.20}$$

3.5 Nachweis von Stäben und Stabwerken

Berechnungsbeispiel: Stütze mit veränderlicher Drucknormalkraft

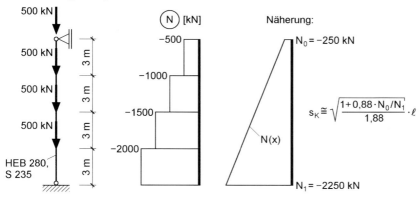

Bild 3.10   Stütze mit veränderlicher Drucknormalkraft

Bei der Stütze in Bild 3.10 ist die Drucknormalkraft sprungweise veränderlich. Da das Biegeknicken um die schwache Achse durch angrenzende Konstruktionen verhindert sei (senkrecht zur Zeichenebene) wird das Biegeknicken um die starke Achse untersucht. Mit einem EDV-Programm erhält man $\eta_{Ki} = 2{,}146$, sodass Bedingung (3.19) für die Anwendung der Nachweisbedingung (3.1) erfüllt ist. Näherungsweise kann auch von einer linear veränderlichen Drucknormalkraft gemäß Bild 3.10 rechts ausgegangen werden und die Knicklänge mit den Formeln in DIN 4114 [11] berechnet werden (s. auch Bild 4.51). Mit $N_0/N_1 = 250/2250$ erhält man:

$$s_K = 12 \cdot \sqrt{(1 + 0{,}88 \cdot 250/2250)/1{,}88} = 12 \cdot 0{,}764 = 9{,}17 \text{ m}$$

Damit ergibt sich:

$$N_{Ki} = \frac{\pi^2 \cdot EI_y}{s_K^2} = \frac{\pi^2 \cdot 21000 \cdot 19270}{917^2} = 4750 \text{ kN}$$

Da sich dieser Wert auf die maximale Druckkraft bezieht, beträgt der Verzweigungslastfaktor:

$$\eta_{Ki} = 4750/2250 = 2{,}11$$

Dieser Wert ist 1,7 % kleiner als der genaue Verzweigungslastfaktor und liegt daher auf der sicheren Seite. Für den Nachweis ist der untere Bereich der Stütze mit N = –2000 kN maßgebend. Mit $N_{pl,d} = 2866$ kN nach [30] und $N_{Ki,d} = 2{,}146 \cdot 2000/1{,}1 = 3902$ kN folgt:

$$\bar{\lambda}_K = \sqrt{2866/3902} = 0{,}86$$

Der Querschnitt ist gemäß [30] der Knickspannungslinie b zuzuordnen. Mit Hilfe von Tabelle 3.2 erhält man $\kappa = 0{,}687$ und der Nachweis wird wie folgt geführt:

$$\frac{N}{\kappa \cdot N_{pl,d}} = \frac{2000}{0{,}687 \cdot 2866} = 1{,}016 \approx 1$$

Mehrteilige, einfeldrige Stäbe

Mehrteilige Stäbe, d. h. Gitter- und Rahmenstäbe, deren Querschnitte eine Stoffachse haben, dürfen nach DIN 18800-2 für das Ausweichen rechtwinklig zu dieser Stoffachse wie **einteilige Stäbe** mit den Bedingungen in den Abschnitten 3.2 und 3.3 nachgewiesen werden. Für Druck und planmäßige Biegung durch M_y gilt das nur, wenn kein planmäßiges Biegemoment M_z vorhanden ist, s. auch Bild 3.11.

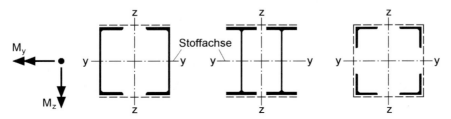

Bild 3.11 Beispiele für Querschnitte von mehrteiligen Stäben

Nachweise für das Biegeknicken rechtwinklig zu stofffreien Querschnittachsen sind unter Ansatz von geometrischen Ersatzimperfektionen und unter Berücksichtigung der Schubweichheit bei der Schnittgrößenermittlung nach Theorie II. Ordnung zu führen.

Fachwerke

Druckbeanspruchte Fachwerkstäbe dürfen mit den Bedingungen in den Abschnitten 3.2 bis 3.4 nachgewiesen werden. In der Regel handelt es sich um reine Druckstäbe ohne planmäßige Biegemomentenbeanspruchungen, die an den Enden unverschieblich gehalten sind. Für den Nachweis mit dem κ-Verfahren werden die idealen Drucknormalkräfte N_{Ki} benötigt. Sie können mit den Knicklängen für ausgewählte Systeme in Abschnitt 4.14 berechnet werden.

Rahmen und Durchlaufträger mit unverschieblichen Knotenpunkten

Der Tragsicherheitsnachweis kann durch den Nachweis der einzelnen Stäbe des Systems nach den Abschnitten 3.2 bis 3.4 geführt werden. Bei der Biegeknickuntersuchung für **unverschiebliche Rahmen** mit Nachweisbedingung (3.8) in Abschnitt 3.3 darf für Momentenanteile aus Querlasten auf Riegeln beim **Nachweis der Stiele** der Momentenbeiwerte β_m nach Tabelle 3.3 für Stäbe mit Randmomenten angesetzt werden. Beim **Nachweis der Riegel** mit der Bedingung in Bild 3.6 darf das maximale Biegemoment mit dem Faktor $(1-0{,}8/\eta_{Ki})$ abgemindert werden, sofern im Riegel keine oder nur geringe Druckkräfte vorhanden sind. Damit wird näherungsweise das Tragverhalten unverschieblicher Rahmen erfasst, bei dem die Rahmeneckmomente nach Theorie I. Ordnung durch die Druckkräfte in den Stielen kleiner werden, die Biegemomente im Riegel aber nicht so groß werden, wie es sich mit $\beta_m = 1{,}0$ im Momentenvergrößerungsfaktor ergibt. Detaillierte Erläuterungen dazu enthält Abschnitt 8.9.

3.5 Nachweis von Stäben und Stabwerken

Berechnungsbeispiel:
Dreifeldträger mit einachsiger Biegung und Drucknormalkraft

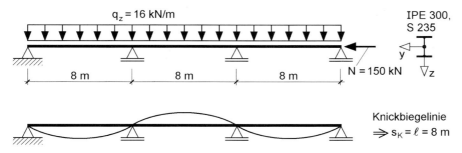

Bild 3.12 Biege- und druckbeanspruchter Dreifeldträger

Der in Bild 3.12 dargestellte Dreifeldträger wird mit Gl. (3.8) für das Biegeknicken um die y-Achse nachgewiesen. Nach Theorie I. Ordnung ergeben sich folgende Biegemomente:

- Randfelder   max M_y = $0{,}080 \cdot 16 \cdot 8^2$ = 81,92 kNm
- Stütze   min M_y = $-0{,}100 \cdot 16 \cdot 8^2$ = –102,4 kNm
- Mittelfeld   max M_y = $0{,}025 \cdot 16 \cdot 8^2$ = 25,6 kNm

Gemäß Abschnitt 4.11 beträgt die Knicklänge $s_K = \ell = 8$ m und man erhält mit den Werten aus [30]:

$$\overline{\lambda}_{K,y} = \frac{s_{K,y}}{i_y \cdot \lambda_a} = \frac{800}{12{,}46 \cdot 92{,}9} = 0{,}69 \Rightarrow \kappa_a = 0{,}852$$

Das betragsmäßig größte Biegemoment tritt an der Stütze auf. Da der Träger einen gleich bleibenden Querschnitt hat, reicht es aus, dort den Biegeknicknachweis mit Bedingung (3.8) zu führen. Näherungsweise werden $\beta_m = 1{,}0$ und $\Delta n = 0{,}1$ angesetzt. Man erhält dann:

$$\frac{150}{0{,}852 \cdot 1174} + \frac{1{,}0 \cdot 102{,}4}{137{,}1} + 0{,}1 = 0{,}150 + 0{,}747 + 0{,}1 = 0{,}997 < 1$$

Rahmen und Durchlaufträger mit verschieblichen Knotenpunkten

Nach DIN 18800-2 dürfen die Nachweise mit dem Ersatzstabverfahren geführt werden, s. Elemente 523-525. Dabei sind die einzelnen Stäbe des Systems mit den entsprechenden Bedingungen in den Abschnitten 3.2 bis 3.4 nachzuweisen, wobei die Knicklänge s_K für das Gesamtsystem zu ermitteln ist. Behalten in Sonderfällen die am Rahmen angreifenden Druckkräfte ihre Richtung während des Ausknickens nicht bei, so ist dies bei der Berechnung der Knicklängen der Stäbe zu berücksichtigen, s. auch Abschnitt 4.13.

Der Nachweis mit der Bedingung in Bild 3.6 für Querschnitte ohne Druckkräfte braucht bei Riegeln in verschieblichen Rahmen nur geführt zu werden, wenn M_{pl} des Riegels kleiner ist als die Summe der M_{pl} der an einen Knoten angrenzenden Stiele.

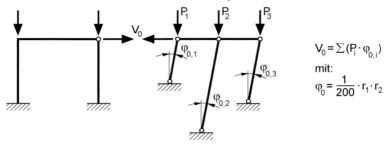

Bild 3.13   Zusätzliche Stockwerksquerkraft V_0 für Systeme mit Pendelstützen

Bei verschieblichen Systemen mit angeschlossenen Pendelstützen muss eine zusätzliche Ersatzbelastung V_0 nach Bild 3.13 zur Berücksichtigung der Vorverdrehungen der Pendelstützen bei der Ermittlung der Schnittgrößen nach Theorie I. Ordnung angesetzt werden. Die Reduktionsfaktoren r_1 und r_2 sind gemäß Abschnitt 7.2 anzusetzen. Bei r_2 geht die Anzahl n der druckbeanspruchten Stützen ein. Dabei dürfen neben den Pendelstützen auch die Stiele des verschieblichen Systems mitgezählt werden, sodass sich bei dem Beispiel in Bild 3.13 n = 5 ergibt.

Der Ansatz der Ersatzbelastung V_0 geht auf [76] zurück und hat folgenden Hintergrund: Druckbeanspruchte Pendelstützen müssen durch andere Teile des horizontal verschieblichen Systems stabilisiert werden. Dies führt gemäß Abschnitt 4.13 zu einer erheblichen Vergrößerung der Knicklänge. Die Imperfektionen der stabilisierenden Teile des Systems werden mit den κ-Werten erfasst, nicht jedoch die Imperfektionen (Vorverdrehungen) der Pendelstützen. Sie werden mit Hilfe der Ersatzbelastung V_0 berücksichtigt. Berechnungsbeispiele für Systeme mit Pendelstützen finden sich in den Abschnitten 4.13 und 8.10.

3.6 Knickzahlen ω nach DIN 4114

Die Bemessung mit dem Ersatzstabverfahren hat in Deutschland bereits eine langjährige Tradition. In DIN 4114 aus dem Jahre 1952 [17] lautet die Nachweisbedingung:

$$\omega \cdot \frac{S}{F} \leq \sigma_{zul} \qquad (3.21)$$

mit: S   Drucknormalkraft $(\hat{=} N)$
        F   Querschnittsfläche (= A)
        ω Knickzahl
        σ_{zul} zulässige Spannung

3.6 Knickzahlen ω nach DIN 4114

Zum Vergleich mit Bedingung (3.1) wird $\sigma_{zul} = f_y/(\gamma_M \cdot \gamma_F)$ gesetzt und Bedingung (3.21) wie folgt formuliert:

$$\frac{\omega \cdot N}{N_{pl,d}} \leq 1 \qquad (3.22)$$

Wie man sieht entsprechen die Knickzahlen ω sinngemäß dem Kehrwert der Abminderungsfaktoren κ, d. h. es gilt:

$$\omega \stackrel{\wedge}{=} \frac{1}{\kappa} \qquad (3.23)$$

Die Formulierung in Bedingung (3.1) ist für das Verständnis vorteilhaft, da mit dem κ-Werten (κ < 1) die Querschnittstragfähigkeit $N_{pl,d}$ aufgrund ungünstiger Effekte (Vorverformungen, Eigenspannungen, Fließzonen) **abgemindert** wird. Bedingung (3.21) vermittelt dagegen rein formal den Eindruck, dass die Drucknormalkräfte mit den Knickzahlen (ω > 1!) zu vergrößern sind. Richtig ist dagegen, dass die Fläche durch ω dividiert und daher reduziert wird.

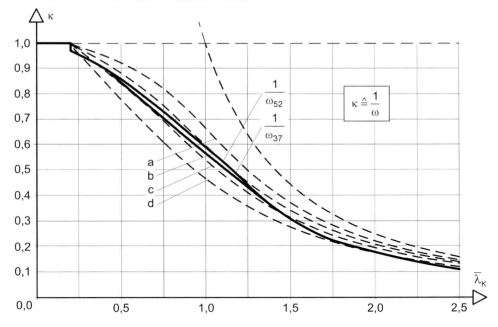

Bild 3.14 Vergleich zwischen den Abminderungsfaktoren κ und den Knickzahlen ω

Die *Knickzahlen ω* haben natürlich heutzutage keine Bedeutung mehr. Interessant ist aber durchaus ein Vergleich mit den κ-Werten. In DIN 4114 werden Knickzahlen ω für St 37 und St 52, d. h. für die Stahlsorten S 235 und S 355, unterschieden. Bild 3.14 zeigt, dass die Werte im mittleren Schlankheitsbereich zwischen den Knickspannungskurven b und c liegen. Darüber hinaus fällt die Reduktion beim St 52 teilweise etwas geringer aus als beim St 37. Eine ähnliche Tendenz ist auch im Eurocode 3 erkennbar, weil dort einige Querschnitte aus S 460 einer günstigeren Knicklinie zugeordnet werden.

Als Ergänzung zu DIN 4114 wurden in [43] auch ω-Zahlen für Rohrquerschnitte und in [46] für Walzprofile mit I-Querschnitten angegeben. Dabei wurden ebenfalls die Stahlsorten St 37 und St 52 unterschieden. Die Werte sind aber heute nicht mehr aktuell.

3.7 Modifizierte Abminderungsfaktoren κ

Gemäß Tabelle 3.1 werden die Querschnitte der Druckstäbe vier verschiedenen Knickspannungslinien zugeordnet. Da diese Zuordnung zu Nachweisen führen muss, die auf der sicheren Seite liegen, sind in Einzelfällen durchaus nennenswerte Tragreserven vorhanden. Zur Erläuterung sind in Bild 3.15 die Unterschiede zwischen den κ-Werten der Knickspannungslinien a zu b, b zu c und c zu d. Die größten Abweichungen treten mit 11,5 %, 10,6 % und 15,6 % bei $\bar{\lambda}_K = 1{,}05$ auf. Zwischen $\bar{\lambda}_K = 0{,}5$ und 2,5 sind die Unterschiede durchgängig größer als 5 %.

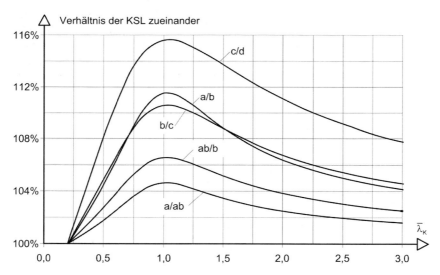

Bild 3.15 Verhältnis der Abminderungsfaktoren κ für die Knickspannungslinien a/b, b/c und c/d sowie a/ab und ab/b

Es stellt sich die Frage, wie offensichtliche Tragreserven ausgenutzt werden können. Obwohl der Unterschied bei den Linien c und d mit maximal 15,6 % am größten ist, wird dieser Fall hier nicht weiter verfolgt. Da Querschnitte, die der Linie d zuzuordnen sind, relativ selten eingesetzt werden, ist dieser Fall für die Baupraxis von untergeordneter Bedeutung.

3.7 Modifizierte Abminderungsfaktoren κ

Aufgrund der Anwendungshäufigkeit sind gewalzte I-Profile besonders interessant, sodass sie hier näher untersucht werden. Gemäß Tabelle 3.1 (unten) werden diese Querschnitte den Knickspannungslinien a, b und c zugeordnet und es sind folgende Fälle zu unterscheiden:

- Biegeknicken um die **starke** Achse und h/b > 1,2: Linie a
- Biegeknicken um die **schwache** Achse und h/b > 1,2: Linie b
- Biegeknicken um die **starke** Achse und h/b ≤ 1,2: Linie b
- Biegeknicken um die **schwache** Achse und h/b ≤ 1,2: Linie c

Wie man sieht, werden die **vier Fälle drei Knickspannungslinien** zugeordnet. Mit einer gewissen Wahrscheinlichkeit ist daher zu erwarten, dass ein der Linie b zugeordneter Fall vergleichsweise deutlich auf der sicheren Seite liegt. Dies wird durch die Untersuchungen in [38] bestätigt und für den Fall

Biegeknicken um die starke Achse und Profile mit h/b ≤ 1,2

eine Knickspannungslinie „ab" vorgeschlagen, die zwischen den Linien a und b liegt. Der Vorschlag wird in [38] ausführlich begründet und α = 0,26 zur Berechnung der κ-Werte mit Gl. (3.3) angesetzt. Typische Stützenprofile, bei denen h/b häufig kleiner als 1,2 ist, können damit wirtschaftlicher ausgeführt werden, als wenn Linie b für die Nachweise verwendet wird. Bild 3.15 zeigt, dass die κ-Werte der neuen Linie „ab" nur bis zu 6,6 % größer sind als die Werte der Linie b. Mit Bild 3.16 wird vermittelt, welche Genauigkeit die Knickspannungslinien im Vergleich zu genauen Berechnungen nach der Fließzonentheorie (FZT) haben. Das Bild enthält die Minimalwerte aller Profile für die o. g. vier Fälle. Die Linie „ab" für das Biegeknicken um die starke Achse mit Profilen h/b > 1,2 erfasst die Tragfähigkeit deutlich genauer als Linie b der Knickspannungslinien.

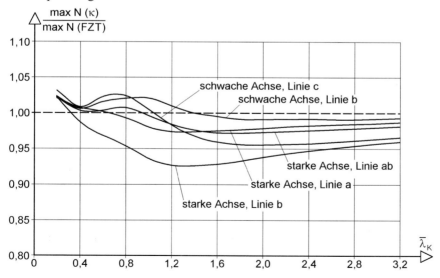

Bild 3.16 Tragfähigkeit von Druckstäben mit dem κ-Verfahren im Vergleich zur Fließzonentheorie (FZT)

4 Stabilitätsproblem Biegeknicken

4.1 Ziele

In diesem Kapitel werden das Stabilitätsproblem **Biegeknicken** behandelt und ideale Drucknormalkräfte N_{Ki}, Knicklängen s_K sowie Knickbiegelinien für Stäbe und Stabwerke ermittelt. Im mathematischen Sinne handelt es sich um die Lösung von Eigenwertproblemen, bei denen Eigenwerte und Eigenformen berechnet werden.

Ideale Drucknormalkräfte N_{Ki} und Knicklängen s_K

Diese Größen werden für die Nachweise mit dem κ-Verfahren in Kapitel 3 benötigt. Sie sind der Ausgangspunkt für die Berechnung des bezogenen Schlankheitsgrades $\bar{\lambda}_K$ und für die Ermittlung des Abminderungsfaktors κ. In der Regel wird nur der erste *Eigenwert* N_{Ki} benötigt, bei entkoppelten Teilsystemen nach Abschnitt 4.7 jedoch auch höhere *Eigenwerte*. Laut Definition in DIN 18800 Teil 2 ist N_{Ki} die Normalkraft unter der kleinsten Verzweigungslast nach der Elastizitätstheorie. Etwas verkürzend wird hier der Begriff „*ideale Drucknormalkraft*" verwendet. Der Zusammenhang zwischen N_{Ki} und s_K ergibt sich aus Gl. (4.1):

$$N_{Ki} = \frac{\pi^2 \, EI}{s_K^2} \qquad (4.1)$$

s_K ist die *Knicklänge* eines Systems und kann anschaulich als Länge des beidseitig gelenkig gelagerten Druckstabes (*Eulerfall II*) interpretiert werden, siehe Bild 4.1.

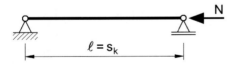

Bild 4.1   Beidseitig gelenkig gelagerter Druckstab mit $\ell = s_K$ (Ersatzstab)

Knickbiegelinien

Knickbiegelinien werden zur Ermittlung von s_K bzw. N_{Ki} verwendet. Darüber hinaus werden sie für die Nachweise mit dem Ersatzimperfektionsverfahren benötigt, da die geometrischen Ersatzimperfektionen affin zu den *Knickbiegelinien* (Eigenformen) anzusetzen sind.

Im Folgenden werden die Grundlagen der Stabilitätstheorie für das Biegeknicken von Stäben vermittelt und Berechnungsmethoden sowie Vorgehensweisen behandelt. Im Vordergrund steht das Verständnis und nicht die Untersuchung möglichst vieler baustatischer Systeme. Mit den ausgewählten Systemen sollen wichtige Standardfälle und Systeme mit besonderer baupraktischer Bedeutung behandelt oder generelle Erkenntnisse vermittelt werden. Es wird davon ausgegangen, dass EDV-Programme für die numerische Lösung des Stabilitätsproblems zur Verfügung stehen, s. auch Abschnitt 1.5.

4.2 Stabiles Gleichgewicht

Baustatische Systeme müssen *stabiles Gleichgewicht* aufweisen. Gemäß Tabelle 4.1 unterscheidet man drei Zustände: *stabiles, indifferentes* und *labiles Gleichgewicht*.

Tabelle 4.1 Stabiles, indifferentes und labiles Gleichgewicht

	Gleichgewicht		
	stabil	indifferent	labil
Kugel auf Flächen	Kugel Schale	Ebene	Ball
Druckstab	$N < N_{Ki}$	$N = N_{Ki}$	$N > N_{Ki}$
Potentielle Energie Π	Π = Min. $\delta\Pi = 0$ $\delta^2\Pi > 0$	Π = Min. $\delta\Pi = 0$ $\delta^2\Pi = 0$	Π = Min. $\delta\Pi = 0$ $\delta^2\Pi < 0$

Wenn man eine Kugel in eine Schale legt und sie anstößt, so kehrt sie zum tiefsten Punkt zurück und man spricht von einem stabilen Gleichgewichtszustand. Bei einem Druckstab bedeutet dies, dass $N < N_{Ki}$ ist und dass der Stab nach einer erzwungenen seitlichen Auslenkung in die Ausgangslage zurückkehrt. Indifferentes Gleichgewicht wird häufig mit einer Kugel auf einer Ebene erklärt. Bei einem leichten Stoß rollt sie zur Seite und man weiß nicht, wo sie liegen bleibt. Beim Druckstab ist $N = N_{Ki}$ und der Stab kann in der Ausgangslage verbleiben oder in eine ausgelenkte Lage ausweichen: Seine Lage ist indifferent. Wenn man eine Kugel vorsichtig auf einen Ball legt und sie anstößt, rollt sie herunter, d. h. sie befand sich vorher in einer labilen Gleichgewichtslage. Beim Druckstab ist $N > N_{Ki}$ und der Stab kehrt nach einer erzwungenen Auslenkung nicht in die Ausgangslage zurück, d. h. er knickt aus.

Zur Formulierung von Eigenwertproblemen, d. h. der Knickbedingungen, wird häufig von der *potentiellen Energie* Π oder der *virtuellen Arbeit* δW ausgegangen. Die entsprechenden Bedingungen für *stabiles, indifferentes* und *labiles* Gleichgewicht sind in Tabelle 4.1 zusammengestellt. Bild 4.2 zeigt dazu erläuternd den Zusammenhang mit Kurvendiskussionen und der Bestimmung von Maxima, Minima und Wendepunkten.

4 Stabilitätsproblem Biegeknicken

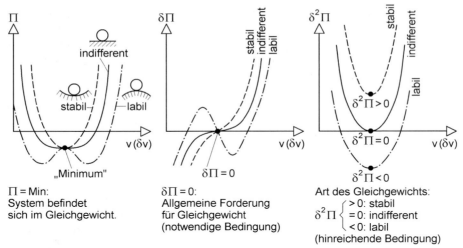

Bild 4.2 Prinzip vom Minimum der potentiellen Energie und Arten des Gleichgewichts nach [31] und [72]

4.3 Knickbedingungen

Zur Lösung des Eigenwertproblems Biegeknicken gibt es verschiedene Methoden, mit denen ideale Biegeknickdruckkräfte und Knickbiegelinien bestimmt werden. Allen Methoden gemeinsam ist, dass dabei *homogene Bestimmungsgleichungen* (einzelne Gleichungen, Gleichungssysteme, Differentialgleichungen) gelöst werden.

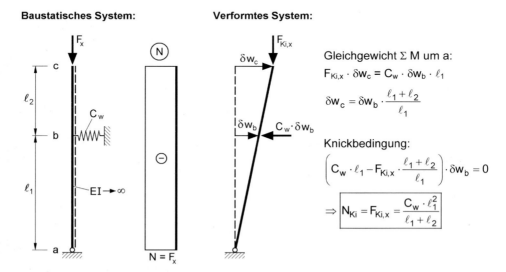

Bild 4.3 Stütze mit seitlicher Stützung durch eine Wegfeder

4.3 Knickbedingungen

Als Einführungsbeispiel wird die Stütze in Bild 4.3 betrachtet. Sie ist unten gelenkig gelagert und wird im Feldbereich durch eine Wegfeder C_w seitlich abgestützt. Vereinbarungsgemäß soll die Biegesteifigkeit sehr groß sein (EI $\to \infty$), sodass sich die Stütze nicht verkrümmen, sondern nur schräg stellen kann. Da *Knickbedingungen* am verformten System formuliert werden, wird für die Stütze eine Schrägstellung angenommen und die virtuellen Verschiebungen in den Punkten b und c mit δw_b und δw_c bezeichnet. Wie allgemein üblich, wird die *Knickbedingung* am schwach verformten System aufgestellt, sodass die Veränderung der Höhenlage der Punkte b und c nicht berücksichtigt wird, s. auch Bild 8.2. Bei der Stütze entsteht durch das Zusammendrücken der Feder eine Reaktionskraft:

$$F_{z,C} = C_w \cdot \delta w_b \tag{4.2}$$

Man kann nun das Momentengleichgewicht um den Punkt a bilden und erhält die in Bild 4.3 angegebene Gleichgewichtsbeziehung. Mit dem Strahlensatz kann die virtuelle Verschiebung δw_c durch δw_b ersetzt werden und es ergibt sich folgende **Knickbedingung**:

$$\left(C_w \cdot \ell_1 - F_{Ki,x} \cdot \frac{\ell_1 + \ell_2}{\ell_1} \right) \cdot \delta w_b = 0 \tag{4.3}$$

Bei diesem sehr einfachen System besteht die *Knickbedingung* aus **einer** Gleichung, weil die Knickbiegelinie durch eine einzige Verformungsgröße beschrieben werden kann. Gl. (4.3) ist gleich Null, wenn **ein** Faktor gleich Null ist. Da $\delta w_b = 0$ eine triviale Lösung ist, steht in der runden Klammer die eigentliche *Knickbedingung*. Wegen $N = F_x$ und $N_{Ki} = F_{Ki,x}$ erhält man als ideale Biegeknickdruckkraft:

$$N_{Ki} = F_{Ki,x} = \frac{C_w \cdot \ell_1^2}{\ell_1 + \ell_2} \tag{4.4}$$

Im mathematischen Sinne ist N_{Ki} der erste *Eigenwert* der Stütze und die Schrägstellung in Bild 4.3 die zugehörige Eigenform. Höhere Eigenwerte gibt es bei diesem Beispiel nicht, weil EI $\to \infty$ angenommen wurde.

Homogene Gleichungssysteme

In der Regel entstehen bei Stabilitätsuntersuchungen mehrere Gleichungen und bei komplexen Systemen häufig Gleichungssysteme mit vielen unbekannten Verformungsgrößen. Sie sind stets homogen (rechte Seite gleich Null), sodass die unbekannten Verformungsgrößen nicht bestimmt werden können. Das folgende Beispiel zeigt beispielhaft ein 3×3-Gleichungssystem, wie es sich häufig bei Stabilitätsuntersuchungen ergibt:

$$\begin{aligned}(k_{11} - \eta_{Ki} \cdot g_{11}) \cdot v_1 + (k_{12} - \eta_{Ki} \cdot g_{12}) \cdot v_2 + (k_{13} - \eta_{Ki} \cdot g_{13}) \cdot v_3 &= 0 \\ (k_{21} - \eta_{Ki} \cdot g_{21}) \cdot v_1 + (k_{22} - \eta_{Ki} \cdot g_{22}) \cdot v_2 + (k_{23} - \eta_{Ki} \cdot g_{23}) \cdot v_3 &= 0 \\ (k_{31} - \eta_{Ki} \cdot g_{31}) \cdot v_1 + (k_{32} - \eta_{Ki} \cdot g_{32}) \cdot v_2 + (k_{33} - \eta_{Ki} \cdot g_{33}) \cdot v_3 &= 0\end{aligned} \tag{4.5}$$

In Gl. (4.5) ist η_{Ki} der *Verzweigungslastfaktor*, mit dem die Drucknormalkräfte, die die Stabilitätsgefahr verursachen, zu multiplizieren sind. Der Vergleich mit der Stütze in Bild 4.3, bei der nur **eine** Gleichung auftritt, zeigt, dass mit $k_{11} = C_w \cdot \ell_1$ die Steifigkeit des Systems erfasst wird. Wegen

$$F_{Ki,x} = \eta_{Ki} \cdot F_x \quad \text{und} \quad N_{Ki} = \eta_{Ki} \cdot N \tag{4.6}$$

ist $g_{11} = N \cdot (\ell_1 + \ell_2)/\ell_1$, was bei der Methode der finiten Elemente (FEM) geometrische Steifigkeit genannt wird. Sofern das Stabilitätsproblem für ein System mit wenigen Gleichungen formuliert werden kann, verwendet man zur Bestimmung von η_{Ki} in der Regel die **Bedingung „*Determinante gleich Null*"**. Das bedeutet, dass für ein homogenes Gleichungssystem (in Matrizenschreibweise)

$$(\underline{K} - \eta_{Ki} \cdot \underline{G}) \cdot \underline{v} = \underline{0} \quad \text{oder} \quad \underline{F}(\eta_{Ki}) \cdot \underline{v} = \underline{0} \tag{4.7}$$

die Bedingung

$$\det(\underline{K} - \eta_{Ki} \cdot \underline{G}) = 0 \quad \text{oder} \quad \det[\underline{F}(\eta_{Ki})] = 0 \tag{4.8}$$

verwendet wird. Bei der Untersuchung einfacher Systeme treten häufig **zwei** Gleichungen auf, sodass die Determinante wie folgt berechnet werden kann:

$$\begin{aligned}\det(2\times 2) = \\ (k_{11} - \eta_{Ki} \cdot g_{11}) \cdot (k_{22} - \eta_{Ki} \cdot g_{22}) - (k_{12} - \eta_{Ki} \cdot g_{12}) \cdot (k_{21} - \eta_{Ki} \cdot g_{21}) = 0\end{aligned} \tag{4.9}$$

Die *Knickbedingung* in Gl. (4.9) ist eine quadratische Gleichung für η_{Ki}, die formelmäßig gelöst werden kann. Für symmetrische Gleichungssysteme mit $k_{21} = k_{12}$ und $g_{21} = g_{12}$ erhält man:

$$\eta_{Ki} = -\frac{p}{2} \pm \sqrt{\frac{p^2}{4} - q} \tag{4.10}$$

mit: $p = \dfrac{2\,k_{12} \cdot g_{12} - k_{11} \cdot g_{22} - k_{22} \cdot g_{11}}{g_{11} \cdot g_{22} - g_{12}^2}$

$q = \dfrac{k_{11} \cdot k_{22} - k_{12}^2}{g_{11} \cdot g_{22} - g_{12}^2}$

Eine Lösungsstruktur wie in Gl. (4.10) mit dem Wurzelterm ist im Übrigen typisch für viele Näherungslösungen in der Literatur.

Sofern drei oder mehr Gleichungen auftreten, ist eine direkte Lösung wie mit den Gln. (4.9) und (4.10) nicht mehr möglich. Man kann zwar eine 3-reihige Determinante nach der *Regel von Sarrus* berechnen, erhält aber eine lange Formel, die in der Regel nur iterativ gelöst werden kann, weil η_{Ki} bis zur dritten Potenz auftritt. Sinnvoller ist es, mit Hilfe von elementaren Umformungen das Gleichungssystem auf ein 2×2-System zu reduzieren. Man spricht in diesem Zusammenhang auch von der „*Entwicklung*" nach den Elementen einer Zeile oder einer Spalte und benutzt die aus der Mathematik bekannte „Entwicklungsformel". Erfolg versprechend im Hinblick auf eine übersichtliche Lösung ist diese Vorgehensweise aber nur, wenn einige Elemente k_{ij} und g_{ij} gleich Null sind. Abschnitt 4.4 enthält dazu mit dem *Eulerfall* II ein Beispiel.

4.3 Knickbedingungen

Eigenwerte von baustatischen Systemen werden jedoch auch mit einer Methode berechnet, die überwiegend bei der Lösung von Stabilitätsproblemen zum Einsatz kommt. Dabei werden für die Eigenformen (Knickbiegelinien) sinnvolle Näherungsfunktionen gewählt und in die virtuelle Arbeit eingesetzt. Man erhält dann ein homogenes Gleichungssystem, das Gl. (4.7) entspricht, und mit dem der Eigenwert näherungsweise ermittelt werden kann. Diese Vorgehensweise eignet sich insbesondere auch für die Herleitung von Berechnungsformeln und wird in Abschnitt 6.7 zur Lösung von Biegedrillknickproblemen ausführlich gezeigt.

Homogene Differentialgleichungen

Für die Stabilitätsuntersuchung einfacher baustatischer Systeme werden häufig die Differentialgleichungen herangezogen. Sie werden insbesondere für Stäbe und Stababschnitte mit gleich bleibendem Querschnitt (EI = konst.) und konstanter Drucknormalkraft gemäß Bild 4.4 verwendet.

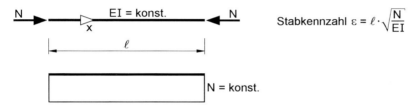

Bild 4.4 Stäbe und Stababschnitte mit EI und N = konst.

Gemäß Abschnitt 8.5 lautet die *homogene Differentialgleichung*

$$w'''' + \frac{\varepsilon^2}{\ell^2} \cdot w'' = 0 \qquad (4.11)$$

und ihre Lösung

$$w(x) = A \cdot \sin\frac{\varepsilon \cdot x}{\ell} + B \cdot \cos\frac{\varepsilon \cdot x}{\ell} + C \cdot x + D \qquad (4.12)$$

In Gl. (4.12) treten mit A, B, C und D vier unbekannte Größe auf und man benötigt daher vier *Randbedingungen*. Die Unbekannten kann man jedoch nicht bestimmen, weil ein **homogenes** 4×4-Gleichungssystem entsteht. Es dient zur Ermittlung von ε_{Ki}, wobei, wie oben beschrieben, die Bedingung „*Determinante gleich Null*" verwendet wird. Wegen

$$\varepsilon = \ell \cdot \sqrt{\frac{N}{EI}} \qquad (4.13)$$

gilt folgender Zusammenhang mit N_{Ki} und s_K:

$$N_{Ki} = \frac{\varepsilon_{Ki}^2 \cdot EI}{\ell^2} \qquad (4.14)$$

$$s_K = \frac{\pi \cdot \ell}{\varepsilon_{Ki}} \qquad (4.15)$$

In Abschnitt 4.4 wird die Eigenwertuntersuchung am Beispiel des *Eulerfalls* II unter Verwendung der DGL durchgeführt.

Lösung von Eigenwertproblemen mit der FEM

Es existieren zahlreiche mathematische Methoden zur *Lösung von Eigenwertproblemen*. Bei den Stabilitätsproblemen des Bauwesens hat sich allgemein die Methode der finiten Elemente durchgesetzt. Als Ausgangspunkt wird dabei die virtuelle Arbeit in Bild 8.8 oder ein vergleichbares Energieprinzip verwendet und ein homogenes Gleichungssystem aufgestellt. Diese Thematik wird in [31] ausführlich für das Biegeknicken und Biegedrillknicken von Stabtragwerken sowie für das Plattenbeulen behandelt. Im Vordergrund stehen dabei die zwei computerorientierten Lösungsverfahren:

- Das *Matrizenzerlegungsverfahren*, bei dem die Bedingung „Determinante gleich Null" zur Berechnung der Eigenwerte verwendet wird.
- Die *inverse Vektoriteration* mit einer iterativen Ermittlung der Eigenform und des Eigenwerts.

4.4 Eulerfälle I bis IV

Standardsysteme für das Biegeknicken sind Stützen mit gleich bleibendem Querschnitt und konstanter Drucknormalkraft. Tabelle 4.2 zeigt die bekannten *vier Eulerfälle* und enthält auch die Randbedingungen an den Stabenden, da die Stabilitätsuntersuchungen mit der DGL nach Gl. (4.11) und ihrer Lösung nach Gl. (4.12) erfolgen sollen.

Tabelle 4.2 Eulerfälle I bis IV mit Randbedingungen

Eulerfall	I	II	III	IV
Baustatisches System (EI = konst., Länge ℓ)				
Randbedingungen - oben - unten	$\hat{V} = M = 0$ $w = w' = 0$	$w = M = 0$ $w = M = 0$	$w = M = 0$ $w = w' = 0$	$w = w' = 0$ $w = w' = 0$

4.4 Eulerfälle I bis IV

Die *Randbedingungen* in Tabelle 4.2 haben folgende Bedeutung:

- w = 0
  Die seitliche Verschiebung der Stütze ist verhindert.
- w′ = 0
  Die Verdrehung ist durch eine Einspannung verhindert, d. h. die Biegelinie hat dort eine vertikale Tangente und es ist $\varphi \cong -w' = 0$.
- M = 0
  Das Biegemoment M ist gleich Null. Wegen $M = -EI \cdot w''$ ist dort auch die Krümmung $w'' = 0$.
- $\hat{V} = 0$
  Wie beim Biegemoment muss diese Randbedingung durch Bedingungen für die Durchbiegung w bzw. ihre Ableitungen ersetzt werden. Dazu wird in Bild 4.5 ein Abschnitt der Stütze in der verformten Lage betrachtet. N und V sind die Schnittgrößen mit Bezug auf die verformte Stabachse, $\hat{N}$ und $\hat{V}$ wirken in vertikaler bzw. horizontaler Richtung. Mit $\hat{V} \cong V - N \cdot w'$ und $V = -EI \cdot w'''$ nach Abschnitt 8.4 ergibt sich aus $\hat{V} = 0$ die Bedingung $EI \cdot w''' + N \cdot w' = 0$.

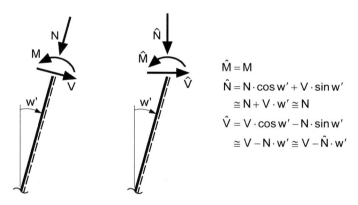

Bild 4.5   Beziehungen zwischen den Schnittgrößen N, V, $\hat{N}$ und $\hat{V}$

Beispiel Eulerfall II

Wegen M = 0 und $M = -EI \cdot w''$ wird die zweite Ableitung von Gl. (4.12) benötigt. Sie lautet:

$$w''(x) = -A \cdot \frac{\varepsilon^2}{\ell^2} \cdot \sin\frac{\varepsilon \cdot x}{\ell} - B \cdot \frac{\varepsilon^2}{\ell^2} \cdot \cos\frac{\varepsilon \cdot x}{\ell} \tag{4.16}$$

Aus den *Randbedingungen* gemäß Tabelle 4.2 ergeben sich die folgenden Gleichungen:

$$w(x=0) = B + D \qquad\qquad = 0 \qquad (4.17a)$$

$$M(x=0) = -EI \cdot w''(x=0) = B \cdot \frac{\varepsilon^2 \cdot EI}{\ell^2} \qquad = 0 \qquad (4.17b)$$

$$w(x=\ell) = A \cdot \sin\varepsilon + B \cdot \cos\varepsilon + C \cdot \ell + D \qquad = 0 \qquad (4.17c)$$

$$M(x=\ell) = -EI \cdot w''(x=\ell) = A \cdot \frac{\varepsilon^2 \cdot EI}{\ell^2} \cdot \sin\varepsilon + B \cdot \frac{\varepsilon^2 \cdot EI}{\ell^2} \cdot \cos\varepsilon = 0 \qquad (4.17d)$$

Die vier Gleichungen können auch in Matrizenschreibweise formuliert werden und man erhält:

$$\begin{bmatrix} 0 & 1 & 0 & 1 \\ 0 & \dfrac{\varepsilon^2 \cdot EI}{\ell^2} & 0 & 0 \\ \sin\varepsilon & \cos\varepsilon & \ell & 1 \\ \dfrac{\varepsilon^2 \cdot EI}{\ell^2} \cdot \sin\varepsilon & \dfrac{\varepsilon^2 \cdot EI}{\ell^2} \cdot \cos\varepsilon & 0 & 0 \end{bmatrix} \cdot \begin{bmatrix} A \\ B \\ C \\ D \end{bmatrix} = \begin{bmatrix} 0 \\ 0 \\ 0 \\ 0 \end{bmatrix}$$

Aus Gl. (4.17b) ergibt sich unmittelbar, dass B = 0 ist. Daraus folgt mit Gl. (4.17a) D = 0 und es verbleibt das 2×2 Gleichungssystem:

$$\begin{bmatrix} \sin\varepsilon & \ell \\ \dfrac{\varepsilon^2 \cdot EI}{\ell^2} \cdot \sin\varepsilon & 0 \end{bmatrix} \cdot \begin{bmatrix} A \\ C \end{bmatrix} = \begin{bmatrix} 0 \\ 0 \end{bmatrix} \qquad (4.18)$$

Mit der Bedingung „*Determinante gleich Null*" nach Abschnitt 4.3 und $\varepsilon = \varepsilon_{Ki}$ erhält man die Knickbedingung

$$\det[\cdots] = \sin\varepsilon_{Ki} \cdot 0 - \ell \cdot \frac{\varepsilon_{Ki}^2 \cdot EI}{\ell^2} \cdot \sin\varepsilon_{Ki} = 0 \qquad (4.19)$$

Daraus folgt die *Knickbedingung*

$$\sin\varepsilon_{Ki} = 0 \qquad (4.20)$$

mit der Lösung $\varepsilon_{Ki} = n \cdot \pi$ und n = 1, 2, 3, ⋯. Der kleinste *Eigenwert* ist $\varepsilon_{Ki} = \pi$ und für die *ideale Biegeknickdruckkraft* folgt mit Gl. (4.14):

$$N_{Ki} = \frac{\pi^2 \cdot EI}{\ell^2} \qquad (4.21)$$

4.5 Knickbiegelinien und Knicklängen

Eulerfälle I bis IV

Mit der für den *Eulerfall* II beschriebenen Methodik können auch die anderen *Eulerfälle* untersucht werden. Tabelle 4.3 enthält eine Zusammenstellung der Ergebnisse, wobei sich aus der Knickbedingung stets der Eigenwert ε_{Ki} ergibt. N_{Ki}, s_K und β sind dazu gleichwertige Größen, die entsprechend dem Berechnungsziel zu bevorzugen sind. Der **Knicklängenbeiwert** β liefert gut einprägsame Werte, die bei den *Eulerfällen* zwischen 0,7 und 2 liegen. Sie stehen in direktem Zusammenhang mit den in Tabelle 4.3 skizzierten Knickbiegelinien, auf die im nächsten Abschnitt eingegangen wird.

Tabelle 4.3 Knickbedingungen für die Eulerfälle I bis IV und kleinste Eigenwerte

Eulerfall	I	II	III	IV
Baustatisches System (EI = konst.)				
Knickbedingungen	$\cos \varepsilon = 0$	$\sin \varepsilon = 0$	$\varepsilon \cdot \cos \varepsilon = \sin \varepsilon$	$\cos \varepsilon = 1$
1. Eigenwert ε_{Ki}	$\dfrac{\pi}{2}$	π	$\dfrac{\pi}{0,699}$	$\dfrac{\pi}{0,5}$
ideale Drucknormalkraft N_{Ki} (Verzweigungslast)	$\dfrac{\pi^2 \cdot EI}{(2 \cdot \ell)^2}$	$\dfrac{\pi^2 \cdot EI}{\ell^2}$	$\dfrac{\pi^2 \cdot EI}{(0,699 \cdot \ell)^2}$	$\dfrac{\pi^2 \cdot EI}{(0,5 \cdot \ell)^2}$
Knicklänge s_K	$2 \cdot \ell$	ℓ	$\sim 0,7\,\ell$	$0,5\,\ell$
Knicklängenbeiwert β $\beta = \dfrac{s_K}{\ell} = \dfrac{\pi}{\varepsilon_{Ki}}$	2	1	$\sim 0,7$	0,5

4.5 Knickbiegelinien und Knicklängen

Knickbiegelinien werden für den Ansatz von *geometrischen Imperfektionen* benötigt. Darüber hinaus sind sie ein wertvolles Hilfsmittel zur anschaulichen Ermittlung von Knicklängen, bei der die *Knickbiegelinien* zeichnerisch skizziert werden.

Eulerfälle I bis IV

Die *Knickbiegelinien* ergeben sich unmittelbar aus der Lösung der homogenen DGL (4.12), wenn ε durch ε_{Ki} ersetzt wird:

$$w(x) = A \cdot \sin\frac{\varepsilon_{Ki} \cdot x}{\ell} + B \cdot \cos\frac{\varepsilon_{Ki} \cdot x}{\ell} + C \cdot x + D \qquad (4.22)$$

Die entsprechenden Werte für ε_{Ki} können Tabelle 4.3 entnommen werden und die Randbedingungen Tabelle 4.2. Damit müssen drei der vier Unbekannten A, B, C und D eliminiert werden, um die *Knickbiegelinie* eindeutig **qualitativ** beschreiben zu können. Die Größe der Amplituden und das Vorzeichen der Knickbieglinien w(x) bleiben unbestimmt.

Beim *Eulerfall II* hatte sich bereits in Abschnitt 4.4 ergeben, dass B = D = 0 sind. Damit folgt aus Gl. (4.17c):

$$\begin{aligned} w(x = \ell) &= A \cdot \sin\varepsilon_{Ki} + C \cdot \ell \\ &= A \cdot \sin\pi + C \cdot \ell \\ &= A \cdot 0 + C \cdot \ell = 0 \quad \Rightarrow C = 0 \end{aligned} \qquad (4.23)$$

Mit B = C = D = 0 folgt aus Gl. (4.22):

$$w(x) = A \cdot \sin\frac{\pi \cdot x}{\ell} \qquad (4.24)$$

Diese Knickbiegelinie für den *Eulerfall II* ist in Bild 4.6 dargestellt. Mit drei verschiedenen Linien soll nochmals hervorgehoben werden, dass der Parameter A und daher auch die Größe der Ordinaten wie auch das Vorzeichen von w(x) nicht bestimmt werden können.

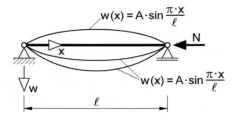

Bild 4.6   Knickbiegelinie für den Eulerfall II

Für die *Eulerfälle* I, III und IV ergeben sich bei gleicher Vorgehensweise folgende *Knickbiegelinien*:

$$\text{I:} \quad w(x) = A \cdot \left(1 - \cos\frac{\pi \cdot x}{2 \cdot \ell}\right) \qquad (4.25)$$

$$\text{III:} \quad w(x) = A \cdot \left(\sin\frac{\varepsilon_{Ki} \cdot x}{\ell} - \varepsilon_{Ki} \cdot \cos\frac{\varepsilon_{Ki} \cdot x}{\ell} - \varepsilon_{Ki} \cdot \frac{x}{\ell} + \varepsilon_{Ki}\right) \qquad (4.26)$$

mit $\varepsilon_{Ki} = 4{,}494 = \pi/0{,}699$

$$\text{IV:} \quad w(x) = A \cdot \left(1 - \cos\frac{\pi \cdot x}{0{,}5 \cdot \ell}\right) \qquad (4.27)$$

4.5 Knickbiegelinien und Knicklängen

In Bild 4.7 sind die *Knickbiegelinien der Eulerfälle* I bis IV dargestellt. Die Knicklängen ergeben sich als Abstände der Wendepunkte, die mit einem „x" gekennzeichnet sind und wegen $M(x) = -EI \cdot w''(x)$ auch in den Gelenken an den Stabenden auftreten. Beim Eulerfall I muss die Knickbiegelinie verlängert werden, da im baustatischen System selbst nur **ein** Wendepunkt auftritt.

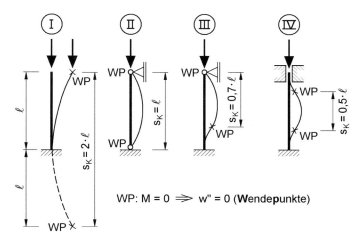

Bild 4.7   Knickbiegelinien der Eulerfälle I bis IV

Der hier dargestellte Sachverhalt wird wie folgt verallgemeinert:

Bei Stäben mit konstanter Druckkraft und gleich bleibendem Querschnitt ist die Knicklänge s_K gleich dem Abstand der Wendepunkte, d. h. gleich dem Abstand benachbarter Momentennullpunkte.

Damit kann die Knicklänge auch bei Rahmen und Durchlaufträgern ermittelt oder zumindest in gewissen Grenzen abgeschätzt werden. Als Beispiel für Durchlaufträger wird Bild 4.8 betrachtet.

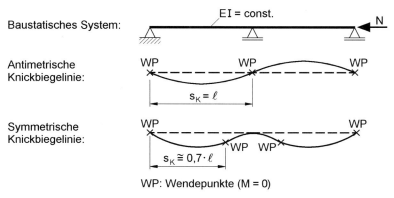

Bild 4.8   Zweifeldträger mit Knickbiegelinien

Da das System in Bild 4.8 symmetrisch ist, können nur *symmetrische* oder *antimetrische Knickbiegelinien* auftreten. Durch Vergleich mit den *Eulerfällen* ergibt sich für die antimetrische Linie $s_K = \ell$ und für die symmetrische $s_K \cong 0{,}7 \cdot \ell$. Maßgebend ist hier das **antimetrische Biegeknicken**, da $s_K = \ell$ zum kleinsten Eigenwert führt. Natürlich gibt es noch viele weitere Knickbiegelinien, die aber zu größeren Eigenwerten führen. Die Erfahrung zeigt übrigens, dass Ungeübte häufig die symmetrische und die antimetrische Knickbiegelinie zu einer undefinierbaren mischen. An dieser Stelle ist jedoch eine strenge Denkweise gefragt: Es ist nur ein entweder ... oder ... möglich.

Tabelle 4.4   Knicklängenbeiwerte β und Eigenwerte ε_{Ki} für ausgewählte symmetrische Rahmen

Verschiebliche Rahmen		Unverschiebliche Rahmen	
Gelenke	Einspannungen	Gelenke	Einspannungen
$2 \leq \beta \leq \infty$	$1 \leq \beta \leq 2$	$0{,}7 \leq \beta \leq 1$	$0{,}5 \leq \beta \leq 0{,}7$
$\dfrac{\pi}{2} \geq \varepsilon_{Ki} \geq 0$	$\pi \geq \varepsilon_{Ki} \geq \dfrac{\pi}{2}$	$\dfrac{\pi}{0{,}7} \geq \varepsilon_{Ki} \geq \pi$	$2\pi \geq \varepsilon_{Ki} \geq \dfrac{\pi}{0{,}7}$

Knickbiegelinien sind ein gutes Hilfsmittel zur Untersuchung von Rahmen. Mit den entsprechenden Skizzen und einem Vergleich mit den vier *Eulerfällen* können die Knicklängen anschaulich abgeschätzt werden. Als Beispiel sind in Tabelle 4.4 vier einfache Rahmen mit den Grenzwerten für β und ε_{Ki} zusammengestellt. Sie gelten für steife und schwache Rahmenriegel, genauer ausgedrückt hängen die Werte vom Parameter

$$I_{Riegel} \cdot h / (I_{Stiel} \cdot b)$$

ab, s. auch Abschnitt 4.8. Wenn man Knickbiegelinien zeichnet, muss der rechte Winkel in den Rahmenecken erhalten bleiben. Aufgrund des Momentengleichgewichts in den Rahmenecken ergeben sich die Krümmungen der Stiel- bzw. Riegelenden entweder beide nach innen oder beide nach außen.

4.6 Eulersche Knickspannung

Beim Stabilitätsproblem Biegeknicken ergeben sich aus der idealen Biegeknicknormalkraft N_{Ki} Druckspannungen:

$$\sigma_{Ki} = \frac{N_{Ki}}{A} \tag{4.28}$$

4.6 Eulersche Knickspannung

Sie werden *Eulersche Knickspannungen* genannt und können mit dem Schlankheitsgrad

$$\lambda_K = \frac{s_K}{i} \tag{4.29}$$

und dem Trägheitsradius

$$i = \sqrt{\frac{I}{A}} \tag{4.30}$$

auch wie folgt berechnet werden

$$\sigma_{Ki} = \frac{\pi^2 \cdot E}{\lambda_K^2} \tag{4.31}$$

Mit $\lambda_K = \bar{\lambda}_K \cdot \lambda_a$ und λ_a nach Gl. (3.6) erhält man

$$\sigma_{Ki} = \frac{f_{y,k}}{\bar{\lambda}_K^2} \tag{4.32}$$

und damit die bezogene (dimensionslose) *Eulersche Knickspannung*:

$$\bar{\sigma}_{Ki} = \frac{\sigma_{Ki}}{f_{y,k}} = \frac{1}{\bar{\lambda}_K^2} \tag{4.33}$$

Gl. (4.33) beschreibt die so genannte *Eulerhyperbel*, die in Bild 4.9 dargestellt ist. Zum Vergleich mit den Europäischen Knickspannungslinien ist sie auch in Bild 3.2 eingetragen und markiert dort eine obere Grenze für die κ-Werte.

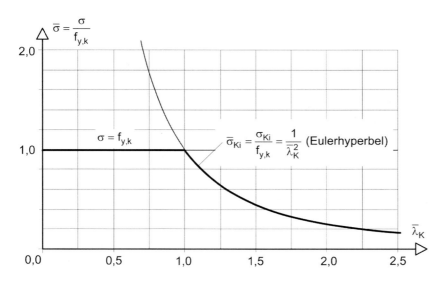

Bild 4.9   Eulersche Knickspannung $\bar{\sigma}_{Ki}$ infolge N_K

4.7 Hinweise zur Berechnung von N_{Ki}

In Abschnitt 4.4 ist die Ermittlung von N_{Ki} für die *Eulerfälle* I bis IV gezeigt worden. Da die Drucknormalkraft N gleich der angreifenden Last ist und sich darüber hinaus N im Stab nicht verändert (N = konst.), gehören die *Eulerfälle* zu den einfachsten Systemen für eine Biegeknickuntersuchung. Bei komplexeren baustatischen Systemen ist nicht nur die Berechnung von N_{Ki} aufwändiger, sondern auch die Methodik ist gedanklich schwieriger. Im Folgenden sollen daher einige Hinweise zur Vorgehensweise und zu Besonderheiten gegeben werden. Dabei wird davon ausgegangen, dass man die Eigenwertermittlung wahlweise wie folgt durchführt:

- Verwendung von **EDV-Programmen**, d. h. Ermittlung von η_{Ki}
- Aufstellen von **Knickbedingungen** (s. Abschnitt 4.3) und Ermittlung von N_{Ki}, s_K, β oder ε_{Ki}
- Verwendung von Formeln oder Diagrammen aus der **Literatur**, d. h. Ermittlung von β

Prinzip: Bei einem baustatischen System werden zuerst die **Normalkräfte nach Theorie I. Ordnung** berechnet und dann mit dieser Normalkraftverteilung eine Eigenwertuntersuchung durchgeführt. Gedanklich werden dabei alle äußeren Lasten entfernt und nur noch die Normalkräfte angesetzt. Dies führt, wie in Abschnitt 4.3 erläutert, stets zu einem *homogenen Problem* (DGL, Gleichungssystem). Gegebenenfalls vorhandene Biegemomente haben keinen Einfluss auf N_{Ki}. Als Beispiel wird der einhüftige Rahmen in Bild 4.10 betrachtet und es werden zunächst die Schnittgrößen nach Theorie I. Ordnung berechnet. Die Biegemomente wirken sich nicht auf N_{Ki} aus, sodass bei der Eigenwertermittlung H = 0 gesetzt werden kann und N_{Ki} allein von der Drucknormalkraft in der Stütze abhängt. Mit der Vorgehensweise in Abschnitt 4.8 (Anfedern) und den Herleitungen in Abschnitt 4.9 lautet die Knickbedingung:

$$\varepsilon \cdot \tan \varepsilon = \frac{C_\varphi \cdot \ell_s}{EI_s} \quad \text{mit: } C_\varphi = \frac{3EI_R}{\ell_R} \tag{4.34}$$

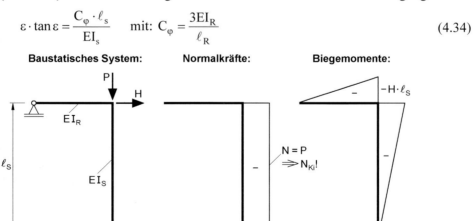

Bild 4.10 Einhüftiger Rahmen mit Schnittgrößen nach Theorie I. Ordnung

4.7 Hinweise zur Berechnung von N_{Ki}

Verzweigungslastfaktor η_{Ki}

In Bild 4.11 sind beispielhaft baustatische Systeme mit veränderlichen Normalkräften dargestellt. Bei derartigen Systemen ist es zweckmäßig, zur Eigenwertermittlung den *Verzweigungslastfaktor* η_{Ki} zu verwenden, da damit die Beziehungen zwischen den unterschiedlichen Normalkräften eindeutig definiert werden. Gedanklich geht man stets von der vorhandenen Normalkraftverteilung aus und vergrößert diese solange bis der 1. Eigenwert erreicht wird. Dieser Faktor ist der *Verzweigungslastfaktor* η_{Ki}, sodass

$$N_{Ki,i} = \eta_{Ki} \cdot N_i \quad \text{bzw.} \quad N_{Ki}(x) = \eta_{Ki} \cdot N(x) \tag{4.35}$$

gilt. η_{Ki} gilt für das baustatische System und hängt von den folgenden Parametern ab:

- Normalkraftverteilung
- Abmessungen der Stäbe
- Steifigkeiten EI
- Randbedingungen

Gl. (4.35) zeigt, dass die idealen Biegeknicknormalkräfte affin zur vorhandenen Normalkraftverteilung sind.

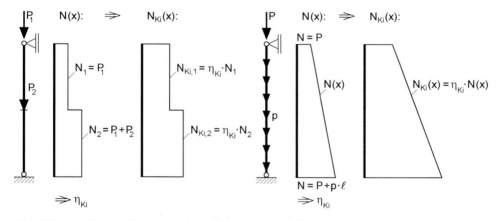

Bild 4.11 Druckstäbe mit veränderlichen Normalkräften

Mit Bild 4.11 wird verdeutlicht, dass der *Verzweigungslastfaktor* für die vorhandenen Normalkräfte ermittelt wird. Für die Skizzen ist $\eta_{Ki} = 2$ angenommen worden und die Ordinaten für $N_{Ki}(x)$ sind daher doppelt so groß wie für $N(x)$. Bei den Nachweisen mit dem κ-Verfahren (Kapitel 3) ist zu beachten, dass Bedingung (3.1) an jeder Stelle erfüllt sein muss. Sofern Stäbe gleich bleibende Querschnitte haben, reicht es aus, den Nachweis an der Stelle mit dem größten N zu führen.

Wegen der Bedeutung des *Verzweigungslastfaktors* η_{Ki} für die Eigenwertermittlung wird als weiteres baustatisches System der Rahmen in Bild 4.12 betrachtet. Aus der Belastung ergibt sich eine Normalkraftverteilung N(x), die zu einem *Verzweigungs-*

lastfaktor η_{Ki} führt. Damit können die für die Nachweise benötigten idealen *Biegeknicknormalkräfte* $N_{Ki,i}$ in den einzelnen Stäben bestimmt werden.

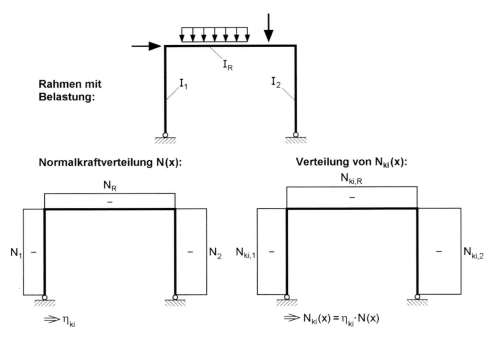

Bild 4.12 Rahmen mit Belastung, N(x) und $N_{Ki}(x)$

Anmerkung: Bei der *Eigenwertermittlung* mit EDV-Programmen werden die mit γ_F (Teilsicherheitsbeiwert) und ψ_i (Kombinationsbeiwerte) gebildeten Einwirkungskombinationen eingegeben. Als Ergebnis der Programmrechnung erhält man daher stets den Verzweigungslastfaktor η_{Ki}. Sofern $\gamma_M = 1,1$ gesetzt und dieser Wert vom Programm auch zur Abminderung der Steifigkeiten EI verwendet wird, handelt es sich um den Bemessungswert $\eta_{Ki,d}$, der zu $N_{Ki,d}$ führt. Bei dieser Vorgehensweise muss der bezogene Schlankheitsgrad $\bar{\lambda}_K$ nach Gl. (3.4) mit $N_{Ki} = N_{Ki,d} \cdot \gamma_M$ und N_{pl} oder mit $N_{pl,d} = N_{pl}/\gamma_M$ und $N_{Ki,d}$ berechnet werden.

Unabhängiges Biegeknicken von Teilsystemen

Bei einigen baustatischen Systemen können sich Teilsysteme unabhängig voneinander verformen. Sofern durch Gelenke entkoppelte Teilsysteme entstehen, sind alle möglichen Knickbiegelinien zu untersuchen und die zugehörigen Eigenwerte zu bestimmen. Bild 4.13 zeigt dazu ein einfaches Beispiel.

Durch das Gelenk an der Mittelstütze sind die beiden Druckstäbe entkoppelt und sie knicken unabhängig voneinander. Da links der *Eulerfall* III und rechts der *Eulerfall* II auftritt, können die idealen Biegeknicknormalkräfte mit Hilfe von Tabelle 4.3 be-

4.7 Hinweise zur Berechnung von N_{Ki}

stimmt werden. Wenn man die Berechnung mit einem EDV-Programm durchführt, müssen der erste und der zweite Eigenwert (ggf. auch ein höherer Eigenwert) berechnet werden. Dabei benötigt man auch die zugehörigen Knickbiegelinien, da die Eigenwerte den beiden Druckstäben, d. h. allgemeiner ausgedrückt den Teilsystemen zugeordnet werden müssen. Es ist daher ein entsprechend leistungsfähiges EDV-Programm erforderlich.

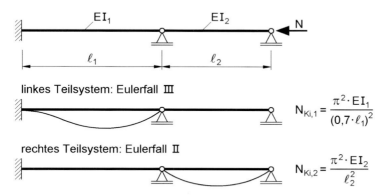

Bild 4.13   Beispiel zum Biegeknicken entkoppelter Teilsysteme

Beim einhüftigen Rahmen mit Pendelstütze in Bild 4.14 sind ebenfalls zwei Fälle zu unterscheiden. Die Knickbiegelinien zeigen, dass beim Biegeknicken des einhüftigen Rahmens eine seitliche Verschiebung auftritt und die Pendelstütze dabei gerade bleibt. Darüber hinaus kann völlig unabhängig davon die Pendelstütze ausknicken und der Rahmen verschiebt sich nicht. Wenn man die Aufgabenstellung Studenten vorlegt, neigen sie dazu, die beiden Knickbiegelinien zu „mischen", d. h. den Rahmen **und** die Pendelstütze zu verformen (in **einem** Bild). An dieser Stelle ist jedoch, wie bereits oben erwähnt, eine klare Denkweise gefragt: Es gibt nur ein „entweder ··· oder ··· ". Für die Nachweise werden, wie beim Beispiel in Bild 4.13, beide Eigenwerte, $\eta_{Ki,1}$ und $\eta_{Ki,2}$ benötigt.

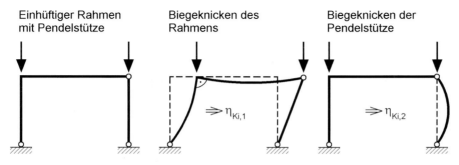

Bild 4.14   Unabhängiges Biegeknicken des Systems und der Pendelstütze

Knickbedingung mit dem Parameter ε

Knickbedingungen werden häufig mit der *Stabkennzahl* $\varepsilon = \ell \cdot \sqrt{N/EI}$ formuliert. Die Auswertung dieser Knickbedingungen führt zum Eigenwert ε_{Ki}. Damit kann der *Knicklängenbeiwert*

$$\beta = \pi/\varepsilon_{Ki} \tag{4.36}$$

oder direkt

$$N_{Ki} = \frac{\varepsilon_{Ki}^2 \cdot EI}{\ell^2} \tag{4.37}$$

bestimmt werden.

Eigenwertermittlung mit der Literatur

In der Literatur finden sich zahlreiche Formeln und Diagramme zur Ermittlung von Eigenwerten. Dabei wird in der Regel der Knicklängenbeiwert β angegeben. Wegen $s_K = \beta \cdot \ell$ ist dann:

$$N_{Ki} = \frac{\pi^2 \cdot EI}{(\beta \cdot \ell)^2} \tag{4.38}$$

Bei baustatischen Systemen mit **veränderlichen Normalkräften** ist häufig nicht unmittelbar klar, auf welche Normalkraft sich die angegebene Lösung bezieht. In der Regel ist das die **maximale Drucknormalkraft**. Beispielsweise kann man bei der Stütze in Bild 4.11 links davon ausgehen, dass der in der Literatur angegebene β-Wert für die Drucknormalkraft N_2 gilt, sodass

$$N_{Ki,2} = \frac{\pi^2 \cdot EI}{(\beta_{Lit} \cdot \ell)^2} \tag{4.39}$$

gilt. Damit kann man natürlich den Verzweigungslastfaktor des Systems

$$\eta_{Ki} = N_{Ki,2}/N_2 \tag{4.40}$$

berechnen. Sofern der Querschnitt im oberen Teil der Stütze weniger tragfähig als im unteren ist, wird auch

$$N_{Ki,1} = N_{Ki,2} \cdot N_1/N_2 \tag{4.41}$$

benötigt. Diese Umrechnung ergibt sich aus dem in Bild 4.11 dargestellten Sachverhalt:

$$\eta_{Ki} = N_{Ki,1}/N_1 = N_{Ki,2}/N_2 \quad \text{bzw.} \quad \eta_{Ki} = N_{Ki}(x)/N(x) \tag{4.42}$$

4.8 Ersatz von Tragwerksteilen durch Federn

Wenn baustatische Systeme etwas komplexer als die *Eulerfälle* sind, versucht man häufig, die Systeme zu vereinfachen und auf Druckstäbe mit *Federn* an den Enden zurückzuführen. Sofern vorhanden werden dabei auch Symmetrieeigenschaften ausgenutzt.

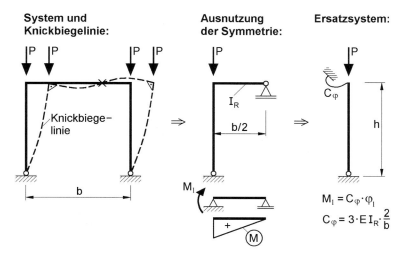

Bild 4.15 Reduktion eines seitlich verschieblichen Zweigelenkrahmens

Bild 4.15 zeigt ein typisches Beispiel. Der dargestellte Zweigelenkrahmen ist **symmetrisch** und zum kleinsten Eigenwert gehört eine **antimetrische Knickbiegelinie**. Es reicht aus, eine Hälfte des Systems zu untersuchen und in Rahmenmitte ein gelenkiges, vertikal unverschiebliches Lager anzusetzen. Das Lager ergibt sich unmittelbar aus der dargestellten Knickbiegelinie, kann aber auch aus Tabelle 4.5 abgelesen werden. In einem zweiten Vereinfachungsschritt kann der halbe Rahmenriegel durch eine Drehfeder C_φ ersetzt werden, weil dort keine Drucknormalkraft vorhanden ist und es sich daher um eine lineare Feder handelt. Gemäß Bild 4.15 rechts unten kann die Federsteifigkeit mit dem Federgesetz $M_l = C_\varphi \cdot \varphi_l$ berechnet werden, wenn man ein Randmoment M_l ansetzt und die korrespondierende Verdrehung φ_l mit dem Arbeitssatz ermittelt.

Bei einfachen Systemen, wie bei z. B. beidseitig gelenkig gelagerten Trägern, kann man die Verformungen auch mit Berechnungsformeln aus der Literatur bestimmen, d. h. bei dem Beispiel die Verdrehung φ_l infolge des Randmomentes M_l. Als Ergebnis der Vereinfachungen erhält man das in Bild 4.15 rechts dargestellte Ersatzsystem, das genau die gleiche Knickgefahr aufweist, wie das Ausgangssystem. Man erkennt unmittelbar, dass der Knicklängenbeiwert zwischen 2,0 und ∞ liegen muss ($C_\varphi \to \infty$ bzw. $C_\varphi = 0$). Die genaue Lösung kann mit Hilfe von Abschnitt 4.9 ermittelt werden, siehe auch Bild 4.21.

Hinweise zum Anfedern

Grundsätzlich kann man beliebige Teile eines baustatischen Systems durch Federn ersetzen. Sofern Drucknormalkräfte in diesen Teilen auftreten, ergeben sich jedoch nichtlineare Federn, sodass die Lösung des Eigenwertproblems nicht vereinfacht werden kann. Daraus ergibt sich das Prinzip:

Beim Stabilitätsproblem Biegeknicken können Tragwerksteile ohne Drucknormalkräfte durch Federn ersetzt werden.

Sofern Zugnormalkräfte auftreten, kann man die entlastende Wirkung vernachlässigen und N = 0 setzen, s. jedoch auch Bild 2.7. Bei der Anwendung des o. g. Prinzip ist die folgende Einschränkung zu beachten:

Die Punktfedern C_w (*Wegfeder*) und C_φ (*Drehfeder*) müssen voneinander unabhängig sein.

Der Sachverhalt wird mit Hilfe von Bild 4.16 erläutert. Die beiden Systeme unterscheiden sich nur durch das Gelenk in der rechten Rahmenecke (oben) im Gegensatz zur biegesteifen Ausbildung (unten). Zur Ermittlung der Feder wird bei beiden Systemen der druckkraftfreie Teil (rechts) von der druckbeanspruchten Stütze (links) abgetrennt. Da die Verformungen mit dem Arbeitssatz berechnet werden sollen, werden H und M als Lasten aufgebracht und die Momentenlinien bestimmt. Bei dem oberen System (mit Gelenk!) ergibt sich infolge H eine Verschiebung w und die Verdrehung φ ist gleich Null. Infolge M ist $\varphi \neq 0$ und w = 0, sodass bei diesem System voneinander unabhängige Einzelfedern für das Ersatzsystem bestimmt werden können. Wenn man das untere System mit der biegesteifen Rahmenecke (rechts) untersucht, stellt man fest, dass sich sowohl infolge H als auch infolge M Verschiebungen **und** Verdrehungen ergeben. An der Schnittstelle sind daher die beiden Federn nicht unabhängig voneinander und die Reduktion auf ein Ersatzsystem mit zwei Einzelfedern ist nicht möglich.

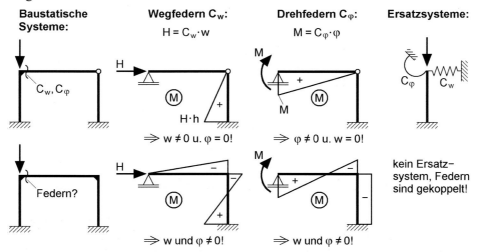

Bild 4.16   Rahmen mit unabhängigen Einzelfedern und Koppelfedern

4.8 Ersatz von Tragwerksteilen durch Federn

Anmerkung: Die Kopplung der Federn in Bild 4.16 unten ist an den Momentenlinien infolge H und M erkennbar, da ihre Überlagerung bei Anwendung des Arbeitssatzes zu $\delta_{12} \neq 0$ führt. Der sicherste Weg zur Feststellung der Unabhängigkeit von Federn ist eine Idealisierung mit finiten Elementen des Weggrößenverfahrens. Die Verschiebung und die Verdrehung an der Schnittstelle sind immer dann unabhängig voneinander, wenn die **Neben**diagonalglieder der Matrizen an der betreffenden Stelle gleich Null sind.

Symmetrische Systeme

Sofern bei baustatischen Systemen die Geometrie, die Steifigkeiten und die Drucknormalkräfte symmetrisch sind, können sie in der Symmetrieachse getrennt und dort Auflager angesetzt werden. Die entsprechenden Lager sind in Tabelle 4.5 zusammengestellt, wobei *symmetrische* und *antimetrische Knickbiegelinien* zu unterscheiden sind.

Tabelle 4.5 Lager für die Symmetrieachse von Systemen

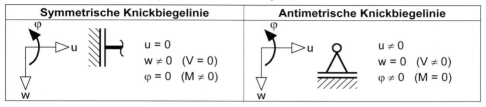

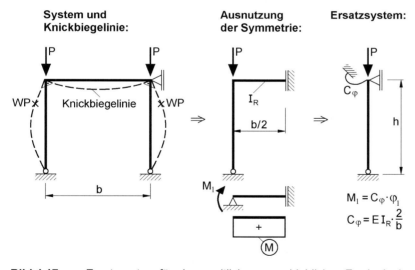

Bild 4.17 Ersatzsystem für einen seitlich **un**verschieblichen Zweigelenkrahmen

Bei dem Zweigelenkrahmen in Bild 4.17 wird der Rahmenriegel seitlich starr gestützt und zum kleinsten Eigenwert gehört eine **symmetrische** *Knickbiegelinie*. Die Wendepunkte liegen in den Stielen und sind mit einem „x" gekennzeichnet. In der Symmetrieachse kann gemäß Tabelle 4.5 ein Lager mit einer starren Einspannung angesetzt werden, das in vertikaler Richtung verschieblich ist. Für den halben Riegel ergibt sich dann die angegebene Punktdrehfeder C_φ und das rechts dargestellte Ersatzsystem. Die Knicklänge kann mit Hilfe von Abschnitt 4.9 bestimmt werden. Sie muss zwischen s_K = h (für $C_\varphi = 0$) und $s_K = 0,7$ h (für $C_\varphi \to \infty$) liegen. Mit diesem Wertebereich wird auch nachgewiesen, dass beim seitlich verschieblichen Zweigelenkrahmen in Bild 4.15 die *antimetrische Knickbiegelinie* wegen $2 \leq \beta \leq \infty$ den kleinsten Eigenwert liefert.

Ein weiteres Beispiel für das Anfedern von Tragwerksteilen zeigt Bild 4.18. Dabei ist der Druckstab gelenkig an einen Träger angeschlossen. In der Ebene der beiden Stäbe hat der Druckstab die Knicklänge $s_K = \ell$ (*Eulerfall* II). Senkrecht dazu wird der Druckstab am Ende durch den Träger unterstützt. Die Verschiebung w_F des statisch unbestimmten Trägers, wird hier nicht mit dem Arbeitssatz berechnet, sondern die Formel

$$w_F = F \cdot \frac{a^2 \cdot b^3}{12 \cdot (a+b)^3 \cdot EI} \cdot (4a + 3b) \tag{4.43}$$

aus einem Tabellenbuch [90] verwendet. Die Feder ergibt sich dann wie folgt:

$$C_w = \frac{F}{w_F} = \frac{12 \cdot (a+b)^3 \cdot EI}{a^2 \cdot b^3 (4a + 3b)} \tag{4.44}$$

Die Eigenwertermittlung für das *Ersatzsystem* in Bild 4.18 kann nach Abschnitt 4.9 erfolgen. Für eine steife Feder mit

$$C_w \geq \frac{\pi^2 \cdot EI}{\ell^3} \tag{4.45}$$

ergibt sich der *Eulerfall* II, d. h. $s_K = \ell$. Wenn die Feder weicher ist, wird sie zusammengedrückt und der Druckstab bleibt gerade. Dieser Fall kann unmittelbar mit dem Einführungsbeispiel in Bild 4.3 (Abschnitt 4.3) gelöst werden:

$$N_{Ki} = C_w \cdot \ell \tag{4.46}$$

Eine ähnliche Fallunterscheidung wird in Abschnitt 4.11 am Beispiel eines Druckstabes mit Wegfeder in Feldmitte ausführlich behandelt.

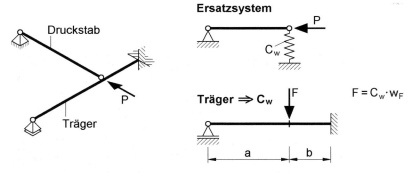

Bild 4.18 Druckstab mit Abstützung durch einen Träger

4.9 Druckstäbe mit Federn an den Enden

In Abschnitt 4.8 wird gezeigt, wie baustatische Systeme auf das Ersatzsystem „Druckstab mit Federn an den Enden" zurückgeführt werden können. Die Untersuchung derartiger Systeme ist die konsequente Erweiterung im Anschluss an die *Eulerfälle* I bis IV und fördert das Verständnis für die Eigenwertermittlung von Systemen.

Druckstäbe mit einer Feder

Zunächst werden wie in [50] *Druckstäbe mit* nur *einer Feder* betrachtet und sechs Systeme untersucht. Bei den Systemen 3 und 4 (in Bild 4.19) sind jeweils zwei Druckstäbe dargestellt. Dies bedeutet, dass es keine Rolle spielt, ob die Drehfedern oben oder unten wirken.

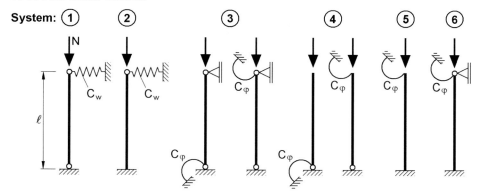

Bild 4.19   Druckstäbe mit **einer** Feder an den Enden

Die Knickbedingungen können wie in Abschnitt 4.4 für die *Eulerfälle* mit Hilfe von Gl. (4.12) unter Verwendung der Randbedingungen in Tabelle 4.2 hergeleitet werden. Da bei den Systemen in Bild 4.19 Federn an den Stabenden auftreten, werden die entsprechenden Randbedingungen wie folgt ergänzt:

- *Punktdrehfeder* C_φ: Bedingung $M = C_\varphi \cdot \varphi$
  Mit $M = -EI \cdot w''$ und $\varphi = -w'$ folgt als Bedingung $EI \cdot w'' - C_\varphi \cdot w' = 0$
- *Punktwegfeder* C_w: Bedingung $\hat{V} = -C_w \cdot w$
  Mit $\hat{V} \cong V - N \cdot w'$ und $V = -EI \cdot w'''$ folgt $EI \cdot w''' + N \cdot w' - C_w \cdot w = 0$

Mit den Randbedingungen können wie in Abschnitt 4.4 für jedes System vier Gleichungen formuliert werden. Die Bedingung „Determinante gleich Null" führt zu den in Tabelle 4.6 zusammengestellten *Knickbedingungen*, mit denen die Eigenwerte ε_{Ki} berechnet werden können. Da die Lösung iterativ bestimmt werden muss, ist es zweckmäßig ε_{Ki} durch π/β zu ersetzen und die Auswertung im jeweiligen Gültigkeitsbereich für β vorzunehmen. Die Vorgehensweise wird am Ende des Abschnitts an einem Beispiel gezeigt. Hier werden die Ergebnisse in den Bildern 4.20 und 4.21 dargestellt, aus denen die *Knicklängenbeiwerte* abgelesen werden können.

Tabelle 4.6 Knickbedingungen für die in Bild 4.19 dargestellten Druckstäbe

System	Knickbedingung	Gültigkeitsbereich
1	$\sin\varepsilon_{Ki} \cdot \left(1 - \varepsilon_{Ki}^2 / \overline{C}_w\right) = 0$	$1 \leq \beta \leq \infty$
2	$\varepsilon_{Ki} \cdot \cos\varepsilon_{Ki} \cdot \left(1 - \varepsilon_{Ki}^2 / \overline{C}_w\right) - \sin\varepsilon_{Ki} = 0$	$0{,}7 \leq \beta \leq 2$
3	$\varepsilon_{Ki} \cdot \cos\varepsilon_{Ki} - \left(1 + \varepsilon_{Ki}^2 / \overline{C}_\varphi\right) \cdot \sin\varepsilon_{Ki} = 0$	$0{,}7 \leq \beta \leq 1$
4	$\cos\varepsilon_{Ki} - \varepsilon_{Ki} / \overline{C}_\varphi \cdot \sin\varepsilon_{Ki} = 0$	$2 \leq \beta \leq \infty$
5	$\sin\varepsilon_{Ki} + \varepsilon_{Ki} / \overline{C}_\varphi \cdot \cos\varepsilon_{Ki} = 0$	$1 \leq \beta \leq 2$
6	$\varepsilon_{Ki} / \overline{C}_\varphi \cdot \left(\varepsilon_{Ki} \cdot \cos\varepsilon_{Ki} - \sin\varepsilon_{Ki}\right) - 2 \cdot \left(1 - \cos\varepsilon_{Ki}\right) + \varepsilon_{Ki} \cdot \sin\varepsilon_{Ki} = 0$	$0{,}5 \leq \beta \leq 0{,}7$

Bei iterativer Auswertung der Knickbedingungen ist es zweckmäßig, ε_{Ki} durch π/β zu ersetzen und β zu bestimmen.

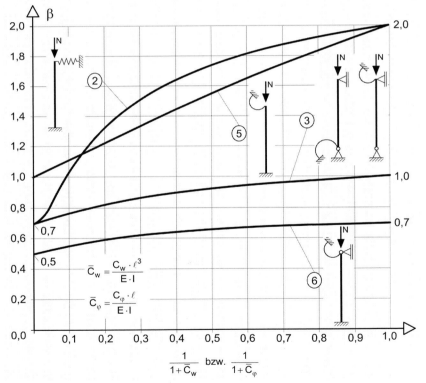

Bild 4.20 Knicklängenbeiwerte β für die Systeme 2, 3, 5 und 6 in Bild 4.19

Bei Bild 4.21 ist zu beachten, dass $1/\beta$, also der Kehrwert von β, aufgetragen ist. Dies ist zweckmäßig, weil β sehr große Werte annehmen kann, wenn die Federsteifigkei-

4.9 Druckstäbe mit Federn an den Enden

ten klein sind. Für System 1 kann mit Tabelle 4.6 problemlos die **genaue Lösung** bestimmt werden. Da die *Knickbedingung* zwei Faktoren enthält, ergibt sich β wie folgt:

$$\overline{C}_w < \pi^2 : \quad \beta = \frac{\pi}{\sqrt{\overline{C}_w}}$$
$$\overline{C}_w \geq \pi^2 : \quad \beta = 1 \tag{4.47}$$

Ein vergleichbarer Fall wird in Abschnitt 4.10 ausführlich behandelt. Für die weiteren Systeme können unter Verwendung der Parameter

$$\alpha_w = \frac{1}{1+\overline{C}_w} \quad \text{und} \quad \alpha_\varphi = \frac{1}{1+\overline{C}_\varphi} \tag{4.48}$$

folgende Näherungen verwendet werden:

- System 2
$$\beta = 0{,}7 + 3{,}8 \cdot \alpha_w - 4{,}3 \cdot \alpha_w^2 + 1{,}8 \cdot \alpha_w^3 \tag{4.49}$$
- System 3
$$\beta = 0{,}7 + 0{,}6 \cdot \alpha_\varphi - 0{,}3 \cdot \alpha_\varphi^2 \tag{4.50}$$
- System 4
$$\beta = \frac{1}{0{,}5 - 0{,}45 \cdot \alpha_\varphi} \quad \text{jedoch } \alpha_\varphi \leq 0{,}8 \tag{4.51}$$
- System 5
$$\beta = 1{,}0 + 1{,}2 \cdot \alpha_\varphi - 0{,}2 \cdot \alpha_\varphi^2 \tag{4.52}$$
- System 6
$$\beta = 0{,}5 + 0{,}5 \cdot \alpha_\varphi - 0{,}3 \cdot \alpha_\varphi^2 \tag{4.53}$$

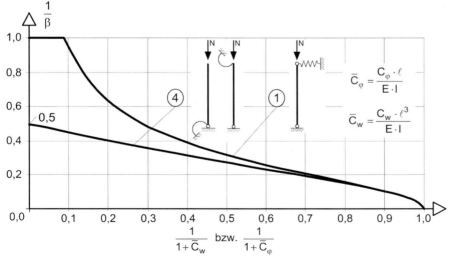

Bild 4.21 Knicklängenbeiwerte β für die Systeme 1 und 4 in Bild 4.19

Druckstäbe mit zwei oder drei Federn

Viele baupraktisch relevante Systeme können auf Druckstäbe mit zwei oder drei Federn reduziert werden. So sind beispielsweise die Stiele von Rahmen in Geschossbauten Druckstäbe, die an beiden Enden nachgiebig eingespannt sind. Es wird daher das in Bild 4.22 dargestellte System untersucht.

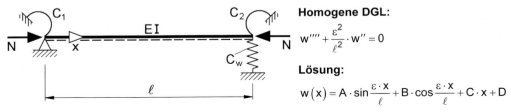

Homogene DGL:

$$w'''' + \frac{\varepsilon^2}{\ell^2} \cdot w'' = 0$$

Lösung:

$$w(x) = A \cdot \sin\frac{\varepsilon \cdot x}{\ell} + B \cdot \cos\frac{\varepsilon \cdot x}{\ell} + C \cdot x + D$$

Randbedingungen

$x = 0$: $w = 0$ und $M = C_1 \cdot \varphi \Rightarrow EI \cdot w'' - C_1 \cdot w' = 0$

$x = \ell$: $M = C_2 \cdot \varphi \Rightarrow EI \cdot w'' - C_2 \cdot w' = 0$

$\hat{V} = -C_w \cdot w \Rightarrow EI \cdot w''' + N \cdot w' - C_w \cdot w = 0$

Bild 4.22 Druckstab mit drei Federn an den Enden

C_1 und C_2 sind Drehfedern und C_w ist eine Punktwegfeder. Sie werden wie folgt in bezogene Federsteifigkeiten umgerechnet:

$$\overline{C}_1 = \frac{C_1 \cdot \ell}{EI}; \quad \overline{C}_2 = \frac{C_2 \cdot \ell}{EI}; \quad \overline{C}_w = \frac{C_w \cdot \ell^3}{EI}$$

Wie in Abschnitt 4.4 werden unter Verwendung der Randbedingungen (s. Bild 4.22) vier Gleichungen formuliert. Mit der ersten Gleichung ergibt sich mit Gl. 4.17a $D = -B$. Damit kann D eliminiert werden und es verbleiben drei Gleichungen. In Matrizenschreibweise erhält man:

$$\begin{bmatrix} -\overline{C}_1 \cdot \varepsilon & -\varepsilon^2 & -\overline{C}_1 \\ \overline{C}_2 \cdot \cos\varepsilon - \varepsilon \cdot \sin\varepsilon & -\varepsilon \cdot \cos\varepsilon - \overline{C}_2 \cdot \sin\varepsilon & \dfrac{\overline{C}_2}{\varepsilon} \\ -\overline{C}_w \cdot \sin\varepsilon & \overline{C}_w(1-\cos\varepsilon) & \varepsilon^2 - \overline{C}_w \end{bmatrix} \cdot \begin{bmatrix} A \\ B \\ C \end{bmatrix} = \begin{bmatrix} 0 \\ 0 \\ 0 \end{bmatrix} \quad (4.54)$$

Mit der Bedingung „*Determinante gleich Null*" kann der Eigenwert $\varepsilon = \varepsilon_{Ki}$ bzw. der Knicklängenbeiwert β berechnet werden. Die *Knickbedingung* lautet:

$$\overline{C}_w \cdot \overline{C}_1 \cdot \overline{C}_2 \cdot (2 - 2\cdot\cos\varepsilon - \varepsilon\cdot\sin\varepsilon) + (\overline{C}_1 + \overline{C}_2) \cdot \overline{C}_w \cdot \varepsilon \cdot (\sin\varepsilon - \varepsilon\cdot\cos\varepsilon)$$
$$+ (\overline{C}_w + \overline{C}_1 \cdot \overline{C}_2) \cdot \varepsilon^3 \cdot \sin\varepsilon + (\overline{C}_1 + \overline{C}_2) \cdot \varepsilon^4 \cdot \cos\varepsilon - \varepsilon^5 \cdot \sin\varepsilon = 0 \quad (4.55)$$

4.9 Druckstäbe mit Federn an den Enden

Aus Gl. (4.55) können verschiedene Sonderfälle für Druckstäbe mit zwei Federn entwickelt werden, beispielsweise die für

$\overline{C}_w = 0$, $\overline{C}_w \to \infty$ ($\Rightarrow$ unverschiebliches Auflager), $\overline{C}_1 \to \infty$ ($\Rightarrow$ Einspannung)

Zum Vergleich wird das System in Bild 4.22 als ein finites Stabelement aufgefasst und die Elementsteifigkeitsmatrix aus Bild 8.17 verwendet. Wenn man wegen $w_a = 0$ am linken Stabende die erste Zeile und Spalte streicht und darüber hinaus die Federn ergänzt, kann man das Gleichungssystem unmittelbar formulieren:

$$\frac{EI}{\ell^3}\begin{bmatrix} \ell^2 \cdot (\alpha + \overline{C}_1) & \gamma \cdot \ell & \beta \cdot \ell^2 \\ \gamma \cdot \ell & \delta + \overline{C}_w & \gamma \cdot \ell \\ \beta \cdot \ell^2 & \gamma \cdot \ell & \ell^2 \cdot (\alpha + \overline{C}_2) \end{bmatrix} \cdot \begin{bmatrix} \varphi_a \\ w_b \\ \varphi_b \end{bmatrix} = \begin{bmatrix} 0 \\ 0 \\ 0 \end{bmatrix} \quad (4.56)$$

In Gl. (4.56) sind α, β, γ und δ Parameter für das Biegeknicken von Druckstäben, die in Abschnitt 8.6 „Weggrößenverfahren" bei der Methode der finiten Elemente verwendet werden. Nach [31] sind sie wie folgt definiert:

$$\alpha = \frac{\varepsilon \cdot (\sin\varepsilon - \varepsilon \cdot \cos\varepsilon)}{2(1-\cos\varepsilon) - \varepsilon \cdot \sin\varepsilon} \qquad \gamma = \alpha + \beta$$

$$\beta = \frac{\varepsilon \cdot (\varepsilon - \sin\varepsilon)}{2(1-\cos\varepsilon) - \varepsilon \cdot \sin\varepsilon} \qquad \delta = \frac{\varepsilon^3 \cdot \sin\varepsilon_D}{2(1-\cos\varepsilon) - \varepsilon \cdot \sin\varepsilon} \quad (4.57)$$

Der Zusammenhang mit dem Gleichungssystem (4.54) und der *Knickbedingung* in Gl. (4.55) ist unmittelbar erkennbar. Die Vorgehensweise für das Ermitteln der Eigenwerte mit *Knickbedingungen* und Determinanten wird in Abschnitt 4.10 gezeigt. Hier werden für ausgewählte Sonderfälle Knicklängenbeiwerte angegeben.

Die Bilder 4.23 und 4.24 entsprechen prinzipiell den Bildern 27 und 29 in DIN 18800 Teil 2, die dort für die Bestimmung des Verzweigungslastfaktors η_{Ki} und der Knicklängen s_K für Stiele **un**verschieblicher und verschieblicher Rahmen angegeben werden. Zur Verbesserung der Lesbarkeit werden hier die Kurven für β vollständig dargestellt.

Mit den Bildern 4.25 und 4.26 können die Knicklängenbeiwerte β von Druckstäben bestimmt werden, die am oberen Ende durch eine Weg- und eine Drehfeder abgestützt werden. Der Fußpunkt ist gelenkig gelagert (Bild 4.25) oder eingespannt (Bild 4.26). Das Diagramm in Bild 4.25 gilt auch, wenn die Drehfeder am Fußpunkt wirkt.

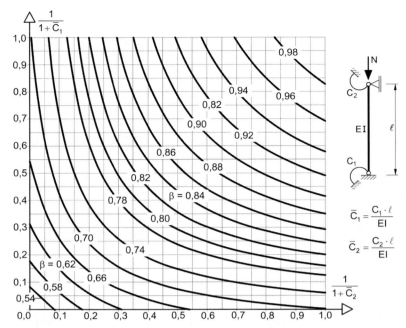

Bild 4.23 Knicklängenbeiwerte β für den beidseitig starr gestützten Druckstab mit Drehfedern an beiden Enden

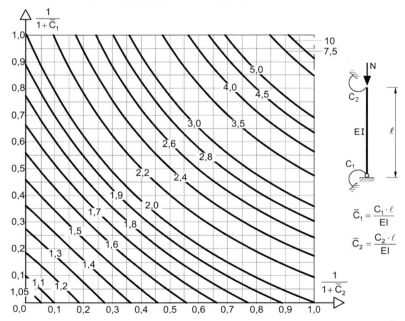

Bild 4.24 Knicklängenbeiwerte β für den einseitig verschieblichen Druckstab mit Drehfedern an beiden Enden

4.9 Druckstäbe mit Federn an den Enden

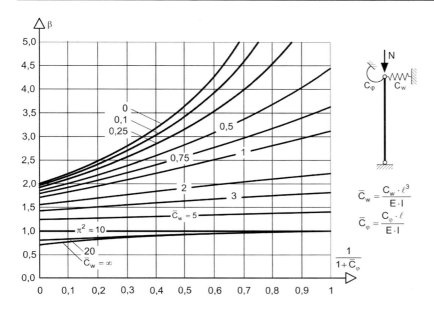

Bild 4.25 Knicklängenbeiwerte β für Druckstäbe mit einem **gelenkigen** Stabende und C_w sowie C_φ am anderen Ende

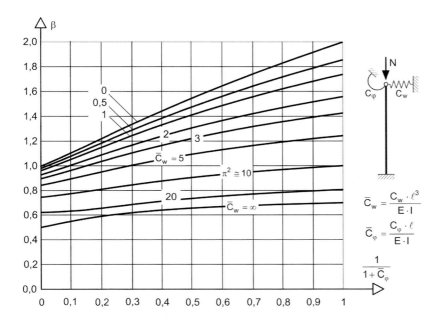

Bild 4.26 Knicklängenbeiwerte β für Druckstäbe mit einem **eingespannten** Stabende und C_w sowie C_φ am anderen Ende

Berechnungsbeispiel: Knicklänge eines Zweigelenkrahmens

In Abschnitt 8.11 werden für einen Zweigelenkrahmen die Schnittgrößen nach Theorie II. Ordnung berechnet und Tragsicherheitsnachweise geführt. Hier wird für diesen Rahmen die Knicklänge der Rahmenstiele ermittelt, jedoch folgende Vereinfachungen vorgenommen:

- Die Vouten werden vernachlässigt.
- Im Riegel wird N = 0 angenommen.
- In beiden Rahmenstielen werden die gleichen Drucknormalkräfte angesetzt.

Unter Verwendung von Bild 4.15 kann der Zweigelenkrahmen, wie in Bild 4.27 dargestellt, auf das halbe System reduziert werden. Das Ersatzsystem entspricht System 4 in Bild 4.19, wobei zur Berechnung der Drehfedersteifigkeit die Länge einer Riegelhälfte anzusetzen ist.

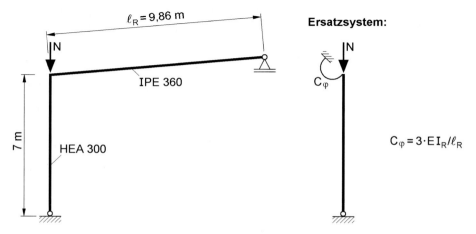

Bild 4.27 Rahmen und Ersatzsystem zur Ermittlung der Knicklänge

Als dimensionslose Größe bezogen auf die Biegesteifigkeit der Stütze erhält man

$$\overline{C}_\varphi = \frac{C_\varphi \cdot \ell}{EI} = \frac{3 \cdot 16266 \cdot 700}{18263 \cdot 986} = 1{,}897$$

und als Parameter gemäß Gl. (4.48):

$$\alpha_\varphi = \frac{1}{1 + \overline{C}_\varphi} = 0{,}345$$

Näherungsweise ergibt sich mit Gl. (4.51):

$$\beta = \frac{1}{0{,}5 - 0{,}45 \cdot 0{,}345} = 2{,}90$$

Alternativ kann man den Knicklängenbeiwert auch aus Bild 4.21 ablesen, sodass für System 4

$\frac{1}{\beta} \cong 0{,}34$ und $\beta \cong 2{,}94$

folgt. Die genaue Lösung kann mit der Knickbedingung in Tabelle 4.6 bestimmt werden. Durch Probieren erhält man nach einer kurzen Iteration $\beta = 2{,}96$. Damit ergibt sich als Knicklänge

$$s_K = \beta \cdot \ell = 2{,}96 \cdot 7{,}00 = 20{,}72 \text{ m}$$

und es ist

$$N_{Ki} = \frac{\pi^2 \cdot E \cdot 18263}{2072^2} = 882 \text{ kN}$$

Mit diesem Wert kann man den bezogenen Schlankheitsgrad berechnen und Tragsicherheitsnachweise mit dem κ-Verfahren gemäß Abschnitt 3.3 führen. Man kann damit aber auch Vergrößerungsfaktoren, wie in Abschnitt 8.7 erläutert, ermitteln, Schnittgrößen nach Theorie II. Ordnung berechnen und Tragsicherheitsnachweise mit dem Ersatzimperfektionsverfahren führen. Hier wird auf weitere Berechnungen verzichtet, weil der Zweigelenkrahmen in Abschnitt 8.11 ausführlich untersucht wird und darüber hinaus der Verzweigungslastfaktor groß ist. Mit Bezug auf $N = -82{,}2$ kN in Tabelle 8.7 erhält man:

$$\eta_{Ki,d} = \frac{882}{82{,}2 \cdot 1{,}1} = 9{,}75 \cong 10$$

In Abschnitt 8.9 finden sich zwei weitere Beispiele zur Ermittlung von Knicklängen mit den Näherungsformeln Gln. (4.50) und (4.51).

4.10 Lösen von Knickbedingungen

Knickbedingungen sind in der Regel *nichtlineare Gleichungen*, die nicht direkt gelöst werden können. Die Eigenwerte werden daher iterativ durch Probieren bestimmt.

Nichtlineare Gleichungen

Als Beispiel wird System 3 in Bild 4.19 untersucht und $\overline{C}_\varphi = 5$ angenommen. Die zugehörige Knickbedingung kann Tabelle 4.6 entnommen werden. Mit $\varepsilon_{Ki} = \pi/\beta$ erhält man:

$$f(\beta) = \frac{\pi}{\beta} \cdot \cos\frac{\pi}{\beta} - \left(1 + \frac{\pi^2}{\beta^2 \cdot \overline{C}_\varphi}\right) \cdot \sin\frac{\pi}{\beta} = 0 \tag{4.58}$$

In Gl. (4.58) ist β so zu wählen, dass sich $f(\beta) = 0$ ergibt. Da β zwischen 0,7 und 1,0 liegen muss, kann man geeignete Werte wählen und $f(\beta)$ mit einem Taschenrechner berechnen, bis sich f(β) = 0 ergibt. Diese Methode ist aufwändig und fehleranfällig, sodass die Verwendung eines Tabellenkalkulationsprogramms zweckmäßig ist.

Beispielsweise kann man die Knickbedingung in Gl. (4.58) mit Microsoft Excel auswerten. Wenn man die β-Werte in Zelle A8 eingibt und die Knickbedingung in Zelle B8, so lautet die Eingabe in der Schreibweise von Excel für Zelle B8:

$$= \text{PI}(\ )/\text{A8} \cdot \text{COS}(\text{PI}(\ )/\text{A8}) - (1 + \text{PI}(\ )^{\wedge}2/\text{A8}^{\wedge}2/5) \cdot \text{SIN}(\text{PI}(\ )/\text{A8}) \qquad (4.59)$$

In Zelle A8 können nun Werte für β eingegeben werden. Für die beiden Grenzwerte β = 0,7 und β = 1,0 erhält man in Zelle B8 ein positives und ein negatives Ergebnis, sodass in diesem Intervall tatsächlich eine Nullstelle liegt. Mit Werten von 0,8 und 0,9 für β ergeben sich erneut unterschiedliche Vorzeichen für das Ergebnis in Zelle B8, sodass die Lösung zwischen diesen beiden Werten liegen muss. Mit entsprechenden Nachkommastellen lässt sich β schnell genau bestimmen und man erhält nach kurzem Probieren $β \cong 0{,}804$. Eine Kontrolle mit Hilfe von Bild 4.20 für $\overline{C}_\varphi = 5$, d. h. 1/6 für den Parameter auf der Abszisse, bestätigt im Rahmen der Ablesegenauigkeit $β \cong 0{,}8$.

Die beschriebene Iteration kann man umgehen, wenn man die Funktion „Zielwertsuche" im Menü Extras von Excel benutzt. Dabei sind folgende Eingaben erforderlich:

- Zielzelle: B8
- Zielwert: 0
- Veränderbare Zelle: A8

Wichtig ist, dass in Zelle A8 **vorher** ein geeigneter Startwert eingegeben wird, der bei diesem Beispiel zwischen 0,7 und 1,0 liegen muss, sodass 0,85 eine sinnvolle Annahme ist. Von der Funktion Zielwertsuche wird in Zelle A8 das Ergebnis für f(β) = 0 angegeben. Auf vier Stellen gerundet erhält man bei diesem Beispiel β = 0,8038.

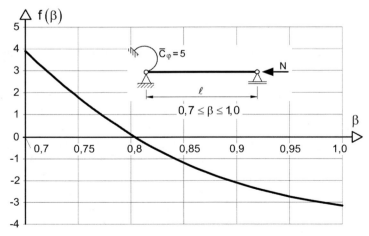

Bild 4.28   Funktionsverlauf der Knickbedingung für System 3 mit $\overline{C}_\varphi = 5$

4.10 Lösen von Knickbedingungen

Der Funktionsverlauf von f(β) in Gl. (4.58) kann im Übrigen mit wenigen Handgriffen berechnet und dargestellt werden. Wenn man in Zelle A8 den Wert 0,7 eingibt und in A9 0,71, kann man beide Zellen markieren und die rechte untere Ecke bis zum Wert 1,0 nach unten ziehen. Danach braucht man nur noch die Zelle B8 bis B38 nach unten zu ziehen und man erhält den Funktionsverlauf, sodass der Vorzeichenwechsel unmittelbar ersichtlich ist. Gemäß Bild 4.28 liegt der Nulldurchgang zwischen β = 0,80 bis 0,81. Mit der oben beschriebenen Methodik lässt sich die Genauigkeit schnell verbessern. β-Werte von 0,801 bis 0,810 (Schrittweite 0,001) führen zu einem Nulldurchgang zwischen 0,803 und 0,804. Das Ergebnis β = 0,8038 erhält man mit Werten von 0,8031 und 0,8040 und der Schrittweite 0,0001.

Determinanten

Knickbedingungen werden in vielen Fällen mit Hilfe von *Determinanten* aufgestellt. Häufig ist es einfacher, direkt die *Determinanten* zu berechnen, ohne explizit die Knickbedingungen in Gleichungsform aufzustellen. Da der Wert von *Determinanten* mit der Funktion MDET in Excel (Menü Einfügen, Funktion) berechnet werden kann, ist eine vergleichbare iterative Lösung wie bei den nichtlinearen Gleichungen problemlos möglich. Als Beispiel wird das System in Bild 4.22 untersucht und folgende Werte für die Federn angenommen: $\bar{C}_1 = 2, \bar{C}_2 = 0,5$ und $\bar{C}_w = 0,3$. Unter Verwendung der Matrix in Gl. (4.54) für den Druckstab mit drei Federn an den Enden kann man in MS Excel folgende Eingaben vornehmen:

- Zelle B3:   Eingabe der β-Werte
- Zelle B4:   = PI( ); π zur Vereinfachung der Eingaben
- Zelle B5:   = B4/B3; ε zur Vereinfachung der Eingaben
- Zelle D3: $2\ (\bar{C}_1)$
- Zelle D4: $0,5\ (\bar{C}_2)$
- Zelle D5: $0,3\ (\bar{C}_w)$
- Zellen F3 bis H5: Elemente der 3×3 Matrix, beispielsweise
  G3 = − (B5^2)
  F4: = D4 · COS(B5) − B5 · SIN(B5)
- Zelle B6:   = MDET(F3:H5)

Wenn man die β-Werte in Zelle B3 eingibt, so wird in Zelle B6 der Wert der Determinante errechnet. Diesen Zahlenwert kann man zur Orientierung verwenden, es reicht aber aus, sich bei der iterativen Berechnung auf das **Vorzeichen** zu konzentrieren und wie in Tabelle 4.7 vorzugehen. Zunächst wird β = 1 und β = 2 geschätzt und Zelle B6 entnommen, dass die *Determinanten* einen negativen Wert haben. Für β = 3 ist der Wert positiv, sodass β zwischen 2 und 3 liegen muss. Man probiert nun für dazwischen liegende Werte aus, welches Vorzeichen die *Determinante* hat und kann auf diese Weise schnell eine Näherung für β ermitteln. Die Iterationsschritte 10 und 11 führen zu dem Ergebnis, dass der Knicklängenbeiwert zwischen 2,175 und 2,176 liegt.

Tabelle 4.7 Iterative Ermittlung des Knicklängenbeiwertes unter Verwendung des Vorzeichens der Determinante

System	Iterationsschritt	Gewählter β-Wert	Vorzeichen der Determinante
$\overline{C}_2 = 0{,}5$; $\overline{C}_w = 0{,}3$; $\overline{C}_1 = 2$; $0{,}5 \leq \beta \leq \infty$	1	1	negativ
	2	2	negativ
	3	3	positiv
	4	2,5	positiv
	5	2,25	positiv
	6	2,15	negativ
	7	2,2	positiv
	8	2,17	negativ
	9	2,174	negativ
	10	2,175	negativ
	11	2,176	positiv

4.11 Druckstab mit Wegfeder in Feldmitte

Mit dem baustatischen System in Bild 4.29 sollen die Denkweise zugeschärft und Erkenntnisse für die Aussteifung stabilitätsgefährdeter Bauteile gewonnen werden. Es ist sinnlos, wenn man aussteifende Bauteile über eine gewisse Steifigkeit hinaus verstärkt, weil die Stabilitätsgefahr nach Erreichen einer *Mindeststeifigkeit* nicht verringert wird. Ein praxisrelevantes Beispiel dazu sind die Querträger in beulgefährdeten Platten, wofür das System in Bild 4.29 einen überschaubaren Einstieg ermöglicht.

Da das System symmetrisch ist, kann die Knickbiegelinie nur symmetrisch oder antimetrisch sein. Mischformen sind nicht möglich. Eine antimetrische Knickbiegelinie kann man nur zeichnen, wenn die Durchbiegung in Feldmitte gleich Null ist, also eine starke Feder vorhanden ist. Aus Tabelle 4.5 ergibt sich in der Symmetrieachse ein gelenkiges Auflager, sodass jede Hälfte des Systems dem *Eulerfall* II entspricht. Natürlich erkennt man auch unmittelbar anhand der Knickbiegelinie, dass $s_K = \ell$ ist.

Für eine schwache Feder kann eine symmetrische Knickbiegelinie gezeichnet und mit dem Lager gemäß Tabelle 4.5 das entsprechende Ersatzsystem (eine Trägerhälfte) definiert werden. Dabei muss die Federsteifigkeit C_w auf beide Trägerhälften aufgeteilt werden. Durch einen Vergleich mit den Systemen 3 und 4 in Bild 4.19 lässt sich schließen, dass man die Einspannung an das linke Stabende verlagern kann. Dadurch entsteht System 2 in Bild 4.19, sodass sich mit Hilfe von Tabelle 4.6 und der halben Federsteifigkeit folgende Knickbedingung ergibt:

$$\varepsilon \cdot \cos\varepsilon \cdot \left(1 - 2 \cdot \varepsilon^2 / \overline{C}_w\right) = \sin\varepsilon \qquad (4.60)$$

Gl. (4.60) gilt gemäß Tabelle 4.6 für β-Werte zwischen 0,7 und 2. Allerdings darf ε_{Ki} nach Gl. (4.60) nicht größer sein als für das antimetrische Biegeknicken mit $\varepsilon_{Ki} = \pi$.

4.11 Druckstab mit Wegfeder in Feldmitte

Dieser Wert wird in Gl. (4.60) eingesetzt und damit festgestellt, für welche *Mindestfedersteifigkeit* $\overline{C}_w$ das antimetrische Biegeknicken auftritt:

$$\pi \cdot \cos\pi \cdot \left(1 - 2\cdot\pi^2/\min\overline{C}_w\right) = \sin\pi$$
$$-\pi \cdot \left(1 - 2\cdot\pi^2/\min\overline{C}_w\right) = 0 \qquad (4.61)$$
$$\Rightarrow \min\overline{C}_w = 2\pi^2 = 19{,}74$$

Baustatisches System:

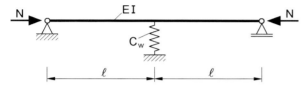

Antimetrische Knickbiegelinie (starke Feder):

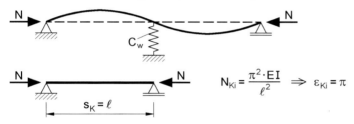

$$N_{Ki} = \frac{\pi^2 \cdot EI}{\ell^2} \Rightarrow \varepsilon_{Ki} = \pi$$

Symmetrische Knickbiegelinie (schwache Feder):

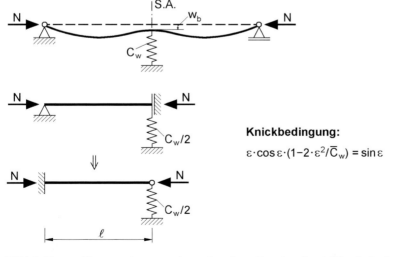

Knickbedingung:

$\varepsilon \cdot \cos\varepsilon \cdot (1 - 2\cdot\varepsilon^2/\overline{C}_w) = \sin\varepsilon$

Bild 4.29 Eigenwertuntersuchung für einen Druckstab mit Wegfeder in Feldmitte

Der Sachverhalt wird mit Hilfe von Bild 4.30 erläutert. Für $C_w = 0$ ist $s_K = 2 \cdot \ell$ und der Druckstab ist dem *Eulerfall* II zuzuordnen. Wenn man nun eine Feder hinzufügt und sie kontinuierlich verstärkt, bleibt die Knickbiegelinie zunächst symmetrisch und die Knicklänge wird kürzer, d. h. N_{Ki} wird größer. Beim Erreichen der *Mindestfedersteifigkeit* min $\overline{C}_w = 2\pi^2$ springt die symmetrische Knickbiegelinie in die antimetrische um, sodass danach N_{Ki} konstant bleibt (*Eulerfall* II für eine Trägerhälfte).

Fazit: Eine Erhöhung der Federsteifigkeit über die *Mindestfedersteifigkeit* hinaus führt nicht zur Vergrößerung von N_{Ki}, d. h. die Stabilitätsgefahr wird dann nicht mehr geringer.

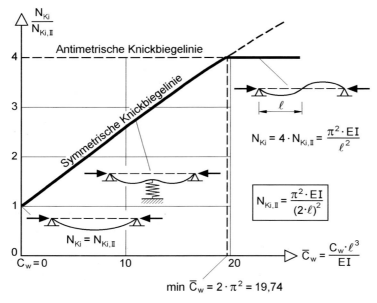

Bild 4.30 Erläuterung zur Mindestfedersteifigkeit für antimetrisches Biegeknicken des Systems in Bild 4.29

4.12 Elastisch gebettete Druckstäbe

Tragwerke enthalten häufig druckbeanspruchte Bauteile, die Druckstäben entsprechen und durch angrenzende Konstruktionen stabilisiert werden. Sofern dabei die seitlichen Verschiebungen behindert werden, kann die Stabilitätsuntersuchung mit zweckmäßigen Idealisierungen auf *elastisch gebettete Druckstäbe* reduziert werden. Ein besonders interessanter Anwendungsfall sind Trogbrücken, bei denen die gedrückten Gurte durch Querrahmen seitlich gestützt werden. Derartige Tragwerke werden später konkret betrachtet, zunächst wird als Grundlage das Biegeknicken *elastisch gebetteter Druckstäbe* behandelt.

4.12 Elastisch gebettete Druckstäbe

Eulerfall II mit elastischer Bettung

Als Ausgangspunkt wird der Druckstab mit einer Wegfeder in Feldmitte (s. Abschn. 4.11) gewählt und weitere Federn hinzugefügt. Bild 4.31 zeigt einen Druckstab, der durch vier Biegeträger senkrecht zur Zeichenebene unterstützt wird. Das gewählte System hat für die Baupraxis nur geringe Bedeutung, ist aber gut geeignet, die Umwandlung der Biegeträger in Punktfedern C_w zu veranschaulichen. Diese können, sofern sie eng nebeneinander liegen, zu einer *elastischen Bettung* $c_w = C_w/s$, d. h. zu einer Streckenwegfeder, „verschmiert" werden.

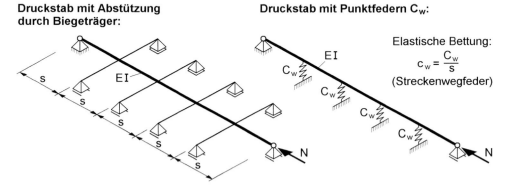

Bild 4.31   Eulerfall II mit abstützenden Biegeträgern

Die Differentialgleichung für den elastisch gebetteten Druckstab kann durch Vergleich mit Gl. (8.55) unmittelbar formuliert werden. Nach Abschnitt 8.4 ergibt sich für den querbelasteten Druckstab die in Bild 4.32 links formulierte DGL. Da aufgrund der elastischen Bettung Reaktionskräfte entstehen, die zu q entgegengesetzt gerichtet sind, kann $q = -c_w \cdot w$ gesetzt werden und man erhält die folgende homogene DGL:

$$EI \cdot w'''' + N \cdot w'' + c_w \cdot w = 0 \tag{4.62}$$

Gl. (4.62) gilt für eine konstante Biegesteifigkeit, Druckkraft und elastische Bettung. Die Lösung der homogenen DGL wird in [1] ausführlich für unterschiedliche Lagerungsbedingungen an den Stabenden behandelt.

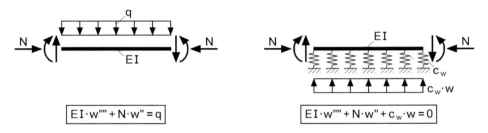

Bild 4.32   Elastisch gebettetes Stabelement und Differentialgleichung

Beispielhaft wird hier der in Bild 4.33 dargestellte Eulerfall II mit elastischer Bettung untersucht. Gemäß Abschnitt 4.5 hat die Knickbiegelinie für $c_w = 0$ den Funktionsverlauf $w(x) = A \cdot \sin(\pi \cdot x/\ell)$. Mit wachsender Steifigkeit der Bettung kann die Knickbiegelinie, wie in Bild 4.33 skizziert, mehrere Wellen haben, sodass der folgende Ansatz nahe liegend ist:

$$w(x) = A \cdot \sin \frac{n \cdot \pi \cdot x}{\ell} \quad \text{mit } n = 1, 2, 3, \cdots \tag{4.63}$$

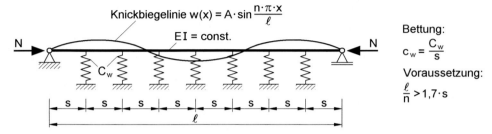

Bild 4.33 Eulerfall II mit elastischer Bettung

Wenn man die zweite und vierte Ableitung nach x bildet, kann mit Hilfe von Gl. (4.62) die folgende Knickbedingung aufgestellt werden:

$$A \cdot \sin \frac{n \cdot \pi \cdot x}{\ell} \left[\frac{EI \cdot n^4 \cdot \pi^4}{\ell^4} - N \cdot \frac{n^2 \cdot \pi^2}{\ell^2} + c_w \right] = 0 \tag{4.64}$$

Für

$$N = N_{Ki} = \frac{EI \cdot n^2 \cdot \pi^2}{\ell^2} + \frac{c_w \cdot \ell^2}{n^2 \cdot \pi^2} \tag{4.65}$$

ist die eckige Klammer gleich Null und man erhält damit den Eigenwert für das Biegeknicken. Mit der Abkürzung

$$\alpha^2 = \frac{\ell^2}{\pi^2} \cdot \sqrt{\frac{c_w}{EI}} \tag{4.66}$$

kann Gl. (4.65) wie folgt formuliert werden:

$$N_{Ki} = \sqrt{c_w \cdot EI} \cdot \left(\frac{n^2}{\alpha^2} + \frac{\alpha^2}{n^2} \right) \tag{4.67}$$

Da man den **kleinsten** Eigenwert benötigt und N_{Ki} von der *Halbwellenzahl* n abhängt, muss n so bestimmt werden, dass sich das Minimum von N_{Ki} ergibt. Dazu kann n = 1, 2, 3, ··· in Gl. (4.67) eingesetzt werden, bis der Klammerausdruck minimal wird. Eine Näherung erhält man mit Hilfe der 1. Ableitung:

4.12 Elastisch gebettete Druckstäbe

$$\frac{dN_{Ki}}{dn} = 2 \cdot \frac{n}{\alpha^2} - 2 \cdot \frac{\alpha^2}{n^3} = 0 \tag{4.68}$$

Daraus ergibt sich $n = \alpha$ und eingesetzt in Gl. (4.67)

$$\min N_{Ki} = 2 \cdot \sqrt{c_w \cdot EI} \tag{4.69}$$

Diese Näherung liegt stets auf der sicheren Seite. Bild 4.34 zeigt die Auswertung von Gl. (4.67) mit den maßgebenden Kurven für n = 1, 2, 3, 4 und 5. Sie sind mit den Beulgirlanden vergleichbar, die in Abschnitt 11.3 für ein Beulfeld unter konstanter Druckbeanspruchung ermittelt werden. Für kleine α-Werte sollte man die maßgebende Halbwellenzahl n aus Bild 4.34 ablesen und in Gl. (4.67) einsetzen. Die Schnittpunkte der Kurven beim Übergang von n auf n + 1 können mit $\alpha = \sqrt{n \cdot (n+1)}$ ermittelt werden. Wie Bild 4.34 zeigt, erhält man mit Gl. (4.69) für $\alpha \geq 3$ gute Näherungen.

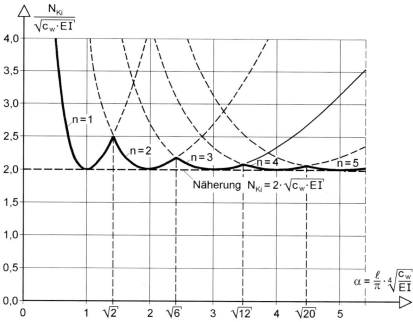

Bild 4.34 N_{Ki} für den Eulerfall II mit elastischer Bettung in Bild 4.33

Spontan könnte man annehmen, dass die Knicklänge gleich dem Abstand der Wendepunkte der Knickbiegelinie ist, sodass für das Beispiel in Bild 4.33 $s_K = \ell/3$ wäre. Aufgrund der *elastischen Bettung* ist das aber nicht der Fall. Mit Gl. (4.67) gilt

$$N_{Ki} = \sqrt{c_w \cdot EI} \cdot \left(\frac{n^2}{\alpha^2} + \frac{\alpha^2}{n^2} \right) = \frac{\pi^2 \cdot EI}{s_K^2} \tag{4.70}$$

und die Knicklänge ergibt sich zu:

$$s_K = \frac{\ell}{n} \cdot \sqrt{\frac{1}{1 + \alpha^4/n^4}} \qquad (4.71)$$

Unter Verwendung der Näherung, d. h. $n = \alpha$, erhält man:

$$s_K \cong 0{,}71 \cdot \frac{\ell}{n} \qquad (4.72)$$

Andere baustatische Systeme

Der Eulerfall II mit elastischer Bettung in Bild 4.33 ist nur ein Basisfall, mit dem die prinzipiellen Zusammenhänge gezeigt werden sollten. Bei baupraktischen Systemen treten häufig andere Randbedingungen auf und der Druckkraftverlauf sowie auch die Biegesteifigkeit des Stabes sind nicht konstant, sondern veränderlich. Bild 4.35 zeigt dazu einige Beispiele. Gelenkige **unverschiebliche** Lager an den Enden müssen durch entsprechend kräftige Konstruktionen realisiert werden. Häufig ergeben sich aufgrund der konstruktiven Ausbildung nur relativ starke Federn oder die Federn an den Enden sind mit den Federn im Feldbereich vergleichbar. Während der konstante Druckkraftverlauf eher die Ausnahme bildet, treten bei gedrückten Gurten in Fachwerken abschnittsweise konstante Druckkräfte auf. Der parabelförmige Druckkraftverlauf gehört zum Druckgurt eines Vollwandträgers, der als Einfeldträger ausgebildet ist und durch eine konstante Gleichstreckenlast belastet wird. Die Beispiele in Bild 4.35 sollen andeuten, dass es eine Vielzahl baupraktisch relevanter Systeme gibt, die elastisch gebettete Druckbereiche enthalten. Da es Stand der Technik ist, für derartige Untersuchungen EDV-Programme einzusetzen, wird hier nicht auf weitere Systeme und ihre Lösungen eingegangen, s. [68] und [1].

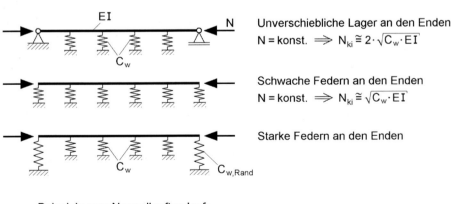

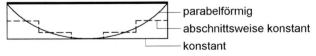

Bild 4.35 Beispiele für elastisch gebettete Druckstäbe

4.12 Elastisch gebettete Druckstäbe

Druckgurt einer Vollwandträger-Trogbrücke

Als Anwendungsbeispiel wird der Druckgurt einer Fußgängerbrücke untersucht und der Tragsicherheitsnachweis nach den DIN-Fachberichten 101 und 103 geführt. Der Querschnitt besteht gemäß Bild 4.36 aus zwei außen liegenden Hauptträgern und einem dazwischen angeordneten Gehweg. Da der Gehweg im Abstand von 1,20 m von der Oberkante liegt, handelt es sich um einen **Trogquerschnitt**.

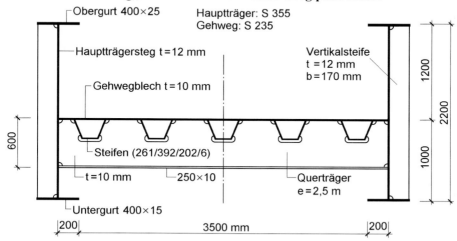

Bild 4.36 Trogquerschnitt einer Fußgängerbrücke

Gemäß Bild 4.37 ist das baustatische System der Fußgängerbrücke ein Einfeldträger mit konstanter Konstruktionshöhe. Die Stützweite beträgt 50 m und die Querträger und Vertikalsteifen sind im Abstand von 2,50 m angeordnet. An den Brückenenden sind die Querträger und Vertikalsteifen als Hohlkästen ausgebildet und daher so steif, dass die Obergurte dort als seitlich unverschieblich gehalten angesehen werden können. Aufgrund der Gleichstreckenlast q in Bild 4.37 entsteht ein parabelförmiges Biegemoment, was zu einem entsprechenden Druckkraftverlauf N(x) im Obergurt führt.

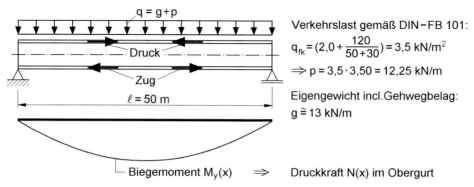

Bild 4.37 Druckkraft N(x) im Obergurt der Fußgängerbrücke

Die gedrückten Obergurte werden durch die Vertikalsteifen in Verbindung mit den Querträgern im Abstand von 2,50 m seitlich gestützt. Mit Hilfe von Bild 4.38 können die entsprechenden Federsteifigkeiten C_w berechnet werden. Maßgebend ist das **symmetrische** seitliche Ausweichen der beiden Obergurte, da dieser Fall zum kleinsten Eigenwert führt. Die Berechnung ist in Bild 4.38 zusammengestellt und entspricht Tabelle 18 in DIN 18800 Teil 2. Zur Berechnung der Trägheitsmomente I_v und I_q wurden vereinfachend jeweils 10 · t als mitwirkende Breiten der Hauptträgerstegbleche und des Gehwegbleches angesetzt. Die Formel für $C_{w,d}$ ergibt sich aus der Anwendung des Arbeitssatzes, wobei der Index d auf den Designwert hinweist. Hier wird jedoch der charakteristische Wert benötigt und daher $\gamma_M = 1{,}0$ angesetzt.

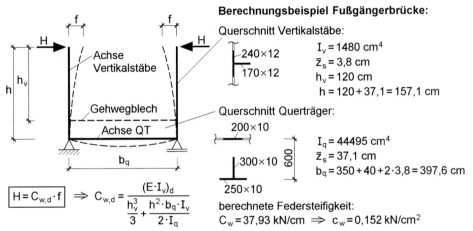

Bild 4.38 Halbrahmensteifigkeit bei Trogbrücken und Berechnungen für die Fußgängerbrücke

Gemäß DIN 18800 Teil 2, Element 531 sind bei den Druckgurten von Vollwandträgern die Gurtflächen und 1/5 der Stegflächen anzusetzen. Im Gegensatz dazu wird der Steg gemäß DIN-FB 103 mit einem **Drittel der gedrückten Fläche** berücksichtigt. Da die Nulllinie bei dem Querschnitt in Bild 4.36 9,12 cm oberhalb des Gehweges liegt, ist der gedrückte Stegbereich 108,4 cm lang. Für **einen** Druckgurt erhält man daher:

$$A = 2{,}5 \cdot 40 + 1{,}2 \cdot 108{,}4/3 = 143{,}4 \text{ cm}^2$$
$$I_z = 2{,}5 \cdot 40^3/12 = 13333 \text{ cm}^4$$

Auf der sicheren Seite liegend wird nun davon ausgegangen, dass die Druckkraft in den Druckgurten konstant ist. Dies ist auch Grundlage für die im DIN-FB 103, Abschnitt II-5.5.2.4 (5), angegebenen Formeln, die der Lösung in Bild 4.34 entsprechen, sodass N_{Ki} damit bestimmt werden kann. Wegen

$$\alpha = \frac{5000}{\pi} \cdot \sqrt[4]{\frac{0{,}152}{21000 \cdot 13333}} = 7{,}68 > 3$$

reicht die Näherung

4.12 Elastisch gebettete Druckstäbe

$$N_{Ki} = 2 \cdot \sqrt{0,152 \cdot 21000 \cdot 13333} = 13047 \text{ kN}$$

mit Gl. (4.69) zur Bestimmung des Eigenwertes aus. Für $\alpha = 7,68$ beträgt die Halbwellenzahl n = 8 und die Voraussetzung in Bild 4.33

$$\ell/n = 5000/8 = 625 \text{ cm} > 1,7 \cdot s = 1,7 \cdot 250 = 425 \text{ cm}$$

ist erfüllt.

Der Tragsicherheitsnachweis wird mit dem Ersatzstabverfahren geführt. Bis auf die Bezeichnungen und die anzusetzende Streckgrenze stimmen die Nachweise in DIN 18800 Teil 2 und im DIN-FB 103 überein. Der Abminderungsfaktor κ kann mit

$$\overline{\lambda}_{LT} = \sqrt{\frac{A_f \cdot f_y}{N_{crit}}} = \overline{\lambda} = \sqrt{\frac{N_{pl}}{N_{Ki}}} = \sqrt{\frac{143,4 \cdot 35,5}{13047}} = 0,625 > 0,4$$

ermittelt werden. Da der untersuchte Fall auch im DIN-FB 103 der Knickspannungslinie c zuzuordnen ist, kann aus Tabelle 3.2 $\kappa_c = 0,770$ abgelesen werden. Nach dem DIN-FB 103 erhält man $\chi_{LT} = 0,857$, weil in Gl. (3.3) der Wert 0,2 durch 0,4 zu ersetzen ist. Auf der sicheren Seite liegend können auch die Werte aus Tabelle 3.2 verwendet werden.

Die maximale Spannung in den Druckgurten der Fußgängerbrücke ergibt sich mit Hilfe von Bild 4.37 und der in Tabelle 4.8 zusammengestellten Ermittlung der Querschnittswerte wie folgt:

$$q = 1,35 \cdot g + 1,5 \cdot p = 1,35 \cdot 13 + 1,5 \cdot 12,25 = 35,9 \text{ kN/m}$$

$$\max M_y = 35,9 \cdot 50^2/8 = 11219 \text{ kNm}$$

$$\sigma_o = \frac{\max M_y}{I_y} \cdot z_o = \frac{1121900}{6141623} \cdot (-120 + 9,12) \cong -20,25 \text{ kN}/\text{cm}^2$$

Nachweis:

$$\frac{N_{Ed}}{\chi_{LT} \cdot N_{b,Rd}} = \frac{20,25 \cdot 143,8}{0,857 \cdot 143,8 \cdot 35,5/1,1} = 0,732 < 1$$

Tabelle 4.8 Ermittlung der Querschnittswerte für den Querschnitt in Bild 4.36

	Querschnittsteile		A_i [cm²]	$\overline{z}_{Si}$ [m]	$A_i \cdot \overline{z}_{Si}$ [cm² m]	$A_{\overline{zz},ET,i}$ [cm² m²]	$A_i \cdot \overline{z}_{Si}^2$ [cm² m²]
1	Obergurte	2 x 400 x 25	200,00	-1,188	-237,50	0,0	282,03
2	Untergurte	2 x 400 x 15	120,00	0,993	119,10	0,0	118,21
3	Stege	2 x 2160 x 12	518,40	-0,100	-51,84	212,96	5,18
4	Gehwegblech	3900 x 10	390,00	0,0	0,0	0,0	0,0
5	Trapezsteifen	5 Stück	227,30	0,165	37,50	1,70	6,19
		Summen:	1455,70		-132,74	214,66	411,61

Schwerpunkt: $z_S = \sum \frac{A_i \cdot \overline{z}_{Si}}{A} = -0,0912 \text{ m}$

Trägheitsmoment: $I_y = \sum A_{\overline{zz},ET,i} + \sum A_i \cdot \overline{z}_{Si}^2 - A \cdot z_S^2 = 614,1623 \text{ cm}^2\text{m}^2$

Druckgurte von Fachwerkträgern

Gemäß DIN 18800 Teil 2, Element 530, und DIN-FB 103 dürfen auch die Druckgurte von Fachwerkträgern für das Ausweichen senkrecht zu ihrer Ebene als planmäßig mittig gedrückte, elastisch gelagerte Durchlaufträger angesehen werden. Bild 4.39 zeigt dazu beispielhaft pfostenlose Strebenfachwerke, die einen trogartigen Querschnitt bilden, wie er bei Fachwerkträger-Trogbrücken ohne oberen Windverband üblich ist. Die Federsteifigkeit der in Bild 4.39 dargestellten Halbrahmen kann mit Hilfe von Tabelle 19 in DIN 18800 Teil 2 bestimmt werden.

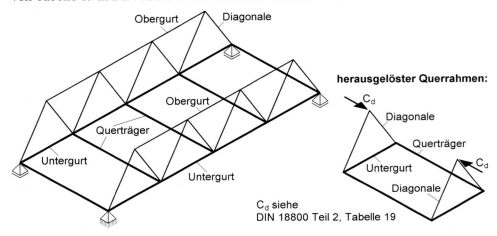

Bild 4.39   Pfostenlose Strebenfachwerke und Querrahmen in Trogquerschnitten

Anmerkungen: Die Stabilität von Fachwerkträgern wird heutzutage überwiegend mit Hilfe von EDV-Programmen untersucht. Dabei verwendet man räumliche Stabwerksprogramme und die finite Elemente Methode (FEM). Man kann durchaus ein komplettes System wie in Bild 4.39 in den Rechner eingeben. Es reicht jedoch aus, nur **einen** Fachwerkträger zu untersuchen und dabei die Querträger durch Drehfedern C_φ zu ersetzen.

4.13 Poltreue Normalkräfte/Pendelstützen

Wenn sich ein Tragwerk verformt, ändert sich die Richtung der einwirkenden Lasten nicht, s. beispielsweise Bild 4.3. Bei Pendelstäben (Gelenke an beiden Enden) und Seilen sind ihre **Normalkräfte** in der Regel poltreu und es entstehen aufgrund der Verschiebungen und Verdrehungen *Abtriebskräfte* oder *Rückstellkräfte*. Sie beeinflussen das Knicken des baustatischen Systems, in dem Pendelstäbe oder Seile enthalten sind, signifikant. Dabei sind die *Abtriebskräfte* von besonderer Bedeutung, weil sie die Stabilitätsgefahr stark erhöhen. Es ist daher unabdingbar, derartige Effekte in einem Tragwerk zu erkennen und sachgerecht bei der Bemessung zu berücksichtigen.

4.13 Poltreue Normalkräfte/Pendelstützen

Systeme mit druck- oder zugbeanspruchten Pendelstäben

Bild 4.40 zeigt eine eingespannte Stütze, an die eine Pendelstütze gelenkig angeschlossen ist. Sofern die Pendelstütze unbelastet ist (P = 0), ergibt sich für die Einspannstütze der Eulerfall I mit der Knicklänge $s_K = 2 \cdot \ell$. Der Einfluss der Pendelstütze kann mit Hilfe der Knickbiegelinie, d. h. am verformten System untersucht werden, s. Bild 4.40 rechts. Da in der Pendelstütze wegen der Gelenke an den Enden nur Normalkräfte in Richtung der Stabachse auftreten können, ergibt sich eine schräg wirkende Drucknormalkraft. Ihre Komponenten sind in vertikaler Richtung gleich P und horizontal gleich $P \cdot w_b/h$. Diese Horizontalkomponente ist eine Abtriebskraft und muss von der Einspannstütze aufgenommen werden, was ihre Beanspruchungen vergrößert. Das Ersatzsystem zeigt, dass die Abtriebskräfte die Verformungen anwachsen lassen, was zu einer Erhöhung der Knickgefahr führt.

Anmerkung: Bei dem System in Bild 4.40 müssen gemäß Abschnitt 4.7 **zwei Fälle** unterschieden werden. Bild 4.14 zeigt dazu ein vergleichbares Beispiel. Das Biegeknicken der Pendelstütze wird hier nicht untersucht, sondern nur das Biegeknicken des Systems, bei dem die eingespannte Stütze zusätzlich durch die Pendelstütze beansprucht wird.

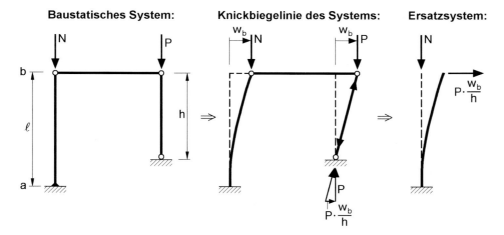

Bild 4.40   Eingespannte Stütze mit angehängter Pendelstütze

Das Eigenwertproblem in Bild 4.40 wird mit Hilfe von Bild 4.41 und Abschnitt 4.9 gelöst. Dazu wird Bild 4.16 oben herangezogen, die Knickbiegelinie gezeichnet und die Reaktionskraft der Feder aufgrund der Verschiebung am oberen Ende ergänzt. Der Vergleich mit dem Ersatzsystem in Bild 4.40 zeigt, dass $P \cdot w_b/h = -C_w \cdot w_b$ ist. Man kann daher die Knickbedingung aus Tabelle 4.6 für System 2 verwenden und dort $C_w = -P/h$ einsetzen. Mit

$$\varepsilon^2 = N \cdot \frac{\ell^2}{EI} \tag{4.73}$$

und

$$\overline{C}_w = \frac{C_w \cdot \ell^3}{EI} \tag{4.74}$$

ergibt sich:

$$\left(1 - \frac{\varepsilon^2}{\overline{C}_w}\right) = \left(1 + \frac{N \cdot h}{P \cdot \ell}\right) \tag{4.75}$$

Die Knickbedingung für das System in Bild 4.40 lautet daher:

$$\varepsilon \cdot \cos \varepsilon \cdot \left(1 + \frac{N \cdot h}{P \cdot \ell}\right) - \sin \varepsilon = 0 \tag{4.76}$$

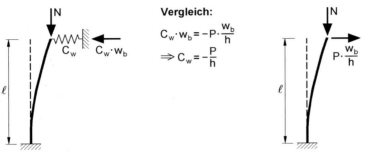

Bild 4.41 Aufstellen der Knickbedingung für das System in Bild 4.40

Aus Gl. (4.76) ergibt sich der Eigenwert ε_{Ki} (Stabkennzahl) und mit $\beta = \pi/\varepsilon_{Ki}$ erhält man die in Bild 4.42 dargestellten Knicklängenbeiwerte. Sie gelten auch für das auf der rechten Seite skizzierte System, bei dem sich auf der Einspannstütze ein gedrückter Pendelstab der Länge a befindet. Derartige Systeme kommen in der Baupraxis beispielsweise bei Lagerkonstruktionen vor. Bild 4.42 soll auch vermitteln, dass **kurze** Pendelstützen besonders gefährlich sind, da dann große α-Werte auftreten können, was zu großen *Knicklängenbeiwerten* führt. Darüber hinaus sei daran erinnert, dass β bei N_{Ki} quadratisch eingeht, sodass eine Verdopplung von β das N_{Ki} auf ein Viertel reduziert.

Der in Bild 4.42 dargestellte Knicklängenbeiwert kann näherungsweise mit

$$\beta \cong 2 \cdot \sqrt{1 + 0{,}83 \cdot \alpha} \tag{4.77}$$

ermittelt werden, wobei Gl. (4.77) nur für α ≥ –0,5 verwendet werden darf. Die negativen α-Werte gelten für Systeme, bei denen in den Pendelstäben Zugkräfte auftreten. Bild 4.43 zeigt dazu beispielhaft drei Systeme mit den entstehenden Rückstellkräften, die die Knickgefahr und daher auch β verringern. Das System auf der rechten Seite entspricht der Einspannstütze mit aufgesetzter Pendelstütze. Wenn man die Länge a nach unten zeichnet (a negativ) entstehen im Pendelstab Zugkräfte, die die Einspannstütze halten und teilweise zurückziehen.

4.13 Poltreue Normalkräfte/Pendelstützen

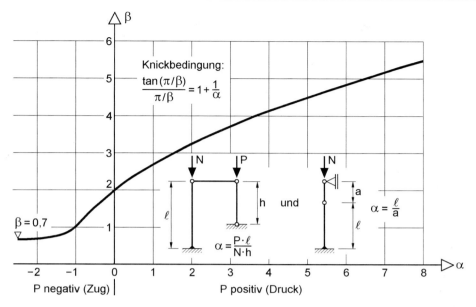

Bild 4.42 Knicklängenbeiwerte β für eingespannte Stützen mit angehängten Pendelstützen

Derartige Systeme kommen bei *abgespannten Konstruktionen* vor, bei denen Seile oder Zugstangen verwendet werden, die senkrecht zur Zeichenebene angeordnet sind. Gemäß Bild 4.42 ergeben sich bei Zugstäben (α negativ) Knicklängenbeiwerte zwischen 0,7 und 2. Wegen der Analogie mit System 2 können sie auch aus Bild 4.20 abgelesen werden, wenn man $C_w = P/h$ einsetzt, wobei P dann natürlich eine Zugkraft sein muss.

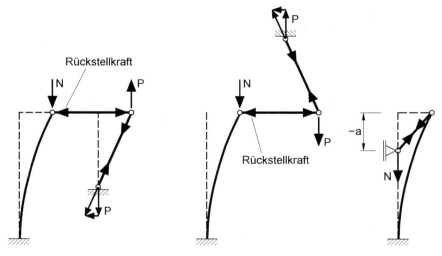

Bild 4.43 Einspannstütze mit angehängten Zugstäben

Systeme mit Pendelstützen

In der Baupraxis kommen häufig Tragwerke vor, die Pendelstützen, d. h. Druckstäbe ohne planmäßige Biegebeanspruchungen, enthalten. Bild 4.44 zeigt eine Wand mit sechs Pendelstützen und einem aussteifenden *Wandverband*.

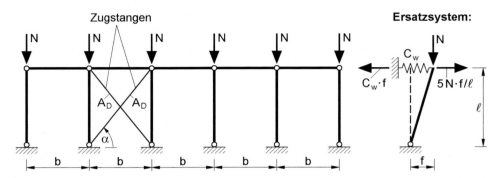

Bild 4.44 Wandverband mit angeschlossenen Pendelstützen

Da die Zugstangen (Rundstäbe) des Verbandes druckweich sind, wirkt zur Stabilisierung der Seitenwand nur **eine** Zugstange. Es ergibt sich daher das in Bild 4.44 rechts dargestellte Ersatzsystem und die Federsteifigkeit kann, wie in Abschnitt 4.8 beschrieben, mit dem Arbeitssatz berechnet werden, s. auch Tabelle 8.6. Die Knickbedingung erhält man, wenn wie in Bild 4.3 das Momentengleichgewicht um den Fußpunkt gebildet wird:

$$N \cdot f + 5 \cdot N \cdot \frac{f}{\ell} \cdot \ell - C_w \cdot f \cdot \ell = 0$$

$$\Rightarrow N_{Ki} = \frac{C_w \cdot \ell}{6} \tag{4.78}$$

Mit diesem N_{Ki} kann überprüft werden, ob stabiles Gleichgewicht vorhanden ist ($N < N_{Ki}$). Ein Nachweis der Zugdiagonalen ist aber mit dem Ersatzstabverfahren nicht möglich, da Bedingung (3.1) nur verwendet werden kann, wenn eine **Druck**kraft vorhanden ist. Andererseits kann mit Hilfe von N_{Ki} ein Nachweis mit dem Ersatzimperfektionsverfahren geführt werden, da näherungsweise für die seitlichen Verschiebungen gilt:

$$f_{ges}^{II} = \left(f_0 + f^I\right) \cdot \alpha \quad \text{mit} \quad \alpha = \frac{1}{1 - N/N_{Ki}} \tag{4.79}$$

In Gl. (4.79) ist α ein Vergrößerungsfaktor, der den Einfluss der Theorie II. Ordnung erfasst und in Abschnitt 8.7 eingehend erläutert wird. f_0 enthält die geometrische Ersatzimperfektion nach Abschnitt 7.2 infolge Vorverdrehung

$$\varphi_0 = \frac{1}{200} \cdot r_1 \cdot r_2, \tag{4.80}$$

4.13 Poltreue Normalkräfte/Pendelstützen

wobei beim Reduktionsfaktor r_2 mit n = 6 die Anzahl der Stützen anzusetzen ist. Die horizontale Verschiebung f_0 ergibt sich zu:

$$f_0 = \varphi_0 \cdot \ell \tag{4.81}$$

Die Verschiebung f^I resultiert aus planmäßigen Horizontallasten, die sich aus der Windbelastung auf die Giebelwände ergeben und von Dachverbänden an die Wandverbände abgegeben werden. Wie φ^I beim Ersatzbelastungsverfahren in Abschnitt 8.10 wird f^I nach Theorie I. Ordnung berechnet. Mit f_{ges}^{II} ist es keine Schwierigkeit die maximale Zugkraft in der Zugstange zu ermitteln und den Nachweis $Z_D \leq N_{pl,d}$ für die Zugdiagonale zu führen.

Berechnungsbeispiel: Es wird von einer 50 m langen Halle ausgegangen, bei der Zweigelenkrahmen im Abstand von 5 m angeordnet sind. Für die **halbe** Seitenwand ergibt sich das in Bild 4.45 dargestellte System. Die maximale vertikale Belastung aus dem Dacheigengewicht und Schnee beträgt P = 100 kN je Stütze (Bemessungslasten). Die erste Stütze (in der Giebelwand) wird aufgrund der halben Einflussfläche nur durch 50 kN belastet, was auch für die Stütze in Hallenmitte gilt. Da man Lasten möglichst ohne Umwege ableiten sollte, wird als Windbelastung der Winddruck auf die linke Giebelwand angesetzt. Der Windsog am anderen Hallenende wird von dem dort vorhandenen Wandverband aufgenommen.

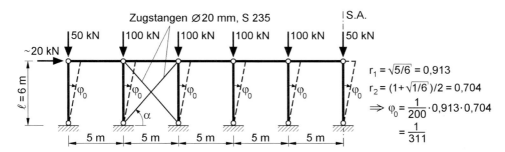

Bild 4.45 Berechnungsbeispiel Wandverband

Infolge Winddruck und Vorverdrehung erhält man die Horizontalkraft:

$$H = H_w + H_0 = 20 + 500/311 = 21{,}6 \text{ kN}$$

Damit folgt für die Zugkraft in der Zugstange ohne den Einfluss der Theorie II. Ordnung

$$Z_D = 21{,}6 \cdot \sqrt{5^2 + 6^2}\big/5 = 33{,}7 \text{ kN} < 68{,}5 \text{ kN} = 3{,}14 \cdot 24/1{,}1 = N_{pl,d}$$

Die Zugkraft kann von der Zugstange aufgenommen werden.

Der Einfluss der Theorie II. Ordnung wird mit Gl. (4.79) näherungsweise erfasst und N_{Ki} mit Bild 4.44 und Gl. (4.78) ermittelt. Für das Berechnungsbeispiel erhält man

$$N_{Ki} = C_w \cdot \ell \cdot 100/500 = 120\, C_w$$

und mit Tabelle 8.6:

$$C_w = \sin \alpha \cdot \cos^2 \alpha \cdot EA_D/\ell = 34{,}6 \text{ kN/cm}$$

Daraus folgt $N_{Ki,d} = 120 \cdot 34{,}6/1{,}1 = 3775$ kN. Wegen $N_{Ki,d}/N = 3775/100 = 37{,}7 > 10$ (s. Abschnitt 2.4) ergibt sich ein sehr kleiner Vergrößerungsfaktor von $\alpha = 1{,}03$, sodass der Einfluss der Theorie II. Ordnung gering ist. Gemäß Tabelle 8.6 beträgt die Verdrehung nach Theorie I. Ordnung

$$\varphi^I = \frac{H}{EA_D \cdot \sin \alpha \cdot \cos^2 \alpha} = \frac{21{,}6}{C_w \cdot \ell} = \frac{21{,}6}{34{,}6 \cdot 600} = \frac{1}{961}$$

und die Ersatzbelastung ΔH nach Abschnitt 8.10 kann wie folgt berechnet werden:

$$\Delta H = \varphi^I \cdot \alpha \cdot \Sigma N = \frac{1}{961} \cdot 1{,}03 \cdot 500 = 0{,}54 \text{ kN} \ll 21{,}6 \text{ kN} = H$$

Anstelle von **Verbänden** kann man auch **eingespannte Stützen** oder Rahmen für die Aussteifung von Wänden einsetzen. Sie sind immer dann vorteilhaft, wenn Verbände im Bereich von Fenstern oder Durchgängen stören. Bei mehrschiffigen Hallen wird die Längsrichtung im Bereich von Innenstützen häufig mit Hilfe von so genannten **Portalrahmen** ausgesteift.

Da eingespannte Stützen bereits zu Beginn des Abschnitts behandelt worden sind, werden hier als Ergänzung die Rahmen mit Pendelstützen in Bild 4.46 untersucht. In Anlehnung an Bild 4.40 werden zwecks Verallgemeinerung Pendelstützen berücksichtigt, deren Druckkräfte und Längen sich von den Stielen der Rahmen unterscheiden.

Zur Lösung des Eigenwertproblems wird zunächst wie in Bild 4.15 (Abschnitt 4.8) vorgegangen und die Rahmen werden durch einen Druckstab mit einer Drehfeder am oberen Ende ersetzt. Die Abtriebskräfte können dann unmittelbar durch den Vergleich mit Bild 4.40 ergänzt werden, wobei die seitliche Verschiebung w_b in Bild 4.46 aus Gründen der Übersichtlichkeit nicht dargestellt ist. Zur Formulierung der Knickbedingungen kann Abschnitt 4.9 herangezogen und der Druckstab mit drei Federn in Bild 4.22 verwendet werden. Wenn man $\overline{C}_1 = 0$ (Zweigelenkrahmen) bzw. $\overline{C}_1 \to \infty$ (eingespannter Rahmen) sowie $\overline{C}_2 = \overline{C}_\varphi$ und

$$\overline{C}_w = -\frac{P \cdot \ell \cdot \varepsilon^2}{2 \cdot N \cdot h} = -\frac{\alpha}{2} \cdot \varepsilon^2$$

einsetzt, ergeben sich die Knickbedingungen unmittelbar aus der Determinante der Gl. (4.54), die in Gl. (4.55) ausformuliert ist.

4.13 Poltreue Normalkräfte/Pendelstützen

Zweigelenkrahmen mit Pendelstütze

Ersatzsystem:

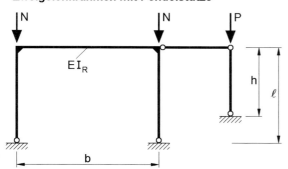
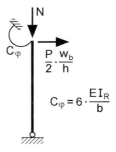

Knickbedingung: $\sin\varepsilon \cdot \left(\dfrac{\varepsilon^2}{\overline{C}_\varphi} + \dfrac{\alpha}{\alpha+2}\right) - \varepsilon \cdot \cos\varepsilon = 0$ mit: $\alpha = \dfrac{P \cdot \ell}{N \cdot h}$ w_b: s. Bild 4.40

Eingespannter Rahmen mit Pendelstütze

Ersatzsystem:

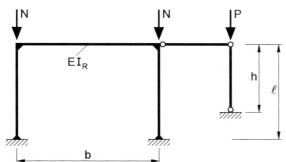
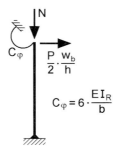

Knickbedingung: $2 \cdot \alpha \cdot \overline{C}_\varphi + [\alpha \cdot (1-\overline{C}_\varphi) - 2 \cdot \overline{C}_\varphi] \cdot \varepsilon \cdot \sin\varepsilon - [2 \cdot \varepsilon^2 + \alpha \cdot (2 \cdot \overline{C}_\varphi + \varepsilon^2)] \cdot \cos\varepsilon = 0$

Bild 4.46   Knickbedingung für symmetrische Zweigelenkrahmen und eingespannte Rahmen mit angehängten Pendelstützen

Systeme mit Rückstellkräften

In [31] wird anhand einer Stabbogenbrücke gezeigt, wie die Knickgefahr der gedrückten Stabbögen durch die Wirkung der Hänger deutlich reduziert wird. Da in den Hängern große Zugkräfte auftreten, entstehen bei seitlichen Verschiebungen der Bögen horizontale *Rückstellkräfte*, die, wie prinzipiell in Bild 4.43 gezeigt, der Verformung entgegen wirken und daher die Knickgefahr verringern.

Eine vergleichbare Tragwirkung ergibt sich auch bei den Endportalen von Fachwerkbrücken. Da die Enddiagonalen durch große Druckkräfte beansprucht werden, muss das Biegeknicken untersucht werden. Bild 4.47 zeigt die Knickbiegelinie für das seitliche Ausknicken eines Endportals, bei dem die am oberen Ende der Druckdiagonalen angeschlossenen Zugdiagonalen *Rückstellkräfte* erzeugen.

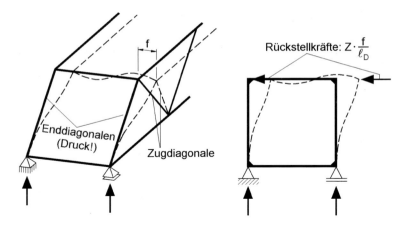

Bild 4.47 Rückstellkräfte beim Knicken des Endportals einer Fachwerkbrücke

Ein weiteres Beispiel zeigt Bild 4.48 mit einer abgespannten Rohrleitungsbrücke. Am Pylonkopf werden die Zugkräfte aus den Zugstangen (oder Seilen) eingeleitet, sodass im Pylon eine große Druckkraft entsteht. Beim Biegeknicken des Pylons in Brückenquerrichtung ist zu beachten, dass die Zugstangen an die Brücke angeschlossen sind, sodass die Wirkungslinie der Zugkräfte durch den in Bild 4.48 dargestellten Pol geht. Da sie schräg gerichtet sind, entstehen, wie in Bild 4.43 rechts, entsprechende Rückstellkräfte.

Anmerkung: In der Literatur werden manchmal Begriffe wie „nicht richtungstreue Belastung", „poltreue Belastung" oder „nicht konservative Systeme" verwendet. Gemeint sind dabei nicht die äußeren Lasten, da sie stets richtungstreu sind, sondern Druck- oder Zugnormalkräfte in Bauteilen, die aufgrund der Verformungen ihre Richtung verändern. Der Begriff „poltreue Normalkräfte" trifft den Sachverhalt besser.

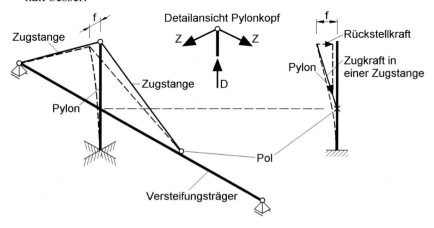

Bild 4.48 Rückstellkräfte beim Pylon einer abgespannten Rohrleitungsbrücke

4.14 Knicklängen für ausgewählte Systeme

In den vorhergehenden Abschnitten von Kapitel 4 wurden die Knicklängen für folgende Systeme ermittelt:

- Eulerfälle I bis IV
- Druckstäbe mit Federn an den Enden
- einfache Rahmen
- Druckstab mit Wegfeder in Feldmitte
- Elastisch gebettete Druckstäbe
- Systeme mit poltreuen Normalkräften

Im Folgenden werden weitere Systeme ergänzt, die für baupraktische Anwendungen von Interesse sind. Darüber hinaus wird die Methodik zur Ermittlung von Knicklängen vertieft.

Druckstäbe mit veränderlichen Normalkräften

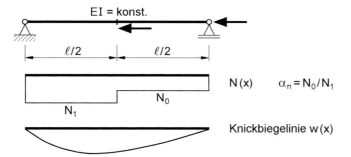

Bild 4.49   Druckstab mit abschnittsweise konstantem Druckkraftverlauf

Bei dem beidseitig gelenkig gelagerten Druckstab mit gleich bleibendem Querschnitt in Bild 4.49 ist die Druckkraft in den beiden Stabhälften abschnittsweise konstant. Für $N_0 = N_1$ ergibt sich der Eulerfall II mit $s_K = \ell$. Wenn man N_1, d. h. den Größtwert, als Bezugswert wählt, ist für $N_0 < N_1$ die Knicklänge kleiner als die Stablänge. Die Knickbiegelinie $w(x)$ hat etwa den in Bild 4.49 dargestellten Verlauf, weil sich rein aus der Anschauung heraus das Maximum von der Feldmitte (Eulerfall II) nach links verlagern muss. Den Verlauf kann man näherungsweise aus Gl. (4.24) wie folgt ableiten:

$$w(x) = a \cdot \sin\frac{\pi \cdot x}{\ell} + b \cdot \sin\frac{2\pi \cdot x}{\ell} \qquad (4.82)$$

Mit diesem zweigliedrigen Ansatz kann man die Knicklänge näherungsweise ermitteln, wenn man das Gleichgewicht mit Hilfe der virtuellen Arbeit in Bild 8.8 formuliert:

$$\delta W_{int} = -\int_0^\ell \delta w''(x) \cdot EI \cdot w''(x) \cdot dx + \int_0^\ell \delta w'(x) \cdot N(x) \cdot w'(x) \cdot dx$$
$$= -\int_0^\ell \delta w'' \cdot EI \cdot w'' \cdot dx + N_1 \int_0^{\ell/2} \delta w' \cdot w' \cdot dx + N_0 \cdot \int_{\ell/2}^\ell \delta w' \cdot w' \cdot dx \quad (4.83)$$

Mit dem virtuellen Funktionsverlauf affin zu Gl. (4.82) und den entsprechenden Ableitungen ergeben sich in Gl. (4.83) Integrale, die wie folgt gelöst werden können:

$$\int_0^\ell \sin^2 \frac{m \cdot \pi \cdot x}{\ell} dx = \int_0^\ell \cos^2 \frac{m \cdot \pi \cdot x}{\ell} dx = \frac{\ell}{2} \quad \text{für } m = 1, 2, 3 \cdots$$

$$\int_0^\ell \sin \frac{\pi \cdot x}{\ell} \cdot \sin \frac{2\pi \cdot x}{\ell} dx = \int_0^\ell \cos \frac{\pi \cdot x}{\ell} \cdot \cos \frac{2\pi \cdot x}{\ell} dx = 0$$

$$\int_0^{\ell/2} \cos^2 \frac{m \cdot \pi \cdot x}{\ell} dx = \int_{\ell/2}^\ell \cos^2 \frac{m \cdot \pi \cdot x}{\ell} dx = \frac{\ell}{4} \quad \text{für } m = 1, 2, 3 \cdots$$

$$\int_0^{\ell/2} \cos \frac{\pi \cdot x}{\ell} \cdot \cos \frac{2\pi \cdot x}{\ell} dx = -\int_{\ell/2}^\ell \cos \frac{\pi \cdot x}{\ell} \cdot \cos \frac{2\pi \cdot x}{\ell} dx = \frac{\ell}{3\pi} \quad (4.84)$$

Das Ergebnis der Integration kann in Gl. (4.83) eingesetzt und gemäß Abschnitt 8.3 die Bedingungen $\delta W = \delta W_{ext} + \delta W_{int} = 0$ für das Gleichgewicht formuliert werden. Da bei dem System in Bild 4.49 keine Querlasten vorhanden sind, ist die äußere virtuelle Arbeit gleich Null und es ergibt sich – wie stets bei Stabilitätsproblemen – ein **homogenes** Gleichungssystem. Es besteht im vorliegenden Fall aus zwei Gleichungen, die von δa bzw. δb abhängen. In der Schreibweise $-\delta W_{int} = \delta W_{ext}$ erhält man:

$$\delta a \cdot \left[\left(\frac{\pi^2 \cdot EI}{\ell^2} - \frac{N_1 + N_0}{2} \right) \cdot a - (N_1 - N_0) \cdot \frac{4}{3\pi} \cdot b \right] = \delta a \cdot 0 \quad (4.85a)$$

$$\delta b \cdot \left[-(N_1 - N_0) \cdot \frac{4}{3\pi} \cdot a + \left(16 \frac{\pi^2 \cdot EI}{\ell^2} - 2 \cdot (N_1 + N_0) \cdot b \right) \right] = \delta b \cdot 0 \quad (4.85b)$$

Es wird nun $N_0 = \alpha_n \cdot N_1$ und wegen des Bezuges auf N_1

$$N_{Ki,1} = \frac{\pi^2 \cdot EI}{\beta^2 \cdot \ell^2} \quad (4.86)$$

gesetzt. Wenn man, wie in Abschnitt 4.3 beschrieben, die Bedingung „Determinante gleich Null" verwendet, führt das homogene Gleichungssystem (4.85) zu der folgenden Knickbedingung:

$$\beta^4 - \frac{5}{8}(1 + \alpha_n) \cdot \beta^2 + \left(\frac{1 + \alpha_n}{4} \right)^2 - \left(\frac{1 - \alpha_n}{3\pi} \right)^2 = 0 \quad (4.87)$$

4.14 Knicklängen für ausgewählte Systeme

Mit Gl. (4.87) ergibt sich der Knicklängenbeiwert β zu:

$$\beta = \sqrt{\frac{5}{16}(1+\alpha_n) + \sqrt{\frac{9}{16} \cdot \left(\frac{1+\alpha_n}{4}\right)^2 + \left(\frac{1-\alpha_n}{3\pi}\right)^2}} \qquad (4.88)$$

DIN 4114 [11] kann als einfache Näherung für das System in Bild 4.49

$$\beta = 0{,}75 + 0{,}25 \cdot \alpha_n \qquad (4.89)$$

entnommen werden. Wenn man in Gl. (4.82) b = 0 setzt, d. h. nur einen eingliedrigen Ansatz macht, kann aus Gl. (4.85a) unmittelbar die (grobe) Näherung

$$\beta = \sqrt{\frac{1+\alpha_n}{2}} \qquad (4.90)$$

abgelesen werden. Bild 4.50 enthält den Vergleich der o. g. Näherungen mit der genauen Lösung (FE-Programm *KSTAB*). Wie man sieht, ergeben sich mit Gl. (4.88) praktisch die genauen β-Werte, während die mit **einem** Freiwert ermittelte Lösung nach Gl. (4.90) zu kleine Werte liefert und daher auf der unsicheren Seite liegt. Die Näherung in DIN 4114 ist sehr einfach und liegt für kleine α_n etwas auf der sicheren Seite.

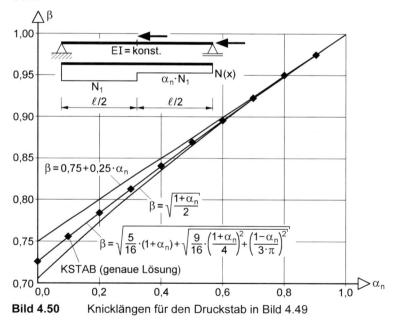

Bild 4.50   Knicklängen für den Druckstab in Bild 4.49

In Bild 4.51 sind Formeln zur Berechnung der Knicklängenbeiwerte β für Druckstäbe mit linear und parabelförmig veränderlichen Normalkräften zusammengestellt. Die Formeln gehen auf DIN 4114 [11] zurück. Sie setzen unveränderliche Querschnitte voraus, berücksichtigen jedoch verschiedene Lagerungsbedingungen an den Stabenden.

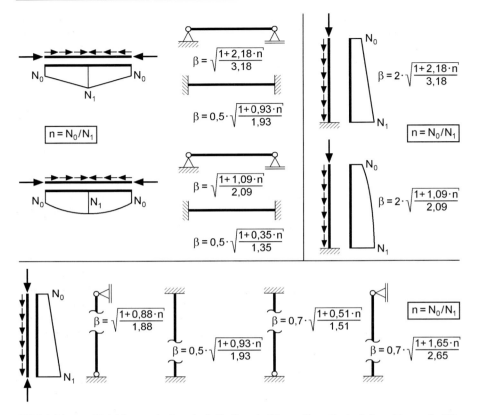

Bild 4.51 Knicklängenbeiwerte β für Druckstäbe mit veränderlichen Normalkräften

Druckstäbe in Fachwerken

Abschnitt 5.1 von DIN 18800 Teil 2 enthält Angaben zur Ermittlung von Knicklängen für gedrückte Fachwerkstäbe. Die DIN geht ebenso wie der Kommentar zur DIN [58] davon aus, dass es sich um ebene Fachwerkträger handelt und es wird daher das Biegeknicken in der Fachwerkebene und **senkrecht** zur Fachwerkebene unterschieden. Bei der Berechnung der Stabkräfte werden **gelenkige** Knotenpunkte angenommen. Bild 4.52 zeigt als Beispiel ein typisches Strebenfachwerk mit den Druck- und Zugstäben, die sich infolge einer Gleichstreckenlast – hier durch entsprechende Knotenlasten ersetzt – ergeben.

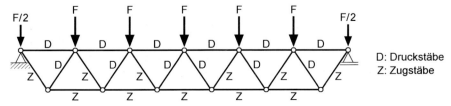

Bild 4.52 Typisches Strebenfachwerk mit Druck- und Zugstreben

4.14 Knicklängen für ausgewählte Systeme

Beim **Knicken in der Fachwerkebene** kann davon ausgegangen werden, dass die Knotenpunkte **un**verschieblich gehalten sind. Da in den Knoten bei der Schnittgrößenermittlung Gelenke vorausgesetzt werden, entsprechen alle Druckstäbe dem *Eulerfall* II und die Knicklänge beträgt:

$$s_K = \ell \text{ (Stablänge)} \tag{4.91}$$

In der Realität werden aber keine Gelenke ausgebildet, sodass nach DIN 18800 Teil 2 für **Streben und Pfosten** in Fachwerken

$$s_K = 0{,}9 \cdot \ell \tag{4.92}$$

angenommen werden darf. Mit dieser Regelung wird pauschal der Einfluss der elastischen Einspannung der Füllstäbe in die in der Regel wesentlich steiferen, an den Knoten durchlaufenden Gurtstäbe berücksichtigt. Der Anschluss muss durch Schweißen oder mit mindestens zwei Schrauben ausgeführt werden.

Den Nachweis für die gedrückten Gurte führt man normalerweise mit $s_K = \ell$ und dem κ-Verfahren. Bei biegesteif durchlaufenden Gurten kann man aber durchaus genauer rechnen und den veränderlichen Druckkraftverlauf bei der Bestimmung der Knicklänge berücksichtigen. Sofern gleich bleibende Querschnitte vorliegen, wird beispielsweise der Feldbereich des Obergurtes in Bild 4.52 durch die Randbereiche etwas stabilisiert. Der Aufwand für die genauere Berechnung lohnt sich nur selten, da häufig das **Knicken senkrecht zur Fachwerkebene** maßgebend wird.

Für diesen Stabilitätsfall müssen die Druckstäbe in der Regel durch Verbände abgestützt werden. Wie eng diese Abstützungen anzuordnen sind, hängt von der Querschnittsform und den vorhanden Druckkräften ab. Bei einem Strebenfachwerk wie in Bild 4.52 werden häufig alle Obergurtknoten an einen Verband angeschlossen. In [31], Abschnitt 5.4.2, wird ein Fachwerkträger eingehend untersucht und neben dem Lastfall „Auflast" auch der Lastfall „Windsog" mit Druckkräften im Untergurt behandelt.

Ebene Rahmen

Tabelle 4.4 in Abschnitt 4.5 enthält Angaben zu den Knicklängen von einstöckigen symmetrischen Rahmen und in Abschnitt 4.8 wird gezeigt, wie ebene Rahmen auf Druckstäbe mit Federn an den Enden zurückgeführt werden können (Abschnitt 4.9). Rahmen mit ungleichen Stielbelastungen werden dort nicht unmittelbar erfasst, sodass dieser Fall hier ergänzt werden soll.

Bild 4.53 zeigt zwei symmetrische Rahmen, die jedoch durch unterschiedlich große Druckkräfte in den Stielen beansprucht werden. Näherungsweise kann β zunächst für $N_1 = N$ nach den Abschnitten 4.8 und 4.9 berechnet werden. Danach kann mit dem Wurzelausdruck, der auf DIN 4114 zurückgeht, korrigiert werden.

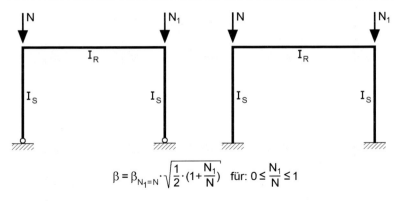

$$\beta = \beta_{N_1=N} \cdot \sqrt{\frac{1}{2} \cdot \left(1 + \frac{N_1}{N}\right)} \quad \text{für: } 0 \leq \frac{N_1}{N} \leq 1$$

Bild 4.53 Ebene Rahmen mit ungleichen Stiellasten

Man könnte natürlich für viele weitere Systeme Näherungslösungen angeben. Sinnvoll ist das aber nicht, weil sich die Nachweispraxis seit Mitte der 90er Jahre grundlegend verändert hat. Während man früher ebene Rahmen fast ausschließlich mit dem ω-Verfahren nach DIN 4114 und kurz nach Einführung der DIN 18800 Teil 2 mit dem κ-Verfahren nachgewiesen hat, werden die Nachweise heutzutage mit dem Ersatzimperfektionsverfahren unter Verwendung von EDV-Programmen geführt, s. auch Abschnitt 2.4 und Kapitel 7.

5 Nachweise für das Biegedrillknicken mit Abminderungsfaktoren

5.1 Vorbemerkungen

Es ist allgemein üblich, bei den Stabilitätsnachweisen für Stäbe wie in DIN 18800 Teil 2, Element 112, vorzugehen:

„Zur Vereinfachung dürfen Biegeknicken und *Biegedrillknicken* getrennt untersucht werden. Dabei ist nach dem Nachweis des Biegeknickens der Biegedrillknicknachweis für die aus dem Gesamtsystem herausgelöst gedachten Einzelstäbe zu führen, die durch die am Gesamtsystem ermittelten Stabendschnittgrößen und durch die Einwirkungen auf den betrachteten Einzelstab beansprucht werden."

Darüber hinaus ist Element 303 zu beachten:

„Die Biegedrillknickuntersuchung ist für die aus dem Stabwerk herausgelöst gedachten Stäbe durchzuführen. Dabei sind die Stabendmomente erforderlichenfalls nach Theorie II. Ordnung zu bestimmen"

Wie bereits in Kapitel 2 ausführlich erläutert, treten beim Stabilitätsproblem Biegedrillknicken gemäß Bild 2.2 seitliche Verschiebungen v(x) und Verdrehungen ϑ(x) um die x-Achse auf. Hervorgerufen werden diese Verdrehungen in der Regel durch Biegemomente, sodass planmäßig biegebeanspruchte Stäbe generell biegedrillknickgefährdet sind. Dieser Stabilitätsfall kann aber auch durch Drucknormalkräfte verursacht werden, wobei es sich dann häufig um den Sonderfall des Drillknickens handelt. In diesem Kapitel werden *vereinfachte Nachweise für das Biegedrillknicken* behandelt, sodass hier die Nachweise mit dem κ_M- bzw. χ_{LT}-Verfahren gemäß Eurocode 3 im Vordergrund stehen. Das vorliegende Kapitel ist prinzipiell mit Kapitel 3 vergleichbar, in dem die Nachweise mit dem κ-Verfahren für das Biegeknicken zusammengestellt sind. Auf das **Stabilitätsproblem** *Biegedrillknicken* wird in Kapitel 6 eingegangen, siehe auch Bild 1.11.

5.2 Stäbe ohne Biegedrillknickgefahr

Bei einigen baustatischen Systemen hat das Biegedrillknicken keinen Einfluss auf die Bemessung, weil es nicht maßgebend ist oder nur geringe Zusatzbeanspruchungen hervorruft. Dies ist immer dann der Fall, wenn die Verdrehungen ϑ (in der Eigenform!) gleich Null oder im Verhältnis zu den Verschiebungen sehr klein sind. Gemäß DIN 18800 Teil 2, Element 303, ist eine Biegedrillknickuntersuchung nicht erforderlich für:

- Stäbe mit Hohlquerschnitten,
- Stäbe, deren Verdrehung ϑ oder seitliche Verschiebung v ausreichend behindert ist,

- Stäbe mit planmäßiger Biegung, wenn der bezogene Schlankheitsgrad $\bar{\lambda}_M \leq 0{,}4$ ist.

Bei Stäben mit Hohlquerschnitten ist die Torsionssteifigkeit in der Regel sehr groß, sodass den Verdrehungen ϑ (in der Eigenform!) ein entsprechend hoher Widerstand entgegengesetzt wird. Darüber hinaus sind die auftretenden Zusatzbeanspruchungen in der Regel gering.

Es besteht grundsätzlich keine Biegedrillknickgefahr, wenn gedrückte Querschnittsteile durch konstruktive Maßnahmen ausreichend gehalten werden. Bild 5.1 zeigt beispielhaft einen Einfeldträger, der durch eine Gleichstreckenlast belastet ist. Aufgrund des positiven Biegemomentes ist der Obergurt und die obere Hälfte des Steges gedrückt. Wenn man, wie in Bild 5.1 skizziert, den Obergurt seitlich abstützt, ist dort die Verschiebung v gleich Null. Eine Eigenwertuntersuchung zeigt, dass dann ϑ gleich Null und der Träger nicht stabilitätsgefährdet ist. Dies gilt auch, wenn der Träger nicht kontinuierlich, sondern punktuell in ausreichend engen Abständen seitlich am Druckgurt abgestützt wird.

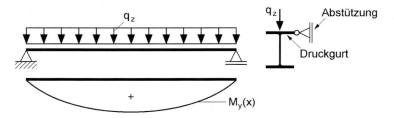

Bild 5.1 Einfeldträger mit seitlicher Abstützung des Druckgurtes

Eine *ausreichende Behinderung* der seitlichen Verschiebung ist auch bei Stäben vorhanden, wenn ihr Druckgurt ständig durch anschließendes Mauerwerk ausgesteift wird. Gemäß Bild 5.2 darf die Dicke des Mauerwerks nicht kleiner als die 0,3-fache Querschnittshöhe des Stabes sein.

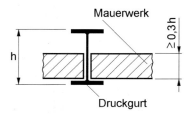

Bild 5.2 Aussteifung durch Mauerwerk, [9]

Seitliche Verschiebungen von Druckgurten können mit Hilfe von scheibenartig ausgebildeten Bauteilen und Schubfeldern behindert werden. Als Bedingung einer *unverschieblichen Halterung* wird in DIN 18800 Teil 2

5.3 Planmäßig mittiger Druck

$$S \geq \left(EI_\omega \cdot \frac{\pi^2}{\ell^2} + GI_T + EI_z \cdot \frac{\pi^2}{\ell^2} \cdot 0,25\, h^2 \right) \cdot \frac{70}{h^2} \quad (5.1)$$

gefordert. S ist der auf den untersuchten Träger entfallende Anteil der Schubsteifigkeit von Trapezblechscheiben und vergleichbaren Bauteilen. Die Trapezbleche müssen in **jeder** Profilrippe und auf allen **vier** Seiten an den Trägern bzw. der Unterkonstruktion befestigt werden. Sofern die Befestigung nur in jeder zweiten Profilrippe erfolgt, also keine Schubfeldausbildung vorliegt, dürfen 20 % der Schubsteifigkeit angesetzt werden.

Bedingung (5.1) liegt relativ weit auf der sicheren Seite. *Heil* zeigt in [22] dass im Hinblick auf eine ausreichende Tragsicherheit auch die Schubsteifigkeit

$$S \geq 10,2 \cdot \frac{M_{pl}}{h} \quad (5.2)$$

ausreicht. *Lindner* diskutiert in [61] verschiedene Möglichkeiten zur Berücksichtigung der Schubsteifigkeit und kommt zu dem Schluss, dass es in der Regel sinnvoll ist, den vorhandenen Wert von S bei der Berechnung von M_{Ki} mit einem EDV-Programm einzusetzen.

5.3 Planmäßig mittiger Druck

Bei planmäßig mittig gedrückten Stäben ist das Biegeknicken zu untersuchen und der vereinfachte Nachweis mit dem κ-Verfahren nach Abschnitt 3.2 zu führen. Es kann jedoch auch das Biegedrillknicken bzw. *Drillknicken* maßgebend werden, was bei baupraktischen Anwendungsfällen aber selten vorkommt.

Für derartige Fälle ist nach DIN 18800 Teil 2 folgender Nachweis vorgesehen: Der Tragsicherheitsnachweis ist mit Bedingung (3.1), also mit

$$\frac{N}{\kappa \cdot N_{pl,d}} \leq 1 \quad (5.3)$$

zu führen. Vorausgesetzt werden dabei Stäbe mit beliebiger, aber unverschieblicher Lagerung der Enden, ein unveränderlicher Querschnitt und eine konstante Drucknormalkraft. Bei der Berechnung des bezogenen Schlankheitsgrades $\bar{\lambda}_K$ ist für N_{Ki} die Normalkraft unter der kleinsten Verzweigungslast für Biegedrillknicken anzusetzen. Der Abminderungsfaktor κ ist für das Ausweichen rechtwinklig zur z-Achse zu ermitteln, d. h. er kann unter Verwendung der Tabellen 3.1 und 3.2 bestimmt werden. Der Kommentar zur DIN [58] enthält Hinweise, bei welchen Fällen das Biegedrillknicken maßgebend werden kann. Im Beispiel 8.4 von [58], einer Stütze mit einem einfachsymmetrischen Querschnitt, ist die kleinste kritische Last die Biegedrillknicklast $N_{Ki,\vartheta}$.

Die Aussage in DIN 18800 Teil 2 „Für Walzträger mit I-Querschnitt und für I-Träger mit ähnlichen Abmessungen braucht ein Tragsicherheitsnachweis für das Biegedrillknicken nicht geführt werden.", muss etwas relativiert werden. Gemäß Abschnitt 6.4, in dem die Berechnung von N_{Ki} für Biegedrillknicken behandelt wird, hängt N_{Ki} von den Querschnittswerten, der Stablänge und den Lagerungsbedingungen ab. Zur Erläuterung und als Berechnungsbeispiel wird die Stütze in Bild 5.3 untersucht. Sie ist unten eingespannt und oben gelenkig gelagert. Zusätzlich wird sie in der Mitte in y-Richtung unnachgiebig abgestützt.

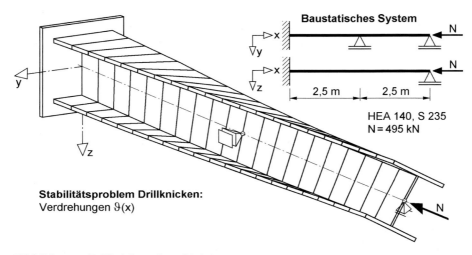

Bild 5.3   Drillknicken einer Stütze

Wenn man nun die kritische Druckkraft mit einem EDV-Programm berechnet, so erhält man:

$\eta_{Ki} = 3{,}0774 \Rightarrow N_{Ki} = 3{,}0774 \cdot 495 = 1523$ kN

Da bei der zugehörigen Eigenform nur Verdrehungen $\vartheta(x)$ auftreten, ist es das N_{Ki} für *Drillknicken*. Aus der Darstellung in Bild 5.3 ist erkennbar, dass $v(x) = w(x) = 0$ sind. Wie oben beschrieben, ist der Nachweis wie folgt zu führen:

$$\bar{\lambda}_K = \sqrt{\frac{N_{pl}}{N_{Ki}}} = \sqrt{\frac{685{,}4 \cdot 1{,}1}{1523}} = 0{,}704 \Rightarrow \kappa_c = 0{,}723$$

$$\frac{495}{0{,}723 \cdot 685{,}4} = 0{,}999 < 1$$

Zum Vergleich wird auch der 2. Eigenwert berechnet. Dabei ergibt sich

$\eta_{Ki} = 3{,}3772 \Rightarrow N_{Ki} = 3{,}3772 \cdot 495 = 1672$ kN

und die Eigenform weist nur Verschiebungen $v(x)$ auf. Da es sich um Biegeknicken um die schwache Achse handelt, ergibt sich mit dem κ-Verfahren der folgende Nachweis:

5.4 Einachsige Biegung ohne Normalkraft

$$\overline{\lambda}_K = \sqrt{\frac{685,4 \cdot 1,1}{1672}} = 0,672 \Rightarrow \kappa_c = 0,741$$

$$\frac{495}{0,741 \cdot 685,4} = 0,975 < 1$$

Der Vergleich mit dem Drillknicknachweis zeigt, dass der Unterschied mit etwa 2,5 % gering ist, obwohl N_{Ki} fast 10 % größer ist. Wenn man die Stütze in Bild 5.3 **mehrfach** im Feldbereich seitlich abstützt, ist das Drillknicken eindeutig maßgebend und der alleinige Nachweis für Biegeknicken kann weit auf der unsicheren Seite liegen. Mit dem Beispiel soll verdeutlicht werden, dass die Lagerungsbedingungen ausschlaggebenden Einfluss auf die Bemessung haben.

5.4 Einachsige Biegung ohne Normalkraft

Für I-Träger sowie U- und C-Profile, bei denen keine planmäßige Torsion auftritt, ist der Tragsicherheitsnachweis mit der folgenden Bedingung zu führen:

$$\frac{M_y}{\kappa_M \cdot M_{pl,y,d}} \leq 1 \qquad (5.4)$$

Hierin bedeuten:

- M_y größter Absolutwert des Biegemomentes
- κ_M Abminderungsfaktor für Biegemomente in Abhängigkeit vom *bezogenen Schlankheitsgrad*:

$$\overline{\lambda}_M = \sqrt{\frac{M_{pl,y}}{M_{Ki,y}}} \qquad (5.5)$$

$\kappa_M = 1$ für $\overline{\lambda}_M \leq 0,4$

$$\kappa_M = \left(\frac{1}{1+\overline{\lambda}_M^{2n}}\right)^{\frac{1}{n}} \qquad \text{für} \quad \overline{\lambda}_M > 0,4 \qquad (5.6)$$

Tabelle 5.1 Trägerbeiwert n zur Ermittlung von κ_M

Gewalzte Träger	n = 2,5	Wabenträger (M_{pl})	n = 1,5
Geschweißte Träger	n = 2,0	Ausgeklinkte Träger (M_{pl})	n = 2,0
Voutenträger (max h, min h, M_{pl}, Schweißnaht)		$n = 0,7 + 1,8 \frac{\min h}{\max h}$	Wenn die Flansche an den Steg geschweißt sind, ist der Trägerbeiwert n zusätzlich mit 0,8 zu multiplizieren.

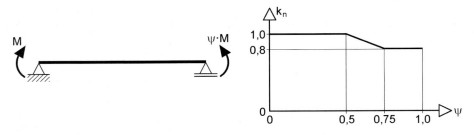

Bild 5.4 Faktor k_n für den Trägerbeiwert

Der Trägerbeiwert n ist Tabelle 5.1 zu entnehmen. Bei Trägern mit Randmomenten ist er mit dem Faktor k_n gemäß Bild 5.4 zu reduzieren, sofern das Verhältnis der Randmomente $\psi > 0{,}5$ ist.

Die Abminderungsfaktoren κ_M sind in Bild 5.5 für n = 2,5 und n = 2,0 dargestellt. Zum Vergleich mit dem Biegeknicken sind auch die Knickspannungslinien a, b und c in das Bild aufgenommen worden, s. auch Bild 3.2. Tabelle 5.2 enthält eine Zusammenstellung, aus der Zahlenwerte κ_M für n = 2,5 unmittelbar abgelesen werden können. Darüber hinaus sind in Tabelle 5.2 Abminderungsfaktoren $\chi_{LT,mod}$ nach DIN EN 1993-1-1 für gewalzte I-Träger zusammengestellt. Diese Werte werden hier angegeben, weil die κ_M-Werte gemäß Abschnitt 5.10 bis zu 15 % auf der unsicheren Seite liegen, s. auch Bild 5.13.

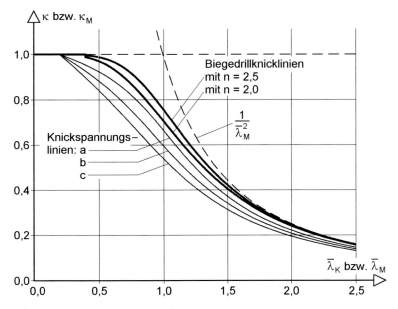

Bild 5.5 Abminderungsfaktoren κ_M und Vergleich mit den Knickspannungslinien a, b und c

5.4 Einachsige Biegung ohne Normalkraft

Tabelle 5.2 Abminderungsfaktoren κ_M nach DIN 18800 Teil 2 und $\chi_{LT,mod}$ nach EC 3

$\bar{\lambda}_M$ bzw. $\bar{\lambda}_{LT}$	gewalzte I-Träger DIN18800 Teil 2 κ_M	gewalzte I-Träger DIN EN 1993-1-1 $\chi_{LT,mod}$*) für h/b ≤ 2	gewalzte I-Träger DIN EN 1993-1-1 $\chi_{LT,mod}$*) für h/b > 2	$\bar{\lambda}_M$ bzw. $\bar{\lambda}_{LT}$	gewalzte I-Träger DIN18800 Teil 2 κ_M	gewalzte I-Träger DIN EN 1993-1-1 $\chi_{LT,mod}$*) für h/b ≤ 2	gewalzte I-Träger DIN EN 1993-1-1 $\chi_{LT,mod}$*) für h/b > 2	$\bar{\lambda}_M$ bzw. $\bar{\lambda}_{LT}$	gewalzte I-Träger DIN18800 Teil 2 κ_M	gewalzte I-Träger DIN EN 1993-1-1 $\chi_{LT,mod}$*) für h/b ≤ 2	gewalzte I-Träger DIN EN 1993-1-1 $\chi_{LT,mod}$*) für h/b > 2
0,40	0,996	1,000	1,000	1,20	0,607	0,591	0,536	2,00	0,247	0,250	0,247
0,42	0,995	1,000	1,000	1,22	0,592	0,579	0,525	2,02	0,242	0,245	0,243
0,44	0,993	1,000	1,000	1,24	0,578	0,567	0,514	2,04	0,238	0,240	0,239
0,46	0,992	0,999	0,989	1,26	0,565	0,555	0,503	2,06	0,233	0,236	0,235
0,48	0,990	0,992	0,978	1,28	0,551	0,543	0,492	2,08	0,229	0,231	0,231
0,50	0,988	0,984	0,968	1,30	0,538	0,532	0,482	2,10	0,225	0,227	0,227
0,52	0,985	0,977	0,957	1,32	0,525	0,520	0,472	2,12	0,220	0,222	0,222
0,54	0,982	0,969	0,945	1,34	0,512	0,509	0,462	2,14	0,216	0,218	0,218
0,56	0,979	0,960	0,934	1,36	0,500	0,498	0,452	2,16	0,213	0,214	0,214
0,58	0,975	0,952	0,923	1,38	0,488	0,487	0,442	2,18	0,209	0,210	0,210
0,60	0,970	0,943	0,911	1,40	0,477	0,477	0,433	2,20	0,205	0,207	0,207
0,62	0,966	0,934	0,899	1,42	0,465	0,467	0,424	2,22	0,201	0,203	0,203
0,64	0,960	0,925	0,887	1,44	0,454	0,456	0,415	2,24	0,198	0,199	0,199
0,66	0,954	0,916	0,875	1,46	0,444	0,447	0,406	2,26	0,194	0,196	0,196
0,68	0,947	0,906	0,863	1,48	0,433	0,437	0,398	2,28	0,191	0,192	0,192
0,70	0,940	0,896	0,851	1,50	0,423	0,428	0,389	2,30	0,188	0,189	0,189
0,72	0,932	0,886	0,838	1,52	0,413	0,419	0,382	2,32	0,185	0,186	0,186
0,74	0,923	0,875	0,826	1,54	0,404	0,410	0,374	2,34	0,182	0,183	0,183
0,76	0,914	0,865	0,813	1,56	0,394	0,402	0,367	2,36	0,179	0,180	0,180
0,78	0,904	0,854	0,800	1,58	0,385	0,394	0,360	2,38	0,176	0,177	0,177
0,80	0,893	0,842	0,787	1,60	0,377	0,387	0,353	2,40	0,173	0,174	0,174
0,82	0,881	0,831	0,774	1,62	0,368	0,379	0,347	2,42	0,170	0,171	0,171
0,84	0,870	0,819	0,761	1,64	0,360	0,372	0,340	2,44	0,167	0,168	0,168
0,86	0,857	0,807	0,748	1,66	0,352	0,363	0,334	2,46	0,165	0,165	0,165
0,88	0,844	0,795	0,735	1,68	0,344	0,354	0,328	2,48	0,162	0,163	0,163
0,90	0,831	0,783	0,722	1,70	0,337	0,346	0,322	2,50	0,159	0,160	0,160
0,92	0,817	0,771	0,709	1,72	0,329	0,338	0,316	2,52	0,157	0,157	0,157
0,94	0,802	0,758	0,696	1,74	0,322	0,330	0,310	2,54	0,154	0,155	0,155
0,96	0,788	0,745	0,683	1,76	0,315	0,323	0,305	2,56	0,152	0,153	0,153
0,98	0,773	0,732	0,670	1,78	0,309	0,316	0,299	2,58	0,150	0,150	0,150
1,00	0,758	0,720	0,657	1,80	0,302	0,309	0,294	2,60	0,147	0,148	0,148
1,02	0,743	0,707	0,644	1,82	0,296	0,302	0,289	2,62	0,145	0,146	0,146
1,04	0,727	0,694	0,632	1,84	0,290	0,295	0,284	2,64	0,143	0,143	0,143
1,06	0,712	0,681	0,619	1,86	0,284	0,289	0,279	2,66	0,141	0,141	0,141
1,08	0,697	0,668	0,607	1,88	0,278	0,283	0,274	2,68	0,139	0,139	0,139
1,10	0,681	0,655	0,595	1,90	0,273	0,277	0,269	2,70	0,137	0,137	0,137
1,12	0,666	0,642	0,583	1,92	0,267	0,271	0,265	2,72	0,135	0,135	0,135
1,14	0,651	0,629	0,571	1,94	0,262	0,266	0,260	2,74	0,133	0,133	0,133
1,16	0,636	0,616	0,559	1,96	0,257	0,260	0,256	2,76	0,131	0,131	0,131
1,18	0,621	0,604	0,547	1,98	0,252	0,255	0,252	2,78	0,129	0,129	0,129
								2,80	0,127	0,128	0,128
								2,82	0,125	0,126	0,126
								2,84	0,124	0,124	0,124
								2,86	0,122	0,122	0,122
								2,88	0,120	0,121	0,121
								2,90	0,119	0,119	0,119
								2,92	0,117	0,117	0,117
								2,94	0,115	0,116	0,116
								2,96	0,114	0,114	0,114
								2,98	0,112	0,113	0,113

*) Die $\chi_{LT,mod}$-Werte gelten für das nebenstehende System, d.h. für k_c = 0,94.

Für Systeme mit k_c < 0,94 liegen die $\chi_{LT,mod}$-Werte auf der sicheren Seite.

Berechnungsbeispiel: Beidseitig gabelgelagerter Träger unter Gleichstreckenlast

Für den in Bild 5.6 dargestellten Biegeträger wird der Tragsicherheitsnachweis mit dem κ_M-Verfahren geführt. Das maximale Biegemoment tritt in Feldmitte auf, es beträgt:

$$\max M_y = 30 \cdot 6^2/8 = 135 \text{ kNm}$$

aus den Tabellen in [30] können folgende Werte abgelesen werden:

$M_{pl,y,d} = 285{,}2$ kNm $\qquad I_z = 1318$ cm^4
$I_T = 50{,}41$ cm^4 $\qquad I_\omega = 482890$ cm^4

Nach Abschnitt 6.3 ergibt sich das ideale Biegedrillknickmoment wie folgt:

$$M_{Ki,y} = \zeta \cdot N_{Ki,z} \cdot \left(\sqrt{c^2 + 0{,}25 \cdot z_p^2} + 0{,}5 \cdot z_p \right)$$

$$N_{Ki,z} = \pi^2 \cdot 21000 \cdot 1318 / 600^2 = 758{,}8 \text{ kN}$$

$$c^2 = \frac{482890 + 0{,}039 \cdot 600^2 \cdot 50{,}41}{1318} = 903{,}37 \text{ cm}^2$$

$\zeta = 1{,}12$ s. Tabelle 6.3

$$M_{Ki,y} = 1{,}12 \cdot 758{,}8 \cdot \left(\sqrt{903{,}37 + 0{,}25 \cdot 20^2} - 0{,}5 \cdot 20 \right) = 18421 \text{ kNcm}$$

Damit kann $\overline{\lambda}_M$ nach Gl. (5.5) und der Abminderungsfaktor mit Tabelle 5.2 für den Nachweis mit Gl. (5.4) ermittelt werden:

$$\overline{\lambda}_M = \sqrt{\frac{M_{pl,y}}{M_{Ki,y}}} = \sqrt{\frac{285{,}2 \cdot 1{,}1}{184{,}21}} = 1{,}305 \quad \Rightarrow \quad \kappa_M = 0{,}534 \quad \text{und} \quad \chi_{LT,mod} = 0{,}477$$

Der Nachweis wird mit $\chi_{LT,mod}$ geführt, weil κ_M gemäß Abschnitt 5.10 auf der unsicheren Seite liegt, s. auch Bild 5.13.

$$\frac{135}{0{,}477 \cdot 285{,}2} = 0{,}992 < 1$$

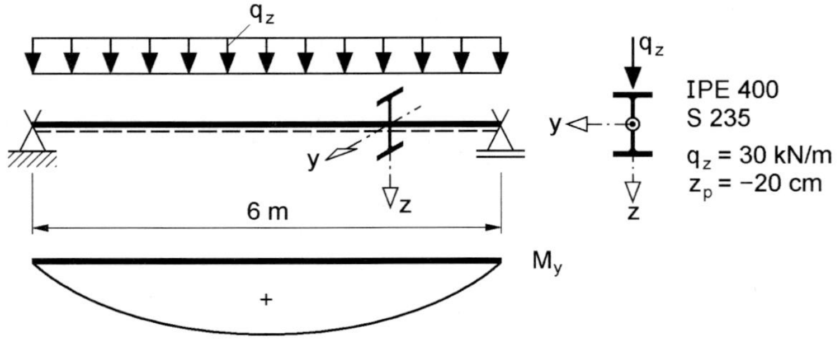

IPE 400
S 235
$q_z = 30$ kN/m
$z_p = -20$ cm

Bild 5.6 Einfeldträger unter Gleichstreckenlast q_z

5.5 Druckgurt als Druckstab

Bei Trägern mit I-Querschnitten, die in der Stegebene auf Biegung beansprucht werden, wurde bis etwa 1990 eine ausreichende **Kippsicherheit** fast ausschließlich mit der Bedingung

$$i_{z,g} \geq \frac{c}{40} \tag{5.7}$$

nach DIN 4114 [11] nachgewiesen. Die Bezeichnung „*Kippen*" wurde mit Einführung der DIN 18800 Teil 2 durch „Biegedrillknicken" ersetzt, s. auch Abschnitt 2.3. In Bedingung (5.7) ist $i_{z,g}$ der Trägheitsradius des Trägerdruckgurtes und c der Abstand, in dem der Druckgurt des Trägers seitlich unverschieblich gehalten wird. Das Biegedrillknicken von Biegeträgern mit I-Querschnitten (früher Kippen) wurde also auf den Nachweis des Druckgurtes als Druckstab zurückgeführt.

Diese Vorgehensweise ist für das Verständnis hilfreich und soll daher mit Hilfe von Bild 5.7 erläutert werden. Betrachtet wird ein Einfeldträger, der durch Randmomente M_R beansprucht wird. Es entsteht ein konstantes Biegemoment im Träger und daraus eine konstante Druckkraft im Obergurt. Er wird, weil er stabilitätsgefährdet ist, in einzelnen Punkten (x), deren Entfernung c beträgt, seitlich unverschieblich abgestützt. Gedanklich wird nun der Träger durch einen Trennschnitt in der Mitte längs aufgeteilt. Der Obergurt hat einschließlich Steg einen T-Querschnitt und aufgrund der Druckbeanspruchung die Tendenz zum **seitlichen Ausweichen**, d. h. zum Biegeknicken in y-Richtung. Als Knicklänge ergibt sich gemäß Bild 5.7 $s_K = c$ (s. auch Abschnitt 4.5) und man könnte nun prinzipiell einen Biegeknicknachweis nach Abschnitt 3.2 führen.

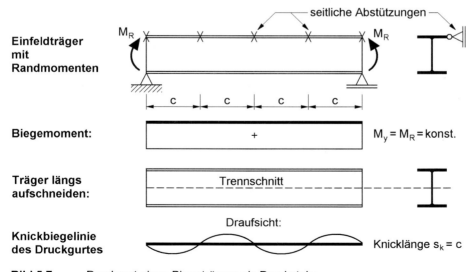

Bild 5.7   Druckgurt eines Biegeträgers als Druckstab

Im Vergleich zu DIN 4114 ist der Nachweis in DIN 18800 Teil 2 weiterentwickelt worden. Gemäß Element 310 ist bei I-Trägern mit zur Stegachse symmetrischem Querschnitt, deren Druckgurt in einzelnen Punkten im Abstand c seitlich gehalten ist, eine genauere Biegedrillknickuntersuchung nicht erforderlich, wenn die folgende Bedingung erfüllt ist:

$$\bar{\lambda} = \frac{c \cdot k_c}{i_{z,g} \cdot \lambda_a} \leq 0{,}5 \cdot \frac{M_{pl,y,d}}{M_y} \tag{5.8}$$

mit:

$i_{z,g}$ Trägheitsradius um die Stegachse z der aus dem Druckgurt und 1/5 des Steges gebildeten Querschnittsfläche

k_c Beiwert für den Verlauf der Druckkraft im Druckgurt nach Tabelle 5.3

λ_a = 92,9 für $f_{y,k}$ = 24 kN/cm²
       = 75,9 für $f_{y,k}$ = 36 kN/cm², s. Abschnitt 3.2

Tabelle 5.3   Beiwerte k_c

Druckkraftverlauf	k_c
▭ max N (konstant)	1,00
◺ max N (parabelförmig)	0,94
◹ max N (dreieckförmig)	0,86
max N ─── ψ max N, $-1 \leq \psi \leq 1$	$\dfrac{1}{1{,}33 - 0{,}33\psi}$

Wenn man zum Vergleich mit Bedingung (5.7) in Bedingung (5.8) k_c = 1, λ_a = 75,9 und $M_y = M_{pl,y,d}$ einsetzt, so erhält man:

$$i_{z,g} \geq \frac{c}{75{,}9 \cdot 0{,}5} \cong \frac{c}{38} \tag{5.9}$$

Konstruktionshilfe

Beim Konstruieren ist es hilfreich, abschätzen zu können, in welchen Abständen Druckgurte von Biegeträgern abgestützt werden müssen. Wenn man $i_{z,g}$ durch $\alpha_b \cdot b$ ersetzt, kann Bedingung (5.8) wie folgt formuliert werden:

$$\frac{c}{b} \leq \alpha_b \cdot 0{,}5 \cdot \lambda_a \cdot \frac{M_{pl,y,d}}{k_c \cdot M_y} \tag{5.10}$$

Bei doppeltsymmetrischen I-Profilen ist

5.5 Druckgurt als Druckstab

$$\alpha_b = \sqrt{\frac{1}{12 + 4{,}8 \cdot \frac{\delta}{1-\delta}}} \qquad (5.11)$$

und der Parameter δ erfasst den Anteil der Stegfläche an der gesamten Querschnittsfläche. Bei gewalzten I-Profilen liegt δ fast ausnahmslos zwischen 20 % und 40 %. Für diese Anteile ist $\alpha_b = 0{,}275$ (20 %) und $\alpha_b = 0{,}256$ (40 %). Bild 5.8 enthält eine Auswertung von Bedingung (5.10) für $k_c = 1$. Da die Gurtbreite b in der Regel gegeben ist, kann damit der Abstand der seitlichen Abstützungen gewählt werden. Sofern c kleiner als das Zehnfache der Gurtbreite ist, kann auf einen Biegedrillknicknachweis verzichtet werden.

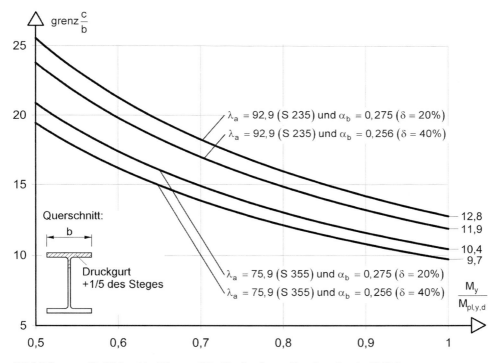

Bild 5.8 Seitliche Abstützung (Abstände c) von Druckgurten bei I-Trägern

Berechnungsbeispiel Laufsteg im Industriebau

Der 15 m lange Laufsteg in Bild 5.9 besteht aus zwei Walzprofilen IPE 330, die durch einen Windverband miteinander verbunden sind und die Druckgurte im Abstand von 1,5 m seitlich abstützen. Mit der Gurtbreite b = 160 mm ergibt sich:

$$\text{vorh}\,\frac{c}{b} = \frac{150}{16{,}0} = 9{,}4$$

Da der Anteil der Stegfläche beim IPE 330 etwa 38 % beträgt, kann aus Bild 5.8 abgelesen werden, dass die seitlichen Abstützungen eng genug liegen, um das vollplastische Biegemoment ausnutzen zu dürfen. Mit

$q_z = (1{,}35 \cdot 1{,}5 + 1{,}5 \cdot 3{,}5) \cdot 1{,}50/2 = 5{,}5$ kN/m

folgt $M_y = 5{,}5 \cdot 15^2/8 = 154{,}7$ kNm und der Nachweis ergibt sich zu:

$$\frac{M_y}{M_{pl,y,d}} = \frac{154{,}7}{175{,}5} = 0{,}88 < 1$$

Damit ist ausgeschlossen, dass die gedrückten Obergurte zwischen den Verbandspfosten seitlich ausknicken, s. Bild 5.7 unten. Im Hinblick auf die Stabilität des Gesamtsystems wird angenommen, dass der Verband eine ausreichende Steifigkeit aufweist, s. auch Abschnitte 10.6 und 10.7.

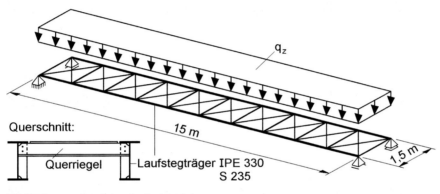

Bild 5.9   Laufsteg im Industriebau

5.6 Einachsige Biegung mit Drucknormalkraft

Für Stäbe, bei denen keine planmäßige Torsion auftritt, mit konstanter Normalkraft und doppelt- oder einfachsymmetrischen, I-förmigen Querschnitten, deren Abmessungsverhältnisse denen der Walzprofile entsprechen, sowie für U- und C-Profile ist der Tragsicherheitsnachweis mit der folgenden Bedingung zu führen:

$$\frac{N}{\kappa_z \cdot N_{pl,d}} + \frac{M_y}{\kappa_M \cdot M_{pl,y,d}} \cdot k_y \leq 1 \qquad (5.12)$$

Außer den in Abschnitt 5.4 erläuterten Größen bedeuten:

κ_z Abminderungsfaktor nach Abschnitt 3.2 mit $\bar{\lambda}_{K,z}$ für das Ausweichen rechtwinklig zur z-Achse

5.6 Einachsige Biegung mit Drucknormalkraft

$\overline{\lambda}_{K,z} = \sqrt{\dfrac{N_{pl}}{N_{Ki}}}$ bezogener Schlankheitsgrad für Normalkraftbeanspruchung

N_{Ki} Normalkraft unter der kleinsten Verzweigungslast für das Ausweichen rechtwinklig zur z-Achse oder Drillknicklast

k_y Beiwert zur Berücksichtigung des Momentenverlaufs M_y und des bezogenen Schlankheitsgrades $\overline{\lambda}_{K,z}$

$k_y = 1 - \dfrac{N}{\kappa_z \cdot N_{pl,d}} \cdot a_y$, jedoch $k_y \leq 1$

$a_y = 0{,}15 \cdot \overline{\lambda}_{K,z} \cdot \beta_{M,y} - 0{,}15$, jedoch $a_y \leq 0{,}9$

$\beta_{M,y}$ Momentenbeiwert β_M für Biegedrillknicken nach Tabelle 5.4 zur Erfassung der Form des Biegemomentes M_y

Anmerkungen: Insbesondere bei U- und C-Profilen ist zu beachten, dass planmäßige Torsion mit diesem Nachweis nicht erfasst ist. T-Querschnitte sind durch diese Regelungen nicht erfasst. Eine Näherung auf der sicheren Seite ist mit $k_y = 1$ gegeben. Die Drillknicklast wird z. B. bei einem Stab mit gebundener Drehachse maßgebend.

Tabelle 5.4 Momentenbeiwerte β_M für Biegedrillknicken

Momentenverlauf	β_M
Stabendmomente M_1 ▱ $\psi \cdot M_1$ $-1 \leq \psi \leq 1$	$\beta_{M,\psi} = 1{,}8 - 0{,}7 \cdot \psi$
Momente aus Querlasten M_Q (parabolisch)	$\beta_{M,Q} = 1{,}3$
M_Q (dreieckig)	$\beta_{M,Q} = 1{,}4$
Momente aus Querlasten mit Stabendmomenten M_1, M_Q, ΔM	$\beta_M = \beta_{M,\psi} + \dfrac{M_Q}{\Delta M} \cdot (\beta_{M,Q} - \beta_{M,\psi})$ $M_Q = \|\max M\|$ nur aus Querlast $\Delta M = \begin{cases} \|\max M\| \text{ bei } \textbf{nicht} \text{ durchschlagendem Momentenverlauf} \\ \|\max M\| + \|\min M\| \text{ bei durchschlagendem Momentenverlauf} \end{cases}$

5.7 Zweiachsige Biegung mit Drucknormalkraft

Für Stäbe mit konstanter Normalkraft und mit doppelt- oder einfachsymmetrischen, I-förmigen Querschnitten, deren Abmessungsverhältnisse denen der Walzprofile entsprechen, ist der Tragsicherheitsnachweis mit Bedingung (5.13) zu führen:

$$\frac{N}{\kappa_z \cdot N_{pl,d}} + \frac{M_y}{\kappa_M \cdot M_{pl,y,d}} \cdot k_y + \frac{M_z}{M_{pl,z,d}} \cdot k_z \leq 1 \tag{5.13}$$

mit:

k_y nach Abschnitt 5.6

k_z Beiwert zur Berücksichtigung des Momentenverlaufs M_z und des bezogenen Schlankheitsgrades $\overline{\lambda}_{K,z}$

$$k_z = 1 - \frac{N}{\kappa_z \cdot N_{pl,d}} \cdot a_z, \quad \text{jedoch } k_z \leq 1{,}5$$

$$a_z = \overline{\lambda}_{K,z} \cdot (2 \cdot \beta_{M,z} - 4) + (\alpha_{pl,z} - 1), \quad \text{jedoch } a_z \leq 0{,}8$$

$M_{pl,z,d}$ Bemessungswert des Biegemomentes M_z im vollplastischen Zustand ohne Begrenzung auf $\alpha_{pl} = 1{,}25$.

$\alpha_{pl,z}$ plastischer Formbeiwert für das vollplastische Biegemoment $M_{pl,z}$

Die übrigen Größen sind in den Abschnitten 5.4 und 5.6 erläutert.

Anmerkungen: Planmäßige Torsion ist in diesem Nachweis nicht erfasst. T-Querschnitte sind durch diese Regelungen ebenfalls nicht erfasst. Eine Näherung auf der sicheren Seite ist mit $k_y = 1$ und $k_z = 1{,}5$ gegeben.

5.8 Planmäßige Torsion

Für das Biegedrillknicken mit *planmäßiger Torsion* werden in DIN 18800 Teil 2 und im Eurocode 3 keine Nachweisbedingungen angegeben. Diese Lücke hat *Lindner* in [55] geschlossen und, basierend auf den Untersuchungen in [18], einen Nachweis für *zweiachsige Biegung mit Torsion* entwickelt, der wie folgt zu führen ist.

$$\frac{M_y}{\chi_{LT} \cdot M_{pl,y,d}} + C_{mz} \cdot \frac{M_z}{M_{pl,z,d}} + k_{z\omega} \cdot k_\omega \cdot \frac{M_\omega}{M_{pl,\omega,d}} \cdot \frac{1}{1 - \frac{M_y}{M_{Ki,y,d}}} \leq 1 \tag{5.14}$$

mit:

χ_{LT} Abminderungsbeiwert für das Biegedrillknicken des reinen Biegeträgers nach Abschnitt 5.9, Gln. (5.19) und (5.20). Gemäß [55] kann für Nachweise nach DIN 18800 Teil 2 κ_M verwendet werden.

C_{mz} Äquivalenter Momentenbeiwert für das Biegemoment M_z nach Tabelle B.3 in [12] – er beträgt für ein konstantes Biegemoment 1,0, für Gleichstreckenlast 0,95 und für Einzellast in Feldmitte 0,9.

5.8 Planmäßige Torsion

$$k_{z\omega} = 1 - \frac{M_z}{M_{pl,z,d}}$$

$$k_\omega = 0{,}7 - 0{,}2 \cdot \frac{M_\omega}{M_{pl,\omega,d}}$$

Bedingung (5.14) enthält neben den planmäßigen Biegemomenten M_y und M_z das Wölbbimoment M_ω infolge planmäßiger Torsion. Im Zusammenhang mit Abschnitt 9.7.3 ist erkennbar, dass das Wölbbimoment M_ω mit dem Faktor

$$\frac{1}{1 - \dfrac{M_y}{M_{Ki,y,d}}} \tag{5.15}$$

vergrößert wird, sodass damit näherungsweise der Einfluss der Theorie II. Ordnung erfasst wird. In [55] wird betont, dass Bedingung (5.14) nur einen Bauteilnachweis darstellt. Zusätzlich ist es notwendig, dass die Querschnittstragfähigkeit überprüft wird, z. B. nach [25], sofern deren Einhaltung nicht offensichtlich ist. Tabelle 7.8 enthält entsprechende Nachweisbedingungen für doppeltsymmetrische I-Querschnitte.

Berechnungsbeispiel Kranbahnträger nach [55]

Es wird der in Bild 5.10 dargestellte Kranbahnträger untersucht, der im Kommentar zur DIN 18800 [58] behandelt wird, und für den in [55] der Nachweis mit Gl. (5.14) geführt wird.

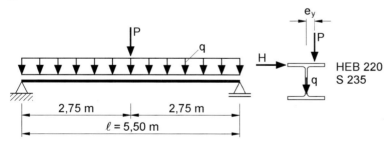

Bild 5.10   Beispiel Kranbahnträger mit planmäßiger Torsion

Wie in [55] werden folgende Werte angesetzt:

$M_y = 108$ kNm; $M_z = 8{,}3$ kNm; $M_\omega = 1{,}44$ kNm^2

$M_{pl,y,d} = 181$ kNm; $M_{pl,z,d} = 85{,}9$ kNm, $M_{pl,\omega,d} = 8{,}62$ kNm^2

$M_{Ki,y,d} = 375$ kNm; $\overline{\lambda}_M = 0{,}695$; $\kappa_M = 0{,}942$

$k_{z\omega} = 1 - 8{,}3/85{,}9 = 0{,}903$

$k_\omega = 0{,}7 - 0{,}2 \cdot 1{,}44/8{,}62 = 0{,}667$

Nachweis mit Gl. (5.14) und $C_{mz} = 1{,}0$ gemäß [55]:

$$\frac{108}{0{,}942 \cdot 181} + \frac{8{,}3}{85{,}9} + 0{,}903 \cdot 0{,}667 \cdot \frac{1{,}44}{8{,}62} \cdot \frac{1}{1 - \frac{108}{375}} =$$

$$0{,}633 + 0{,}097 + 0{,}141 = 0{,}871 < 1$$

Bedingung (5.14) ist erfüllt und die Lasten können noch mit dem Faktor $\eta = 1{,}13$ vergrößert werden, bis die Grenzlast erreicht wird. Im Vergleich dazu führt eine Berechnung mit dem EDV-Programm ANSYS nach der Fließzonentheorie zu $\eta = 1{,}30$. Wenn man beim Nachweis mit dem Ersatzimperfektionsverfahren wie in [58] eine geometrische Ersatzimperfektion $v_0 = 0{,}5 \cdot \ell/200$ ansetzt, erhält man mit dem EDV-Programm KSTAB $\eta = 1{,}25$. Wie man sieht, liegt der Nachweis mit Bedingung (5.14) auf der sicheren Seite. Da relativ viele Werte zu berechnen sind und auch $M_{Ki,y}$ benötigt wird, ist die Berechnung mit dem Ersatzimperfektionsverfahren einfacher. Abschnitt 7.2 enthält Hinweise zum Ansatz der geometrischen Ersatzimperfektionen.

5.9 Abminderungsfaktoren nach Eurocode 3

In Abschnitt 6.3 von Teil 1-1 des EC 3 [12] sind Stabilitätsnachweise für Bauteile geregelt. Beim Biegedrillknicken werden Abminderungsfaktoren χ_{LT} verwendet, die prinzipiell den κ_M-Werten in DIN 18800 Teil 2 entsprechen. Für gleichförmige Bauteile mit **Biegung um die Hauptachse** lautet die Nachweisbedingung:

$$\frac{M_{Ed}}{M_{b,Rd}} \leq 1{,}0 \tag{5.16}$$

Dabei ist

M_{Ed} der Bemessungswert des einwirkenden Biegemomentes
$M_{b,Rd}$ der Bemessungswert der Biegedrillknickbeanspruchbarkeit

Der Bemessungswert der Biegedrillknickbeanspruchbarkeit eines seitlich nicht gehaltenen Trägers ist in der Regel wie folgt zu ermitteln:

$$M_{b,Rd} = \chi_{LT} \cdot W_y \cdot \frac{f_y}{\gamma_{M1}} \tag{5.17}$$

Für das Widerstandsmoment gilt:

- $W_y = W_{pl,y}$ für Querschnitte der Klasse 1 und 2
- $W_y = W_{el,y}$ für Querschnitte der Klasse 3
- $W_y = W_{eff,y}$ für Querschnitte der Klasse 4

Die Nachweisbedingung (5.16) kann für Querschnitte der Klassen 1 und 2 auch wie folgt geschrieben werden:

$$\frac{M_{Ed}}{\chi_{LT} \cdot W_{pl,y} \cdot f_y / \gamma_{M1}} \leq 1{,}0 \tag{5.18}$$

5.9 Abminderungsfaktoren nach Eurocode 3

Ein Vergleich mit Bedingung (5.4) zeigt die **formale** Übereinstimmung mit den Nachweisen in DIN 18800 Teil 2. Die Werte der Abminderungsfaktoren sind jedoch im EC 3 und in DIN 18800 unterschiedlich festgelegt.

Knicklinien für das Biegedrillknicken – Allgemeiner Fall

Die Formeln zur Berechnung von χ_{LT} stimmen mit den Gln. (3.2b) und (3.3) in Abschnitt 3.2 überein. Es handelt sich daher um die bekannten Knickspannungslinien (EC 3: Knicklinien) und die Zahlenwerte können daher Tabelle 3.2 entnommen werden. Die Zuordnung der Querschnitte zu den Knicklinien enthält Tabelle 5.5.

Tabelle 5.5 Empfohlene Knicklinien für das Biegedrillknicken – Allgemeiner Fall

Querschnitt	Grenzen	Knicklinien
gewalzte I-Profile	h/b ≤ 2	a
	h/b > 2	b
geschweißte I-Profile	h/b ≤ 2	c
	h/b > 2	d
andere Querschnitte	-	d

Biegedrillknicklinien gewalzter oder gleichartiger geschweißter Querschnitte

Für gewalzte oder gleichartige geschweißte Querschnitte unter Biegebeanspruchung werden die Werte χ_{LT} mit dem Schlankheitsgrad $\overline{\lambda}_{LT}$ aus der maßgebenden Biegedrillknicklinie nach folgender Gleichung ermittelt:

$$\chi_{LT} = \frac{1}{\phi_{LT} + \sqrt{\phi_{LT}^2 - \beta\,\overline{\lambda}_{LT}^2}} \quad \text{jedoch} \quad \chi_{LT} \leq 1{,}0 \quad \text{und} \quad \leq \frac{1}{\overline{\lambda}_{LT}^2} \tag{5.19}$$

mit: $\quad \phi_{LT} = 0{,}5\left[1 + \alpha_{LT}\left(\overline{\lambda}_{LT} - \overline{\lambda}_{LT,0}\right) + \beta\,\overline{\lambda}_{LT}^2\right]$

Der Nationale Anhang kann die Parameter $\overline{\lambda}_{LT,0}$ und β festlegen, folgende Werte werden für gewalzte Profile oder gleichartige Querschnitte empfohlen:

$\overline{\lambda}_{LT,0} = 0{,}4$ (Höchstwert) und $\beta = 0{,}75$ (Mindestwert)

Die empfohlene Zuordnung zu den Querschnitten ist Tabelle 5.6 zu entnehmen.

Tabelle 5.6 Empfohlene Biegedrillknicklinien für Gl. (5.19)

Querschnitt	Grenzen	Knicklinien
gewalzte I-Profile	h/b ≤ 2	b → $\alpha_{LT} = 0{,}34$
	h/b > 2	c → $\alpha_{LT} = 0{,}49$
geschweißte I-Profile	h/b ≤ 2	c → $\alpha_{LT} = 0{,}49$
	h/b > 2	d → $\alpha_{LT} = 0{,}76$

In Abhängigkeit von der Momentenverteilung zwischen den seitlichen Lagerungen von Bauteilen darf der Abminderungsfaktor χ_{LT} wie folgt modifiziert werden:

$$\chi_{LT,mod} = \frac{\chi_{LT}}{f} \quad \text{jedoch} \quad \chi_{LT,mod} \leq 1 \tag{5.20}$$

Der Nationale Anhang kann die Werte f festlegen. Folgende Mindestwerte werden empfohlen:

$$f = 1 - 0{,}5 \cdot (1 - k_c)\left[1 - 2{,}0(\bar{\lambda}_{LT} - 0{,}8)^2\right] \quad \text{jedoch} \quad f \leq 1{,}0 \tag{5.21}$$

k_c ist ein Korrekturbeiwert nach Tabelle 5.7.

Tabelle 5.7 Empfohlene Korrekturbeiwerte k_c für f in Gl. (5.21)

Momentenverteilung	k_c
$\psi = 1$	1,00
$-1 \leq \psi \leq 1$	$\dfrac{1}{1{,}33 - 0{,}33\psi}$
	0,94
	0,90
	0,91
	0,86
	0,77
	0,82

Die Modifikationswerte f sind stets kleiner als 1 oder gleich 1, sodass $\chi_{LT,mod} \geq \chi_{LT}$ ist und das Biegedrillknicken günstiger beurteilt werden kann. Die Auswertung in Bild 5.11 zeigt mit 1/f unmittelbar die Auswirkungen auf die Abminderungsfaktoren. Die größten Unterschiede ergeben sich um $\bar{\lambda}_{LT} = 0{,}8$.

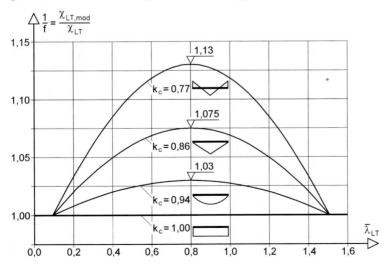

Bild 5.11 Werte 1/f zur Modifikation von χ_{LT}

5.9 Abminderungsfaktoren nach Eurocode 3

Während beim Biegedrillknicken nach DIN 18800 Teil 2 nur zwischen gewalzten und geschweißten Trägern unterschieden wird (s. Abschnitt 5.4), gehen beim EC 3 zwei weitere Parameter bei der Bestimmung der Abminderungsfaktoren ein:

- die Querschnittsgeometrie mit h/b ≤ 2 und > 2
- der Verlauf der Biegemomente

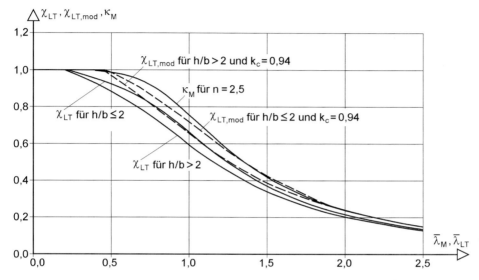

Bild 5.12 κ_M, χ_{LT} und $\chi_{LT,mod}$ für das Biegedrillknicken gewalzter I-Profile

Aufgrund ihrer Bedeutung für die Baupraxis sind in Bild 5.12 die Abminderungsfaktoren χ_{LT} und $\chi_{LT,mod}$ sowie κ_M (s. Abschnitt 5.4) für gewalzte I-Profile dargestellt. Die ungünstigsten Werte ergeben sich für den allgemeinen Fall, d. h. mit den Knicklinien a und b gemäß Tabelle 5.5. Für die Bemessung sollte man daher die Abminderungsfaktoren $\chi_{LT,mod}$ verwenden, da sie wirtschaftlichere Konstruktionen ermöglichen. Die Linien in Bild 5.12 gelten für $k_c = 0{,}94$, also für eine parabelförmige Momentenverteilung. Andere Momentenverläufe können mit Hilfe von Bild 5.11 beurteilt werden.

Im nächsten Abschnitt (5.10) werden Vergleiche durchgeführt und die Genauigkeit der Abminderungsfaktoren diskutiert.

Auf Biegung und Druck beanspruchte gleichförmige Bauteile

Durch Biegung und Druck beanspruchte Bauteile (mit doppelt-symmetrischen Querschnitten) müssen in der Regel folgende Anforderungen erfüllen:

$$\frac{N_{Ed}}{\dfrac{\chi_y \cdot N_{Rk}}{\gamma_{M1}}} + k_{yy} \frac{M_{y,Ed} + \Delta M_{y,Ed}}{\chi_{LT} \dfrac{M_{y,Rk}}{\gamma_{M1}}} + k_{yz} \frac{M_{z,Ed} + \Delta M_{z,Ed}}{\dfrac{M_{z,Rk}}{\gamma_{M1}}} \leq 1 \qquad (5.22)$$

$$\frac{N_{Ed}}{\chi_z \cdot \frac{N_{Rk}}{\gamma_{M1}}} + k_{zy} \frac{M_{y,Ed} + \Delta M_{y,Ed}}{\chi_{LT} \frac{M_{y,Rk}}{\gamma_{M1}}} + k_{zz} \frac{M_{z,Ed} + \Delta M_{z,Ed}}{\frac{M_{z,Rk}}{\gamma_{M1}}} \leq 1 \qquad (5.23)$$

Prinzipiell entsprechen die Bedingungen (5.22) und (5.23) dem Nachweis mit Gl. (5.13) nach DIN 18800 Teil 2. Nach dem EC 3 sind im Vergleich dazu zwei Nachweise zu führen. Die Durchführung der Nachweise ist aufwändig, unübersichtlich und fehleranfällig. Dies liegt nicht nur an dem erwähnten Doppelnachweis, sondern insbesondere an den Parametern k_{yy}, k_{yz}, k_{zy} und k_{zz} sowie entsprechenden Hilfswerten, die in den Anhängen A und B des EC 3 definiert sind. Da die Interaktionsbeiwerte k_{ij} nach zwei unterschiedlichen Verfahren bestimmt werden können, umfassen die beiden Anhänge fünf (!) Seiten, die ausgewertet werden müssen. Es ist kaum vorstellbar, dass sich diese Nachweisführung in der Baupraxis durchsetzen wird. Sie wird daher hier nicht weiter behandelt.

Anmerkung: Es ist zu erwarten, dass sich bei komplexen Beanspruchungsfällen mit N, M_y und M_z das Ersatzimperfektionsverfahren durchsetzen wird, s. Kapitel 7.

5.10 Genauigkeit der Abminderungsfaktoren

In Bild 5.12 sind fünf Biegedrillknicklinien für **gewalzte I-Profile** dargestellt, die durchaus nennenswerte Unterschied aufweisen. Sie werden im Folgenden quantitativ genauer bestimmt und dabei die χ_{LT}- und $\chi_{LT,mod}$-Werte auf κ_M für n = 2,5 bezogen. Bild 5.13 enthält vier Kurven und zwar für folgende Fälle:

- $\chi_{LT,mod}$ für h/b ≤ 2 und k_c = 0,94 (Parabel)
- $\chi_{LT,mod}$ für h/b > 2 und k_c = 0,94 (Parabel)
- χ_{LT} für h/b ≤ 2
- χ_{LT} für h/b > 2

Da $\chi_{LT,mod}/\kappa_M$ und χ_{LT}/κ_M im Bild dargestellt sind, bedeuten Ableseergebnisse, die kleiner als Eins sind, dass die κ_M-Werte größer und daher günstiger für die Bemessung sind. Man könnte daher aus Bild 5.13 den Schluss ziehen, dass die κ_M-Werte fast durchgängig günstiger und für die Bemessung zu bevorzugen sind. Bei einer vertieften Betrachtungsweise ergibt sich jedoch ein anderer Schluss: Die κ_M-Werte liegen in vielen Fällen auf der unsicheren Seite und bedürfen daher einer gewissen Korrektur.

Exemplarisch sind in Bild 5.13 einige Berechnungsergebnisse nach der Fließzonentheorie eingetragen, die die tatsächliche, rechnerische Tragfähigkeit kennzeichnen. Untersucht wurden dabei gabelgelagerte Einfeldträger, bei denen die Gleichstreckenlast auf dem Obergurt der Profile wirkt. Mit h/b = 0,95 erfasst das Profil HEA 200 breite I-Profile und das IPE 600 mit h/b = 2,73 schmale Profile.

5.10 Genauigkeit der Abminderungsfaktoren

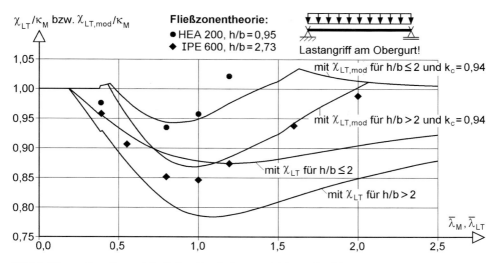

Bild 5.13 Zur Genauigkeit der Abminderungsfaktoren für Biegedrillknicken

Die Tragfähigkeit der Träger aus Profilen IPE 600 ist um bis zu 15 % kleiner als nach einer Bemessung mit dem κ_M-Verfahren. Im Vergleich dazu liegen die χ_{LT}-Werte (für h/b > 2) auf der sicheren Seite, sind jedoch teilweise auch sehr ungünstig. Die beste Übereinstimmung zeigt sich bei den $\chi_{LT,mod}$-Werten (für h/b > 2), die die rechnerische Tragfähigkeit relativ gut wiedergeben. Auffällig ist nur die Abweichung von ca. 4 % auf der unsicheren Seite bei $\bar{\lambda}_{LT} = 0{,}4$.

Beim HEA 200 mit dem kleinen h/b-Verhältnis ist der Einfluss des Biegedrillknickens deutlich geringer als beim IPE 600. Das κ_M-Verfahren liegt nur noch bis zu 6 % auf der unsicheren Seite und mit $\chi_{LT,mod}$ wird die Tragfähigkeit recht gut getroffen. Auf die hier beschriebenen Unsicherheiten beim κ_M-Verfahren wurde bereits im Rahmen des Forschungsvorhabens [18] hingewiesen. Die Untersuchungen zur Korrektur der κ_M-Werte sind jedoch noch nicht abgeschlossen. Es bestehen keine Bedenken, auch im Hinblick auf das Mischungsverbot bis zu einer abschließenden Klärung bei Nachweisen nach DIN 18800 Teil 2 mit dem κ_M-Verfahren die $\chi_{LT,mod}$-Werte nach EC 3 zu verwenden.

Anmerkung: Beim Biegedrillknicken sind I-Profile mit **großen** h/b-Verhältnissen **ungünstiger** als vergleichsweise breite Profile. Beim Biegeknicken ist die Tendenz genau umgekehrt. Für Profile mit h/b > 1,2 sind die κ-Werte größer (günstiger) als für Profile mit h/b ≤ 1,2. Ursache hierfür sind beim Biegeknicken die unterschiedlich hohen Eigenspannungen (s. Tabelle 2.8). Offensichtlich ist ihr Einfluss beim Biegedrillknicken geringer.

5.11 Hinweise zur Nachweisführung

Maßgebende Nachweisstelle

Es ist offensichtlich, dass man bei Trägern mit gleich bleibenden Querschnitten die Nachweise an Stellen führen muss, wo die Schnittgrößen maximal sind. Wenn man das Berechnungsbeispiel in Bild 5.6 (Einfeldträger) betrachtet, ist das natürlich die Feldmitte und für den Nachweis mit Bedingung (5.4) ist $M_y = \max M_y = q \cdot \ell^2/8$ einzusetzen. Bei dem *Zweifeldträger* in Bild 5.14 ist das nicht mehr ganz so eindeutig.

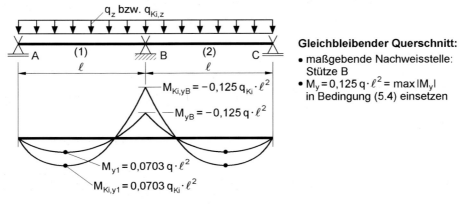

Bild 5.14 Maßgebende Nachweisstelle beim Zweifeldträger mit gleich bleibendem Querschnitt

Spontan ist man geneigt, den Nachweis mit dem maximalen Feldmoment $\max M_{yF} = 0{,}0703 \cdot q \cdot \ell^2$ zu führen, da die Feldbereiche biegedrillknickgefährdet sind. Auf der anderen Seite ist jedoch das Stützmoment betragsmäßig deutlich größer als das maximale Feldmoment. Auch gute Ingenieure mögen an dieser Stelle einwenden, dass an der Mittelstütze kein Biegedrillknicken möglich ist, da die Lagerung dort $v = \vartheta = 0$ erzwingt. Darauf kommt es aber nicht an, weil beim Biegedrillknicken auch an der Mittelstütze zusätzliche Beanspruchungen auftreten können. Wie groß sie sind, kann man nur mit Hilfe von Berechnungen nach der Fließzonentheorie klären, s. auch Abschnitt 5.10. Bei allen *Ersatzstabverfahren*, d. h. Nachweisverfahren, die κ- oder χ-Werte verwenden, **muss der Nachweis mit dem betragsmäßig größten Biegemoment geführt werden**, da dies eine wesentliche Grundlage der Verfahren ist. Der Nachweis mit Bedingung (5.4) muss an jeder Stelle eines baustatischen Systems erfüllt sein.

Bedingung (5.4) führt im Übrigen zu einer formalen Schwierigkeit, wenn M_y gegen Null geht. Da gemäß Bild 5.14 aus $M_y \to 0$ $M_{Ki,y} \to 0$ folgt, ergeben sich die Grenzwerte $\bar{\lambda}_M \to \infty$ und $\kappa_M \to 0$. Dieser Grenzfall führt zu einem unbestimmten Ausdruck „0/0" in Bedingung (5.4) und es ist anhand der Formeln nicht unmittelbar klar,

5.11 Hinweise zur Nachweisführung

ob nicht evtl. der Nachweis mit einem kleineren M_y als max $|M_y|$ maßgebend werden kann. Die Annahme $\kappa_M = 1/\overline{\lambda}_M^2$ führt dazu, dass Bedingung (5.4) an jeder Stelle des Systems denselben Wert ergibt. Dies resultiert aus den affinen Verläufen $M_y(x)$ und $M_{Ki,y}(x)$, s. Bild 5.14. Da κ_M nicht gleich $1/\overline{\lambda}_M^2$, sondern gemäß Bild 5.5 kleiner ist, kann in einem baustatischen System mit gleich bleibendem Querschnitt unabhängig vom Momentenverlauf nur der Nachweis mit dem größten Absolutwert des Biegemomentes maßgebend werden.

Bei *Systemen mit **veränderlichen Querschnitten*** muss der Nachweis mit Bedingung Bild 5.4 mehrfach geführt werden. Bei dem Zweifeldträger in Bild 5.15, der gegenüber dem Träger in Bild 5.14 im Stützbereich verstärkt worden ist, sind zwei Nachweise erforderlich:

- Stütze B: mit dem verstärkten Querschnitt und M_{yB}
- Feldbereich: mit dem Normalquerschnitt und max M_{yF} oder mit dem M_y an der Querschnittsabstufung, sofern es größer ist.

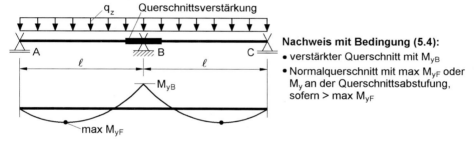

Bild 5.15 Zweifeldträger mit Querschnittsverstärkung im Stützbereich

Systeme für die Biegedrillknickuntersuchung

Es kommt relativ selten vor, dass man ein Bauwerk als **räumliches Tragwerk** idealisiert und berechnet. Sofern es vom Tragverhalten her möglich ist, versucht man in einzelne Bauteile wie z. B. Träger und Stützen zu unterteilen oder auch ebene Rahmen (längs und quer) und Deckenscheiben zu untersuchen. Da gemäß DIN 18800 Teil 2, Element 112, zur Vereinfachung Biegeknicken und Biegedrillknicken getrennt untersucht werden dürfen, berechnet man **zuerst** die Schnittgrößen für die o. g. einfachen Tragwerke ohne Beachtung des Biegedrillknickens. Wenn Drucknormalkräfte auftreten und daher das Biegeknicken zu berücksichtigen ist, ermittelt man die Schnittgrößen nach Theorie II. Ordnung wie in den Kapiteln 7 und 8 erläutert.

Anschließend erfolgt gemäß DIN 18800 Teil 2, Element 303, die Biegedrillknickuntersuchung, siehe auch Abschnitt 5.1. Das ist bei einfeldrigen Trägern und Stützen ohne weiteres möglich, sofern Lösungen zur Ermittlung von M_{Ki} bzw. N_{Ki} für Biegedrillknicken vorliegen. Bei Stabwerken kommt es darauf an, welche Hilfsmittel in Form von Diagrammen, Berechnungsformeln oder EDV-Programmen vorhanden sind und eingesetzt werden sollen. Es ist zurzeit noch die Ausnahme, das Biegedrillknicken größerer Systeme direkt nachzuweisen. In der Regel werden ebene Rahmen und Durchlaufträger in einfachere Tragwerke unterteilt. Bild 5.16 zeigt dazu zwei Beispiele.

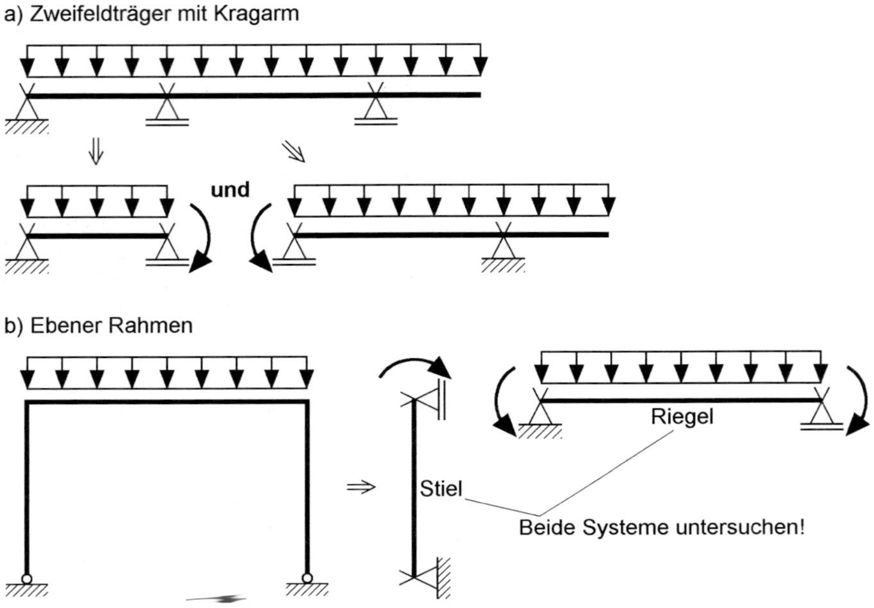

a) Zweifeldträger mit Kragarm

b) Ebener Rahmen

Bild 5.16 Beispiele zur Unterteilung in Teilsysteme beim Biegedrillknicken

Den Zweifeldträger mit Kragarm in Bild 5.16a kann man – wie dargestellt – in einen Einfeldträger und einen Einfeldträger mit Kragarm unterteilen. Wichtig ist dabei, dass der vorhandene Biegemomentenverlauf erfasst und an der Schnittstelle das vorhandene Stützmoment berücksichtigt werden. Darüber hinaus müssen die angenommenen Gabellager natürlich auch durch die konstruktive Ausbildung realisiert werden. Ansonsten kann man für **beide Teilsysteme** M_{Ki} berechnen und die Nachweise mit dem κ_M-Verfahren führen. Diese Methodik wird in Abschnitt 6.5 „Aufteilung in Teilsysteme" im Hinblick auf die Berechnung von M_{Ki} näher erläutert und begründet.

Beim ebenen Rahmen in Bild 5.16b kann man drei Teile herauslösen: den Riegel und die beiden Stützen. Natürlich müssen die Rahmeneckmomente bei beiden Teilsystemen angesetzt werden und die angenommenen Lager setzen voraus, dass die Rahmenecken senkrecht zur Rahmenebene unverschieblich gehalten werden, beispielsweise durch entsprechend steife Verbände. Darüber hinaus kommt man bei größeren Riegelspannweiten und Stielhöhen nicht ohne zusätzliche Stabilisierungsmaßnahmen aus. Häufig muss man den Riegel mehrfach und die Stiele je nach Höhe ein- oder zweimal seitlich abstützen. Das Beispiel in Abschnitt 10.6 zeigt, dass man auch nicht ohne eine Drehbettung des Riegels auskommt, wenn man wirtschaftliche Tragwerke ausführen möchte.

5.12 Stütze mit planmäßiger Biegung

Für die in Bild 5.17 dargestellte *Stütze mit planmäßiger Biegung* um die y-Achse sind drei Stabilitätsfälle zu unterscheiden:

- Biegeknicken um die y-Achse (starke Achse)
- Biegung um die z-Achse (schwache Achse)
- Biegedrillknicken

Das Beispiel geht auf [63] zurück und die Stütze wird in [31] mit dem Ersatzimperfektionsverfahren nachgewiesen. Hier werden vereinfachte Nachweise mit den κ- bzw. κ_M-Werten geführt. Es wird angenommen, dass am Fußpunkt der Stütze eine Volleinspannung und am Stützenkopf ein unverschiebliches Gabellager realisiert werden. Beim Biegeknicken handelt es sich daher für beide Achsen gemäß Tabelle 4.2 um den Eulerfall III. Für das Biegedrillknicken werden bezüglich der Torsionsverdrehungen unten $\vartheta = \vartheta' = 0$ und oben $\vartheta = 0$ angenommen.

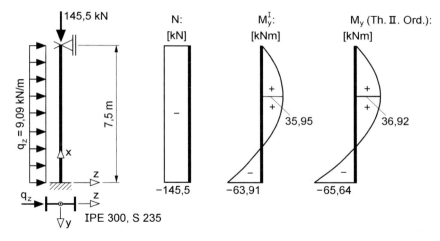

Bild 5.17 Stütze mit planmäßiger Biegung um die starke Achse

Die in Bild 5.17 dargestellten **Biegemomente** ergeben sich wie folgt:

- Theorie I. Ordnung (s. Tab. 8.4)

$$M^I_{y,E} = -9{,}09 \cdot 7{,}50^2 / 8 = -63{,}91 \text{ kNm}$$

$$\max M^I_{y,F} = 9 \cdot 9{,}09 \cdot 7{,}50^2 / 128 = 35{,}95 \text{ kNm}$$

- Theorie II. Ordnung (s. Tab. 8.4)

$$N_{Ki,y,d} = \frac{\pi^2 \cdot 21000 \cdot 8356}{0{,}7^2 \cdot 750^2 \cdot 1{,}1} = 5712 \text{ kN}$$

$$N/N_{Ki,y,d} = 145{,}5/5712 = 0{,}026$$

Die Biegemomente werden näherungsweise mit dem Vergrößerungsfaktor α ohne Korrekturbeiwert δ ermittelt:

$$\alpha = \frac{1}{1 - 0{,}026} = 1{,}027$$

$M_{y,E} = -63{,}91 \cdot 1{,}027 = -65{,}64$ kNm

max $M_{y,F} = 35{,}95 \cdot 1{,}027 = 36{,}92$ kNm

Biegeknicken um die starke Achse

Der Tragsicherheitsnachweis wird mit Bedingung (3.8) geführt und dabei $N_{Ki,y,d}$ = 5712 kN, wie oben ermittelt, verwendet:

$$\bar{\lambda}_{K,y} = \sqrt{\frac{1174}{5712}} = 0{,}453$$

$\kappa_y = 0{,}938$ (Linie a, s. Tab. 3.1 und 3.2)

$\beta_m \cong 1{,}0$; $\Delta n \cong 0{,}25 \cdot 0{,}938^2 \cdot 0{,}453^2 = 0{,}045$

Nachweis:

$$\frac{N}{\kappa \cdot N_{pl,d}} + \frac{\beta_m \cdot M_y^I}{M_{pl,d}} + \Delta n = \frac{145{,}5}{0{,}938 \cdot 1174} + \frac{1{,}0 \cdot 63{,}91}{137{,}1} + 0{,}045$$

$= 0{,}132 + 0{,}466 + 0{,}045 = 0{,}643 < 1$

Gemäß Abschnitt 3.3 ist der Nachweis mit dem größten Absolutwert des Biegemomentes nach der Elastizitätstheorie I. Ordnung ohne Ansatz von Imperfektionen zu führen. Wegen 0,643 < 1 ist die Stütze beim Biegeknicken um die starke Achse bei weitem nicht ausgenutzt.

Biegeknicken um die schwache Achse

$$N_{Ki,z,d} = 5712 \cdot \frac{603{,}8}{8356} = 412{,}7 \text{ kN}$$

$$\bar{\lambda}_{K,z} = \sqrt{\frac{1174}{412{,}7}} = 1{,}69$$

$\kappa_z = 0{,}281$ (Linie b, s. Tab. 3.1 und 3.2)

Gemäß Kommentar zur DIN 18800 [58] darf der Nachweis ohne Berücksichtigung des planmäßigen Biegemomentes M_y (um die starke Achse!) geführt werden:

$$\frac{N}{\kappa \cdot N_{pl,d}} = \frac{145{,}5}{0{,}281 \cdot 1174} = 0{,}441 < 1$$

Der Nachweis ohne M_y ist formal natürlich nicht zutreffend. Auf der sicheren Seite liegend kann die Biegung um die starke Achse zusätzlich angesetzt und der Nachweis

5.12 Stütze mit planmäßiger Biegung

mit der Bedingung (3.8) geführt werden. Mit $M_y/M_{pl,y,d} = 63,91/137,1 = 0,466$ folgt dann:

$0,441 + 0,466 + 0,056 = 0,963 < 1$

Biegedrillknicken

Der Nachweis wird gemäß Abschnitt 5.6 mit Bedingung (5.12) geführt. Dabei ist Element 303 der DIN 18800 Teil 2 zu beachten, d. h. es sind die Biegemomente nach Theorie II. Ordnung anzusetzen. Bei diesem Beispiel tritt die Schwierigkeit auf, dass keine brauchbare Formel zur Ermittlung von $M_{Ki,y}$ vorliegt. Die Verwendung eines EDV-Programms bedarf ebenfalls einer vertieften Überlegung, weil $M_{Ki,y}$ für $N = 0$ zu ermitteln ist, jedoch der Momentenverlauf für $N \neq 0$ nach Theorie II. Ordnung zu erfassen ist. Mit $M_{Ki,y}$ für $N = -145,5$ kN liegt man natürlich auf der sicheren Seite. Da die Biegemomentenverläufe nach Theorie I. und II. Ordnung gemäß Bild 5.17 fast übereinstimmen, wird die Berechnung hier mit $N = 0$ durchgeführt. Mit dem EDV-Programm KSTAB erhält man dann für das Biegedrillknicken den Verzweigungslastfaktor $\eta_{Ki} = 2,082$. Damit kann der Nachweis wie folgt geführt werden:

$|M_{Ki,y,E}| = 2,082 \cdot 63,91 = 133,1$ kNm

$\bar{\lambda}_M = \sqrt{\dfrac{137,1 \cdot 1,1}{133,1}} = 1,064 \quad \kappa_M = 0,709 \quad \text{(s. Tab. 5.2)}$

$\beta_{M,y} = 1,8 + \dfrac{63,91}{99,86} \cdot (1,3 - 1,8) = 1,48$

$a_y = 0,15 \cdot 1,69 \cdot 1,48 - 0,15 = 0,22 < 0,9$

$k_y = 1 - 0,441 \cdot 0,22 = 0,903 < 1$

Bedingung (5.12): $\dfrac{N}{\kappa_z \cdot N_{pl,d}} + \dfrac{M_y}{\kappa_M \cdot M_{pl,y,d}} \cdot k_y =$

$0,441 + \dfrac{65,64}{0,709 \cdot 137,1} \cdot 0,903 = 0,441 + 0,610 = 1,051 > 1!!!$

Beim Nachweis mit Bedingung (5.12) ergibt sich eine deutliche Überschreitung. Im Gegensatz dazu lässt sich mit dem Ersatzimperfektionsverfahren eine ausreichende Tragsicherheit nachweisen. [31] enthält ausführliche Berechnungen und Erläuterungen.

Anmerkungen: Das $M_{Ki,y}$ könnte man näherungsweise mit Gl. (6.38) in Abschnitt 6.6 berechnen. Mit $\zeta_0 = 2,24$ für $\psi = -1$ (einseitiges Randmoment) nach Tabelle 6.2 erhält man $M_{Ki,y} = 98,6$ kNm. Es ist deutlich kleiner als $M_{Ki,y} = 133,1$ kNm mit KSTAB, weil mit dem EDV-Programm die Wölbeinspannung ($\vartheta' = 0$) und die Biegeeinspannung um die schwache Achse ($\varphi_z = 0$) berücksichtigt werden. Eine Berechnung von $M_{Ki,y}$ mit Hilfe von Gl. (6.57) liegt, wie in [31] gezeigt wird, weit auf der unsicheren Seite.

6 Stabilitätsproblem Biegedrillknicken

6.1 Vorbemerkungen

In diesem Kapitel werden das *Stabilitätsproblem* **Biegedrillknicken** behandelt und *ideale Biegedrillknickmomente* $M_{Ki,y}$ sowie *ideale Drucknormalkräfte* N_{Ki} ermittelt. Im mathematischen Sinne handelt es sich um die Bestimmung von Eigenwerten und die zugehörigen Knickbiegelinien sind die Eigenformen des Stabilitätsproblems. Im Vergleich zum Stabilitätsproblem Biegeknicken, das in Kapitel 4 ausführlich behandelt wird, ist das Biegedrillknicken schwieriger zu erfassen, weil neben den Verschiebungen auch **Verdrehungen** ϑ um die Stabachse auftreten (s. Bild 6.2) und die Anzahl der Berechnungsparameter anwächst.

Zentrales Thema des Kapitels ist die Berechnung *idealer Biegedrillknickmomente* $M_{Ki,y}$, da sie für die in Kapitel 5 behandelten vereinfachten Nachweise benötigt werden und in Gl. (5.5) bei der Ermittlung des *bezogenen Schlankheitsgrades*

$$\bar{\lambda}_M = \sqrt{\frac{M_{pl,y}}{M_{Ki,y}}} \qquad (6.1)$$

eingehen. Darüber hinaus wird mit

$$M_y < M_{Ki,y,d} \qquad (6.2)$$

sichergestellt, dass sich das System im *stabilen Gleichgewicht* befindet. Die Ausführungen in Abschnitt 4.2 für das Biegeknicken gelten sinngemäß auch für das Biegedrillknicken. Für beliebige Beanspruchungsfälle lautet die Bedingung für *stabiles Gleichgewicht*:

$$\eta_{Ki,d} > 1 \qquad (6.3)$$

In Bedingung (6.3) ist $\eta_{Ki,d}$ der *Verzweigungslastfaktor* des Systems, d. h. der Faktor mit dem die Lasten zu multiplizieren sind, sodass der kleinste Eigenwert erreicht wird. In der Regel wird der Nachweis mit Bedingung (6.3) nicht explizit geführt, weil die vereinfachten Nachweise in Kapitel 5 diese Bedingung erfüllen, also stabiles Gleichgewicht gewährleisten.

Anmerkung: Beim Stabilitätsfall Biegeknicken nennt man die Eigenformen **Knickbiegelinien**, wobei mit diesen Linien die Verschiebungen $v_M(x)$ oder $w_M(x)$ der Stabachse durch den Schubmittelpunkt, also einer Linie, beschrieben werden. Da bei den Eigenformen des Stabilitätsproblems Biegedrillknicken auch Querschnittsverdrehungen auftreten und sich daher die Stabachse um $\vartheta(x)$ verdreht, beschreibt der Begriff Knickbiegelinie diesen Fall nicht zutreffend. Man könnte die Eigenformen des Biegedrillknickens etwas zutreffender **Biegedrillknick-Verformungen** nennen, was aber bislang nicht üblich ist. Zur anschaulichen Erläuterung können die Bilder 6.1 und 6.2 herangezogen werden.

In den folgenden Abschnitten wird das *Stabilitätsproblem Biegedrillknicken* gelöst und es werden für ausgewählte baustatische Systeme Berechnungsformeln zur Ermittlung von M_{Ki} angegeben. Dabei geht es im Wesentlichen um das Verständnis, Methoden und Vorgehensweisen sowie die Beurteilung verschiedener Einflüsse und Systemparameter. Abgesehen von einfachen Standardsystemen wird empfohlen, M_{Ki} mit Hilfe von EDV-Programmen zu berechnen, da der Aufwand in vielen Fällen geringer ist. Darüber hinaus kann man Aussteifungs- und Stabilisierungsmaßnahmen, auf die in Kapitel 10 ausführlich eingegangen wird, nur in Einzelfällen mit Berechnungsformeln erfassen. Ein geeignetes EDV-Programm ist das in Abschnitt 1.5 erwähnte Programm KSTAB, mit dem viele baupraktische Problemstellungen gelöst werden können.

6.2 Einführungsbeispiel

Zur grundsätzlichen Erläuterung des Stabilitätsproblems Biegedrillknicken wird der *beidseitig gabelgelagerte Einfeldträger* in Bild 6.1 betrachtet. Aufgrund der Gleichstreckenlast q_z biegt sich der Träger nach unten durch, sodass durch die Belastung Verschiebungen $w(x)$ auftreten. Darüber hinaus entstehen Biegemomente $M_y(x)$ und Querkräfte $V_z(x)$. Da es sich um positive Biegemomente handelt, werden der Obergurt und die obere Hälfte des Steges durch Druckspannungen beansprucht.

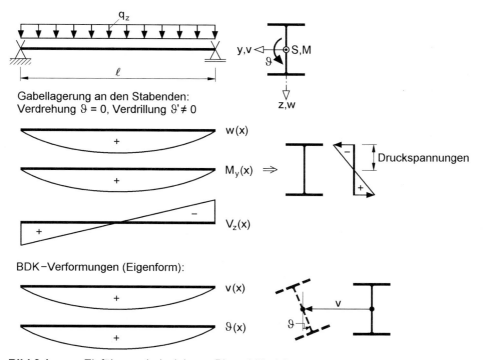

Bild 6.1 Einführungsbeispiel zum Biegedrillknicken

Der planmäßig biegebeanspruchte Träger ist stabilitätsgefährdet. Beim Biegedrillknicken unter der Verzweigungslast $q_{Ki,z}$ treten seitliche Verschiebungen $v(x)$ und Verdrehungen $\vartheta(x)$ um die Stabachse auf. Die BDK-Verformungen der Eigenform enthalten also **zwei** Verformungsfunktionen, die nicht voneinander unabhängig sind. Da in Bild 6.1 vereinfacht nur Linien dargestellt sind und daraus die Verdrehung der Stabachse nicht unmittelbar ersichtlich ist, wird die Eigenform mit Hilfe von Bild 6.2 anschaulicher gezeigt. Neben den seitlichen Verschiebungen $v(x)$ sind auch die Querschnittsverdrehungen gut erkennbar.

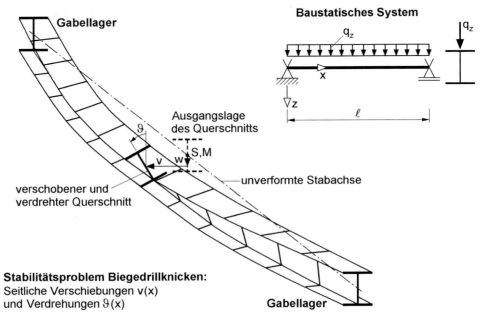

Bild 6.2 Anschauliche Darstellung der Eigenform beim Biegedrillknicken des Trägers in Bild 6.1

Verursacht werden die BDK-Verformungen durch die oben erwähnten Druckspannungen infolge des Biegemoments M_y. Darüber hinaus werden sie zusätzlich durch die Gleichstreckenlast q_z beeinflusst, sofern sie nicht im Schubmittelpunkt M angreift.

Die beiden Einflüsse werden mit Hilfe von Bild 6.3 erläutert. Bezüglich der Druckspannungen wird der Druckgurt wie in Abschnitt 5.5 als Druckstab aufgefasst und (wie in Bild 5.7) der Träger durch einen Trennschnitt in druck- und zugbeanspruchte Hälften aufgeteilt. Damit ergibt sich die in Bild 6.3a dargestellte Knickbiegelinie für das seitliche Ausweichen des Obergurtes. Sie entspricht weitgehend einer Sinushalbwelle, weicht jedoch etwas davon ab, weil die Druckkraft im Obergurt nicht konstant, sondern zum Verlauf des Biegemomentes affin ist. Mit Bild 6.3a soll anschaulich gezeigt werden, dass die Druckspannungen das Biegedrillknicken verursachen. Bei

6.2 Einführungsbeispiel

genauer Betrachtungsweise ist natürlich die Verdrehung des Querschnitts und die zurückhaltende Wirkung des zugbeanspruchten Untergurtes zu berücksichtigen. Der Einfluss des *Lastangriffspunktes* ist in Bild 6.3b skizziert. Sofern die Last im Schubmittelpunkt angreift, hat dies keine Auswirkungen auf $M_{Ki,y}$ und dieser Fall wird daher als Ausgangspunkt für andere *Lastangriffspunkte* gewählt. Greift beispielsweise die Last am Obergurt an und wirkt nach unten, so entsteht eine zusätzliche Torsionsbelastung um M und es ist daher anschaulich klar, dass die Verdrehung ϑ und damit auch die Biegedrillknickgefahr größer werden. Positive Lasten q_z bzw. F_z mit negativen Ordinaten z_p und entsprechend negative Lasten (also nach oben) mit positiven Ordinaten verringern daher das $M_{Ki,y}$, das sich aufgrund der oben erwähnten Druckspannungen ergibt.

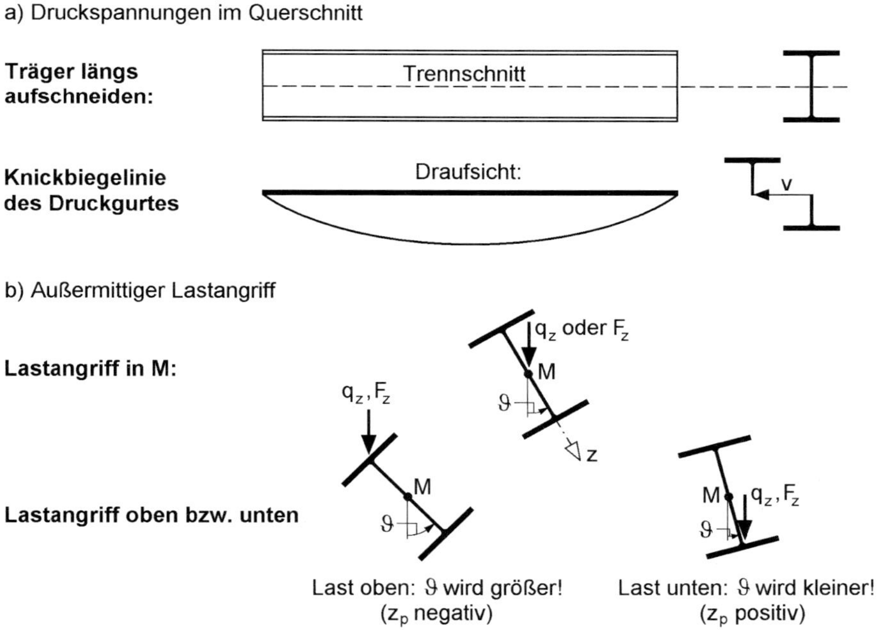

a) Druckspannungen im Querschnitt

Träger längs aufschneiden:

Knickbiegelinie des Druckgurtes

b) Außermittiger Lastangriff

Lastangriff in M:

Lastangriff oben bzw. unten

Last oben: ϑ wird größer!
(z_p negativ)

Last unten: ϑ wird kleiner!
(z_p positiv)

Bild 6.3 Einflüsse auf das Biegedrillknicken von planmäßig biegebeanspruchten Trägern

Ermittlung des kleinsten Eigenwerts

Zur Ermittlung des kleinsten Eigenwerts wird, wie in Abschnitt 4.3 für das Biegeknicken beschrieben, eine Knickbedingung formuliert und dazu die virtuelle Arbeit verwendet. Da der Querschnitt doppeltsymmetrisch ist und das Biegedrillknicken nur von M_y und der außermittigen Gleichstreckenlast q_z beeinflusst wird, benötigt man aus den Tabellen 9.1 und 9.2 nur die folgenden Terme:

$$\delta W = -\int_0^\ell \left(\delta v'' \cdot EI_z \cdot v'' + \delta \vartheta'' \cdot EI_\omega \cdot \vartheta'' + \delta \vartheta' \cdot GI_T \cdot \vartheta'\right) \cdot dx$$
$$ -\int_0^\ell \left(\delta v'' \cdot M_y \cdot \vartheta + \delta \vartheta \cdot M_y \cdot v'' + \delta \vartheta \cdot q_z \cdot z_q \cdot \vartheta\right) \cdot dx \tag{6.4}$$

Den Bildern 6.1 bis 6.3 kann entnommen werden, dass die BDK-Verformungen näherungsweise Sinushalbwellen entsprechen. Die Verformungsfunktionen werden daher wie in [58] gewählt:

$$v(x) = A \cdot \sin\frac{\pi \cdot x}{\ell} \tag{6.5}$$

$$\vartheta(x) = B \cdot \sin\frac{\pi \cdot x}{\ell} \tag{6.6}$$

Die Funktionen erfüllen die Randbedingungen an beiden Trägerenden ($x = 0$ und $x = \ell$):

$$v = \vartheta = 0 \tag{6.7}$$
$$M_z = EI_z \cdot v'' = 0 \tag{6.8}$$
$$M_\omega = -EI_\omega \cdot \vartheta'' = 0 \tag{6.9}$$

Die virtuellen Verschiebungsfunktionen in Gl. (6.4) ergeben sich mit den Gln. (6.5) und (6.6) zu:

$$\delta v(x) = \delta A \cdot \sin\frac{\pi \cdot x}{\ell} \tag{6.10}$$

$$\delta \vartheta(x) = \delta B \cdot \sin\frac{\pi \cdot x}{\ell} \tag{6.11}$$

Für das Biegemoment gilt:

$$M_y(x) = q_z \cdot \frac{1}{2} \cdot \left(x \cdot \ell - x^2\right) \tag{6.12}$$

Mit den Ableitungen für v'', ϑ' und ϑ'' sowie $\delta v''$, $\delta \vartheta'$ und $\delta \vartheta''$ können die Integrale in Gl. (6.4) für den gewählten Verformungsansatz formuliert werden. Die Lösung der Integrale ergibt sich zu:

$$\int_0^\ell \sin^2\frac{\pi \cdot x}{\ell} \cdot dx = \int_0^\ell \cos^2\frac{\pi \cdot x}{\ell} \cdot dx = \frac{\ell}{2} \tag{6.13}$$

$$\int_0^\ell x \cdot \sin^2\frac{\pi \cdot x}{\ell} \cdot dx = \frac{\ell^2}{4} \tag{6.14}$$

6.2 Einführungsbeispiel

$$\int_0^\ell x^2 \cdot \sin^2 \frac{\pi \cdot x}{\ell} \cdot dx = \frac{\ell^3}{6} - \frac{\ell^3}{4 \cdot \pi^2} \qquad (6.15)$$

Damit folgt für Gl. (6.4):

$$\delta W = -\delta A \cdot EI_z \cdot \frac{\pi^4}{\ell^4} \cdot \frac{\ell}{2} \cdot A - \delta B \cdot \left(EI_\omega \cdot \frac{\pi^4}{\ell^4} + GI_T \cdot \frac{\pi^2}{\ell^2} + q_z \cdot z_q \right) \cdot \frac{\ell}{2} \cdot B$$
$$+ \delta A \cdot q_z \frac{3+\pi^2}{12} \cdot \frac{\ell}{2} \cdot B + \delta B \cdot q_z \frac{3+\pi^2}{12} \cdot \frac{\ell}{2} \cdot A \qquad (6.16)$$

Da zwei unbekannte Freiwerte A und B auftreten ergibt sich die folgende 2×2 Matrix für das untersuchte Stabilitätsproblem:

$$\begin{bmatrix} \frac{\pi^4}{\ell^4} \cdot EI_z & -q_z \cdot \frac{3+\pi^2}{12} \\ -q_z \cdot \frac{3+\pi^2}{12} & \frac{\pi^4}{\ell^4} \cdot EI_\omega + \frac{\pi^2}{\ell^2} \cdot GI_T + q_z \cdot z_q \end{bmatrix} \qquad (6.17)$$

Mit der Bedingung „*Determinante gleich Null*" ergibt sich die Verzweigungslast $q_{Ki,z}$ und man erhält die *Knickbedingung*

$$\frac{\pi^4}{\ell^4} \cdot EI_z \cdot \left(\frac{\pi^4}{\ell^4} \cdot EI_\omega + \frac{\pi^2}{\ell^2} \cdot GI_T + q_{Ki,z} \cdot z_q \right) - q_{Ki,z}^2 \cdot \left(\frac{3+\pi^2}{12} \right)^2 = 0 \qquad (6.18)$$

und die Lösung der quadratischen Gleichung lautet:

$$q_{Ki,z} = k_{zq} + \sqrt{k_{zq}^2 + \left(\frac{12}{3+\pi^2} \right)^2 \cdot \frac{\pi^4}{\ell^4} \cdot EI_z \cdot \left(\frac{\pi^4}{\ell^4} \cdot EI_\omega + \frac{\pi^2}{\ell^2} \cdot GI_T \right)} \qquad (6.19)$$

$$\text{mit: } k_{zq} = \frac{1}{2} \cdot \left(\frac{12}{3+\pi^2} \right)^2 \cdot \frac{\pi^4}{\ell^4} \cdot EI_z \cdot z_q$$

Da man für die Berechnung des bezogenen Schlankheitsgrades das ideale Biegedrillknickmoment benötigt, wird mit

$$\max M_{Ki,y} = q_{Ki,z} \cdot \ell^2 / 8 \qquad (6.20)$$

der Wert in Feldmitte berechnet. Er bezieht sich auf $\max M_y = q_z \cdot \ell^2 / 8$, sodass sich folgender Verzweigungslastfaktor ergibt:

$$\eta_{Ki} = \frac{\max M_{Ki,y}}{\max M_y} = \frac{q_{Ki,z}}{q_z} \qquad (6.21)$$

Unter Verwendung der Gln. (6.19) und (6.20) kann auch eine Berechnungsformel zur Ermittlung von $\max M_{Ki,y}$ angegeben werden:

$$\max M_{Ki,y} = \zeta \cdot N_{Ki,z} \left(\zeta \cdot \alpha_{zq} \cdot z_q + \sqrt{\left(\zeta \cdot \alpha_{zq} \cdot z_q\right)^2 + \dfrac{I_\omega + I_T \cdot \dfrac{G \cdot \ell^2}{E \cdot \pi^2}}{I_z}} \right) \quad (6.22)$$

mit: $N_{Ki,z} = \dfrac{\pi^2 \cdot EI_z}{\ell^2}$; $\zeta = \dfrac{12}{3+\pi^2} \cdot \dfrac{\pi^2}{8} = 1{,}150$; $\alpha_{zq} = \dfrac{1}{2} \cdot \dfrac{8}{\pi^2} = 0{,}405$

Gl. (6.22) liefert eine gute Näherung für das ideale Biegedrillknickmoment. Die Güte dieser Lösung wird im nächsten Abschnitt diskutiert und weitere Aspekte zur Ermittlung von Eigenwerten beim Biegedrillknicken ergänzt. Mit dem Einführungsbeispiel sollte Folgendes gezeigt werden:

- Die Eigenwerte und Eigenformen ergeben sich beim Biegedrillknicken aufgrund von Druckspannungen in den Querschnitten und außermittig angreifenden Querlasten.
- Die Ermittlung von $M_{Ki,y}$ ist selbst bei einfachen Systemen sehr aufwändig. Außerdem benötigt man brauchbare Näherungen für die BDK-Verformungsfunktionen, sodass mit dieser Methodik nur einfache Fälle gelöst werden können. In der Regel verwendet man daher EDV-Programme oder bekannte Lösungen aus der Literatur in Form von Diagrammen.

6.3 $M_{Ki,y}$ für vier Basissysteme

Beim Biegeknicken sind die Eulerfälle I bis IV in Abschnitt 4.4 Basissysteme, die die Grundlage und der Ausgangspunkt für komplexere Fälle sind. Auch beim Biegedrillknicken gibt es Systeme, die häufig in der Bemessungspraxis vorkommen, sodass die entsprechenden Berechnungsformeln griffbereit vorliegen sollten. Das ideale Biegedrillknickmoment darf nach DIN 18800 Teil 2 bei Stäben mit gleich bleibenden, doppeltsymmetrischen Querschnitten mit der folgenden Formel berechnet werden:

$$M_{Ki,y} = \zeta \cdot N_{Ki,z} \cdot \left(0{,}5 \cdot z_p + \sqrt{0{,}25 \cdot z_p^2 + c^2}\right) \quad (6.23)$$

In Gl. (6.23) ist ζ ein *Momentenbeiwert*, der den Verlauf des Biegemomentes $M_y(x)$ erfasst und in DIN 18800 Teil 2 für vier Basissysteme mit Gabellagerung an beiden Stabenden angegeben wird. Die Werte sind hier in Tabelle 6.1 zusammengestellt und enthalten als Ergänzung zur DIN die zugehörigen baustatischen Systeme. Wenn man $M_{Ki,y}$ mit Gl. (6.23) berechnet und die ζ-Werte nach Tabelle 6.1 verwendet, bezieht sich $M_{Ki,y}$ stets auf max M_y, sodass man zwecks Klarstellung wie bei Gl. (6.22) auch max $M_{Ki,y}$ schreiben könnte.

6.3 $M_{Ki,y}$ für vier Basissysteme

Tabelle 6.1 Momentenbeiwerte ζ für vier Basissysteme

Baustatisches System	Momentenverlauf	ζ
M_y – M_y (Endmomente, gleichsinnig)	max M_y (konstant)	1,00
q_z (Gleichstreckenlast)	max M_y (parabelförmig)	1,12
F_z (Einzellast in Feldmitte)	max M_y (dreieckförmig)	1,35
M_y – $\psi \cdot M_y$, $-1 \leq \psi \leq +1$	max M_y (linear veränderlich)	$1{,}77 - 0{,}77 \cdot \psi$

In Gl. (6.23) ist z_p die Ordinate des Lastangriffspunktes von q_z und F_z. Sie ist negativ, wenn nach unten wirkende Lasten q_z und F_z oberhalb des Schubmittelpunktes angreifen, sodass, wie in Bild 6.3 erläutert, am Obergurt angreifende Lasten $M_{Ki,y}$ nach Gl. (6.23) verringern. Darüber hinaus ist

$$N_{Ki,z} = \frac{\pi^2 \cdot EI_z}{\ell^2} \tag{6.24}$$

und

$$c^2 = \frac{I_\omega + 0{,}039 \cdot \ell^2 \cdot I_T}{I_z} \tag{6.25}$$

Der Vergleich der Gln. (6.23) und (6.22) zeigt, dass sie weitgehend übereinstimmen. Mit

$$\frac{G}{E \cdot \pi^2} = \frac{8100}{21000 \cdot \pi^2} = 0{,}03908 \tag{6.26}$$

kann der Zahlenwert 0,039 in Gl. (6.25) unmittelbar erklärt werden. Für den Lastfall Gleichstreckenlast wurde in Abschnitt 6.2 $\zeta = 1{,}150$ ermittelt, was bis auf 2,7 % dem Wert $\zeta = 1{,}12$ in Tabelle 6.1 entspricht. Beide Werte sind Näherungen, die in Abhängigkeit von den Systemparametern geringfügig variieren. Bild 6.4 zeigt die Genauigkeit für $z_p = 0$ und eine Variation der *Stabkennzahl*:

$$\varepsilon_T = \ell \cdot \sqrt{\frac{GI_T}{EI_\omega}} \tag{6.27}$$

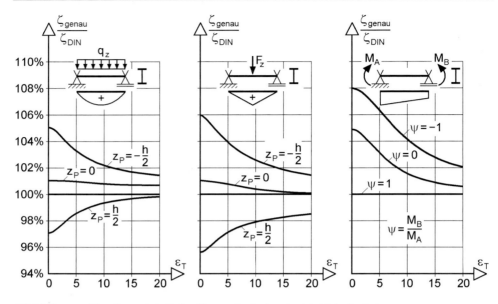

Bild 6.4 Zur Genauigkeit der Momentenbeiwerte ζ in Tabelle 6.1

Bei dem Term, der z_p bzw. z_q enthält, ist ein genereller Unterschied feststellbar, da in Gl. (6.22) auch α_{zq} eingeht, während das bei Gl. (6.23) nicht der Fall ist. Dazu ist anzumerken, dass die tatsächlichen Zusammenhänge mit Gl. (6.22) zutreffender erfasst werden, was in Abschnitt 6.6 bei der Herleitung von ζ-Werten für Träger mit Randmomenten ausgenutzt wird und ein signifikanter Vorteil ist. Bei den Lastfällen Gleichstreckenlast und Einzellast in Tabelle 6.1 sind die Auswirkungen auf $M_{Ki,y}$ jedoch gering, sodass die Vereinfachung in Gl. (6.23) sinnvoll ist.

6.4 N_{Ki} für Biegedrillknicken

Bei **Druckstäben** muss stets das **Biegeknicken** untersucht werden, da es in der Regel bemessungsrelevant ist. Es kann jedoch auch das Biegedrillknicken maßgebend sein, was aber eher selten der Fall ist. Zunächst wird der Druckstab mit gleich bleibendem, doppeltsymmetrischem Querschnitt betrachtet. Dabei treten drei Stabilitätsfälle auf, die voneinander entkoppelt sind. Die Entkopplung kann aus der virtuellen Arbeit in Tabelle 9.2 abgelesen werden und wird hier mit den zugehörigen homogenen Differentialgleichungen veranschaulicht:

- $EI_z \cdot v'''' + N \cdot v'' = 0$
- $EI_y \cdot w'''' + N \cdot w'' = 0$
- $EI_\omega \cdot \vartheta'''' - GI_T \cdot \vartheta'' + N \cdot i_p^2 \cdot \vartheta'' = 0 \quad \text{mit} \quad i_p^2 = \dfrac{I_y + I_z}{A}$

(6.28)

6.4 N_{Ki} für Biegedrillknicken

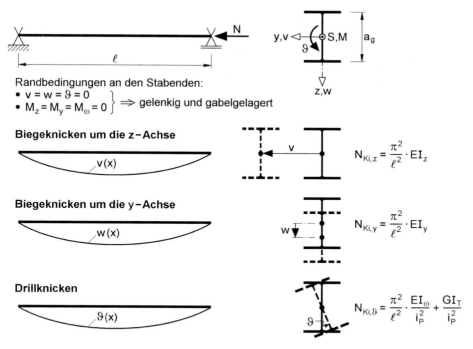

Bild 6.5 Drei entkoppelte Stabilitätsfälle bei Druckstäben mit I-Querschnitten

Aus den drei Gln. (6.28) ergeben sich voneinander unabhängige Eigenformen $v(x)$, $w(x)$ und $\vartheta(x)$. Beim Druckstab in Bild 6.5 handelt es sich in allen drei Fällen um Sinushalbwellen, was für das Biegeknicken ausführlich in Abschnitt 4.5 hergeleitet wurde. Die Lösung für das *Drillknicken* kann mit dem Ansatz

$$\vartheta(x) = A \cdot \sin\frac{\pi \cdot x}{\ell} \tag{6.29}$$

und analoger Vorgehensweise wie in Abschnitt 6.2 sofort formuliert werden:

$$N_{Ki,\vartheta} = \frac{\pi^2}{\ell^2} \cdot \frac{EI_\omega}{i_p^2} + \frac{GI_T}{i_p^2} \tag{6.30}$$

Bei den vorliegenden Randbedingungen kann das Biegeknicken um die y-Achse wegen $I_y > I_z$ nicht maßgebend werden. Es stellt sich die Frage, ob es Parameterkombinationen gibt, für die $N_{Ki,\vartheta}$ kleiner als $N_{Ki,z}$ ist? Mit $N_{Ki,\vartheta}$ nach Gl. (6.30), $N_{Ki,z}$ nach Bild 6.5 und der Stabkennzahl ε_T für Torsion nach Gl. (6.27) erhält man:

$$\frac{N_{Ki,\vartheta}}{N_{Ki,z}} = \frac{I_\omega}{I_z \cdot i_p^2} \cdot \left(1 + \frac{\varepsilon_T^2}{\pi^2}\right) \tag{6.31}$$

Bei doppeltsymmetrischen I-Querschnitten gemäß Bild 6.5 kann I_ω durch I_z und den Abstand der Gurtmittellinien a_g ersetzt werden. Mit

$$I_\omega = I_z \cdot \left(\frac{a_g}{2}\right)^2 \tag{6.32}$$

und

$$i_p^2 = i_y^2 + i_z^2 \tag{6.33}$$

folgt:

$$\frac{I_\omega}{I_z \cdot i_p^2} = \frac{a_g^2/4}{i_y^2 + i_z^2} \tag{6.34}$$

Bild 6.6 zeigt, dass das *Drillknicken* bei den üblichen Profilquerschnitten kaum maßgebend werden kann. Da bei den Profilen der Reihen IPE, HEA, HEB und HEM

$$\frac{I_\omega}{I_z \cdot i_p^2} > 0,8 \tag{6.35}$$

ist, kann $N_{Ki,\vartheta}$ nur kleiner als $N_{Ki,z}$ werden, wenn $\varepsilon_T < \pi/2$ ist. Für diese Werte ist die Stabilitätsgefahr aber gering und für die Bemessung unbedeutend. Maßgebend werden kann das *Drillknicken*, wenn die Lagerungsbedingungen für $\vartheta(x)$ und $v(x)$ sich nicht entsprechen. Dies ist beispielsweise dann der Fall, wenn das rechte Stabende des Druckstabes in Bild 6.5 nicht gabelgelagert ist oder, wenn sich in Feldmitte eine zusätzliche seitliche Abstützung mit $v = 0$ befindet. Abschnitt 5.3 enthält dazu ein Bemessungsbeispiel.

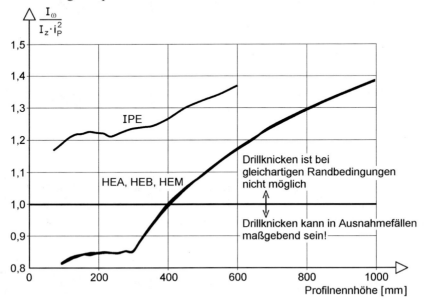

Bild 6.6   Querschnittsparameter $I_\omega/(I_z \cdot i_p^2)$ von Walzprofilen

Bei Druckstäben mit beliebigen Querschnittsformen sind die Verschiebungsfunktionen v(x) bzw. w(x) mit der Verdrehungsfunktion ϑ(x) gekoppelt, wenn der Schubmittelpunkt M nicht im Schwerpunkt S liegt. Es ist dann das Stabilitätsproblem Biegedrillknicken zu untersuchen. Die Art der Kopplung kann aus der virtuellen Arbeit in den Tabellen 9.1 und 9.2 abgelesen werden. Ein Berechnungsbeispiel dazu enthält der Kommentar zu DIN 18800 Teil 2 [58], Beispiel 8.4: Einfachsymmetrische Stütze aus Kaltprofilen.

6.5 Aufteilung in Teilsysteme

Abschnitt 4.7 enthält Hinweise zur Berechnung von N_{Ki} für das Biegeknicken und in den folgenden Abschnitten von Kapitel 4 werden Methoden zur Vereinfachung von Systemen für Biegeknickuntersuchungen behandelt. Vieles davon gilt auch sinngemäß für das Biegedrillknicken und die Ermittlung von $M_{Ki,y}$ oder $N_{Ki,\vartheta}$. Einige grundlegende Methoden und Vorgehensweisen für das Biegedrillknicken sollen im Folgenden erläutert werden.

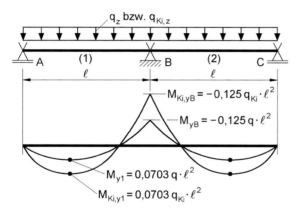

Bild 6.7 $M_y(x)$ und $M_{Ki,y}(x)$ für einen Zweifeldträger

Der *Zweifeldträger* in Bild 6.7 soll einerseits durch eine Gleichstreckenlast q_z und andererseits durch die zugehörige kritische Last $q_{Ki,z}$ belastet werden. Der **Verzweigungslastfaktor** η_{Ki} ergibt sich beispielsweise mit einem EDV-Programm, wenn die Lasten iterativ (im Rechner) mit dem Faktor η multipliziert werden bis der kleinste Eigenwert erreicht ist. Man kann dann

$$q_{Ki,z} = \eta_{Ki} \cdot q_z \tag{6.36}$$

bestimmen und die Biegemomente $M_{Ki,y}(x)$ und $M_y(x)$ sind wegen

$$M_{Ki,y}(x) = \eta_{Ki} \cdot M_y(x) \tag{6.37}$$

affin zueinander. M_{Ki} kann daher an jeder Stelle des *Zweifeldträgers* berechnet werden. Wie in Abschnitt 5.11 gezeigt wird, ist der Nachweis an der Mittelstütze maßgebend, da dort das betragsmäßig größte Biegemoment auftritt und der Träger einen gleich bleibenden Querschnitt hat. Man benötigt daher $M_{Ki,yB}$.

Offensichtlich kann man den *Zweifeldträger* aus Symmetriegründen in der Mitte teilen und ersatzweise den Einfeldträger in Bild 6.8 zur Ermittlung von $M_{Ki,yB}$ untersuchen. Zur Begründung sei auf das antimetrische Biegeknicken des Zweifeldträgers in Bild 4.8 verwiesen, sodass man einen antimetrischen Verlauf von v(x) und ϑ(x) für den Zweifeldträger in Bild 6.7 annehmen kann. Aufgrund der Antimetrie ergibt sich das in der Symmetrielinie gewählte Lager sinngemäß mit Tabelle 4.5. Die antimetrischen Verläufe ergeben sich im Übrigen auch, wenn man die Bilder 5.7 und 6.3a heranzieht. Da die linke und die rechte Hälfte des Zweifeldträgers spiegelbildlich gleich sind, ist das mit dem Einfeldträger in Bild 6.8 ermittelte η_{Ki} auch der Verzweigungslastfaktor des Zweifeldträgers.

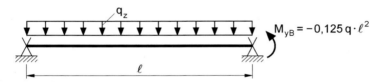

Bild 6.8 Ersatzsystem für den Zweifeldträger in Bild 6.7

Die Aufteilung von Durchlaufträgern oder ebenen Rahmen in Einfeldträger ist eine gängige Methode für Biegedrillknickuntersuchungen. Generell gilt: Systeme werden so in Teilsysteme aufgeteilt, dass $M_{Ki,y}$ mit einfachen Mitteln auf der sicheren Seite liegend bestimmt werden kann.

Wenn man dies beispielsweise für den nicht symmetrisch belasteten *Zweifeldträger* in Bild 6.9 macht, so ergeben sich die dargestellten Ersatzsysteme. Bei diesem Beispiel wäre es reiner Zufall, wenn sich für beide Ersatzsysteme das gleiche η_{Ki} ergäbe. In der Regel sind sie unterschiedlich und das Feld mit dem größeren η_{Ki} würde beim Zusammenwirken als Zweifeldträger das andere Feld stabilisieren. Welcher Einfeldträger maßgebend ist, kann nicht ohne weiteres vorhergesagt werden, sodass die Nachweise für beide Felder geführt werden müssen. Zu vermuten ist jedoch, dass Feld 1 maßgebend ist, weil das Feldmoment M_{y1} deutlich größer als das betragsgrößte Biegemoment M_{yB} in Feld 2 ist.

Die Ersatzsysteme in den Bildern 6.8 und 6.9 sind Einfeldträger mit Randmomenten. Für derartige Systeme werden in Abschnitt 6.6 Lösungen zur Bestimmung von $M_{Ki,y}$ hergeleitet.

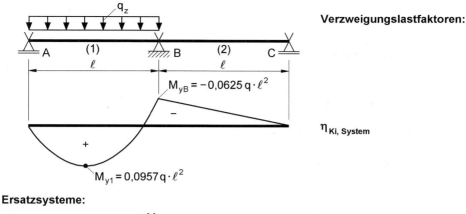

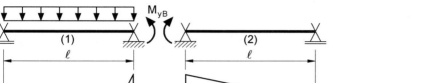

Bild 6.9 Unsymmetrisch belasteter Zweifeldträger

6.6 Träger mit Randmomenten

Abschnitt 6.5 „Aufteilung in Teilsysteme" hat gezeigt, dass Lösungen für Stäbe mit Randmomenten benötigt werden. In [42] wurde der in Bild 6.10 dargestellte Träger mit negativen Randmomenten untersucht und eine Berechnungsformel zur Ermittlung von $M_{Ki,y}$ hergeleitet. Sie lautet:

$$M_{Ki,y0} = q_{Ki,z} \cdot \ell^2 / 8$$
$$= \zeta_0 \cdot N_{Ki,z} \cdot \left(\zeta_0 \cdot 0{,}4 \cdot z_q + \sqrt{\left(\zeta_0 \cdot 0{,}4 \cdot z_q\right)^2 + c^2} \right) \qquad (6.38)$$

$N_{Ki,z}$ und c^2 sind die gleichen Parameter, die in den Gln. (6.22) und (6.23) vorkommen. Sie sind in den Gln. (6.24) und (6.25) definiert. z_q ist die Ordinate des Lastangriffspunktes von q_z, die in Abschnitt 6.3 und in Bild 6.3b erläutert wird.

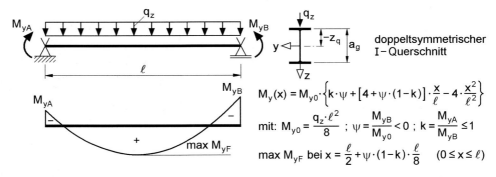

Bild 6.10 Beidseitig gabelgelagerter Träger mit Randmomenten und Gleichstreckenlast

Der *Momentenbeiwert* ζ_0 ist mit dem Wert ζ in Tabelle 6.1 vergleichbar. Der Index 0 zeigt an, dass sich $M_{Ki,y0} = q_{Ki,z} \cdot \ell^2/8$ auf $M_{y0} = q_z \cdot \ell^2/8$ bezieht. Wie in Abschnitt 6.5 gezeigt, kann $M_{Ki,y}$ an jeder Stelle des Trägers berechnet werden. Die in [58] ermittelten ζ_0-Werte sind in Tabelle 6.2 zusammengestellt. Sie wurden mit dem EDV-Programm KSTAB nach der Methode der finiten Elemente (FEM) berechnet. In Bild 6.11 sind die *Momentenbeiwerte* ζ_0 grafisch darstellt.

Tabelle 6.2 Momentenbeiwerte ζ_0 zur Ermittlung von $M_{Ki,y,0}$ mit Gl. (6.38)

	ψ bzw. $1/\psi$	$M_{yA} = 0$	$M_{yA} = M_{yB}/2$	$M_{yA} = M_{yB}$	Eigenformen
$\psi = \dfrac{M_{yB}}{M_{y0}}$	0	1,12	1,12	1,12	
	-0,1	1,19	1,22	1,26	BDK durch **positive** Biegemomente:
	-0,2	1,26	1,34	1,44	v(x) und ϑ(x) sind **einwellige** Funkti-
	-0,3	1,34	1,49	1,67	onen und haben **gleiche** Vorzeichen.
	-0,4	1,43	1,67	2,00	
	-0,5	1,53	1,90	2,46	
	-0,6	1,64	2,19	3,17	
	-0,7	1,76	2,57	4,30	
	-0,8	1,91	3,09	**5,61**	**Übergangsbereich:**
	-0,9	2,06	3,78	5,15	Im Bereich von max ζ_0 wechselt v(x)
	-1,0	2,24	**4,43**	4,10	oder ϑ(x) das Vorzeichen. Der Verlauf
$\dfrac{1}{\psi} = \dfrac{M_{y0}}{M_{yB}}$	-0,9	2,42	4,19	3,12	von v(x) ist teilweise mehrwellig
	-0,8	2,66	3,42	2,31	
	-0,7	**2,78**	2,63	1,68	
	-0,6	2,38	1,93	1,21	BDK durch **negative** Biegemomente:
	-0,5	1,80	1,35	0,87	v(x) und ϑ(x) sind **einwellige** Funkti-
	-0,4	1,26	0,91	0,60	onen und haben **ungleiche** Vorzei-
	-0,3	0,82	0,58	0,40	chen
	-0,2	0,47	0,33	0,24	
	-0,1	0,20	0,14	0,11	
	$M_{y0} \rightarrow 0$: ζ gemäß Tabelle 6.1, System 4				

6.6 Träger mit Randmomenten

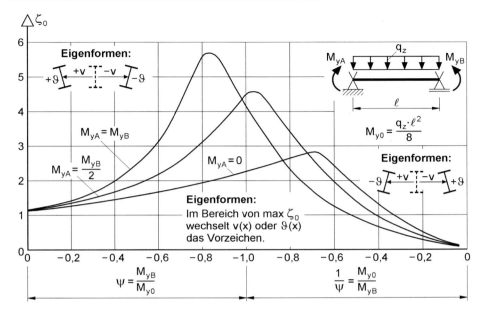

Bild 6.11 Grafische Darstellung des Momentenbeiwertes ζ_0

Beim Vergleich mit der Berechnungsformel nach DIN 18800, Gl. (6.23), fällt auf, dass der Momentenbeiwert in Gl. (6.38) auch bei den Termen auftritt, die den Lastangriffspunkt erfassen. Diese Formulierung ermöglicht es, näherungsweise mit **einem** Parameter, dem *Momentenbeiwert* ζ_0, auszukommen, der bei genauerer Betrachtung auch von der Stabkennzahl ε_T und dem Lastangriffspunkt abhängig ist. Wenn man in Gl. (6.25) I_T durch ε_T nach Gl. (6.27) und I_ω durch Gl. (6.32) mit den Parametern I_z und a_g ersetzt, kann Gl. (6.38) auch wie folgt geschrieben werden:

$$M_{Ki,y0} = \zeta_0 \cdot N_{Ki,z} \cdot \frac{a_g}{2} \cdot \left(\zeta_0 \cdot 0{,}8 \cdot \frac{z_q}{a_g} + \sqrt{\left(\zeta_0 \cdot 0{,}8 \cdot \frac{z_q}{a_g}\right)^2 + 1 + \left(\frac{\varepsilon_T}{\pi}\right)^2} \right) \qquad (6.39)$$

Gl. (6.39) zeigt, dass die Stabkennzahl ε_T und das Verhältnis z_q/a_g weitere Parameter zur Bestimmung des *Momentenbeiwertes* ζ_0 sind. Die Werte in Tabelle 6.2 wurden daher so festgelegt, dass sich für $z_q = -a_g/2$ sowie ε_T von 1 bis 30 gute Näherungen ergeben. Damit werden die baupraktisch relevanten Anwendungsfälle bis auf wenige Ausnahmen erfasst.

Von $\psi = 0$ bis kurz vor Erreichen der maximalen ζ_0-Werte in Bild 6.11 ist der Einfluss der Parameter z_q und ε_T gering. Danach, bei max ζ_0 und rechts davon, ergeben sich für $\varepsilon_T \rightarrow 0$ nennenswerte Unterschiede und größere Momentenbeiwerte. Im Bereich der Kurvenmaxima ändern sich die Eigenformen sehr stark und müssen relativ genau erfasst werden, was durch einfache Näherungsansätze nicht gelingt. Es ist daher auch nicht möglich, eine durchgängig gültige Berechnungsformel für ζ_0 anzugeben. In weiten Bereichen brauchbar ist die folgende Näherung:

$$\frac{1}{\zeta_0^2} = 0{,}78 + \psi \cdot (1+k) \cdot 0{,}869 + \psi^2 \left[k + (1-k)^2 \cdot 0{,}283 \right]$$

mit: $\psi = M_{yB}/M_{y0}$ und $k = M_{yA}/M_{yB}$ (6.40)

ζ_0 nach Gl. (6.40) ist ausreichend genau für ψ von 0 bis $-0{,}8$ (M_{yA}/M_{yB}), 0 bis $-1{,}0$ ($M_{yA} = M_{yB}/2$) und 0 bis $-1{,}3$ ($M_{yA} = 0$). Die ζ_0-Werte sind dann maximal 5 % größer als in Tabelle 6.2 angegeben.

Beispiel: $k = 0{,}5$ und $\psi = -1$

$$\frac{1}{\zeta_0^2} = 0{,}78 - 1{,}5 \cdot 0{,}869 + 0{,}5 + 0{,}5^2 \cdot 0{,}283 = 0{,}04725$$

$$\Rightarrow \zeta_0 = \sqrt{1/0{,}04725} = 4{,}60 \quad \text{(Tabelle 6.2: 4,43)}$$

Für die Nachweise in Abschnitt 5.4 mit dem κ_M-Verfahren wird das betragsmäßig größte Biegemoment benötigt. Dies ist bei dem Träger in Bild 6.10 entweder das Stützmoment M_{yB} oder das maximale Feldmoment max M_{yF}. Es kann mit $M_y(x)$ und der angegebenen Stelle x in Bild 6.10 berechnet werden. Bild 6.12 zeigt eine Auswertung, die die Ermittlung von $\max |M_y|$ erleichtert.

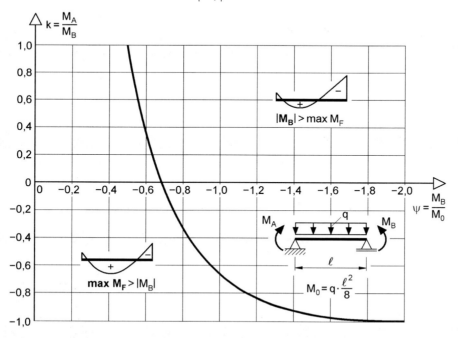

Bild 6.12 Zur Ermittlung des betragsmäßig größten Biegemomentes für den Träger in Bild 6.10

6.6 Träger mit Randmomenten

Zur Ermittlung von $\bar{\lambda}_M$ wird das zu $\max|M_y|$ gehörige ideale Biegedrillknickmoment benötigt. Da sich $M_{Ki,y0}$ nach Gl. (6.38) auf M_{y0} bezieht, muss mit

$$\max|M_{Ki,y}| = M_{Ki,y0} \cdot \frac{\max|M_y|}{M_{y0}} \tag{6.41}$$

umgerechnet werden. Für Durchlaufträger können $\max|M_y|$ und $\max|M_{Ki,y}|$ mit Hilfe von Tabelle 6.3 bestimmt werden. Darüber hinaus werden dort auch Beiwerte ζ_0 und k_ω zur Ermittlung von $M_{Ki,y0}$ angegeben. Ihre Verwendung wird mit dem folgenden Berechnungsbeispiel gezeigt.

Tabelle 6.3 $\max|M_y|$, $\max|M_{Ki,y}|$ und Beiwerte für Durchlaufträger nach [58]

Durchlaufträger	ζ_0	k_ω	$\dfrac{\max|M_y|}{q_z \cdot \ell^2}$	$\dfrac{\max|M_{Ki,y}|}{M_{Ki,y0}}$
△――△――△	2,24	1,00	$M_{yB} = -0,1250$	$M_{Ki,yB} = -1,0000$
	1,78	1,45	$M_{y1} = +0,0957$	$M_{Ki,y1} = +0,7656$
△―1△―2△―3△ A B C D	2,12	1,05	$M_{yB} = -0,1000$	$M_{Ki,yB} = -0,8000$
	1,64	1,36	$M_{y1} = +0,1013$	$M_{Ki,y1} = +0,8104$
	2,73	2,00	$M_{y2} = +0,0750$	$M_{Ki,y2} = +0,6000$
△―△―△―△	2,34	1,20	$M_{yB} = -0,1167$	$M_{Ki,yB} = -0,9336$
	1,83	1,47	$M_{y1} = +0,0939$	$M_{Ki,y1} = +0,7512$
△―△―△―△―△	2,25	1,07	$M_{yB} = -0,1071$	$M_{Ki,yB} = -0,8568$
△―△―△―△―△―△	2,28	1,09	$M_{yB} = -0,1053$	$M_{Ki,yB} = -0,8424$

Berechnungsbeispiel: Dreifeldträger

Für den Dreifeldträger in Bild 6.13 soll der Biegedrillknicknachweis geführt werden. Wie in Abschnitt 6.5 beschrieben wird der Durchlaufträger in drei Einfeldträger mit Randmomenten aufgeteilt. Es ergeben sich folgende Biegemomente:

$M_{yB} \;\;\;\; = -0{,}100 \cdot 48 \cdot 6^2 = -172{,}8$ kNm
$\max M_{y1} = \;\;\;0{,}080 \cdot 48 \cdot 6^2 = \;\;\;138{,}2$ kNm
$\max M_{y2} = \;\;\;0{,}025 \cdot 48 \cdot 6^2 = \;\;\;\;\;43{,}2$ kNm

Das betragsmäßig größte Biegemoment tritt an den Innenstützen auf. Die Bemessung ist daher mit M_{yB} durchzuführen und es ist das zugehörige $M_{Ki,yB}$ zu ermitteln. Mit dem Bezugswert $M_{y0} = 48 \cdot 6^2/8 = 216$ kNm erhält man für die Randfelder $\psi = -172{,}8/216 = -0{,}80$ und aus Tabelle 6.2 folgt mit $M_{yA} = 0$ $\zeta_0 = 1{,}91$. Da beim Innenfeld ebenfalls $\psi = -0{,}80$ ist, ζ_0 aber aufgrund gleicher Randmomente 5,61, sind die Randfelder maßgebend.

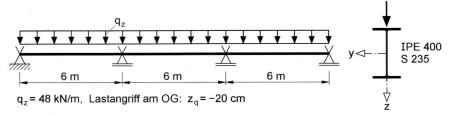

Bild 6.13 Berechnungsbeispiel Dreifeldträger

Mit Hilfe von Gl. (6.38) kann $M_{Ki,y0}$ für das Randfeld berechnet werden. Unter Verwendung der Zahlenwerte des Berechnungsbeispiels in Abschnitt 5.4 erhält man:

$N_{Ki,z} = 758{,}8$ kN $\qquad c^2 = 903{,}37$ cm^2

$$M_{Ki,y0} = 1{,}91 \cdot 758{,}8 \cdot \left(-1{,}91 \cdot 0{,}4 \cdot 20 + \sqrt{(1{,}91 \cdot 0{,}4 \cdot 20)^2 + 903{,}37} \right)$$

$$= 26721 \text{ kNcm}$$

An der Innenstütze ist:

$$|M_{Ki,yB}| = M_{Ki,y0} \cdot M_{yB}/M_{y0} = 267{,}21 \cdot 172{,}8/216 = 213{,}8 \text{ kNm}$$

Damit folgt

$$\bar{\lambda}_M^2 = \sqrt{\frac{285{,}2 \cdot 1{,}1}{213{,}8}} = 1{,}21$$

und aus Tabelle 5.2 kann für n = 2,5 $\kappa_M = 0{,}600$ abgelesen werden. Beim Nachweis mit Gl. (5.4) ergibt sich eine geringfügige Überschreitung:

$$\frac{172{,}8}{0{,}600 \cdot 285{,}2} = 1{,}01 \cong 1{,}0$$

Bei der Eigenwertuntersuchung des Dreifeldträgers mit einem EDV-Programm erhält man $\eta_{Ki} = 1{,}373$ und $|M_{Ki,yB}| = 1{,}373 \cdot 172{,}8 = 237{,}3$ kNm. Die Stabilisierung der Randfelder durch das Innenfeld führt also zu einem etwa 11 % größeren M_{Ki}. Zum Vergleich werden die Beiwerte $\zeta_0 = 2{,}12$ und $k_\omega = 1{,}05$ gemäß Tabelle 6.3 für Durchlaufträger verwendet. Man erhält dann:

$$c_D^2 = c^2 + (k_\omega - 1) \cdot I_\omega / I_z = 903{,}37 + (1{,}05 - 1) \cdot 482890/1318 = 921{,}7 \text{ cm}^2$$

$$M_{Ki,y0} = 2{,}12 \cdot 758{,}8 \cdot \left(-2{,}12 \cdot 0{,}4 \cdot 20 + \sqrt{(2{,}12 \cdot 4{,}0 \cdot 20)^2 + 921{,}7} \right)$$

$$= 28659 \text{ kNcm}$$

$$|M_{Ki,yB}| = 286{,}59 \cdot \frac{172{,}8}{216} = 229{,}3 \text{ kNm}$$

Diese Näherung ist 3,4 % kleiner als die Lösung mit dem EDV-Programm.

6.7 Herleitung von Berechnungsformeln

In Abschnitt 6.2 wurde für den beidseitig gabelgelagerten Träger, der durch eine Gleichstreckenlast belastet ist, eine Näherungsformel zur Berechnung von $M_{Ki,y}$ hergeleitet. Das Ergebnis entspricht weitgehend der Formel in DIN 18800 Teil 2, hier Gl. (6.23), und der Momentenbeiwert $\zeta = 1{,}150$ weicht nur geringfügig von dem Wert $\zeta = 1{,}12$ in Tabelle 6.1 ab. Zwecks Verallgemeinerung der Methodik wird das Beispiel hier noch einmal aufgegriffen.

Für die Eigenform des Trägers in Bild 6.1 wurden in Abschnitt 6.2 die Ansatzfunktionen $v(x) = A \cdot \sin(\pi \cdot x/\ell)$ und $\vartheta(x) = B \cdot \sin(\pi \cdot x/\ell)$ gewählt, die die BDK-Verformungen relativ gut annähern. Auf der anderen Seite sind diese Verformungsfunktionen jedoch nicht unabhängig voneinander, sodass durch die vorgenannten getrennten Ansätze ein gewisser Fehler entsteht. Genauere Ergebnisse erhält man, wenn man die vorhandenen Verknüpfungen zwischen $v(x)$ und $\vartheta(x)$ berücksichtigt. Gemäß Tabelle 9.4 lautet die entsprechende *Differentialgleichung* für $N = 0$ und EI_z = konstant

$$EI_z \cdot v'''' + \left(M_y \cdot \vartheta\right)'' = 0 \tag{6.42}$$

und wenn man zweimal integriert, erhält man:

$$EI_z \cdot v'' + M_y \cdot \vartheta = C_1 \cdot x + C_2 \tag{6.43}$$

Da für die Gabellager $v'' = \vartheta = 0$ gilt, führen die Randbedingungen für den Träger in Bild 6.1 zu $C_1 = C_2 = 0$ und aus Gl. (6.43) folgt:

$$v'' = -\frac{M_y}{EI_z} \cdot \vartheta \tag{6.44}$$

Wenn man diese Beziehung in die virtuelle Arbeit nach Gl. (6.4) einsetzt, erhält man:

$$\delta W = -\int_0^\ell \left(\delta\vartheta'' \cdot EI_\omega \cdot \vartheta'' + \delta\vartheta' \cdot GI_T \cdot \vartheta' + \delta\vartheta \cdot q_z \cdot z_p \cdot \vartheta - \delta\vartheta \cdot M_y^2/EI_z \cdot \vartheta\right) \cdot dx \tag{6.45}$$

Da das Biegemoment nun quadratisch eingeht, muss mit Gl. (6.12)

$$M_y^2 = q_z^2 \cdot \frac{1}{4} \cdot \left(x^2 \cdot \ell^2 - 2 \cdot x^3 \cdot \ell + x^4\right) \tag{6.46}$$

bestimmt werden und die Integrationen sind nun etwas aufwändiger. Mit dem Ansatz

$$\vartheta(x) = B \cdot \sin\frac{\pi \cdot x}{\ell} \tag{6.47}$$

können wie in Abschnitt 6.2 die Integrationen ausgeführt werden. Unter Verwendung von Tabelle 6.4 erhält man die folgende Knickbedingung:

$$\frac{\pi^4}{\ell^4} \cdot EI_\omega + \frac{\pi^2}{\ell^2} \cdot GI_T + q_{Ki,z} \cdot z_q - q_{Ki,z}^2 \cdot \left(\frac{\ell^2}{8}\right)^2 \cdot \frac{1}{EI_z} \cdot \frac{1}{\zeta^2} = 0 \tag{6.48}$$

mit: $\dfrac{1}{\zeta^2} = \dfrac{8}{15} + \dfrac{24}{\pi^4} \;\Rightarrow\; \zeta = 1{,}1325$

Wenn man

$$q_{Ki,z} = \max M_{Ki,y} \cdot \dfrac{8}{\ell^2} \tag{6.49}$$

setzt, ergibt sich nach Auflösen der quadratischen Gleichung eine Berechnungsformel, die bis auf den Momentenbeiwert ζ mit Gl. (6.22) übereinstimmt. Er ist mit

$$\zeta = \sqrt{\dfrac{1}{8/15 + 24/\pi^4}} = 1{,}1325 \tag{6.50}$$

genauer als nach Abschnitt 6.2, was aber bei diesem Beispiel unbedeutend ist. In vielen Fällen kann die Eigenform mit **ein**gliedrigen Ansätzen nicht zutreffend beschrieben werden. Dies ist beispielsweise bei dem Druckstab in Bild 4.49 aufgrund der abgestuften Drucknormalkraft der Fall, sodass in Abschnitt 4.14 der zweigliedrige Ansatz

$$w(x) = a \cdot \sin\dfrac{\pi \cdot x}{\ell} + b \cdot \sin\dfrac{2\pi \cdot x}{\ell} \tag{6.51}$$

gewählt wird, der zu einer ausgezeichneten Näherungslösung führt. Mit einer unendlichen trigonometrischen Reihe der Form

$$v(x) = \sum_n \left[a_n \cdot \sin(n \cdot x) + b_n \cdot \cos(n \cdot x) \right] \tag{6.52}$$

kann man beliebige Eigenformen erfassen und mit der oben beschriebenen Methodik Eigenwerte berechnen. Von besonderer Bedeutung ist jedoch, dass die Ansatzfunktionen die Randbedingungen erfüllen müssen, was nicht in allen Fällen ohne weiteres möglich ist. Als Beispiel für einen möglichen Näherungssatz seien hier die Beulwerte ausgesteifter Rechteckplatten genannt, die in [45] mit

$$w(x,y) = \sum_m \sum_n A_{mn} \cdot \sin\dfrac{m\pi x}{a} \cdot \sin\dfrac{n\pi y}{b} \tag{6.53}$$

berechnet worden sind. Die *Fouriersche* Doppelreihe erfüllt die vorausgesetzten Randbedingungen einer unverschieblichen, gelenkigen Lagerung der Beulfelder an allen vier Rändern mit $w = 0$ und $\Delta w = w'' + w^{\bullet\bullet} = 0$ (*Naviersche* Randbedingungen) gemäß Abschnitt 11.4.2.

Mit Gl. (6.53) kann die Beulfläche ausreichend genau beschrieben werden, wenn man eine hinreichend große Anzahl von Reihengliedern berücksichtigt. Trigonometrische Reihen können auch beim Biegedrillknicken vorteilhaft eingesetzt werden. Wenn man die in den Gln. (6.5) und (6.6) gewählten Ansätze erweitert, führt das zu:

$$v(x) = \sum_n A_n \cdot \sin\dfrac{n\pi x}{\ell} \quad (6.54) \qquad \vartheta(x) = \sum_m B_m \cdot \sin\dfrac{m\pi x}{\ell} \quad (6.55)$$

6.7 Herleitung von Berechnungsformeln

Tabelle 6.4 Integrale mit $\sin(a \cdot x)$ und $\cos(b \cdot x)$

f(x)	$\int_0^\ell f(x) \cdot dx$	
$\sin\dfrac{m \cdot \pi \cdot x}{\ell}$	$\dfrac{\ell}{2} \cdot 2 \cdot \alpha_m \cdot (1 + m_v)$	
$\dfrac{x}{\ell} \cdot \sin\dfrac{m \cdot \pi \cdot x}{\ell}$	$\dfrac{\ell}{2} \cdot 2 \cdot \alpha_m \cdot m_v$	
$\dfrac{x^2}{\ell^2} \cdot \sin\dfrac{m \cdot \pi \cdot x}{\ell}$	$\dfrac{\ell}{2} \cdot \left(2 \cdot \alpha_m \cdot m_v - 4 \cdot \alpha_m^3 \cdot (1 + m_v)\right)$	
$\dfrac{x^3}{\ell^3} \cdot \sin\dfrac{m \cdot \pi \cdot x}{\ell}$	$\dfrac{\ell}{2} \cdot \left(2 \cdot \alpha_m - 12 \cdot \alpha_m^3\right) \cdot m_v$	
$\dfrac{x^4}{\ell^4} \cdot \sin\dfrac{m \cdot \pi \cdot x}{\ell}$	$\dfrac{\ell}{2} \cdot \left[\left(2 \cdot \alpha_m - 24 \cdot \alpha_m^3\right) \cdot m_v + 48 \cdot \alpha_m^5 \cdot (m_v + 1)\right]$	
	m = n	**m ≠ n**
$\sin\dfrac{m \cdot \pi \cdot x}{\ell} \cdot \sin\dfrac{n \cdot \pi \cdot x}{\ell} \cdot dx$	$\dfrac{\ell}{2}$	0
$\dfrac{x}{\ell} \cdot \sin\dfrac{m \cdot \pi \cdot x}{\ell} \cdot \sin\dfrac{n \cdot \pi \cdot x}{\ell} \cdot dx$	$\dfrac{\ell}{2} \cdot \dfrac{1}{2}$	$\dfrac{\ell}{2} \cdot \dfrac{1}{2} \cdot \alpha_{mn} \cdot (n_v - 1)$
$\dfrac{x^2}{\ell^2} \cdot \sin\dfrac{m \cdot \pi \cdot x}{\ell} \cdot \sin\dfrac{n \cdot \pi \cdot x}{\ell} \cdot dx$	$\dfrac{\ell}{2} \cdot \left(\dfrac{1}{3} - \dfrac{1}{2} \cdot \alpha_m^2\right)$	$\dfrac{\ell}{2} \cdot \alpha_{mn} \cdot n_v$
$\dfrac{x^3}{\ell^3} \cdot \sin\dfrac{m \cdot \pi \cdot x}{\ell} \cdot \sin\dfrac{n \cdot \pi \cdot x}{\ell} \cdot dx$	$\dfrac{\ell}{2} \cdot \left(\dfrac{1}{4} - \dfrac{3}{4} \cdot \alpha_m^2\right)$	$\dfrac{\ell}{2} \cdot \left[\dfrac{3}{2} \cdot \alpha_{mn} \cdot n_v - \dfrac{1}{2} \cdot \beta_{mn} \cdot (n_v - 1)\right]$
$\dfrac{x^4}{\ell^4} \cdot \sin\dfrac{m \cdot \pi \cdot x}{\ell} \cdot \sin\dfrac{n \cdot \pi \cdot x}{\ell} \cdot dx$	$\dfrac{\ell}{2} \cdot \left(\dfrac{1}{5} - \alpha_m^2 + \dfrac{3}{2} \cdot \alpha_m^4\right)$	$\dfrac{\ell}{2} \cdot 2 \cdot n_v \cdot (\alpha_{mn} - \beta_{mn})$
$\cos\dfrac{m \cdot \pi \cdot x}{\ell} \cdot \cos\dfrac{n \cdot \pi \cdot x}{\ell} \cdot dx$	$\dfrac{\ell}{2}$	0
$\dfrac{x}{\ell} \cdot \cos\dfrac{m \cdot \pi \cdot x}{\ell} \cdot \cos\dfrac{n \cdot \pi \cdot x}{\ell} \cdot dx$	$\dfrac{\ell}{2} \cdot \dfrac{1}{2}$	$\dfrac{\ell}{2} \cdot \dfrac{2 \cdot (m^2 + n^2)}{\pi^2 \cdot (m^2 - n^2)} \cdot (n_v - 1)$
$\dfrac{x^2}{\ell^2} \cdot \cos\dfrac{m \cdot \pi \cdot x}{\ell} \cdot \cos\dfrac{n \cdot \pi \cdot x}{\ell} \cdot dx$	$\dfrac{\ell}{2} \cdot \left(\dfrac{1}{3} + \dfrac{1}{2} \cdot \alpha_m^2\right)$	$\dfrac{\ell}{2} \cdot \dfrac{4 \cdot (m^2 + n^2)}{\pi^2 \cdot (m^2 - n^2)} \cdot n_v$
$\sin\dfrac{m \cdot \pi \cdot x}{\ell} \cdot \cos\dfrac{n \cdot \pi \cdot x}{\ell} \cdot dx$	0	$\dfrac{\ell}{2} \cdot \dfrac{2 \cdot m}{m^2 - n^2} \cdot (1 - n_v)$

$\alpha_m = \dfrac{1}{m \cdot \pi}$; $\alpha_{mn} = \dfrac{8 \, m \cdot n}{\pi^2 \cdot (m^2 - n^2)^2}$; $\beta_{mn} = \alpha_{mn} \cdot \dfrac{12 \cdot (m^2 + n^2)}{\pi^2 \cdot (m^2 - n^2)^2}$;

$m_v = (-1)^{m+1}$; $n_v = (-1)^{m+n}$

Man kann natürlich auch, wie zu Beginn dieses Abschnitts dargelegt, die vorhandenen Beziehungen zwischen v(x) und $\vartheta(x)$ berücksichtigen und damit eine Verformungsfunktion eliminieren. Beide Vorgehensweisen führen zu Integralen, deren Lösungen in Tabelle 6.4 zusammengestellt sind. Die beschriebene Methode wird hier nicht weiter vertieft, weil sie bereits seit einigen Jahren an Bedeutung verloren hat. In der Regel werden Eigenwerte heutzutage mit EDV-Programmen berechnet, die die Methode der finiten Elemente (FEM) verwenden, s. [31].

Anmerkungen: Zahlreiche Berechnungsformeln in der Literatur sind mit **ein**gliedrigen Ansätzen für die Funktionen der Eigenformen hergeleitet worden. In der Regel erhält man damit Näherungslösungen für M_{Ki}, die mehr oder minder genau sind. Da die Anwendungsgrenzen oft nicht eindeutig definiert sind, können bei unkritischer Anwendung zum Teil Abweichungen auftreten, die weit auf der unsicheren Seite liegen. Beispielsweise wird in der Literatur häufig vorgeschlagen, eine Drehbettung mit

$$I_T^* = I_T + c_\vartheta \cdot \frac{\ell^2}{\pi^2 \cdot G} \tag{6.56}$$

durch Vergrößerung des *Torsionsträgheitsmomentes* I_T auf I_T^* zu berücksichtigen. Da I_T^* gemäß Gl. (6.56) unter der Annahme bestimmt wurde, dass $\vartheta(x)$ der Eigenform eine Sinushalbwelle ist, kann das damit ermittelte M_{Ki} weit auf der unsicheren Seite liegen, wenn die Annahme nicht zutrifft. Dies ist beispielsweise dann der Fall, wenn die Drehbettung groß ist oder wenn die Träger am Obergurt seitlich abgestützt sind, s. Bilder 6.19 und 6.20. Die angesprochenen Unsicherheiten können auch dann auftreten, wenn Schubfeldsteifigkeiten S oder Streckenwegfedern c_v in ähnlicher Weise wie in Gl. (6.56) die Drehbettung c_ϑ berücksichtigt werden.

In der Literatur und bei Berechnungen in der Baupraxis wird auch häufig auf die folgende Formel zurückgegriffen:

$$\eta_{Ki} = \frac{\pi^2 \cdot EI_z}{G_1} \cdot \left(G_2 \pm \sqrt{G_2^2 + G_1 \cdot G_3} \right) \tag{6.57}$$

$$\text{mit: } G_1 = \left(\frac{M_{yA} + M_{yB}}{2} + \frac{q_z \cdot \ell^2}{9,2} \right)^2 \quad G_2 = \frac{q_z \cdot z_q}{2 \cdot \pi^2}; \quad G_3 = \frac{c^2}{\ell^4}$$

Gl. (6.57) dient zur Ermittlung von $M_{Ki,y} = \eta_{Ki} \cdot M_y$ für das System in Bild 6.10. Da Gl. (6.57) mit eingliedrigen Ansätzen hergeleitet wurde, kann η_{Ki} weit auf der unsicheren Seite liegen, was beispielsweise dann der Fall ist, wenn der konkrete Anwendungsfall im Bereich der Kurvenmaxima in Bild 6.11 liegt. Aus diesem Grunde wurde die in Gl. (6.40) angegebene Näherung entsprechend eingeschränkt.

6.8 $M_{Ki,y}$ für einfachsymmetrische I-Querschnitte

Anhang F des Eurocodes 3, Ausgabe 1992 (!) und [23] enthalten Angaben zur Berechnung des idealen Biegedrillknickmomentes für Träger mit unveränderlichen Querschnitten. Bei den Querschnitten wird vorausgesetzt, dass sie zur z-Achse symmetrisch sind, sodass einfach- und doppeltsymmetrische I-Querschnitte untersucht werden können.

Die im Eurocode 3 und in [23] angegebene Berechnungsformel wird hier in zweierlei Hinsicht vereinfacht:

- Die Vergleichslängenbeiwerte k und k_w werden gleich Eins gesetzt, sodass die Formel für gelenkige Lagerungen an beiden Enden gilt. „Gelenkig" bedeutet, dass sich der Träger an den Enden unbehindert verwölben und um die z-Achse verdrehen kann.
- Die Berechnungsformel wird so formuliert, dass sie in der Schreibweise und den Bezeichnungen den Gln. (6.23) und (6.38) entspricht, sodass vergleichbare Parameter auftreten.

Mit diesen Vereinfachungen ergibt sich die folgende Berechnungsformel:

$$M_{Ki,y} = C_1 \cdot N_{Ki,z} \cdot \left(k_{23} + \sqrt{k_{23}^2 + c^2}\right) \tag{6.58}$$

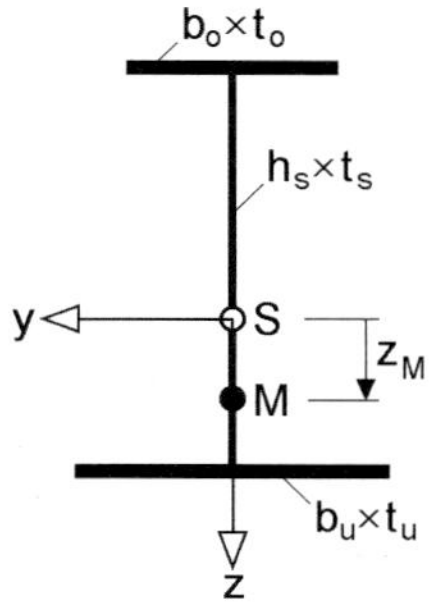

$$r_z = \frac{1}{I_y} \cdot [A_u \cdot h_u^3 - A_o \cdot h_o^3 + t_s \cdot (h_u^4 - h_o^4)/4 + z_M \cdot I_z] - 2 \cdot z_M$$

$$z_M = \frac{I_{z,u}}{I_z} \cdot h_s - h_o$$

$$I_{z,u} = A_u \cdot b_u^2 / 12$$

$$I_z = (A_o \cdot b_o^2 + A_u \cdot b_u^2)/12$$

Bild 6.14 Ermittlung von r_z für einfachsymmetrische I-Querschnitte

Die Parameter $N_{Ki,z}$ und c^2 sind in den Gln. (6.24) und (6.25) definiert. Mit

$$k_{23} = C_2 \cdot (z_p - z_M) + C_3 \cdot \frac{r_z}{2} \tag{6.59}$$

wird der Lastangriffspunkt (z_p) und die Querschnittsform (z_M, r_z) erfasst. Der Parameter

$$r_z = \frac{1}{I_y} \int_A z \cdot (y^2 + z^2) \cdot dA - 2 \cdot z_M \tag{6.60}$$

ergibt sich aus der virtuellen Arbeit gemäß Tabelle 9.2 und wird in Abschnitt 9.8.4 näher erläutert. Er kann mit Hilfe von Bild 6.14 für einfachsymmetrische I-Querschnitte berechnet werden. Wenn der Obergurt bei gleicher Blechdicke breiter als der Untergurt ist, ergibt sich r_z positiv und $M_{Ki,y}$ ist größer als für $r_z = 0$. Dies gilt natürlich nur für **positive** Biegemomente M_y, d. h. wenn der Obergurt durch Druckspannungen beansprucht wird. Allgemeiner ausgedrückt, führt der Parameter r_z zu einer **Vergrößerung von $M_{Ki,y}$, wenn der breite Gurt gedrückt wird**. Die Beiwerte C_1, C_2 und C_3 können Tabelle 6.5 entnommen werden. C_1 entspricht dem Momentenbeiwert in Tabelle 6.1 bzw. ζ_0 in Tabelle 6.2.

Tabelle 6.5 Beiwerte C_1, C_2 und C_3 für Gl. (6.58)

Baustatisches System	Momentenverlauf	C_1	C_2	C_3
Einfeldträger mit Gleichlast q_z	max M_y	1,13	0,46	0,53
Einfeldträger mit Einzellast F_z in Feldmitte	max M_y	1,36	0,55	1,73
Einfeldträger mit Endmomenten M_y (gleich)	max M_y	1,00	—	1,00
Einfeldträger mit Endmoment M_y	max M_y	1,88	—	0,94
Einfeldträger mit zwei Einzellasten F_z in $\ell/4$ und $3\ell/4$	max M_y	1,05	0,43	1,12
Kragarm mit Gleichlast q_z	max M_y	1,28	1,56	0,75
Kragarm mit Einzellast F_z am Ende	max M_y	1,56	1,27	2,64

Die Berechnung von $M_{Ki,y}$ mit Gl. (6.58) und den Beiwerten C_1, C_2 und C_3 in Tabelle 6.5 führt zu Ergebnissen, die bei vielen Anwendungsfällen gute oder ausreichende Näherungen sind. Teilweise treten aber auch erhebliche Abweichungen auf, die mit Hilfe von Tabelle 6.6 beurteilt werden können. Dort werden beispielhaft Abweichungen zu den genauen Lösungen für ausgewählte einfach- und doppelsymmetrische I-Querschnitte und Trägerlängen von 5 und 10 m angegeben. Wie man sieht, treten bei den **einfach**symmetrischen I-Querschnitten Abweichungen bis zu +110 % auf, sodass

6.9 Seitlich abgestützte Träger

$M_{Ki,y}$ nach Gl. (6.58) mehr als doppelt so groß wie die genaue Lösung ist. Daher wird für die Fälle mit großen Abweichungen in Tabelle 6.6 die Verwendung eines EDV-Programms zu Ermittlung von $M_{Ki,y}$ empfohlen.

Tabelle 6.6 Abweichung von $M_{Ki,y}$ nach Gl. (6.58) im Vergleich zur genauen Lösung (+: zu groß; -: zu klein)

Baustatisches System		Querschnitt 100×10 / 200×8 / 150×10		Querschnitt 150×10 / 200×8 / 150×10		Querschnitt 150×10 / 200×8 / 100×10	
		\multicolumn{6}{c}{Trägerlänge}					
		5 m	10 m	5 m	10 m	5 m	10 m
Einfeldträger mit q_z	q oben	+ 0,01 %	+ 0,25 %	- 0,30 %	- 0,18 %	-0,21 %	- 0,29 %
	q in M	+ 0,61 %	+ 0,68 %	- 0,15 %	- 0,04 %	- 0,20 %	- 0,26 %
Einfeldträger mit F_z mittig	P oben	- 21,5 %	- 12,6 %	+ 0,85 %	+ 1,18 %	+ 38,7 %	+ 19,7 %
	P in M	- 26,7 %	- 15,1 %	- 0,14 %	+ 0,19 %	+ 37,2 %	+ 19,1 %
Träger mit M_y an beiden Enden (gleich)		- 0,13 %	- 0,14 %	- 0,08 %	- 0,10 %	- 0,13 %	- 0,14 %
Träger mit M_y an einem Ende		+ 7,2 %	+ 8,0 %	+ 2,82 %	+ 4,42 %	+ 1,10 %	+2,75 %
Kragträger mit zwei F_z	P oben	- 11,0 %	- 6,16 %	+ 0,63 %	+ 0,72 %	+ 16,1 %	+ 8,66 %
	P in M	- 11,1 %	- 5,65 %	+ 0,95 %	+ 0,97 %	+ 15,7 %	+ 8,61 %
Eingespannter Träger mit q_z	q oben	- 21,1 %	- 15,1 %	- 0,97 %	- 1,24 %	+ 44,6 %	+ 21,9 %
	q in M	- 26,7 %	- 15,0 %	- 1,77 %	- 1,44 %	+ 48,4 %	+ 22,2 %
Kragträger mit F_z	P oben	**- 41,2 %**	- 27,5 %	- 2,06 %	- 2,90 %	**+ 110 %**	+ 44,4 %
	P in M	**- 56,2 %**	**- 38,4 %**	- 9,37 %	- 8,75 %	**+ 102 %**	+ 41,0 %

6.9 Seitlich abgestützte Träger

Kontinuierliche Abstützungen

Wenn man Träger kontinuierlich seitlich abstützt, können sie sich an der Abstützstelle nicht seitlich verschieben und man spricht von einer gebundenen Drehachse. Mit der linearisierten Gl. (9.12) für v(x) ergibt sich die Bedingung

$$v(z = z_L) = v_M - (z_L - z_M) \cdot \vartheta = 0 \tag{6.61}$$

und daraus die Beziehung

$$v_M = (z_L - z_M) \cdot \vartheta \tag{6.62}$$

zwischen $v_M(x)$ und $\vartheta(x)$. Diesen Zusammenhang kann man bei der virtuellen Arbeit, wie in Abschnitt 6.7 erläutert, berücksichtigen und M_{Ki} berechnen.

a) Konstantes Biegemoment (positiv)

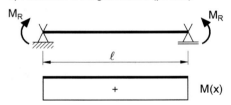

b) Parabelförmiges Biegemoment (positiv)

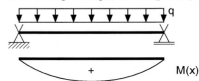

c) Biegemomentenverlauf mit pos. und neg. Bereichen

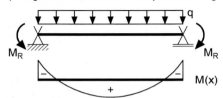

d) Querschnitt mit Abstützung

Bild 6.15   Drei baustatische Systeme mit kontinuierlichen seitlichen Abstützungen

Für das System in Bild 6.15a kann M_{Ki} in völlig analoger Weise wie in den Abschnitten 6.2 und 6.7 berechnet werden. Als Ergebnis erhält man:

$$M_{Ki,R} = \frac{1}{2 \cdot z_L} \cdot \left[GI_T + \frac{\pi^2}{\ell^2} \cdot \left(EI_\omega + EI_z \cdot z_L^2 \right) \right] \qquad (6.63)$$

Mit Gl. (6.63) erhält man nur positive Biegedrillknickmomente, wenn z_L positiv ist, d. h. wenn gemäß Bild 6.15d die Abstützung im Biegezugbereich des Querschnitts wirkt. Da die Stabilitätsgefahr, wie in Abschnitt 6.2 erläutert, von den Druckspannungen im Querschnitt ausgeht, ist es natürlich sinnvoller, den Träger im Druckbereich, d. h. oben, abzustützen. z_L ist dann negativ und mit Gl. (6.63) erhält man ein negatives $M_{Ki,R}$. Da das vorhandene M_R positiv ist, folgt daraus, dass kein Biegedrillknicken möglich ist. Als **Fazit** ergibt sich für den Träger mit den Randmomenten: **Wenn man den Träger kontinuierlich im Druckbereich des Querschnitts seitlich abstützt, kann kein Biegedrillknicken auftreten.**

Ein vergleichbarer Sachverhalt gilt auch für den Träger mit dem parabelförmigen Biegemomentenverlauf in Bild 6.15b, da das Biegemoment durchgängig positiv ist. Hinzu kommt jedoch der Einfluss des Lastangriffspunktes, der in Bild 6.3b für Träger mit freier Drehachse erläutert wird. Für den Träger in Bild 6.15b ergibt sich

6.9 Seitlich abgestützte Träger

$$M_{Ki,0} = q_{Ki} \cdot \frac{\ell^2}{8} = \frac{\alpha}{a_g} \cdot \left[GI_T + \frac{\pi^2}{\ell^2} \cdot \left(EI_\omega + EI_z \cdot z_L^2 \right) \right] \quad (6.64)$$

und der Parameter α kann Tabelle 6.7 entnommen werden. Für $z_L = -a_g/2$ ist $M_{Ki,0}$ stets negativ, sodass **durch eine kontinuierliche Abstützung am Obergurt das Biegedrillknicken unabhängig vom Lastangriffspunkt verhindert wird**. Darüber hinaus ist auch bei $z_L = 0$ und z_q zwischen 0 und $+a_g/2$ kein Biegedrillknicken möglich. Dies gilt nicht nur für das System in Bild 6.15b, sondern für alle Systeme bei denen das Biegemoment im gesamten Träger positiv ist. Ein Biegemomentenverlauf mit positiven und negativen Bereichen ist in Bild 6.15c dargestellt.

Tabelle 6.7 Zur Ermittlung von $M_{Ki,0}$ mit Gl. (6.64)

Seitliche Abstützung $z_L =$	Lastangriff $z_q =$		
	$-a_g/2$	0	$+a_g/2$
$-a_g/2$	M_{Ki} negativ!	M_{Ki} negativ!	M_{Ki} negativ!
0	$\alpha = 2{,}45$	$M_{Ki} \to \infty$	M_{Ki} negativ!
$+a_g/2$	$\alpha = 0{,}75$	$\alpha = 1{,}05$	$\alpha = 1{,}40$

Aus der konsequenten Fortführung der vorher diskutierten Fälle ergibt sich, dass unabhängig von der Lage der Abstützungen eine mehr oder minder große Biegedrillknickgefahr besteht. Natürlich ist die Anordnung der Abstützungen im Bereich des Obergurtes besonders wirksam, wenn die Last am Obergurt angreift und der positive Momentenbereich ausgeprägt ist. Aufgrund der negativen Biegemomente an den Trägerenden ist es aber nicht möglich, durch eine seitliche Abstützung des Obergurtes das Biegedrillknicken zu verhindern. Bei dem System in Bild 6.15c sind viele unterschiedliche Momentenverläufe möglich, sodass die Herleitung einer Berechnungsformel mit den zugehörigen Parametern entsprechend aufwändig ist und der Einsatz von EDV-Programmen empfohlen wird. Bild 6.20 enthält als Beispiel einen Zweifeldträger mit Gleichstreckenlast, der am Obergurt seitlich abgestützt ist.

In der Literatur wird für Träger die kontinuierlich am Obergurt seitlich abgestützt sind, die folgende Berechnungsformel verwendet:

$$M_{Ki} = \frac{k}{\ell} \cdot \sqrt{EI_z \cdot GI_T} = 0{,}62 \cdot \frac{k}{\ell} \cdot E \cdot \sqrt{I_z \cdot I_T} \quad (6.65)$$

Für einige ausgewählte Systeme kann der Beiwert k aus Bild 6.16 abgelesen werden. Als Parameter wird dort, wie häufig in der Literatur,

$$\chi = \frac{EI_\omega}{\ell^2 \cdot GI_T} \quad (6.66)$$

verwendet. Alternativ dazu könnte man auch die Stabkennzahl

$$\varepsilon_T = \ell \cdot \sqrt{\frac{GI_T}{EI_\omega}} = \sqrt{\frac{1}{\chi}} \quad (6.67)$$

nehmen, mit der die Lastabtragung bezüglich Torsion deutlich wird:

- $\varepsilon_T = 0$: reine Wölbkrafttorsion
- $\varepsilon_T \to \infty$: reine *St. Venantsche* Torsion

Man erkennt dann auch, dass der baupraktisch relevante Bereich bei $\chi < 0{,}05$ liegt, weil ε_T bei biegedrillknickgefährdeten Systemen in der Regel größer als 5 ist. Auf der sicheren Seite liegend kann man vereinfachend aus Bild 6.16 auch min k ablesen, da diese Werte neben der Ordinate angegeben sind. [58] enthält zahlreiche Diagramme für andere baustatische Systeme, aus denen der Beiwert k abgelesen werden kann.

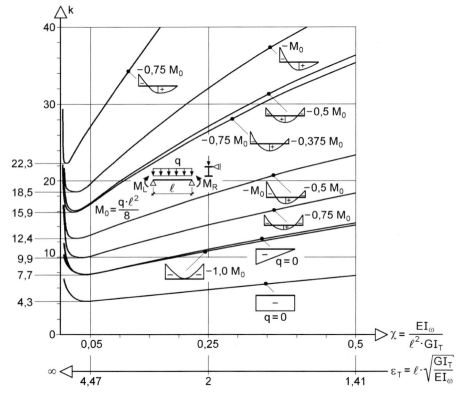

Bild 6.16 Beiwert k für Gl. (6.65), [77]

Wie in [35] kann man das ideale Biegedrillknickmoment auch mit

$$|M_{Ki}| = \frac{\pi^2 \cdot EI_\omega}{\ell^2 \cdot a_g} \cdot (a + b \cdot \alpha_T) \qquad (6.68)$$

bestimmen. In Gl. (6.68) sind a und b Beiwerte, die in Tabelle 6.8 für ausgewählte Systeme zusammengestellt sind und mit

6.9 Seitlich abgestützte Träger

$$\alpha_T = \frac{\ell^2 \cdot GI_T}{\pi^2 \cdot EI_\omega} = \frac{\varepsilon_T^2}{\pi^2} = \frac{1}{\chi \cdot \pi^2} \tag{6.69}$$

wird die Torsionssteifigkeit GI_T erfasst. Beim Vergleich mit Gl. (6.64) bzw. (6.65) scheint die Biegesteifigkeit EI_z zu fehlen. Da bei doppeltsymmetrischen I-Querschnitten näherungsweise

$$I_\omega = I_z \cdot \left(\frac{a_g}{2}\right)^2 \tag{6.70}$$

ist, konnte I_z ersetzt und EI_z durch EI_ω erfasst werden.

Tabelle 6.8 Beiwerte a und b für Gl. (6.68)

Baustatisches System		$\alpha_T \leq 10$ a	$\alpha_T \leq 10$ b	$\alpha_T > 10$ a	$\alpha_T > 10$ b
Träger mit $M_{y,A} = 0$, $M_{y,B}$		3,99	1,57	7,06	1,27
Träger mit $M_{y,A} = M_{y,B}/2$		2,79	1,30	4,00	1,18
Träger mit $M_{y,A} = M_{y,B}$		2,00	1,00	2,00	1,00
Einfeldträger mit q_z (hier: M_{Ki} in Feldmitte!)	Auflast	$M_{Ki} \to \infty$		$M_{Ki} \to \infty$	
	Sog	4,40	1,77	9,30	1,28
Zweifeldträger mit q_z	Auflast	12,38	2,46	20,43	1,65
	Sog	17,03	3,33	26,28	2,40
Dreifeldträger mit q_z	Auflast	8,29	2,16	14,33	1,55
	Sog	10,90	2,27	16,95	1,66
Vierfeldträger mit q_z	Auflast	8,64	2,40	16,11	1,66
	Sog	12,56	2,23	19,28	1,85

Abstützungen in äquidistanten Punkten

Häufig werden Träger durch Verbände in diskreten Punkten seitlich abgestützt, die in der Regel gleiche Abstände haben. Da engmaschige Verbände wie **kontinuierliche Abstützungen** wirken, gelten die obigen Ausführungen auch für diesen Fall und das entsprechende M_{Ki} ist eine **obere Grenze**. Sofern die Abstützungen vergleichsweise große Abstände haben, ergeben sich kleinere ideale Biegedrillknickmomente. Für das System in Bild 6.15a ist

$$M_{Ki,R} = \sqrt{\frac{\pi^2 \cdot EI_z}{\ell^2/m^2} \cdot \left(\frac{\pi^2 \cdot EI_\omega}{\ell^2/m^2} + GI_T\right)} \qquad (6.71)$$

In Gl. (6.71) ist m die Anzahl der Stababschnitte zwischen den seitlichen Abstützungen. Durch einen Vergleich mit Gl. (6.23) für $z_p = 0$ und $\zeta = 1{,}00$ gemäß Tabelle 6.1 lässt sich feststellen, dass die seitlichen Abstützungen wie Gabellager wirken. Dies ist aber beispielsweise für das System in Bild 6.15b nicht der Fall, weil sich $M_{Ki,0}$ wie folgt ergibt:

$$M_{Ki,0} = q_{Ki} \cdot \frac{\ell^2}{8} = \zeta_0^2 \cdot \frac{EI_z}{\ell^2} \cdot 4 \cdot z_p$$

$$\pm \sqrt{\left(\zeta_0^2 \cdot \frac{EI_z}{\ell^2} \cdot 4 \cdot z_p\right)^2 + \zeta_0^2 \cdot \frac{\pi^2 \cdot EI_z}{\ell^2/m^2} \cdot \left(\frac{\pi^2 \cdot EI_\omega}{\ell^2/m^2} + GI_T\right)} \qquad (6.72)$$

mit: $\zeta_0 = 1{,}12$ für m = 1, $\zeta \cong 1{,}32$ für m = 2 und $\zeta_0 \cong 1{,}00$ für m ≥ 3

Wie man sieht, geht m bei den Termen, die den Einfluss des Lastangriffspunktes berücksichtigen, nicht ein und der Momentenbeiwert ist von m abhängig. Da es viele Varianten bezüglich möglicher Systeme mit seitlichen Abstützungen gibt, sollte man bei der Berechnung von M_{Ki} auf EDV-Programme zurückgreifen, s. auch Kapitel 10.

6.10 Kragträger

Die alte Stabilitätsnorm, DIN 4114 [11], enthält Angaben zur Ermittlung der idealen „Kippspannung" von Kragträgern aus doppeltsymmetrischen I-Querschnitten, die zur Berechnung des idealen Biegedrillknickmomentes verwendet werden können. Entsprechende Umrechnungen führen zu Gl. (6.65), sodass mit dieser Berechnungsformel und den Beiwerten k in Bild 6.17 M_{Ki} für Kragträger an der Einspannstelle berechnet werden kann. Die Beiwerte gelten unter der Voraussetzung, dass die Verwölbung der Querschnittsebene an der Einspannstelle verhindert ist und am freien Trägerende zugelassen wird.

In Bild 2.2 (Kapitel 2) ist das Biegedrillknicken eines Kragträgers infolge Einzellast dargestellt. Da die Verdrehungen $\vartheta(x)$ und die seitlichen Verschiebungen $v(x)$ am Kragträgerende am größten sind, ist es zweckmäßig, diese Verformungen zu be- oder verhindern, wenn man die Biegedrillknickgefahr reduzieren will. Wie in Bild 6.18 dargestellt, kann man das freie Ende durch einen Verband seitlich halten und die Verdrehung durch einen Randträger behindern. Sofern diese Bauteile entsprechende Steifigkeiten aufweisen, gelten dort die Randbedingungen $v = \vartheta = 0$ (s. auch Kapitel 10) und man kann M_{Ki} für das System in Bild 6.18 rechts berechnen. Tabelle 6.9 enthält k-Werte nach [68], die für Gl. (6.65) vorgesehen sind. Beim Lastfall Einzellast F ist keine Fallunterscheidung bezüglich des Lastangriffspunktes erforderlich, weil dort durch den Randträger $\vartheta = 0$ erzwungen wird.

6.10 Kragträger

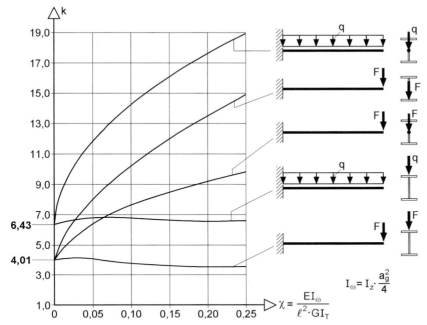

Bild 6.17 Beiwerte k für Kragträger nach DIN 4114

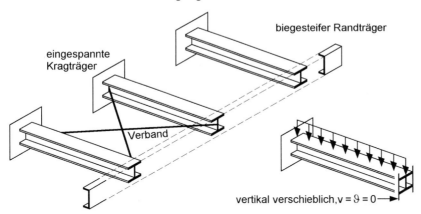

Bild 6.18 Kragträger mit seitlicher Abstützung und Behinderung der Verdrehung am freien Ende nach [68]

Tabelle 6.9 Beiwerte k für Kragträger mit $v(x = \ell) = 0$ und $\vartheta(x = \ell) = 0$ nach [50]

Lastfall		$\chi =$											
	0	0,02	0,04	0,06	0,08	0,10	0,12	0,14	0,16	0,18	0,20	0,22	0,24
F	10,45	13,03	14,95	16,61	18,11	19,50	20,78	22,00	23,14	24,24	25,28	26,28	27,25
q Mitte		23,46	27,55	30,96	33,97	36,72	39,25	41,63	43,87	46,00	48,03	49,98	51,86
q oben	16,65	19,39	21,46	23,34	25,07	26,70	28,24	29,70	31,09	32,43	33,71	34,95	36,14
q unten		27,65	34,14	39,45	44,07	48,23	52,05	55,61	58,94	62,09	65,09	67,96	70,70

6.11 Träger mit Drehbettung

DIN 18800 Teil 2 enthält in Element 309 mit

$$c_{\vartheta,k} \geq \frac{M_{pl,k}^2}{EI_{z,k}} \cdot k_\vartheta \cdot k_v \tag{6.73}$$

eine Bedingung, mit der die Behinderung der Verdrehung durch eine *ausreichende Drehbettung* nachgewiesen werden kann. Da diese Bedingung in der Baupraxis kaum zum Einsatz kommt, wird Gl. (6.73) hier nicht näher erläutert. Üblich ist es, die stabilisierende Wirkung einer vorhandenen Drehbettung – beispielsweise durch Stahltrapezbleche gemäß Abschnitt 10.6 – bei der Berechnung von M_{Ki} zu berücksichtigen, sodass der bezogene Schlankheitsgrad kleiner und die κ_M-Werte größer, d. h. günstiger, werden.

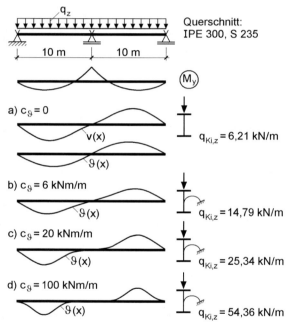

Bild 6.19 Verzweigungslasten $q_{Ki,z}$ und zugehörige Eigenformen für einen Zweifeldträger [35]

Das Beispiel in Bild 6.19 zeigt den Einfluss der Drehbettung. Für $c_\vartheta = 0$, 6, 20 und 100 kNm/m wächst $q_{Ki,z}$ von 6,21 über 14,79 und 25,34 auf 54,36 kN/m an. Wie man sieht, führt schon eine relativ kleine Drehbettung zu einem deutlichen Anstieg der Verzweigungslast. Darüber hinaus ist aus Bild 6.19 auch die Veränderung der Eigenform erkennbar. Während $\vartheta(x)$ für $c_\vartheta = 0$ der Sinusfunktion entspricht, führt die Vergrößerung der Drehbettung zu einer Konzentration der maximalen Verdrehungen auf

6.11 Träger mit Drehbettung

die Randbereiche, bis sie für große Werte von c_ϑ in den beiden Feldern des Zweifeldträgers (fast) voneinander unabhängig sind.

Mit dem Beispiel in Bild 6.20 soll vermittelt werden, dass bereits eine relativ geringe Drehbettung von $c_\vartheta = 6$ kNm/m zu einer deutlichen Vergrößerung der Verzweigungslast führt. Bei dem Zweifeldträger mit freier Drehachse beträgt sie 208 % und bei einem Träger mit gebundener Drehachse am Obergurt 105 %. Darüber hinaus wird mit dem Bild die starke Veränderung der Eigenform $\vartheta(x)$ gezeigt, die sich durch die seitliche Abstützungen des **Obergurtes** ergibt. Da im Bereich der Mittelstütze der **Untergurt** gedrückt wird (negatives Biegemoment), ergeben sich dort die größten Verdrehungen $\vartheta(x)$.

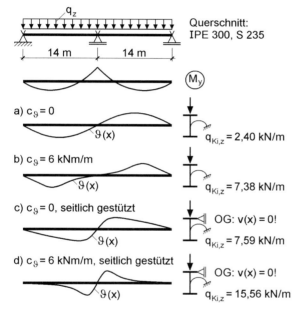

Bild 6.20 $q_{Ki,z}$ und Eigenformen für einen Zweifeldträger mit und ohne seitliche Abstützung des Obergurtes, [35]

7 Nachweise unter Ansatz von Ersatzimperfektionen

7.1 Nachweisführung

Gemäß Tabelle 2.5 können Tragsicherheitsnachweise für das **Biegeknicken** und das **Biegedrillknicken** mit dem „Ersatzimperfektionsverfahren" geführt werden. Darüber hinaus können auch Fälle untersucht werden, bei denen **Zugnormalkräfte** oder **planmäßige Torsionsbeanspruchungen** auftreten. Voraussetzung ist nur, dass man geeignete geometrische Ersatzimperfektionen kennt, mit denen ersatzweise die Einflüsse von Fließzonen, Eigenspannungen und realen Vorverformungen erfasst werden können. Nähere Erläuterungen enthält Abschnitt 2.4. Die Nachweisführung kann wie folgt gegliedert werden:

1. Annahme von geometrischen Ersatzimperfektionen
2. Ermittlung der Schnittgrößen nach Theorie II. Ordnung
3. Nachweis ausreichender Querschnittstragfähigkeit

Die einzelnen Schritte der Nachweisführung werden in den folgenden Abschnitten erläutert.

7.2 Geometrische Ersatzimperfektionen

In Abschnitt 2.5 wurde ausführlich begründet, warum beim „Ersatzimperfektionsverfahren" geometrische Ersatzimperfektionen zu berücksichtigen sind. Neben realen geometrischen Imperfektionen decken sie ersatzweise auch den Einfluss von Eigenspannungen und die Ausbreitung von Fließzonen ab.

Biegeknicken/Einteilige Druckstäbe

Nach DIN 18800-2 sind bei einteiligen Druckstäben die in Tabelle 7.1 angegebenen Ersatzimperfektionen anzusetzen. Man unterscheidet **Vorkrümmungen** und **Vorverdrehungen**. Vorkrümmungen sind anzunehmen, wenn beide Stabenden unverschieblich gehalten sind, und Vorverdrehungen, wenn Stabdrehwinkel möglich sind. Sofern die Stabkennzahl $\varepsilon > 1{,}6$ ist, müssen sowohl *Vorverdrehungen* als auch *Vorkrümmungen* (gemeinsam) berücksichtigt werden. Dieser Fall tritt bei baupraktischen Systemen selten auf, weil ε_{Ki} dann deutlich größer als 1,6 sein muss und hohe Druckkräfte auftreten müssen. Dies ist beispielsweise bei einem verschieblichen Rahmen mit eingespannten Stielfüßen, dem 2. System in Tabelle 4.4, möglich.

Die geometrischen Ersatzimperfektionen in Tabelle 7.1 gelten für das Biegeknicken einzelner Druckstäbe und von Druckstäben in Stabwerken. Die *Vorkrümmungen* und Vorverdrehungen sind so anzusetzen, dass sie der untersuchten Ausweichrichtung entsprechen. Bei den Vorkrümmungen ist zu beachten, dass w_0 und v_0 in Abhängigkeit von den maßgebenden Knickspannungslinien zu wählen sind, deren Zuordnung

7.2 Geometrische Ersatzimperfektionen

zu den Querschnitten Tabelle 3.1 entnommen werden kann. Bei gewalzten I-Profilen kann man die Zuordnung auch aus Tabellen in [30] oder aus Tabelle 7.3 ablesen.

Tabelle 7.1 Geometrische Ersatzimperfektionen w_0, v_0 und φ_0 nach DIN 18800-2 für das Biegeknicken von einteiligen Stäben

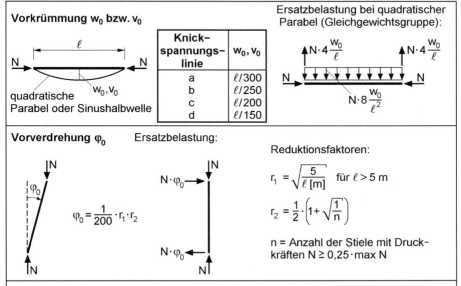

Hinweise: Bei Anwendung des Nachweisverfahrens Elastisch–Elastisch brauchen nur 2/3 der Werte für w_0, v_0 bzw. φ_0 angesetzt zu werden. **Vorverdrehungen** müssen bei Druckstäben angesetzt werden, wenn Stabdrehwinkel möglich sind. **Vorkrümmungen** sind anzusetzen, wenn beide Enden der Druckstäbe unverschieblich gehalten sind, sowie auch, wenn Stabdrehwinkel möglich sind und die Stabkennzahl $\varepsilon = \ell \cdot \sqrt{N/(EI)_d}$ größer als 1,6 ist.

Tabelle 7.2 Vorverdrehung $\varphi_0 = r_1 \cdot r_2 / 200$ für die Stiele von Rahmen

Stützenhöhe	Anzahl der Stützen n =							
	1	2	3	4	5	6	8	10
≤ 5 m	1/200	1/234	1/254	1/267	1/276	1/284	1/296	1/304
6 m	1/219	1/257	1/278	1/292	1/303	1/311	1/324	1/333
7 m	1/237	1/277	1/300	1/316	1/327	1/336	1/350	1/360
8 m	1/253	1/296	1/321	1/337	1/350	1/359	1/374	1/384
10 m	1/283	1/331	1/359	1/377	1/391	1/402	1/418	1/430
12 m	1/310	1/363	1/393	1/413	1/428	1/440	1/458	1/471
15 m	1/346	1/406	1/439	1/462	1/479	1/492	1/512	1/526
20 m	1/400	1/469	1/507	1/533	1/553	1/568	1/591	1/608

In vielen Fällen ist es zweckmäßig, gerade Stäbe ohne Vorverformungen, d. h. in der Ausgangslage, anzunehmen und die *geometrischen Ersatzimperfektionen* mit Hilfe von Ersatzbelastungen zu berücksichtigen. Die entsprechenden Annahmen sind in Tabelle 7.1 dargestellt und die Vorgehensweise wird später an Beispielen erläutert. Es ist zu beachten, dass für die Festlegung der Ersatzbelastungen die Drucknormalkräfte N benötigt werden.

7 Nachweise unter Ansatz von Ersatzimperfektionen

Tabelle 7.3 Zuordnung gewalzter I-Profile zu den Knickspannungslinien und Vorkrümmungen

Querschnitte		Ausweichen rechtwinklig zur Achse	Knickspannungslinie	Vorkrümmungen
	alle IPE, IPEa, IPEo, IPEv, HEAA 400 bis 1000	y – y	a	$w_0 = \ell/300$
	HEA 400 bis 1000 HEB 400 bis1000 HEM 340 bis 1000	z – z	b	$v_0 = \ell/250$
	HEAA 100 bis 360 HEA 100 bis 360	y – y	b	$w_0 = \ell/250$
	HEB 100 bis 360 HEM 100 bis 320	z – z	c	$v_0 = \ell/200$

Gemäß DIN 18800-2 gelten für die Annahme der *geometrischen Ersatzimperfektionen* folgende Prinzipien:

1. Sie sind so anzusetzen, dass sie sich der zum niedrigsten Knickeigenwert gehörenden Verformungsfigur möglichst gut anpassen.
2. Sie sind in ungünstigster Richtung anzusetzen.
3. Sie brauchen nicht mit den geometrischen Randbedingungen des Systems verträglich zu sein.

Aus Punkt 1 ergibt sich, dass man die Ersatzimperfektionen nur richtig ansetzen kann, wenn man die Knickbiegelinie kennt. Dieses Thema wird in Kapitel 4 ausführlich behandelt, wobei die anschauliche Ermittlung in Abschnitt 4.5 besonders hilfreich ist. Sofern die Knickbiegelinie auf diesem Wege nicht bestimmt werden kann, sind entsprechende Berechnungen erforderlich, wofür man jedoch in der Regel ein geeignetes EDV-Programm benötigt.

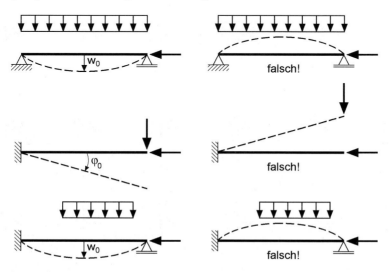

Bild 7.1 Drei Beispiele zum Ansatz der Ersatzimperfektionen

7.2 Geometrische Ersatzimperfektionen

Bild 7.1 enthält drei Beispiele zum Ansatz der Ersatzimperfektionen. Da es sich um die Eulerfälle II, I und III handelt, können die Knickbiegelinien Bild 4.7 entnommen werden. Sie werden gemäß Tabelle 7.1 in Vorkrümmungen und Vorverdrehungen umgewandelt. Beim ersten System ist die Lösung eindeutig, da die Ersatzimperfektion als Vorkrümmung affin zur Knickbiegelinie ist und das w_0 nach unten die planmäßigen Biegemomente vergrößert. Das zweite System entspricht dem Eulerfall I, bei dem das rechte Stabende nicht gehalten ist. Es ist daher eine Vorverdrehung φ_0 anzusetzen, die gemäß Punkt 3 (s. o.) mit der Einspannung nicht verträglich ist. Eine Vorkrümmung muss nicht zusätzlich angesetzt werden, weil gemäß Tabelle 4.3 $\varepsilon_{Ki} = \pi/2 < 1{,}6$ ist. Das dritte System (Eulerfall III) entspricht weitgehend dem ersten System. Mit diesem Beispiel soll nur gezeigt werden, dass die Vorkrümmung nicht mit der Einspannung verträglich ist. Die Lösungen auf der rechten Seite sind falsch, weil die nach oben angenommenen Ersatzimperfektionen zu einer Verringerung der planmäßigen Biegemomente führen.

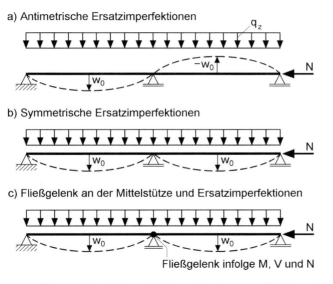

Bild 7.2   Ersatzimperfektionen für einen zweifeldrigen Druckstab

Über den Ansatz der Ersatzimperfektionen für einen gedrückten Zweifeldträger unter einer Gleichstreckenlast gibt es unterschiedliche Auffassungen. Da zum niedrigsten Eigenwert nach der Elastizitätstheorie gemäß Bild 4.8 die antimetrische Knickbiegelinie gehört, ist die Ersatzimperfektion in Bild 7.2a nahe liegend. Damit wird das Feldmoment im linken Feld größer und das Stützmoment ändert sich nicht. Andererseits ist das Stützmoment nach Theorie I. Ordnung das betragsgrößte Biegemoment und die symmetrische Ersatzimperfektion, die der Knickbiegelinie des zweiten Eigenwerts entspricht, führt zu einer Vergrößerung des Stützmomentes. Man kann natürlich beide Fälle untersuchen und bei der Bemessung berücksichtigen. Nach Auffassung des Verfassers reicht es aber aus, nur den ersten Fall mit der antimetrischen Ersatzimperfektion zu untersuchen, weil die Affinität zur Knickbiegelinie des **niedrigsten**

Eigenwerts die vorrangige Priorität hat. In diesem Zusammenhang soll Folgendes ins Bewusstsein gerückt werden:

- Die geometrischen Ersatzimperfektionen enthalten nur zum Teil reale Vorverformungen, beispielsweise bei den Vorkrümmungen $w_0 \cong \ell/1000$. Die Differenz zu den Werten in Tabelle 7.1 deckt die Eigenspannungen und die Ausbreitung von Fließzonen ab.
- Die Ersatzimperfektionen müssen der Knickbiegelinie des niedrigsten Eigenwerts entsprechen, weil damit die vorhandene Stabilitätsgefahr und zusätzliche Beanspruchungen des Systems zu erfassen sind.

Daraus ergibt sich, dass der Zuwachs des Stützmomentes aufgrund der symmetrischen Ersatzimperfektionen in Bild 7.2b bedeutungslos ist. Im Übrigen kann man auch das Nachweisverfahren „Plastisch-Plastisch" wählen und wie in Bild 7.2c dargestellt, an der Stütze ein Fließgelenk annehmen. Geometrische Ersatzimperfektionen führen dort, völlig unabhängig von ihrer Richtung, nicht zu Beanspruchungen. Für die Biegeknickuntersuchung kann das System in zwei Druckstäbe aufgeteilt werden, wobei das Fließgelenk aufgrund der planmäßigen Biegung und der Normalkraft entsteht, sodass M, V und N zu berücksichtigen sind.

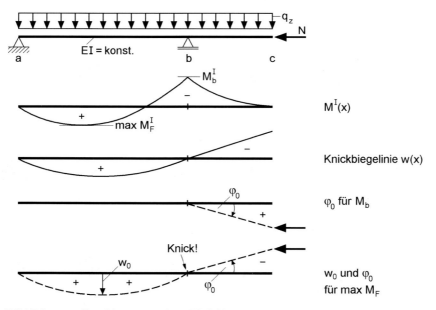

Bild 7.3 Druckbeanspruchter Einfeldträger mit Kragarm

Es gibt natürlich auch Systeme, bei denen mehrere Möglichkeiten untersucht werden müssen. Als Beispiel dazu wird der Einfeldträger mit Kragarm in Bild 7.3 behandelt. Die Knickbiegelinie w(x) ist von der Gleichstreckenlast unabhängig und kann mit ein wenig Erfahrung oder den Darlegungen in Kapitel 4 sofort qualitativ gezeichnet werden, wobei w(x) auch mit spiegelbildlichem Verlauf zur x-Achse eine richtige Lö-

7.2 Geometrische Ersatzimperfektionen

sung ist. Aus dem Biegemomentenverlauf $M^I(x)$ wird deutlich, dass M_b oder max M_F für die Bemessung maßgebend werden können, was vom Längenverhältnis abhängt. Wenn man das Stützmoment M_b untersuchen will, muss für den Kragarm eine Vorverdrehung φ_0 nach unten angesetzt werden, damit das Stützmoment betragsmäßig größer wird. Im Feldbereich benötigt man keine geometrischen Ersatzimperfektionen, weil sie sich auf M_b nicht auswirken. Da bei kurzen Kragarmen das Feldmoment maßgebend ist, muss im Bereich a–b w_0 wie dargestellt angesetzt werden. Mit einer Vorverdrehung φ_0 im Kragarmbereich nach oben wird das Stützmoment kleiner und das Feldmoment größer, sodass man mit dieser Annahme auf der sicheren Seite liegt. Am Übergang von der Vorkrümmung zur Vorverdrehung haben die Ersatzimperfektionen einen Knick, was aufgrund von Punkt 3 der o. g. Prinzipien zulässig ist.

Weitere Beispiele für den Ansatz von Vorkrümmungen und Vorverdrehungen finden sich in den Bildern 4, 5 und 6 von DIN 18800-2 und im Kommentar [58]. Die Berechnungsbeispiele in den Abschnitten 8.9, 8.10 und 8.11 sowie Kapitel 10 erläutern den Ansatz von geometrischen Ersatzimperfektionen für das Biegeknicken.

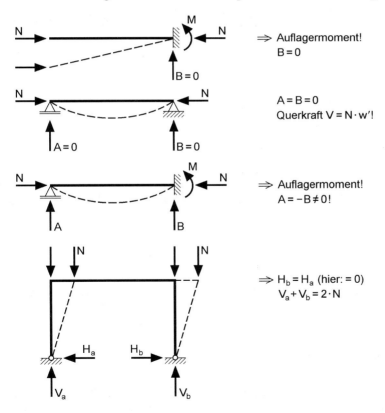

Bild 7.4 Zum Einfluss der geometrischen Ersatzimperfektionen auf die Auflagerreaktionen

Die geometrischen Ersatzimperfektionen haben bei Berechnungen nach Theorie II. Ordnung nicht nur Einfluss auf die Schnittgrößen, sondern auch auf die Auflagerreaktionen. Aufgrund der Bedingung $\Sigma F_x = 0$ und $\Sigma F_z = 0$ verändert sich die **Summe der Auflagerkräfte** nicht. Bild 7.4 zeigt anhand von Beispielen, dass sich einzelne Werte und die Auflagermomente verändern.

Anmerkungen: Die in Tabelle 7.1 angegebenen geometrischen Ersatzimperfektionen gelten für die Nachweisverfahren „Elastisch-Plastisch" und „Plastisch-Plastisch". Dabei sind die Grenzbiegemomente im plastischen Zustand auf die 1,25fachen Werte der elastischen Grenzbiegemomente zu begrenzen, d. h. es ist die Bedingung $M \leq 1{,}25 \cdot \text{grenz } M_{el}$ einzuhalten. Bei Anwendung des Nachweisverfahrens „Elastisch-Elastisch" brauchen nur 2/3 der Werte für w_0, v_0 und φ_0 angesetzt zu werden.

Tabelle 7.4 Vorkrümmungen für den Biegeknicknachweis gewalzter I-Profile bei reiner Druckbeanspruchung nach [93]

Querschnitte		Ausweichen rechtwinklig zur Achse	Vorkrümmungen
	alle IPE HEAA 400 bis 1000 HEA 400 bis 1000 HEB 400 bis1000 HEM 340 bis 1000	y – y	$w_0 = \ell/500$
		z – z	$v_0 = \ell/250$ ($\ell/200$)
	HEAA 100 bis 360 HEA 100 bis 360 HEB 100 bis 360 HEM 100 bis 320	y – y	$w_0 = \ell/400$
		z – z	$v_0 = \ell/200$ ($\ell/150$)

Genaue Untersuchungen nach der Fließzonentheorie in [93] zeigen, dass teilweise geringere *Vorkrümmungen* als nach Tabelle 7.1 ausreichen. In Tabelle 7.4 sind Werte zusammengestellt, die in [93] veröffentlicht wurden und für Fälle mit reiner Drucknormalkraft, also ohne planmäßige Biegebeanspruchung gelten. Der Vergleich mit Tabelle 7.1 unter Verwendung von Tabelle 7.3 zeigt, dass die Werte für v_0 übereinstimmen, für w_0 aber deutlich geringer sind. Die Ursache liegt im Wesentlichen darin begründet, dass in DIN 18800-2 **vier** mögliche Fälle beim Biegeknicken von Walzprofilen drei Knickspannungslinien zugeordnet werden, d. h. gemäß Tabelle 7.3 den Knickspannungslinien a, b (zweimal) und c.

Auch in Tabelle 7.4 gelten die Werte v_0 unter der Bedingung $M_z \leq 1{,}25 \cdot M_{el,z}$. Da es bei Berechnungen mit EDV-Programmen zweckmäßig sein kann, diese Bedingung aufzugeben, wurden in [93] auch Vorkrümmungen ermittelt, die die unbegrenzte Ausnutzung von $M_{pl,z,d}$ bei Walzprofilen gestatten. Die entsprechenden Vorkrümmungen $v_0 = \ell/200$ bzw. $\ell/150$ sind in Tabelle 7.4 in Klammern angegeben.

Die erzielbare Genauigkeit kann mit den Bildern 7.5 und 7.6 beurteilt werden. Dargestellt sind Tragfähigkeiten nach dem Ersatzimperfektionsverfahren mit Bezug auf die Fließzonentheorie für ausgewählte Querschnitte, die repräsentativ für die Walzprofile

7.2 Geometrische Ersatzimperfektionen

der Reihen IPE, HEA, HEB und HEM sind. Die angegebenen Linien gelten für den *Eulerfall* II, wobei die Untersuchungen in [93] zeigen, dass sie auch für die anderen *Eulerfälle* herangezogen werden können. Für Systeme mit planmäßiger Biegebeanspruchung sind weiterhin die Werte nach Tabelle 7.1 zu verwenden.

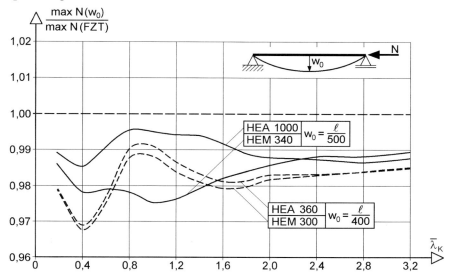

Bild 7.5 Ersatzimperfektionsverfahren im Vergleich zur Fließzonentheorie, Biegeknicken um die **starke** Achse

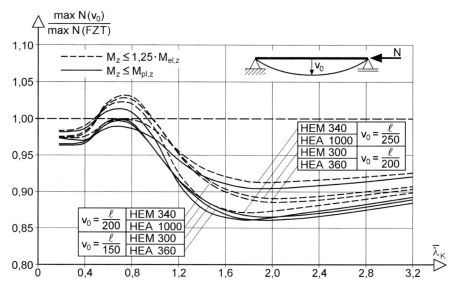

Bild 7.6 Ersatzimperfektionsverfahren im Vergleich zur Fließzonentheorie, Biegeknicken um die **schwache** Achse

Bild 7.5 enthält die Ergebnisse für das Biegeknicken um die **starke** Achse. Gemäß Tabelle 7.4 sind dabei $w_0 = \ell/500$ bzw. $\ell/400$ angesetzt worden. Wie man sieht, liegen die damit ermittelten Grenzlasten durchgängig auf der sicheren Seite. Die größten Abweichungen mit etwas über 3 % auf der sicheren Seite treten bei $\bar{\lambda}_K = 0,4$ auf.

Beim Biegeknicken um die **schwache** Achse werden zwei Fälle unterschieden: $M_z \leq 1,25 \cdot M_{el,z}$ (d. h. mit Begrenzung von α_{pl}) und $M_z \leq M_{pl,z}$. Mit $v_0 = \ell/250$ bzw. $\ell/200$ sowie $v_0 = \ell/200$ bzw. $\ell/150$ gemäß Tabelle 7.4 liegt das Ersatzimperfektionsverfahren bis auf einige Ausnahmen auf der sicheren Seite. Die maximale Überschreitung beträgt 2,9 % und tritt bei $\bar{\lambda}_K \cong 0,8$ auf. Hierzu ist anzumerken, dass dies die in DIN 18800 Teil 2 festgelegten Ersatzimperfektionen betrifft. In diesem Zusammenhang ist auch Bild 3.16 von Interesse, mit dem die Genauigkeit des κ-Verfahren beurteilt werden kann.

Mehrteilige Druckstäbe

Bei mehrteiligen Druckstäben, d. h. Gitter- und Rahmenstäben, darf beim Nachweis rechtwinklig zur stofffreien Achse nach DIN 18800-2 als Vorkrümmung $\ell/500$ angesetzt werden. Dieser Wert ist kleiner als für einteilige Druckstäbe, weil der Einfluss von Eigenspannungen und Fließzonen geringer ist.

Biegedrillknicken

Gemäß **DIN 18800 Teil 2** sind beim Biegedrillknicken Vorkrümmungen v_0 anzusetzen, die halb so groß wie die Werte für das Biegeknicken in Tabelle 7.1 sind. Für **gewalzte I-Profile** ergeben sich folgende Werte:

- h/b $\leq$ 1,2: $v_0 = \ell/400$
- h/b > 1,2: $v_0 = \ell/500$

Diese Ersatzimperfektionen können für alle in Tabelle 2.2 genannten Nachweisverfahren verwendet werden, wobei jedoch gemäß Element 123 der DIN die Begrenzung des plastischen Formbeiwertes α_{pl} zu beachten ist. Dies betrifft bei gewalzten I-Profilen die Biegung um die schwache Achse und es muss daher „das unter gleichzeitig wirkender Normal- und Querkraft im vollplastizierten Querschnitt aufnehmbare Biegemoment mit dem Faktor $1,25/\alpha_{pl}$ abgemindert werden".

Im **Eurocode 3** [12] wird auf die Festlegung entsprechender Werte im **Nationalen Anhang** hingewiesen, der jedoch zurzeit noch nicht in seiner endgültigen Fassung vorliegt. Bei den Empfehlungen in [12] wird zwischen einer elastischen und einer plastischen Tragwerksberechnung unterschieden, geometrische Ersatzimperfektionen für das Biegeknicken angegeben und, wie in DIN 18800 Teil 2, für das Biegedrillknicken der Faktor 0,5 vorgeschlagen. Damit ergeben sich für die elastische Tragwerksberechnung die gleichen Werte wie nach DIN 18800 Teil 2, s. oben. Bei plastischen Tragwerksberechnungen sind $v_0 = \ell/300$ (h/b $\leq$ 1,2) und $v_0 = \ell/400$ (h/b > 1,2) anzusetzen.

7.2 Geometrische Ersatzimperfektionen

Bereits bei den Untersuchungen in [18] wurde festgestellt, dass die o. g. geometrischen Ersatzimperfektionen für das Biegedrillknicken teilweise zu klein sind. Es sind daher ergänzende Untersuchungen und Festlegungen erforderlich. Hier wird die Genauigkeit für ausgewählte Anwendungsfälle mit Hilfe von Grenzlastberechnungen beurteilt und zunächst an Abschnitt 5.10 „Genauigkeit der **Abminderungsfaktoren**" angeknüpft. Aus Bild 5.13 ergeben sich im Hinblick auf die Genauigkeit zusammengefasst folgende Ergebnisse:

- Die κ_M-Werte liegen beim IPE 600 mit h/b = 2,73 bis zu 15 % auf der unsicheren Seite.
- Beim HEA 200 mit h/b = 0,95 sind die Abweichungen geringer und die κ_M-Werte liegen bis zu 6 % auf der unsicheren Seite.
- Die χ_{LT}-Werte liegen bereichsweise weit auf der sicheren Seite.
- Mit den $\chi_{LT,mod}$-Werten wird das tatsächliche Tragverhalten relativ gut erfasst.

Zur Beurteilung der **geometrischen Ersatzimperfektionen** sind in Tabelle 7.5 und Bild 7.7 ausgewählte Ergebnisse aus [2] zusammengestellt. Als baustatisches System wird der beidseitig gabelgelagerte Einfeldträger untersucht, bei dem die Gleichstreckenlast q_z am Obergurt angreift. Die beiden Profile HEM 200 und IPE 600 repräsentieren Profile mit kleinen und großen h/b-Verhältnissen. Im Vergleich zu Bild 5.13, das Abminderungsfaktoren für die Profile HEA 200 und IPE 600 enthält, wird hier das Profil HEM 200 gewählt, weil sich dafür größere erforderliche geometrische Ersatzimperfektionen ergeben als für das Profil HEA 200. Für beide Profile wurde die Grenztragfähigkeit nach der Fließzonentheorie, wie in Abschnitt 2.6 erläutert, für $\bar{\lambda}_M$ zwischen 0,6 und 1,6 berechnet. Als Ergebnis sind in Tabelle 7.5 die maximalen Tragfähigkeiten max $M_y/M_{pl,y}$ zusammengestellt. Damit können erforderliche geometrische Ersatzimperfektionen v_0 ermittelt werden, die zur gleichen Grenztragfähigkeit wie nach der Fließzonentheorie führen. Tabelle 7.5 enthält Werte erf v_0 **mit** einer Begrenzung auf $\alpha_{pl} \leq 1,25$ (für M_z und M_ω) und **ohne** diese Begrenzung.

Tabelle 7.5 Maximale Tragfähigkeit und erf v_0 für ausgewählte Anwendungsfälle

$\bar{\lambda}_M$	Maximale Tragfähigkeit max $M_y/M_{pl,y}$		erf v_0 **mit** Begrenzung von α_{pl}		erf v_0 **ohne** Begrenzung von α_{pl}		Baustatisches System
	HEM 200	IPE 600	HEM 200	IPE 600	IPE 600	HEM 200	
0,6	0,963	0,887	$\ell/199$	$\ell/195$	$\ell/234$	$\ell/166$	
0,8	0,899	0,760	$\ell/161$	$\ell/143$	$\ell/172$	$\ell/134$	
0,9	0,855	0,698	$\ell/170$	$\ell/146$	$\ell/175$	$\ell/142$	
1,0	0,801	0,642	$\ell/202$	$\ell/161$	$\ell/194$	$\ell/168$	
1,1	0,741	0,584	$\ell/301$	$\ell/183$	$\ell/219$	$\ell/261$	
1,2	0,679	0,530	$< \ell/1000$	$\ell/214$	$\ell/257$	$< \ell/1000$	
1,4	0,513	0,432	$< \ell/1000$	$\ell/284$	$\ell/341$	$< \ell/1000$	
1,6	0,393	0,353	$< \ell/1000$	$\ell/368$	$\ell/442$	$< \ell/1000$	Lastangriff am Obergurt S 235

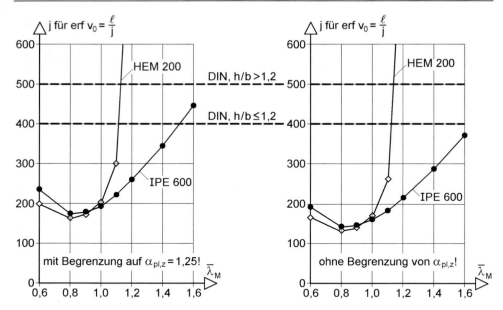

Bild 7.7 Erforderliche geometrische Ersatzimperfektionen v_0

Die Darstellung in Bild 7.7 zeigt, dass erf v_0 sehr stark vom bezogenen Schlankheitsgrad abhängt. Sofern $\bar{\lambda}_M$ zwischen 0,6 und 1,1 liegt, sind sehr große Ersatzimperfektionen erforderlich, die zwischen $\ell/134$ und $\ell/301$ liegen. Mit zunehmendem Schlankheitsgrad ist v_0 deutlich kleiner und für große $\bar{\lambda}_M$ sind die Werte sehr klein, weil dann die Stabilitätsgefahr der maßgebende Einfluss bezüglich der Grenztragfähigkeit ist. Im Hinblick auf die beiden Profile ist festzustellen, dass beim HEM 200 etwa bis $\bar{\lambda}_M = 0{,}9$ größere erf v_0 als beim IPE 600 benötigt werden. Im Gegensatz dazu ergibt sich für schlankere Träger die umgekehrte Tendenz.

Bei kurzen Trägern ist die Querkraft an den Auflagern für die Bemessung maßgebend, sodass sich die Grenztragfähigkeit dann mit $V_z = V_{pl,z,d}$ ergibt. Dieser Fall ist bei Trägern aus dem Profil IPE 600 für $\bar{\lambda}_M < 0{,}65$ maßgebend.

Die hier dargestellte stichprobenartige Untersuchung zeigt, dass die in den Vorschriften angegebenen geometrischen Ersatzimperfektionen für viele Anwendungsfälle zu klein sind. Als Ergänzung von Tabelle 7.5 sind daher in Bild 7.8 die maximalen Tragfähigkeiten nach dem Ersatzimperfektionsverfahren max $q_z(v_0)$ im Vergleich zur Fließzonentheorie max q_z(FZT) dargestellt. Wie man sieht, führt der Ansatz von $v_0 = \ell/400$ (HEM 200) bzw. $v_0 = \ell/500$ (IPE 600) zu Tragfähigkeiten, die bis zu 7,7 % (HEM 200) bzw. 22,6 % (IPE 600) auf der unsicheren Seite liegen. Da α_{pl} auf 1,25 begrenzt wurde, handelt es sich um vorschriftenkonforme Berechnungen.

7.2 Geometrische Ersatzimperfektionen

Die festgestellten Unsicherheiten liegen so weit auf der unsicheren Seite, dass sie durch das Sicherheitskonzept mit $\gamma_M = 1{,}1$ nicht aufgefangen werden. Es bedarf weiterer Untersuchungen zur Festlegung der geometrischen Ersatzimperfektionen, da unterschiedliche baustatische Systeme, Belastungen (Biegemomentenverläufe) und Querschnitte erfasst werden müssen. Bis zu einer abschließenden Klärung wird vorgeschlagen, folgende geometrische Ersatzimperfektionen zu verwenden:

- $v_0 = \ell/200$ und Begrenzung auf $\alpha_{pl} \leq 1{,}25$
- $v_0 = \ell/150$ **ohne** Begrenzung von α_{pl}

Mit diesen Werten ergeben sich, wie Bild 7.8 zeigt, Abweichungen von bis zu 3,6 % bzw. 1,8 % auf der unsicheren Seite. Es können auch die in Tabelle 7.5 zusammengestellten genaueren v_0-Werte angesetzt werden. Dies setzt jedoch voraus, dass der bezogene Schlankheitsgrad $\bar{\lambda}_M$ bekannt ist, der bei Anwendung des Ersatzimperfektionsverfahrens in der Regel nicht berechnet wird.

Die oben angegebenen v_0-Werte gelten für den Träger in Tabelle 7.5 mit einem **parabelförmigen Momentenverlauf**, für den gemäß Tabelle 5.7 $k_c = 0{,}94$ ist. Mit Hilfe von Bild 5.11 kann **qualitativ** beurteilt werden, wie sich andere Momentenverläufe auf die erforderlichen geometrischen Ersatzimperfektionen v_0 auswirken.

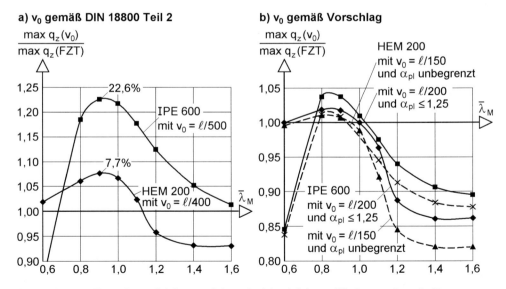

Bild 7.8 Ersatzimperfektionsverfahren im Vergleich zur Fließzonentheorie für unterschiedliche v_0 und Begrenzung von α_{pl}

Biegedrillknicken mit planmäßiger Torsion

Bei Biegeträgern ohne planmäßige Torsion treten unter Berücksichtigung von geometrischen Ersatzimperfektionen $v_0(x)$ bei Berechnungen nach Theorie II. Ordnung Torsionsmomente und Wölbbimomente auf, s. Abschnitt 9.8.2. Sofern **planmäßige** Torsionsbeanspruchungen wie beispielsweise in Abschnitt 9.8.5 hinzukommen, stellt sich die Frage, welche Ersatzimperfektionen anzusetzen sind. Diese Frage wird in den Vorschriften nicht beantwortet und ist auch nicht in der Literatur abschließend geklärt.

Experimentelle und rechnerische Untersuchungen in [18] und [2] zeigen, dass die erforderlichen geometrischen Ersatzimperfektionen **bei planmäßiger Torsion** stark vom jeweiligen Anwendungsfall abhängig sind und teilweise größere Werte anzusetzen sind. Nach dem derzeitigen Stand der Untersuchungen in [2] liegt man mit den in Bild 7.8b vorgeschlagenen v_0-Werten maximal 5 % auf der unsicheren Seite, wenn planmäßige Torsion hinzukommt. Genauere Angaben sind erst nach Abschluss der Forschungsarbeiten möglich.

7.3 Schnittgrößen nach Theorie II. Ordnung

Beim Ersatzimperfektionsverfahren müssen die Schnittgrößen unter Berücksichtigung der geometrischen Ersatzimperfektionen nach Theorie II. Ordnung ermittelt werden. Dies ist bei der Nachweisführung gemäß Abschnitt 7.1 die anspruchsvollste Aufgabenstellung. Aus didaktischen Gründen wird die Thematik gesondert in zwei Kapiteln behandelt:

- Kapitel 8: Theorie II. Ordnung für Biegung mit Normalkraft
- Kapitel 9: Theorie II. Ordnung für beliebige Beanspruchungen

In Kapitel 8 steht das Biegeknicken, d. h. die Theorie II. Ordnung aufgrund von Drucknormalkräften, im Vordergrund. Zur Vervollständigung wird auch der Einfluss von Zugnormalkräften behandelt.

Kapitel 9 schließt an Kapitel 8 an und enthält die Erweiterung für die Schnittgrößenermittlung nach Theorie II. Ordnung bei beliebigen Beanspruchungen. Im Hinblick auf die Bedeutung für die Baupraxis liegen die Schwerpunkte bei den folgenden Beanspruchungsfällen:

- Biegedrillknicken bei planmäßig einachsiger Biegung
- Biegedrillknicken bei planmäßiger Biegung und Torsion
- Biegeknicken bei planmäßig zweiachsiger Biegung mit Druckkraft

Die Abschnitte 8.5 bis 8.11, 9.8 sowie 10.6 und 10.7 enthalten Berechnungsbeispiele, bei denen die Schnittgrößen nach Theorie II. Ordnung ermittelt werden.

7.4 Nachweis ausreichender Querschnittstragfähigkeit

7.4.1 Spannungsnachweise

Gemäß Tabelle 2.2 sind beim Nachweisverfahren „Elastisch-Elastisch" *Spannungsnachweise* zu führen. Die Ermittlung von Spannungen wird hier als bekannt vorausgesetzt und in [25] als ein Schwerpunktthema ausführlich behandelt. Im Folgenden werden Formeln zusammengestellt, die häufig benötigt werden:

- *Normalspannungen* σ_x

$$\sigma_x = \frac{N}{A} + \frac{M_y}{I_y} \cdot z - \frac{M_z}{I_z} \cdot y + \frac{M_\omega}{I_\omega} \cdot \omega \qquad (7.1)$$

Die Formel gilt für beliebige Querschnitte und kann für N, M_y und M_z problemlos verwendet werden. Bei dünnwandigen offenen Querschnitten gilt dies auch für das Wölbbimoment. Die Ermittlung von I_ω und ω ist für dickwandige sowie für dünnwandige Querschnitte mit Hohlzellen aufwändig.

- *Schubspannungen* τ
Bei dünnwandigen offenen Querschnitten können die *Schubspannungen* infolge V_z, V_y und M_{xs} mit

$$\tau_{xs} = -\frac{V_z \cdot S_y(s)}{I_y \cdot t(s)} - \frac{V_y \cdot S_z(s)}{I_z \cdot t(s)} - \frac{M_{xs} \cdot A_\omega(s)}{I_\omega \cdot t(s)} \qquad (7.2)$$

berechnet werden. Für das primäre Torsionsmoment werden querschnittsabhängige Formeln benötigt, beispielsweise

$$\tau_{xs} = \frac{M_{xp}}{I_T} \cdot t(s) \qquad (7.3)$$

für dünnwandige offene Querschnitte aus rechteckigen Blechen und

$$\tau_{xs} = \frac{M_{xp}}{2 \cdot A_m \cdot t(s)} \qquad (7.4)$$

für einzellige Hohlkastenquerschnitte.
Häufig wird infolge V_z auch eine mittlere (konstante) *Schubspannung* im Steg berechnet und bei den *Spannungsnachweisen* verwendet:

$$\tau_m = \frac{V_z}{A_{Steg}} \qquad (7.5)$$

In Bild 7.9 sind die Berechnungsformeln und Spannungsverteilungen für einen I-Querschnitt dargestellt.

7 Nachweise unter Ansatz von Ersatzimperfektionen

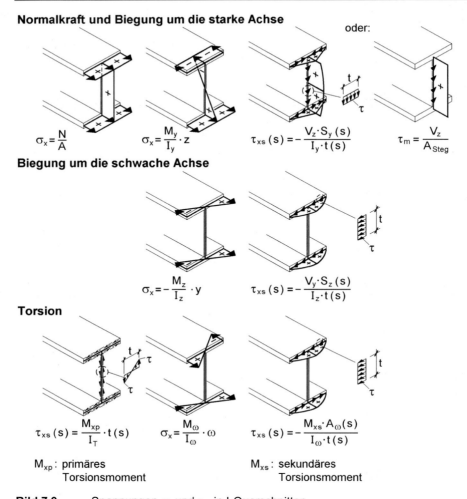

Bild 7.9   Spannungen σ_x und τ_{xs} in I-Querschnitten

7.4.2 Plastische Querschnittstragfähigkeit

Die Ermittlung der Tragfähigkeit von Querschnitten nach der Plastizitätstheorie wird in [25] ausführlich behandelt. Für die Nachweise können

- Interaktionsbedingungen,
- Bedingungen des Teilschnittgrößenverfahrens oder
- EDV-Programme mit einer Iteration der Dehnungen

verwendet werden.

Im Folgenden werden einige Lösungen zusammengestellt, die häufig benötigt werden und für die Handrechnung geeignet sind.

7.4 Nachweis ausreichender Querschnittstragfähigkeit

Doppeltsymmetrische I-Querschnitte

Häufig werden die in DIN 18800-1 angegebenen **Interaktionsbedingungen** für den Nachweis ausreichender Querschnittstragfähigkeit verwendet. Die Bedingungen in Tabelle 7.6 gelten für Biegung um die **starke** Achse mit Normalkraft (also für N, M_y und V_z) und in Tabelle 7.7 für Biegung um die **schwache** Achse mit Normalkraft (also für N, M_z und V_y). Diese Bedingungen erfassen die Querschnittstragfähigkeit fast genau, wenn der Stegflächenanteil $\delta = A_{Steg}/A \cong 0{,}20$ ist. Für die Interaktionsbedingungen in den Tabellen 7.6 und 7.7 werden die vollplastischen Schnittgrößen benötigt. Sie können für gewalzte I-Profile aus Tabellen abgelesen werden, z. B. [30], oder für dünnwandige I-Querschnitte aus drei Blechen mit Hilfe von Bild 7.10 bestimmt werden. Bei den Tabellen 7.6 und 7.7 müssen alle Schnittgrößen betragsmäßig, d. h. positiv, eingesetzt werden.

Tabelle 7.6 Interaktionsbedingungen für doppeltsymmetrische I-Querschnitte mit N, M_y und V_z (Biegung um die starke Achse) nach DIN 18800 Teil 1, Tab. 16

Gültigkeits- bereich	$\dfrac{V_z}{V_{pl,z,d}} \leq 0{,}33$	$0{,}33 < \dfrac{V_z}{V_{pl,z,d}} \leq 1{,}0$
$\dfrac{N}{N_{pl,d}} \leq 0{,}1$	$\dfrac{M_y}{M_{pl,y,d}} \leq 1$	$0{,}88 \dfrac{M_y}{M_{pl,y,d}} + 0{,}37 \dfrac{V_z}{V_{pl,z,d}} \leq 1$
$0{,}1 < \dfrac{N}{N_{pl,d}} \leq 1$	$0{,}9 \dfrac{M_y}{M_{pl,y,d}} + \dfrac{N}{N_{pl,d}} \leq 1$	$0{,}8 \dfrac{M_y}{M_{pl,y,d}} + 0{,}89 \dfrac{N}{N_{pl,d}} + 0{,}33 \dfrac{V_z}{V_{pl,z,d}} \leq 1$

Tabelle 7.7 Interaktionsbedingungen für doppeltsymmetrische I-Querschnitte mit N, M_z und V_y (Biegung um die schwache Achse) nach DIN 18800 Teil 1, Tab. 17

Gültigkeits- bereich	$\dfrac{V_y}{V_{pl,y,d}} \leq 0{,}25$	$0{,}25 < \dfrac{V_y}{V_{pl,y,d}} \leq 0{,}9$
$\dfrac{N}{N_{pl,d}} \leq 0{,}3$	$\dfrac{M_z}{M_{pl,z,d}} \leq 1$	$0{,}95 \dfrac{M_z}{M_{pl,z,d}} + 0{,}82 \left(\dfrac{V_y}{V_{pl,y,d}}\right)^2 \leq 1$
$0{,}3 < \dfrac{N}{N_{pl,d}} \leq 1$	$0{,}91 \dfrac{M_z}{M_{pl,z,d}} + \left(\dfrac{N}{N_{pl,d}}\right)^2 \leq 1$	$0{,}87 \dfrac{M_z}{M_{pl,z,d}} + 0{,}95 \left(\dfrac{N}{N_{pl,d}}\right)^2$ $+ 0{,}75 \left(\dfrac{V_y}{V_{pl,y,d}}\right)^2 \leq 1$

Mit dem **Teilschnittgrößenverfahren (TSV)** nach [25] und [27] können beliebige Kombinationen der Schnittgrößen N, M_y, V_z, M_z, V_y, M_ω, M_{xs} und M_{xp} nachgewiesen werden. Abschnitt 10.4.6 in [25] enthält alle erforderlichen Angaben. Hier werden in Tabelle 7.8 die Nachweise für zweiachsige Biegung mit Normalkraft angegeben. Das TSV in Tabelle 7.8 enthält beide Schnittgrößenkombinationen, die in den Tabellen 7.6 und 7.7 behandelt werden, sowie ergänzende Kombinationen, wobei das TSV die

Tragfähigkeit in der Regel genauer erfasst. Da der Anteil der Stegfläche bei den Nachweisbedingungen eingeht, können bei vielen Anwendungsfällen höhere Tragfähigkeiten nachgewiesen werden.

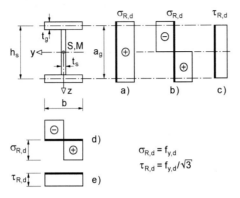

a) $N_{pl,d} = (2 \cdot t_g \cdot b + t_s \cdot h_s) \cdot \sigma_{R,d}$

b) $M_{pl,y,d} = (t_g \cdot b \cdot a_g + t_s \cdot h_s^2 / 4) \cdot \sigma_{R,d}$

c) $V_{pl,z,d} = t_s \cdot a_g \cdot \tau_{R,d}$

d) $M_{pl,z,d} = t_g \cdot b^2 \cdot \sigma_{R,d}/2$

e) $V_{pl,y,d} = 2 \cdot t_g \cdot b \cdot \tau_{R,d}$

$\sigma_{R,d} = f_{y,d}$
$\tau_{R,d} = f_{y,d}/\sqrt{3}$

Bild 7.10 Spannungsverteilungen bei doppeltsymmetrischen I-Querschnitten für Schnittgrößen im vollplastischen Zustand und Berechnungsformeln, [25]

Tabelle 7.8 Nachweise zur Grenztragfähigkeit von I-Querschnitten für N, M_y, M_z und V_y und V_z mit dem TSV nach [25]

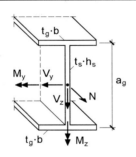

Nachweisbedingungen

Querkraft V_y: $\quad V_y \leq V_{pl,y,d}$

Querkraft V_z: $\quad V_z \leq V_{pl,z,d}$

Biegemoment M_z: $\quad M_z \leq M_{gr,z} = M_{pl,z,d} \cdot \sqrt{1-\left(V_y/V_{pl,y,d}\right)^2}$

Normalkraft N und Biegemoment M_y:

$\quad N < N_{gr,s}: \quad M_y \leq N_{gr,g} \cdot a_g + M_s$

$\quad$ oder

$\quad N_{gr,s} \leq N \leq N_{gr}: \quad M_y \leq \left(N_{gr} - N\right) \cdot a_g / 2$

Alle Schnittgrößen **betragsmäßig** einsetzen!

Rechenwerte:

$N_{gr,g} = t_g \cdot b \cdot f_{y,d} \cdot \sqrt{1-\left(V_y/V_{pl,y,d}\right)^2} \cdot \sqrt{1-M_z/M_{gr,z}} \qquad N_{gr,s} = t_s \cdot h_s \cdot f_{y,d} \cdot \sqrt{1-\left(V_z/V_{pl,z,d}\right)^2}$

$N_{gr} = 2 \cdot N_{gr,g} + N_{gr,s} \qquad M_s = \left(1-\left(N/N_{gr,s}\right)^2\right) \cdot N_{gr,s} \cdot h_s / 4$

Bei den Nachweisen in Tabelle 7.8 sind die Bedingungen $M_{xp} = M_{xs} = M_\omega = 0$ enthalten. Die Bedingung $M_\omega = 0$ führt dazu, dass der Querschnitt bei gewissen Schnittgrößenkombinationen nicht voll durchplastiziert ist. Die vorhandenen Tragfähigkeitsreserven können, wie in [18] festgestellt, durchaus ausgenutzt werden, wenn man entsprechende Wölbbimomente zulässt. Es treten dann natürlich im baustatischen System Torsionsbeanspruchungen und Torsionsverdrehungen ϑ auf. Tabelle 7.9 enthält

7.4 Nachweis ausreichender Querschnittstragfähigkeit

Nachweise für N, M_y und M_z, wobei der Fall $M_\omega = 0$ Tabelle 7.8 entspricht und bei $M_\omega \neq 0$ Torsion zugelassen wird. Unterschiede ergeben sich nur für relativ große Normalkräfte, wenn $N > N_{gr,s}$ ist. Mit Hilfe von Tabelle 7.10 kann der Sonderfall erfasst werden, dass neben den beiden Biegemomenten M_y und M_z ein planmäßiges Wölbbimoment M_ω auftritt und beim Nachweis berücksichtigt werden soll.

Tabelle 7.9 Nachweise zur Grenztragfähigkeit von I-Querschnitten für N, M_y und M_z

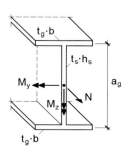

$N_{pl} = A \cdot f_y$
$N_{pl,s} = t_s \cdot h_s \cdot f_y$
$M_{pl,s} = N_{pl,s} \cdot h_s/4$
$N_{pl,g} = t_g \cdot b \cdot f_y$

Nachweisbedingung:

$$\left(\frac{N_g}{N_{pl,g}}\right)^2 + \frac{M_z}{M_{pl,z}} \leq 1$$

N_g für $0 \leq N \leq N_{pl,s}$ (kleine Normalkraft):
$N_g = 0$ für $M_y \leq \alpha \cdot M_{pl,s}$
$N_g = (M_y - \alpha \cdot M_{pl,s})/a_g$ für $M_y > \alpha \cdot M_{pl,s}$
mit: $\alpha = 1 - (N/N_{pl,s})^2$

N_g für $N_{pl,s} < N \leq N_{pl}$ (große Normalkraft):
$N_g = (N - N_{pl,s})/2 + M_y/a_g$

Wenn $N_g \leq N_{pl,g}$ ist, kann der Nachweis auch mit

$$N_g = \sqrt{(N - N_{pl,s})^2/4 + (M_y/a_g)^2}$$

geführt werden. Es geht dann jedoch ein Wölbbimoment $M_\omega \neq 0$ ein und neben der planmäßig zweiachsigen Biegung mit Normalkraft tritt auch Torsion auf.

N, M_y und M_z betragsmäßig einsetzen!

Tabelle 7.10 Nachweise zur Grenztragfähigkeit von I-Querschnitten für M_y, M_z und M_ω mit dem TSV nach [25]

Nachweisbedingungen:
Biegemoment M_z und Wölbbimoment M_ω:

$$\left|\frac{M_z}{2}\right| + \left|\frac{M_\omega}{a_g}\right| \leq M_{pl,g,d} = \frac{1}{4} \cdot t_g \cdot b^2 \cdot f_{y,d} \quad {}^{*)}$$

Biegemoment M_y:

$h_o \leq 0: |M_y| \leq (t_g \cdot b_u + t_s \cdot h_s/2) \cdot a_g \cdot f_{y,d} = \max M_{ya}$

oder

$h_o > 0: |M_y| \leq \max M_{ya} - t_s \cdot h_o \cdot (h_o + a_g - h_s) \cdot f_{y,d}$

mit: $h_o = \dfrac{h_s}{2} - \dfrac{b_o - b_u}{2} \cdot \dfrac{t_g}{t_s}$

$b_o = b \cdot \sqrt{1 - \left|\dfrac{|M_z/2| - |M_\omega/a_g|}{M_{pl,g,d}}\right|}$; b_u wie b_o jedoch mit $+|M_\omega/a_g|$

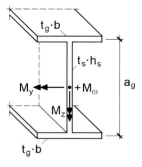

${}^{*)}$ Bei Begrenzung auf $\alpha_{pl} = 1{,}25$ ist $M_{pl,g,d}$ mit $1{,}25/1{,}5$ abzumindern.

Kreisförmige Hohlquerschnitte

Die Nachweise können mit Hilfe von Tabelle 7.11 für beliebige Schnittgrößenkombinationen geführt werden. Gegebenenfalls sind vorab die resultierenden Biegemomente und Querkräfte zu berechnen:

$$M = \sqrt{M_y^2 + M_z^2} \quad \text{und} \quad V = \sqrt{V_y^2 + V_z^2}$$

Tabelle 7.11 Nachweise zur Grenztragfähigkeit von kreisförmigen Hohlprofilen für die Schnittgrößen N, M, V und M_x, [25]

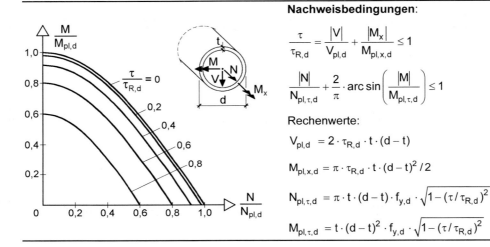

Andere Querschnittsformen

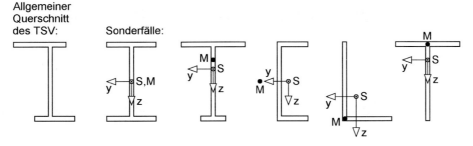

Bild 7.11 Allgemeiner Querschnitt des TSV und einige Sonderfälle

Mit dem TSV nach [25], [26] und [27] gelingt es, für viele baupraktische Anwendungsfälle den Nachweis ausreichender Querschnittstragfähigkeit zu führen. Der Querschnitt kann aus drei oder zwei Blechen bestehen, wobei der Steg senkrecht und die Gurte horizontal, ansonsten aber beliebig, angeordnet sind. Mit diesem Querschnitt können u. a. die in Bild 7.11 dargestellten Sonderfälle erfasst werden. Abschnitt 10.7 in [25] enthält alle erforderlichen Nachweisbedingungen, wobei beliebige Schnittgrößen in beliebiger Kombination Berücksichtigung finden können. Eckige Hohlprofile gemäß Bild 7.12 können ebenfalls mit den in [25] angegebenen Bedingungen nachgewiesen werden.

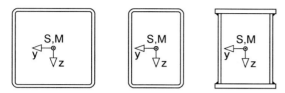

Bild 7.12   Eckige Hohlprofile mit Nachweisbedingungen in [25]

8 Theorie II. Ordnung für Biegung mit Normalkraft

8.1 Problemstellung und Ziele

Für die Nachweise mit dem Ersatzimperfektionsverfahren gemäß Kapitel 7 werden die Schnittgrößen nach Theorie II. Ordnung benötigt. Gelegentlich müssen auch die Verformungen nach Theorie II. Ordnung berechnet werden, beispielsweise dann, wenn entsprechende Gebrauchstauglichkeitsnachweise zu führen sind. Als Einführung in die Problemstellung wird zunächst die Stütze in Bild 8.1 betrachtet. Sie soll ideal gerade sein und senkrecht stehen, d. h. Imperfektionen werden hier nicht angenommen.

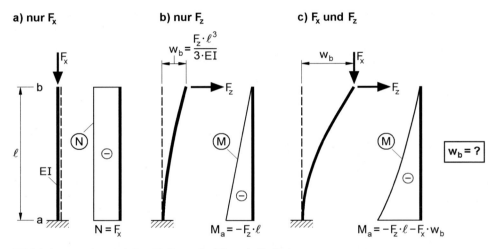

Bild 8.1 Prinzipieller Einfluss der Theorie II. Ordnung

In Bild 8.1a ist die Stütze nur durch F_x belastet und es tritt eine konstante Druckkraft $N = F_x$ auf. Bei der Belastung durch F_z, Bild 8.1b, entsteht ein linear veränderliches Biegemoment und die Verschiebungen $w(x)$ mit dem Größtwert am Stützenkopf können problemlos mit den bekannten Methoden der Baustatik bestimmt werden. Wenn nun wie in Bild 8.1c F_x und F_z gemeinsam wirken, so ergibt sich unmittelbar aus der Anschauung, dass die horizontalen Verschiebungen in Bild 8.1b durch F_x größer werden. Ursache dafür ist der außermittige Lastangriff von F_x bezüglich der unverformten Stabachse am unverformten System. Dieser Effekt führt auch zu einer Veränderung der Biegemomente $M(x)$ und an der Einspannstelle ist $M_a = -F_z \cdot \ell - F_x \cdot w_b$. Der Vergleich mit $M_a = -F_z \cdot \ell$ in Bild 8.1b zeigt, dass der erste Term zur linearen Stabtheorie gehört. Der zweite Term erfasst den Einfluss der Theorie II. Ordnung, d. h. des Gleichgewichts am verformten System. Wie man leicht sieht, können die Verschiebungen $w(x)$, insbesondere w_b, infolge F_x **und** F_z in Bild 8.1c nicht ohne weite-

8.1 Problemstellung und Ziele

res berechnet werden. Verallgemeinert ergibt sich aus Bild 8.1 folgende Problemstellung: Wie können Verformungen und Schnittgrößen nach Theorie II. Ordnung bestimmt werden?

Nach einer Klärung der grundlegenden Zusammenhänge in Abschnitt 8.2 und der Formulierung der Gleichgewichtsbedingungen werden anschließend folgende Methoden behandelt:

- Verwendung der virtuellen Arbeit
- Lösung der Differentialgleichung (DGL)
- Iterative Berechnungen
- Vergrößerungsfaktoren
- Ersatzbelastungsverfahren

Natürlich wird man in der Praxis häufig EDV-Programme einsetzen und nur bei einfachen Anwendungsfällen die o. g. Lösungsmöglichkeiten verwenden. Zur Klarstellung seien daher die vorrangigen Ziele genannt, die in diesem Kapitel verfolgt werden:

- Grundlegende Zusammenhänge klären
- Grundgleichungen bereitstellen
- Verständnis für das Tragverhalten wecken und schulen
- Kontrollmöglichkeiten für Berechnungen mit EDV-Programmen zur Verfügung stellen

Aus didaktischen Gründen wird hier nur die **einachsige Biegung mit Normalkraft** behandelt. Dies ist nicht nur der einfachste Fall bei der Theorie II. Ordnung, er hat auch für baupraktische Anwendungsfälle die größte Bedeutung und bildet darüber hinaus den Ausgangspunkt für beliebige Beanspruchungsfälle, s. Kapitel 9.

Anmerkungen: Die Zustandsgrößen für die Stütze in Bild 8.1c können mit der Lösung der DGL (s. Tabelle 8.3) oder unter Verwendung von Vergrößerungsfaktoren (s. Abschnitt 8.7) bestimmt werden. Die Verschiebung am Stützenkopf kann mit

$$w_b = \frac{F_z \cdot \ell^3}{EI \cdot \varepsilon^3} \cdot (\tan\varepsilon - \varepsilon) \quad \text{bzw.} \quad w_b \cong \frac{F_z \cdot \ell^3}{3 \cdot EI} \cdot \frac{1 - 0{,}014 \cdot N/N_{Ki}}{1 - N/N_{Ki}}$$

berechnet werden und das Biegemoment an der Einspannstelle mit:

$$M_a = -F_z \cdot \ell \cdot \frac{\tan\varepsilon}{\varepsilon} \quad \text{bzw.} \quad M_a = -F_z \cdot \ell \cdot \frac{1 - 0{,}18 \cdot N/N_{Ki}}{1 - N/N_{Ki}}$$

Als Parameter werden bei diesen Berechnungen die Stabkennzahl ε und die ideale Drucknormalkraft N_{Ki} verwendet.

8.2 Grundlegende Zusammenhänge

Zur Klärung der grundlegenden Zusammenhänge wird die Stütze in Bild 8.2 betrachtet. Da als Steifigkeit EI $\to \infty$ angenommen wird, kann sie sich nicht verkrümmen und bleibt daher gerade. Dabei wird die Wegfeder C_w zusammengedrückt und die Verformungen der Stütze können mit **einer** Verformungsgröße beschrieben werden. Gewählt wird gemäß Bild 8.2c die Stabverdrehung φ.

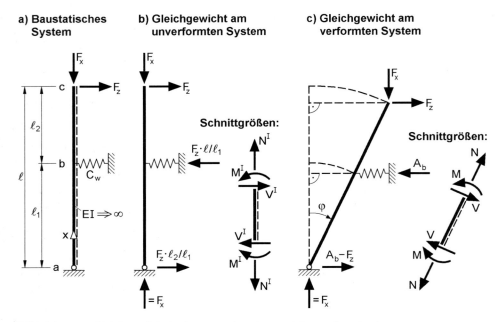

Bild 8.2 Gleichgewicht in der **un**verformten und der verformten Lage

Gleichgewicht am unverformten System

Bei der linearen Stabtheorie (Theorie I. Ordnung) wird das *Gleichgewicht am unverformten System* formuliert. Da das System statisch bestimmt ist, können die Auflagerkräfte und Schnittgrößen ohne Schwierigkeiten bestimmt werden. Mit den Skizzen in Bild 8.2b ergeben sich die in Tabelle 8.1 zusammengestellten Schnittgrößen nach Theorie I. Ordnung (Kopfzeiger „I") für den **oberen** Stützenbereich.

Tabelle 8.1 Schnittgrößen im oberen Bereich der Stütze in Bild 8.2a

Schnittgrößen	Lineare Stabtheorie	Geometrisch nichtlineare Stabtheorie
Normalkraft	$N^I(x) = -F_x$	$N(x) = -F_x \cdot \cos \varphi + F_z \cdot \sin \varphi$
Querkraft	$V^I(x) = F_z$	$V(x) = F_z \cdot \cos \varphi + F_x \cdot \sin \varphi$
Biegemoment	$M^I(x) = -F_z \cdot (\ell - x)$	$M(x) = -F_z \cdot (\ell - x) \cdot \cos \varphi - F_x \cdot (\ell - x) \cdot \sin \varphi$

8.2 Grundlegende Zusammenhänge

Mit dem linearen Federgesetz

$$A_b^I = C_w \cdot w_b^I \tag{8.1}$$

und der Auflagerkraft

$$A_b^I = F_z \cdot \ell/\ell_1 \tag{8.2}$$

erhält man

$$C_w \cdot w_b^I = F_z \cdot \ell/\ell_1 \tag{8.3}$$

und für kleine Winkel mit $w_b^I = \varphi^I \cdot \ell_1$

$$\varphi^I = \frac{F_z \cdot \ell}{C_w \cdot \ell_1^2}. \tag{8.4}$$

Gleichgewicht am verformten System

In Bild 8.2c ist das verformte System mit einem relativ großen Winkel φ gezeichnet. Damit soll sichtbar werden, dass sich die Stütze wie die Speiche eines Rades um den Fußpunkt dreht, der Kopfpunkt auf einem Kreisbogen liegt und sich daher im Vergleich zur unverformten Lage nach unten verschiebt. Darüber hinaus soll deutlich werden, dass die Lasten F_x und F_z ihre Richtung beibehalten und quasi am Kopfpunkt der Stütze „befestigt" sind und sich daher entsprechend mit verschieben. Dies ist jedenfalls die Grundlage der Stabtheorie, die bis auf Ausnahmefälle auch der Realität entspricht.

Die Schnittgrößen N, M und V, die man für die Bemessung benötigt, beziehen sich, wie die Skizze in Bild 8.2c zeigt, auf die **verformte Stabachse**. Mit den trigonometrischen Funktionen sin φ und cos φ können sie, wie in Tabelle 8.1 rechts angegeben, für den oberen Teil der Stütze berechnet werden.

Die Auflagerkraft A_b ergibt sich aus dem Momentengleichgewicht am verformten System (Bild 8.2c) wie folgt:

$$A_b \cdot \ell_1 \cdot \cos\varphi = F_z \cdot \ell \cdot \cos\varphi + F_x \cdot \ell \cdot \sin\varphi \tag{8.5}$$

Andererseits gilt wiederum das lineare Federgesetz

$$A_b = C_w \cdot w_b, \tag{8.6}$$

sodass die Gln. (8.5) und (8.6) zu der folgenden Beziehung führen:

$$C_w \cdot w_b = F_z \cdot \ell/\ell_1 + F_x \cdot \ell/\ell_1 \cdot \tan\varphi \tag{8.7}$$

Die Verschiebung w_b wird nun durch

$$w_b = \ell_1 \cdot \sin\varphi \tag{8.8}$$

ersetzt, sodass sich die folgende Gleichung ergibt:

$$C_w \cdot \ell_1 \cdot \sin\varphi - F_x \cdot \ell/\ell_1 \cdot \tan\varphi = F_z \cdot \ell/\ell_1 \tag{8.9}$$

Gl. (8.9) ist eine nichtlineare Gleichung zur Bestimmung von φ, die zur **geometrisch nichtlinearen**, also exakten, **Stabtheorie** gehört. Sie kann nur iterativ gelöst werden, was für die üblichen Problemstellungen im Bauwesen zu umständlich und auch im Rahmen der erforderlichen Berechnungsgenauigkeit nicht erforderlich ist. Das **geometrisch nichtlineare Problem** wird daher im Sinne einer **Theorie II. Ordnung** teilweise linearisiert. Dabei geht man davon aus, dass die Verdrehungen klein sind und näherungsweise

$$\sin \varphi = \tan \varphi = \varphi \qquad (8.10)$$

und

$$\cos \varphi = 1 \qquad (8.11)$$

gesetzt werden können. Damit folgt aus Gl. (8.9)

$$\left(C_w \cdot \ell_1 - F_x \cdot \ell/\ell_1\right) \cdot \varphi = F_z \cdot \ell/\ell_1, \qquad (8.12)$$

sodass sich der Winkel φ wie folgt ergibt:

$$\varphi = \frac{F_z \cdot \ell}{C_w \cdot \ell_1^2 - F_x \cdot \ell} \qquad (8.13)$$

Im Vergleich zu Gl. (8.4) tritt hier im Nenner zusätzlich ein Term auf, der F_x enthält und die Nichtlinearität im Sinne der Theorie II. Ordnung erfasst. Wenn man den Nenner in Gl. (8.13) gleich Null setzt, wird die Verdrehung φ unendlich groß. Daraus ergibt sich auch, wie in Abschnitt 4.3 beschrieben, die **Knickbedingung für das Eigenwertproblem** und die **Verzweigungslast**:

$$F_{Ki,x} = C_w \cdot \ell_1^2 / \ell \qquad (8.14)$$

Bei Theorie II. Ordnung werden nicht nur die Winkelfunktionen, siehe Gln. (8.10) und (8.11), linearisiert, sondern auch mit einer weiteren Näherung die Last F_x durch die Drucknormalkraft ersetzt. Der Vorteil dieser Maßnahme wird an dem untersuchten Beispiel nicht deutlich, ist aber bei Stabwerken im Sinne einer möglichst einfachen Lösung notwendig. Bei dieser Näherung werden die **Drucknormalkräfte nach Theorie I. Ordnung** für die weiteren Berechnungen nach Theorie II. Ordnung verwendet. Hier ergibt sich mit Hilfe von Bild 8.2, wenn N als Drucknormalkraft positiv definiert wird,

$$F_x = N^I \qquad (8.15)$$

und daher auch:

$$F_{Ki,x} = N_{Ki}^I \qquad (8.16)$$

Der Kopfzeiger I wird jedoch in der Regel weggelassen, weil diese Vorgehensweise ein allgemein bekannter Bestandteil der Theorie II. Ordnung im Stahlbau ist.

In Bild 8.3 ist die Verdrehung der Stütze nach Theorie I. und II. Ordnung sowie auf Grundlage der geometrisch nichtlinearen Theorie dargestellt. Da die Verdrehung von F_x und F_z abhängt, wurde beispielhaft der Fall $F_z = 0{,}2 \cdot F_x$ gewählt. Wie man sieht,

8.2 Grundlegende Zusammenhänge

sind die Unterschiede bis etwa 15° gering, weil sin φ = φ und cos φ = 1 mit 101,2 % und 103,5 % vergleichsweise gute Näherungen sind. Wenn man die Gln. (8.14) bis (8.16) in Gl. (8.13) einführt und darüber hinaus Gl. (8.4) berücksichtigt, so kann man die Verdrehung φ auch wie folgt berechnen:

$$\varphi = \varphi^I \cdot \alpha \quad \text{mit} \quad \alpha = \frac{1}{1 - N/N_{Ki}} \tag{8.17}$$

In Gl. (8.17) ist α ein *Vergrößerungsfaktor* mit dem die Verdrehung nach Theorie I. Ordnung φ^I vergrößert wird.

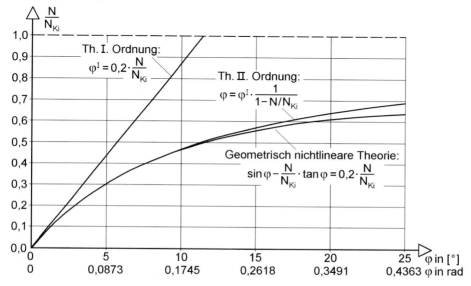

Bild 8.3 Verdrehung der Stütze in Bild 8.2 nach den verschiedenen Theorien

Anmerkung: Gemäß Bild 8.3 ergeben sich nach der geometrisch nichtlinearen Theorie **größere** Verdrehungen als nach Theorie II. Ordnung. Dies ist im Vergleich zu den Systemen in Abschnitt 2.7 (und vielen anderen) ungewöhnlich. Bei der Stütze in Bild 8.2 wird das Tragverhalten in maßgebender Weise durch die Feder beeinflusst, für die in Bild 8.2c angenommen wurde, dass sie mit der Stütze fest verbunden ist und dass die Reaktionskraft die horizontale Richtung beibehält. Da diese Voraussetzungen in der Baupraxis kaum realisiert werden können, ist die Stütze für die Beschreibung des geometrisch nichtlinearen Tragverhaltens mit großen Verdrehungen nur bedingt geeignet. Die Stütze wurde hier zur Klärung grundlegender Zusammenhänge als Beispiel gewählt.

Mit Hilfe von Tabelle 8.1 und den Näherungen für die Winkelfunktionen ergeben sich die Schnittgrößen nach Theorie II. Ordnung für den oberen Bereich der Stütze wie folgt:

$$N = -F_x + F_z \cdot \varphi; \quad V = F_z + F_x \cdot \varphi \tag{8.18a,b}$$
$$M = -F_z \cdot (\ell - x) - F_x \cdot (\ell - x) \cdot \varphi \tag{8.18c}$$

Der Vergleich mit der linearen Stabtheorie zeigt, dass sich **alle** Schnittgrößen durch den Einfluss der Verdrehung verändern. Darüber hinaus beziehen sich gemäß Bild 8.2c die Normalkraft N und Querkraft V auf die verformte Stabachse. Man benötigt diese Schnittgrößen, weil damit der Nachweis ausreichender Querschnittstragfähigkeit zu führen ist, s. auch Abschnitt 2.5. Man kann natürlich auch (wie in Bild 4.5) Schnittgrößen mit Bezug auf die vertikale und horizontale Richtung berechnen, die Beanspruchung der Querschnitte darf damit aber nicht ermittelt werden.

Wie bei der Verdrehung φ kann man auch die Schnittgrößen V und M unter Verwendung des Vergrößerungsfaktors α in Gl. (8.17) bestimmen. Nach einigen äquivalenten Umformungen erhält man:

$$V = V^I \cdot \alpha \tag{8.19a}$$
$$M = M^I \cdot \alpha \tag{8.19b}$$

Mit dem Vergrößerungsfaktor α in Gl. (8.17) können die Verformungen, Querkräfte und Biegemomente auch bei vielen anderen Systemen mit ausreichender Genauigkeit berechnet werden. Abschnitt 8.7 enthält dazu nähere Angaben.

Der Vollständigkeit halber soll hier auch der bekannte Zusammenhang

$$V(x) = \frac{dM(x)}{dx} = M'(x) \tag{8.20}$$

angegeben werden. Er ergibt sich unmittelbar, wenn Gl. (8.18c) einmal nach x differenziert wird. Gl. (8.20) soll klarstellen, dass die Ableitung des Biegemomentes gleich der Querkraft senkrecht zur **verformten** Stabachse ist (s. Bild 8.2c).

8.3 Prinzip der virtuellen Arbeit

Wenn Tragwerke belastet werden, treten aufgrund der einwirkenden Lastgrößen Verformungen auf. Als Reaktion entstehen im Tragwerk Spannungen und Verzerrungen, die zu Schnitt- und Verformungsgrößen führen. Sofern die Beanspruchungen aufgenommen werden können, befindet sich das Tragwerk im Gleichgewicht. Die Formulierung der Gleichgewichtsbedingungen ist in der Baustatik eine zentrale Aufgabe und man benötigt entsprechende Prinzipien und Methoden. Üblich sind:

- *Prinzip der virtuellen Arbeit*
- Prinzip vom Minimum der potentiellen Energie
- Gleichgewicht am differentiellen Element/Differentialgleichungen

Im Folgenden wird das Prinzip der virtuellen Arbeit verwendet und es werden in Abschnitt 8.4 die Differentialgleichungen hergeleitet.

Ein Tragwerk befindet sich im Gleichgewicht, wenn die Summe der virtuellen Arbeiten gleich Null ist. Die Bedingung

$$\delta W = \delta W_{ext} + \delta W_{int} = 0 \tag{8.21}$$

8.3 Prinzip der virtuellen Arbeit

ist daher die allgemeine Forderung, dass Gleichgewicht vorhanden ist. In Gl. (8.21) ist δW_{ext} die *virtuelle Arbeit* der äußeren eingeprägten Kräfte (ext ≙ external) und δW_{int} die *virtuelle Arbeit* aufgrund der entstehenden Spannungen (int ≙ internal). Die innere *virtuelle Arbeit* ist als Reaktion auf die einwirkenden Kräfte negativ.

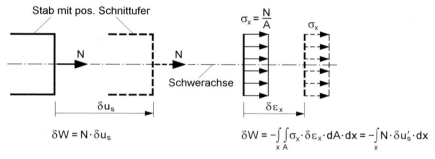

Virtuelle Arbeit: $\delta W = F \cdot \delta u_F$
(„Kraft mal virtueller Weg")

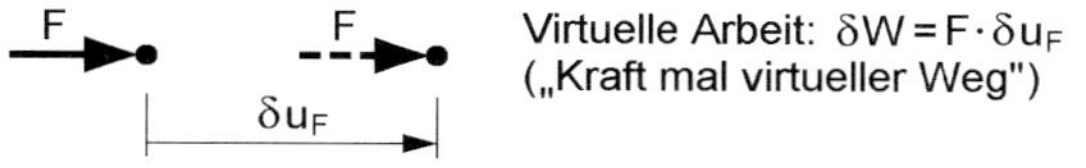

Bild 8.4   Virtuelle Arbeit einer Kraft

Der bekannte Zusammenhang „Arbeit = Kraft mal Weg" wird in Bild 8.4 aufgegriffen und eine Kraft F betrachtet. Sie wird **in** Richtung ihrer Wirkungslinie verschoben und der Verschiebungsweg mit δu_F bezeichnet. Diese gedanklich vorgenommene Verschiebung δu_F („virtuelle Verrückung") führt zur *virtuellen Arbeit* $\delta W = F \cdot \delta u_F$. Die äußere *virtuelle Arbeit* infolge von Einzellasten und Streckenlasten kann daher problemlos formuliert werden.

$\delta W = N \cdot \delta u_s$ $\delta W = -\int_x \int_A \sigma_x \cdot \delta \varepsilon_x \cdot dA \cdot dx = -\int_x N \cdot \delta u'_s \cdot dx$

Bild 8.5   Virtuelle Arbeit infolge Normalkraft N und Spannung σ_x

In vergleichbarer Weise wie für die Kraft F in Bild 8.4 kann auch die virtuelle Arbeit ermittelt werden, die eine Normalkraft bei der virtuellen Verschiebung eines Querschnitts leistet. Da N vereinbarungsgemäß im Schwerpunkt S angreift, wird die virtuelle Verschiebung in Bild 8.5 mit δu_S bezeichnet. Rechts daneben wird die Normalspannung infolge N beispielhaft für die Ermittlung der inneren virtuellen Arbeit betrachtet. Sie ist als Reaktion auf die einwirkenden Kräfte negativ und das Produkt $\sigma_x \cdot \delta \varepsilon_x$ über den gesamten Stab zu integrieren. So wie Verschiebungswege zu Kräften korrespondieren, gehören bei der inneren virtuellen Arbeit Dehnungen zu Spannungen. Die Formulierung der virtuellen Arbeit für Stäbe wird in [25] und [31] ausführlich behandelt. Hier wird gezielt nur der Beanspruchungsfall „Biegung mit Normalkraft" nach Theorie II. Ordnung untersucht. Bei diesem Fall werden in der inneren virtuellen Arbeit

$$\delta W_{int} = -\int_x \int_A \delta \varepsilon_x \cdot \sigma_x \cdot dA \cdot dx \qquad (8.22)$$

nur Normalspannungen σ_x berücksichtigt und die Stäbe als schubstarr aufgefasst.

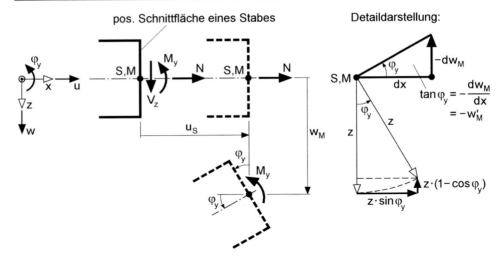

Bild 8.6 Verschiebungen u(z) und w(z) eines Querschnittspunktes infolge N und M_y

In Gl. (8.22) sollen die Normalspannung σ_x und die korrespondierende virtuelle Dehnung $\delta\varepsilon_x$ durch Verschiebungsgrößen ersetzt werden. Dazu werden in Bild 8.6 die positive Schnittfläche eines Stabes und die Verschiebungen betrachtet, die sich bei einachsiger Biegung mit Normalkraft ergeben. Grundlage ist, wie bei der Stabtheorie üblich, die Annahme vom Ebenbleiben der Querschnitte (*Bernoulli-Hypothese*). Der Querschnitt wird zunächst infolge N um u_S nach rechts und infolge Biegebeanspruchung um w_M nach unten verschoben. u_S ist die *Verschiebung* des Schwerpunktes und w_M ist die *Verschiebung* des Schubmittelpunktes. Die beiden Punkte ergeben sich aus der Normierung der Querschnittswerte, was in [25] ausführlich behandelt wird. In Bild 8.6 ist der Fall skizziert, dass S und M wie bei doppeltsymmetrischen Querschnitten in einem Punkt liegen.

Aufgrund der Annahme vom Ebenbleiben der Querschnitte führt das Biegemoment M_y zu einer Verdrehung φ_y der Querschnittsebene. Daraus folgen Verschiebungen in Richtung von u und w, die aus der Detaildarstellung in Bild 8.6 rechts abgelesen werden können, sodass sich insgesamt folgende Verschiebungen ergeben:

$$u(z) = u_S + z \cdot \sin\varphi_y \cong u_S - z \cdot w'_M \qquad (8.23)$$

$$w(z) = w_M - z \cdot (1 - \cos\varphi_y) \cong w_M \qquad (8.24)$$

Ebenfalls aus der Detaildarstellung in Bild 8.6 folgt:

$$\tan\varphi_y = -w'_M \qquad (8.25)$$

Da auch bei der Theorie II. Ordnung gemäß Tabelle 2.1 von „*schwach verformten Systemen*" ausgegangen wird, gilt näherungsweise $\cos\varphi_y \cong 1$, $\sin\varphi_y \cong \varphi_y$ und $\tan\varphi_y \cong \varphi_y$ sowie mit Gl. (8.25) $\varphi_y \cong -w'_M$.

8.3 Prinzip der virtuellen Arbeit

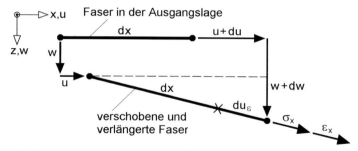

Bild 8.7 Verschiebung und Verlängerung einer Faser, [31]

Die Verschiebungen können nun dazu verwendet werden, die Dehnungen ε_x zu berechnen. Sie sind als Längenänderung bezogen auf die ursprüngliche Länge definiert, d. h. es gilt:

$$\varepsilon_x = \frac{du}{dx} = u' \tag{8.26}$$

Diese Beziehung wird in dieser Formulierung bei der **linearen** Stabtheorie verwendet, weil sich die Verschiebung u auf eine Faser in der Ausgangslage bezieht. Bei Theorie II. Ordnung dagegen muss ε_x für die verformte Lage bestimmt werden. Dazu wird in Bild 8.7 eine verschobene und verlängerte Faser betrachtet. Dargestellt ist die Faser eines differentiellen Elementes der Länge dx, die Bestandteil eines Stabes sein soll. Wenn der Stab belastet wird, verschiebt und verlängert sich die Faser. Spannungen σ_x und Dehnungen ε_x beziehen sich auf die verformte Lage. Mit der Bezeichnung du_ε soll klargestellt werden, dass es sich um die differentielle Verschiebung **in Richtung** von ε_x handelt.

In dem Dreieck, das in Bild 8.7 durch die gestrichelte Linie entsteht, gilt mit dem *Satz des Pythagoras*

$$(dx + du_\varepsilon)^2 = (dx + du)^2 + dw^2 \tag{8.27}$$

und für die Dehnung $\varepsilon_x = du_\varepsilon/dx = u'_\varepsilon$:

$$\varepsilon_x = \sqrt{1 + 2u' + u'^2 + w'^2} - 1 \tag{8.28}$$

Mit den ersten beiden Gliedern der Reihenentwicklung

$$\sqrt{1+x} \cong 1 + \frac{1}{2}x \tag{8.29}$$

kann Gl. (8.28) vereinfacht werden und man erhält

$$\varepsilon_x = u' + \frac{1}{2} \cdot \left(u'^2 + w'^2\right) \tag{8.30}$$

im Sinne einer Näherung nach Theorie II. Ordnung. Vertiefende Untersuchungen in Abschnitt 9.2 zeigen jedoch, dass ε_x ohne den Term u'^2 genauer erfasst wird. In Gl. (8.30) werden nun die Ableitungen der Gln. (8.23) und (8.24)

$$u'(z) = u'_S - z \cdot w''_M \tag{8.31a}$$

$$w'(z) = w'_M \tag{8.31b}$$

eingesetzt und man erhält:

$$\varepsilon_x = u'_S - z \cdot w''_M + \frac{1}{2} \cdot w'^2_M \tag{8.32}$$

Damit ergibt sich die virtuelle Dehnung zu:

$$\delta\varepsilon_x = \delta u'_S - z \cdot \delta w''_M + \delta w'_M \cdot w'_M \tag{8.33}$$

Die Normalspannung σ_x kann ebenfalls durch die Verschiebungsgrößen ausgedrückt werden. Für linear elastisches Werkstoffverhalten gilt das *Hookesche Gesetz*

$$\sigma_x = E \cdot \varepsilon_x \tag{8.34}$$

und mit Gl. (8.32) folgt

$$\sigma_x = E \cdot \left(u'_S - z \cdot w''_M + \frac{1}{2} \cdot w'^2_M \right) \tag{8.35}$$

Gemäß Tabelle 2.1 werden bei Theorie II. Ordnung die „wirklichen" Verzerrungen mit den **linearen** kinematischen Beziehungen ermittelt, sodass der Term mit w'^2 in Gl. (8.35) entfällt. Unter Verwendung der Gln. (8.33), (8.35) und (8.22) kann nun die innere virtuelle Arbeit bestimmt werden:

$$\begin{aligned}\delta W_{int} &= -\int_x \int_A \delta\varepsilon_x \cdot \sigma_x \cdot dA \cdot dx \\ &= -\int_x \left(\delta u'_S \cdot EA \cdot u'_S + \delta w''_M \cdot EI_y \cdot w''_M + \delta w'_M \cdot N \cdot w'_M \right) \cdot dx \end{aligned} \tag{8.36}$$

In G. (8.36) bedeuten:

$$A = \int_A dA \quad \text{(Querschnittsfläche)} \tag{8.37}$$

$$I_y = \int_A z^2 \cdot dA \quad \text{(Hauptträgheitsmoment um die y-Achse)} \tag{8.38}$$

$$N = \int_A \sigma_x \cdot dA = EA \cdot u'_S \quad \text{(Normalkraft, Zugkraft positiv)} \tag{8.39}$$

Da das Koordinatensystem das Hauptachsensystem des Querschnitts ist, bei dem der Ursprung im Schwerpunkt S liegt, gilt

$$\int_A z \cdot dA = 0 \tag{8.40}$$

Bei der Formulierung von Gl. (8.36) ist dies berücksichtigt worden. Da $EA \cdot u'_S = N$ eingesetzt worden ist, treten nur zweifache Produkte der Verformungsgrößen auf.

8.4 Differentialgleichungen und Randbedingungen

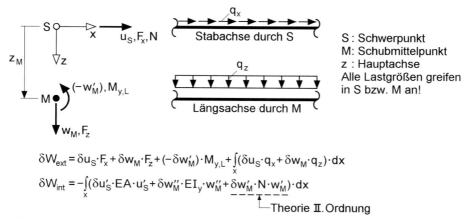

$$\delta W_{ext} = \delta u_S \cdot F_x + \delta w_M \cdot F_z + (-\delta w'_M) \cdot M_{y,L} + \int_x (\delta u_S \cdot q_x + \delta w_M \cdot q_z) \cdot dx$$

$$\delta W_{int} = -\int_x (\delta u'_S \cdot EA \cdot u'_S + \delta w''_M \cdot EI_y \cdot w''_M + \underline{\delta w'_M \cdot N \cdot w'_M}) \cdot dx$$

⎣ Theorie II. Ordnung

Bild 8.8 Virtuelle Arbeit bei einachsiger Biegung mit Normalkraft nach Theorie II. Ordnung

Als Ergebnis des vorliegenden Abschnitts enthält Bild 8.8 die virtuelle Arbeit für einachsige Biegung mit Normalkraft. Der Einfluss der Theorie II. Ordnung wird mit dem Term erfasst, der die Normalkraft N enthält. Sie ist hier als Zugkraft positiv definiert und muss vorab in einer Berechnung nach Theorie I. Ordnung bestimmt werden. Danach kann die Berechnung nach Theorie II. Ordnung durchgeführt werden. Die virtuelle Arbeit in Bild 8.8 bildet den Ausgangspunkt für Berechnungen nach Theorie II. Ordnung (s. auch Abschnitt 8.5) und für Stabilitätsuntersuchungen wie beispielsweise in Abschnitt 4.14 (s. auch Bild 4.49).

8.4 Differentialgleichungen und Randbedingungen

Die virtuelle Arbeit in Bild 8.8 kann mit Hilfe der partiellen Integration

$$\int_0^\ell u' \cdot v \cdot dx = [u \cdot v]_0^\ell - \int_0^\ell u \cdot v' \cdot dx \tag{8.41}$$

so umgeformt werden, dass die **Ableitungen** der virtuellen Verschiebungsgrößen entfallen. Dabei wird angenommen, dass an **beiden Stabenden** Lastgrößen F_x, F_z und $M_{y,L}$ vorhanden sind. Wenn man $\delta u'_S$ beseitigt und alle Terme, die δu_S enthalten, berücksichtigt, ergibt sich das Gleichgewicht in Richtung von x bzw. u wie folgt:

$$\left[\delta u_S \cdot (F_x - EA \cdot u'_S)\right]_0^\ell + \int_0^\ell \delta u_S \cdot \left[(EA \cdot u'_S)' + q_x\right] \cdot dx = 0 \tag{8.42}$$

Die erste eckige Klammer enthält die **Randbedingungen** und die zweite unter dem Integral die **Differentialgleichung**:

$$(EA \cdot u'_S)' + q_x = 0 \tag{8.43}$$

Für die Terme mit $\delta w_M''$ muss die partielle Integration nach Gl. (8.41) zweimal durchgeführt werden. Als Ergebnis erhält man für das Gleichgewicht in Richtung von z bzw. w:

$$-\left[\delta w_M' \cdot \left(M_{yL} + EI_y \cdot w_M''\right)\right]_0^\ell + \left[\delta w_M \cdot \left(F_z + \left(EI_y \cdot w_M''\right)' - N \cdot w_M'\right)\right]_0^\ell$$
$$+ \int_0^\ell \delta w_M \cdot \left[\left(EI_y \cdot w_M''\right)'' - \left(N \cdot w_M'\right)' - q_z\right] \cdot dx = 0 \qquad (8.44)$$

Aus Gl. (8.44) folgt die DGL:

$$\left(EI_y \cdot w_M''\right)'' - \left(N \cdot w_M'\right)' - q_z = 0 \qquad (8.45)$$

Da die *Randbedingungen* in den eckigen Klammern die Verformungs- und Kräfte-Randbedingungen enthalten, können daraus auch die Schnittgrößen in horizontaler und vertikaler Richtung abgelesen werden. Sie werden mit einem „∧" gekennzeichnet.

$$\hat{N} = EA \cdot u_S' = N \qquad (8.46)$$

$$\hat{V}_z = -\left(EI_y \cdot w_M''\right)' + N \cdot w_M' = V_z + N \cdot w_M' \qquad (8.47)$$

Für das Biegemoment erhält man

$$\hat{M}_y = -EI_y \cdot w_M'' = M_y \qquad (8.48)$$

Die *Randbedingungen* sagen aus, dass entweder die virtuellen Verschiebungsgrößen δu_S, δw_M und $\delta w_M'$ an den Stabenden gleich Null sein müssen oder, dass das Gleichgewicht zwischen den Last- und Schnittgrößen erfüllt sein muss: $\hat{N} = F_x$, $\hat{V}_z = F_z$ und $\hat{M}_y = M_{yL}$.

Die Herleitung der *Differentialgleichungen* mit Hilfe der virtuellen Arbeit ist eine mathematisch-mechanisch orientierte Methode. Anschaulicher ist die Methode, die im Zusammenhang mit Bild 8.9 verwendet wird. Da dabei unmittelbar die bekannten Gleichgewichtsbedingungen für das Biegeknicken aufgestellt werden sollen, werden nun N als Druckkraft positiv eingeführt und ergänzend zu den bisherigen Ausführungen Vorverformungen $w_0(x)$ berücksichtigt.

Aus Bild 8.9 können drei Gleichgewichtsbedingungen abgelesen werden. Die Kennzeichnung von $\hat{N}$ und $\hat{V}_z$ mit „∧" zeigt, dass sich diese Größen auf die horizontale und vertikale Richtung beziehen und daher in x- bzw. z-Richtung wirken. Zur Wahrung der Übersichtlichkeit ist die Gleichstreckenlast q_x in Bild 8.9 nicht dargestellt.

8.4 Differentialgleichungen und Randbedingungen

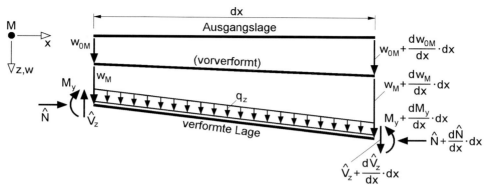

Bild 8.9 Differentielles Stabelement mit einachsiger Biegung und Normalkraft

- $\sum F_x = 0 : \hat{N} + \dfrac{d\hat{N}}{dx} \cdot dx - \hat{N} - q_x \cdot dx = 0 \quad \Rightarrow \hat{N}' = q_x$ (8.49)

- $\sum F_z = 0 : \hat{V}_z + \dfrac{d\hat{V}_z}{dx} \cdot dx - \hat{V}_z + q_z \cdot dx = 0 \quad \Rightarrow \hat{V}_z' = -q_z$ (8.50)

- $\sum M_y = 0 : M_y + \dfrac{dM_y}{dx} \cdot dx - M_y - \hat{V}_z \cdot dx + q_z \cdot dx \cdot \dfrac{dx}{2}$

  $- \hat{N} \cdot \left(w_{0M} + \dfrac{dw_{0M}}{dx} \cdot dx - w_{0M} + w_M + \dfrac{dw_M}{dx} \cdot dx - w_M \right) = 0$

  $\Rightarrow M_y' - \hat{V}_z - \hat{N} \cdot \left(w_{0M}' + w_M' \right) = -q_z \cdot \dfrac{dx}{2}$ (8.51)

Gl. (8.51) wird nun einmal nach x differenziert. Für eine konstante Gleichstreckenlast entfällt der Term auf der rechten Seite und man erhält mit Gl. (8.50):

$$M_y'' + q_z - \left[\hat{N} \cdot \left(w_{0M}' + w_M' \right) \right]' = 0 \qquad (8.52)$$

Da M_y durch die korrespondierende Weggröße ersetzt werden soll, wird die Schnittgrößendefinition

$$M_y = \int_A \sigma_x \cdot z \cdot dA \qquad (8.53)$$

herangezogen und umgeformt. Wenn man σ_x durch Gl. (8.35) ersetzt, kann die Integration durchgeführt werden und es folgt:

$$M_y = -EI_y \cdot w_M'' \qquad (8.54)$$

Gl. (8.54) kann zweimal nach x differenziert und das Ergebnis in Gl. (8.52) eingesetzt werden:

$$\left(EI_y \cdot w_M'' \right)'' + \hat{N} \cdot \left(w_{0M}' + w_M' \right)' = q_z \qquad (8.55)$$

Gl. (8.55) ist die DGL für Biegeknicken um die y-Achse oder, anders ausgedrückt, für einachsige Biegung mit Druckkraft ($\hat{N}$ positiv!) nach Theorie II. Ordnung. In analoger Weise erhält man für einachsige Biegung mit Zugnormalkraft ($\hat{Z}$ positiv):

$$\left(EI_y \cdot w_M''\right)'' - \hat{Z} \cdot \left(w_{0M}' + w_M'\right)' = q_z \tag{8.56}$$

8.5 Lösung der Differentialgleichung

Zur Lösung der DGL in Gl. (8.55) für das Biegeknicken wird ein Stababschnitt der Länge ℓ gemäß Bild 8.10 betrachtet und eine Stabkennzahl ε eingeführt:

$$\varepsilon = \ell \cdot \sqrt{\frac{N}{EI_y}} \tag{8.57}$$

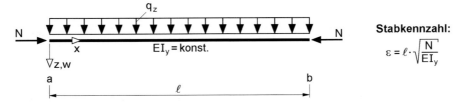

Bild 8.10 Gedrückter Stababschnitt

Damit ergibt sich für den Stababschnitt in Bild 8.10:

$$w_M'''' + \left(\frac{\varepsilon}{\ell}\right)^2 \cdot w_M'' = \frac{q_z}{EI_y} - \left(\frac{\varepsilon}{\ell}\right)^2 \cdot w_{0M}'' \tag{8.58}$$

Die Lösung der DGL besteht aus zwei Anteilen:

$$w_M(x) = w_{Mh}(x) + w_{Mp}(x) \tag{8.59}$$

Der Index h kennzeichnet *die Lösung der* homogenen *DGL* (rechte Seite gleich Null). Sie lautet:

$$w_{Mh}(x) = A \cdot \sin\frac{\varepsilon \cdot x}{\ell} + B \cdot \cos\frac{\varepsilon \cdot x}{\ell} + C \cdot x + D \tag{8.60}$$

A, B, C und D sind Unbekannte, die mit Hilfe von Rand- und Übergangsbedingungen zu bestimmen sind. Mit der partikulären Lösung (Index p) wird die rechte Seite der DGL (8.58) erfasst. Für die Gleichstreckenlast ergibt sie sich zu:

$$w_{Mp}(x) = \frac{q_z \cdot \ell^2 \cdot x^2}{2 EI_y \cdot \varepsilon^2} \tag{8.61}$$

Als Vorverformung wird hier eine Sinushalbwelle

8.5 Lösung der Differentialgleichung

$$w_{0M}(x) = w_{0,m} \cdot \sin\frac{\pi \cdot x}{\ell} \tag{8.62}$$

angenommen, wobei $w_{0,m}$ der Wert in Feldmitte des Stababschnitts ist. Dafür erhält man die folgende partikuläre Lösung:

$$w_{Mp}(x) = w_{0,m} \cdot \frac{\varepsilon^2}{\pi^2 - \varepsilon^2} \cdot \sin\frac{\pi \cdot x}{\ell} \tag{8.63}$$

Für eine Schrägstellung

$$w_{0M}(x) = w_{0,b} \cdot \frac{x}{\ell} \tag{8.64}$$

als Vorverformung ergibt sich wegen $w_{0M}'' = 0$ keine partikuläre Lösung.

Bei der *linearen Stabtheorie* ist $\varepsilon = 0$ und die DGL (8.58) reduziert sich auf:

$$w_M'''' = \frac{q_z}{EI_y} \tag{8.65}$$

Wenn man viermal integriert erhält man:

$$w_M(x) = A \cdot x^3 + B \cdot x^2 + C \cdot x + D + \frac{q \cdot x^4}{24 EI_y} \tag{8.66}$$

Die Durchbiegung gemäß Gl. (8.66) ist bei der linearen Stabtheorie eine Polynomfunktion.

Druckstäbe aus einem Stababschnitt

Bei *Druckstäben*, die *aus einem Stababschnitt* bestehen, müssen die vier Unbekannten A, B, C und D unter Verwendung der Randbedingungen bestimmt werden. Sie sind in Tabelle 4.2 für die Eulerfälle I bis IV zusammengestellt und werden dort ausführlich erläutert. Hier werden die möglichen Randbedingungen in Tabelle 8.2 angegeben. Wie man sieht, erfordert die Randbedingung $\hat{V}_z = 0$ (vertikale Querkraft gleich Null) den größten rechnerischen Aufwand, weil dabei die erste und die dritte Ableitung von w(x) zu berücksichtigen sind.

Tabelle 8.2 Randbedingungen für Stabenden

Lagerung		Randbedingung
Einspannung		$w_M = 0$ und $w_M' = 0$
Gelenk		$w_M = 0$ und $M_y = 0 \Rightarrow w_M'' = 0$
Freies Trägerende		$M_y = 0 \Rightarrow w_M'' = 0$ $\hat{V}_z = 0 \Rightarrow EI \cdot w_M''' + N \cdot (w_{0,M}' + w_M') = 0$
Einspannung, jedoch vertikal verschieblich		$w_M' = 0$ $\hat{V}_z = 0 \Rightarrow$ s. freies Trägerende

Beispiel: Einfeldriger Stab, links eingespannt und rechts gelenkig gelagert.

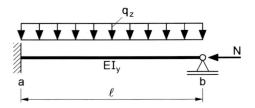

Bild 8.11   Beispiel zur Lösung der DGL

Zur Lösung der DGL für den Stab in Bild 8.11 müssen in Gl. (8.60), unter Berücksichtigung von Gl. (8.61), die Unbekannten A, B, C und D bestimmt werden. Dazu werden aus Tabelle 8.2 jeweils zwei Randbedingungen für das linke und rechte Stabende abgelesen. Wie man sieht werden die erste und zweite Ableitung von $w_M(x)$ benötigt:

$$w'_M(x) = A \cdot \frac{\varepsilon}{\ell} \cdot \cos\frac{\varepsilon \cdot x}{\ell} - B \cdot \frac{\varepsilon}{\ell} \cdot \sin\frac{\varepsilon \cdot x}{\ell} + C + \frac{q_z \cdot \ell^2 \cdot x}{EI_y \cdot \varepsilon^2} \qquad (8.67)$$

$$w''_M(x) = -A \cdot \frac{\varepsilon^2}{\ell^2} \cdot \sin\frac{\varepsilon \cdot x}{\ell} - B \cdot \frac{\varepsilon^2}{\ell^2} \cdot \cos\frac{\varepsilon \cdot x}{\ell} + \frac{q_z \cdot \ell^2}{EI_y \cdot \varepsilon^2} \qquad (8.68)$$

Die Randbedingungen führen zu den folgenden Gleichungen:

$$w_M(x=0) = 0: \quad B + D = 0 \qquad (8.69a)$$

$$w'_M(x=0) = 0: \quad A \cdot \frac{\varepsilon}{\ell} + C = 0 \qquad (8.69b)$$

$$w_M(x=\ell) = 0: \quad A \cdot \sin\varepsilon + B \cdot \cos\varepsilon + C \cdot \ell + D + \frac{q_z \cdot \ell^4}{2 EI_y \cdot \varepsilon^2} = 0 \qquad (8.69c)$$

$$w''_M(x=\ell) = 0: \quad -A \cdot \frac{\varepsilon^2}{\ell^2} \cdot \sin\varepsilon - B \cdot \frac{\varepsilon^2}{\ell^2} \cdot \cos\varepsilon + \frac{q_z \cdot \ell^2}{EI_y \cdot \varepsilon^2} = 0 \qquad (8.69d)$$

Mit den Gln. (8.69a) und (8.69b) ergeben sich D = –B und C = – A · ε/ℓ. Eingesetzt in Gl. (8.69c) erhält man:

$$A \cdot (\sin\varepsilon - \varepsilon) + B \cdot (\cos\varepsilon - 1) + \frac{q_z \cdot \ell^4}{2 EI_y \cdot \varepsilon^2} = 0 \qquad (8.70)$$

Gl. (8.70) kann nach B aufgelöst und das Ergebnis in Gl. (8.69d) eingesetzt werden, sodass sich A wie folgt ergibt:

$$A = \frac{q_z \cdot \ell^4}{EI_y \cdot \varepsilon^4} \cdot \frac{2(\cos\varepsilon - 1) + \varepsilon^2 \cdot \cos\varepsilon}{2 \cdot (\varepsilon \cdot \cos\varepsilon - \sin\varepsilon)} \qquad (8.71)$$

8.5 Lösung der Differentialgleichung

Für B, C und D erhält man:

$$B = -D = \frac{q_z \cdot \ell^4}{EI_y \cdot \varepsilon^4} \cdot \frac{2 \cdot (\varepsilon - \sin \varepsilon) - \varepsilon^2 \cdot \sin \varepsilon}{2 \cdot (\varepsilon \cdot \cos \varepsilon - \sin \varepsilon)} \quad (8.72)$$

$$C = -A \cdot \frac{\varepsilon}{\ell} \quad (8.73)$$

Da nun die Größen A, B, C und D bekannt sind, kann die Durchbiegung nach Theorie II. Ordnung mit den Gln. (8.60) und (8.61) an jeder Stelle des Trägers berechnet werden. Die Biegemomente und Querkräfte ergeben sich wie folgt:

$$M_y(x) = -EI_y \cdot w''_M(x) = \frac{\varepsilon^2 \cdot EI_y}{\ell^2} \cdot \left(A \cdot \sin \frac{\varepsilon \cdot x}{\ell} + B \cdot \cos \frac{\varepsilon \cdot x}{\ell} \right) - \frac{q_z \cdot \ell^2}{\varepsilon^2} \quad (8.74)$$

$$V_z(x) = -EI_y \cdot w'''_M(x) = M'_y(x) = \frac{\varepsilon^3 \cdot EI_y}{\ell^3} \cdot \left(A \cdot \cos \frac{\varepsilon \cdot x}{\ell} - B \cdot \sin \frac{\varepsilon \cdot x}{\ell} \right) \quad (8.75)$$

Aufgrund der Parameter A, B, C und D ist die Berechnung von w_M, M_y und V_z relativ aufwändig und es ist zweckmäßig, dazu ein Tabellenkalkulationsprogramm zu verwenden. Bild 8.12 zeigt Auswertungen für $\varepsilon = 0$ (Theorie I. Ordnung), $\varepsilon = 2$ und $\varepsilon = 3$. Da das System bezüglich der Stabilität der Eulerfall III ist, kann aus Tabelle 4.3 $\varepsilon_{Ki} = \pi/0{,}699 = 4{,}494$ abgelesen werden. Die untersuchten Fälle entsprechen daher $N/N_{Ki} = 0$, 0,198 und 0,445.

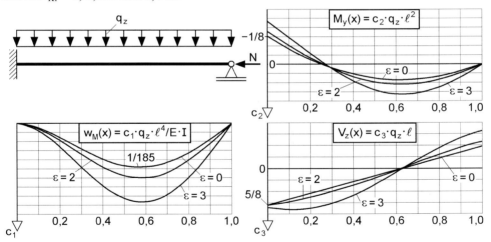

Bild 8.12 $w_M(x)$, $M_y(x)$ und $V_z(x)$ für den Druckstab in Bild 8.11

Tabelle 8.3 enthält die Lösung der Differentialgleichung mit $w_M(x)$ für ausgewählte Standardfälle. $M_y(x)$ und $V_z(x)$ können mit $M_y(x) = -EI_y \cdot w''(x)$ und $V_z(x) = M'_y(x)$ berechnet werden. Da die Biegemomente für die Bemessung die größte Bedeutung haben, werden in Tabelle 8.3 Berechnungsformeln für max M_y angegeben.

8 Theorie II. Ordnung für Biegung mit Normalkraft

Alle Systeme in Tabelle 8.3 bestehen aus **einem** Stababschnitt. Eine Ausnahme bildet das System mit der Einzellast in Feldmitte, bei dem in der Mitte unterteilt werden muss. Aufgrund der Symmetrie reicht es aus, eine Hälfte zu untersuchen. Dabei werden das in der vierten Zeile von Tabelle 8.2 dargestellte Lager (Einspannung, vertikal verschieblich) und als Last $F_z/2$ angesetzt. Im Hinblick auf die Übersichtlichkeit werden in Tabelle 8.3 die Indizes M, y und z weggelassen. Bei der Verwendung eines Taschenrechners ist zu beachten, dass als Einheit Radiant (Bogenmaß) eingestellt werden muss.

Tabelle 8.3 Lösung der DGL für ausgewählte Standardfälle

$$\varepsilon = \ell \cdot \sqrt{\frac{N}{EI}}\,;\quad \xi = \frac{x}{\ell}$$

$$w_0(x) = w_{0,m} \cdot \sin\pi\xi\,,\quad N_{Ki} = \pi^2 \cdot EI/\ell^2$$

$$w(x) + w_0(x) = w_0(x) \cdot \frac{1}{1 - N/N_{Ki}}\,;\quad M(x) = N \cdot w_0(x) \cdot \frac{1}{1 - N/N_{Ki}}$$

$$w(x) = \frac{q \cdot \ell^4}{EI \cdot \varepsilon^4}\left(\frac{1-\cos\varepsilon}{\sin\varepsilon}\cdot\sin\varepsilon\xi + \cos\varepsilon\xi - 1 - \varepsilon^2\cdot\xi/2 + \varepsilon^2\cdot\xi^2/2\right)$$

$$\max M(x=\ell/2) = \frac{q\cdot\ell^2}{\varepsilon^2}\cdot\left(\frac{1}{\cos\varepsilon/2} - 1\right)$$

$$w(x) = \frac{F\cdot\ell^3}{EI\cdot\varepsilon^3}\left(\frac{\sin\varepsilon\xi}{2\cdot\cos\varepsilon/2} - \varepsilon\cdot\xi/2\right)$$

$$\max M(x=\ell/2) = F\cdot\ell\cdot\frac{\tan\varepsilon/2}{2\cdot\varepsilon}$$

$$w(x) = \frac{M_R\cdot\ell^2}{EI\cdot\varepsilon^2}\cdot\left(\frac{1-\cos\varepsilon}{\sin\varepsilon}\cdot\sin\varepsilon\xi + \cos\varepsilon\xi - 1\right)$$

$$\max M(x=\ell/2) = M_R\cdot\left(\frac{1-\cos\varepsilon}{\sin\varepsilon}\cdot\sin\frac{\varepsilon}{2} + \cos\frac{\varepsilon}{2}\right)$$

$$w(x) = \frac{q\cdot\ell^4}{EI\cdot\varepsilon^4}\left(\varepsilon\cdot\sin\varepsilon\xi - \frac{1-\varepsilon\cdot\sin\varepsilon}{\cos\varepsilon}(1-\cos\varepsilon\xi) - \varepsilon^2\xi + \varepsilon^2\xi^2/2\right)$$

$$\max M(x=0) = -\frac{q\cdot\ell^2}{\varepsilon^2}\cdot\left(1 - \frac{1}{\cos\varepsilon} + \varepsilon\cdot\tan\varepsilon\right)$$

$$w(x) = \frac{F\cdot\ell^3}{EI\cdot\varepsilon^3}(\tan\varepsilon - \tan\varepsilon\cdot\cos\varepsilon\xi + \sin\varepsilon\xi - \varepsilon\xi)$$

$$\max M(x=0) = -F\cdot\ell\cdot\frac{\tan\varepsilon}{\varepsilon}$$

Zugstäbe aus einem Stababschnitt

Gelegentlich kommen in der Baupraxis auch Zugstäbe vor, für die Durchbiegungen, Biegemomente und Querkräfte unter Berücksichtigung der Zugnormalkraft berechnet werden müssen. Ausgehend von der DGL (8.56) kann für die Stababschnitte wie in Bild 8.10, jedoch anstelle der Druckkraft N mit einer Zugkraft Z, die folgende DGL formuliert werden:

$$w_M'''' - \left(\frac{\varepsilon_z}{\ell}\right)^2 \cdot w_M'' = \frac{q_z}{EI_y} + \left(\frac{\varepsilon_z}{\ell}\right)^2 \cdot w_{0,M}'' \qquad (8.76)$$

In dieser DGL ist

$$\varepsilon_z = \ell \cdot \sqrt{\frac{Z}{EI_y}} \qquad (8.77)$$

die Stabkennzahl für eine Zugbeanspruchung und die Lösung lautet:

$$w_M(x) = A \cdot \sinh\frac{\varepsilon_z \cdot x}{\ell} + B \cdot \cosh\frac{\varepsilon_z \cdot x}{\ell} + C \cdot x + D - \frac{q_z \cdot \ell^2 \cdot x^2}{2 EI_y \cdot \varepsilon_z^2} \qquad (8.78)$$

Im Vergleich zur Gl. (8.60) für Druckstäbe, die trigonometrische Funktionen enthält, treten in Gl. (8.78) Hyperbelfunktionen auf. Die Unbekannten können in gleicher Weise wie bei den Druckstäben bestimmt werden. Sofern für Druckstäbe Lösungen vorliegen, ist es jedoch einfacher mit den folgenden Beziehungen umzurechnen:

$$N = -Z \quad \Rightarrow \quad \varepsilon = \ell \cdot \sqrt{N/EI_y} = \ell \cdot \sqrt{-Z/EI_y} = \varepsilon_z \cdot i$$

$$\text{mit } i = \sqrt{-1} \text{ (imaginäre Einheit)}$$

$$\varepsilon^2 = \varepsilon_z^2 \cdot i^2 = -\varepsilon_z^2 \qquad (8.79)$$

$$\cos \varepsilon = \cos(\varepsilon_z \cdot i) = \cosh \varepsilon_z \qquad (8.80)$$

$$\sin \varepsilon = \sin(\varepsilon_z \cdot i) = i \cdot \sinh \varepsilon_z \qquad (8.81)$$

Auch wenn bei den Umrechnungsformeln die imaginäre Einheit „i" auftritt, entstehen bei baustatischen Systemen natürlich keine komplexen Zahlen. Wegen $i^2 = -1$ treten stets brauchbare Ergebnisse auf.

Beispiel: Für einen beidseitig gelenkig gelagerten Zugstab mit Gleichstreckenlast q soll das maximale Biegemoment berechnet werden. Mit der Lösung für den Druckstab in Tabelle 8.3 kann wie folgt transformiert werden:

$$\text{Druck:} \quad \max M = \frac{q \cdot \ell^2}{\varepsilon^2} \cdot \left(\frac{1}{\cos \varepsilon/2} - 1\right) \qquad (8.82)$$

$$\varepsilon^2 = -\varepsilon_z^2 \quad \text{und} \quad \cos \varepsilon/2 = \cosh \varepsilon_z/2$$

Zug: $$\max M = \frac{q \cdot \ell^2}{\varepsilon_z^2} \cdot \left(1 - \frac{1}{\cosh \varepsilon_z/2}\right) \qquad (8.83)$$

In Bild 8.34 (Abschnitt 8.9) ist der Momentenverlauf dargestellt. Durch die Zugkraft wird max M = q · ℓ^2/8 nach Theorie I. Ordnung verringert!

Systeme aus mehreren Stababschnitten

Baustatische Systeme müssen in mehrere Stababschnitte unterteilt werden, wenn sie nicht Bild 8.10 entsprechen. Abschnittsgrenzen sind den folgenden Stellen zuzuordnen:

- Zwischenauflagern
- den Angriffspunkten von Einzellasten
- Anfang und Ende von Streckenlasten
- Stellen, an denen sich der Querschnitt verändert

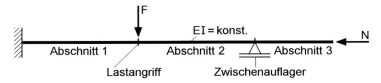

Bild 8.13   System mit drei Stababschnitten

Als Beispiel wird das System in Bild 8.13 betrachtet. Aufgrund der Einzellast und des Zwischenauflagers muss es in drei Stababschnitte unterteilt werden. Da die Lösung der DGL (8.60) abschnittsweise anzusetzen ist, ergeben sich mit A_i, B_i, C_i und D_i für i =1 bis 3 insgesamt 3 · 4 = 12 unbekannte Größen. Eine weitere Unbekannte ist die Auflagerkraft am Zwischenauflager. Es gilt dort jedoch auch die Bedingung w = 0. Weitere Bedingungen sind:

- Einspannung: w = 0   und   w' = 0
- bei F: vier Übergangsbedingungen
- Zwischenauflager: vier Übergangsbedingungen, incl. w = 0
- Trägerende rechts: M = 0   und $\hat{V}$ = 0

Die Übergangsbedingungen sind in Bild 8.14 dargestellt. Das Beispiel zeigt, dass 13 Unbekannte auftreten, die mit 13 Bedingungen zu eliminieren sind. Der Bearbeitungs- und Berechnungsaufwand ist daher sehr hoch, sodass sich die direkte Verwendung der DGL zur Lösung derartiger Problemstellungen nicht eignet. Vorteilhafter ist das im nächsten Abschnitt vorgestellte Weggrößenverfahren. Dabei können zwar auch viele Unbekannte auftreten, es ist aber einfacher in der Anwendung, weil sich die entsprechenden Bestimmungsgleichungen aufgrund der universellen Systematik leicht aufstellen lassen.

8.5 Lösung der Differentialgleichung

Übergang bei F:

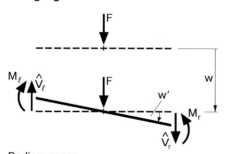

Bedingungen:
$w_\ell = w_r$ und $w'_\ell = w'_r$
$M_\ell = M_r \Rightarrow w''_\ell = w''_r$
$\hat{V}_\ell = \hat{V}_r + F$
$\Rightarrow -EI \cdot w'''_\ell + N \cdot w'_\ell = -EI \cdot w'''_r + N \cdot w'_r + F$

Übergang am Zwischenauflager:

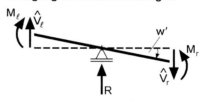

Bedingungen:
$w_\ell = w_r = 0$ und $w'_\ell = w'_r$
$M_\ell = M_r \Rightarrow w''_\ell = w''_r$
$\hat{V}_\ell + R = \hat{V}_r$
$\Rightarrow -EI \cdot w'''_\ell + N \cdot w'_\ell + R = -EI \cdot w'''_r + N \cdot w'_r$

Bild 8.14 Übergangsbedingungen für das System in Bild 8.13

Vereinfachte DGL für statisch bestimmte Druckstäbe

Bei statisch bestimmten Druckstäben besteht das Biegemoment nach Theorie II. Ordnung aus zwei Anteilen:

$$M(x) = M^I(x) + N \cdot w(x) \tag{8.84}$$

Mit dem ersten Term wird das Biegemoment nach Theorie I. Ordnung erfasst und mit dem zweiten der Zuwachs infolge Druckkraft N und Durchbiegung w(x). Bild 8.15 zeigt die Vorgehensweise an einem Beispiel. Da aufgrund des Werkstoffgesetzes auch

$$M(x) = -EI \cdot w''(x) \tag{8.85}$$

ist, erhält man durch Gleichsetzen der beiden Gleichungen die folgende DGL:

$$w''(x) + \left(\frac{\varepsilon}{\ell}\right)^2 \cdot w(x) = -\frac{M^I(x)}{EI} \tag{8.86}$$

Nach [77] hat die DGL die Lösung:

$$w(x) = A \cdot \sin\frac{\varepsilon \cdot x}{\ell} + B \cdot \cos\frac{\varepsilon \cdot x}{\ell} - \frac{\ell^2}{EI \cdot \varepsilon^2} \cdot$$
$$\left[M_1(x) - \frac{\ell^2}{\varepsilon^2} \cdot M_1''(x) + \frac{\ell^4}{\varepsilon^4} \cdot M_1^{IV}(x) - \frac{\ell^6}{\varepsilon^6} \cdot M_1^{VI}(x) + \cdots\right] \tag{8.87}$$

mit: $M_1(x) = M^I(x)$

Die Unbekannten A und B werden mit den Rand- und Übergangsbedingungen für w und w' bestimmt. Die DGL und ihre Lösung gilt nicht für beliebige statisch bestimmte Druckstäbe, sondern nur, wenn infolge N und w(x) keine Auflagerkräfte entstehen.

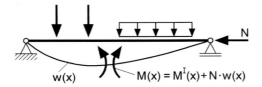

Bild 8.15 Ermittlung des Biegemomentes M(x) mit $N \cdot w(x)$

Beidseitig gelenkig gelagerter Druckstab mit ungleichen Randmomenten

Für den Druckstab in Bild 8.16 werden die Unbekannten A und B mit den Randbedingungen $w(x = 0) = 0$ und $w(x = \ell) = 0$ bestimmt. Die zweite Ableitung und alle weiteren des Biegemomentes nach Theorie I. Ordnung sind gleich Null. A und B ergeben sich wie folgt:

$$w(0) = 0: \quad B - \frac{\ell^2}{EI \cdot \varepsilon^2} \cdot M_a = 0 \quad \Rightarrow B = \frac{M_a \cdot \ell^2}{EI \cdot \varepsilon^2}$$

$$w(\ell) = 0: \quad A \cdot \sin\varepsilon + B \cdot \cos\varepsilon - \frac{\ell^2}{EI \cdot \varepsilon^2} \cdot M_b = 0 \quad \Rightarrow A = \frac{\ell^2}{EI \cdot \varepsilon^2} \cdot \left(\frac{M_b}{\sin\varepsilon} - \frac{M_a}{\tan\varepsilon}\right)$$

Damit haben die Durchbiegungen den folgenden Funktionsverlauf:

$$w(x) = \frac{\ell^2}{EI \cdot \varepsilon^2} \cdot \left[\left(\frac{M_b}{\sin\varepsilon} - \frac{M_a}{\tan\varepsilon}\right) \cdot \sin\frac{\varepsilon x}{\ell} + M_a \cdot \cos\frac{\varepsilon x}{\ell} - M_b \cdot \frac{x}{\ell} - M_a \cdot \left(1 - \frac{x}{\ell}\right)\right]$$

Das Biegemoment nach Theorie II. Ordnung ergibt sich zu:

$$M(x) = -EI \cdot w''(x) = M_a \cdot \cos\frac{\varepsilon x}{\ell} + \left(\frac{M_b}{\sin\varepsilon} - \frac{M_a}{\tan\varepsilon}\right) \cdot \sin\frac{\varepsilon x}{\ell}$$

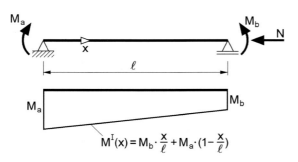

Bild 8.16 Druckstab mit ungleichen Randmomenten

8.6 Weggrößenverfahren

In EDV-Programmen hat sich allgemein das *Weggrößenverfahren* zur Berechnung von Verformungen und Schnittgrößen durchgesetzt. Für Handrechnungen ist es nur bei einfachen baustatischen Systemen geeignet.

Das Weggrößenverfahren und die damit verbundene **Methode der finiten Elemente (FEM)** wird in [31] ausführlich behandelt. Grundlage des Verfahrens ist das in Bild 8.17 dargestellte Stabelement mit der Steifigkeitsbeziehung für Biegeknicken um die y-Achse. Die Drucknormalkraft wird hier **als Druckkraft positiv** definiert und zur Klarstellung der Index D verwendet. Darüber hinaus ist bei den Schnitt- und Verformungsgrößen zu beachten, dass korrespondierende Größen die gleichen Wirkungsrichtungen aufweisen und die Richtungen an beiden Enden des Stabelements gleich sind. Diese Vorgehensweise erleichtert den Aufbau einer Gesamtsteifigkeitsmatrix, wenn ein System in mehrere Stabelemente eingeteilt wird. Da die Schnittgrößen in Bild 8.17 nicht wie in der Baustatik allgemein üblich definiert sind, verwendet man zwecks Unterscheidung den Begriff *Vorzeichendefinition II* **(VZ II)**. Wie in Abschnitt 8.4 ist $\hat{V}_z$ auch hier die **Querkraft in vertikaler Richtung**, was durch das Zeichen „∧" klargestellt wird. Die Verdrehung wird mit φ_y bezeichnet. Gemäß Bild 8.6 ist $\tan\varphi_y = -w'_M$, sodass für kleine Winkel näherungsweise $\varphi_y = -w'_M$ gilt.

Die Steifigkeitsbeziehung in Bild 8.17 erfasst das Gleichgewicht am Stabelement und verknüpft die Randschnittgrößen mit den Verformungsgrößen an den Elementenden unter Berücksichtigung der Gleichstreckenlast. Die Herleitung der Beziehung ist aufwändig und wird daher hier nicht im Detail durchgeführt. Gemäß Abschnitt 8.4 erfasst die DGL (8.58) das Gleichgewicht für Biegeknicken um die y-Achse, sodass man die in den Gln. (8.60) und (8.61) angegebene Lösung verwenden kann. Die dort enthaltenen Unbekannten A, B, C und D können durch ingenieurmäßig anschaulichere Größen, die Verformungsgrößen an den Elementenden, ersetzt werden. Ausgangspunkt für die Umrechnung sind die Bedingungen:

$$w_M(x=0) = w_{Ma} \qquad w_M(x=\ell) = w_{Mb}$$
$$w'_M(x=0) = -\varphi_{ya} \qquad w'_M(x=\ell) = -\varphi_{yb} \qquad (8.88)$$

Als Ergebnis der Umrechnung erhält man die folgende Funktion für die Durchbiegung eines Stabelementes:

$$w_M(x,\varepsilon_D) = f_1 \cdot w_{Ma} - f_2 \cdot \varphi_{ya} \cdot \ell + f_3 \cdot w_{Mb} - f_4 \cdot \varphi_{yb} \cdot \ell + f_q \cdot \frac{q_z \cdot \ell^4}{2EI_y \cdot \varepsilon_D^3} \qquad (8.89)$$

Stabelement: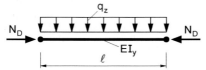

Schnittgrößen (VZ II):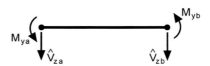

Drucknormalkraft: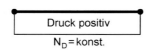

Verformungsgrößen: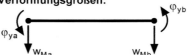

Stabkennzahl:

$$\varepsilon_D = \ell \cdot \sqrt{\frac{N_D}{EI_y}}$$

Virtuelle Arbeit:

$$\hat{V}_{za} \cdot \delta w_{Ma} + M_{ya} \cdot \delta \varphi_{ya} + \hat{V}_{zb} \cdot \delta w_{Mb} + M_{yb} \cdot \delta \varphi_{yb}$$
$$= EI_y \cdot \int_0^\ell \delta w_M'' \cdot w_M'' \, dx - N_D \cdot \int_0^\ell \delta w_M' \cdot w_M' \, dx - q_z \cdot \int_0^\ell \delta w_M \, dx$$

Genaue Steifigkeitsbeziehung am Stabelement:

$$\begin{bmatrix} \hat{V}_{za} \\ M_{ya} \\ \hat{V}_{zb} \\ M_{yb} \end{bmatrix} = \frac{EI_y}{\ell^3} \begin{bmatrix} \delta_D & -\gamma_D \cdot \ell & -\delta_D & -\gamma_D \cdot \ell \\ & \alpha_D \cdot \ell^2 & \gamma_D \cdot \ell & \beta_D \cdot \ell^2 \\ & & \delta_D & \gamma_D \cdot \ell \\ \text{sym.} & & & \alpha_D \cdot \ell^2 \end{bmatrix} \cdot \begin{bmatrix} w_{Ma} \\ \varphi_{ya} \\ w_{Mb} \\ \varphi_{yb} \end{bmatrix} - \begin{bmatrix} q_z \cdot \ell/2 \\ -q_z \cdot \ell^2/(2\gamma_D) \\ q_z \cdot \ell/2 \\ q_z \cdot \ell^2/(2\gamma_D) \end{bmatrix}$$

Parameter α_D, β_D, γ_D und δ_D:

$$\alpha_D = \frac{\varepsilon_D \cdot (\sin \varepsilon_D - \varepsilon_D \cdot \cos \varepsilon_D)}{2(1 - \cos \varepsilon_D) - \varepsilon_D \cdot \sin \varepsilon_D} \qquad \gamma_D = \alpha_D + \beta_D$$

$$\beta_D = \frac{\varepsilon_D \cdot (\varepsilon_D - \sin \varepsilon_D)}{2(1 - \cos \varepsilon_D) - \varepsilon_D \cdot \sin \varepsilon_D} \qquad \delta_D = \frac{\varepsilon_D^3 \cdot \sin \varepsilon_D}{2(1 - \cos \varepsilon_D) - \varepsilon_D \cdot \sin \varepsilon_D}$$

Näherung für die Elementsteifigkeitsmatrix nach Theorie II. Ordnung:

$$\underline{K}_e + \underline{G}_e = \frac{EI_y}{\ell^3} \begin{bmatrix} 12 & -6\ell & -12 & -6\ell \\ & 4\ell^2 & 6\ell & 2\ell^2 \\ & & 12 & 6\ell \\ \text{sym.} & & & 4\ell^2 \end{bmatrix} - \frac{N_D}{30 \cdot \ell} \begin{bmatrix} 36 & -3\ell & -36 & -3\ell \\ & 4\ell^2 & 3\ell & -\ell^2 \\ & & 36 & 3\ell \\ \text{sym.} & & & 4\ell^2 \end{bmatrix}$$

für: $\quad \alpha_D \cong 4 - \frac{2}{15} \cdot \varepsilon_D^2 \qquad \gamma_D \cong 6 - \frac{1}{10} \cdot \varepsilon_D^2$

$\quad\quad\quad \beta_D \cong 2 + \frac{1}{30} \varepsilon_D^2 \qquad \delta_D \cong 12 - \frac{6}{5} \cdot \varepsilon_D^2$

$\underline{K}_e$: Elementsteifigkeitsmatrix (Theorie I. Ordnung)

$\underline{G}_e$: Geometrische Elementsteifigkeitsmatrix (zur Erfassung der Theorie II. Ordnung)

Bild 8.17 Stabelement und Steifigkeitsbeziehung für Biegeknicken um die y-Achse

8.6 Weggrößenverfahren

Die Formfunktionen f_i können [31] entnommen werden. Sie sind nur für die Herleitung der Steifigkeitsbeziehung von Bedeutung, ansonsten jedoch nicht weiter von Interesse. Mit Hilfe der Durchbiegungsfunktion in Gl. (8.89) ergeben sich die Randschnittgrößen unter Beachtung der Vorzeichendefinition II wie folgt:

$$\hat{V}_{za} = +EI_y \cdot w'''_M(x=0) + N_D \cdot w'_M(x=0)$$
$$M_{ya} = +EI_y \cdot w''_M(x=0)$$
$$\hat{V}_{zb} = -EI_y \cdot w'''_M(x=\ell) - N_D \cdot w'_M(x=\ell) \qquad (8.90)$$
$$M_{yb} = -EI \cdot w''_M(x=\ell)$$

Die Gln. (8.90) führen unmittelbar auf die vier Zeilen der genauen Steifigkeitsbeziehung in Bild 8.17 für eine Drucknormalkraft N_D. Man kann natürlich auch eine entsprechende Beziehung für eine **Zugnormalkraft** aufstellen. Am schnellsten gelangt man dabei zu einer Lösung, wenn die Parameter α_D, β_D, γ_D und δ_D unter Verwendung der Gln. (8.78) bis (8.81) transformiert werden. Das Ergebnis wird in [31] explizit angegeben und enthält die Funktionen sinh und cosh.

In vielen EDV-Programmen wird nicht die genaue Steifigkeitsmatrix, sondern eine Näherung verwendet. Dabei wird gemäß Bild 8.17 die Elementsteifigkeitsmatrix in zwei Teilmatrizen aufgeteilt, die die lineare Stabtheorie und mit der zweiten Matrix den Einfluss der Theorie II. Ordnung erfassen. Diese Vorgehensweise hat den Vorteil, dass die Näherung der Elementsteifigkeitsbeziehung für Druck- und Zugnormalkräfte sowie auch für N = 0 eingesetzt werden kann. Andererseits muss aufgrund der Näherung die Stabkennzahl ε begrenzt werden.

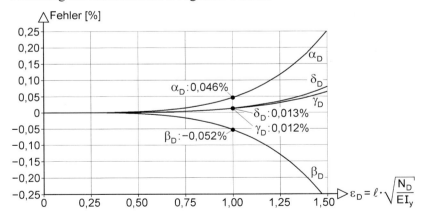

Bild 8.18 Prozentuale Fehler bei den Näherungen für α_D, β_D, γ_D und δ_D

Bild 8.18 zeigt, dass die Näherungen für die Parameter α_D, β_D, γ_D und δ_D bis etwa $\varepsilon_D = 1$ sehr genau sind. Danach steigen die Fehler nichtlinear an und erreichen bei $\varepsilon_D = 1,5$ maximal etwa ±0,25 %. Durch die Wahl der Elementlängen ℓ, d. h. durch eine entsprechende FE-Modellierung des baustatischen Systems, kann die Stabkennzahl problemlos begrenzt werden. Als Orientierungshilfe werden in Bild 8.19 Elementlängen für Druckstäbe aus Walzprofilen angegeben. Sie basieren auf der Bedingung $\varepsilon_D \leq 1{,}0$ und einer Drucknormalkraft von $0{,}5 \cdot N_{pl,d}$ für die Stahlsorte S 235.

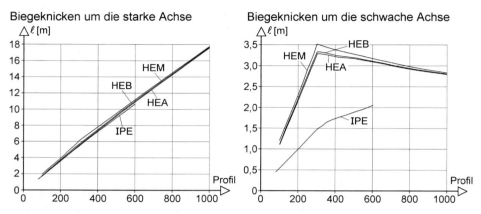

Bild 8.19 Maximale Elementlängen für Walzprofile beim Biegeknicken für $\varepsilon_D = 1{,}0$ und $N_D = 0{,}5 \cdot N_{pl,d}$ (S 235)

Anwendungsbeispiel

Die Vorgehensweise bei Berechnungen mit dem Weggrößenverfahren wird mit dem Beispiel in Bild 8.20 gezeigt. Es handelt sich um das gleiche System wie in Bild 8.13, sodass unmittelbar mit der Methode „Lösung der DGL" verglichen werden kann.

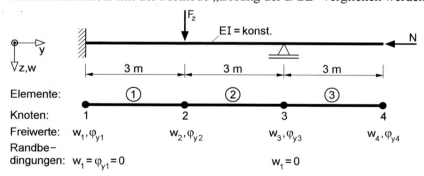

Bild 8.20 Beispiel zur Anwendung des Weggrößenverfahrens

Aufgrund der in Abschnitt 8.5 zusammengestellten Kriterien wurde das System dort in drei **Stababschnitte** unterteilt. Analog dazu werden hier gemäß Bild 8.20 ebenfalls drei **Stabelemente** gewählt, die in den Knoten 2 und 3 miteinander verbunden sind. Da beim Weggrößenverfahren die Verformungsgrößen in den Knoten (hier w und φ) die Unbekannten sind und insgesamt vier Knoten vorhanden sind, treten $4 \cdot 2 = 8$ unbekannte Freiwerte auf. Davon entfallen jedoch aufgrund der geometrischen Randbedingungen drei wegen $w_1 = \varphi_{y1} = w_3 = 0$, sodass fünf unbekannte Freiwerte verbleiben.

8.6 Weggrößenverfahren

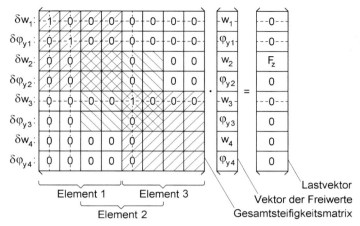

Bild 8.21 Gleichungssystem für das System in Bild 8.20

Die vorgenommene FE-Modellierung führt zu einem Gleichungssystem, dessen Aufbau mit Hilfe von Bild 8.21 erläutert wird. Dazu wird die genaue Steifigkeitsbeziehung in Bild 8.17 verwendet und zunächst die 4×4 Matrix für Element 1 in die Gesamtsteifigkeitsmatrix in Bild 8.21 hineingeschrieben, was durch die Schraffur oben links gekennzeichnet ist. Da Element 2 die Knotenfreiwerte w_2, φ_{y2}, w_3 und φ_{y3} hat, wird diese *Elementsteifigkeitsmatrix* in dem Bereich aufaddiert, der durch die Schraffur von links oben nach rechts unten markiert ist. Dabei entsteht in einem Teilbereich, in dem Schraffuren für die Elemente 1 und 2 überlagert sind, eine Verknüpfung mit Stabelement 1. In analoger Weise können die Matrixelemente von Stabelement 3 eingeordnet werden. Zur Vervollständigung des Gleichungssystems muss noch der Lastvektor aufgestellt werden. Da N in die Elementsteifigkeitsmatrizen eingeht, ist nur F_z zu berücksichtigen. F_z wirkt im Knoten 2 in Richtung der Verschiebung w_2 und muss daher, wie in Bild 8.21 gezeigt, in den Lastvektor eingetragen werden.

Das Gleichungssystem ist *singulär*, da die geometrischen Randbedingungen noch nicht eingearbeitet worden sind. $w_1 = \varphi_{y1} = w_3 = 0$ bedeutet, dass alle Elemente der Spalten 1, 2 und 5 gleich Null sind. Gemäß [31] gilt dies auch für die Zeilen 1, 2 und 5. Diese Spalten und Zeilen können daher gestrichen werden und es verbleibt ein 5×5 Gleichungssystem. Eine andere Möglichkeit, die bei EDV-Programmen häufig verwendet wird, ist in Bild 8.21 dargestellt. Dabei wird die Größe des Gleichungssystem beibehalten und die Hauptdiagonalelemente gleich Eins sowie die restlichen Elemente der betreffenden Spalten und Zeilen gleich Null gesetzt. Hier wird aus Platzgründen das 5×5 Gleichungssystem für das baustatische System in Bild 8.20 angegeben:

$$\frac{EI}{\ell^3} \begin{bmatrix} 2\delta_D & 0 & -\gamma_D \cdot \ell & 0 & 0 \\ & 2\alpha_D \cdot \ell^2 & \beta_D \cdot \ell^2 & 0 & 0 \\ & & 2\alpha_D \cdot \ell^2 & \gamma_D \cdot \ell & \beta_D \cdot \ell^2 \\ & & & \delta_D & \gamma_D \cdot \ell \\ & \text{sym.} & & & \alpha_D \cdot \ell^2 \end{bmatrix} \cdot \begin{bmatrix} w_2 \\ \varphi_{y2} \\ \varphi_{y3} \\ w_4 \\ \varphi_{y4} \end{bmatrix} = \begin{bmatrix} F_z \\ 0 \\ 0 \\ 0 \\ 0 \end{bmatrix} \quad (8.91)$$

Das Gleichungssystem (8.91) ist symmetrisch und kann beispielsweise mit dem Cholesky-Verfahren oder dem GAUCHO-Verfahren gelöst werden, s. [31]. Wenn man $F_z = 100$ kN, $N = 800$ kN, $\ell = 3$ m und $I = 23128$ cm^4 (IPE 400) annimmt erhält man:

$w_2 = 0{,}4326$ cm $\quad \varphi_{y2} = -0{,}6548 \cdot 10^{-3}$ $\quad \varphi_{y3} = +2{,}5999 \cdot 10^{-3}$
$w_4 = -0{,}8209$ cm $\quad \varphi_{y4} = +2{,}8053 \cdot 10^{-3}$

Unter Verwendung dieser Ergebnisse können die Schnittgrößen mit der Steifigkeitsbeziehung in Bild 8.17 elementweise berechnet werden:

Element 1:

$\hat{V}_{z1} = -70{,}84$ kN
$M_{y1} = +118{,}46$ kNm
$\hat{V}_{z2} = +70{,}84$ kN
$M_{y2} = +97{,}52$ kNm

Element 2:

$\hat{V}_{z2} = +29{,}16$ kN
$M_{y2} = -97{,}52$ kNm
$\hat{V}_{z3} = -29{,}16$ kN
$M_{y3} = +6{,}57$ kNm

Element 3:

$\hat{V}_{z3} = 0$
$M_{y3} = -6{,}57$ kNm
$\hat{V}_{z4} = 0$
$M_{y4} = 0$

Die Vorzeichen der Schnittgrößen entsprechen der Schnittgrößendefinitionen II und müssen am linken Elementende mit (-1) multipliziert werden, um sie in die übliche Vorzeichendefinition zu transformieren. Da $\hat{V}_z$ die **vertikale** Querkraft ist, muss mit $V_z = \hat{V}_z + N \cdot \varphi_y$ in die bemessungsrelevante Querkraft umgerechnet werden. Hier sind die Verdrehungen aber so klein, dass dieser Rechenschritt entfallen kann.

Bei dem vorliegenden Beispiel ist die Stabkennzahl der Elemente:

$$\varepsilon = 300 \cdot \sqrt{\frac{800}{21000 \cdot 23128}} = 0{,}385 \qquad (8.92)$$

Dieser Wert ist deutlich kleiner als Eins, sodass man anstelle der genauen Steifigkeitsbeziehung in Bild 8.17 auch die Näherung mit den beiden Teilmatrizen $\underline{K}_e$ und $\underline{G}_e$ verwenden kann. Bestätigt wird dies auch durch Bild 8.19 links, aus dem eine maximale Elementlänge von ca. 7,50 m abgelesen werden kann, die deutlich größer als die vorhandene ist.

Wenn man N_{Ki} berechnen möchte, muss man normalerweise die **genaue** Steifigkeitsbeziehung verwenden oder alternativ mit der Näherung rechnen und dabei das System feiner einteilen (beispielsweise in 15 Elemente). Hier ist selbst für N_{Ki} die Stabkennzahl der drei Elemente mit $\varepsilon = 1{,}027$ so klein, dass die Näherung mit drei Elementen relativ gut ist (101,3 %). Mit einem EDV-Programm, das mit dem Matrizenzerlegungsverfahren nach [31] arbeitet, erhält man als genaue Lösung:

$N_{Ki} = 5697$ kN

[31] enthält zahlreiche Berechnungsbeispiele zum Weggrößenverfahren und der FEM. In Abschnitt 8.11 wird ein Zweigelenkrahmen mit dieser Methodik nach Theorie II. Ordnung berechnet.

8.7 Vergrößerungsfaktoren

Bei vielen baustatischen Systemen kann man den Einfluss der Theorie II. Ordnung mit Hilfe von Vergrößerungsfaktoren erfassen. Dabei geht man von den Durchbiegungen, Biegemomenten und Querkräften nach Theorie I. Ordnung aus und multipliziert sie mit einem Faktor α:

$$w = w^I \cdot \alpha, \quad M = M^I \cdot \alpha, \quad V = V^I \cdot \alpha \tag{8.93}$$

Diese Vorgehensweise kann die Berechnungen nach Theorie II. Ordnung erheblich vereinfachen und bietet darüber hinaus auch gute Kontrollmöglichkeiten, wenn man die Ergebnisse von EDV-Programmen überprüfen will. Voraussetzung ist jedoch, dass man geeignete Vergrößerungsfaktoren kennt oder ohne großen Aufwand bestimmen kann. Häufig werden folgende Faktoren verwendet:

$$\alpha = \frac{1}{1 - N/N_{Ki}} \qquad \alpha = \frac{1 + \delta \cdot N/N_{Ki}}{1 - N/N_{Ki}} \tag{8.94a,b}$$

$$\alpha = \frac{1}{1 - \Delta w/w^I} \qquad \alpha = \frac{1}{1 - \Delta M/M^I} \tag{8.95a,b}$$

Bei den Vergrößerungsfaktoren in den Gln. (8.94) geht als Parameter N_{Ki} d. h. die kritische Normalkraft ein. Diese Faktoren eignen sich daher besonders gut, wenn N_{Ki} ohne großen Aufwand, wie beispielsweise bei den Eulerfällen, bestimmt werden kann. Ergänzend zu Gl. (8.94a) wird in Gl. (8.94b) ein Korrekturwert δ verwendet, der die Genauigkeit verbessert. Bei den Vergrößerungsfaktoren in den Gln. (8.95) gehen als Parameter $\Delta w/w^I$ bzw. $\Delta M/M^I$ ein. Dabei wird am verformten System ein Zuwachs Δw oder ΔM berechnet und auf den Wert nach Theorie I. Ordnung bezogen. Dieser Typ von Vergrößerungsfaktor wird bevorzugt benutzt, wenn die Berechnung von N_{Ki} aufwändig ist.

Exakte Vergrößerungsfaktoren

Es lässt sich nachweisen, dass der **Vergrößerungsfaktor** nach Gl. (8.94a) immer dann das **exakte Ergebnis** liefert, wenn die Durchbiegungen $w^I(x)$ nach Theorie I. Ordnung **affin** zur Knickbiegelinie $w(x)$ sind, d. h. wenn die Funktionsverläufe übereinstimmen.

Bild 8.22 zeigt fünf baustatische Systeme für die das zutrifft. Das erste System ist bereits in Abschnitt 8.2 ausführlich behandelt und mit den Skizzen in Bild 8.2 erläutert worden. Da bei den drei Systemen in Bild 8.22a, b und c EI $\to \infty$ vorausgesetzt wird, sind sie miteinander vergleichbar und es wird hier nur auf das System unter b) näher eingegangen. Die Annahme EI $\to \infty$ führt sowohl zu einer linear veränderlichen Durchbiegung als auch Knickbiegelinie $w(x)$. Wenn man wie in Abschnitt 8.2 vorgeht, erhält man für das System in Bild 8.23:

$$\varphi^I = \frac{H \cdot \ell}{C_\varphi} \tag{8.96a}$$

$$\varphi = \frac{H \cdot \ell}{C_\varphi - N \cdot \ell} \qquad (8.96b)$$

$$N_{Ki} = \frac{C_\varphi}{\ell} \qquad (8.96c)$$

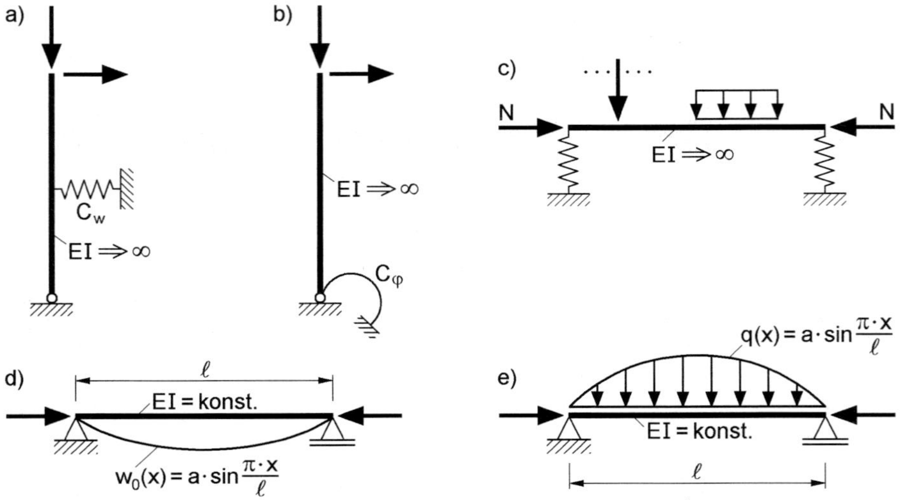

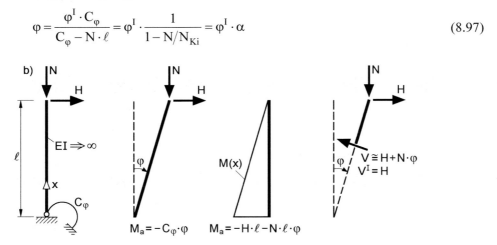

Es gilt: $w(x) = w^I(x) \cdot \alpha$, $M(x) = M^I(x) \cdot \alpha$, $V(x) = V^I(x) \cdot \alpha$ mit $\alpha = \frac{1}{1 - N/N_{Ki}}$

Bild 8.22 Baustatische Systeme, für die der Vergrößerungsfaktor α nach Gl. (8.94a) exakt gilt

Die Gln. (8.96a und c) können in Gl. (8.96b) eingesetzt werden, sodass sich die Verdrehung wie folgt ergibt:

$$\varphi = \frac{\varphi^I \cdot C_\varphi}{C_\varphi - N \cdot \ell} = \varphi^I \cdot \frac{1}{1 - N/N_{Ki}} = \varphi^I \cdot \alpha \qquad (8.97)$$

Bild 8.23 Elastisch eingespannte Stütze mit $EI \to \infty$

8.7 Vergrößerungsfaktoren

In Gl. (8.97) ist α der Vergrößerungsfaktor gemäß Gl. (8.94a), der für den untersuchten Fall die exakte Lösung ist. Es ist offensichtlich, dass dies auch für das Biegemoment gilt, da M(x) wie die Durchbiegung linear veränderlich ist. Bei der Querkraft V, die, wie Bild 8.23 rechts zeigt, senkrecht zur gedrehten Stabachse wirkt, kann wie folgt umgerechnet werden:

$$V = H + N \cdot \varphi = H \cdot \left(1 + \frac{N \cdot \ell}{C_\varphi - N \cdot \ell}\right) = V^I \cdot \frac{C_\varphi}{C_\varphi - N \cdot \ell} = V^I \cdot \frac{1}{1 - N/N_{Ki}} \quad (8.98)$$

Aus diesen Herleitungen kann verallgemeinert werden, dass bei allen Systemen mit EI → ∞ der Vergrößerungsfaktor α gemäß Gl. (8.94a) exakt gilt, da die Durchbiegungen und die Knickbiegelinien Geraden sind und einen affinen Verlauf aufweisen.

Für die Baupraxis interessanter sind natürlich Systeme, die sich aufgrund ihrer endlichen Steifigkeit EI verbiegen können. Da der vorverformte Druckstab in Bild 8.22d bereits in Tabelle 8.3 enthalten ist, wird hier das System in Bild 8.22e näher untersucht.

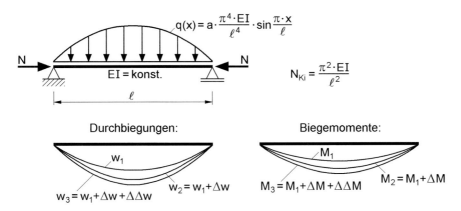

Bild 8.24 Druckstab mit sinusförmiger Streckenlast

In Bild 8.24 wird eine sinusförmige Streckenlast als Belastung angesetzt, da die Knickbiegelinie gemäß Abschnitt 4.5 diesen Funktionsverlauf hat:

$$w(x) = A \cdot \sin \frac{\pi \cdot x}{\ell} \quad (8.99)$$

Mit den Differentialgleichungen gemäß Abschnitt 8.4

$$EI \cdot w''''(x) = q(x) \quad (8.100)$$

und

$$M(x) = -EI \cdot w''(x) \quad (8.101)$$

ergibt sich nach Theorie I. Ordnung, d. h. für N = 0, die Durchbiegung

$$w_1(x) = a \cdot \sin\frac{\pi \cdot x}{\ell} \tag{8.102}$$

und das Biegemoment:

$$M_1(x) = a \cdot \frac{\pi^2 \cdot EI}{\ell^2} \cdot \sin\frac{\pi \cdot x}{\ell} \tag{8.103}$$

Der Index 1 soll zeigen, dass w_1 und M_1 die Größen des 1. Schrittes einer Iteration sind. An dem verformten Träger wird nun die Druckkraft N aufgebracht, die aufgrund der Durchbiegungen $w_1(x)$ ein zusätzliches Biegemoment ΔM erzeugt:

$$\Delta M(x) = N \cdot w_1(x) = N \cdot a \cdot \sin\frac{\pi \cdot x}{\ell} \tag{8.104}$$

Das Biegemoment $\Delta M(x)$ führt gemäß Bild 8.24 zu einem Zuwachs der Durchbiegungen, der mit Hilfe der Grundgleichung (8.101) berechnet werden kann:

$$\Delta M(x) = -EI \cdot \Delta w''(x) \tag{8.105}$$

Nach zweimaliger Integration erhält man unter Berücksichtigung der Randbedingungen:

$$\Delta w(x) = \frac{\ell^2 \cdot N}{\pi^2 \cdot EI} \cdot a \cdot \sin\frac{\pi \cdot x}{\ell} \tag{8.106}$$

Mit diesen Zuwächsen führt der 2. Iterationsschritt zu:

$$w_2 = w_1 + \Delta w = w_1\left(1 + \frac{\Delta w}{w_1}\right) \tag{8.107}$$

$$M_2 = M_1 + \Delta M = M_1\left(1 + \frac{\Delta M}{M_1}\right) \tag{8.108}$$

Die Quotienten mit den Zuwächsen ergeben:

$$\frac{\Delta w}{w_1} = \frac{\Delta M}{M_1} = \frac{\ell^2 \cdot N}{\pi^2 \cdot EI} = \frac{N}{N_{Ki}} \tag{8.109}$$

Wenn man das Ergebnis in die Gln. (8.107) und (8.108) einsetzt, erhält man:

$$w_2 = w_1 \cdot \left(1 + \frac{N}{N_{Ki}}\right) \tag{8.109a}$$

$$M_2 = M_1 \cdot \left(1 + \frac{N}{N_{Ki}}\right) \tag{8.109b}$$

Bei Fortführung der Iteration ergeben sich die folgenden geometrischen Reihen:

8.7 Vergrößerungsfaktoren

$$w = w_1 \cdot \left[1 + \frac{N}{N_{Ki}} + \left(\frac{N}{N_{Ki}}\right)^2 + \cdots\right] \tag{8.110a}$$

$$M = M_1 \cdot \left[1 + \frac{N}{N_{Ki}} + \left(\frac{N}{N_{Ki}}\right)^2 + \cdots\right] \tag{8.110b}$$

Da die Druckkraft N stets kleiner als die kritische Druckkraft N_{Ki} sein muss, also $N < N_{Ki}$ gilt, kann die Summenformel der geometrischen Reihe verwendet werden und man erhält:

$$w = w_1 \cdot \frac{1}{1 - N/N_{Ki}} \tag{8.111a}$$

$$M = M_1 \cdot \frac{1}{1 - N/N_{Ki}} \tag{8.111b}$$

Der Vergrößerungsfaktor α gemäß Gl. (8.94a) ist also auch bei diesem System die exakte Lösung. Bemerkenswert ist auch die Gleichwertigkeit der Quotienten:

$$\frac{N}{N_{Ki}} = \frac{\Delta w}{w_1} = \frac{\Delta M}{M_1} \tag{8.112}$$

Näherungen

Bei den Systemen in Bild 8.22 sind die Verformungen nach Theorie I. Ordnung und die Knickbiegelinie affin zueinander. Da dies bei baustatischen Systemen nur in Ausnahmefällen zutrifft, werden nun Systeme untersucht, die unterschiedliche Funktionsverläufe aufweisen.

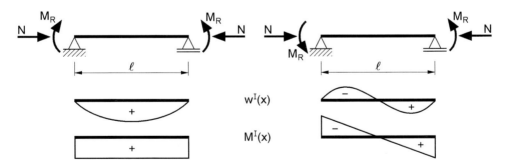

Bild 8.25   Druckstäbe mit Randmomenten

Bei den Druckstäben in Bild 8.25 ist die Knickbiegelinie gemäß Gl. (8.99) eine Sinushalbwelle, da die Eigenform von den Randmomenten unabhängig ist. Die Durchbiegungen nach Theorie I. Ordnung weichen bekanntlich davon ab. Für das System auf der linken Seite gilt

$$w^I(x) = \frac{M_R \cdot \ell^2}{2 \cdot EI} \cdot \left(\frac{x}{\ell} - \frac{x^2}{\ell^2}\right) \tag{8.113}$$

und nach Theorie II. Ordnung:

$$w(x) = \frac{M_R \cdot \ell^2}{2 \cdot EI} \cdot \frac{2}{\varepsilon^2} \cdot \left(\frac{1-\cos\varepsilon}{\sin\varepsilon} \cdot \sin\frac{\varepsilon x}{\ell} + \cos\frac{\varepsilon x}{\ell} - 1\right) \tag{8.114}$$

Für N = 0 ist die Durchbiegung gemäß Gl. (8.113) eine Polynomfunktion. Sie verändert sich mit wachsenden N bis sie für N = N_{Ki} in die Sinushalbwelle übergeht. Bild 8.26 zeigt die Funktionsverläufe für N/N_{Ki} = 0 und 1,0. Dabei wird w(x) auf den Wert in Feldmitte w_m bezogen, damit die unterschiedlichen Funktionsverläufe erkennbar sind.

Bei dem Druckstab in Bild 8.25 rechts – dem so genannten Zimmermannstab – verursachen die gegengleichen Randmomente Durchbiegungen $w^I(x)$, die weitgehend der Knickbiegelinie des 2. Eigenwertes entsprechen. Der Übergang zur Sinushalbwelle ist dann natürlich entsprechend schwierig, weshalb bei der Bemessung geometrische Ersatzimperfektionen in Form der Sinushalbwelle anzusetzen sind, s. Abschnitt 7.2. Verallgemeinert kann Folgendes festgehalten werden: **In der Regel verändert sich der Verlauf der Durchbiegungen mit wachsender Druckkraft bis für N = N_{Ki} die Knickbiegelinie entsteht.**

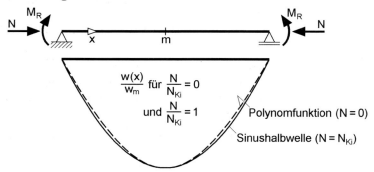

Bild 8.26 Funktionsverlauf der Durchbiegungen für N = 0 und N = N_{Ki}

Die Durchbiegungen nach Theorie II. Ordnung können nach Gl. (8.114) genau oder mit einem Vergrößerungsfaktor näherungsweise berechnet werden. Mit dem Faktor in Gl. (8.94b) erhält man

$$w^I(x) \cdot \frac{1+\delta \cdot N/N_{Ki}}{1-N/N_{Ki}} = w(x) \tag{8.115}$$

und der Korrekturbeiwert δ ergibt sich wie folgt:

$$\delta = \frac{w(x)}{w^I(x)} \cdot \left(\frac{N_{Ki}}{N} - 1\right) - \frac{N_{Ki}}{N} \tag{8.116}$$

8.7 Vergrößerungsfaktoren

Die Auswertung der Gl. (8.116) mit den Gln. (8.114) und (8.113) führt für den Druckstab in Bild 8.25 links zu den folgenden Ergebnissen:

- Feldmitte: $\delta = 0{,}028$ (N = 0) bis $0{,}032$ (N = N_{Ki})
- $x/\ell = 0{,}32$: $\delta \cong 0$
- $x/\ell = 0{,}1$: $\delta = -0{,}104$ bis $-0{,}114$

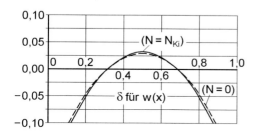
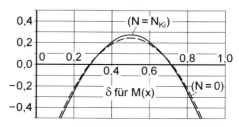

Bild 8.27 Korrekturbeiwerte δ für den Druckstab mit gleichen Randmomenten

Die δ-Werte für die Durchbiegungen sind in Bild 8.27 links dargestellt. Wie man sieht ist die Abhängigkeit von N gering, da die Kurven fast identisch sind. Im Gegensatz dazu sind die Unterschiede in Längsrichtung des Stabes groß. Von negativen Werten an den Stabenden (ca. $-0{,}11$) verändern sich die δ-Werte über den Nulldurchgang bis zu etwa $+0{,}03$ in Feldmitte.

Eine vergleichbare Auswertung kann für die Biegemomente mit

$$M^I(x) = M_R \tag{8.117}$$

und

$$M(x) = M_R \cdot \left(\frac{1 - \cos \varepsilon}{\sin \varepsilon} \cdot \sin \frac{\varepsilon x}{\ell} + \cos \frac{\varepsilon x}{\ell} \right) \tag{8.118}$$

vorgenommen werden. Man erhält die in Bild 8.27 rechts dargestellten Kurven und u. a. die folgenden δ-Werte:

- Feldmitte: $\delta = +0{,}235$ (N = 0) bis $+0{,}273$ (N = N_{Ki})
- $x/\ell = 0{,}29$: $\delta \cong 0$
- $x/\ell = 0{,}1$: $\delta = -0{,}558$ bis $-0{,}606$

Die Kurven in Bild 8.27 sollen den prinzipiellen Sachverhalt aufzeigen. Für die Bemessung benötigt man jedoch nur δ-Werte, mit denen die Maximalwerte berechnet werden können. Für das untersuchte System reicht es aus, δ-Werte für die Durchbiegung und das Biegemoment in Feldmitte festzulegen:

$\delta = +0{,}03$ für max w   und $\delta = +0{,}25$ für max M

Dies sind die Werte für $N = 0{,}5 \cdot N_{Ki}$, eine Wahl, die im Folgenden begründet wird.

Empfohlene Korrekturbeiwerte δ

Bei vielen baustatischen Systemen ist es zweckmäßig, bemessungsrelevante Größen, wie z. B. die maximale Durchbiegung oder das maximale Biegemoment, mit Hilfe von Vergrößerungsfaktoren zu berechnen. Näherungsweise erhält man nach Theorie II. Ordnung:

$$\max w = \max w^I \cdot \alpha \tag{8.119a}$$

$$\max M = \max M^I \cdot \alpha \tag{8.119b}$$

$$\text{mit:} \quad \alpha = \frac{1 + \delta \cdot N/N_{Ki}}{1 - N/N_{Ki}} \tag{8.120}$$

In Tabelle 8.4 sind für ausgewählte baustatische Systeme Berechnungsformeln für max w^I und max M^I sowie Korrekturbeiwerte δ für den Vergrößerungsfaktor zusammengestellt. Die Formel für α mit dem *Korrekturbeiwert* δ geht auf *Dischinger* [14] zurück. Er hat einen zu Gl. (8.120) gleichwertigen Vergrößerungsfaktor in der Form

$$\alpha = \frac{\nu + \delta}{\nu - 1}$$

gewählt und den „Zahlenkoeffizienten" δ so berechnet, dass er für eine „Knicksicherheit ν in der Nähe von Eins", also $N_{Ki}/N \to 1$, möglichst genau ist. Beispielsweise gibt er für max M beim Druckstab mit gleichen Randmomenten δ = +0,273 an. Diesen Wert findet man häufig in der Literatur, da andere Autoren ebenfalls die Werte für $N \to N_{Ki}$ gewählt haben. Wenn man bedenkt, dass der Fall $N = N_{Ki}$ bei einer baupraktischen Bemessung nicht vorkommen kann, ist es zweckmäßig, die Werte realitätsnäher festzulegen. In Tabelle 8.4 werden daher δ-Werte angegeben, die, sofern sie positiv sind, für $N/N_{Ki} = 0,5$ gelten. Zur Begründung sei erwähnt, dass bei Druckstäben N/N_{Ki} häufig zwischen 0,2 und 0,3 liegt und kaum einmal 0,5 überschreitet. Die negativen δ-Werte wurden so gewählt, dass der Vergrößerungsfaktor möglichst gut angenähert wird und auf der sicheren Seite liegt.

Im Grunde genommen will man möglichst auf den *Korrekturbeiwert* δ verzichten und ohne Detailüberlegungen für beliebige baustatische Systeme den Vergrößerungsfaktor α nach Gl. (8.94a) mit δ = 0 verwenden. Mit den δ-Werten in Tabelle 8.4 kann man beurteilen, welche Auswirkungen diese Wahl hat:

- δ = negativ: Die Näherung mit δ = 0 liegt auf der sicheren Seite, da zu große Werte berechnet werden.
- δ positiv: Mit δ = 0 werden zu kleine Werte berechnet und die Näherung liegt auf der unsicheren Seite.

Tabelle 8.4 zeigt, dass die δ-Werte überwiegend negativ sind. Positive Werte, die zu nennenswerten Abweichungen führen können, treten nur bei den Systemen mit einem konstanten Momentenverlauf nach Theorie I. Ordnung auf (δ = +0,25). Bis auf diese Ausnahme kann also unabhängig vom vorhandenen baustatischen System mit δ = 0 gerechnet werden.

8.7 Vergrößerungsfaktoren

Tabelle 8.4 Korrekturbeiwerte δ für den Vergrößerungsfaktor α sowie max w^I und max M^I für ausgewählte Systeme

System	Durchbiegungen	Biegemomente
Einfeldträger mit Streckenlast q und N	$\max w^I = \dfrac{5 \cdot q \cdot \ell^4}{384 \cdot EI}$; $\delta = +0{,}0036$	$\max M^I = \dfrac{q \cdot \ell^2}{8}$; $\delta = +0{,}03$
Einfeldträger mit Einzellast P und N	$\max w^I = \dfrac{P \cdot \ell^3}{48 \cdot EI}$; $\delta = -0{,}014$	$\max M^I = \dfrac{P \cdot \ell}{4}$; $\delta = -0{,}18$
Einfeldträger mit Endmomenten M_R und N	$\max w^I = \dfrac{M_R \cdot \ell^2}{8 \cdot EI}$; $\delta = +0{,}03$	$\max M^I = M_R$; $\delta = +0{,}25$
Einfeldträger mit Sinus-Vorverformung w_0 und N	$\max w^I = w_0$; $\delta = 0$	$\max M^I = N \cdot w_0$; $\delta = 0$
Kragträger mit Streckenlast q und N	$\max w^I = \dfrac{q \cdot \ell^4}{8 \cdot EI}$; $\delta = -0{,}04$	$\min M^I = -\dfrac{q \cdot \ell^2}{2}$; $\delta = -0{,}39$
Kragträger mit Einzellast P und N	$\max w^I = \dfrac{P \cdot \ell^3}{3 \cdot EI}$; $\delta = -0{,}014$	$\min M^I = -P \cdot \ell$; $\delta = -0{,}18$
Kragträger mit Endmoment M_R und N	$\max w^I = -\dfrac{M_R \cdot \ell^2}{2 \cdot EI}$; $\delta = +0{,}03$	$\max M^I = M_R$; $\delta = +0{,}25$
Kragträger mit Verdrehung φ_0 und N	$\max w^I = \varphi_0 \cdot \ell$; $\delta = -0{,}014$	$\min M^I = -N \cdot \varphi_0 \cdot \ell$; $\delta = -0{,}18$
Einseitig eingespannter Träger mit Streckenlast q und N	$x = 0{,}5785 \cdot \ell$: $w^I = \dfrac{q \cdot \ell^4}{185 \cdot EI}$; $\delta = -0{,}014$	$\min M^I = -\dfrac{q \cdot \ell^2}{8}$; $\delta = -0{,}34$ $x = 5/8 \cdot \ell$: $M^I = \dfrac{9 q \cdot \ell^2}{128}$; $\delta = +0{,}10$
Einseitig eingespannter Träger mit Einzellast P und N	$x = 0{,}553 \cdot \ell$: $w^I = \dfrac{P \cdot \ell^3}{107{,}33 \cdot EI}$; $\delta = -0{,}045$	$\min M^I = -\dfrac{3 \cdot P \cdot \ell}{16}$; $\delta = -0{,}26$ $\max M^I = \dfrac{5 P \cdot \ell}{32}$; $\delta = -0{,}29$
Einseitig eingespannter Träger mit Endmoment M_R und N	$\max w^I = \dfrac{M_R \cdot \ell^2}{27 \cdot EI}$; $\delta = +0{,}014$	$\min M^I = -\dfrac{M_R}{2}$; $\delta = +0{,}04$ $\max M^I = M_R$; $\delta = -0{,}34$
Einseitig eingespannter Träger mit Sinus-Vorverformung w_0 und N	$\max w^I = w_0$; $\delta = -0{,}17$	$\min M^I \cong -N \cdot w_0$; $\delta = -0{,}38$ $M^I \cong 0{,}6 \cdot N \cdot w_0$; $\delta = 0$

Anmerkungen: Im Zusammenhang mit Bild 8.26 wurde gezeigt, dass sich die Durchbiegungen mit wachsendem N verändern und für $N \to N_{Ki}$ in die Knickbiegelinie übergehen. Ergänzend dazu kann auch auf das **Vorzeichen von δ** geschlossen werden: δ ist positiv, wenn die Biegelinie nach Theorie I. Ordnung **fülliger** als die Knickbiegelinie ist. Darüber hinaus kann man auch δ-Werte für Systeme schätzen, die nicht in Tabelle 8.4 enthalten sind. Bild 8.28 zeigt dazu ein Beispiel, bei dem der δ-Wert für max M anschaulich gewählt wird. Zum Vergleich werden die Lastfälle „Einzellast in Feldmitte", „sinusförmige Vorverformung" und „gleiche Randmomente" herangezogen. Aus den δ-Werten $-0{,}18$, 0 und $+0{,}25$ kann geschlossen werden, dass δ etwa bei $+0{,}15$ liegt, da der vorhandene Biegemomentenverlauf zwischen den anderen liegt, s. Bild 8.28 rechts.

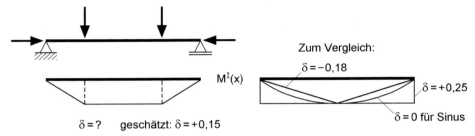

Bild 8.28 Schätzen des Korrekturbeiwertes δ für ein Beispiel

Tabelle 8.4 zeigt auch, dass die Bandbreite der Korrekturbeiwerte δ für die maximalen Durchbiegungen deutlich geringer ist als für die maximalen Biegemomente:

- Durchbiegungen: δ zwischen $-0{,}044$ und $+0{,}03$
- Biegemomente: δ zwischen $-0{,}40$ und $+0{,}25$

Da man den vereinfachten Vergrößerungsfaktor mit $\delta = 0$ bevorzugt, ist es bei statisch bestimmten Systemen zweckmäßig das maximale Biegemoment mit

$$\max M = \max M^I + N \cdot \max w^I \cdot \alpha \tag{8.121}$$

zu berechnen. Damit wird der Zuwachs aufgrund der Druckkraft N unmittelbar berechnet und das Ergebnis ist genauer als wenn man Gl. (8.119) mit $\delta = 0$ verwendet. Bild 8.29 zeigt die Vorgehensweise zur Formulierung von Gl. (8.121).

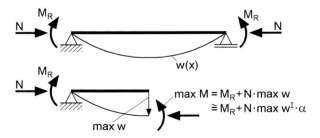

Bild 8.29 Beispiel zur Ermittlung des Zusatzmomentes infolge Druckkraft

Vergrößerungsfaktoren mit $\Delta w/w^I$ und $\Delta M/M^I$

Bei der Herleitung des Vergrößerungsfaktors für das System in Bild 8.24 ergab sich, dass

$$\alpha = \frac{1}{1-q} \quad \text{mit} \quad q = \frac{N}{N_{Ki}} = \frac{\Delta w}{w_1} = \frac{\Delta M}{M_1} \tag{8.122}$$

die exakte Lösung ist, s. Gl. (8.112). So wie man $q = N/N_{Ki}$ bei anderen Systemen als Näherung verwenden kann, ist dies auch mit einem q aufgrund von Verformungen oder Biegemomenten möglich. In der Regel verwendet man dabei die Verschiebungen $w_1 = w^I$ oder die Biegemomente $M_1 = M^I$ nach Theorie I. Ordnung und entsprechende Zuwächse infolge N am verformten System.

Als Beispiel werden hier die beiden Systeme betrachtet, die im nächsten Abschnitt iterativ nach Theorie I. Ordnung untersucht werden. Für die eingespannte Stütze in Bild 8.31 erhält man:

- Einspannmoment
 $M_1 = -1950$ kNcm $\qquad \Delta M = -35 \cdot 12{,}90 = -451{,}5$ kNcm
 $\Rightarrow q = 451{,}5/1950 \quad = 0{,}231 \quad \alpha = 1{,}30$
 $M = -1950 \cdot 1{,}30 \quad = -2535$ kNcm (98,4 % der genauen Lösung)
- Verschiebung am Stützenkopf
 $w_1 = 12{,}90$ cm $\qquad \Delta w \cong 12{,}90 \cdot 451{,}5/1950 = 2{,}99$ cm
 $\Rightarrow q = 2{,}99/12{,}90 \quad = 0{,}232 \quad \alpha = 1{,}30$
 $w = 12{,}90 \cdot 1{,}30 \quad = 16{,}77$ cm (93,8 % der genauen Lösung)

Bei dem zweistöckigen Rahmen in Bild 8.32 wird der Vergrößerungsfaktor α mit den Verschiebungen der Rahmenecken, d. h. mit $\Delta u/u_1$ bestimmt. Wenn man dazu die Verschiebungen der Knoten u_3 und u_5 heranzieht, erhält man:

- oberes Stockwerk
 $q = 0{,}083 \qquad \alpha = 1{,}091 \qquad u_5 = 14{,}91$ cm
- unteres Stockwerk
 $q = 0{,}092 \qquad \alpha = 1{,}101 \qquad u_3 = 11{,}15$ cm

Die Auswirkungen auf die Biegemomente werden hier nicht weiter verfolgt, da dies ausführliche Darlegungen erfordert, s. auch Bild 8.33.

Anmerkung: In der Veröffentlichung von Strehl [85] „Beitrag zur praktischen Berechnung einfacher Systeme nach Theorie II. Ordnung" werden für zahlreiche Systeme Vergrößerungsfaktoren angegeben. Bei diesen Faktoren werden die Verschiebungen zur Bestimmung von α verwendet.

Berechnungsbeispiele

Für das System in Bild 8.30a können die in Tabelle 8.3 angegebenen exakten Lösungen verwendet werden. Die Lastfälle F und q dürfen überlagert werden, weil die Druckkraft N gleich ist (beschränkte Superposition nach Theorie II. Ordnung). Gemäß DIN 18800 Teil 2 wird $\gamma_M = 1{,}1$ angesetzt. Mit

$$\varepsilon_d = 1000 \cdot \sqrt{\frac{450 \cdot 1{,}1}{21000 \cdot 5696}} = 2{,}034$$

ergibt sich das Biegemoment in Feldmitte zu:

$$\max M = \frac{1{,}8 \cdot 10^2}{2{,}034^2} \cdot \left(\frac{1}{\cos 1{,}017} - 1\right) + 10 \cdot 10 \cdot \frac{\tan 1{,}017}{2 \cdot 2{,}034}$$
$$= 39{,}22 + 39{,}76 = 78{,}98 \text{ kNm}$$

Alternativ kann man auch Tabelle 8.4 und Vergrößerungsfaktoren verwenden. Mit

$$N_{Ki,d} = \frac{\pi^2 \cdot 21000 \cdot 5696}{1000^2 \cdot 1{,}1} = 1073 \text{ kN}$$

und N = 450 kN folgt $N/N_{Ki} = 0{,}419$. Da dieser Wert in der Nähe von 0,5 liegt, erhält man mit den Korrekturbeiwerten δ in Tabelle 8.4 fast die genauen Lösungen. Zum Vergleich wird daher α mit δ = 0 berechnet:

$$\alpha = \frac{1}{1 - 0{,}419} = 1{,}72$$

Näherungsweise ergibt sich dann max M zu:

$$\max M = \frac{1{,}8 \cdot 10^2}{8} \cdot 1{,}72 + 10 \cdot \frac{10}{4} \cdot 1{,}72$$
$$= 38{,}70 + 43{,}00 = 81{,}70 \text{ kNm}$$

Das Ergebnis ist um 3,4 % größer als die exakte Lösung und liegt daher auf der sicheren Seite. Gemäß DIN 18800 Teil 2 sind beim Nachweis geometrische Ersatzimperfektionen anzusetzen. Da der Querschnitt der Knickspannungslinie b (starke Achse) zuzuordnen ist, beträgt der Stich der Vorkrümmung in Feldmitte (s. Tabelle 7.3) $w_0 = \ell/250 = 4{,}0$ cm. Daraus folgt mit Tabelle 8.4 in Feldmitte ein Biegemoment von

$$M_0 = N \cdot w_0 \cdot \alpha = 450 \cdot 4{,}0 \cdot 1{,}72 = 3096 \text{ kNcm}$$

Insgesamt ist dann max M = 81,70 + 30,96 = 112,66 kNm. Der Tragsicherheitsnachweis kann mit der Interaktionsbedingung in Tabelle 7.6 geführt werden. Wegen $N/N_{pl,d} > 0{,}1$ lautet der Nachweis:

$$0{,}9 \cdot \frac{M_y}{M_{pl,y,d}} + \frac{N}{N_{pl,d}} = 0{,}9 \cdot \frac{112{,}66}{140{,}2} + \frac{450}{1704} = 0{,}723 + 0{,}264 = 0{,}987 < 1$$

8.7 Vergrößerungsfaktoren

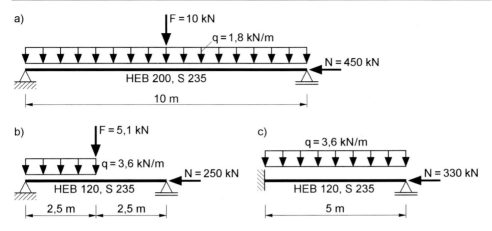

Bild 8.30   Baustatische Systeme für drei Beispiele

Für das System in Bild 8.30b wurde bereits in Abschnitt 3.3 der Nachweis mit dem κ-Verfahren geführt. Da die Gleichstreckenlast nur in der linken Hälfte angreift, können den Tabellen 8.3 und 8.4 keine Lösungen entnommen werden. Das maximale Biegemoment wird daher mit dem Vergrößerungsfaktor α ohne δ berechnet.

$$N_{Ki,d} = \frac{\pi^2 \cdot 21000 \cdot 864{,}4}{500^2 \cdot 1{,}1} = 651{,}5 \text{ kN}$$

$$\alpha = \frac{1}{1 - 250/651{,}5} = 1{,}62$$

Das maximale Biegemoment nach Theorie I. Ordnung tritt in Feldmitte auf und beträgt gemäß Abschnitt 3.3 max M^I = 12,00 kNm. Nach Theorie II. Ordnung erhält man näherungsweise

$$\max M = 12{,}00 \cdot 1{,}62 = 19{,}44 \text{ kNm}$$

Die genaue Lösung, mit einem EDV-Programm ermittelt, ist max M = 18,85 kNm, d. h. die Näherung ist 3,1 % zu groß. Bei diesem Beispiel ist w_0 = 2,0 cm und M_0 = 8,10 kNm. Mit N = 250 kN und M = 27,54 kNm ergibt sich beim Nachweis 1,024 ≅ 1. Das κ-Verfahren in Abschnitt 3.3 führt mit 0,998 < 1 fast zum gleichen Ergebnis.

Bei dem statisch unbestimmten System in Bild 8.30c tritt das betragsmäßig größte Biegemoment an der Einspannung auf. Nach Theorie II. Ordnung kann jedoch auch der Feldbereich maßgebend werden. Unter Verwendung der Berechnungsformeln in Tabelle 8.4 können die Biegemomente wie folgt ermittelt werden:

$$N_{Ki,d} = \frac{\pi^2 \cdot 21000 \cdot 864{,}4}{0{,}7^2 \cdot 500^2 \cdot 1{,}1} = 1330 \text{ kN}$$

$$N/N_{Ki,d} = 330/1330 = 0{,}248$$

$$w_0 = \ell/250 = 2,0 \text{ cm}$$

$$\min M \cong -\frac{3,6 \cdot 5^2}{8} \cdot \frac{1 - 0,34 \cdot 0,248}{1 - 0,248} - 330 \cdot 0,02 \cdot \frac{1 - 0,38 \cdot 0,248}{1 - 0,248}$$

$$= -13,70 - 7,95 = -21,65 \text{ kNm} \; (101,0\,\%)$$

$$\max M \cong \frac{9 \cdot 3,6 \cdot 5^2}{128} \cdot \frac{1 + 0,10 \cdot 0,248}{1 - 0,248} + 0,6 \cdot 330 \cdot 0,02 \cdot \frac{1}{1 - 0,248}$$

$$= 8,62 + 5,27 = 13,89 \text{ kNm} \; (101,7\,\%)$$

Die in Klammern angegebenen Prozentzahlen 101,0 % und 101,7 % zeigen den Bezug zu den genauen Lösungen und die Güte der Näherungen. Wenn man hier die etwas gröberen Näherungen mit $\delta = 0$ verwendet, erhält man:

$\min M = -23,74 \text{ kN}$

$\max M = 13,68 \text{ kN}$

Wie man sieht, ist das bemessungsrelevante Einspannmoment ca. 10 % zu groß. Im Hinblick auf die Tragsicherheit ist dies jedoch unproblematisch, weil die Näherung auf der sicheren Seite liegt. Wenn man mit $\min M = -21,65$ kNm und $N = 330$ kN den Nachweis führt und dabei wiederum die o. g. Interaktionsbedingung verwendet, folgt:

$$0,9 \cdot \frac{21,65}{36,05} + \frac{330}{742} = 0,540 + 0,445 = 0,985 < 1$$

Bei diesem Beispiel wächst das Einspannmoment $\min M^I = -11,25$ kNm aufgrund der geometrischen Ersatzimperfektionen und Theorie II. Ordnung bis auf $\min M = -21,65$ kNm. Der Zuwachs um 92 % ist bemerkenswert, weil er aus der statischen Unbestimmtheit des Systems resultiert und N bezüglich der Einspannung keine Hebelarm aufweist, s. auch Bild 8.12.

8.8 Iterative Berechnungen

Definitionsgemäß wird bei Theorie II. Ordnung das Gleichgewicht am **verformten** System erfasst. Gegenüber der linearen Theorie (Gleichgewicht am unverformten System) verändern sich die Verformungen und Schnittgrößen in der Regel beträchtlich. Diese Veränderungen können im Rahmen einer iterativen Berechnung ermittelt werden, was bereits in Abschnitt 8.7 mit Bild 8.22 bei der Herleitung des exakten Vergrößerungsfaktors gezeigt wurde. Da dort ein Sonderfall behandelt wurde, bei dem sowohl die Biegelinie und Knickbiegelinie als auch die Biegemomente den gleichen Verlauf haben, werden hier allgemeine Fälle betrachtet und die Methodik im Hinblick auf das Verständnis erweitert.

8.8 Iterative Berechnungen

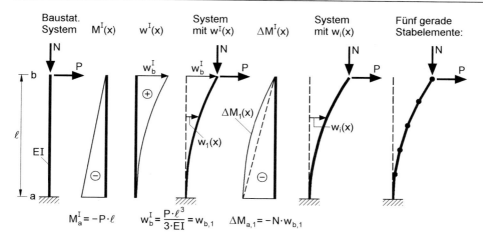

Bild 8.31   Iterative Berechnung für eine eingespannte Stütze

Für die eingespannte Stütze in Bild 8.31 werden folgende Parameter angenommen: $\ell = 5$ m, $I = 600$ cm^4, $P = 3{,}9$ kN und $N = 35$ kN. Die Stabkennzahl beträgt $\varepsilon = 0{,}833$ und mit Hilfe von Tabelle 8.3 können die genauen Lösungen bestimmt werden:

$$M_a = -P \cdot \ell \cdot \frac{\tan \varepsilon}{\varepsilon} = -2575 \text{ kNcm}$$

$$w_b = \frac{P \cdot \ell^3}{EI \cdot \varepsilon^3} \cdot (\tan \varepsilon - \varepsilon) = 17{,}88 \text{ cm}$$

Diese Werte ergeben sich auch, wenn man die Vergrößerungsfaktoren gemäß Tabelle 8.4 verwendet:

$$N_{Ki} = \frac{\pi^2 \cdot EI}{4\ell^2} = 124{,}4 \text{ kN} \quad \rightarrow \quad N/N_{Ki} = 0{,}281$$

$$M_a = -P \cdot \ell \cdot \frac{1 - 0{,}18 \cdot 0{,}281}{1 - 0{,}281} = -2575 \text{ kNcm}$$

$$w_b = \frac{P \cdot \ell^3}{3 \cdot EI} \cdot \frac{1 - 0{,}014 \cdot 0{,}281}{1 - 0{,}281} = 17{,}88 \text{ cm}$$

In der Regel geht man bei einem baustatischen System von den bemessungsrelevanten Größen nach Theorie I. Ordnung aus:

$$M_a^I = -P \cdot \ell = -1950 \text{ kNcm}$$

$$w_b^I = \frac{P \cdot \ell^3}{3 \cdot EI} = 12{,}90 \text{ cm}$$

Den Einfluss der Theorie II. Ordnung kann man mit der in Bild 8.31 dargestellten Vorgehensweise ingenieurmäßig verfolgen und iterativ rechnerisch erfassen. Dazu wird im 1. Iterationsschritt das verformte System betrachtet, das sich aufgrund der Verformungen $w_1(x) = w^I(x)$ ergibt. Mit der Druckkraft N führen die Verformungen zu einem zusätzlichen Biegemoment $\Delta M_1(x) = -N \cdot [w_{b,1} - w_1(x)]$. Näherungsweise kann der nichtlineare Biegemomentenverlauf durch einen dreieckförmigen ersetzt werden. Da dies der gleiche Verlauf wie beim Biegemoment nach Theorie I. Ordnung ist, ergibt sich die zusätzliche Durchbiegung mit dem Arbeitssatz zu:

$$\Delta w_{b,1} = \frac{N \cdot w_{b,1} \cdot \ell^2}{3 \cdot EI}$$

Aufgrund der zusätzlichen Durchbiegung wird die Durchbiegung insgesamt größer und es ergibt sich eine weitere Biegemomentenbeanspruchung. Es kann daher die folgende iterative Berechnung durchgeführt werden:

$w_1 = 12{,}90 \text{ cm}$ $\quad\quad\quad\quad \Delta M_1 = -N \cdot w_1 = -451 \text{ kNcm}$

$w_2 = w_1 + w_1 \cdot \dfrac{451}{1950} = 15{,}88 \text{ cm} \quad\quad \Delta M_2 = -N \cdot w_2 = -556 \text{ kNcm}$

$w_3 = w_1 + w_1 \cdot \dfrac{556}{1950} = 16{,}58 \text{ cm} \quad\quad \Delta M_3 = -N \cdot w_3 = -580 \text{ kNcm}$

$w_4 = w_1 + w_1 \cdot \dfrac{580}{1950} = 16{,}74 \text{ cm} \quad\quad \Delta M_4 = -N \cdot w_4 = -586 \text{ kNcm}$

Wie man sieht, werden die Zuwächse bei w und M immer kleiner, sodass die Iteration gut konvergiert. Da anstelle der „bauchigen" Momentenlinie infolge N und $w_i(x)$ näherungsweise eine dreiecksförmige angenommen worden ist, sind die mit der Iteration ermittelten Durchbiegungen etwas zu klein. Als Ergebnis der Iteration kann man aus den Werten 12,90, 15,88, 16,58 und 16,74 cm w = 17,0 cm schätzen. Das maximale Biegemoment ergibt sich dann zu:

$$M_b = -P \cdot \ell - N \cdot w = -1950 - 595 = -2545 \text{ kNcm}$$

Verglichen mit der genauen Lösung ist das Einspannmoment 1,2 % und die Durchbiegung am Stützenkopf 4,9 % zu klein. Da die Näherung aus der Annahme für den Verlauf des Biegemomentes infolge N und w(x) herrührt, kann die Genauigkeit verbessert werden, indem man die Stütze in mehrere Abschnitte unterteilt und damit den nichtlinearen Momentenverlauf durch einen polygonartigen annähert. Die Berechnung ist natürlich entsprechend aufwändig, sodass der Einsatz eines Tabellenkalkulationsprogramms zweckmäßig ist. Alternativ kann man auch ein Stabwerksprogramm verwenden und die Stütze beispielsweise in 5 Stabelemente einteilen. Dabei werden die Berechnungen nach Theorie I. Ordnung durchgeführt und die wie oben iterativ ermittelten Verschiebungen bei der Eingabe der Knotenkoordinaten des Systems berücksichtigt. Bild 8.31 rechts zeigt die verformte Stütze aus fünf geraden Stabelementen. Mit der beschriebenen Methode (iterative Berechnung nach Theorie I. Ordnung) hat man früher häufig den Einfluss der Theorie II. Ordnung erfasst. Dabei wurden nicht nur einfache Standardsysteme untersucht, sondern auch schwierige baustatische

8.8 Iterative Berechnungen

Systeme, wie z. B. Kesselgerüste. Bis etwa 1980 wurden die Berechnungen i. d. R. ohne Computer, d. h. mit Handrechnungen durchgeführt. Danach hat man zunehmend EDV-Programme verwendet und die Knotenkoordinaten iterativ der verformten Lage angepasst. Seit etwa 1990 sind Stabwerksprogramme, die nach Theorie II. Ordnung rechnen, so weit verbreitet, dass man die iterative Berechnung nur noch zu Kontrollzwecken verwendet.

Ein typisches Anwendungsbeispiel für die iterative Berechnungsmethode ist der zweistöckige Rahmen in Bild 8.32. Da die Druckkräfte in den Stielen 60 kN (oben) und 120 kN (unten) betragen, ergeben sich die Stabkennzahlen $\varepsilon_o = 0{,}292$ und $\varepsilon_u = 0{,}413$. Sie sind deutlich kleiner als Eins, sodass eine Unterteilung der Stiele nicht erforderlich ist. Es werden daher sechs Stabelemente gewählt, sodass sich sechs Knoten ergeben.

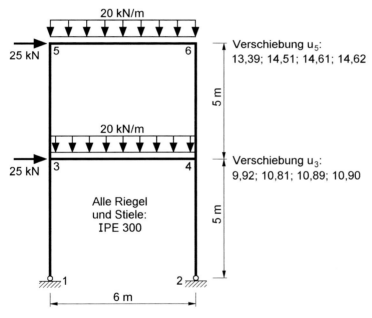

Bild 8.32 Zweistöckiger Rahmen

Im 1. Rechenschritt ergeben sich nach Theorie I. Ordnung die Knotenverschiebungen $u_3 = 9{,}83$ cm und $u_5 = 13{,}28$ cm. Für den 2. Rechenschritt werden die Knotenkoordinaten unter Berücksichtigung der Verschiebungen eingegeben und die Berechnung wiederholt. Die Werte in Bild 8.32 zeigen, dass die Berechnung konvergiert und bereits im 4. Rechenschritt ausreichend genaue Ergebnisse erzielt werden. Die Iteration kann daher abgebrochen und mit dieser Näherung der Biegemomentenverlauf bestimmt werden. Die Ergebnisse sind in Bild 8.33 zusammengestellt, wobei die Klammern die genauen Werte enthalten. Wie man sieht, sind die Abweichungen gering.

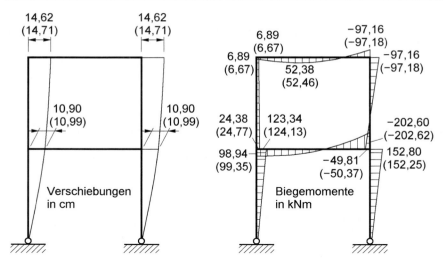

Bild 8.33 Verschiebungen und Biegemomente für den zweistöckigen Rahmen in Bild 8.32

8.9 Tragverhalten nach Theorie II. Ordnung

8.9.1 Ziele

In diesem Abschnitt wird anhand von ausgewählten Beispielen gezeigt, welchen Einfluss die *Theorie II. Ordnung* auf die Verformungen und Schnittgrößen hat. Dabei wird von den Größen nach Theorie I. Ordnung ausgegangen und die Veränderungen aufgrund von Normalkräften ermittelt, um das ingenieurmäßige Verständnis zu schulen. Zentrales Thema ist die Vergrößerung bzw. Verringerung der Biegemomente, weil dies für die Bemessung eine signifikante Bedeutung hat.

8.9.2 Biegebeanspruchte Stäbe mit Druck- oder Zugnormalkräften

Bei dem beidseitig gelenkig gelagerten Stab in Bild 8.34 ergeben sich die Durchbiegung und das Biegemoment in Feldmitte für N = 0 (s. Tabelle 8.4) zu:

$$w_m^I = \frac{5 \cdot q \cdot \ell^4}{384 \cdot EI} \quad \text{und} \quad M_m = \frac{q \cdot \ell^2}{8} \qquad (8.123)$$

Fügt man eine **Drucknormalkraft** hinzu, so können diese Größen mit den Formeln in Tabelle 8.3 bestimmt werden. Mit den in Abschnitt 8.5 angegebenen Transformationsbeziehungen kann auch die Wirkung einer **Zugnormalkraft** erfasst werden. Für diesen Fall erhält man:

8.9 Tragverhalten nach Theorie II. Ordnung

$$w_m = \frac{q \cdot \ell^4}{EI_z \cdot \varepsilon_z^4} \cdot \left(\frac{1 - \cosh \varepsilon_z}{\sinh \varepsilon_z} \cdot \sinh \frac{\varepsilon_z}{2} + \cosh \frac{\varepsilon_z}{2} + \frac{\varepsilon_z^2}{8} - 1 \right) \qquad (8.124)$$

$$M_m = \frac{q \cdot \ell^2}{\varepsilon_z^2} \cdot \left(1 - \frac{1}{\cosh \varepsilon_z / 2} \right) \qquad (8.125)$$

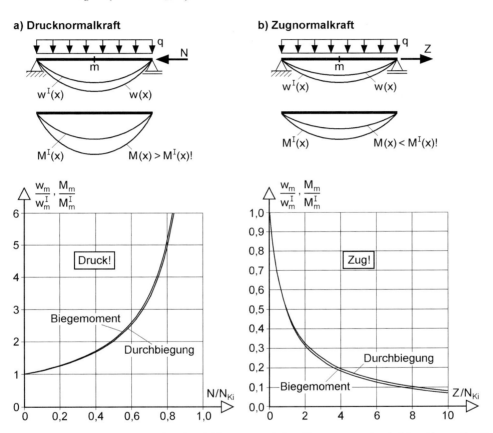

Bild 8.34 Veränderung der Durchbiegung und des Biegemomentes infolge Normalkraft

Bild 8.34a zeigt, dass die Durchbiegungen durch eine **Druck**normalkraft anwachsen. Darüber hinaus führen die Durchbiegungen gemeinsam mit der Druckkraft zu einer **Vergrößerung** der Biegemomente. Aus dem Diagramm kann abgelesen werden, dass der Anstieg der Durchbiegungen und Biegemomente in Feldmitte fast den gleichen Funktionsverlauf hat. Die Vergrößerung ist sehr stark und erreicht beispielsweise bei $N/N_{Ki} = 0,8$ ungefähr den Faktor 5 (!). Wenn man einen derartigen Anstieg bei der Bemessung übersieht, führt das unweigerlich zum Einsturz.

Im Vergleich zur Drucknormalkraft bewirkt die **Zug**normalkraft eine **Verringerung** der Durchbiegungen und Biegemomente. Bild 8.34b zeigt die Veränderung der Größen in Feldmitte, die geringfügig unterschiedlich ausfällt. Aus Gründen der Vergleichbarkeit wird auch bei der Zugbeanspruchung auf die kritische Drucknormalkraft $N_{Ki} = \pi^2 \cdot EI/\ell^2$ bezogen. Für $Z = 8 \cdot N_{Ki}$ beispielsweise verringern sich die Durchbiegung und das Biegemoment auf ca. 10 % der Werte nach Theorie I. Ordnung.

Der geschilderte Sachverhalt besteht auch bei vielen anderen baustatischen Systemen. Als **Fazit** kann festgehalten werden: **Drucknormalkräfte vergrößern Durchbiegungen und Biegemomente, Zugnormalkräfte verringern sie.**

Anmerkung: Gemäß Tabelle 8.4 sind die Korrekturbeiwerte δ mit +0,0036 und +0,03 für das System in Bild 8.34a sehr klein. Der Vergrößerungsfaktor

$$\alpha = \frac{1}{1 - N/N_{Ki}} \tag{8.126}$$

mit δ = 0 ist daher für die Druckbeanspruchung eine hervorragende Näherung. Bei der Zugbeanspruchung in Bild 8.34b können mit dem „Verringerungsfaktor"

$$\alpha_z = \frac{1}{1 + Z/N_{Ki}} \tag{8.127}$$

brauchbare Ergebnisse erzielt werden.

8.9.3 Druckstab mit Randmomenten

Bei dem *Druckstab mit Randmomenten* in Bild 8.35 ist der Biegemomentenverlauf nach Theorie I. Ordnung für ψ < 1 linear veränderlich. Wie bei dem Beispiel in Bild 8.34a führen die Durchbiegungen gemeinsam mit der Drucknormalkraft zu zusätzlichen Biegemomenten. Dabei ergibt sich rein aus der Anschauung, dass das maximale Feldmoment in gewissen Fällen größer als das Randmoment M_R werden kann (Bild 8.35 oben links).

Das System wurde bereits in Abschnitt 8.5 behandelt, s. Bild 8.16. Damit folgt für das Biegemoment nach Theorie II. Ordnung:

$$M(x) = M_R \cdot \left(\frac{\psi - \cos\varepsilon}{\sin\varepsilon} \cdot \sin\frac{\varepsilon \cdot x}{\ell} + \cos\frac{\varepsilon \cdot x}{\ell} \right) \tag{8.128}$$

Da das maximale Feldmoment bestimmt werden soll, wird die 1. Ableitung $M'(x)$ gebildet und gleich Null gesetzt, man erhält:

$$\tan\frac{\varepsilon \cdot x}{\ell} = \frac{\psi - \cos\varepsilon}{\sin\varepsilon} \tag{8.129}$$

Aufgrund der Umrechnung zwischen den trigonometrischen Funktionen gilt:

$$\sin x = \pm\frac{\tan x}{\sqrt{1 + \tan^2 x}} \tag{8.130}$$

8.9 Tragverhalten nach Theorie II. Ordnung

$$\cos x = \pm \frac{1}{\sqrt{1+\tan^2 x}} \tag{8.131}$$

Unter Berücksichtigung dieser Beziehungen führen die Gln. (8.128) und (8.129) zu:

$$\max M_F = M_R \cdot \sqrt{1 + \left(\frac{\psi - \cos\varepsilon}{\sin\varepsilon}\right)^2} \tag{8.132}$$

Das maximale Feldmoment ist größer als das Randmoment M_R, wenn der Radikand in Gl. (8.132) größer als Eins ist. Diese Bedingung kann wie folgt geschrieben werden:

$$\varepsilon > \arccos\psi \quad \text{oder} \quad \frac{N}{N_{Ki}} > \left(\frac{\arccos\psi}{\pi}\right)^2 \tag{8.133}$$

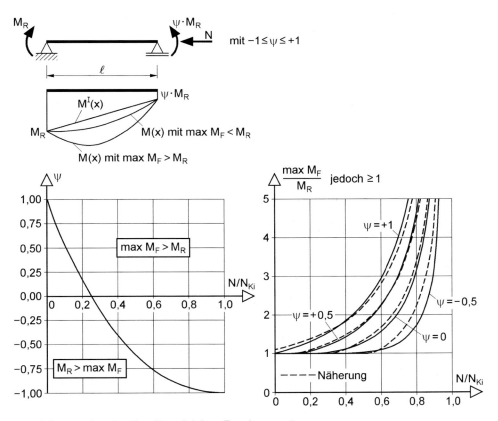

Bild 8.35 Druckstab mit ungleichen Randmomenten

Bild 8.35 enthält eine Auswertung der Gln. (8.132) und (8.133). Mit dem Diagramm unten links im Bild kann die Frage beantwortet werden, ob das maximale Feldmoment max M_F größer als das Randmoment M_R ist. Dies ist immer dann der Fall, wenn die Kombination der Werte für ψ und N/N_{Ki} rechts oberhalb der Kurve liegt. Das Diagramm auf der rechten Seite zeigt für ausgewählte Parameter ψ, wie groß das maximale Feldmoment im Verhältnis zum Randmoment ist, sofern es größer ist. Dies kann auch durch die Beziehung

$$\max M_F = M_R \cdot \alpha \tag{8.134}$$

mit dem Vergrößerungsfaktor

$$\alpha = \sqrt{1 + \left(\frac{\psi - \cos\varepsilon}{\sin\varepsilon}\right)^2}, \text{ jedoch } \alpha \geq 1 \tag{8.135}$$

ausgedrückt werden. Eine gute Näherung dafür ist

$$\alpha = \frac{0,66 + 0,44 \cdot \psi}{1 - N/N_{Ki}}, \text{ jedoch } \alpha \geq 1 \quad \text{und} \quad 0,66 + 0,44\,\psi \geq 0,44 \tag{8.136}$$

Ein Vergleich mit dem κ-Verfahren in Abschnitt 3.3 zeigt, dass der Zähler dem Momentenbeiwert $\beta_{m,\psi}$ entspricht. Gemäß Gl. (3.13) geht dort der in Gl. (8.136) formulierte Vergrößerungsfaktor ein. Die Näherung nach Gl. (8.136) kann mit der genauen Lösung gemäß Gl. (8.135) in Bild 8.35 rechts verglichen werden.

Als **Fazit** kann für das System in Bild 8.35 festgehalten werden: **Das maximale Feldmoment kann aufgrund der Drucknormalkraft größer als das Randmoment M_R sein.** Die Stelle an der max M_F auftritt, ist veränderlich und hängt vom Verhältnis der Randmomente sowie von der Drucknormalkraft im Verhältnis zu N_{Ki} ab.

8.9.4 Maßgebende Bemessungspunkte und Laststellungen

Das Beispiel in Bild 8.35 hat gezeigt, dass sich der *maßgebende Bemessungspunkt* vom linken Stabende durch den Einfluss der Theorie II. Ordnung in den Feldbereich verschieben kann. Ergänzend dazu wird in Bild 8.36 ein Zweifeldträger untersucht.

Der Zweifeldträger in Bild 8.36 mit ungleichen Stützweiten wird durch eine Gleichstreckenlast q_y beansprucht, die zu Biegung um die schwache Achse führt. Nach Theorie I. Ordnung ergeben sich Biegemomente M_z, deren Maximum an der Mittelstütze auftritt. Durch die Wirkung der Drucknormalkraft verändern sich die Biegemomente relativ stark und der Größtwert tritt nun im Feld mit der großen Stützweite auf. Gemäß Tabelle 7.3 müssen für den Tragsicherheitsnachweis geometrische Ersatzimperfektionen $v_0 = \ell/200$ angesetzt werden. Sie verändern, wie man sieht, den Biegemomentenverlauf gravierend, wobei das betragsmäßig größte Biegemoment ebenfalls im Feldbereich auftritt. Für die Ermittlung von $M_z(x)$ wurde $v_0(x)$ affin zur Knickbiegelinie angesetzt, da sich damit das größte Feldmoment ergibt. Andere Annahmen für den Verlauf der geometrischen Ersatzimperfektionen sind ebenfalls möglich. Man kann sie beispielsweise im rechten Feld gleich Null oder auch positiv wie im linken Feld wählen. Für die Bemessung sind sie hier aber nicht maßgebend.

8.9 Tragverhalten nach Theorie II. Ordnung

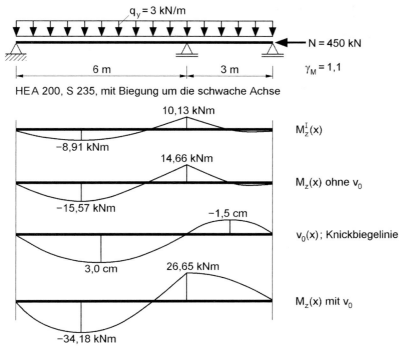

Bild 8.36 Zweifeldträger mit Biegung um die schwache Achse und Drucknormalkraft

Fazit aus dem Beispiel in Bild 8.36: **Der Einfluss der Theorie II. Ordnung führt zu einer Verlagerung des *maßgebenden Bemessungspunktes* von der Mittelstütze in den Feldbereich.**

Es gibt natürlich auch baustatische Systeme, bei denen das maximale Biegemoment bereits nach Theorie I. Ordnung im Feldbereich liegt, das Maximum nach Theorie II. Ordnung jedoch an einer anderen Stelle.

Als ein weiterer Einfluss der Theorie II. Ordnung soll hier auch eine Veränderung der maßgebenden Laststellung erwähnt werden. Dazu werden in Bild 8.37 zwei wandernde Einzellasten betrachtet, die in einem festen Abstand von 3 m angeordnet sind. Nach Theorie I. Ordnung erhält man das maximale Feldmoment, wenn man die Einzellasten etwa bei x = 2,10 und 5,10 m anordnet. Max M_F tritt dann an der Stelle x = 2,10 m auf. Eine Berechnung nach Theorie II. Ordnung unter Berücksichtigung der geometrischen Ersatzimperfektionen führt zu einem stark veränderten Momentenverlauf. Maßgebend ist nun die Laststellung in x = 2,40 und 5,40 m und max M_F tritt bei x = 2,40 m auf.

Fazit aus dem Beispiel in Bild 8.37: **Bei der Ermittlung des maximalen Biegemomentes werden nach Theorie I. und II. Ordnung andere Laststellungen maßgebend.** Dieser Effekt ist beispielsweise bei der Bemessung von Kranbahnträgern zu beachten. Die Auswirkungen sind aber häufig nur gering.

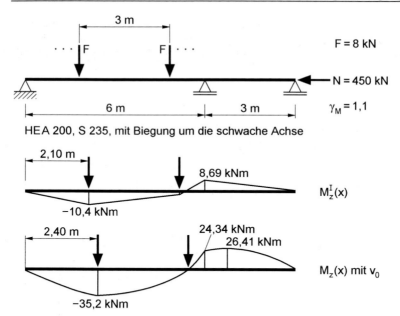

Bild 8.37 Maßgebende Laststellungen nach Theorie I. und II. Ordnung für einen Zweifeldträger mit Einzellasten

8.9.5 Seitlich verschiebliche Rahmen

Als Beispiel für *seitlich verschiebliche Rahmen* wird der Zweigelenkrahmen in Bild 8.38 untersucht. Dabei soll festgestellt werden, wie sich die Biegemomente in den Stielen und im Riegel durch den Einfluss der Theorie II. Ordnung verändern. Es wird vorausgesetzt, dass H vergleichsweise klein und daher $N_1 \cong N_2 = N$ ist.

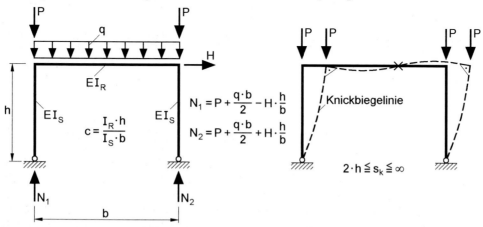

Bild 8.38 Seitlich verschieblicher Zweigelenkrahmen

8.9 Tragverhalten nach Theorie II. Ordnung

Gemäß Abschnitt 4.8 ist das **antimetrische** Biegeknicken maßgebend. Das Ersatzsystem zur Ermittlung der Knicklänge ist in Bild 4.15 dargestellt und der Knicklängenbeiwert β kann mit Hilfe von Bild 4.21 bestimmt werden. Die Näherung nach Gl. (4.51) führt zu:

$$\frac{\varepsilon_{Ki}}{\pi} = \frac{1}{\beta} \cong 0,5 - \frac{0,45}{1 + 6 \cdot c} \qquad (8.137)$$

In Abhängigkeit vom Parameter c gemäß Bild 8.38 liegt ε_{Ki} zwischen 0 und π/2 sowie β zwischen 2 und unendlich.

Der Einfluss der Theorie II. Ordnung wirkt sich bei den beiden Lastfällen „Horizontallast H" und „Gleichstreckenlast q" völlig unterschiedlich aus. Bild 8.39 zeigt die Veränderungen für ausgewählte Parameter c und N/N_{Ki}.

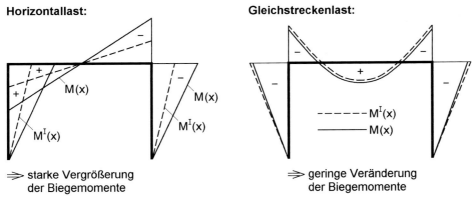

Bild 8.39 Biegemomente für den Zweigelenkrahmen in Bild 8.38 nach Theorie I. und II. Ordnung

Zunächst wird der Lastfall „Horizontallast" betrachtet. In Bild 8.39 links sind die Biegemomentenverläufe $M^I(x)$ sowie $M(x)$ für c = 1 und N/N_{Ki} = 0,5 skizziert. Die Unterschiede sind beträchtlich und eine Berechnung führt zu dem Ergebnis, dass die Biegemomente nach Theorie II. Ordnung etwa 1,9-mal so groß wie nach Theorie I. Ordnung sind. Diese Vergrößerung tritt nicht nur in den druckbeanspruchten Stielen auf, sondern auch im Riegel aufgrund des Momentengleichgewichts in den Rahmenecken. Für die Biegemomente in den Rahmenecken gilt die Beziehung:

$$\frac{M_E}{M_E^I} = \frac{1}{\frac{\varepsilon}{\tan \varepsilon} - \frac{\varepsilon^2}{6 \cdot c}} \qquad (8.138)$$

Bild 8.40 enthält eine Auswertung von Gl. (8.138), die den starken Anstieg des Rahmeneckmomentes für große Verhältnisse N/N_{Ki} zeigt. Mit dem Parameter c von 0,05 bis 100 werden sehr weiche Rahmen und sehr steife Rahmen erfasst, was an ε_{Ki} zwischen 0,522 und 1,569 ($\cong$ π/2) sowie an Knicklängenbeiwerten zwischen 6,02 und 2,0 erkennbar ist. Der Einfluss des Parameters c, d. h. der Steifigkeit, auf den Vergrößerungsfaktor α ist relativ gering. Er kann aus Bild 8.40 rechts abgelesen werden, weil dort die Korrekturbeiwerte δ dargestellt sind, s. auch Abschnitt 8.7. Für kleine Werte von c ist $δ \cong 0$ und für c → 0 führt eine Berechnung auf den Größtwert von δ = –0,18. Dieses Ergebnis war zu erwarten, weil Gl. (8.138) für c → ∞ der Lösung in Tabelle 8.3 für den beidseitig gelenkig gelagerten Druckstab mit Einzellast in Feldmitte entspricht (wenn man das halbe System betrachtet). Für dieses System kann aus Tabelle 8.4 δ = –0,18 abgelesen werden.

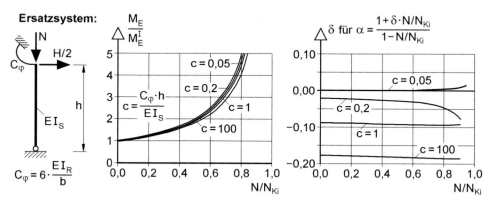

Bild 8.40   Einfluss der Theorie II. Ordnung beim seitlich verschieblichen Zweigelenkrahmen in Bild 8.38

Als **Fazit** für den Lastfall „Horizontallast H" kann Folgendes festgehalten werden: **Der Einfluss der Theorie II. Ordnung führt zu einer starken Vergrößerung der Biegemomente.** Der Vergrößerungsfaktor α mit δ = 0 liegt auf der sicheren Seite.

Der **Lastfall „Gleichstreckenlast q"** zeigt gemäß Bild 8.39 rechts ein völlig anders Tragverhalten. Durch den Einfluss der Theorie II. Ordnung werden die **Rahmeneckmomente kleiner** und die Biegemomente in den Stielen werden reduziert. Im Riegel wird die gesamte Biegemomentenlinie nach unten verschoben, sodass die Biegemomente in Riegelmitte etwas größer werden. Das geschilderte Tragverhalten wird durch die Drucknormalkräfte in den Stielen verursacht, die die Steifigkeit der Stiele reduzieren, sodass die Einspannung des Riegels in die Stiele verringert wird.

In Bild 8.41 sind die Biegemomente nach Theorie I. Ordnung in den Rahmenecken und in Riegelmitte für den Zweigelenkrahmen unter Gleichstreckenlast in Abhängigkeit vom Steifigkeitsparameter c bzw. 1/c dargestellt. In den Rahmenecken liegt der Vorfaktor zwischen –1/12 und 0, in Riegelmitte zwischen 1/24 und 1/8. Nach Theorie II. Ordnung verändern sich die Biegemomente wie oben beschrieben. Diese Veränderungen sind sowohl für **kleine** und als auch für **große Werte** von c völlig unbedeutend, da sie weniger als 1 % betragen. Ungefähr bei c = 1 und $ε_{Ki}$ = 1,35 (beim seitlich **verschieblichen** Zweigelenkrahmen!) sind die Veränderungen am größten. Die Rahmeneckmomente sinken auf 97,4 % für N/N_{Ki} = 0,5 und 95,7 % für N/N_{Ki} = 0,8. Entsprechend dazu werden die Biegemomente in Riegelmitte größer und steigen bis auf 101,7 % bzw. 102,9 %. Die aufgezeigten Veränderungen können vernachlässigt werden, weil dies bei den Rahmeneckmomenten auf der sicheren Seite liegt und weil der Zuwachs in Riegelmitte klein ist und toleriert werden kann. Im nächsten Abschnitt wird die Veränderung der Biegemomente beim seitlich **un**verschieblichen Rahmen untersucht. Dort sind die Auswirkungen wesentlich stärker, weil ε_{Ki} viel größer ist und daher deutlich größere Drucknormalkräfte in den Stielen auftreten können.

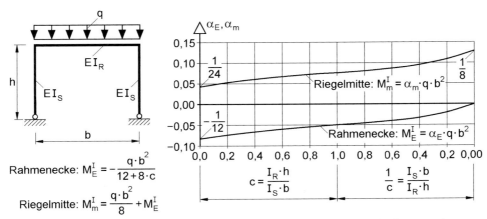

Bild 8.41 Biegemomente nach Theorie I. Ordnung beim Zweigelenkrahmen unter Gleichstreckenlast

8.9.6 Seitlich unverschiebliche Rahmen

Als Beispiel für das Tragverhalten *seitlich **un**verschieblicher Rahmen* wird das System in Bild 8.42 untersucht und als Steifigkeitsparameter c = 1 gewählt. Die Knicklänge der Stiele kann mit dem Ersatzsystem in Bild 4.17 und dem Diagramm in Bild 4.20 für System 3 bestimmt werden. Als Näherung erhält man mit Gl. (4.50):

$$\beta = 0{,}7 + 0{,}6 \cdot \alpha_\varphi - 0{,}3 \cdot \alpha_\varphi^2 \quad \text{mit} \quad \alpha_\varphi = \frac{1}{1 + 2 \cdot c} \tag{8.139}$$

Für c = 1 folgt $\beta = 0{,}866$ und $\varepsilon_{Ki} = \pi/\beta = 3{,}625$. Gemäß Bild 8.42 ist der genaue Wert $\varepsilon_{Ki} = 3{,}590$.

Nach Theorie I. Ordnung ergeben sich gemäß Bild 8.41 die Rahmeneckmomente zu:

$$M_E^I = -\frac{q \cdot b^2}{12 + 8 \cdot c} = -\frac{q \cdot b^2}{20} \tag{8.140}$$

Sie entstehen, weil die Stiele für den Riegel drehelastische Einspannungen sind. Wenn man bei Theorie II. Ordnung die Drucknormalkräfte berücksichtigt, nimmt die einspannende Wirkung der Stiele ab und die Rahmeneckmomente werden (betragsmäßig) kleiner. Dieser Effekt ist bei $\varepsilon = \pi$, was bei diesem System $N = 0{,}766 \cdot N_{Ki}$ entspricht, so stark, dass die Stiele keine einspannende Wirkung mehr ausüben, sodass die Rahmeneckmomente gleich Null sind. Ursache dafür ist, dass $\varepsilon = \pi$ die kritische Last des Eulerfalls II ist. Bei dieser Laststufe haben die Stiele „genug mit sich selbst und ihrer Stabilität zu tun", die Verdrehung der Riegelenden können sie nun nicht mehr behindern.

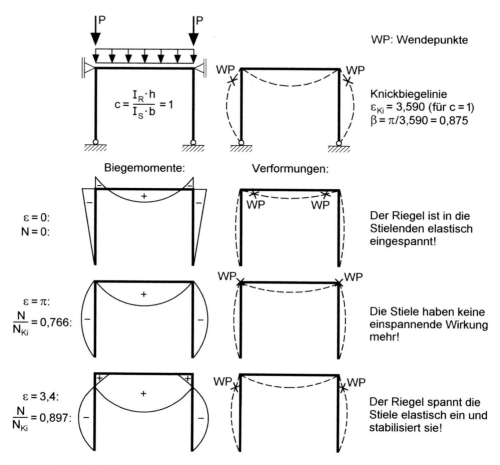

Bild 8.42 Seitlich unverschieblicher Zweigelenkrahmen und Veränderungen aufgrund unterschiedlicher Drucknormalkräfte in den Stielen

Da $\varepsilon = \pi < \varepsilon_{Ki} = 3{,}590$ ist, können die Drucknormalkräfte in den Stielen noch etwas vergrößert werden. In Bild 8.42 sind die Biegemomente und Verformungen für $\varepsilon = 3{,}4$, d. h. $N/N_{Ki} \cong 0{,}9$, dargestellt. Die Rahmeneckmomente sind nun positiv, weil die Stiele durch den Riegel und seine einspannende Wirkung stabilisiert werden. Wie man sieht, verändern sich die Biegemomente durch den Einfluss der Theorie II. Ordnung sehr stark. Als **Fazit** kann festgehalten werden: **Drucknormalkräfte in den Stielen verringern die Rahmeneckmomente. Dadurch werden die Biegemomente in Riegelmitte größer.**

Die in Bild 8.42 dargestellten Verformungen sollen zeigen, wie sich die Lage der Wendepunkte verändert. Zunächst liegen sie im Riegel und „wandern" in die Rahmenecken. Danach verlagern sie sich in die oberen Teile der Stiele, jedoch nicht so weit nach unten wie bei der Knickbiegelinie.

Die oben genannten Untersuchungen kann man mit einem EDV-Programm durchführen. Verständlicher ist es aber entsprechende Berechnungsformeln zu entwickeln. Dazu wird gemäß Bild 8.43 der Rahmen in Bild 8.42 durch einen Stab mit Drehfedern an den Enden ersetzt.

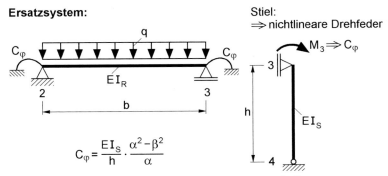

Bild 8.43   Ersatzsystem für den Rahmen in Bild 8.42

Die Drehfedern als Ersatz für die Stiele können mit Hilfe von Bild 8.17 bestimmt werden. Dazu wird die genaue Steifigkeitsbeziehung mit $w_3 = w_4 = 0$ auf zwei unbekannte Freiwerte reduziert. Aus Gründen der Übersichtlichkeit werden nicht benötigte Indizes weggelassen und man erhält:

$$\begin{bmatrix} M_3 \\ \hdashline M_4 \end{bmatrix} = \frac{EI_s}{h} \cdot \begin{bmatrix} \alpha & \vdots & \beta \\ \hdashline \beta & \vdots & \alpha \end{bmatrix} \cdot \begin{bmatrix} \varphi_3 \\ \hdashline \varphi_4 \end{bmatrix} \qquad (8.141)$$

Die Randbedingung

$$M_4 = \frac{EI_s}{h} \cdot (\beta \cdot \varphi_3 + \alpha \cdot \varphi_4) = 0 \qquad (8.142)$$

führt zu:

$$\varphi_4 = -\frac{\beta}{\alpha} \cdot \varphi_3 \qquad (8.143)$$

In die 1. Zeile von Gl. (8.141) eingesetzt, erhält man:

$$M_3 = \frac{EI_s}{h} \cdot \frac{\alpha^2 - \beta^2}{\alpha} \cdot \varphi_3$$

Daraus ergibt sich die Drehfeder:

$$C_\varphi = \frac{EI_s}{h} \cdot \frac{\alpha^2 - \beta^2}{\alpha} = \frac{EI_s}{h} \cdot \frac{\varepsilon^2 \cdot \sin \varepsilon}{\sin \varepsilon - \varepsilon \cdot \cos \varepsilon} \qquad (8.144)$$

Sie ist nichtlinear, da bei der Stabkennzahl ε die Drucknormalkraft eingeht.

Für das Ersatzsystem in Bild 8.43 reicht wie beim Stiel **ein** Stabelement aus. Wegen N = 0 folgt aus Bild 8.17:

$$M_2 = \frac{EI_R}{b} \cdot (4 \cdot \varphi_2 + 2 \cdot \varphi_3) + \frac{q \cdot b^2}{12} \quad ; \quad M_3 = \frac{EI_R}{b} \cdot (2 \cdot \varphi_2 + 4 \cdot \varphi_3) - \frac{q \cdot b^2}{12} \quad (8.145)$$

Aufgrund der Symmetrie ist $\varphi_3 = -\varphi_2$ und darüber hinaus gilt an den Stabenden $M_2 + C_\varphi \cdot \varphi_2 = 0$ und $M_3 + C_\varphi \cdot \varphi_3 = 0$. Mit diesen Bedingungen erhält man

$$\left(2 \cdot \frac{EI_R}{b} + C_\varphi\right) \cdot \varphi_2 = -\frac{q \cdot b^2}{12} \quad (8.146)$$

sowie

$$\varphi_2 = -\frac{q \cdot b^2}{12} \cdot \frac{1}{2 \cdot EI_R/b + C_\varphi} \quad (8.147)$$

und

$$M_2 = \frac{q \cdot b^2}{12} \cdot \frac{1}{1 + \frac{2 \cdot c \cdot \alpha}{\alpha^2 - \beta^2}} \quad (8.148)$$

in der Vorzeichenkonvention des Weggrößenverfahrens (VZ II). In der üblichen Vorzeichendefinition und mit den trigonometrischen Funktionen ergibt sich das Rahmeneckmoment zu:

$$M_2 = -\frac{q \cdot b^2}{12} \cdot \frac{1}{1 + \frac{2 \cdot c \cdot (\sin \varepsilon - \varepsilon \cdot \cos \varepsilon)}{\varepsilon^2 \cdot \sin \varepsilon}} \quad (8.149)$$

Wenn man Gl. (8.149) auf Gl. (8.140) bezieht, erhält man die Veränderung der Rahmeneckmomente durch den Einfluss der Theorie II. Ordnung:

$$\frac{M_E}{M_E^I} = \frac{1 + 2 \cdot c/3}{1 + 2 \cdot c \cdot \frac{\sin \varepsilon - \varepsilon \cdot \cos \varepsilon}{\varepsilon^2 \cdot \sin \varepsilon}} \quad (8.150)$$

Bild 8.44 zeigt die Auswertung von Gl. (8.150). Wie man sieht, verringert sich das Biegemoment in den Rahmenecken mit wachsender Drucknormalkraft stark nichtlinear. Bei $N/N_{Ki} = 0,5$ beträgt es nur noch ca. 68 % und für $N > 0,77 \cdot N_{Ki}$ wechselt es das Vorzeichen. In Riegelmitte dagegen wird das Biegemoment mit wachsender Normalkraft größer und erreicht beispielsweise bei $N/N_{Ki} = 0,5$ ca. 137 % und bei $N/N_{Ki} = 0,8$ ca. 180 % des Wertes nach Theorie I. Ordnung. Dieser Zuwachs kann näherungsweise mit dem Vergrößerungsfaktor

$$\alpha = \frac{1 - 0,8 \cdot N/N_{Ki}}{1 - N/N_{Ki}}$$

erfasst werden, s. auch Abschnitt 3.5.

8.9 Tragverhalten nach Theorie II. Ordnung

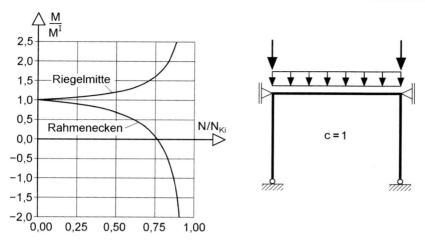

Bild 8.44 Veränderung der Biegemomente in den Rahmenecken und in Riegelmitte

8.9.7   Erhöhte Biegemomente in druckkraftfreien Teilen

Mit den Beispielen in den Bildern 8.34a und 8.35 wurde gezeigt, dass Drucknormalkräfte zu einer Vergrößerung der Biegemomente in Druckstäben führen. In Bild 8.45 werden ergänzend dazu zwei baustatische Systeme betrachtet, die *druckkraftfreie Teile* enthalten. Mit den Beispielen soll vermittelt werden, dass auch in Teilen mit N = 0 vergrößerte Biegemomente auftreten können.

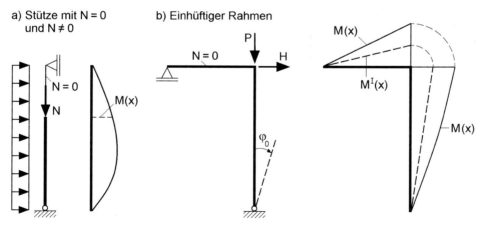

Bild 8.45 Baustatische Systeme mit druckkraftfreien Teilen und M(x) > M^I(x)

Bei der Stütze in Bild 8.45a greift N nicht am Stützenkopf, sondern etwas tiefer an, da dort beispielsweise eine Kranbahn angeschlossen wird. Die Biegemomente infolge q nach Theorie I. Ordnung werden durch die Druckkraft vergrößert, jedoch nicht nur im unteren Stützenteil, wo die Druckkraft wirkt, sondern auch aufgrund des Momentengleichgewichts im oberen Stützenteil mit N = 0. Für die Bemessung ist dieser Sachverhalt von großer Bedeutung, weil der Querschnitt, wie skizziert, oben schwächer als unten ist.

Der einhüftige Rahmen in Bild 8.45b veranschaulicht die Weiterleitung der Biegemomente in den Riegel aufgrund des Momentengleichgewichts in der Rahmenecke. Auch im druckkraftfreien Riegel entstehen daher nach Theorie II. Ordnung größere Biegemomente als nach Theorie I. Ordnung, siehe auch Bild 8.39. Mit der angedeuteten Schrägstellung (geometrische Ersatzimperfektion) soll darauf hingewiesen werden, dass sie nicht nur die Biegemomentenbeanspruchung im Stiel erhöht, sondern auch im Riegel.

Fazit: Drucknormalkräfte können auch in druckkraftfreien Bereichen zu einer Erhöhung der Biegemomente führen. Durch geometrische Ersatzimperfektionen können dort zusätzliche Biegemomente entstehen.

Anmerkungen: Beim ω-Verfahren der DIN 4114 konnten diese Einflüsse nicht berücksichtigt werden, was zu gewissen Unsicherheiten geführt hat. Da das κ-Verfahren nach DIN 18800 Teil 2 diese Effekte auch nicht direkt berücksichtigen kann, ist der in Bild 3.6 dargestellte Nachweis zu führen, s. auch Abschnitt 3.3.

8.10 Ersatzbelastungsverfahren für verschiebliche Rahmen

Mit dem *Ersatzbelastungsverfahren* kann der Einfluss der Theorie II. Ordnung bei verschieblichen Rahmen näherungsweise erfasst werden. Das Verfahren fördert das ingenieurmäßige Verständnis sowie das anschauliche Erkennen der Zusammenhänge und Auswirkungen.

Grundgedanke

Nach DIN 18800 Teil 2 müssen bei Druckstäben **Vorverdrehungen** φ_0 als geometrische **Ersatzimperfektionen** angesetzt werden, wenn Stabdrehwinkel möglich sind, was beispielsweise bei den Stielen in seitlich verschieblichen Rahmen der Fall ist. Wie in Abschnitt 7.2 erläutert, dürfen anstelle von Ersatzimperfektionen *Ersatzbelastungen* angesetzt werden.

Bild 8.46a zeigt die Vorgehensweise für eine Vorverdrehung φ_0. Dabei wird der Rahmenstiel in die senkrechte Ursprungslage zurückgedreht und an den Enden ein Kräftepaar $H_{0,i}$ aufgebracht, was zum gleichen Moment wie bei der vorverdrehten Stütze führt:

$$M = N_i \cdot \varphi_{0,i} \cdot h_i = H_{0,i} \cdot h_i \tag{8.151}$$

In Bild 8.46b wird angenommen, dass die Verdrehung φ des Rahmenstiels nach Theorie II. Ordnung bekannt ist. Wie in Bild 8.46a kann man auch hier den Rahmen-

8.10 Ersatzbelastungsverfahren für verschiebliche Rahmen

stiel in die senkrechte Ursprungslage zurückdrehen und an den Enden ein Kräftepaar ΔH_i antragen. Das Zeichen „Δ" kennzeichnet den Zuwachs zwischen Theorie II. Ordnung und I. Ordnung und soll darüber hinaus den Unterschied zu planmäßigen Lasten H verdeutlichen.

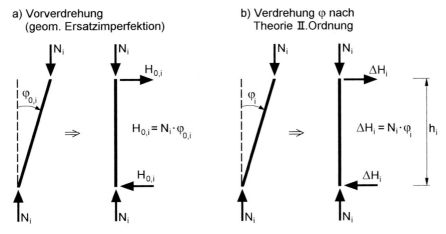

Bild 8.46 Ersatzbelastungen infolge Vorverdrehung φ_0 und Verdrehung φ nach Theorie II. Ordnung für einen druckbeanspruchten Rahmenstiel

Natürlich sind die Verdrehungen φ nach Theorie II. Ordnung nicht bekannt. Sie können aber in guter Näherung mit

$$\varphi_i = \varphi_i^I \cdot \alpha_i \qquad (8.152)$$

bestimmt werden. In Gl. (8.152) sind φ_i^I die Verdrehungen nach Theorie I. Ordnung und α_i ein Vergrößerungsfaktor in der Form:

$$\alpha_i = \frac{1}{1 - q_i} \qquad (8.153)$$

Vergrößerungsfaktor α_i

Vergrößerungsfaktoren und ihre Genauigkeit werden in Abschnitt 8.7 ausführlich behandelt. Hier werden gezielt Rahmenstiele untersucht und dazu Bild 8.47 herangezogen. Aufgrund der gegebenen Belastung verschiebt sich der Rahmen nach rechts und die Stützen verdrehen sich um den Stabdrehwinkel φ. Wie die Skizzen zeigen, entsteht durch die Pendelstütze eine abtreibende Horizontalkraft $\Delta H_P = P \cdot \varphi$, die von der eingespannten Stütze aufgenommen werden muss.

Der Stabdrehwinkel φ des Systems in Bild 8.47 kann mit Hilfe des Weggrößenverfahrens in Abschnitt 8.6 bestimmt werden. Nach längerer Rechnung erhält man die folgenden genauen Lösungen:

- Einzellast H

$$\varphi = \varphi_H^I \cdot \frac{1}{\gamma/3 - (N+P) \cdot \varphi_{H=1}^I} \quad \text{mit} \quad \varphi_H^I = \frac{H \cdot h^2}{3 \cdot EI_S} \tag{8.154}$$

- Gleichstreckenlast q_h

$$\varphi = \varphi_q^I \cdot \frac{\frac{4}{3} \cdot \left(1 - \frac{1}{\alpha}\right)}{\gamma/3 - (N+P) \cdot \varphi_{H=1}^I} \quad \text{mit} \quad \varphi_q^I = \frac{q_h \cdot h^3}{8 \cdot EI_S} \tag{8.155}$$

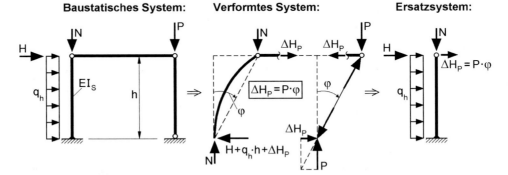

Bild 8.47 Baustatisches System zur Herleitung eines Vergrößerungsfaktors für Rahmenstiele

In den Gln. (8.154) und (8.155) sind α und γ Beiwerte, die mit den Parametern des Weggrößenverfahrens in Bild 8.17 bestimmt werden können:

$$\alpha = \alpha_D \tag{8.156}$$

$$\gamma = \frac{\alpha_D^2 - \beta_D^2}{\alpha_D} \tag{8.157}$$

Da das Ersatzbelastungsverfahren nur für seitlich verschiebliche Rahmen verwendet werden soll, für die die Stabkennzahl ε kleiner als $\pi/2$ ist, können die folgenden Näherungen verwendet werden:

$$\alpha \cong 4 \cdot (1 - 0{,}034 \cdot \varepsilon^2) \tag{8.158}$$

$$\gamma \cong 3 \cdot (1 - 0{,}072 \cdot \varepsilon^2) \tag{8.159}$$

Dafür betragen die maximalen Abweichungen zu den genauen Lösungen + 0,13 % bzw. − 0,01 %. Der Parameter α geht in den Zähler von Gl. (8.155) ein. Für $0 \leq \varepsilon \leq \pi/2$ liegt er zwischen 1 und 0,97, sodass näherungsweise der Wert 1 angenommen werden kann und Gl. (8.155) denselben Zähler wie Gl. (8.154) hat. Wenn man für γ die Näherung gemäß Gl. (8.159) verwendet, kann der Stabdrehwinkel für das System in Bild 8.47 wie folgt ermittelt werden:

$$\varphi = \left(\varphi_H^I + \varphi_q^I\right) \cdot \alpha \tag{8.160}$$

8.10 Ersatzbelastungsverfahren für verschiebliche Rahmen

mit: $\alpha = \dfrac{1}{1-q}$ und $q = \sum (N+P) \cdot \varphi_{H=1}^{I} + 0,072 \cdot \varepsilon^2$

Besonders hervorzuheben ist, dass q mit der Verdrehung nach Theorie I. Ordnung infolge H = 1 zu berechnen ist und das nicht nur für den Lastfall „Einzellast H", sondern auch für die „Gleichstreckenlast q_h", s. auch Gln. (8.154) und (8.155). Der Vorteil der Näherung mit Gl. (8.160) liegt in der Übertragbarkeit auf andere baustatische Systeme. In umfangreichen Vergleichsberechnungen wurde festgestellt, dass damit für die üblichen regelmäßigen Rahmen hervorragende Ergebnisse erzielt werden. Wie man sieht, werden nur die Stabdrehwinkel nach Theorie I. Ordnung und die Stabkennzahlen ε benötigt. Bei mehreren Rahmenstielen kann für ε der Maximalwert (⇒ sichere Seite) oder der Mittelwert angesetzt werden. Das Verfahren wird auf

$\varepsilon \leq \pi/2$ und $\alpha \leq 4$

begrenzt. In Gl. (8.160) wird vorausgesetzt, dass alle Rahmenstiele die gleiche Länge aufweisen. Sofern sie unterschiedlich lang sind, ist der Parameter q entsprechend anzupassen. In der Regel ist es dann zweckmäßig, von den seitlichen Verschiebungen auszugehen.

Anwendungsbeispiel: Zweigelenkrahmen mit angehängten Pendelstützen

Für den Zweigelenkrahmen in Bild 8.48 wird der Tragsicherheitsnachweis unter Berücksichtigung der Pendelstütze geführt und dafür das Nachweisverfahren „Elastisch-Plastisch" nach DIN 18800 Teil 2 gewählt. Es werden geometrische Ersatzimperfektionen angesetzt und die Schnittgrößen nach Theorie II. Ordnung näherungsweise mit dem Ersatzbelastungsverfahren (EBV) berechnet. Die Tragfähigkeit der Pendelstützen selbst wird hier nicht untersucht. Am einfachsten ist ein Nachweis mit dem κ-Verfahren gemäß Abschnitt 3.2. Die angegebenen Lasten sind Bemessungswerte der Einwirkungen.

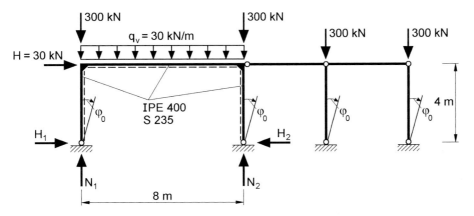

Bild 8.48 Zweigelenkrahmen mit angehängten Pendelstützen

Nach Theorie I. Ordnung ergeben sich die Auflagerkräfte gemäß Abschnitt 8.9 und Bild 8.38 wie folgt:

$N_1 = 300 + 30 \cdot 8/2 - 30 \cdot 4/8 = 300 + 120 - 15 = 405$ kN

$N_2 = 300 + 120 + 15 = 435$ kN

$c = h/b = 0,5$

$$H_1 = \frac{30 \cdot 8^2}{4 \cdot (12 + 8 \cdot 0,5)} - \frac{30}{2} = 30 - 15 = 15 \text{ kN}$$

$H_2 = 30 + 15 = 45 \text{ kN}$

Vorverdrehungen φ_0/Ersatzbelastungen H_0

Für vier Stiele mit h = 4 m erhält man gemäß Abschnitt 7.2:

$$r_1 = 1 \quad \text{und} \quad r_2 = \frac{1}{2} \cdot \left(1 + \sqrt{\frac{1}{4}}\right) = 0,75$$

$$\varphi_0 = \frac{1}{200} \cdot 1 \cdot 0,75 = \frac{1}{267}$$

Für die Stiele des Zweigelenkrahmes werden Kräftepaare mit

$H_{0,1} = 405/267 = 1,52 \text{ kN}$

$H_{0,2} = 435/267 = 1,63 \text{ kN}$

nach Bild 8.46 angesetzt und für die Pendelstützen:

$H_{0,3} = H_{0,4} = 300/267 = 1,12 \text{ kN}$

Eine Vorkrümmung braucht wegen $\varepsilon < 1,6$ nicht berücksichtigt zu werden, da bei Zweigelenkrahmen ε_{Ki} stets kleiner als $\pi/2$ ist und angehängte Pendelstützen ε_{Ki} verringern.

Biegemomente nach Theorie I. Ordnung infolge q_v, H und H_0

Unter Verwendung der oben ermittelten Auflagerkräfte können die Biegemomente wie folgt berechnet werden:

- $q_v = 30$ kN/m
  Rahmenecken: $M^I = -30 \cdot 4 = -120 \text{ kNm}$

  Riegelmitte: $M^I = \dfrac{30 \cdot 8^2}{8} - 120 = 120 \text{ kNm}$

- H = 30 kN
  rechte Rahmenecke: $M^I = -15 \cdot 4 = -60 \text{ kNm}$

- Ersatzbelastung $\Sigma H_{0,i} = 1,52 + 1,63 + 2 \cdot 1,12 = 5,39$ kN
  rechte Rahmenecke: $M^I = -5,39/2 \cdot 4 = -10,78 \text{ kNm}$

Die Momentenverläufe sind in Bild 8.49 dargestellt.

8.10 Ersatzbelastungsverfahren für verschiebliche Rahmen

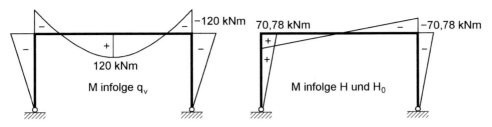

Bild 8.49 Biegemomente nach Theorie I. Ordnung infolge q_v, H und H_0

Einfluss der Theorie II. Ordnung

Dieser Einfluss wird mit Hilfe der Ersatzbelastung in Bild 8.46b erfasst und die Verdrehung φ näherungsweise mit Hilfe von Gl. (8.160) ermittelt. Da dort der Stabdrehwinkel nach Theorie I. Ordnung eingeht, wird in Bild 8.50 zunächst die seitliche Verschiebung der Rahmenecke mit dem Arbeitssatz berechnet und anschließend der Stabdrehwinkel ermittelt.

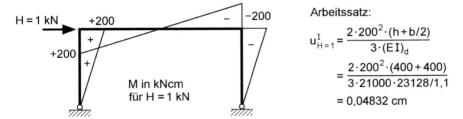

Bild 8.50 Verschiebung der Rahmenecke u^I infolge H = 1

Der Stabdrehwinkel infolge H = 1 ergibt sich mit Bild 8.50 wie folgt:

$$\varphi^I_{H=1} = \frac{u^I_{H=1}}{h} = \frac{0{,}04832}{400} = \frac{1}{8278}$$

Für $H_{ges} = H + \Sigma H_{0,i} = 30 + 5{,}39 = 35{,}39$ kN erhält man:

$$\varphi^I = \frac{35{,}39}{8278} = \frac{1}{234}$$

Die Stabkennzahl wird mit der mittleren Drucknormalkraft N = 420 kN in den Stielen des Zweigelenkrahmens berechnet:

$$\varepsilon = h \cdot \sqrt{\frac{N}{(EI)_d}} = 400 \cdot \sqrt{\frac{420}{21000 \cdot 23128/1{,}1}} = 0{,}390 < \pi/2$$

Mit Gl. (8.160) folgt

$$q = (405 + 435 + 2 \cdot 300)/8278 + 0{,}072 \cdot 0{,}390^2 = 0{,}174 + 0{,}011 = 0{,}185$$

sowie

$$\alpha = \frac{1}{1-0{,}185} = 1{,}227$$

und:

$$\varphi = \varphi^I \cdot \alpha = \frac{1}{234} \cdot 1{,}227 = \frac{1}{191}$$

Damit ergeben sich die folgenden Ersatzbelastungen:
- Rahmenstiele: $\Delta H_1 = 405/191 = 2{,}12$ kN
  $\Delta H_2 = 435/191 = 2{,}28$ kN
- Pendelstützen: $\Delta H_3 = \Delta H_4 = 300/191 = 1{,}57$ kN

Die Ersatzbelastungen werden als Kräftepaare an den Enden der Stiele aufgebracht. Gemäß Bild 8.50 beträgt die Summe oben und unten:

$$\Sigma \Delta H_i = 2{,}12 + 2{,}28 + 1{,}57 + 1{,}57 = 7{,}54 \text{ kN}$$

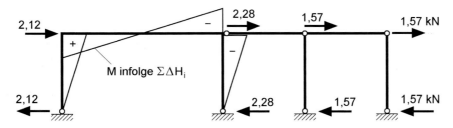

Bild 8.51 Ersatzbelastungen ΔH_i und Biegemomente im Zweigelenkrahmen

Tragsicherheitsnachweis für den Zweigelenkrahmen

Die größten Beanspruchungen ergeben sich am Stielende in der rechten Rahmenecke. Mit den Bildern 8.49 und 8.51 erhält man:

$$N = -435 - (5{,}39 + 7{,}54) \cdot 4/8 = -441{,}5 \text{ kN}$$
$$M = -120 - 70{,}78 - 7{,}54 \cdot 4/2 = -205{,}9 \text{ kNm}$$
$$V \cong M/h = 205{,}9/4 = 51{,}5 \text{ kN}$$

Der Nachweis wird mit Tabelle 16 der DIN 18800 Teil 1 geführt, s. Tabelle 7.6. Mit den Tabellenwerten aus [30]

$$M_{pl,d} = 285{,}2 \text{ kNm}; \quad N_{pl,d} = 1843 \text{ kN}; \quad V_{pl,d} = 418{,}7 \text{ kN}$$

erhält man

$$M/M_{pl,d} = 0{,}722; \quad N/N_{pl,d} = 0{,}240; \quad V/V_{pl,d} = 0{,}123$$

und die maßgebende Interaktionsbedingung ergibt sich wie folgt:

$$0{,}9 \cdot \frac{M}{M_{pl,d}} + \frac{N}{N_{pl,d}} = 0{,}9 \cdot 0{,}722 + 0{,}240 = 0{,}890 < 1$$

8.10 Ersatzbelastungsverfahren für verschiebliche Rahmen

Da die Bedingung erfüllt ist, hat das System in Bild 8.48 eine ausreichende Tragsicherheit. Es sind jedoch noch die b/t-Verhältnisse der Querschnittsteile zu überprüfen. Die Tabellen in [30] zeigen, dass der Druckgurt unproblematisch ist und für den Steg ein genauerer Nachweis geführt werden muss. Mit den Bezeichnungen in Bild 8.52 folgt:

$$b = 40{,}0 - 2 \cdot (1{,}35 + 2{,}1) = 33{,}1 \text{ cm}$$

$$b_N = \frac{N}{t_s \cdot f_{y,d}} = \frac{441{,}5}{0{,}86 \cdot 24/1{,}1} = 23{,}5 \text{ cm}$$

$$\alpha = \frac{1}{2} + \frac{1}{2} \cdot \frac{b_N}{b} = 0{,}855$$

$$\Rightarrow \frac{b}{t_s} = \frac{33{,}1}{0{,}86} = 38{,}5 < \text{grenz}\left(\frac{b}{t}\right) = \frac{37}{\alpha} = \frac{37}{0{,}855} = 43{,}3$$

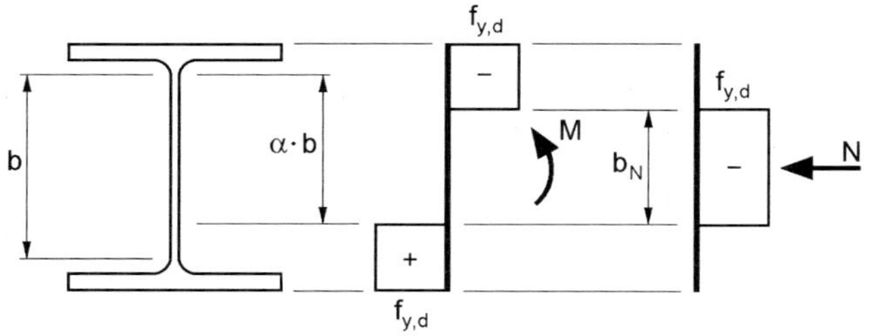

Bild 8.52   Ermittlung von α zur Überprüfung von b/t für den Steg

Vergleichsrechnung für einen zweistöckigen Rahmen

Das EBV kann auch zur näherungsweisen Ermittlung der Schnittgrößen und Auflagerkräfte für mehrstöckige verschiebliche Rahmen verwendet werden. Dabei ist zu beachten, dass die Ersatzbelastungen ΔH_i zur Erfassung der Theorie II. Ordnung für jedes Stockwerk ermittelt werden müssen. Es ergeben sich in den einzelnen Stockwerken unterschiedliche Vergrößerungsfaktoren α und Stabdrehwinkel φ. Die Vorgehensweise wird an dem zweistöckigen Rahmen in Bild 8.53 erläutert und Vergleichsrechnungen zur Genauigkeit durchgeführt.

Vorverdrehungen φ_0/Ersatzbelastung H_0

In jedem Stockwerk wird eine Vorverdrehung

$$\varphi_0 = \frac{1}{200} \cdot \frac{1}{2}\left(1 + \sqrt{\frac{1}{2}}\right) = \frac{1}{234}$$

angesetzt. Die Ersatzbelastungen ergeben sich dann näherungsweise wie folgt:

$$H_{0,1} \cong H_{0,2} \cong 200/234 = 0{,}86 \text{ kN (oben)}$$
$$H_{0,1} \cong H_{0,2} \cong 400/234 = 1{,}71 \text{ kN (unten)}$$

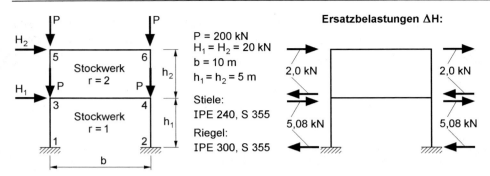

Bild 8.53 Zweistöckiger Rahmen und Ersatzbelastung

Systemberechnung nach Theorie I. Ordnung

Die Schnittgrößen und Verformungen werden mit einem EDV-Programm ermittelt. Die seitlichen Verschiebungen der Rahmenecken infolge H_1, H_2 und H_0 ergeben sich unter Berücksichtigung von $(EI)_d$ zu:

$u_5 \cong u_6 \cong 8{,}88$ cm

$u_3 \cong u_4 \cong 4{,}78$ cm

Daraus folgen die Stabdrehwinkel

$\varphi^I = (8{,}88 - 4{,}78)/500 = 1/122$ (oben)

$\varphi^I = 4{,}78/500 = 1/105$ (unten)

und für $H_2 = 1$ bzw. $H_1 = 1$:

$\varphi^I_{H_2=1} = 1/3113$ (oben)

$\varphi^I_{H_1=1} = 1/5225$ (unten)

Einfluss der Theorie II. Ordnung

Die Ersatzbelastungen werden, wie in Bild 8.46b angegeben, unter Verwendung von Gl. (8.160) ermittelt. Die folgenden Berechnungen gelten für das untere Stockwerk, die Werte in Klammern für die beiden Stiele im oberen Stockwerk:

$\varepsilon = 500 \cdot \sqrt{\dfrac{400}{21000 \cdot 3892/1{,}1}} = 1{,}16 < \pi/2$ (0,82)

$q = 800/5225 + 0{,}072 \cdot 1{,}16^2 = 0{,}250$ (0,177)

$\alpha = \dfrac{1}{1 - 0{,}250} = 1{,}333$ (1,215)

$\varphi = \varphi^I \cdot \alpha = 1/105 \cdot 1{,}333 = 1/78{,}8$ (1/100)

$\Delta H_i = 400/78{,}8 = 5{,}08$ kN (2,0 kN)

8.10 Ersatzbelastungsverfahren für verschiebliche Rahmen

Die Ersatzbelastungen ΔH = 5,08 kN und 2,0 kN werden als Kräftepaare, wie in Bild 8.53 dargestellt, aufgebracht. Damit ergeben sich zusätzliche Schnittgrößen und Auflagerkräfte.

Ergebnisse und Vergleiche

Tabelle 8.5 enthält eine Zusammenstellung von Ergebnissen für verschiedene Berechnungen:

- Theorie I. Ordnung ohne φ_0 (EDV-Programm)
- Theorie II. Ordnung mit φ_0 (EDV-Programm)
- Ersatzbelastungsverfahren (EBV) mit φ_0
- Element 522, DIN 18800 Teil 2, mit φ_0

Die genaue Berechnung nach Theorie II. Ordnung mit φ_0 zeigt im Vergleich zur Theorie I. Ordnung ohne φ_0 den großen Einfluss der geometrischen Ersatzimperfektionen und des Gleichgewichts am verformten System. Wie man sieht, ist das EBV eine gute Näherung. Bis auf eine Ausnahme liegen die Abweichungen zwischen −1,4 % und +1,2 %. Beim Einspannmoment M_1 beträgt der Fehler +2,5 % und das EBV liegt hier etwas weiter auf der sicheren Seite. Die Näherung nach Element 522 der DIN 18800 Teil 2, die mit dem EBV prinzipiell vergleichbar ist, ist deutlich ungenauer als das EBV, was insbesondere die horizontalen Auflagerkräfte betrifft.

Tabelle 8.5 Ergebnisse für den zweistöckigen Rahmen in Bild 8.53

	Th. I. Ord. ohne φ_0	Th. II. Ord. EDV-Prog.	EBV	Element 522 mit φ_0
M_1	−59,46	−77,51	−79,46	−83,52
M_{3u}	40,54	55,04	54,49	57,05
M_{3o}	−20,21	−25,96	−25,69	−25,39
M_{3r}	60,75	81,00	80,18	82,04
M_5	29,79	38,41	38,56	39,03
A_h	20,00	20,29	20,00	28,23
B_h	20,00	19,77	20,00	28,14
N_2	418,11	423,88	423,75	424,41

Bemessungshilfen für ausgewählte Systeme

Für das EBV werden die Stabdrehwinkel φ^I und $\varphi^I_{H=1}$ nach Theorie I. Ordnung benötigt. Sie werden für ausgewählte Systeme in Tabelle 8.6 angegeben und darüber hinaus weitere Größen, die für die Ermittlung der Schnittgrößen benötigt werden. Für die Steifigkeiten sind stets die Bemessungswerte $(EI)_d$, d. h. unter Berücksichtigung von γ_M = 1,1, anzusetzen.

Tabelle 8.6 Ausgewählte Systeme und bemessungsrelevante Größen für die Anwendung des Ersatzbelastungsverfahren (EBV)

Eingespannte Stütze	**Einhüftiger Rahmen mit Pendelstütze**
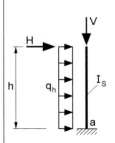	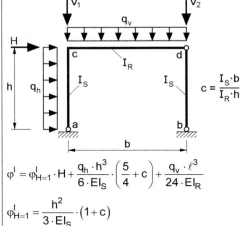 $c = \dfrac{I_S \cdot b}{I_R \cdot h}$
$\varphi^I = \dfrac{H \cdot h^2}{3 \cdot EI_S} + \dfrac{q_h \cdot h^3}{8 \cdot EI_S}$	$\varphi^I = \varphi^I_{H=1} \cdot H + \dfrac{q_h \cdot h^3}{6 \cdot EI_S} \cdot \left(\dfrac{5}{4} + c\right) + \dfrac{q_v \cdot \ell^3}{24 \cdot EI_R}$
$\varphi^I_{H=1} = \dfrac{h^2}{3 \cdot EI_S}$	$\varphi^I_{H=1} = \dfrac{h^2}{3 \cdot EI_S} \cdot (1 + c)$
$M^I_a = -H \cdot h - \dfrac{1}{2} q_h \cdot h^2$	$N_{ges} = V_1 + V_2 + q_v \cdot \ell$
	$M^I_c = H \cdot h + \dfrac{1}{2} q_h \cdot h^2$
Wandverband	**Zweigelenkrahmen mit Pendelstütze**
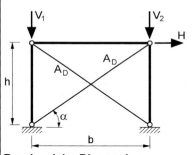	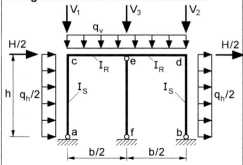
Druckweiche Diagonalen:	
$N_D = \dfrac{H}{\cos \alpha}$	$\varphi^I = \varphi^I_{H=1} \cdot H + \dfrac{q_h \cdot h^3}{12 \cdot EI_S} \cdot \left(\dfrac{5}{4} + c\right)$
$\varphi^I = \dfrac{H}{EA_D \cdot \sin \alpha \cdot \cos^2 \alpha}$	$\varphi^I_{H=1} = \dfrac{h^2}{6 \cdot EI_S} \cdot (1 + c); \quad c = \dfrac{I_S \cdot b}{I_R \cdot h \cdot 2}$
$N_{ges} = V_1 + V_2$	$N_{ges} = V_1 + V_2 + V_3 + q_v \cdot b$
$\varphi^I_{H=1} = \dfrac{1}{EA_D \cdot \sin \alpha \cdot \cos^2 \alpha}$	$M^I_d = -\dfrac{H \cdot h}{2} - \dfrac{q_h \cdot h^2}{4} - \dfrac{q_v \cdot b^2}{48 + 64/c}$
Drucksteife Diagonalen: Die Stabdrehwinkel und die Normalkräfte N_D sind halb so groß.	

8.11 Berechnungsbeispiel Zweigelenkrahmen

Fortsetzung von Tabelle 8.6

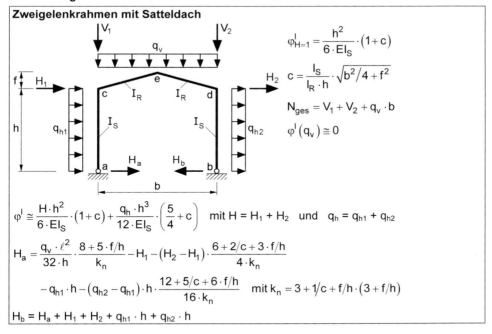

Zweigelenkrahmen mit Satteldach

$$\varphi^I_{H=1} = \frac{h^2}{6 \cdot EI_S} \cdot (1+c)$$

$$c = \frac{I_S}{I_R \cdot h} \cdot \sqrt{b^2/4 + f^2}$$

$$N_{ges} = V_1 + V_2 + q_v \cdot b$$

$$\varphi^I(q_v) \cong 0$$

$$\varphi^I \cong \frac{H \cdot h^2}{6 \cdot EI_S} \cdot (1+c) + \frac{q_h \cdot h^3}{12 \cdot EI_S} \cdot \left(\frac{5}{4}+c\right) \quad \text{mit } H = H_1 + H_2 \text{ und } q_h = q_{h1} + q_{h2}$$

$$H_a = \frac{q_v \cdot \ell^2}{32 \cdot h} \cdot \frac{8+5 \cdot f/h}{k_n} - H_1 - (H_2 - H_1) \cdot \frac{6 + 2/c + 3 \cdot f/h}{4 \cdot k_n}$$

$$- q_{h1} \cdot h - (q_{h2} - q_{h1}) \cdot h \cdot \frac{12 + 5/c + 6 \cdot f/h}{16 \cdot k_n} \quad \text{mit } k_n = 3 + 1/c + f/h \cdot (3 + f/h)$$

$$H_b = H_a + H_1 + H_2 + q_{h1} \cdot h + q_{h2} \cdot h$$

8.11 Berechnungsbeispiel Zweigelenkrahmen

In diesem Abschnitt werden die Berechnungen für einen typischen Zweigelenkrahmen in der Rahmenebene durchgeführt und eine ausreichende Tragsicherheit nachgewiesen. Der Rahmen ist Bestandteil einer Lagerhalle von ca. 30 m Länge und ca. 20 m Breite. Die Neigung des Satteldachs beträgt 2° und die Rahmen sind in einem Abstand von 5 m angeordnet. Als Bauort wird Bochum angenommen.

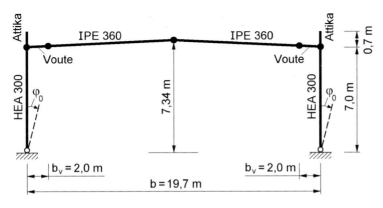

Bild 8.54 Zweigelenkrahmen einer Halle

Für die Tragsicherheitsnachweise wird das Nachweisverfahren „Elastisch-Plastisch" nach DIN 18800 gewählt. Die geometrischen Ersatzimperfektionen werden mit Hilfe von Ersatzbelastungen nach Abschnitt 7.2 berücksichtigt.

Konstruktion

Der Zweigelenkrahmen ist in Bild 8.54 dargestellt. Die Stiele bestehen aus Walzprofilen HEA 300 (S 235) und der Riegel aus Walzprofilen IPE 360 (S 235). Im Bereich der Rahmenecken werden die Riegel durch Vouten verstärkt. Die Voutenausbildung und die Verbindungen in der Rahmenecke erfolgen nach [29] und sind in Bild 8.55 dargestellt.

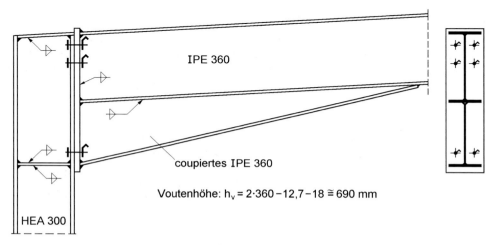

Bild 8.55   Rahmenecke mit Voute aus coupiertem Profil IPE 360 nach [29]

Einwirkungen

- Eigengewicht Dach
Stahltrapezprofil	0,12 kN/m²
Isolierung	0,10 kN/m²
Bitumen Dachbahn	0,15 kN/m²
	0,37 kN/m²

- Eigengewicht Stahlkonstruktion
  Riegel: $g \cong 1{,}1$ kN/m (inkl. Verband und Installation)
  Stütze: $g \cong 0{,}9$ kN/m

- Schnee nach DIN 1055 Teil 5
  Der Bauort Bochum liegt niedriger als 400 m über NN und ist der Schneelastzone 1 zuzuordnen:
  $s_k = 0{,}65$ kN/m²

  Für das Satteldach mit $\alpha = 2° < 30°$ ist der Formbeiwert $\mu_1 = 0{,}8$. Daraus folgt:
  $s_1 = 0{,}8 \cdot 0{,}65 = 0{,}52$ kN/m²

8.11 Berechnungsbeispiel Zweigelenkrahmen

- Wind nach DIN 1055 Teil 4
  Der Bauort Bochum ist der Windzone I zuzuordnen. Da die Hallenhöhe kleiner als 10 m ist, beträgt der Geschwindigkeitsdruck:

  $q = 0{,}5$ kN/m^2

  Gemäß DIN 1055 ist das Dach wegen $\alpha = 2° < 5°$ als Flachdach einzustufen. Die Windbelastung der Wände und des Daches ergibt sich aus der Windwirkung auf die Giebelwand und auf die Hallenlängswand. Die Ermittlung ist relativ aufwändig und wird hier nicht wiedergegeben. Das Ergebnis wird bei der Zusammenstellung der Lastfälle dargestellt.

Lastfälle und Lastfallkombinationen

Wesentliche Lastfälle für den Zweigelenkrahmen sind in Bild 8.56 unter Berücksichtigung des Rahmenabstandes von 5 m zusammengestellt. Die überstehenden Teile der Stiele aufgrund der Attika werden aus Gründen der Vereinfachung weggelassen und ersatzweise Einzellasten W_A in den Rahmenecken angesetzt.

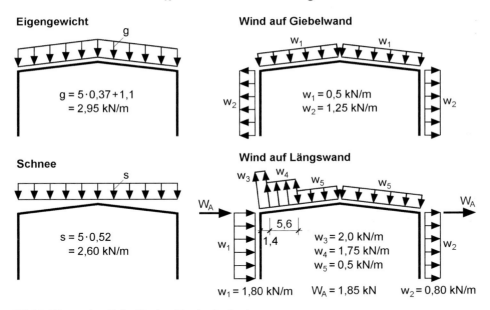

Bild 8.56   Lastfälle für den Zweigelenkrahmen

Aus den Lastfällen in Bild 8.56 werden zwei Lastfallkombinationen (LF-K) gebildet und dabei die Teilsicherheitswerte nach DIN 18800 angesetzt.

- Lastfallkombination 1
  $1{,}35 \cdot g \oplus 0{,}9 \cdot 1{,}5 \cdot s \oplus 0{,}9 \cdot 1{,}5 \cdot w$ (Giebel) $\oplus \varphi_0$
- Lastfallkombination 2
  $1{,}35 \cdot g \oplus 0{,}9 \cdot 1{,}5 \cdot s \oplus 0{,}9 \cdot 1{,}5 \cdot w$ (Längswand) $\oplus \varphi_0$

Bei den Lastfallkombinationen bedeutet φ_0, dass geometrische Ersatzimperfektionen nach Abschnitt 7.2 angesetzt werden. Da zum kleinsten Eigenwert des Zweigelenkrahmens eine antimetrische Knickbiegelinie gehört, wird die Vorverdrehung φ_0, wie in Bild 8.54 skizziert, für beide Stiele nach rechts angenommen. Mit Tabelle 7.2 erhält man:

$$\varphi_0 = \frac{1}{277}$$

Schnittgrößenermittlung

Es ist allgemein üblich, die Schnittgrößen für einen Zweigelenkrahmen mit einem EDV-Programm nach Theorie II. Ordnung zu berechnen. Sinnvoll ist dies auch deshalb, weil Vouten zu berücksichtigen sind und der Lastfall „Wind auf Längswand" mit Berechnungsformeln schwierig zu erfassen ist. Die Ergebnisse der EDV-Berechnung sind in Tabelle 8.7 für die maßgebenden Bemessungspunkte zusammengestellt.

Tabelle 8.7 Schnittgrößen für den Zweigelenkrahmen in Bild 8.54

Lastfall-kombination	Knoten (Ort)	M_y in kNm	V_z in kN	N in kN	Knotennummerierung
1	4 rechts (First)	159,50	0,71	–27,50	
	5 (Voutenbeginn)	–90,15	–63,97	–29,55	
	6 Riegelanschnitt	–218,62	–76,24	–36,68	
	6 Stiel (Rahmenecke)	–234,47	26,26	–79,59	
2	4 rechts (First)	143,86	–1,73	–32,06	
	5 (Voutenbeginn)	–125,09	–66,32	–34,01	
	6 Riegelanschnitt	–257,04	–78,08	–41,49	
	6 Stiel (Rahmenecke)	–273,96	33,74	–82,17	

Tragsicherheitsnachweise

Die Tragsicherheitsnachweise werden mit den Interaktionsbedingungen in Tabelle 16 von DIN 18800 Teil 1 geführt. Die dafür benötigten Grenzschnittgrößen werden aus den Tabellen in [30] abgelesen:

- IPE 360, S 235
  $M_{pl,y,d} = 222{,}4$ kNm $\quad V_{pl,z,d} = 350$ kN $\quad N_{pl,d} = 1587$ kN
- HEA 300, S 235
  $M_{pl,y,d} = 301{,}8$ kNm $\quad V_{pl,z,d} = 295{,}5$ kN $\quad N_{pl,d} = 2455$ kN

Damit ergeben sich die folgenden Nachweise:

- Knoten 4 rechts (First)

$$\frac{N}{N_{pl,d}} = \frac{27{,}5}{1587} = 0{,}017 < 0{,}1$$

8.11 Berechnungsbeispiel Zweigelenkrahmen

$$\frac{V_z}{V_{pl,z,d}} = \frac{0,71}{350} = 0,002 < 0,33$$

$$\frac{M_y}{M_{pl,y,d}} = \frac{159,5}{222,4} = 0,717 < 1$$

- Knoten 5 (Voutenbeginn)

$$\frac{N}{N_{pl,d}} = \frac{34,01}{1587} = 0,021 < 0,1$$

$$\frac{V_z}{V_{pl,z,d}} = \frac{66,32}{350} = 0,189 < 0,33$$

$$\frac{M_y}{M_{pl,y,d}} = \frac{125,09}{222,4} = 0,562 < 1$$

- Knoten 6 Stielende (Rahmenecke)

$$\frac{N}{N_{pl,d}} = \frac{82,17}{2455} = 0,037 < 0,1$$

$$\frac{V_z}{V_{pl,z,d}} = \frac{33,74}{295,5} = 0,114 < 0,33$$

$$\frac{M_y}{M_{pl,y,d}} = \frac{273,96}{301,8} = 0,908 < 1$$

Wie man sieht, sind alle Bedingungen eingehalten. Die Überprüfung der b/t-Verhältnisse für das Nachweisverfahren „Elastisch-Plastisch" kann mit den Tabellen in [30] erfolgen. Die Bedingungen sind für beide Profile erfüllt, da die Drucknormalkräfte klein sind.

Auf weitere Nachweise wird an dieser Stelle verzichtet. Folgende Untersuchungen sind zusätzlich erforderlich:

- Tragfähigkeit der Vouten
- Geschraubte Verbindungen im First und den Rahmenecken, s. [36]
- Krafteinleitung, Kraftumleitung, Fußpunkte
- Biegeknicken senkrecht zur Rahmenebene, s. Abschnitt 10.3
- Biegedrillknicken der Stiele und des Riegels, s. Abschnitt 10.3

Anmerkungen zur Querschnittstragfähigkeit

Die oben geführten Nachweise zeigen, dass der Einfluss der Normal- und Querkräfte gering ist. Maximal ergaben sich $N/N_{pl,d} = 0,037$ und $V_z/V_{pl,z,d} = 0,189$, d. h. die Bereichsgrenzen 0,1 und 0,33 der Interaktionsbedingung sind deutlich unterschritten. Dies ist bei den üblichen Zweigelenkrahmen häufig der Fall, sodass in der Regel der Nachweis $M_y/M_{pl,y,d} \leq 1$ maßgebend und ausreichend ist. Beim Nachweisverfahren

„Elastisch-Elastisch" hat dagegen aufgrund der Spannungsnachweise gemäß Abschnitt 7.4.1 zumindest die Normalkraft einen abmindernden Einfluss.

Anmerkungen zum Einfluss der Theorie II. Ordnung und der geometrischen Ersatzimperfektionen

Mit den Ersatzbelastungen gemäß Bild 8.46 kann festgestellt werden, wie und wo sich diese Einflüsse auswirken. Wenn man von den Lastfällen Eigengewicht, Schnee und Wind auf die Längswand ausgeht und das Eigengewicht der Stiele berücksichtigt, ergeben sich in den Stielen etwa folgende Drucknormalkräfte:

$N \cong 1{,}35 \cdot ((2{,}95 + 2{,}60 + 0{,}5) \cdot 19{,}7/2 + 7 \cdot 0{,}9) \cong 90$ kN

Sie führen mit $\varphi_0 = 1/277$ für die Stiele zu Kräftepaaren mit:

$H_0 = 90/277 = 0{,}32$ kN

Die Ersatzbelastung infolge Verdrehung φ nach Theorie II. Ordnung kann unter Verwendung von Gl. (8.160) nach Abschnitt 8.10 ermittelt werden. Damit erhält man einen Vergrößerungsfaktor von etwa 1,10 und eine Ersatzbelastung für die Stiele von:

$\Delta H \cong 0{,}7$ kN

Die Ersatzbelastungen und die daraus resultierenden Biegemomente sind in Bild 8.57 dargestellt. Wie man sieht, haben sie auf das Biegemoment im First keinen Einfluss. In den Rahmenecken und am Voutenbeginn führen sie zu $M_6 \cong -(0{,}32 + 0{,}7) \cdot 7{,}0 = -7{,}14$ kNm und $M_5 \cong -5{,}7$ kNm. Diese Momentenanteile sind im Vergleich zu den bemessungsrelevanten Biegemomenten der Lastfallkombination 2 in Tabelle 8.7 relativ klein:

7,14/257,04 ⇒ 2,8 %
5,7/125,09 ⇒ 4,6 %

Darüber hinaus darf gemäß Element 782 der DIN 18800 Teil 1 „der Einfluss der sich nach Theorie II. Ordnung ergebenden Verformungen auf das Gleichgewicht vernachlässigt werden darf, wenn der Zuwachs der maßgebenden Schnittgrößen infolge der nach Theorie I. Ordnung ermittelten Verformungen nicht größer als 10 % ist". Diese Bedingung ist bei dem vorliegenden Beispiel knapp erfüllt.

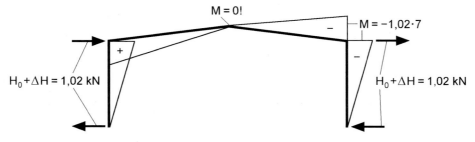

Bild 8.57 Biegemomente infolge Ersatzbelastung $H_0 + \Delta H$

9 Theorie II. Ordnung für beliebige Beanspruchungen

9.1 Vorbemerkungen

In Kapitel 8 wird die Theorie II. Ordnung für einachsige Biegung mit Normalkraft ausführlich behandelt. Zentrales Thema ist dabei das **Biegeknicken**, das durch **Drucknormalkräfte** verursacht wird, s. auch Bild 2.2a. Darüber hinaus wird auch die Wirkung von **Zugnormalkräften** berücksichtigt.

Mit Kapitel 8 als Ausgangspunkt ist die Erweiterung für **zweiachsige** Biegung mit Normalkraft ohne besondere Herleitungen durch formales Ergänzen der zweiten Achse möglich. Im Hinblick auf beliebige Beanspruchungen muss daher in diesem Kapitel die *Torsion*, die zur Querschnittsverdrehung ϑ führt, hinzugefügt werden. In erster Linie geht es dabei um die Erfassung der Theorie II. Ordnung, damit das Stabilitätsproblem Biegedrillknicken gelöst und Berechnungen nach Theorie II. Ordnung für Biegedrillknicken (mit und ohne planmäßige Torsion) durchgeführt werden können.

Die folgenden Abschnitte enthalten alle Herleitungen, die für die Theorie II. Ordnung bei Stäben benötigt werden. Dabei werden beliebige Beanspruchungsfälle, d. h. zweiachsige Biegung mit Normalkraft und Torsion, behandelt und im Gesamtzusammenhang dargestellt. Es ergeben sich naturgemäß relativ komplexe Grundgleichungen, sodass man im Vergleich zur einachsigen Biegung mit Normalkraft in Kapitel 8 bei den Berechnungen nur in Ausnahmefällen ohne EDV-Programme auskommt. Neben Kapitel 8 ist hier auch Kapitel 6 „Stabilitätsproblem Biegedrillknicken" für das Verständnis hilfreich.

9.2 Spannungen und Dehnungen

Bei der Belastung von Tragwerken entstehen Spannungen, die zur Beurteilung der Tragfähigkeit herangezogen werden. Die weitaus größte Bedeutung hat bei Stäben die Normalspannung σ_x. Darüber hinaus haben auch Schubspannungen einen gewissen Einfluss auf die Tragfähigkeit und können in Einzelfällen für die Bemessung maßgebend sein.

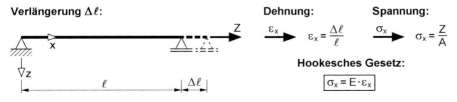

Bild 9.1   Normalspannung σ_x und Dehnung ε_x beim Zugstab

Als Einstieg wird der Zugstab in Bild 9.1 betrachtet. Aufgrund der Zugnormalkraft entsteht eine Verlängerung $\Delta\ell$, die zur Dehnung ε_x führt. Daraus resultiert eine Normalspannung σ_x, die bei linearelastischem Verhalten mit dem *Hookeschen Gesetz*

$$\sigma_x = E \cdot \varepsilon_x \tag{9.1}$$

ermittelt werden kann, s. auch Bild 2.1. Aufgrund der Bedeutung für die folgenden Herleitungen soll besonders betont werden, dass die Richtungen von ε_x und σ_x mit der Wirkungsrichtung der Zugkraft Z übereinstimmen.

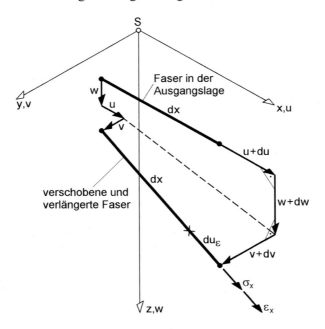

Bild 9.2 Räumliche Verschiebung einer Faser und Verlängerung du_ε

In Anlehnung an Bild 9.1 wird in Bild 9.2 eine Faser der Länge dx betrachtet, die Bestandteil eines Stabes sein soll und an einer beliebigen Stelle im Querschnitt liegt. Der Anfangspunkt der Faser wird um u, v und w verschoben und der Endpunkt zusätzlich um du, dv und dw. Aufgrund der Verschiebungen hat die Faser eine neue Lage im Raum und sie ist um das Maß du_ε länger als im Ursprungszustand. Die Verlängerung resultiert aus den vorgenommenen Verschiebungen und führt zu Dehnungen ε_x sowie Spannungen σ_x in Richtung der verschobenen Faser. Wie in Bild 9.1 wird auch hier die Verlängerung auf die ursprüngliche Länge bezogen und man erhält:

$$\varepsilon_x = \frac{du_\varepsilon}{dx} = u'_\varepsilon \tag{9.2}$$

Wichtig ist an dieser Stelle, dass der Index „x" nicht für die Ausgangslage, sondern für die verformte Lage gilt. Darüber hinaus soll der Index „ε" bei du_ε kennzeichnen,

9.2 Spannungen und Dehnungen

dass die Dehnung mit dieser Verschiebung zu berechnen ist, aus der sich im Übrigen auch gemäß Gl. (9.1) die Normalspannung ergibt. Die Verlängerung du_ε kann mit Hilfe von Bild 9.2 bestimmt werden. Wenn man den *Satz des Pythagoras* anwendet erhält man

$$(dx + du_\varepsilon)^2 = (dx + du)^2 + dv^2 + dw^2 \qquad (9.3)$$

und nach Division durch dx

$$(1 + u'_\varepsilon)^2 = (1 + u')^2 + v'^2 + w'^2, \qquad (9.4)$$

sodass mit Gl. (9.2)

$$\varepsilon_x = \sqrt{1 + 2u' + u'^2 + v'^2 + w'^2} - 1 \qquad (9.5)$$

folgt. Da die Wurzel die weiteren Berechnungen erschwert, wird zur Vereinfachung die Reihenentwicklung

$$\sqrt{1+a} = 1 + \frac{1}{2}a - \frac{1}{8}a^2 + \frac{1}{16}a^3 - \cdots \qquad (9.6)$$

verwendet. Mit den ersten beiden Reihengliedern erhält man:

$$\varepsilon_x \cong u' + \frac{1}{2} \cdot \left(u'^2 + v'^2 + w'^2\right) \qquad (9.7)$$

Die Berücksichtigung der übrigen Reihenglieder führt zu mindestens dreifachen Produkten der Verschiebungsableitungen, die im Rahmen der Theorie II. Ordnung vernachlässigt werden. Eine Ausnahme ist das dritte Reihenglied, bei dem der Term $2u'$ unter der Wurzel in Gl. (9.5) mit „$-\frac{1}{2}u'^2$" ein zweifaches Produkt ergibt. Die Berechnung von ε_x mit

$$\varepsilon_x \cong u' + \frac{1}{2} \cdot \left(v'^2 + w'^2\right) \qquad (9.8)$$

ist daher genauer als mit Gl. (9.7). Bild 9.3 zeigt die Genauigkeit der Näherungen mit den Gln. (9.7) und (9.8) im Vergleich zur exakten Berechnung von ε_x mit Gl. (9.5) für Verdrehungen w' zwischen 0 und 15°, d. h. 0 bis 0,262 Radiant (Bogenmaß). Darüber hinaus wurden $v' = 0$ und $u' = 0,005$ angenommen. Gemäß Bild 9.3 wird ε_x mit Gl. (9.8) stets genauer als mit Gl. (9.7) ermittelt. Die größten Unterschiede ergeben sich für kleine Winkel w', weil Gl. (9.8) für $w' \to 0$ zur genauen Lösung führt, während der Term $\frac{1}{2}u'^2$ in Gl. (9.7) einen Fehler von $\frac{1}{2}u'$ verursacht. Der Annahme von $u' = 0,005$ entspricht für $E = 21000$ kN/cm² (Stahl) eine Streckgrenze von etwa 105 kN/cm². Dies ist ein Wert der weit über der Streckgrenze der üblichen Baustähle liegt, sodass u' in der Regel deutlich kleiner als 0,005 ist. Die Unterschiede zwischen den Gln. (9.8) und (9.7) sind dann wesentlich geringer und beide Näherungen auch etwas genauer. An der Tendenz, dass Gl. (9.8) die bessere Näherung für ε_x ist, ändert sich jedoch nichts.

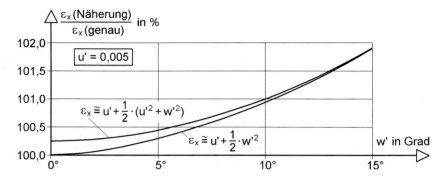

Bild 9.3 Genauigkeit der Näherungen für ε_x mit den Gln. (9.7) und (9.8)

Die Ermittlung von ε_x wurde hier relativ ausführlich behandelt, weil diese Größe für die Stabtheorie von zentraler Bedeutung ist. In vielen Veröffentlichungen wird von

$$\varepsilon_{xx} = \frac{du}{dx} + \frac{1}{2} \cdot \left[\left(\frac{du}{dx}\right)^2 + \left(\frac{dv}{dx}\right)^2 + \left(\frac{dw}{dx}\right)^2 \right] \qquad (9.9)$$

ausgegangen. Häufig ist unklar, dass es sich um eine Näherung für Gl. (9.5) handelt, die durch den Term $\frac{1}{2}\left(\frac{du}{dx}\right)^2$ ungenauer ist als ohne diesen Term. Darüber hinaus führt die Berücksichtigung dieses Terms zu unübersichtlichen Herleitungen bei der Formulierung der virtuellen Arbeit oder vergleichbarer Gleichgewichtsprinzipien.

9.3 Verschiebungen u, v und w

Eine wesentliche Grundlage der Stabtheorie ist die Reduktion der Stäbe auf die Stabachse. Dabei verwendet man genau genommen zwei Achsen, die durch den Schwerpunkt S bzw. den Schubmittelpunkt M verlaufen, und drückt die Verschiebungen von Lastangriffspunkten und Querschnittspunkten durch die Verschiebungen der beiden Punkte, also u_S, v_M und w_M, aus.

Verschiebungen v und w in der Querschnittsebene

Zur Ermittlung der *Verschiebungen* in der Querschnittsebene wird in Bild 9.4 ein Punkt $P(y_p, z_p)$ betrachtet, der an einer frei wählbaren Stelle auf dem Querschnitt liegt. Der Querschnitt kann eine beliebige Form haben und ist daher in Bild 9.4 nicht dargestellt. Mit den gestrichelten Linien ist lediglich seine jeweilige Position markiert. Die Lage des Punktes P ist gemäß Bild 9.4 ebenso wie die Lage des Schubmittelpunktes $M(y_M, z_M)$ mit dem Bezug auf den Schwerpunkt eindeutig definiert.

9.3 Verschiebungen u, v und w

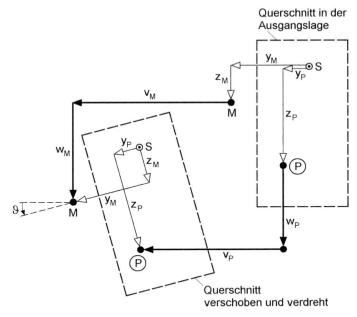

Bild 9.4 Verschiebung eines Querschnittspunktes P

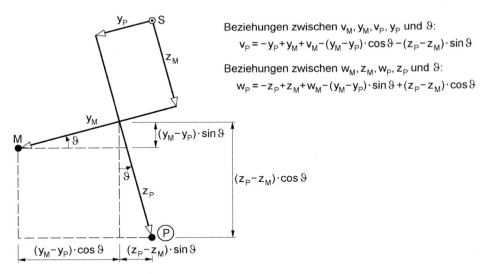

Bild 9.5 Ausschnitt aus Bild 9.4 und Detaillierung der Verschiebungsanteile

Aus der Ausgangslage wird der Querschnitt nun verschoben und verdreht. Dabei verschiebt sich der Punkt P um v_P und w_P und der Schubmittelpunkt M um v_M und w_M. Die Beziehungen zwischen den *Verschiebungen* können aus Bild 9.4 in Verbindung mit Bild 9.5 (Detail) abgelesen werden und sind in Bild 9.5 zusammengestellt. Wenn man, wie allgemein üblich, den Index „P" weglässt, ergeben sich die *Verschiebungen* eines beliebigen Punktes in der Querschnittsebene wie folgt:

$$v = v_M - (z - z_M) \cdot \sin\vartheta - (y - y_M) \cdot (1 - \cos\vartheta)$$
$$w = w_M + (y - y_M) \cdot \sin\vartheta - (z - z_M) \cdot (1 - \cos\vartheta)$$
(9.10)

Identische Beziehungen werden in [25] mit einer mathematisch-mechanisch orientierten Vorgehensweise hergeleitet, während hier eine anschauliche Herleitung unter Verwendung geometrischer Beziehungen erfolgte, aus der die Annahmen unmittelbar erkennbar sind:

- Die Querschnittsform bleibt bei einer Verformung des Stabes erhalten.
- Verdrehungen φ_y und φ_z bzw. v' und w' werden bei der Ermittlung von v und w vernachlässigt.

Die Gln. (9.10) enthalten trigonometrische Funktionen, die die weitere Verwendung erschweren. Sie können durch die Reihenentwicklungen

$$\sin\vartheta = \vartheta - \frac{1}{3!} \cdot \vartheta^3 + \frac{1}{5!} \cdot \vartheta^5 - \cdots$$
$$\cos\vartheta = 1 - \frac{1}{2!} \cdot \vartheta^2 + \frac{1}{4!} \cdot \vartheta^4 - \cdots$$
(9.11)

ersetzt werden. Im Rahmen der Theorie II. Ordnung werden maximal zweifache Produkte der Verformungsfunktionen berücksichtigt, sodass an dieser Stelle die Näherungen $\sin\vartheta \cong \vartheta$ und $\cos\vartheta \cong 1 - \vartheta^2/2$ verwendet werden. Damit ergeben sich folgende Beziehungen:

$$v = v_M - (z - z_M) \cdot \vartheta - \frac{1}{2} \cdot (y - y_M) \cdot \vartheta^2$$
$$w = w_M + (y - y_M) \cdot \vartheta - \frac{1}{2} \cdot (z - z_M) \cdot \vartheta^2$$
(9.12a, b)

Die Gln. (9.12a, b) bilden einen wichtigen Ausgangspunkt für die Formulierung der virtuellen Arbeit in Abschnitt 9.4.

Verschiebung u in x-Richtung

[25] enthält ausführliche Herleitungen zur Ermittlung der *Verschiebungen* in Stablängsrichtung nach **Theorie I. Ordnung**. Dort ergibt sich in Abschnitt 2.4.2 die Verschiebung wie folgt:

$$u = u_S - y \cdot v'_M - z \cdot w'_M - \omega \cdot \vartheta'$$
(9.13)

In Gl. (9.13) ist u_S die *Verschiebung* im Schwerpunkt infolge einer Normalkraft. Die nächsten beiden Terme erfassen die Biegung um die z- und y-Achse wobei v'_M und w'_M gemäß Bild 1.7 Verdrehungen um die beiden Querschnittshauptachsen sind: $v'_M \cong \varphi_z$ und $w'_M \cong -\varphi_y$. Wie man sieht, führen die ersten drei Terme zu einer ebe-

9.3 Verschiebungen u, v und w

nen Fläche für die *Verschiebung* u, d. h. sie entsprechen der *Bernoulli*-Hypothese vom Ebenbleiben der Querschnitte.

Der vierte Term gehört zur Torsion und ϑ' ist die Verdrillung, die die Veränderung der Verdrehung ϑ in x-Richtung erfasst. Die Wölbordinate oder Einheitsverwölbung (zu $\vartheta' = -1$) ist wie folgt definiert:

$$\omega = \int_0^s r_t(s) \cdot ds \qquad (9.14)$$

Gl. (9.14) gilt für dünnwandige offene Querschnitte und muss bei Querschnitten mit Hohlzellen entsprechend angepasst werden. Vergleichbar mit den (normierten) Hauptachsen y und z und dem Bezug auf den *Schwerpunkt* $S(y = z = 0)$, ist ω die normierte Wölbordinate, die sich auf den *Schubmittelpunkt* $M(y_M, z_M)$ bezieht. Genauer ausgedrückt ist es der Hebelarm

$$r_t = (y - y_M) \cdot \sin\beta - (z - z_M) \cdot \cos\beta, \qquad (9.15)$$

der vom *Schubmittelpunkt M* aus gemessen wird. Bild 9.6 zeigt den Zusammenhang und darüber hinaus die Profilordinate s mit dem Integrationsanfangspunkt A (s = 0). Ausführliche Erläuterungen finden sich in [26].

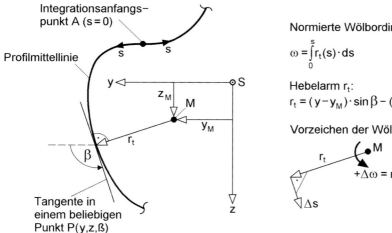

Bild 9.6 Erläuterungen zur normierten Wölbordinate ω

Bei der linearen Stabtheorie wird die Verschiebung u eines beliebigen Querschnittspunktes mit Hilfe von Gl. (9.13) ermittelt. Bei dieser Näherung sind die vier Verformungsgrößen u_S, v_M', w_M' und ϑ' **unabhängig** voneinander, weil voraussetzungsgemäß nur die **linearen** Zusammenhänge Berücksichtigung finden. Unter Verwendung von Bild 9.7 wird Gl. (9.13) nun im Hinblick auf die Theorie II. Ordnung ergänzt. Dazu wird zunächst der Querschnitt in der Ausgangslage betrachtet (lineare Stabtheorie) und es werden dann die *Verdrehungen* φ_y und φ_z hinzugefügt. Wie Bild 9.7a zeigt, sind das *Verdrehungen* um die y- und um die z-Achse, sodass sich die Verschiebungen u unmittelbar angeben lassen.

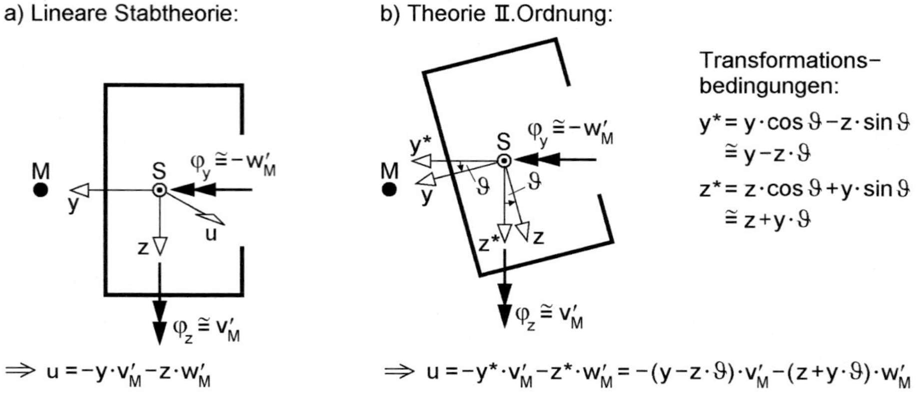

a) Lineare Stabtheorie: b) Theorie II.Ordnung:

Transformations-
bedingungen:

$y^* = y \cdot \cos\vartheta - z \cdot \sin\vartheta$
$\cong y - z \cdot \vartheta$

$z^* = z \cdot \cos\vartheta + y \cdot \sin\vartheta$
$\cong z + y \cdot \vartheta$

$\Rightarrow u = -y \cdot v'_M - z \cdot w'_M$

$\Rightarrow u = -y^* \cdot v'_M - z^* \cdot w'_M = -(y - z \cdot \vartheta) \cdot v'_M - (z + y \cdot \vartheta) \cdot w'_M$

Bild 9.7 Verschiebungen u aufgrund von Verdrehungen v'_M und w'_M nach Theorie I. und II. Ordnung

Bei Theorie II. Ordnung in Bild 9.7b wird davon ausgegangen, dass sich der Querschnitt um v_M und w_M verschoben und darüber hinaus um den Winkel ϑ verdreht hat. Da die *Querschnittshauptachsen* y und z fest mit dem Querschnitt verbunden sind, verdrehen sie sich mit. Nachteilig dabei ist, dass sich die *Verdrehungen* φ_y und φ_z, und daher auch v'_M und w'_M, nach wie vor auf die ursprünglichen Richtungen von y und z beziehen, die hier zwecks Unterscheidung mit y^* und z^* bezeichnet werden. Sie können, wie in Bild 9.7b angegeben, durch y und z ersetzt werden. Wenn man dabei mit $\sin\vartheta \cong \vartheta$ und $\cos\vartheta \cong 1 - \vartheta^2/2$ im Sinne der Theorie II. Ordnung linearisiert, ergibt sich die Verschiebung u unter Berücksichtigung der Terme in Gl. (9.13) wie folgt:

$$u = u_S - (y - z \cdot \vartheta) \cdot v'_M - (z + y \cdot \vartheta) \cdot w'_M - \omega \cdot \vartheta' \qquad (9.16)$$

Die ersten drei Terme in Gl. (9.16) führen wie bei Gl. (9.13) zu einer ebenen Fläche für u, d. h. die *Bernoulli*-Hypothese gilt weiterhin für Biegung mit Normalkraft.

Anmerkung: Bei der oben vorgenommenen Erweiterung für die Theorie II. Ordnung wurde die *Verdrehung* ϑ hinzugefügt. In [72] ergeben sich auch beim vierten Term in Gl. (9.16) Ergänzungen, die zu $u(\omega) = -\omega \cdot (\vartheta' + v''_M \cdot w'_M - w''_M \cdot v'_M)$ führen. Die zusätzlichen Anteile werden hier vernachlässigt, weil sie nur bei zweiachsiger Biegung auftreten können und in der Regel einen untergeordneten Einfluss haben.

9.4 Virtuelle Arbeit

Gemäß Abschnitt 8.3 befindet sich ein Tragwerk im Gleichgewicht, wenn die Summe der *virtuellen Arbeiten* gleich Null ist:

$$\delta W = \delta W_{ext} + \delta W_{int} = 0 \qquad (9.17)$$

Das *Prinzip der virtuellen Arbeiten* wird dort für Stäbe formuliert, die durch **einachsige Biegung** mit Normalkraft beansprucht werden. Mit den entsprechenden Herleitungen ergibt sich die virtuelle Arbeit für die Stabtheorie. II. Ordnung gemäß Bild 8.8.

Tabelle 9.1   Virtuelle Arbeit bei Stäben nach Theorie I. Ordnung (lineare Stabtheorie)

a) Äußere virtuelle Arbeit (Lastgrößen)

Einzellasten:

$$\delta W_{ext} = \delta u_S \cdot F_x + \delta v_M \cdot F_y + \delta w_M \cdot F_z + \delta\vartheta \cdot M_{xL} + (-\delta w'_M) \cdot M_{yL} + \delta v'_M \cdot M_{zL} + (-\delta\vartheta') \cdot M_{\omega L}$$

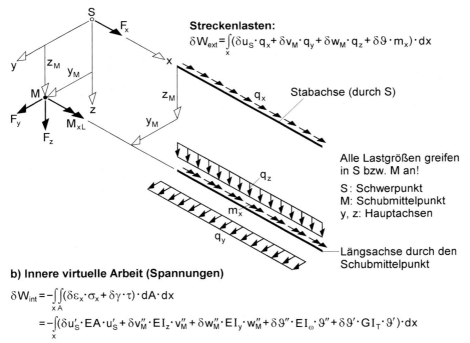

Streckenlasten:

$$\delta W_{ext} = \int_x (\delta u_S \cdot q_x + \delta v_M \cdot q_y + \delta w_M \cdot q_z + \delta\vartheta \cdot m_x) \cdot dx$$

Alle Lastgrößen greifen in S bzw. M an!
S: Schwerpunkt
M: Schubmittelpunkt
y, z: Hauptachsen

b) Innere virtuelle Arbeit (Spannungen)

$$\delta W_{int} = -\int_x \int_A (\delta\varepsilon_x \cdot \sigma_x + \delta\gamma \cdot \tau) \cdot dA \cdot dx$$

$$= -\int_x (\delta u'_S \cdot EA \cdot u'_S + \delta v''_M \cdot EI_z \cdot v''_M + \delta w''_M \cdot EI_y \cdot w''_M + \delta\vartheta'' \cdot EI_\omega \cdot \vartheta'' + \delta\vartheta' \cdot GI_T \cdot \vartheta') \cdot dx$$

Im Folgenden wird die zweiachsige Biegung mit Normalkraft und Torsion nach Theorie II. Ordnung behandelt, sodass damit beliebige Beanspruchungsfälle erfasst werden. Aus Gründen der Übersichtlichkeit werden zunächst die Ergebnisse angegeben, die anschließend durch Herleitungen begründet und erläutert werden. In den Tabellen 9.1 bis 9.3 sind folgende Arbeitsanteile zusammengestellt:

- Tabelle 9.1
  Die virtuelle Arbeit gilt für die lineare Stabtheorie. Dabei ist zu beachten, dass die Lastgrößen wie angegeben angreifen, also beispielsweise F_x und q_x im Schwerpunkt und F_y, F_z, q_y und q_z im Schubmittelpunkt. Sofern das nicht der Fall ist, muss entsprechend transformiert werden (s. auch Tabelle 9.2).
- Tabelle 9.2
  Diese Tabelle enthält die virtuelle Arbeit, die **zusätzlich** für die Theorie II. Ordnung und Stabilitätsuntersuchungen benötigt wird. Bei den Lasten F_x, F_y und F_z sowie q_y und q_z wird der außermittige Lastangriff (nicht in S bzw. M) berücksichtigt.

Tabelle 9.2   Virtuelle Arbeit für Theorie II. Ordnung und Stabilität

a) Lastgrößen

$$\delta W_{ext} = -\int_\ell \left(\delta\vartheta \cdot q_y \cdot (y_q - y_M) \cdot \vartheta + \delta\vartheta \cdot q_z \cdot (z_q - z_M) \cdot \vartheta \right) \cdot dx$$

$$- \delta\vartheta \cdot F_y \cdot (y_F - y_M) \cdot \vartheta - \delta\vartheta \cdot F_z \cdot (z_F - z_M) \cdot \vartheta$$

$$+ \delta v'_M \cdot F_x \cdot z_F \cdot \vartheta + \delta\vartheta \cdot F_x \cdot z_F \cdot v'_M - \delta w'_M \cdot F_x \cdot y_F \cdot \vartheta - \delta\vartheta \cdot F_x \cdot y_F \cdot w'_M$$

Außermittiger Lastangriff und virtuelle Verschiebungen:

q_x, q_y und q_z analog!

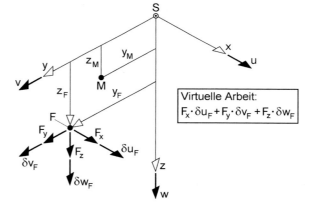

Virtuelle Arbeit:
$F_x \cdot \delta u_F + F_y \cdot \delta v_F + F_z \cdot \delta w_F$

b) Schnittgrößen

$$\delta W_{int} = -\int_\ell N \cdot \left(\delta v'_M \cdot v'_M + \delta w'_M \cdot w'_M \right) \cdot dx$$

$$- \int_\ell N \cdot \left(\delta v'_M \cdot z_M \cdot \vartheta' + \delta\vartheta' \cdot z_M \cdot v'_M - \delta w'_M \cdot y_M \cdot \vartheta' - \delta\vartheta' \cdot y_M \cdot w'_M \right) \cdot dx$$

$$- \int_\ell (\delta v''_M \cdot M_y \cdot \vartheta + \delta\vartheta \cdot M_y \cdot v''_M + \delta w''_M \cdot M_z \cdot \vartheta + \delta\vartheta \cdot M_z \cdot w''_M + \delta\vartheta' \cdot M_{rr} \cdot \vartheta') \cdot dx$$

mit: $M_{rr} = \int_A \sigma_x \cdot \left((z - z_M)^2 + (y - y_M)^2 \right) \cdot dA = N \cdot i_M^2 - M_z \cdot r_y + M_y \cdot r_z + M_\omega \cdot r_\omega$

$i_M^2 = i_p^2 + y_M^2 + z_M^2$ $i_p^2 = \dfrac{I_y + I_z}{A}$ $r_\omega = \dfrac{1}{I_\omega} \cdot \int_A \omega \cdot (y^2 + z^2) \cdot dA$

$r_y = \dfrac{1}{I_z} \cdot \int_A y \cdot (y^2 + z^2) \cdot dA - 2 \cdot y_M$ $r_z = \dfrac{1}{I_y} \cdot \int_A z \cdot (y^2 + z^2) \cdot dA - 2 \cdot z_M$

9.4 Virtuelle Arbeit

- Tabelle 9.3
  Tragwerke werden häufig durch angrenzende Bauteile ausgesteift und stabilisiert. Diese Wirkung kann durch Punktfedern, Streckenfedern und Schubfelder rechnerisch berücksichtigt werden. Die virtuelle Arbeit in Tabelle 9.3 verdeutlicht den Zusammenhang mit den korrespondierenden Verformungsgrößen.

Tabelle 9.3 Virtuelle Arbeit δW infolge von Punktfedern, Streckenfedern und Schubfeldern

Punktfedern:
$$\delta W = \delta u_S \cdot C_u \cdot u_S + \delta w_M \cdot C_w \cdot w_M + \delta\vartheta \cdot C_\vartheta \cdot \vartheta + \delta w'_M \cdot C_{\varphi y} \cdot w'_M + \delta v'_M \cdot C_{\varphi z} \cdot v'_M + \delta\vartheta' \cdot C_\omega \cdot \vartheta'$$
$$+ C_v \cdot \left[\delta v_M \cdot v_M - \delta v_M \cdot (z_c - z_M) \cdot \vartheta - \delta\vartheta \cdot (z_c - z_M) \cdot v_M + \delta\vartheta \cdot (z_c - z_M)^2 \cdot \vartheta \right]$$

Streckenfedern:
$$\delta W = \int_\ell \{ \delta w_M \cdot c_w \cdot w_M + \delta\vartheta \cdot c_\vartheta \cdot \vartheta$$
$$+ c_v \cdot \left[\delta v_M \cdot v_M - \delta v_M \cdot (z_c - z_M) \cdot \vartheta - \delta\vartheta \cdot (z_c - z_M) \cdot v_M + \delta\vartheta \cdot (z_c - z_M)^2 \cdot \vartheta \right] \} \cdot dx$$

Schubfeld S:
$$\delta W = \int_\ell S \cdot \left[\delta v'_M \cdot v'_M - \delta v'_M \cdot (z_S - z_M) \cdot \vartheta' - \delta\vartheta' \cdot (z_S - z_M) \cdot v'_M + \delta\vartheta' \cdot (z_S - z_M)^2 \cdot \vartheta' \right] \cdot dx$$

Innere virtuelle Arbeit

Wie Bild 8.5 anschaulich zeigt, führen Spannungen und dazu korrespondierende virtuelle Verzerrungen zur *inneren virtuellen Arbeit*. Bei allgemeiner Betrachtungsweise ist $\underline{\sigma}$ der *Spannungstensor* und $\delta\underline{\varepsilon}$ der *Tensor der virtuellen Verzerrungen*. Zur Ermittlung der inneren virtuellen Arbeit ist über das gesamte Volumen eines Tragwerks zu integrieren:

$$\delta W_{int} = -\int_V \delta\underline{\varepsilon} \cdot \underline{\sigma} \cdot dV \tag{9.18}$$

Als Reaktion auf die einwirkenden Kräfte ist die *innere virtuelle Arbeit* negativ. Bei Stäben kann das Volumenintegral mit $dV = dA \cdot dx$ in Integrale über die Querschnittsfläche und die Stablänge aufgeteilt werden. Da nur die Spannungen σ_x, τ_{xy} (= τ_{yx}) und τ_{xz} (= τ_{zx}) auftreten, lautet die innere virtuelle Arbeit:

$$\delta W_{int} = -\int_x \int_A \left(\delta\varepsilon_x \cdot \sigma_x + \delta\gamma_{xy} \cdot \tau_{xy} + \delta\gamma_{xz} \cdot \tau_{xz} \right) \cdot dA \cdot dx \tag{9.19}$$

Der Einfluss der Schubspannungen ist in der Regel gering, weil die Schubverformungen bei Stäben sehr klein sind, sodass sie üblicherweise vernachlässigt werden. Eine Ausnahme bilden jedoch die Schubspannungen infolge primärer Torsion (*St. Venantsche* Torsion), die sich aus dem primären Torsionsmoment M_{xp} ergeben. Da die Herleitungen relativ lang sind und in [25] komplett wiedergegeben werden, reicht an dieser Stelle das Ergebnis

$$\delta W_{int}(\tau) = -\int_x \delta\vartheta' \cdot GI_T \cdot \vartheta' \cdot dx \tag{9.20}$$

aus. In Gl. (9.20) ist ϑ' die Verdrillung der Längsachse und GI_T die primäre Torsionssteifigkeit. Gl. (9.20) gehört zur linearen Stabtheorie und ist daher in Tabelle 9.1 enthalten.

Im Hinblick auf die Theorie II. Ordnung bildet die *innere virtuelle Arbeit* infolge von Normalspannungen σ_x den Kern der Herleitungen. Für den ersten Anteil in Gl. (9.19) wird zunächst die Spannung σ_x betrachtet und unter Verwendung des *Hookeschen Gesetzes* gemäß Gl. (9.1) durch Verformungsgrößen ersetzt. Dabei müsste man eigentlich von ε_x nach Gl. (9.8) ausgehen und neben u' auch den nichtlinearen Anteil $(v'^2 + w'^2)/2$ berücksichtigen. Wie in Abschnitt 2.1 im Zusammenhang mit Tabelle 2.1 erläutert, wird aber bei Theorie II. Ordnung von einem **schwach** verformten System ausgegangen und es werden bei den **wirklichen** Verzerrungen die **linearen** kinematischen Beziehungen verwendet. Mit der Verschiebung u nach Gl. (9.13) erhält man

$$u' = u'_S - y \cdot v''_M - z \cdot w''_M - \omega \cdot \vartheta'' \tag{9.21}$$

und somit:

$$\sigma_x = E \cdot \varepsilon_x = E \cdot u' = E \cdot (u'_S - y \cdot v''_M - z \cdot w''_M - \omega \cdot \vartheta'') \tag{9.22}$$

Für die virtuellen Verzerrungen $\delta\varepsilon_x$ in Gl. (9.19) werden dagegen gemäß Tabelle 2.1 die linearisierten kinematischen Beziehungen verwendet. Dazu werden die Gln. (9.16), (9.12a) und (9.12b) zunächst differenziert und anschließend die Ergebnisse in Gl. (9.8) eingesetzt:

$$\begin{aligned}u' &= u'_S - y \cdot v''_M - z \cdot w''_M - \omega \cdot \vartheta'' \\ &\quad + z \cdot \vartheta' \cdot v'_M + z \cdot \vartheta \cdot v''_M - y \cdot \vartheta' \cdot w'_M - y \cdot \vartheta \cdot w''_M\end{aligned} \tag{9.23}$$

$$v' = v'_M - (z - z_M) \cdot \vartheta' - (y - y_M) \cdot \vartheta \cdot \vartheta' \tag{9.24}$$

$$w' = w'_M + (y - y_M) \cdot \vartheta' - (z - z_M) \cdot \vartheta \cdot \vartheta' \tag{9.25}$$

$$\begin{aligned}\varepsilon_x &= u'_S - y \cdot v''_M - z \cdot w''_M - \omega \cdot \vartheta'' \\ &\quad + z \cdot \vartheta' \cdot v'_M + z \cdot \vartheta \cdot v''_M - y \cdot \vartheta' \cdot w'_M - y \cdot \vartheta \cdot w''_M \\ &\quad + \frac{1}{2} \cdot \left[v'^2_M - 2 \cdot (z - z_M) \cdot v'_M \cdot \vartheta' + (z - z_M)^2 \cdot \vartheta'^2 \right] \\ &\quad + \frac{1}{2} \cdot \left[w'^2_M + 2 \cdot (y - y_M) \cdot w'_M \cdot \vartheta' + (y - y_M)^2 \cdot \vartheta'^2 \right]\end{aligned} \tag{9.26}$$

9.4 Virtuelle Arbeit

Bei der Bildung von Gl. (9.26) wurden maximal zweifache Produkte der Verformungsgrößen berücksichtigt. Wie man sieht, kann noch etwas zusammengefasst werden, sodass man das folgende Ergebnis erhält:

$$\begin{aligned}\varepsilon_x =\ & u'_S - y \cdot v''_M - z \cdot w''_M - \omega \cdot \vartheta'' \\ & + z \cdot \vartheta \cdot v''_M - y \cdot \vartheta \cdot w''_M + z_M \cdot \vartheta' \cdot v'_M - y_M \cdot \vartheta' \cdot w'_M \\ & + \frac{1}{2} \cdot \left[v'^2_M + w'^2_M + (y - y_M)^2 \cdot \vartheta'^2 + (z - z_M)^2 \cdot \vartheta'^2 \right]\end{aligned} \quad (9.27)$$

Die virtuelle Dehnung $\delta\varepsilon_x$ ergibt sich aus der 1. Variation von Gl. (9.27). Da für die Variationsrechnung die gleichen Regeln wie für die Differentialrechnung gelten, folgt mit der Produktregel:

$$\begin{aligned}\delta\varepsilon_x =\ & \delta u'_S - y \cdot \delta v''_M - z \cdot \delta w''_M - \omega \cdot \delta\vartheta'' + z \cdot \delta\vartheta \cdot v''_M + z \cdot \delta v''_M \cdot \vartheta \\ & - y \cdot \delta\vartheta \cdot w''_M - y \cdot \delta w''_M \cdot \vartheta + z_M \cdot \delta\vartheta' \cdot v'_M + z_M \cdot \delta v'_M \cdot \vartheta' \\ & - y_M \cdot \delta\vartheta' \cdot w'_M - y_M \cdot \delta w'_M \cdot \vartheta' + \delta v'_M \cdot v'_M + \delta w'_M \cdot w'_M + r^2_M \cdot \delta\vartheta' \cdot \vartheta'\end{aligned} \quad (9.28)$$

mit: $\quad r^2_M = (y - y_M)^2 + (z - z_M)^2 \quad (9.29)$

Mit den Gln. (9.28) und (9.22) kann die *innere virtuelle Arbeit* infolge von Normalspannungen formuliert werden:

$$\delta W_{int}(\sigma_x) = -\int_x \int_A \delta\varepsilon_x \cdot \sigma_x \cdot dA \cdot dx \quad (9.30)$$

$$\begin{aligned}= -\int_x \int_A \Big[& (\delta u'_S - y \cdot \delta v''_M - z \cdot \delta w''_M - \omega \cdot \delta\vartheta'') \cdot E \cdot (u'_S - y \cdot v''_M - z \cdot w''_M - \omega \cdot \vartheta'') \\ & + \sigma_x (\delta v'_M \cdot v'_M + \delta w'_M \cdot w'_M - y_M \delta\vartheta' \cdot w'_M - y_M \delta w'_M \cdot \vartheta' + z_M \delta\vartheta' \cdot v'_M + z_M \delta v'_M \cdot \vartheta') \\ & + \sigma_x \cdot z (\delta\vartheta \cdot v''_M + \delta v''_M \cdot \vartheta) - \sigma_x \cdot y (\delta\vartheta \cdot w''_M + \delta w''_M \cdot \vartheta) + \sigma_x \cdot r^2_M \cdot \delta\vartheta' \cdot \vartheta' \Big] \cdot dA \cdot dx\end{aligned}$$

Die erste Zeile in Gl. (9.30) gehört zur linearen Stabtheorie. Da von einem normierten y-z-ω-Hauptsystem ausgegangen wird, entfallen bei der Integration alle Terme, die y, z oder ω sowie Kombinationen miteinander enthalten. Mit der Definition der Querschnittskennwerte

$$A = \int_A dA, \quad I_y = \int_A z^2 \cdot dA, \quad I_z = \int_A y^2 \cdot dA, \quad I_\omega = \int_A \omega^2 \cdot dA \quad (9.31)$$

führt die erste Zeile zur *inneren virtuellen Arbeit* in Tabelle 9.1.

Bei den Zeilen zwei und drei in Gl. (9.30) werden die Spannungen zu Schnittgrößen zusammengefasst. Mit den Schnittgrößendefinitionen (s. auch Abschnitt 9.6)

$$N = \int_A \sigma_x \cdot dA, \quad M_y = \int_A \sigma_x \cdot z \cdot dA, \quad M_z = -\int_A \sigma_x \cdot y \cdot dA \text{ und } M_{rr} = \int_A \sigma_x \cdot r^2_M \cdot dA \quad (9.32)$$

erhält man die in Tabelle 9.2 unter „b) Schnittgrößen" angegeben Arbeitsanteile. M_y und M_z sind die üblichen Biegemomente und N die Normalkraft, die hier als Zugnormalkraft positiv definiert ist. M_{rr} ist eine Abkürzung, die im Zusammenhang mit einem *Torsionsmoment* nach Theorie II. Ordnung steht:

$$M_x(\sigma_x) = M_{rr} \cdot \vartheta' = \int_A \sigma_x \cdot r_M^2 \cdot dA \cdot \vartheta' \qquad (9.33)$$

Dieses *Torsionsmoment* entsteht, weil der Querschnitt aufgrund der Verdrillung nicht eben bleibt und die Spannung σ_x nicht mehr senkrecht, sondern schräg auf der ursprünglichen Querschnittsebene steht. Daraus ergeben sich Spannungskomponenten $\sigma_x \cdot r_M \cdot \vartheta'$, die in der ursprünglichen Querschnittsebene liegen und aufsummiert am Hebelarm r_M zum *Torsionsmoment* nach Gl. (9.33) führen. Die Bezugsgröße M_{rr} kann mit

$$\sigma_x = \frac{N}{A} - \frac{M_z}{I_z} \cdot y + \frac{M_y}{I_y} \cdot z + \frac{M_\omega}{I_\omega} \cdot \omega \qquad (9.34)$$

durch die Schnittgrößen N, M_z, M_y und M_ω ersetzt werden. Nach kurzer Umrechnung erhält man die in Tabelle 9.2 angegebenen Beziehungen. In dieser Darstellung ist M_{rr} nur von den Schnittgrößen und Querschnittskennwerten abhängig.

Äußere virtuelle Arbeit

Die Skizze in Tabelle 9.2 enthält außermittig angreifende Einzellasten F_x, F_y und F_z. Mit den virtuellen Verschiebungen im Lastangriffspunkt (Index F) ergibt sich die virtuelle Arbeit wie folgt:

$$\delta W_{ext} = \delta u_F \cdot F_x + \delta v_F \cdot F_y + \delta w_F \cdot F_z \qquad (9.35)$$

Wenn man in die Gln. (9.16), (9.12a) und (9.12b) die Ordinaten des Lastangriffspunktes $y = y_F$, $z = z_F$ und $\omega = \omega_F$ einsetzt, so erhält man:

$$u_F = u_S - (y_F - z_F \cdot \vartheta) \cdot v'_M - (z_F + y_F \cdot \vartheta) \cdot w'_M - \omega_F \cdot \vartheta' \qquad (9.36)$$

$$v_F = v_M - (z_F - z_M) \cdot \vartheta - \frac{1}{2} \cdot (y_F - y_M) \cdot \vartheta^2 \qquad (9.37)$$

$$w_F = w_M + (y_F - y_M) \cdot \vartheta - \frac{1}{2} \cdot (z_F - z_M) \cdot \vartheta^2 \qquad (9.38)$$

Die virtuellen Verschiebungen können nun wie beim Übergang von Gl. (9.27) auf Gl. (9.28) bestimmt werden, sodass sich folgende Beziehungen ergeben:

$$\begin{aligned}\delta u_F &= \delta u_S - \delta v'_M \cdot y_F - \delta w'_M \cdot z_F - \delta\vartheta' \cdot \omega_F \\ &+ z_F \cdot (\delta\vartheta \cdot v'_M + \delta v'_M \cdot \vartheta) - y_F \cdot (\delta\vartheta \cdot w'_M + \delta w'_M \cdot \vartheta)\end{aligned} \qquad (9.39)$$

$$\delta v_F = \delta v_M - (z_F - z_M) \cdot \delta\vartheta - (y_F - y_M) \cdot \delta\vartheta \cdot \vartheta \qquad (9.40)$$

$$\delta w_F = \delta w_M + (y_F - y_M) \cdot \delta\vartheta - (z_F - z_M) \cdot \delta\vartheta \cdot \vartheta \qquad (9.41)$$

Durch Multiplikation der virtuellen Verschiebungen mit den korrespondierenden Einzellasten gemäß Gl. (9.35) ergibt sich die äußere virtuelle Arbeit. Tabelle 9.1 enthält die linearen Lastglieder, wobei dort jedoch nur der Lastangriff in S bzw. M erfasst ist und daher mit

$$M_{xL} = -(z_F - z_M) \cdot F_y + (y_F - y_M) \cdot F_z \tag{9.42}$$

die Außermittigkeit von F_y und F_z zu berücksichtigen ist. Die nichtlinearen Lastglieder sind in Tabelle 9.2 zusammengestellt. Sie wirken sich auf das Stabilitätsverhalten und das Tragverhalten nach Theorie II. Ordnung aus. Zur Erfassung von Gleichstreckenlasten kann wie bei den Einzellasten vorgegangen werden. Zusätzlich ist jedoch die Integration über den belasteten Bereich erforderlich.

Federn und Schubfelder

[31] enthält alle Herleitungen für die in Tabelle 9.3 angegebenen Arbeitsanteile infolge von Punktfedern, Streckenfedern und Schubfeldern. Die entsprechenden Beziehungen können leicht ermittelt werden, wenn man wie bei den Lasten vorgeht. Beim Schubfeld S, der Punktwegfeder C_v und der Streckenwegfeder c_v geht ein, dass sie nicht im Schubmittelpunkt wirken, sondern in z-Richtung außermittig.

Anmerkung: Vorverformungen v_0, w_0 und ϑ_0 wurden in diesem Abschnitt nicht berücksichtigt, weil die Herleitungen dann sehr umfangreich und unübersichtlich werden. Entsprechende Anteile für die virtuelle Arbeit können leicht ergänzt werden, wenn man in Tabelle 9.2 unter a) und b) v durch $v_0 + v$, w durch $w_0 + w$ und ϑ durch $\vartheta_0 + \vartheta$ ersetzt.

9.5 Differentialgleichungen und Randbedingungen

Wie in Abschnitt 8.4 für die einachsige Biegung mit Normalkraft gezeigt, können die *Differentialgleichungen* und *Randbedingungen* für beliebige Beanspruchungen unter Verwendung der virtuellen Arbeit bestimmt werden. Dabei wird die virtuelle Arbeit mit Hilfe einer partiellen Integration so umgeformt, dass nur noch δu_S, δv_M, δw_M und $\delta\vartheta$ als virtuelle Verschiebungsgrößen auftreten und die Ableitungen entfallen. Da die Vorgehensweise in Abschnitt 8.4 gezeigt wird, reicht es hier aus, die Ergebnisse anzugeben.

Tabelle 9.4 Differentialgleichungen für Stäbe nach Theorie II. Ordnung

Gleichgewicht in x-Richtung (zu δu_S):

$(EA \cdot u_S')' = -q_x$

Gleichgewicht in y-Richtung (zu δv_M):

$(EI_z \cdot v_M'')'' - [N \cdot (v_M' + z_M \cdot \vartheta')]' + (M_y \cdot \vartheta)'' = q_y$

Gleichgewicht in z-Richtung (zu δw_M):

$(EI_y \cdot w_M'')'' - [N \cdot (w_M' - y_M \cdot \vartheta')]' + (M_z \cdot \vartheta)'' = q_z$

Momentengleichgewicht um die x-Achse (zu $\delta\vartheta$):

$(EI_\omega \cdot \vartheta'')'' - (GI_T \cdot \vartheta')' + M_y \cdot v_M'' + M_z \cdot w_M'' + [N \cdot (y_M \cdot w_M' - z_M \cdot v_M')]' - (M_{rr} \cdot \vartheta')'$

$+ [q_y \cdot (y_q - y_M) + q_z \cdot (z_q - z_M)] \cdot \vartheta = m_x$

M_{rr}: siehe Tabelle 9.2

Die vier Gleichungen in Tabelle 9.4 bilden ein gekoppeltes Differentialgleichungssystem, das man analytisch für den allgemeinen Beanspruchungsfall nicht lösen kann. Schwierigkeiten machen dabei insbesondere die Biegemomente M_z und M_y sowie M_{rr}, weil sie in der Regel einen in x-Richtung veränderlichen Verlauf haben. Der Nutzen der *Differentialgleichungen* liegt im Wesentlichen an der ablesbaren Erkenntnis, welche Größen eine Kopplung der Verschiebungsgrößen hervorrufen. Darüber hinaus kann man sie natürlich als Ausgangspunkt für die Lösungen nach Theorie I. Ordnung oder einfache Sonderfälle verwenden. In der Regel geht man jedoch von der virtuellen Arbeit in Abschnitt 9.4 aus, wenn man konkrete Anwendungsfälle lösen möchte.

Tabelle 9.5 Randbedingungen für Stabenden nach Theorie II. Ordnung

- Last F_x und Schnittkräfte in x-Richtung (zu δu_S):

$$\left[\delta u_S \cdot (F_x - EA \cdot u'_S)\right]_0^\ell = 0$$

- Last F_y und Schnittkräfte in y-Richtung (zu δv_M):

$$\left[\delta v_M \cdot \left(F_y + (EI_z \cdot v''_M)' + (M_y \cdot \vartheta)' - N \cdot (v'_M + z_M \cdot \vartheta')\right)\right]_0^\ell = 0$$

- Last F_z und Schnittkräfte in z-Richtung (zu δw_M):

$$\left[\delta w_M \cdot \left(F_z + (EI_y \cdot w''_M)' + (M_z \cdot \vartheta)' - N \cdot (w'_M - y_M \cdot \vartheta')\right)\right]_0^\ell = 0$$

- Lastmoment M_{xL} und Schnittmomente um die x-Achse (zu $\delta\vartheta$):

$$\left[\delta\vartheta \cdot \left(M_{xL} - GI_T \cdot \vartheta' + (EI_\omega \cdot \vartheta'')' - M_{rr} \cdot \vartheta' - N \cdot (z_M \cdot v'_M - y_M \cdot w'_M)\right)\right]_0^\ell = 0$$

- Lastmoment M_{yL} und Schnittmomente um die y-Achse (zu $\delta w'_M$):

$$\left[-\delta w'_M \cdot (M_{yL} + EI_y \cdot w''_M + M_z \cdot \vartheta)\right]_0^\ell = 0$$

- Lastmoment M_{zL} und Schnittmomente um die z-Achse (zu $\delta v'_M$):

$$\left[\delta v'_M \cdot (M_{zL} - EI_z \cdot v''_M - M_y \cdot \vartheta)\right]_0^\ell = 0$$

- Lastwölbbimoment $M_{\omega L}$ und Schnittwölbbimomente (zu $\delta\vartheta'$):

$$\left[-\delta\vartheta' \cdot (M_{\omega L} + EI_\omega \cdot \vartheta'')\right]_0^\ell = 0$$

Auch die in Tabelle 9.5 zusammengestellten **Randbedingungen** haben überwiegend informativen Charakter. Da sich die Lastgrößen F_x, F_y, F_z, M_{xL} M_{yL}, M_{zL} und $M_{\omega L}$ auf die unverformte Ausgangslage beziehen, zeigen die Gleichungen, welche Schnittgrößen unter Berücksichtigung der Theorie II. Ordnung mit den Lastgrößen im Gleichgewicht stehen. Dabei ist zu beachten, dass die Normalkraft N im Schwerpunkt S **in** Richtung der verformten Stabachse wirkt und daher Komponenten in Richtung von y und z bezüglich der unverformten Ausgangslage auftreten. Die Beziehungen in Tabelle 9.5 kann man besser verstehen, wenn man in die Gln. (9.24) und (9.25) y = z = 0 einsetzt. Die linearen Anteile führen dann zu den Verdrehungen

$$v'_S \cong v'_M + z_M \cdot \vartheta'$$
$$w'_S \cong w'_M - y_M \cdot \vartheta' \tag{9.43}$$

im Schwerpunkt. Für Tabelle 9.5 wurde angenommen, dass F_x im Schwerpunkt und F_y sowie F_z im Schubmittelpunkt wirken. Ein außermittiger Lastangriff kann mit Hilfe von Tabelle 9.2 ohne weiteres ergänzt werden. Wie bereits erwähnt, wird Tabelle 9.5 nicht unmittelbar für Berechnungen verwendet. Sie liefert aber Erkenntnisse für die Ermittlung von Schnittgrößen, die im nächsten Abschnitt vermittelt werden.

9.6 Schnittgrößen

Zur Beurteilung der Tragfähigkeit von Stabtragwerken werden in der Regel Schnittgrößen herangezogen. Sie dienen zur Ermittlung von Spannungen oder werden auf andere Art und Weise beim Nachweis ausreichender Querschnittstragfähigkeit verwendet, s. Abschnitt 7.4. *Schnittgrößen* kann man weder sehen noch messen. Es sind rein gedanklich angenommene Größen, die in geeigneter Weise definiert werden müssen. Bei Stäben sind das **Schnittkräfte** und **Schnittmomente**, d. h. die bekannten Schnittgrößen N, V_y, V_z, M_x, M_y und M_z. Sofern Wölbkrafttorsion auftritt, benötigt man eine weitere *Schnittgröße*: Das Wölbbimoment M_ω, das wie die Silbe „bi" andeutet, die Einheit kNcm² hat.

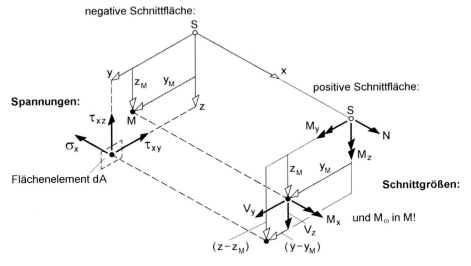

Bild 9.8   Zum Gleichgewicht zwischen Spannungen und Schnittgrößen

Anschauliche Definition

Schnittgrößen werden in englischsprachigen Ländern häufig „stress resultants", also Spannungsresultierende genannt. Gedanklich werden dabei die Spannungen zusammengefasst und ihre Wirkung durch *Schnittgrößen* ersetzt, sodass man bei umgekehrter Vorgehensweise aus den *Schnittgrößen* Spannungen ermitteln kann. **Schnittgrö-**

ßen und Spannungen können deshalb in einem Querschnitt nicht gleichzeitig auftreten (entweder ··· oder ···). Es ist daher zweckmäßig wie in Bild 9.8 vorzugehen und an der negativen Schnittfläche die Spannungen und an der positiven Schnittfläche die *Schnittgrößen* anzutragen. Wie gewohnt kann man dann Gleichgewichtsbedingungen verwenden, wobei die Spannungen über die Fläche aufzuintegrieren sind.

Anschaulicher ist es, nur **eine** Querschnittsebene wie in Bild 9.9 zu betrachten. Bezüglich der Vorzeichen ist zu bedenken, dass die Spannungen zu Schnittgrößen zusammengefasst werden. Die Trennlinie in Bild 9.9 soll klarstellen, dass die Schnittgrößen und Spannungen nicht gleichzeitig im Querschnitt auftreten. Für die Formulierung der Gleichgewichtsbedingungen ist die Darstellung in Bild 9.9 vorteilhaft, weil man die Beziehungen sofort ablesen kann. Die Ergebnisse sind in Tabelle 9.6 zusammengestellt. Dort ist auch das Wölbbimoment enthalten, das mit der hier gewählten anschaulichen Methodik nicht bestimmt werden kann.

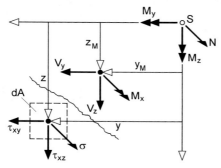

Bild 9.9   Zur Ermittlung von Schnittgrößen als Spannungsresultierende

Tabelle 9.6   Schnittgrößen als „Resultierende der Spannungen"

Bedingung	Schnittgröße	Definition
$\sum F_x = 0:$	Normalkraft	$N = \int_A \sigma_x \cdot dA$
$\sum V_y = 0:$	Querkraft	$V_y = \int_A \tau_{xy} \cdot dA$
$\sum V_z = 0:$	Querkraft	$V_z = \int_A \tau_{xz} \cdot dA$
$\sum M_x = 0:$	Torsionsmoment	$M_x = \int_A [\tau_{xz} \cdot (y - y_M) - \tau_{xy} \cdot (z - z_M)] \cdot dA$
		$M_x = M_{xp} + M_{xs}$
$\sum M_y = 0:$	Biegemoment	$M_y = \int_A \sigma_x \cdot z \cdot dA$
$\sum M_z = 0:$	Biegemoment	$M_z = -\int_A \sigma_x \cdot y \cdot dA$
	Wölbbimoment	$M_\omega = \int_A \sigma_x \cdot \omega \cdot dA$

9.6 Schnittgrößen

Es ergibt sich aus der inneren virtuellen Arbeit, wenn man nur die linearen Anteile betrachtet und σ_x nicht durch die Verschiebungsgrößen ersetzt:

$$\delta W_{int} = -\int_x \int_A \delta\varepsilon_x \cdot \sigma_x \cdot dA \cdot dx$$

$$= -\int_x \int_A (\delta u'_S - y \cdot \delta v''_M - z \cdot \delta w''_M - \omega \cdot \delta\vartheta'') \cdot \sigma_x \cdot dA \cdot dx$$

$$= -\int_x \left(\delta u'_S \cdot \int_A \sigma_x \cdot dA - \delta v''_M \cdot \int_A \sigma_x \cdot y \cdot dA - \delta w''_M \cdot \int_A \sigma_x \cdot z \cdot dA - \delta\vartheta'' \cdot \int_A \sigma_x \cdot \omega \cdot dA \right) \cdot dx$$

$$= -\int_x \left(\delta u'_S \cdot N + \delta v''_M \cdot M_z - \delta w''_M \cdot M_y - \delta\vartheta'' \cdot M_\omega \right) \cdot dx \tag{9.44}$$

Das Wölbbimoment M_ω wird also in völlig analoger Weise wie N, M_z und M_y als *Schnittgröße* definiert und ist, wie man sieht, ein Bestandteil der inneren virtuellen Arbeit.

Tabelle 9.7 Beziehungen zwischen Schnittgrößen und Verformungsgrößen sowie untereinander

σ_x-Schnittgrößen	τ-Schnittgrößen	Ableitungen
N $= EA \cdot u'_S$		
$M_z = EI_z \cdot v''_M$	$V_y = -(EI_z \cdot v''_M)'$	$V_y = -M'_z$
$M_y = -EI_y \cdot w''_M$	$V_z = -(EI_y \cdot w''_M)'$	$V_z = +M'_y$
$M_\omega = -EI_\omega \cdot \vartheta''$	$M_{xs} = -(EI_\omega \cdot \vartheta'')'$	$M_{xs} = +M'_\omega$
	$M_{xp} = GI_T \cdot \vartheta'$	

Als Ergänzung von Tabelle 9.6 sind in Tabelle 9.7 weitere Beziehungen zusammengestellt, die für die *Schnittgrößen* von Interesse sind und aus Tabelle 9.5 resultieren. Da es sich dort um Gleichgewichtsbedingungen handelt, stehen direkt hinter den Lastgrößen Terme, die den Schnittgrößen entsprechen. Beispielsweise muss in der dritten Zeile

$$F_z + (EI_y \cdot w''_M)' = F_z - V_z \tag{9.45}$$

sein, sodass V_z unmittelbar, wie in Tabelle 9.7 angegeben, durch Ablesen bestimmt werden kann und sich weitere Herleitungen erübrigen. Bei der Anordnung der Beziehungen in Tabelle 9.7 stehen in der ersten Spalte *Schnittgrößen* infolge σ_x und in der zweiten Schnittgrößen infolge τ. Sie sind einander so zugeordnet, wie sie aufgrund der Verformungsgrößen zusammengehören, sodass auch die Zusammenhänge bei den Ableitungen direkt erkennbar werden.

Nachweisschnittgrößen und Gleichgewichtsschnittgrößen

In [31] wird gezeigt, dass es bei Berechnungen nach Theorie II. Ordnung zweckmäßig ist, *Schnittgrößen* aufgrund ihrer Wirkungsrichtungen zu unterscheiden. Da es in [31] um die Methode der finiten Elemente (FEM) geht, werden dort, gemäß Bild 9.10

Gleichgewichts- und *Nachweisschnittgrößen* an den Enden von Stabelementen unterschieden.

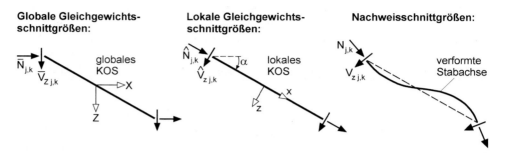

Bild 9.10 Schnittgrößen am Stabelement mit Bezug auf verschiedene Richtungen, [31]

Die *Nachweisschnittgrößen* sind die Schnittgrößen, die bisher in diesem Abschnitt behandelt worden sind. Zur Klarstellung wird mit dem Namenszusatz gekennzeichnet, dass sie für den Nachweis ausreichender Querschnittstragfähigkeit heranzuziehen sind. Sie dienen daher zur Spannungsermittlung, zum Einsetzen in Interaktionsbedingungen oder für Nachweise mit dem Teilschnittgrößenverfahren, also für Nachweise gemäß Abschnitt 7.4. Der Sachverhalt wird mit Bild 9.11 am Beispiel der Biegemomente M_y und M_z anschaulich erläutert. Es ist offensichtlich, dass die Querschnittstragfähigkeit mit M_y und M_z und nicht mit $\hat{M}_y$ und $\hat{M}_z$ nachzuweisen ist.

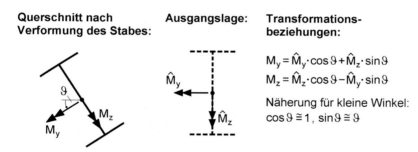

Bild 9.11 Zur Berechnung der Nachweisschnittgrößen M_y und M_z

Bei vielen baupraktischen Systemen können die Schnittgrößen mit Bezug auf die Ausgangslage, die in Bild 9.10 lokale Gleichgewichtsschnittgrößen genannt werden, mit geringem Aufwand ermittelt werden. Dann ist es zweckmäßig, die Nachweisschnittgrößen mit Transformationsbeziehungen daraus zu berechnen.

Die Beziehungen in Tabelle 9.8 gehen auf die Herleitungen in [31] zurück und sind aus Tabelle 9.5 entstanden. Dabei wurden die Lastgrößen

F_x, F_y, F_z, M_{xL}, M_{yL}, M_{zL} und $M_{\omega L}$

durch korrespondierende Gleichgewichtsschnittgrößen

$\hat{N}$, $\hat{V}_y$, $\hat{V}_z$, $\hat{M}_x$, $\hat{M}_y$, $\hat{M}_z$ und $\hat{M}_\omega$

ersetzt, da die Schnittfläche eines Stabes auch als Stabende aufgefasst werden kann. In einem zweiten Schritt wurden alle Terme in Tabelle 9.5, die von Steifigkeiten abhängen, durch die in Tabelle 9.7 angegebenen *Nachweisschnittgrößen* ersetzt und die sieben Beziehungen so umgestellt, dass die *Nachweisschnittgrößen* sukzessive bestimmt werden können. Da sich die Normalkraft mit Tabelle 9.5 relativ ungenau mit $N = \hat{N}$ ergibt, was eine Folge der Linearisierung im Rahmen der Theorie II. Ordnung ist, wurden in Tabelle 9.8 Terme ergänzt, die die Querkräfte $\hat{V}_y$ und $\hat{V}_z$ näherungsweise erfassen. Beim Torsionsmoment $\hat{M}_x$ ist zu beachten, dass es aus drei Anteilen besteht. Neben dem primären und sekundären Torsionsmoment infolge von Schubspannungen erfasst ein dritter Anteil Normalspannungen σ_x, die aufgrund von Richtungsänderungen nach Theorie II. Ordnung zu einem Torsionsmoment führen, s. auch Gl. (9.33).

Tabelle 9.8 Beziehungen zur Ermittlung von Nachweisschnittgrößen aus Gleichgewichtsschnittgrößen (mit „^")

$N = \hat{N} + \hat{V}_y \cdot v'_M + \hat{V}_z \cdot w'_M$

$M_y = \hat{M}_y + \hat{M}_z \cdot \vartheta$

$M_z = \hat{M}_z - \hat{M}_y \cdot \vartheta$

$V_y = \hat{V}_y + \hat{V}_z \cdot \vartheta - N \cdot (v'_M + z_M \cdot \vartheta') + M_y \cdot \vartheta'$

$V_z = \hat{V}_z - \hat{V}_y \cdot \vartheta - N \cdot (w'_M - y_M \cdot \vartheta') + M_z \cdot \vartheta'$

$M_{xp} = GI_T \cdot \vartheta'$

$M_{xs} = \hat{M}_x - M_{xp} - M_{rr} \cdot \vartheta' - N \cdot (z_M \cdot v'_M - y_M \cdot w'_M)$

mit M_{rr} gemäß Tabelle 9.2

9.7 Lösungsmethoden

9.7.1 Berechnungsablauf

Die virtuelle Arbeit für Theorie II. Ordnung und Stabilität gemäß Tabelle 9.2 enthält die Schnittgrößen N, M_y, M_z und M_{rr}, die zu Beginn einer Berechnung nicht bekannt sind. Eine Ausnahme bilden einfache Systeme, bei denen beispielsweise sofort erkennbar ist, welche Drucknormalkraft in einem Stab auftritt.

In der Regel müssen jedoch zwei Berechnungen durchgeführt werden, damit die o. g. Schnittgrößen in Tabelle 9.2 eingesetzt werden können. Zu einer Berechnung nach Theorie II. Ordnung gehören daher zwei Rechenschritte:

1. Berechnung nach der linearen Stabtheorie (s. Tabelle 9.1) und Ermittlung der Schnittgrößen N, M_y, M_z und M_{rr} nach Theorie I. Ordnung
2. Berechnung nach Theorie II. Ordnung unter Verwendung der Tabellen 9.1 und 9.2 sowie der im ersten Schritt ermittelten Schnittgrößen

Es sei hier nochmals betont, dass die Verwendung der nach Theorie I. Ordnung berechneten Schnittgrößen für Tabelle 9.2 ein fester Bestandteil der Linearisierungen im Rahmen der Theorie II. Ordnung ist. Andere Vorgehensweisen können durchaus zu genaueren Ergebnissen führen.

Bei komplexeren Problemstellungen sollte zunächst festgestellt werden, welche Beanspruchungsfälle vorliegen und wie sie miteinander verknüpft sind. Nach Theorie I. Ordnung, also im ersten Rechenschritt, ergeben sich die in Tabelle 9.9 dargestellten Zusammenhänge, die auf Tabelle 9.1 basieren. Tabelle 9.9 soll zeigen, dass bei der linearen Stabtheorie vier voneinander unabhängige (entkoppelte) Fälle auftreten können:

- Normalkraft/Verschiebungen $u_S(x)$
- Biegung um die z-Achse/Verschiebungen $v_M(x)$
- Biegung um die y-Achse/Verschiebungen $w_M(x)$
- Torsion/Verdrehung ϑ

Welche Fälle bei einer konkreten Problemstellung auftreten, hängt daher einzig und allein von der Belastung ab, wobei hier nur in S bzw. M wirkende Lasten betrachtet werden. Aus Tabelle 9.9 kann daher auch eindeutig abgelesen werden, welche Schnittgrößen zu erwarten sind und sich als Ergebnis des ersten Rechenschritts ergeben.

Tabelle 9.9 Vier entkoppelte Problemstellungen bei der linearen Stabtheorie

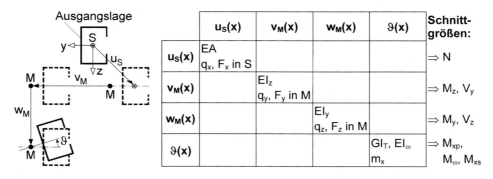

Ausgangslage	$u_S(x)$	$v_M(x)$	$w_M(x)$	$\vartheta(x)$	Schnittgrößen:
$u_S(x)$	EA q_x, F_x in S				$\Rightarrow$ N
$v_M(x)$		EI_z q_y, F_y in M			$\Rightarrow M_z, V_y$
$w_M(x)$			EI_y q_z, F_z in M		$\Rightarrow M_y, V_z$
$\vartheta(x)$				GI_T, EI_ω m_x	$\Rightarrow M_{xp}, M_\omega, M_{xs}$

Als Ergänzung von Tabelle 9.9 sind in Tabelle 9.10 Einflüsse auf die Verformungsfunktionen $u_S(x)$, $v_M(x)$, $w_M(x)$ und $\vartheta(x)$ zusammengestellt, die sich aus der virtuellen Arbeit in den Tabellen 9.2 und 9.3 ergeben und die Theorie II. Ordnung sowie aussteifende Bauteile erfassen. Tabelle 9.10 soll zeigen, welche Verformungen und Schnittgrößen durch die folgenden Einflüsse verändert werden:

9.7 Lösungsmethoden

- Theorie II. Ordnung/Schnittgrößen N, M_y, M_z und M_{rr}
- außermittige Lasten F_x, F_y, F_z, q_y und q_z
- Vorverformungen $v_0(x)$, $w_0(x)$ und $\vartheta_0(x)$
- Punktfedern und Streckenfedern (C_v und c_v in z-Richtung außermittig)
- Schubfeld S (in z-Richtung außermittig)

Tabelle 9.10 Einfluss der Theorie II. Ordnung und aussteifender Bauteile

	$u_S(x)$	$v_M(x)$	$w_M(x)$	$\vartheta(x)$
$u_S(x)$	C_u			
$v_M(x)$		N $N \cdot v_0'$ C_v, $C_{\varphi z}$, c_v, S		M_y, $z_M \cdot N$ außermittiges F_x $N \cdot z_M \cdot \vartheta_0'$, $M_y \cdot \vartheta_0$ außermittige C_v, c_v, S
$w_M(x)$			N $N \cdot w_0'$ C_w, $C_{\varphi y}$, c_w	M_z, $y_M \cdot N$ außermittiges F_x $N \cdot y_M \cdot \vartheta_0'$, $M_z \cdot \vartheta_0$
$\vartheta(x)$		M_y, $z_M \cdot N$ außermittiges F_x $N \cdot z_M \cdot v_0'$, $M_y \cdot v_0$ außermittige C_v, c_v, S	M_z, $y_M \cdot N$ außermittiges F_x $N \cdot y_M \cdot w_0'$, $M_z \cdot w_0$	M_{rr} (N, M_y, M_z, M_ω!) außermittige q_y, q_z, F_y, F_z $M_{rr} \cdot \vartheta_0'$ C_ϑ, C_ω, c_ϑ außermittige C_v, c_v, S

Beim zweiten Rechenschritt ergeben sich mit den Tabellen 9.1 und 9.2 Zusammenhänge, die in Tabelle 9.10 übersichtlich zusammengestellt sind. Neben den Steifigkeiten und zentrischen Lasten gehen nun auch Schnittgrößen, außermittige Lasten und Vorverformungen ein. Wie man sieht, führen M_y, M_z, $y_M \cdot N$ und $z_M \cdot N$ zu einer Kopplung von Beanspruchungsfällen. Darüber hinaus kann abgelesen werden, auf welche Verformungsgrößen sich die unterschiedlichen Einflussgrößen auswirken. Vorverformungen v_0, w_0 und ϑ_0, mit denen geometrische Ersatzimperfektionen erfasst werden, führen zu entsprechenden Ersatzbelastungen und sind daher im Anschluss an die Lasten zusammengestellt.

9.7.2 Genaue Lösungen

Kapitel 8 enthält für die einachsige Biegung mit Normalkraft die Lösung der Differentialgleichung und die Grundgleichungen für das Weggrößenverfahren. Bei der Theorie II. Ordnung für beliebige Beanspruchungen entsteht gemäß Abschnitt 9.5 ein gekoppeltes Differentialgleichungssystems, was mit der Methodik in Abschnitt 8.5 nicht lösbar ist. Es ist daher nur in Sonderfällen als Ausgangspunkt für konkrete Berechnungen geeignet, was hier nicht weiter verfolgt wird.

Eine universelle Lösungsmethode ist das Weggrößenverfahren, bei der Stäbe und Stabwerke in finite Elemente aufgeteilt werden. Diese Methode wird in [31] ausführlich behandelt und es werden u. a. alle erforderlichen Gleichungen und Matrizen für die Theorie II. Ordnung bei beliebigen Beanspruchungen angegeben. Auf eine Wiederholung wird hier verzichtet und für die Beispielrechnungen das EDV-Programm KSTAB verwendet, das auf der virtuellen Arbeit in den Tabellen 9.1 bis 9.3 basiert.

9.7.3 Näherungen

In [24] wird ein Näherungsverfahren vorgestellt, das im Folgenden zusammenfassend beschrieben wird. Das Ziel ist die näherungsweise Ermittlung der bemessungsrelevanten Schnittgrößen unter Ansatz von geometrischen Ersatzimperfektionen und ein entsprechender Nachweis mit dem Ersatzimperfektionsverfahren gemäß Kapitel 7.

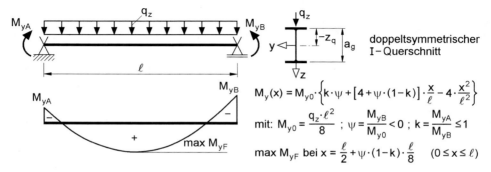

$$M_y(x) = M_{y0} \cdot \left\{ k \cdot \psi + [4 + \psi \cdot (1-k)] \cdot \frac{x}{\ell} - 4 \cdot \frac{x^2}{\ell^2} \right\}$$

mit: $M_{y0} = \frac{q_z \cdot \ell^2}{8}$; $\psi = \frac{M_{yB}}{M_{y0}} < 0$; $k = \frac{M_{yA}}{M_{yB}} \leq 1$

max M_{yF} bei $x = \frac{\ell}{2} + \psi \cdot (1-k) \cdot \frac{\ell}{8}$ $(0 \leq x \leq \ell)$

Bild 9.12 Beidseitig gabelgelagerter Träger mit Randmomenten und Gleichstreckenlast

Als baustatisches System wird der in Bild 9.12 dargestellte beidseitig gabelgelagerte Träger angenommen, der durch eine Gleichstreckenlast q_z und Biegemomente an den Enden beansprucht wird. Durch die Berücksichtigung der Randmomente können damit auch die Felder von Durchlaufträgern untersucht werden. Gemäß Abschnitt 7.2 wird eine Vorkrümmung $v_0(x)$ als geometrische Ersatzimperfektion angesetzt. Bild 9.13a zeigt den seitlich vorverformten Träger in der Draufsicht, wobei die Kreuze die Pfeilenden der Gleichstreckenlast symbolisieren. Da sie aufgrund von $v_0(x)$ außermittig zur Stabachse wirkt, ist anschaulich erkennbar, dass Torsionsbeanspruchungen auftreten. Der Träger wird nun in die gerade Lage zurück verschoben und anstelle der Vorverformung eine Ersatzbelastung aufgebracht, s. Bilder 9.13b und c.

9.7 Lösungsmethoden

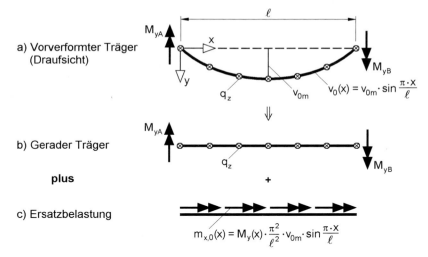

a) Vorverformter Träger (Draufsicht)

b) Gerader Träger

plus

c) Ersatzbelastung

Bild 9.13 Ersatzbelastung $m_{x,0}(x)$ infolge $v_0(x)$ und $M_y(x)$ für den Träger in Bild 9.12

Wenn man bei der vierten Differentialgleichung in Tabelle 9.4 bei dem Term $M_y \cdot v_M''$ die Vorverformung hinzufügt, erhält man $M_y \cdot (v_M'' + v_{M,0}'')$. Der Vergleich mit der rechten Seite der DGL zeigt, dass der Zusatzterm einem Streckentorsionsmoment

$$m_{x,0}(x) = -M_y(x) \cdot v_0''(x) \tag{9.46}$$

entspricht. Mit

$$v_0(x) = v_{0m} \cdot \sin\frac{\pi \cdot x}{\ell} \tag{9.47}$$

folgt, wie in Bild 9.13c angegeben,

$$m_{x,0}(x) = M_y(x) \cdot \frac{\pi^2}{\ell^2} \cdot v_{0m} \cdot \sin\frac{\pi \cdot x}{\ell} \tag{9.48}$$

als Ersatzbelastung infolge $M_y(x)$ und $v_0(x)$. Die Ersatzbelastung führt zu Torsionsverdrehungen $\vartheta(x)$ sowie Schnittgrößen $M_\omega(x)$, $M_{xs}(x)$ und $M_{xp}(x)$. Die größte Verdrehung im Träger kann nach [24] näherungsweise wie folgt bestimmt werden:

$$\vartheta^I = \frac{v_{0m} \cdot \ell^2}{EI_\omega} \cdot \frac{M_{y0}}{11{,}2} \cdot \alpha_T^I \cdot f_\vartheta \tag{9.49}$$

mit: $\alpha_T^I = \dfrac{1}{1+\varepsilon_T^2/\pi^2}$; $\varepsilon_T = \ell \cdot \sqrt{\dfrac{GI_T}{EI_\omega}}$

$f_\vartheta = 1 + 0{,}566 \cdot \psi \cdot (1+k)$

$M_{y,0}$, ψ und k: s. Bild 9.12

Die Verdrehung nach Gl. (9.49) wird durch den Einfluss der Theorie II. Ordnung größer. Näherungsweise kann dieser Einfluss wie in Abschnitt 8.7 durch einen Vergrößerungsfaktor berücksichtigt werden:

$$\vartheta = \vartheta^I \cdot \alpha_T \tag{9.50}$$

In Gl. (9.50) ist α_T ein Vergrößerungsfaktor für das Biegedrillknicken, der in [24] wie folgt angegeben wird:

$$\alpha_T = \frac{1}{1 - \dfrac{M_{y0}}{M_{Ki,y0}} \cdot \dfrac{M_{y0} - k_p}{M_{Ki,y0} - k_p}} \quad \text{mit: } k_p = 0{,}81 \cdot \zeta_0^2 \cdot N_{Ki,z} \cdot z_p \tag{9.51}$$

In Gl. (9.51) ist $M_{Ki,y0}$ das ideale Biegedrillknickmoment, das nach Abschnitt 6.6 (s. Tabelle 6.2) bestimmt werden kann und sich auf $M_{y0} = q_z \cdot \ell^2/8$ bezieht. Sofern die Gleichstreckenlast im Schubmittelpunkt angreift, ist $z_p = k_p = 0$ und der Vergrößerungsfaktor vereinfacht sich auf:

$$\alpha_T = \frac{1}{1 - \left(\dfrac{M_{y0}}{M_{Ki,y0}}\right)^2} \tag{9.52}$$

Bei dem Träger in Bild 9.12 wird vorausgesetzt, dass er die planmäßigen Biegemomente $M_y(x)$ und die planmäßigen Querkräfte $V_z(x)$ an jeder Stelle aufnehmen kann. Beim Biegedrillknicken ist in der Regel der Feldbereich maßgebend und es sind folgende Schnittgrößen bemessungsrelevant:

- max M_{yF} gemäß Bild 9.12
- $M_z \cong -\max M_{yF} \cdot \vartheta$ mit ϑ nach Gl. (9.50), s. auch Bild 9.11
- Wölbbimoment M_ω

Das Wölbbimoment kann nach [24] näherungsweise wie folgt bestimmt werden:

$$M_\omega = M_\omega^I \cdot \alpha_T \tag{9.53}$$

In Gl. (9.53) ist α_T der Vergrößerungsfaktor nach Gl. (9.51), [24]:

$$M_\omega^I = v_{0m} \cdot \frac{M_{y0}}{1{,}12} \cdot \alpha_T^I \cdot f_\omega \tag{9.54}$$

$$\text{mit: } f_\omega = 1 + \frac{\varepsilon_T}{150} + 0{,}566 \cdot \psi \cdot (1 + k)$$

α_T^I, ε_T, M_{y0}, ψ und k: s. Gl. (9.49)

Nach Ermittlung der Schnittgrößen max M_{yF}, M_z und M_ω kann mit Hilfe von Tabelle 7.10 (Teilschnittgrößenverfahren) überprüft werden, ob der Querschnitt die nach Theorie II. Ordnung ermittelten Schnittgrößen aufnehmen kann. Ein Berechnungsbeispiel findet sich in Abschnitt 9.8.2.

9.8 Beispiele zum Tragverhalten und zur Tragfähigkeit

9.8.1 Vorbemerkungen

In diesem Abschnitt wird anhand von ausgewählten Beispielen für das Biegedrillknicken ohne und mit planmäßiger Torsion gezeigt, welche Schnittgrößen auftreten und welche bemessungsrelevant sind. Vergleichbar mit Abschnitt 8.9 soll auch hier das Verständnis gefördert werden und gezeigt werden, wie sich der Einfluss der Theorie II. Ordnung auswirkt. Die Berechnungen erfolgen mit dem Ersatzimperfektionsverfahren gemäß Tabelle 2.5 und dem Nachweisverfahren Elastisch-Plastisch gemäß Tabelle 2.2. Kapitel 10 enthält ergänzende Beispiele, bei denen angrenzende Bauteile zur Aussteifung und Stabilisierung herangezogen werden.

Bei allen Beispielen wird als geometrische Ersatzimperfektion eine Vorkrümmung mit $v_0 = \ell/200$ in Feldmitte angesetzt und bei der Querschnittstragfähigkeit α_{pl} auf 1,25 begrenzt. Die gewählte Vorkrümmung ist deutlich größer als in den Vorschriften gefordert. In Abschnitt 7.2 wird exemplarisch gezeigt, dass die Bemessungsergebnisse mit den geometrischen Ersatzimperfektionen nach den Vorschriften auf der unsicheren Seite liegen.

9.8.2 Biegedrillknicken Einfeldträger

Bei dem in Bild 9.14 dargestellten Träger treten **planmäßig** die Schnittgrößen M_y und V_z auf.

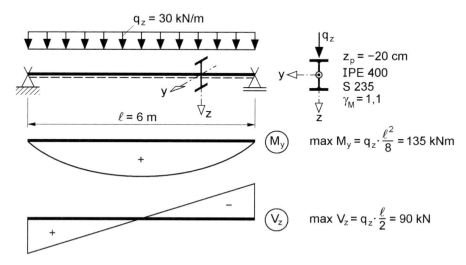

Bild 9.14 Einfeldträger und planmäßige Schnittgrößen

Nach Theorie I. Ordnung ist der Querschnitt in Feldmitte zu

$$\frac{\max M_y}{M_{pl,y,d}} = \frac{135}{285,2} = 47,3\,\%$$

ausgenutzt und an den Trägerenden zu:

$$\frac{\max V_z}{V_{pl,z,d}} = \frac{90}{418,7} = 21,5\,\%$$

Tabelle 9.11 Schnittgrößen nach Theorie II. Ordnung für den Einfeldträger in Bild 9.14 unter Berücksichtigung von $v_0(x)$

Gleichgewichtsschnittgrößen		Nachweisschnittgrößen		Einheit
$\hat{N}$	= 0	N	unbedeutend	kN
$\hat{M}_z$	= 0	M_z	−2400	kNcm
$\hat{V}_y$	= 0	V_y	unbedeutend	kN
$\hat{M}_y$	13500	M_y	13500	kNcm
$\hat{V}_z$	90 / −90	V_z	90 / −90	kN
$\hat{M}_\omega$	46347	M_ω	46347	kNcm²
$\hat{M}_x$	546 / −546	M_{xp}	340 / −340	kNcm
		M_{xs}	206 / −206	kNcm

Aufgrund des Biegemoments und des Lastangriffs am Obergurt ist der Träger biegedrillknickgefährdet und bei der Eigenform treten, wie in den Abschnitten 2.3 und 6.2 gezeigt, Verschiebungen v(x) und Verdrehungen $\vartheta(x)$ auf. Gemäß Abschnitt 9.8.1 wird als geometrische Ersatzimperfektion eine Vorkrümmung $v_0(x)$ mit dem Stich in Feldmitte von

$$v_{0m} = \ell/200 = 600/200 = 3{,}0\text{ cm}$$

angesetzt. Wie in Abschnitt 9.7.3 mit Bild 9.13 erläutert, entstehen im Träger durch $v_0(x)$ und $M_y(x)$ Torsionsbeanspruchungen. Wenn man für $v_0(x)$ eine Sinushalbwelle wählt, ergeben sich mit dem EDV-Programm KSTAB nach Theorie II. Ordnung in Feldmitte folgende Verformungen:

$$v = 3{,}072\text{ cm}; \quad w = 1{,}147\text{ cm}; \quad \vartheta = 0{,}178\text{ rad}\ (\hat{=}\,10{,}2°)$$

9.8 Beispiele zum Tragverhalten und zur Tragfähigkeit

Die Schnittgrößenermittlung mit dem EDV-Programm führt zu den in Tabelle 9.11 zusammengestellten Schnittgrößenverläufen. Wie in Abschnitt 9.6 werden Gleichgewichtsschnittgrößen und Nachweisschnittgrößen unterschieden.

Tabelle 9.11 zeigt auf der linken Seite, wie zu erwarten, nur die Gleichgewichtsschnittgrößen $\hat{M}_y$, $\hat{V}_z$, $\hat{M}_x$ und $\hat{M}_\omega$. Eine Biegebeanspruchung um die schwache Achse ergibt sich erst beim Übergang zu den Nachweisschnittgrößen, der mit Hilfe von Bild 9.11 nachvollzogen werden kann:

$$M_y = \hat{M}_y \cdot \cos\vartheta + \hat{M}_z \cdot \sin\vartheta$$

$$M_z = \hat{M}_z \cdot \cos\vartheta - \hat{M}_y \cdot \sin\vartheta$$

Da man bei Theorie II. Ordnung die Näherungen $\sin\vartheta \cong \vartheta$ und $\cos\vartheta \cong 1$ verwendet, erhält man

$$M_y = \hat{M}_y + \hat{M}_z \cdot \vartheta$$

$$M_z = \hat{M}_z - \hat{M}_y \cdot \vartheta$$

und damit die in Tabelle 9.8 zusammengestellten Beziehungen. Bei dem hier untersuchten Beispiel ist $\hat{M}_z = 0$ und $\hat{M}_y = M_y^I$, sodass sich in Feldmitte folgende Biegemomente ergeben:

$$\max M_y = \max M_y^I = 135 \text{ kNm}$$

$$\max M_z = -\max M_y^I \cdot \vartheta = -135 \cdot 0{,}178 = -24{,}00 \text{ kNm}$$

Wie man sieht, tritt aufgrund der Verdrehung ϑ ein Biegemoment M_z um die schwache Achse auf. Es ist im Vergleich zu M_y relativ klein, zu bedenken ist aber, dass die Querschnittstragfähigkeit für Biegung um die schwache Achse ebenfalls deutlich geringer ist und bei dem IPE 400 $M_{pl,z,d} = 49{,}96$ kNm ist.

Die unplanmäßige Torsion aufgrund der geometrischen Ersatzimperfektion $v_0(x)$ führt zu entsprechenden Schnittgrößen M_{xp}, M_{xs} und M_ω. Die maximalen Werte sind gemäß Tabelle 9.11:

$M_{xp} = 3{,}4$ kNm $(= 59{,}1 \%$ von $M_{pl,xp,d})$

$M_{xs} = 2{,}06$ kNm $(= 1{,}7 \%$ von $M_{pl,xs,d})$

$M_\omega = 4{,}635$ kNm^2 $(= 50{,}2 \%$ von $M_{pl,\omega,d})$

Das primäre Torsionsmoment ist relativ groß. Es tritt an den Stabenden auf und ist daher hier nicht bemessungsrelevant. Völlig unbedeutend ist dagegen das sekundäre Torsionsmoment, da die korrespondierende Tragfähigkeit des Querschnitts wesentlich größer als bei der primären Torsion ist. Im Vergleich dazu tritt das maximale Wölbbimoment in Feldmitte auf. Es bestimmt gemeinsam mit den Biegemomenten max M_y und max M_z die Tragfähigkeit des Trägers. Die Ausnutzung der Querschnitte kann Bild 9.15 entnommen werden. In Feldmitte ist $S_d/R_d = 1{,}207$, sodass die Querschnittstragfähigkeit dort um 20,7 % überschritten ist. Für die Tragfähigkeit des Trägers ist die Überschreitung viel geringer, weil das Tragverhalten ausgeprägt nichtlinear ist. Bild 9.15 unten zeigt, dass bereits eine Reduktion um 4,4 % auf $q_z = 28{,}7$ kN/m ausreicht, in Feldmitte $S_d/R_d = 0{,}994 \cong 1$ zu erzielen. Ein derartiges Tragverhalten ergibt sich stets, wenn der Verzweigungslastfaktor $\eta_{Ki,d}$ nur etwas größer als Eins ist. Bei diesem Beispiel ist $\eta_{Ki,d} = 1{,}288$.

Bild 9.15 Ausnutzung der Querschnittstragfähigkeit S_d/R_d des Trägers in Bild 9.14

Als **Alternative** zur Berechnung mit dem EDV-Programm KSTAB kann das in Abschnitt 9.7.3 dargestellte Näherungsverfahren verwendet werden, das das Verständnis für das Tragverhalten fördert. Wie bei der EDV-Berechnung werden auch beim Näherungsverfahren die Steifigkeiten gemäß DIN 18800-2 mit $\gamma_M = 1{,}1$ abgemindert. Da $M_{Ki,y}$ ein wesentlicher Parameter des Verfahrens ist, wird das ideale Biegedrillknickmoment vorab berechnet. Bezogen auf max $M_y = q_z \cdot \ell^2/8 = M_{y0}$ erhält man folgende Ergebnisse:

- Genaue Lösung mit dem EDV-Programm KSTAB
  $M_{Ki,y,d} = \eta_{Ki,d} \cdot \max M_y = 1{,}288 \cdot 135 = 173{,}9$ kNm
- Näherungsformel gemäß DIN 18800-2, Gl. (6.23)
  $M_{Ki,y,d} = 184{,}2/1{,}1 = 167{,}5$ kNm (96,3 %), siehe Beispiel in Abschnitt 5.4
- Näherungsformel gemäß Abschnitt 6.6, Gl. (6.38)
  $$M_{Ki,y,d} = 1{,}12 \cdot 758{,}8 \Big/ 1{,}1 \cdot \left(-1{,}12 \cdot 0{,}4 \cdot 20 + \sqrt{(1{,}12 \cdot 0{,}4 \cdot 20)^2 + 903{,}37} \right)$$
  $= 17309$ kNcm $\cong 173{,}1$ kNm $(99{,}5\ \%)$

Die folgenden Berechnungen werden mit $M_{Ki,y,d} = 173{,}1$ kNm durchgeführt, weil diese Näherung Bestandteil des Verfahrens in Abschnitt 9.7.3 ist.

- Vergrößerungsfaktor
  $k_{p,d} = 0{,}81 \cdot \zeta_0^2 \cdot N_{Ki,z,d} \cdot z_p = -0{,}81 \cdot 1{,}12^2 \cdot 758{,}8/1{,}1 \cdot 20 = -14018$ kNcm
  $M_{y0} = 28{,}7 \cdot 6^2/8 = 129{,}15$ kNm
  $$\alpha_T = \frac{1}{1 - \dfrac{129{,}15}{173{,}1} \cdot \dfrac{129{,}15 + 140{,}18}{173{,}1 + 140{,}18}} = 2{,}789$$

9.8 Beispiele zum Tragverhalten und zur Tragfähigkeit

- Verdrehung ϑ

$$\varepsilon_T = 600 \cdot \sqrt{\frac{8100 \cdot 50{,}41}{21000 \cdot 482890}} = 3{,}807$$

$$\alpha_T^I = \frac{1}{1 + 3{,}807^2/\pi^2} = 0{,}405 \; ; \; f_\vartheta = 1$$

$$\vartheta^I = \frac{v_{0m} \cdot \ell^2}{EI_\omega/\gamma_M} \cdot \frac{M_{y0}}{11{,}2} \cdot \alpha_T^I \cdot f_\vartheta = \frac{3{,}0 \cdot 600^2}{21000 \cdot 482890/1{,}1} \cdot \frac{12915}{11{,}2} \cdot 0{,}405 \cdot 1$$
$$= 0{,}0547 \text{ rad}$$

$$\vartheta = \vartheta^I \cdot \alpha_T = 0{,}0547 \cdot 2{,}789 = 0{,}152 \text{ rad}$$

- Biegemoment M_z

$$M_z = -\max M_y^I \cdot \vartheta = -129{,}15 \cdot 0{,}152 = -19{,}63 \text{ kNm}$$

- Wölbbimoment M_ω

$$f_\omega = 1 + \varepsilon_T/150 = 1{,}025$$

$$M_\omega^I = v_{0m} \cdot \frac{M_{y0}}{1{,}12} \cdot \alpha_T^I \cdot f_\omega = 3{,}0 \cdot \frac{12915}{1{,}12} \cdot 0{,}405 \cdot 1{,}025 = 14361 \text{ kNcm}^2$$

$$M_\omega = M_\omega^I \cdot \alpha_T = 14361 \cdot 2{,}789 = 40053 \text{ kNcm}^2$$

- Querschnittstragfähigkeit in Feldmitte (s. Tab. 7.10)

$$\left|\frac{M_z}{2}\right| + \left|\frac{M_\omega}{a_g}\right| = \frac{1963}{2} + \frac{40053}{40 - 1{,}35} = 2018 \text{ kNcm}$$

$$\approx M_{pl,g,d} = \frac{1}{4} \cdot 1{,}35 \cdot 18^2 \cdot 24/1{,}1 \cdot \frac{1{,}25}{1{,}5} = 1988 \text{ kNcm} \quad \text{(für max } \alpha_{pl} = 1{,}25\text{)}$$

$$b_o = 18 \cdot \sqrt{1 - \frac{54{,}8}{1988}} = 17{,}75 \text{ cm} \; ; \; b_u = 0 \text{ cm}$$

$$h_o = \frac{40 - 1{,}35}{2} - \frac{17{,}75 - 0}{2} \cdot \frac{1{,}35}{0{,}86} = 5{,}39 \text{ cm} > 0$$

$$|M_y| = 12915 \text{ kNcm} < (1{,}35 \cdot 0 + 0{,}86 \cdot 38{,}65/2) \cdot 38{,}65 \cdot 24/1{,}1$$
$$- 0{,}86 \cdot 5{,}39^2 \cdot 24/1{,}1 = 13470 \text{ kNcm}$$

Der abschließende Nachweis $M_y = 12915$ kNcm < 13470 kNcm zeigt, dass auch mit dem Näherungsverfahren gemäß Abschnitt 9.7.3 eine ausreichende Tragsicherheit für $q_z = 28{,}7$ kN/m nachgewiesen werden kann. Im Vergleich dazu wird in Abschnitt 5.4 der Nachweis für $q_z = 30$ kN/m geführt. Unter Verwendung des Abminderungsfaktors $\chi_{LT, mod}$ ergibt sich dort mit $0{,}992 < 1$, dass auch die etwas höhere Belastung aufgenommen werden kann.

Beim Nachweis mit dem Ersatzimperfektionsverfahren hat die geometrische Ersatzimperfektion v_0 verfahrensbedingt einen ausschlaggebenden Einfluss. Für den Träger in Bild 9.14 wurde $v_0 = \ell/200$ angesetzt, was dem Vorschlag in Abschnitt 7.2 entspricht. Unter Verwendung von Bild 7.7 links kann auf $v_0 \cong \ell/280$ abgemindert werden, weil der bezogene Schlankheitsgrad mit $\bar{\lambda}_M = 1{,}305$ relativ groß ist. Andererseits ist aus Bild 7.8 rechts erkennbar, dass der Nachweis mit $v_0 = \ell/200$ bei einem IPE 600 und $\bar{\lambda}_M \cong 1{,}3$ etwa 7 % auf der sicheren Seite liegt. Mit $v_0 = \ell/280$ kann daher auch der Träger in Bild 9.14 (IPE 400) für $q_z = 30$ kN/m erfolgreich nachgewiesen werden.

9.8.3 Biegedrillknicken Zweifeldträger

Der in Bild 9.16 dargestellte Zweifeldträger entspricht hinsichtlich Querschnitt, Belastung, Feldlänge und Lagerung dem in Abschnitt 9.8.2 untersuchten Einfeldträger. Bei den beiden Trägern ist das größte Biegemoment mit +135 kNm (Feldmitte) bzw. −135 kNm (Mittelstütze) betragsmäßig gleich. Während beim Einfeldträger die Querkraft keinen Einfluss auf die Tragfähigkeit hat (max V_z an den Enden), muss sie beim Zweifeldträger berücksichtigt werden, weil ihr Maximalwert ebenfalls an der Mittelstütze auftritt.

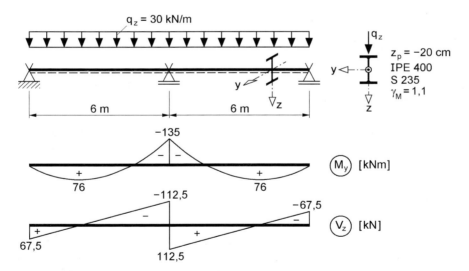

Bild 9.16 Zweifeldträger und planmäßige Schnittgrößen

Im vorliegenden Fall ist jedoch

$$\frac{V_z}{V_{pl,z,d}} = \frac{112{,}5}{418{,}7} = 0{,}269 < 0{,}33,$$

9.8 Beispiele zum Tragverhalten und zur Tragfähigkeit

sodass der Einfluss der Querkraft gemäß Tabelle 7.6 vernachlässigt werden darf. Wenn man das Nachweisverfahren Elastisch-Plastisch gemäß Tabelle 2.2 wählt, ist die Grenztragfähigkeit ohne Berücksichtigung des Biegedrillknicken bei beiden Trägern gleich und beträgt:

$$\max q_z^I = 8 \cdot M_{pl,y,d} / \ell^2 = 8 \cdot 285{,}2 / 6^2 = 63{,}38 \text{ kN/m}$$

Beim Biegedrillknicken wird, wie in Abschnitt 7.2 erläutert, eine geometrische Ersatzimperfektion $v_0(x)$ angesetzt, die der zum niedrigsten Eigenwert gehörenden Eigenform entspricht. Sie ist gemäß Bild 9.17 antimetrisch (wie zu erwarten) und enthält Verschiebungen $v(x)$ sowie Verdrehungen $\vartheta(x)$. Während $\vartheta(x)$ weitgehend wie eine Sinusfunktion aussieht, weicht $v(x)$ insbesondere im Bereich der Mittelstütze davon ab. Mit Bezug auf Abschnitt 7.4 wird jedoch das $v_0(x)$ als Sinusfunktion mit antimetrischem Verlauf angesetzt, s. Bild 9.17.

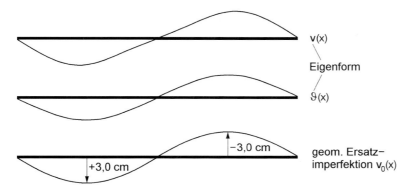

Bild 9.17 $v(x)$ und $\vartheta(x)$ beim Biegedrillknicken (1. Eigenform) und Annahme der geometrischen Ersatzimperfektion $v_0(x)$

Eine Berechnung mit dem EDV-Programm KSTAB nach Theorie II. Ordnung führt zu den folgenden maximalen Verformungen:

v = 0,332 cm
w = 0,477 cm
ϑ = 0,043 rad ($\hat{=} 2{,}46°$)

Wie man sieht, sind die Verformungen wesentlich kleiner als beim Einfeldträger, was sich bei der Durchbiegung w unmittelbar aus den bekannten Faktoren 5/384 und 1/185 ergibt. Bemerkenswert ist hier, dass ϑ sehr klein ist und im Vergleich zum Einfeldträger nur 24,1 % ausmacht. Dies ist eine Folge der geringeren Biegedrillknickgefahr, die sich durch Verzweigungslastfaktoren von $\eta_{Ki,d}$ = 1,955 (Zweifeldträger) und 1,288 (Einfeldträger) äußert.

Die EDV-Berechnung führt zu Schnittgrößen, die in Tabelle 9.12 zusammengestellt sind. Wie beim Einfeldträger wird auch hier zwischen Gleichgewichts- und Nachweisschnittgrößen unterschieden und beim Biegemoment M_z treten die gleichen

Effekte wie in Abschnitt 9.8.2 auf. Dennoch ergeben sich bezüglich der Tragfähigkeit deutliche Unterschiede. Während die Tragfähigkeit beim Einfeldträger durch die Schnittgrößen M_y, M_z und M_ω in Feldmitte bestimmt wird, tritt das größte Biegemoment M_y beim Zweifeldträger an der Mittelstütze auf und M_z sowie M_ω sind dort gleich Null. Natürlich kann der Feldbereich mit M_y, M_z und M_ω für die Bemessung maßgebend werden. Dies erfordert jedoch eine relativ große Biegedrillknickgefahr mit großen M_z und M_ω, weil max M_y im Feldbereich nur rund 56 % des Stützmomentes erreicht. Bild 9.18 zeigt die Ausnutzung der Querschnitte, die an der Mittelstütze 53,3 % und bei max M_y 35 % beträgt.

Wie man sieht, hat der Zweifeldträger erhebliche Tragreserven. Die **Grenztragfähigkeit** liegt bei $q_z = 47{,}28$ kN/m, wobei sich dabei der Einfluss der Querkraft bemerkbar macht. Gemäß Bild 9.18b sind die Querschnitte zu 96,9 % (Mittelstütze) und 100 % (Feld) ausgenutzt. Der Verzweigungslastfaktor beträgt jetzt nur noch $\eta_{Ki,d} = 1{,}24$. Er führt zu einem stark nichtlinearen Tragverhalten, sodass die Schnittgrößen M_ω und M_z überproportional anwachsen und die Feldbereiche für die Bemessung maßgebend werden.

Tabelle 9.12 Schnittgrößen nach Theorie II. Ordnung für den Zweifeldträger in Bild 9.16 unter Berücksichtigung von $v_0(x)$

Gleichgewichtsschnittgrößen		Nachweisschnittgrößen		Einheit
$\hat{N}$	= 0	N	unbedeutend	kN
$\hat{M}_z$	= 0	M_z	314 / −314	kNcm
$\hat{V}_y$	= 0	V_y	unbedeutend	kN
$\hat{M}_y$	−13500 / 7594 7594	M_y	−13500 / 7594 7594	kNcm
$\hat{V}_z$	−112,5 / 112,5	V_z	−112,5 / 112,5	kN
$\hat{M}_\omega$	−11600 / 11600	M_ω	−11600 / 11600	kNcm²
$\hat{M}_x$	−110 −110 / 147 147	$\hat{M}_{xp}$	−75 / 87 87	kNcm
		$\hat{M}_{xs}$	−48 −48 / 61 61	kNcm

9.8 Beispiele zum Tragverhalten und zur Tragfähigkeit

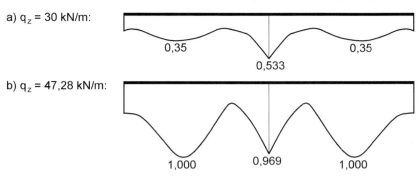

Bild 9.18 Ausnutzung S_d/R_d der Querschnitte beim Zweifeldträger mit Begrenzung auf α_{pl} = 1,25

Anmerkungen: Der Zweifeldträger kann auch mit dem Näherungsverfahren in Abschnitt 9.7.3 nachgewiesen werden. Mit Bedingung (5.4) und dem Abminderungsfaktor $\chi_{LT,mod}$ gemäß Tabelle 5.2 erhält man max q_z = 40,05 kN/m. Dabei ist

$$M_{Ki,y0} = 2,24 \cdot 758,8 \cdot \left(-2,24 \cdot 0,4 \cdot 20 + \sqrt{(2,24 \cdot 0,4 \cdot 20)^2 + 903,37}\right)$$
$$= 29019 \text{ kNcm}$$

nach Gl. (6.38) und

$$\bar{\lambda}_M = \sqrt{\frac{285,2 \cdot 1,1}{290,19}} = 1,04$$

Mit Tabelle 5.2 folgt für h/b > 2 $\chi_{LT,mod}$ = 0,632. Da

$$\max|M_y| = q_z \cdot \ell^2/8 = 180,25 \text{ kNm}$$

ist, ergibt sich folgender Nachweis:

$$\frac{M_y}{\chi_{LT,mod} \cdot M_{pl,y,d}} = \frac{180,25}{0,632 \cdot 285,2} = 1,000$$

Mit dem $\chi_{LT,mod}$-Verfahren erhält man eine 15,2 % kleinere Grenztragfähigkeit als mit dem Ersatzimperfektionsverfahren. Verfahrensbedingt kann mit den $\chi_{LT,mod}$-Werten nicht erfasst werden, dass an der Mittelstütze nur geringfügige Zusatzbeanspruchungen auftreten. Ein ähnlicher Fall tritt auch beim Biegeknicken des Systems in Bild 8.30c auf.

9.8.4 Einfluss der Querschnittsform

Beim doppeltsymmetrischen I-Querschnitt, der in den Abschnitten 9.8.2 und 9.8.3 verwendet wurde, liegt der Schubmittelpunkt im Schwerpunkt, sodass $y_M = z_M = 0$ sind. Im Folgenden werden beispielhaft Querschnitte behandelt, die nicht doppeltsymmetrisch sind. Gemäß Tabelle 9.2 gehen bei Theorie II. Ordnung in die virtuelle Arbeit die folgenden Querschnittsparameter ein:

y_M, z_M, i_M, r_y, r_z und r_ω

Welche Werte ungleich Null sind, hängt von der Querschnittsform und den Symmetrieeigenschaften des Querschnitts ab, s. Tabelle 9.13.

Wegen

$$i_M^2 = i_p^2 + y_M^2 + z_M^2 \qquad (9.55)$$

treten alle Querschnittsparameter in

$$M_{rr} = N \cdot i_M^2 - M_z \cdot r_y + M_y \cdot r_z + M_\omega \cdot r_\omega \qquad (9.56)$$

auf. Wie in Abschnitt 9.4 erläutert, ist

$$M_x(\sigma_x) = M_{rr} \cdot \vartheta', \qquad (9.57)$$

sodass M_{rr} mit der Verdrillung ϑ' zu einem Torsionsmoment infolge von Normalspannungen σ_x führt.

Tabelle 9.13 Übersicht zu den Querschnittsparametern y_M, z_M, i_M, r_y, r_z und r_ω

Querschnitt		y_M	z_M	i_M	r_y	r_z	r_ω
⊥	doppelt-symmetrisch	0	0	≠0	0	0	0
⊤	einfachsymmetrisch zur z-Achse	0	≠0	≠0	0	≠0	0
⊏	einfachsymmetrisch zur y-Achse	≠0	0	≠0	≠0	0	0
⌐	punktsymmetrisch	0	0	≠0	0	0	≠0
	beliebig	≠0	≠0	≠0	≠0	≠0	≠0

Tabelle 9.13 zeigt, dass i_M bei allen Querschnitten ungleich Null ist. Diese Querschnittsgröße wird also stets benötigt, wenn eine Normalkraft vorhanden ist. Einzelne Werte von r_y, r_z und r_ω sind bei vielen baupraktischen Querschnitten gleich Null und werden im Übrigen nur benötigt, wenn M_z, M_y bzw. M_ω auftreten.

Als Beispiel wird der in Bild 9.19 dargestellte Einfeldträger betrachtet. Er entspricht bis auf den Querschnitt dem baustatischen System in Abschnitt 9.8.2. Der einfachsymmetrische I-Querschnitt ist zum IPE 400 flächengleich, wobei die Gurtflächen im Verhältnis 2/3 zu 1/3 aufgeteilt wurden. Diese Vorgehensweise ermöglicht den Vergleich der beiden Fälle in Bild 9.19 mit dem Einfeldträger in Abschnitt 9.8.2.

9.8 Beispiele zum Tragverhalten und zur Tragfähigkeit

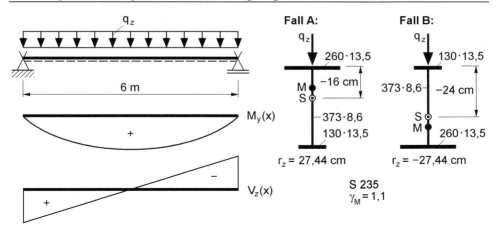

Bild 9.19 Einfeldträger mit einfachsymmetrischem I-Querschnitt

Nach **Theorie I. Ordnung** ist das maximale Feldmoment für die Bemessung maßgebend. Mit $M_{pl,y,d} = 267{,}7$ kNm ergibt sich mit

$$\max q_z = 8 \cdot 267{,}7/6^2 = 59{,}5 \text{ kN/m}$$

eine Grenzbelastung nach Theorie I. Ordnung, die davon unabhängig ist, ob der breite Gurt oben oder unten liegt (Fall A bzw. B). Nach Theorie II. Ordnung, d. h. unter Berücksichtigung des Biegedrillknickens, ist die Grenztragfähigkeit unterschiedlich, was anschaulich mit Hilfe von Bild 9.19 festgestellt werden kann. Ohne konstruktive Zwänge wird man den Querschnitt **nicht** wie bei Fall B anordnen, weil:

1. Der schmale Gurt der Druckgurt ist.
2. Der Abstand von q_z zum Schubmittelpunkt größer ist.

Der Sachverhalt wird in Abschnitt 6.2 ausführlich erläutert, s. auch Bild 6.3. Fall B hat aber durchaus baupraktische Bedeutung, weil derartige Querschnitte beispielsweise bei Verbundträgern vorkommen und die Tragfähigkeit im Bauzustand nachgewiesen werden muss, wenn die Betonplatte noch nicht mitwirkt.

Tabelle 9.14 Ergebnisse für den Einfeldträger in Bild 9.19

Größe	Fall A	Fall B
v_{0m}	3,0 cm	3,0 cm
max q_z	44,1 kN/m	16,96 kN/m
$\eta_{Ki,d}$	1,680	1,272
max ϑ	0,138	0,182
max M_y	19845 kNcm	7632 kNcm
max M_z	-2743 kNcm	-1390 kNcm
max M_ω	21750 kNcm²	34060 kNcm²
max S_d/R_d	0,999	0,999

Für die Berechnung mit dem EDV-Programm KSTAB wird eine Vorkrümmung mit $v_{0m} = \ell/200 = 600/200 = 3{,}0$ cm angesetzt, s. Abschnitt 9.8.1. Ausgewählte Ergebnisse der Berechnungen sind in Tabelle 9.14 zusammengestellt. Grundlage der Querschnittstragfähigkeit ist das Teilschnittgrößenverfahren gemäß Abschnitt 7.4.2 mit einer Begrenzung von α_{pl} auf 1,25.

Für den Fall, dass der **breite Gurt** oben liegt (Fall A), ist die Tragfähigkeit mehr als doppelt (260 %!) so groß, als wenn der schmale Gurt den Obergurt bildet. Nicht nur das, auch im Vergleich zum IPE-Träger ist die Tragfähigkeit mit 153 % erheblich höher (s. auch Bild 9.15), sodass geschweißte Träger mit einfach-symmetrischen Querschnitten für derartige Anwendungsfälle häufig wirtschaftlicher als Walzprofile sind.

Um wie viel ungünstiger Fall B gegenüber Fall A ist, verdeutlichen die Werte in Tabelle 9.14. Obwohl nur 38 % der Belastung aufgebracht wird, ist die Verdrehung deutlich größer und auch max M_z und max M_ω nehmen überproportional große Werte an. Die Berechnungsergebnisse zeigen, welch signifikanten Einfluss der Querschnittsparameter r_z hat, der das unterschiedliche Tragverhalten bei den Fällen A und B im Wesentlichen erfasst. Hinzu kommt, dass der Abstand zwischen dem Lastangriffs- und dem Schubmittelpunkt bei Fall B deutlich größer als bei Fall A ist.

9.8.5 Biegedrillknicken mit planmäßiger Torsion

Der in Bild 9.20 dargestellte Einfeldträger ist als Variante zu dem System in Abschnitt 9.8.2 zu verstehen. Bei dieser Variante wird eine Gleichstreckenlast $q_y = q_z/10$ am Obergurt hinzugefügt, sodass der Träger planmäßig durch zweiachsige Biegung mit Torsion beansprucht wird. Bild 9.20 zeigt die Schnittgrößenverläufe nach Theorie I. Ordnung.

Die Ergebnisse in Tabelle 9.15 ermöglichen den Vergleich zwischen den Berechnungen nach Theorie I. und II. Ordnung. Besonders auffällig ist die Vergrößerung der maximalen Torsionsverdrehung von 0,027 rad auf 0,137 rad durch den Einfluss der geometrischen Ersatzimperfektionen und der Theorie II. Ordnung. Es liegt daher ein ausgeprägtes nichtlineares Tragverhalten vor, was sich auch bei den Schnittgrößen M_z, M_{xp} und M_ω äußert. Dagegen wird max M_y sogar etwas kleiner, was auf den in Tabelle 9.8 dargestellten Sachverhalt zurückzuführen ist und in Abschnitt 9.8.2 mit einem Zahlenbeispiel verdeutlicht wird. Nach Theorie I. Ordnung und ohne $v_0(x)$ ist die Querschnittstragfähigkeit maximal nur zu 44,2 % ausgenutzt, während nach Theorie II. Ordnung keine Laststeigerung mehr möglich ist. Darüber hinaus zeigt der Vergleich mit Abschnitt 9.8.2, dass durch das Hinzufügen von $q_y = q_z/10$ und dem entsprechenden Streckentorsionsmoment m_x, die Belastung q_z von 28,7 kN/m auf 20,2 kN/m (70,4 %) reduziert werden muss. Erwähnenswert ist auch die Veränderung der Eigenform, die neben $v(x)$ und $\vartheta(x)$ auch die Durchbiegung $w(x)$ enthält, d. h. alle drei Funktionen sind aufgrund der Zusammenhänge in Tabelle 9.2 miteinander gekoppelt.

9.8 Beispiele zum Tragverhalten und zur Tragfähigkeit

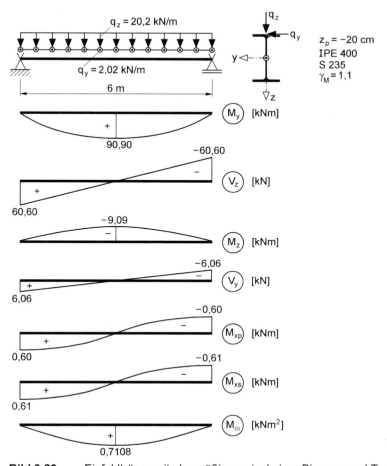

Bild 9.20   Einfeldträger mit planmäßig zweiachsiger Biegung und Torsion

Tabelle 9.15   Ergebnisse für den Träger in Bild 9.20

Größe	Theorie I. Ordnung	Theorie II. Ordnung
q_z, q_y	s. Bild 9.20	
m_x	0,404 kNm/m	
$\eta_{Ki,d}$	–	1,912
v_{0m}	0	3,0 cm
max ϑ	0,027 rad	0,137 rad
max M_y	9090 kNcm	8965 kNcm
max V_z	60,6 kN	60,6 kN
max M_z	–909 kNcm	–2157 kNcm
max V_y	6,06 kN	9,91 kN
max M_{xp}	60 kNcm	266 kNcm
max M_{xs}	61 kNcm	186 kNcm
max M_ω	7108 kNcm²	35029 kNcm²
max S_d/R_d	0,442	0,998

9.8.6 Einfluss von Trägerüberständen

Träger sind aus konstruktiven Gründen stets etwas länger als ihre Stützweiten, weil für die Auflagerung entsprechende Bereiche benötigt werden. An den Enden stehen sie daher etwas über, was in der Regel für die Berechnungen bedeutungslos ist. Bei planmäßiger Torsion und beim Biegedrillknicken mit unplanmäßiger Torsion wirken sich die Überstände aber auf den Schnittgrößenverlauf aus, weil sie die Verwölbung an den Trägerenden behindern, s. auch Bilder 10.17 und 10.18.

Als Beispiel wird erneut der Träger in Bild 9.14 betrachtet (Abschnitt 9.8.2) und an beiden Enden werden je 10 cm lange Überstände hinzugefügt. Aufgrund der Wölbbehinderung ist der Träger nun im Hinblick auf die Torsion etwas steifer und an den Gabellagern treten (kleine) Wölbbimomente auf. Stark vergrößert dargestellt ergeben sich am linken Trägerende die in Bild 9.21 dargestellten Schnittgrößenverläufe.

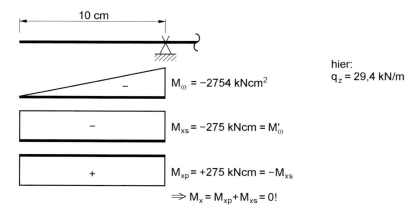

Bild 9.21 M_ω, M_{xs} und M_{xp} am 10 cm langen Überstand des Trägers in Bild 9.14

Das Wölbbimoment nimmt von –2754 kNcm² bis zum Ende des Überstandes näherungsweise linear bis auf Null ab. Wegen $M_{xs} = M'_\omega$ entsteht ein konstantes sekundäres Torsionsmoment, dass wegen der Bedingung $M_x = M_{xp} + M_{xs} = 0$ ein primäres Torsionsmoment mit umgekehrten Vorzeichen hervorruft. Die Überstände wirken sich auf die Tragfähigkeit günstig aus, weil sowohl ϑ als auch die bemessungsrelevanten Schnittgrößen M_ω und M_z kleiner werden. Bei dem Träger in Bild 9.14 führen 10 cm lange Überstände dazu, dass die Belastung von 28,7 kN/m (s. Bild 9.15) auf 29,4 kN/m erhöht werden kann. Die Erhöhung kann bei anderen Anwendungsfällen wesentlich mehr ausmachen, was insbesondere bei planmäßiger Torsion zutrifft und in Abschnitt 9.8.7 gezeigt wird.

Anmerkung: Gemäß Abschnitt 10.5 haben Stirnplatten, Flachsteifen und Hohlsteifen eine vergleichbare Wirkung wie Trägerüberstände.

9.8.7 Realistische Lastangriffspunkte

Die virtuelle Arbeit in Tabelle 9.2 sowie Bild 6.3b zeigen, dass die Außermittigkeit von Querlasten bezüglich des Schubmittelpunktes Einfluss auf das Tragverhalten nach Theorie II. Ordnung hat. Da die Lasten häufig am Obergurt eingeleitet werden, wurde dies bei den Beispielen in den Abschnitten 9.8.2 bis 9.8.6 angenommen. Hier wird beispielhaft der Randträger in Bild 9.22 betrachtet, der aus einem UPE-Profil besteht. Darüber hinaus werden wie in Abschnitt 9.8.6 Trägerüberstände angenommen.

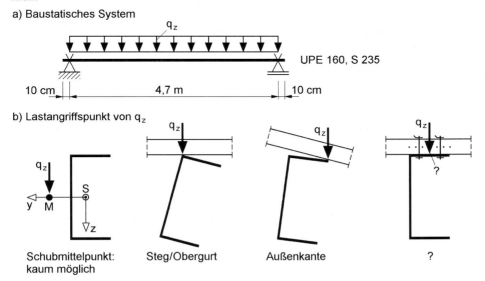

Bild 9.22   Randträger aus einem UPE 160

In statischen Berechnungen findet man häufig die Annahme, dass q_z wie in Bild 9.22b links im Schubmittelpunkt angreift. Diese Annahme hat jedoch mit der Realität wenig zu tun, da q_z in der Regel durch querverlaufende Bauteile eingeleitet wird, die auf dem Obergurt des Randträgers liegen. q_z wirkt daher im Bereich des Profils, also rechts vom Schubmittelpunkt, sodass planmäßige Torsion auftritt und der Querschnitt sich, wie im Bild angegeben, verdreht. An welcher Stelle q_z eingeleitet wird, hängt von den Verformungen der Bauteile und der Art der Verbindungen ab. Wie skizziert kann sich das querverlaufende Bauteil auf die linke Kante (Steg/Obergurt) oder die rechte Kante (Außenkante) auflegen. Auch wenn die beiden Bauteile wie üblich miteinander verbunden sind, ist der Lastangriffspunkt von q_z unklar, sodass realitätsnahe Annahmen getroffen werden müssen. Im Übrigen wirkt das querlaufende Bauteil stabilisierend und gemäß Abschnitt 10.4 kann eine Drehfeder C_9 angesetzt werden. Daraus ergeben sich Beanspruchungen für die Verbindungsmittel und das querverlaufende Bauteil. Für die folgenden Berechnungen wird angenommen:

- q_z wird am Obergurt eingeleitet
- q_z wirkt in der Achse des Steges

Der Träger in Bild 9.22 wird daher planmäßig durch Biegung um die starke Achse und Torsion beansprucht. Darüber hinaus ist er biegedrillgefährdet, sodass eine Berechnung nach Theorie II. Ordnung unter Ansatz von geometrischen Imperfektionen durchgeführt wird. In diesem Zusammenhang stellt sich die Frage, ob $v_0(x)$ positiv oder negativ anzusetzen ist? Gemäß Bild 9.23 besteht die Eigenform des Biegedrillknickens aus einwelligen Funktionen $v(x)$ und $\vartheta(x)$. Da ein **negatives** v_0 (also nach rechts) die Torsion vergrößert, ist dies die richtige Annahme. Es wird daher eine einwellige Vorkrümmung mit dem Stich in Feldmitte von $v_{0m} = -\ell/200 = -470/200 = -2{,}35$ cm angesetzt.

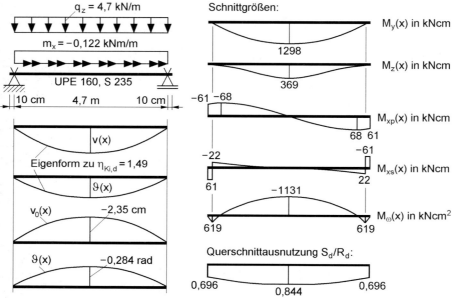

Bild 9.23 Berechnungen nach Theorie II. Ordnung für einen UPE-Träger

Unter Berücksichtigung der geometrischen Ersatzimperfektionen führen die Berechnungen nach Theorie II. Ordnung zu großen Verdrehungen $\vartheta(x)$. Gemäß Bild 9.23 wird als Größtwert in Feldmitte $\vartheta = -0{,}284$ rad ermittelt, sodass der in Abschnitt 2.7 definierte Grenzwert von max $\vartheta = 0{,}3$ rad fast erreicht wird. Eine Lasterhöhung über $q_z = 4{,}7$ kN/m hinaus wird nicht vorgenommen, weil bei der Näherung nach Theorie II. Ordnung kleine Winkel ϑ vorausgesetzt werden.

Bei den in Bild 9.23 zusammengestellten Schnittgrößen ergeben sich Werte und Verläufe, die im Vergleich zu den vorhergehenden Abschnitten nichts grundsätzlich Neues darstellen. Erwähnenswert ist jedoch das Wölbbimoment, bei dem die Trägerüberstände einen relativ großen Einfluss haben und fast wie „Torsionseinspannungen" wirken. Die Tragfähigkeit der Querschnitte ist an den Trägerenden zu etwa 70 % relativ hoch ausgenutzt, weil dort das primäre Torsionsmoment vergleichsweise große Werte erreicht. In Feldmitte beträgt die Querschnittsausnutzung durch die Schnittgrößen M_y, M_z und M_ω ca. 84 %.

Aktuelles aus Wissenschaft und Praxis für Bauingenieure

Berufliche Kompetenz durch Fachzeitschriften.

Fachzeitschriften von Ernst & Sohn decken durch Ihre Themenschwerpunkte den gesamten Bereich der Ingenieurpraxis im Bauwesen ab.

Nutzen Sie Ernst & Sohn Zeitschriften:

- um sich aktuell zu informieren
- als Arbeitsmittel
- als Normenbegleitung
- als Nachschlagewerk
- für Ihre Weiterbildung
- zur Marktforschung
- um Ihren Bekanntheitsgrad zu steigern

Durch die Kombination print und online können Sie rund um die Uhr an Ihrem Schreibtisch recherchieren, lesen, drucken, speichern.

Bitte senden Sie eine kostenlose Leseprobe / 1 Heft von

- ☐ Bauphysik   ☐ Beton- und Stahlbetonbau
- ☐ Bautechnik   ☐ DIBt Mitteilungen   ☐ Stahlbau
- ☐ Geomechanik und Tunnelbau   ☐ Mauerwerk

Fax +49 (0)30 47031-240

☐ Privat   ☐ Geschäftlich   KD-NR

Firma

Titel, Name, Vorname

Funktion/Position/Abt.

Straße/Postfach

Land/PLZ/Ort

E-Mail

Telefon

Wilhelm Ernst & Sohn
Verlag für Architektur und
technische Wissenschaften
GmbH & Co. KG
Rotherstr. 21
10245 Berlin
Deutschland

www.ernst-und-sohn.de

BUCHEMPFEHLUNG

Grundlagenliteratur für den Stahlbau

Ulrich Krüger
Stahlbau I
Teil 1: Grundlagen
4., durchgesehene Auflage
2007. XIII, 337 Seiten.
148 Abbildungen. 41 Tabellen.
Broschur. € 55,– / sFr 88,–
ISBN: 978-3-433-01869-9

Rolf Kindmann
Stahlbau II
Teil 2: Stabilitätslehre und Theorie
II. Ordnung
4., vollst. überarbeitete Auflage.
2008. Ca. 400 Seiten. Ca. 250 Abb.
Ca. 50 Tab. Broschur.
Ca. € 55,– / sFr 88,–
ISBN: 978-3-433-01836-1

Die Bände Stahlbau, Teil 1 und Teil 2 sind die zusammengefaßten Manuskripte der Vorlesungen der Autoren, die in 20 Jahren Lehrtätigkeit entstanden. Prägnant und übersichtlich wird in die wichtigen Nachweisverfahren eingeführt. Nomogramme und Tabellen werden als Hilfsmittel für den Praktiker vorgestellt.

Zahlreiche Beispiele, die die Autoren ihrem großen Erfahrungsschatz als praktizierende Ingenieure entnommen haben, werden in Aufgabenform vorgestellt; der Lösungsweg wird in praxisbezogener Darstellung aufgezeigt.

* Der € Preise gelten ausschließlich für Deutschland.
Irrtum und Änderungen vorbehalten.
000914026_my

Ernst & Sohn
A Wiley Company
www.ernst-und-sohn.de

Ernst & Sohn Verlag für Architektur und technische Wissenschaften GmbH & Co. KG
Für Bestellungen und Kundenservice: Verlag Wiley-VCH Boschstraße 12, 69469 Weinheim
Telefon: +49(0) 6201 / 606-400, Telefax: +49(0) 6201 / 606-184, E-Mail: service@wiley-vch.de

Book Recommendation

The History of the Theory of Structures

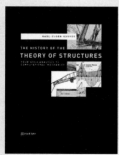

Kurrer, K.-E.
**The History of the Theory of Structures
From Arch Analysis to Computational Mechanics**
2007. Approx 800 pages with approx 640 figures. Hardcover.
Approx € 119.-/sFr 188.-
ISBN: 978-3-433-01838-5

This major work is about much more than the origins of statics and its use in building and bridge engineering since the late sixteenth century. It is also about the very ideas of „statics" and „strength of materials" and how they came to be an integral part of the engineer's life; how they were developed into an academic discipline; how they became the subject of growing numbers of technical books and periodicals; and, ultimately, how the epistemology of the subject developed.

Drawing on a long series of specialized articles and more than two decades of study, the author begins each chapter with a personal reflection on his involvement with the subject under discussion. He demonstrates how engineering thought, far from being abstractly objective, is imbued with the character of its thinkers, their teachers, and their pupils. Kurrer also includes short biographies of over one hundred engineers who made major contributions to advances in structural theory and practice, most of which are illustrated by portraits, and the whole is backed by an extensive bibliography.

www.ernst-und-sohn.de
007137096_my

Ernst & Sohn Verlag für Architektur und technische Wissenschaften GmbH & Co. KG
Fax order and Customer Service: Verlag Wiley-VCH, Boschstraße 12, D-69469 Weinheim
Tel.: +49(0)6201 606-400, Fax: +49(0)6201 606-184, E-Mail: service@wiley-vch.de
* In EU countries the local VAT is effective for books and journals. Postage will be charged.
Whilst every effort is made to ensure that the contents of this leaflet are accurate, all information is subject to change without notice. Our standard terms and delivery conditions apply.
Prices are subject to change without notice.

10 Aussteifung und Stabilisierung

10.1 Aussteifende Bauteile

Tragwerke aus Baustahl bestehen in der Regel aus schlanken Bauteilen, die zur Abtragung planmäßiger Horizontallasten und zur Stabilisierung ausgesteift werden müssen. Häufig werden zur Stabilisierung angrenzende Bauteile herangezogen, die ohnehin für die planmäßige Lastabtragung vorhanden sind. Aufgrund ihrer Wirkungsweise kann wie folgt unterschieden werden:

- **Verbände, Schubfelder und Scheiben**
  Mit diesen Bauteilen können stabilitätsgefährdete Stützen oder Träger seitlich abgestützt werden. Während dies durch Verbände in einzelnen Punkten erfolgt, bewirken Schubfelder und Scheiben eine kontinuierliche Abstützung bis hin zur seitlich unverschieblichen Lagerung. Die Skizzen in Bild 10.1 zeigen beispielhaft einfeldrige Konstruktionen, die Lasten in ihrer Ebene abtragen.
- **Rahmen**
  Durch die Ausbildung biegesteifer anstelle gelenkiger Verbindungen können Tragwerke Horizontallasten übertragen. Ein typisches Beispiel für diese Art der Aussteifung sind so genannte Portalrahmen.
- **Träger und Platten**
  Bei entsprechender Ausbildung der Anschlüsse können biegedrillknickgefährdete Träger durch quer dazu angeordnete Träger oder Platten stabilisiert werden. Sie behindern die Verdrehung des stabilitätsgefährdeten Trägers und wirken wie Punktdrehfedern (Träger) oder wie kontinuierliche Drehfedern (Platten), was auch *Drehbettung* genannt wird. Da dabei die Biegesteifigkeit aktiviert wird, treten gemäß Bild 10.2 im quer verlaufenden Bauteil Biegemomente auf.
- **Steifen und Trägerüberstände**
  Steifen in Trägern sowie Überstände und Stirnplatten an Trägerenden reduzieren die Biegedrillknickgefahr. Da sie die Verdrillung ϑ' behindern und die Verwölbung der Querschnitte reduzieren, entsprechen sie in statischer Hinsicht Wölbfedern.

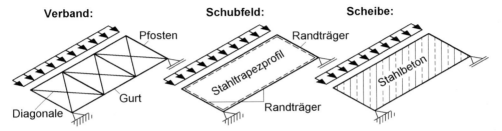

Bild 10.1   Konstruktionen zur seitlichen Abstützung von stabilitätsgefährdeten Bauteilen

Wenn man Bauteile zur *Aussteifung stabilitätsgefährdeter Konstruktionen* heranzieht, ist zu beachten, dass dadurch Beanspruchungen entstehen, die ein- und abgeleitet werden müssen. Auf entsprechende Nachweise kann nur verzichtet werden, wenn zweifelsfrei feststeht, dass diese Beanspruchungen von untergeordneter Bedeutung sind.

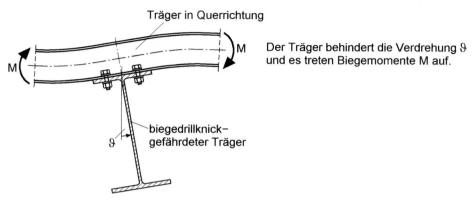

Bild 10.2 Behinderung der Verdrehung ϑ durch quer verlaufende Bauteile

10.2 Aussteifung von Gebäuden

Zur *Abtragung von* **Horizontallasten** in den Baugrund müssen Gebäude durch geeignete Bauteile ausgesteift werden. Horizontallasten treten infolge Windwirkung auf, können sich aber auch infolge Seitenstoß (Beispiel: Kranbahn), Bremsen und Anfahren (Beispiel: Gabelstaplerbetrieb) oder Erdbeben ergeben. Mit dem Begriff „Aussteifung" verbindet man die Abtragung *planmäßiger Horizontallasten*, die Stabilisierung stabilitätsgefährdeter Bauteile und auch ergänzende Maßnahmen, die die Steifigkeit erhöhen oder mindestens ein statisch bestimmtes System entstehen lassen.

Bild 10.3 zeigt ein typisches Beispiel zur seitlichen Abstützung von Stützen und Ableitung der Horizontallasten. Die über alle Geschosse biegesteif durchlaufenden Stützen werden durch den Verband im zweiten Feld ausgesteift. Dabei bilden die Diagonalen mit den beiden Stützen im Verbandsfeld einen Fachwerkträger, an den die anderen Stützen mit horizontal liegenden Stäben angeschlossen werden. Sofern die Steifigkeit des Verbandes ausreicht die Stützen unverschieblich zu halten, kann man, wie in Bild 10.3 auf der rechten Seite, die Knickbiegelinie zeichnen und die Knicklänge $s_K = h$ unmittelbar aus dem Bild ablesen, s. auch Abschnitt 4.5. Bei Stützen im Geschossbau ist das allerdings nicht so leicht möglich, da in den Geschossen Lasten in die Stützen eingeleitet werden, die zu abschnittsweise veränderlichen Drucknormalkräften führen.

10.2 Aussteifung von Gebäuden

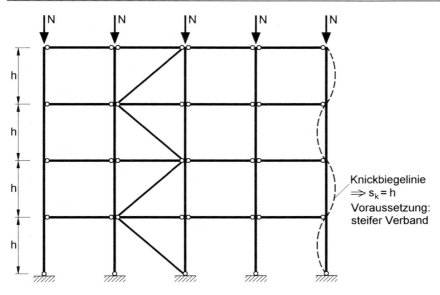

Bild 10.3 Stützen mit aussteifendem Verband

Der Verband in Bild 10.3 wird nicht durch planmäßige Lasten beansprucht. Wie man sieht, ist er aber unbedingt erforderlich, weil die Stützen ohne Verband umfallen würden (kinematisches System). Für die Bemessung kann das Verbandsfeld als mehrteiliger Druckstab aufgefasst und mit Hilfe von Kapitel 4 der DIN 18800 Teil 2 nachgewiesen werden. Dabei sind geometrische Ersatzimperfektionen anzusetzen (Vorverdrehung φ_0) und die Schnittgrößen M_z und V_y nach Theorie II. Ordnung zu berechnen. Die Nachweise sind wie für Gitterstäbe zu führen.

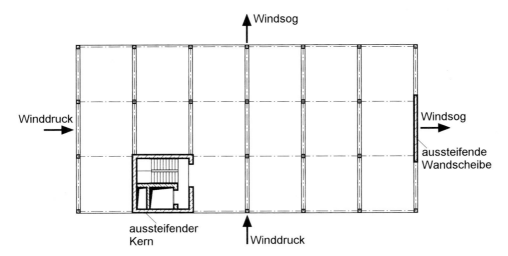

Bild 10.4 Grundriss eines mehrgeschossigen Skelettbaus mit Kern und aussteifender Wandscheibe

Typische Aussteifungskonstruktionen im Massivbau sind **Kerne** und *Scheiben* aus **Stahlbeton**. Bild 10.4 zeigt den Grundriss eines *Skelettbaus* mit sechs Geschossen, der zur Abtragung der Horizontallasten einen Kern und eine aussteifende Wandscheibe enthält. Wie üblich sind im Kern Treppenhaus, Fahrstuhl und Versorgungsleitungen untergebracht. Da der Kern *torsionssteif* ist, kann er nicht nur die skizzierten Kräfte aufnehmen, sondern auch ein Torsionsmoment. Aufgrund seiner Exzentrizität ist die Anordnung der aussteifenden Wandscheibe in der rechten Wand zweckmäßig. Die Skizze vermittelt, wie die auftretenden Horizontallasten infolge Wind in den Baugrund abgeleitet werden. Voraussetzung dafür ist natürlich, dass die Lasten durch die vorhandenen Bauteile in den Kern und die Wandscheibe eingeleitet werden.

Häufig wird auf die Ausbildung von Stahlbetonkernen verzichtet und insbesondere bei niedrigen Gebäuden mit wenigen Geschossen nur mit Wandscheiben ausgesteift. Die Skizze in Bild 10.5a zeigt, dass in statischer Hinsicht **drei** Wandscheiben ausreichend sind, da das Versatzmoment aus der Windbelastung in Längsrichtung von den Wandscheiben aufgenommen werden kann. Dies führt jedoch zu weiten Wegen bei der Durchleitung der Kräfte bis zu den Wandscheiben, sodass man in der Regel vier Wandscheiben wie in Bild 10.5b anordnet.

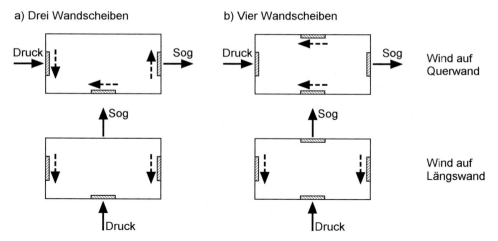

Bild 10.5   Gebäudegrundrisse mit aussteifenden Wandscheiben

Während *Kerne* und *Scheiben* typische Bauteile des Massivbaus sind, verwendet man im Stahlbau überwiegend **Verbände**. In statischer Hinsicht sind es Fachwerkträger, die in ihrer Wirkungsweise Stahlbetonscheiben entsprechen. Wenn man mindestens drei Verbände zu einem räumlichen Fachwerkträger mit geschlossenem Querschnitt zusammenfügt, entstehen torsionssteife „Röhren", die mit Stahlbetonkernen vergleichbar sind und im Hochhausbau eingesetzt werden.

10.2 Aussteifung von Gebäuden

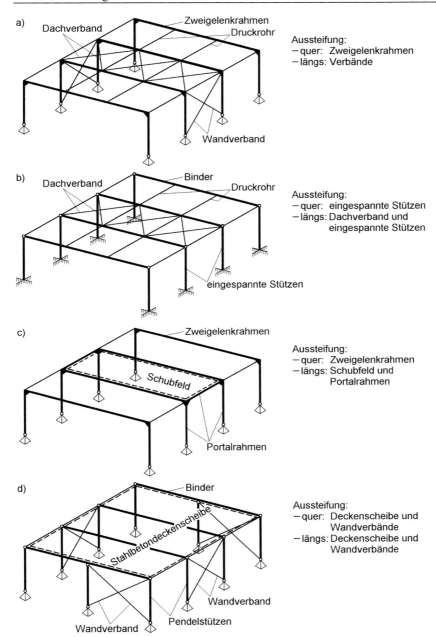

Bild 10.6 Aussteifungskonstruktionen für eingeschossige Hallen

Neben *Scheiben* und *Verbänden* sind auch *Schubfelder*, *Rahmen* und *eingespannte Stützen* für die Aussteifung von Gebäuden geeignet. Die Skizzen in Bild 10.6 zeigen die Anordnung verschiedener Aussteifungselemente am Beispiel einer eingeschossigen Halle, die an den Giebelseiten offen ist. Bei der Lösung in Bild 10.6a sind vier **Zweigelenkrahmen** die Hauptragwerke der Halle, die die Horizontallasten in Querrichtung sicher abtragen. Für die Aussteifung in Längsrichtung wird ein **Dachverband** angeordnet und daran werden mit Druckrohren die äußeren Zweigelenkrahmen angeschlossen. In den Seitenwänden übernehmen **Wandverbände**, die quasi den Dachverband nach unten fortsetzen, die Aussteifung in Längsrichtung.

Bild 10.6b zeigt eine Alternative mit eingespannten Stützen und gelenkig angeschlossenen Bindern. Die Binder werden mit einem Dachverband verbunden und die Horizontallasten nach unten über die eingespannten Stützen abgetragen. Stahlbautypischer ist die Lösung in Bild 10.6c. Wie bei Fall a sind vier Zweigelenkrahmen die Hauptragwerke der Halle, die Verbände werden aber durch andere Konstruktionen ersetzt. Da als Dacheindeckung Stahltrapezprofile vorhanden sind, die die Vertikallasten in Längsrichtung von Rahmen zu Rahmen abgetragen, wird in der Mitte ein **Schubfeld** ausgebildet. Dies bedeutet, dass die Stahltrapezprofile in diesem Bereich an allen **vier** Rändern mit der Unterkonstruktion verbunden werden müssen und dass die Verbindungsmittel entsprechend zu bemessen sind. Der Anschluss der äußeren Zweigelenkrahmen an das Schubfeld ist im Bild nicht dargestellt, wird aber durch die vorhandenen Stahltrapezprofile gewährleistet. In den Seitenwänden werden Portalrahmen ausgebildet, die für die Aussteifung in Längsrichtung sorgen.

Die Lösung in Bild 10.6d kann sinnvoll sein, wenn die Halle geschlossen und aufgestockt werden soll. Die Stahlbetondecke kann dann als *Scheibe* ausgebildet werden, sodass sie Beanspruchungen in ihrer Ebene abtragen kann. Da sämtliche Stützen in Bild 10.6d Pendelstützen sind (beide Enden gelenkig gelagert), werden in allen vier Wänden *Verbände* oder alternativ *Stahlbetonscheiben* benötigt. Die dargestellte Lösung ist daher sinnvoll, wenn die Halle geschlossen ist und Giebelwände vorhanden sind.

10.3 Stabilisierung durch Abstützungen

In der Regel sind Hallen nicht, wie in Bild 10.6 dargestellt, an den Enden offen, sondern mit Giebelwänden geschlossen. Bild 10.7 zeigt eine stahlbautypische Lösung für eine Halle von 30 m Länge und 20 m Breite. Es werden ein pfettenloses Dach ausgeführt und folgende Bauteile verwendet:

- Zweigelenkrahmen mit Vouten; Riegel: IPE 360, Stiele: HEA 300
- Einschaliges Stahltrapezprofildach (135/0,88) mit Wärmedämmung und oberseitiger Dichtungsbahn
- Dachverbände aus druckweichen Rundstählen $\varnothing$ 20 (Diagonalen) und Rohren 76,1×4,0 (Pfosten)
- Verbindung der Rahmenriegel mit Rohren 76,1×4,0
- Wandverkleidung aus horizontal liegenden Porenbetonplatten d = 20 cm
- Wandverbände: wie Dachverbände
- Giebelwandstützen HEA 180 und -binder

10.3 Stabilisierung durch Abstützungen

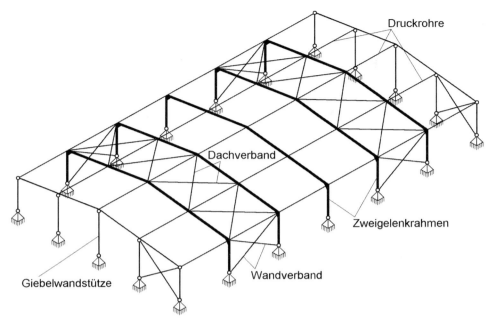

Bild 10.7 Haupttragglieder einer Halle mit aussteifenden Verbänden

Aussteifung und Ableitung planmäßiger Horizontallasten

Durch die vorhandenen Bauteile werden die Horizontallasten infolge Wind wie folgt abgeleitet:

a) *Wind in Querrichtung*
   Der Winddruck bzw. Windsog auf die Seitenwände wird durch die Porenbetonplatten auf die Stiele der Zweigelenkrahmen und an den Hallenenden auf die Giebelwandeckstützen übertragen. Die Zweigelenkrahmen sorgen für die Ableitung der Horizontallasten in die Fundamente. In den Giebelwänden werden dazu die Verbände herangezogen.

b) *Wind in Längsrichtung*
   Durch die Wandverkleidung in den Giebelwänden werden die Horizontallasten auf die Giebelwandstützen übertragen. Sie geben als Einfeldträger einen Teil der Lasten an die Fundamente und den Rest nach oben an die Binder in der Dachebene ab. Dort werden sie von den Rohren in die Dachverbände eingeleitet. Dabei ist es zweckmäßig, **beide** Dachverbände für den Wind**druck** zu bemessen, weil der Windsog geringer ist und damit eine (rechnerische) Durchleitung von Windkräften durch den mittleren Hallenbereich vermieden wird. Die beiden Verbandsfelder wirken wie einfeldrige Fachwerkträger, die die Lasten zu den Traufen hin ableiten. Dort werden die Horizontallasten von den Wandverbänden übernommen und in die Fundamente abgeleitet.

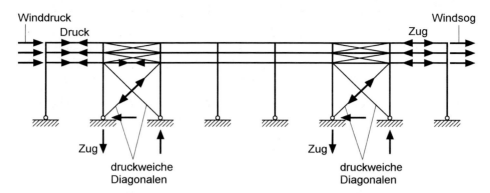

Bild 10.8   Ableitung der Windkräfte durch die Verbände in einer Seitenwand nach [29]

In Bild 10.8 ist die Ableitung der Windkräfte durch die Verbände in einer Seitenwand dargestellt. Wenn man beispielhaft den Winddruck betrachtet, wird er zunächst durch die Rohre in den Dachverband eingeleitet. Durch seine Fachwerkwirkung, s. auch Bild 10.1 links, werden die Lasten zu den Traufen hin abgetragen und die Rohre dort auf Druck beansprucht. Da die Diagonalen druckweich sind, wird die Auflagerkraft des Fachwerkträgers als Zugkraft von oben rechts nach unten links abgeleitet. Zusätzlich entstehen aus Gleichgewichtsgründen, wie dargestellt, vertikale Auflagerkräfte. Dabei ist zu beachten, dass es sich auf der linken Seite um eine Zugkraft handelt, die die Bodenpressungen verringert. Die abhebenden Kräfte sind ein wesentlicher Grund dafür, dass man es vermeidet, die Verbände in den Endfeldern anzuordnen. Dort sind die Auflasten deutlich geringer und man hat daher häufig Schwierigkeiten, die Ableitung der abhebenden Kräfte nachzuweisen.

Stabilisierung und Ableitung von Abtriebskräften

Bei dem Hallentragwerk in Bild 10.7 müssen stabilitätsgefährdete Bauteile stabilisiert und Abtriebskräfte infolge von Imperfektionen und Verformungen abgeleitet werden. Dabei können vier Fälle unterschieden werden:

a) *Zweigelenkrahmen*
   Gemäß Bild 8.54 wird bei den Stielen der Rahmen als geometrische Ersatzimperfektion eine Schrägstellung angenommen. Dies wird bei der Berechnung der Schnittgrößen nach Theorie II. Ordnung in Abschnitt 8.11 berücksichtigt.
b) *Giebelwände*
   Beim Nachweis der Giebelwandkonstruktionen ist wie bei den Zweigelenkrahmen vorzugehen.
c) *Riegel der Zweigelenkrahmen*
   Die Riegel der Zweigelenkrahmen werden durch die Dachverbände in der Mitte und in den Viertelspunkten seitlich abgestützt, d. h. stabilisiert. Zur Bemessung der Dachverbände sind geometrische Ersatzimperfektionen anzusetzen und die Beanspruchungen nach Theorie II. Ordnung zu ermitteln, s. Abschnitt 10.7.3.

10.3 Stabilisierung durch Abstützungen

d) Stiele der Zweigelenkrahmen

Für den Nachweis der Stiele als Bestandteil der Seitenwände kann wie in Abschnitt 4.13 vorgegangen werden, s. Bild 4.45. Prinzipiell sind geometrische Ersatzimperfektionen anzusetzen und die Wandverbände sind mit den Abtriebskräften nach Theorie II. Ordnung zu bemessen, s. Abschnitte 10.7.2 und 10.7.4.

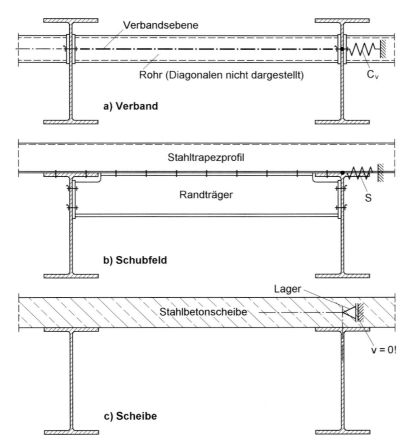

Bild 10.9 Abstützung von Trägern durch Verbände, Schubfelder und Stahlbetonscheiben

Abstützende Bauteile

Neben **Verbänden** können gemäß Bild 10.1 auch ***Schubfelder*** und ***Stahlbetonscheiben*** zur (seitlichen) Abstützung stabilitätsgefährdeter Träger herangezogen werden. Sie behindern die beim Biegeknicken um die schwache Achse und beim Biegedrillknicken auftretenden seitlichen Verschiebungen v(x), s. Bilder 2.2 und 6.2. Eine vergleichbare Wirkung kann auch, wie in Bild 5.2 dargestellt, durch ***Mauerwerk*** erzielt werden. Bild 10.9 zeigt drei verschiedene Konstruktionen, die die Obergurte von Trägern seitlich abstützen. Dabei könnte es sich beispielsweise um den in Bild 5.1

dargestellten Einfeldträgers handeln oder auch um die Riegel der Zweigelenkrahmen in Bild 10.7, bei denen der Obergurt jedoch nur im Feldbereich durch Druckspannungen beansprucht wird.

Der *Verband* in Bild 10.9a ist nicht in der Obergurtebene angeordnet, sondern etwas tiefer, damit er nicht nach oben über die Obergurte hinausragt. Er gehört zu der Hallenkonstruktion in Bild 10.7 und stört in dieser Lage nicht die Dacheindeckung, die aus Stahltrapezprofilen besteht und unmittelbar auf dem Obergurt aufliegt. In statischer Hinsicht ist die Lage unterhalb der Obergurte ebenfalls sinnvoll, weil bei den Rahmenriegeln die **Untergurte in den Endbereichen** durch Druckspannungen beansprucht werden (negative Biegemomente). Die Feder in Bild 10.9a deutet an, an welcher Stelle im Querschnitt die Profile abgestützt werden und dass die Abstützkraft dort aufgenommen und abgeleitet werden muss.

Das in Bild 10.9b angedeutete Schubfeld ist eine Alternative zu den Dachverbänden in Bild 10.7. Da die Dacheindeckung aus Stahltrapezprofilen besteht, die die Vertikallasten unmittelbar zu den Rahmenriegeln (also in Längsrichtung) abtragen, ist es nahe liegend, gewisse Bereiche des Daches als *Schubfelder* auszubilden. Sie sollten eine größere Höhe als Verbände haben und den Abmessungen von Scheiben entsprechen. Man bildet daher häufig zwei Felder des Daches als *Schubfelder* aus. Da die Stahltrapezprofile an allen vier Seiten mit der Unterkonstruktion verbunden werden müssen, werden an den Enden der Schubfelder Randträger benötigt. Die in Bild 10.9b dargestellte Feder zeigt, an welcher Stelle die seitliche Abstützung erfolgt. Genau genommen wirkt ein Schubfeld nicht wie eine Wegfeder, sondern behindert die **Verdrehung** $\varphi_z \cong v'$ kontinuierlich über die gesamte Länge des *Schubfeldes*. Dieser Zusammenhang kann aus der virtuellen Arbeit in Tabelle 9.3 abgelesen werden, lässt sich aber nicht unmittelbar anschaulich darstellen. In ihrer Wirkung sind *Schubfelder* durchaus mit einer kontinuierlichen, nachgiebigen seitlichen Abstützung vergleichbar. *Schubfelder* werden in der Baupraxis relativ selten ausgebildet, was folgende Gründe hat:

- Für die Montage einer Hallenkonstruktion werden in der Regel Verbände benötigt.
- Es muss eine ausreichend schubsteife Scheibe ausgebildet werden. Da man zusätzliche Randträger und erheblich mehr Verbindungsmittel (Befestigung in **jeder** Profilrippe) benötigt, ist der Mehraufwand beträchtlich.
- Nachträgliche Ausschnitte in der Dachhaut, z. B. für Oberlichter, erfordern erhebliche Zusatzmaßnahmen.

Schubfelder sind in ihrer Ebene belastete, schubweiche Bauteile, die ein Gelenkviereck aussteifen. Bei dem Beispiel in Bild 10.10 ist das Stahltrapezprofil an allen vier Rändern schubfest mit der Unterkonstruktion verbunden. Für die Ermittlung der Schnittgrößen V_y und M_z kann das *Schubfeld* als schubweicher Einfeldträger aufgefasst werden. Die Querkraft darf gleichmäßig über die Schubfeldlänge verteilt werden, sodass sich der Schubfluss wie folgt ergibt:

$$T = V_y/L_S$$

10.3 Stabilisierung durch Abstützungen

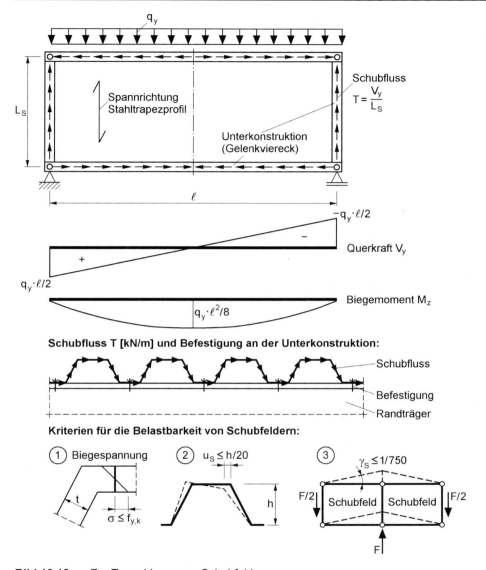

Bild 10.10 Zur Tragwirkung von Schubfeldern

Er wird durch drei Kriterien gemäß Bild 10.10 begrenzt:
- Querbiegespannungen im Blech
- Querschnittsverformung des Trapezprofils
- Gesamtverformung des Schubfeldes

Darüber hinaus sind mit dem Schubfluss T folgende Nachweise zu führen:
- Schubfeste Verbindung der Trapezprofiltafeln untereinander

- Verbindung Trapezprofil/Unterkonstruktion an den Längsrändern
- Verbindung Trapezprofil/Unterkonstruktion an den Querrändern in jeder Profilrippe (s. Skizze in Bild 10.10)

Durch das Biegemoment M_z wird die Unterkonstruktion der Querränder beansprucht. Es entstehen Normalkräfte, die mit $N = \pm M_z/L_S$ berechnet werden können. Der Einsatz eines Schubfeldes zur Stabilisierung stabilitätsgefährdeter Träger wird am Beispiel von Dachbindern in Abschnitt 10.6 behandelt. Dort werden auch die Schubsteifigkeit eines Schubfeldes ermittelt und die erforderlichen Nachweise geführt.

Die in Bild 10.9c skizzierte **Stahlbetonscheibe** liegt wie üblich auf den Obergurten. Dabei kann es sich beispielsweise um die Deckenplatten eines Parkhauses handeln, wobei natürlich eine Ausbildung als Scheibe und die Ableitung der Abstützkräfte erforderlich ist. Bei entsprechender Verbindung mit den Stahlträgern werden die Obergurte der Träger in der Regel durch Stahlbetonscheiben seitlich unverschieblich gehalten.

10.4 Stabilisierung durch Behinderung der Verdrehungen

Wie die Bilder 2.2, 6.2 und 5.3 zeigen, treten beim Biegedrillknicken und beim Drillknicken Verdrehungen $\vartheta(x)$ um die Stabachse auf. Wenn man diese Verdrehungen durch angrenzende Bauteile behindert, kann die Stabilitätsgefahr in vielen Fällen beträchtlich reduziert werden. In der Regel verwendet man dafür quer zu den stabilitätsgefährdeten Trägern angeordnete Platten oder Träger und nutzt ihre Biegesteifigkeit für die Stabilisierung aus. Die Skizze in Bild 10.2 zeigt die prinzipielle Wirkungsweise.

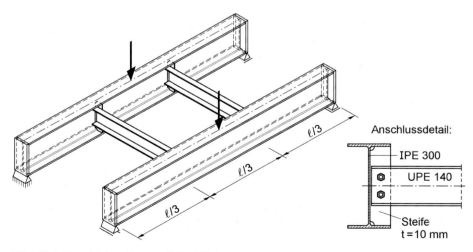

Bild 10.11 Abfangträger mit Stabilisierungsträgern

10.4 Stabilisierung durch Behinderung der Verdrehungen

Zur weiteren Erläuterung werden in Bild 10.11 zwei Abfangträger betrachtet, die in Feldmitte durch Einzellasten belastet werden. Die Träger sind so stark stabilitätsgefährdet, dass der Biegedrillknicknachweis nicht erfolgreich geführt werden kann. Zur Stabilisierung werden daher in den Drittelspunkten UPE-Profile angeordnet und mit den Trägern verbunden. Da die Biegesteifigkeit der UPE-Profile aktiviert werden muss, sind biegesteife Verbindungen erforderlich.

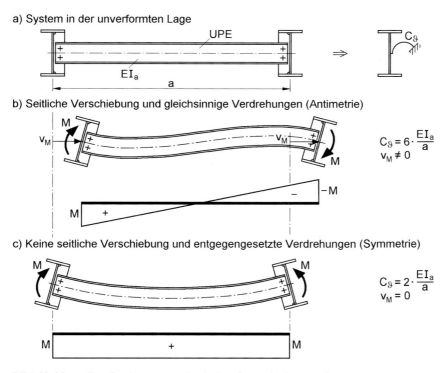

Bild 10.12   Zur Ermittlung der Punktdrehfeder C_ϑ für das System in Bild 10.11

Für die Biegedrillknickuntersuchung der Abfangträger werden die Stabilisierungsträger, wie in Bild 10.12 dargestellt, durch *Punktdrehfedern* C_ϑ ersetzt. Da das System in Bild 10.11 symmetrisch ist, müssen alle Eigenformen symmetrisch oder antimetrisch sein. Wenn man wie bei der Knicklängenermittlung für die Zweigelenkrahmen in Abschnitt 4.8 vorgeht (s. Bilder 4.15 und 4.17), können zwei Möglichkeiten unterschieden werden. Bei dem in Bild 10.12b dargestellten Fall, verschieben sich die Abfangträger zur Seite und sie verdrehen sich beide im Uhrzeigersinn. Dabei beträgt die Steifigkeit der Drehfeder $C_\vartheta = 6 \cdot EI_a/a$, die mit dem Arbeitssatz und dem dargestellten Momentenverlauf wie in Abschnitt 4.8 bestimmt werden kann. Bei einer symmetrischen Eigenform ist $v_M = 0$ und die beiden Abfangträger verdrehen sich in entgegengesetzte Richtungen. Dieser Fall führt zu einer Federsteifigkeit $C_\vartheta = 2 \cdot EI_a/a$, die kleiner als bei der Antimetrie ist. In der Baupraxis wird in der Regel auf die Fallunterscheidung verzichtet, auf der sicheren Seite liegend die kleinere Federsteifigkeit angesetzt und ohne Behinderung der seitlichen Verschiebungen gerechnet.

Bei der Ermittlung der Federsteifigkeit in Bild 10.12 wird nur die Biegesteifigkeit der Stabilisierungsträger berücksichtigt. Nachgiebige Verbindungen und Profilverformungen wirken sich ungünstig auf die Federsteifigkeit aus und führen zu einer Verringerung. Die Erfassung dieser Einflüsse wird im Folgenden behandelt.

Bei Berechnungen in der Baupraxis wird häufig die stabilisierende Wirkung von *Stahltrapezprofilen* oder anderen plattenartigen Bauteilen ausgenutzt. Beispielhaft zeigt Bild 10.13 einen Ausschnitt aus einem Tragwerk mit vier Trägern auf deren Obergurten Stahltrapezprofile verlegt sind. Zur Ermittlung der *Drehbettung* c_ϑ wird vom Biegedrillknicken mit *gebundener Drehachse* am Obergurt ausgegangen, weil sich damit die kleinste Drehbettung ergibt.

Anmerkung: Der Kommentar zur DIN 18800 Teil 2 [58] führt zu den Federsteifigkeiten Folgendes aus: „Falls die zu untersuchenden gestützten Träger sich nur in einer Richtung verdrehen können, dürfen die angegebenen Werte mit dem Faktor 3 malgenommen werden. Dies ist der Fall, wenn der gestützte Träger in einem Dach mit Dachneigung Verwendung findet." Aus der Berechnung von C_ϑ in Bild 10.12 für die Fälle b und c ist erkennbar, wo der Faktor 3 herrührt.

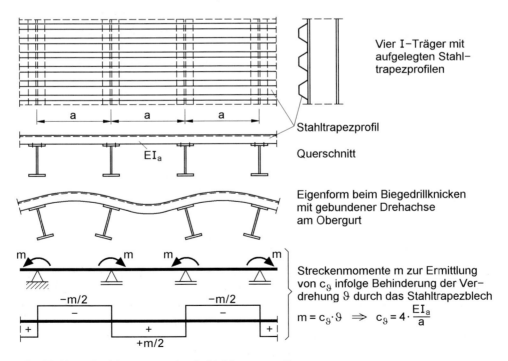

Bild 10.13 Drehbettung c_ϑ durch Stahltrapezprofile

10.4 Stabilisierung durch Behinderung der Verdrehungen

Gemäß DIN 18800 Teil 2, Element 309, sind bei der *Drehbettung* c_ϑ drei Einflüsse zu berücksichtigen:

$$\frac{1}{c_\vartheta} = \frac{1}{c_{\vartheta M}} + \frac{1}{c_{\vartheta A}} + \frac{1}{c_{\vartheta P}} \qquad (10.1)$$

Hierin bedeuten:

$c_{\vartheta M}$ theoretische Drehbettung aus der Biegesteifigkeit EI_a des abstützenden Bauteils bei Annahme einer starren Verbindung

        $c_{\vartheta M} = 2 \cdot EI_a/a$ für Ein- und Zweifeldträger

        $c_{\vartheta M} = 4 \cdot EI_a/a$ für Durchlaufträger mit drei oder mehr Feldern, s. Bild 10.13

$c_{\vartheta A}$ Drehbettung aus der Verformung des Anschlusses; für Trapezprofile kann $c_{\vartheta A}$ mit Tabelle 7 und Gl. (11) nach DIN 18800 Teil 2 ermittelt werden.

$c_{\vartheta P}$ Drehbettung aus der *Profilverformung* des gestützten Trägers

a) Aktivierung des Stabilisierungsmomentes m und der Drehbettung c_ϑ

b) Örtliche Verformungen durch punktförmige Befestigung von Trapezblechen

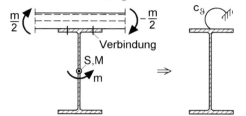
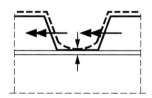

c) Überlagerung der drei Federsteifigkeiten

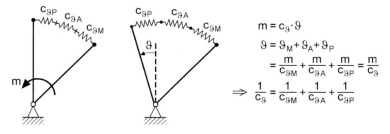

$m = c_\vartheta \cdot \vartheta$

$\vartheta = \vartheta_M + \vartheta_A + \vartheta_P$

$= \dfrac{m}{c_{\vartheta M}} + \dfrac{m}{c_{\vartheta A}} + \dfrac{m}{c_{\vartheta P}} = \dfrac{m}{c_\vartheta}$

$\Rightarrow \dfrac{1}{c_\vartheta} = \dfrac{1}{c_{\vartheta M}} + \dfrac{1}{c_{\vartheta A}} + \dfrac{1}{c_{\vartheta P}}$

Bild 10.14   Zur Berechnung der Drehbettung c_ϑ

Durch die *Drehbettung* werden stabilitätsgefährdete Träger gestützt, indem Stabilisierungsmomente m (Momente pro Länge) gemäß Bild 10.14a aktiviert werden, die die Verdrehungen ϑ reduzieren. Sie werden durch die Verdrehungen und die Biegesteifigkeit der *Stahltrapezprofile* hervorgerufen und müssen von den Trapezprofilen durch die Verbindungsmittel in den Träger eingeleitet werden. Die Nachgiebigkeit der Konstruktion führt dabei zu Verdrehungen ϑ_M, ϑ_A und ϑ_P, die sich aus der Biegung der Trapezprofile (Bild 10.13), der örtlichen Verformung im Bereich der Verbindung (Bild 10.14b) und aufgrund von Profilverformungen bei der Einleitung der

Stabilisierungsmomente am Obergurt und entsprechender Weiterleitung in den Querschnitt ergeben. Bild 10.14c zeigt anschaulich, dass es sich um hintereinander geschaltete Federn handelt. Da das Streckenmoment m durch alle Teile hindurch bzw. eingeleitet werden muss, kann die *Drehbettung* c_ϑ, wie in Gl. (10.1) angegeben, berechnet werden.

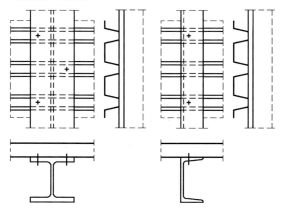

Bild 10.15   Beispiele für die Anordnung der Verbindungsmittel beim Anschluss der Trapezprofile, [9]

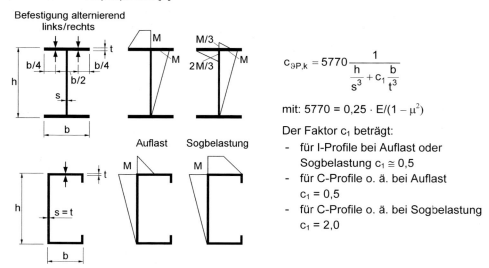

$$c_{\vartheta P,k} = 5770 \frac{1}{\dfrac{h}{s^3} + c_1 \dfrac{b}{t^3}}$$

mit: $5770 = 0{,}25 \cdot E/(1 - \mu^2)$

Der Faktor c_1 beträgt:
- für I-Profile bei Auflast oder Sogbelastung $c_1 \cong 0{,}5$
- für C-Profile o. ä. bei Auflast $c_1 = 0{,}5$
- für C-Profile o. ä. bei Sogbelastung $c_1 = 2{,}0$

Bild 10.16   Momentenzustände zur Ermittlung von $c_{\vartheta P}$ infolge Profilverformung, [58]

Der Drehbettungsanteil $c_{\vartheta P}$ infolge *Profilverformung* ist von der Art der Übertragung des Momentes zwischen dem zu stabilisierenden Träger und dem angrenzenden Bauteil abhängig. Wenn die flächenhafte Kontaktwirkung, die nur schwer zu erfassen ist, und die Abtragung über Torsionsmomente im Gurt unberücksichtigt bleiben, kann die Berechnung mit Hilfe von Bild 10.16 erfolgen. Bild 10.15 zeigt Beispiele zur Anordnung der Verbindungsmittel.

10.5 Stabilisierung durch konstruktive Details

Anmerkung: In DIN 18800 Teil 2 wird die Drehbettung c_ϑ mit dem Ziel ermittelt, einen Nachweis zu führen, dass eine ausreichende Drehbettung zur Behinderung der Verdrehungen vorhanden ist und keine weiteren Nachweise zum Biegedrillknicken erforderlich sind. Diese Art der Nachweisführung hat sich in der Baupraxis nicht durchgesetzt und wird hier daher nicht behandelt. Häufig wird aber die Drehbettung c_ϑ bei der Ermittlung des idealen Biegedrillknickmomentes $M_{Ki,y}$ berücksichtigt, was in DIN 18800 Teil 2 ausdrücklich erwähnt wird, s. auch Abschnitt 6.11. Man kann die Drehbettung auch bei den Nachweisen mit dem Ersatzimperfektionsverfahren ansetzen. Abschnitt 10.7 enthält dazu ein Beispiel.

10.5 Stabilisierung durch konstruktive Details

Bei der *Torsion* von Stäben treten primäre und sekundäre Torsionsmomente sowie Wölbbimomente auf. Diese Schnittgrößen führen zu Verdrehungen ϑ, Verdrillungen ϑ' und Querschnittsverwölbungen $u = -\omega \cdot \vartheta'$. Bild 10.17 zeigt beispielhaft einen Kragträger mit einem Lasttorsionsmoment M_{xL} am Stabende. Es soll durch ein Kräftepaar $F = M_{xL}/a_g$ in den Gurten eingeleitet werden, sodass die Lastabtragung über reine Wölbkrafttorsion erfolgt und die beiden Gurte je für sich als Biegeträger aufgefasst werden können. Die örtlichen Biegemomente und Querkräfte führen zu den angegebenen Spannungsverteilungen für σ_x und τ, die sich bei der Wölbkrafttorsion aus den Schnittgrößen M_ω und M_{xs} ergeben. Aus Bild 10.17 ist unmittelbar erkennbar, dass die Normalspannungen σ_x zu Verschiebungen u in Längsrichtung führen, sodass sich der Querschnitt am Kragarmende wie dargestellt verwölbt.

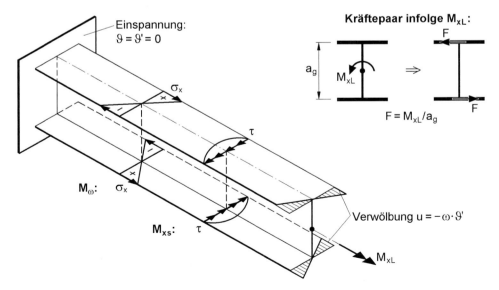

Bild 10.17 Verwölbung am Ende eines torsionsbeanspruchten Stabes

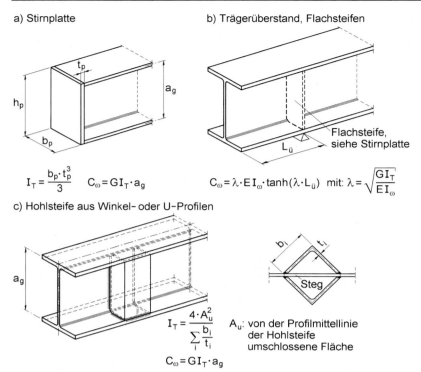

Bild 10.18 Wölbfedern C_ω infolge von Stirnplatten, Flachsteifen, Hohlsteifen und Trägerüberständen, [31]

Da die Verwölbung am Kragarmende keine ebene Fläche ist, würde sie behindert, wenn man beispielsweise eine Stirnplatte gemäß Bild 10.18a anordnet, was eine einspannende Wirkung bezüglich der Torsion verursacht. Ein vergleichbarer Effekt kann auch mit Trägerüberständen, Flachsteifen und Hohlsteifen erzielt werden. Rechnerisch können diese Konstruktionsdetails, wie in Bild 10.18 angegeben, mit Hilfe von Wölbfedern erfasst werden. Abschnitt 9.8.6 enthält ein Berechnungsbeispiel, in dem der günstige Einfluss von Trägerüberständen auf das Biegedrillknicken untersucht wird. Bei dem Beispiel in Abschnitt 10.7 werden *Wölbfedern* zur Stabilisierung herangezogen. Die virtuelle Arbeit infolge von *Wölbfedern* ist in Tabelle 9.3 enthalten.

10.6 Ausführungsbeispiel Sporthalle

Das Haupttragwerk der in Bild 10.19 dargestellten Sporthalle besteht aus Stahlbindern, die auf eingespannten Stahlbetonstützen gelenkig gelagert sind. Die Abmessungen der Halle betragen etwa 18 m × 30 m × 8 m. In den Giebelwänden befinden sich jeweils zwei Pendelstützen und die Binder werden dort unter Berücksichtigung ihrer Durchlaufwirkung nachgewiesen. Es wird ein einschaliges gedämmtes Stahltrapezprofildach gemäß Bild 10.20 ohne Pfetten ausgeführt und die Trapezprofile

10.6 Ausführungsbeispiel Sporthalle

werden von Binder zu Binder verlegt, sodass sie die Vertikallasten in Hallenlängsrichtung abtragen. Die Horizontallasten infolge Wind können von den eingespannten Stahlbetonstützen und in den Seitenwänden von den Stahlbetonscheiben in den Baugrund abgeleitet werden. Einzelheiten zur Aussteifung und Lastabtragung werden in Abschnitt 10.2 erläutert, s. auch Bild 10.6.

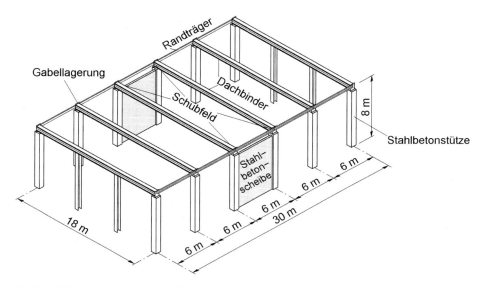

Bild 10.19 Haupttragwerk einer Sporthalle

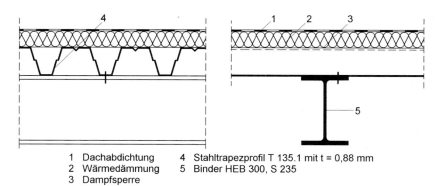

1 Dachabdichtung
2 Wärmedämmung
3 Dampfsperre
4 Stahltrapezprofil T 135.1 mit t = 0,88 mm
5 Binder HEB 300, S 235

Bild 10.20 Stahlbinder und Dacheindeckung der Sporthalle

Stabilität und Tragfähigkeit der inneren Dachbinder

Die inneren Dachbinder sind Einfeldträger, die durch eine Gleichstreckenlast $q_z = 9{,}5$ kN/m belastet werden, s. Bild 10.21. Sie erfasst, wie in Abschnitt 8.11 beim Zweigelenkrahmen, Lasten infolge Schnee, Wind, Dacheigengewicht, Bindereigengewicht und Installationen.

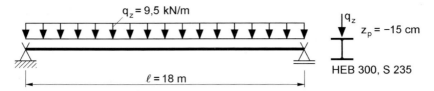

Bild 10.21   Baustatisches System zum Nachweis der Dachbinder

Aus den Tabellen in [30] können für das Walzprofil HEB 300 folgende Werte abgelesen werden:

$M_{pl,y,d} = 407{,}7$ kNm $V_{pl,z,d} = 389{,}4$ kN

$I_z = 8563$ cm^4 $I_T = 187{,}4$ cm^4 $I_\omega = 1651000$ cm^6

Die maximalen Schnittgrößen nach Theorie I. Ordnung können wegen

max $M_y = 9{,}5 \cdot 18^2/8 = 385$ kNm $< 407{,}7$ kNm $= M_{pl,y,d}$

max $V_z\ = 9{,}5 \cdot 18/2 =\ \ 86$ kNm $< 389{,}4$ kN $= V_{pl,z,d}$

vom Dachbinder aufgenommen werden. Da der Nachweis mit Abminderungsfaktoren nach Kapitel 5 geführt werden soll, wird zunächst das ideale Biegedrillknickmoment mit Gl. (6.23) berechnet:

$\zeta = 1{,}12$ (s. Tabelle 6.1) $z_p = -15$ cm

$$N_{Ki,z} = \frac{\pi^2 \cdot 21000 \cdot 8563}{1800^2} = 547{,}8 \text{ kN}$$

$$c^2 = \frac{1651000 + 0{,}039 \cdot 1800^2 \cdot 187{,}4}{8563} = 2958 \text{ cm}^2$$

$$M_{Ki,y} = 1{,}12 \cdot 547{,}8 \cdot \left(-0{,}5 \cdot 15 + \sqrt{0{,}25 \cdot 15^2 + 2958}\right)$$
$$= 29083 \text{ kNcm} = 290{,}8 \text{ kNm}$$

Wie zu erwarten war, ist $M_{Ki,y} = 290{,}8$ kNm deutlich kleiner als das vorhandene max $M_y = 385$ kNm, sodass entsprechende Stabilisierungsmaßnahmen erforderlich sind. Dazu wird zunächst der Einfluss der Drehbettung durch die Stahltrapezprofile berücksichtigt. Unter Verwendung von Abschnitt 10.4 kann die Drehbettung wie folgt ermittelt werden:

a) Biegesteifigkeit der Trapezprofile

$$c_{\vartheta M} = 2 \cdot \frac{EI_a}{a} = 2 \cdot \frac{21000 \cdot 344}{600 \cdot 100} = 240{,}8 \text{ kNm/m}$$

Gemäß Zulassung ist $I_a = I_{ef} = 344$ cm^4/m.

b) Nachgiebigkeit des Anschlusses

Für den hier vorliegenden Fall kann aus Tabelle 7 der DIN 18800 Teil 2 $\bar{c}_{\vartheta A} = 3{,}1$ kNm/m abgelesen werden (Positivlage, Auflast, Schrauben im Untergurt,

10.6 Ausführungsbeispiel Sporthalle

Schraubenabstand $2 \cdot b_r$). Wegen vorh b = 300 mm erhält man mit Gl. (11b) der DIN:

$c_{9A} = 3{,}1 \cdot 2{,}0 \cdot 1{,}25 = 7{,}75$ kNm/m

c) Profilverformung

Mit Bild 10.16 erhält man:

$$c_{9P} = \frac{5770}{30/1{,}1^3 + 0{,}5 \cdot 30/1{,}9^3} \cong 233 \text{ kNm/m}$$

d) Resultierende Drehbettung

$$\frac{1}{c_9} = \frac{1}{240{,}8} + \frac{1}{7{,}75} + \frac{1}{233} \Rightarrow c_9 = 7{,}27 \text{ kNm/m}$$

Wie man sieht hat die Nachgiebigkeit des Anschlusses den entscheidenden Einfluss auf die Drehbettung.

Das ideale Biegedrillknickmoment kann mit den in [34] angegebenen Näherungen unter Berücksichtigung der Drehbettung ermittelt werden. Hier wird, wie in Abschnitt 6.11 erläutert, das EDV-Programm KSTAB verwendet. Damit erhält man in Feldmitte:

$M_{Ki,y} = 486{,}7$ kNm

Die Vergrößerung aufgrund der Drehbettung ist mit über 60 % beträchtlich und der Nachweis mit Bedingung (5.4) kann wie folgt geführt werden:

$$\bar{\lambda}_M = \sqrt{\frac{407{,}7 \cdot 1{,}1}{486{,}7}} = 0{,}960$$

Anstelle von κ_M wird gemäß Abschnitt 5.10 als Abminderungsfaktor $\chi_{LT, mod} = 0{,}745$ angesetzt, s. Tabelle 5.2.

Nachweis: $\dfrac{385}{0{,}745 \cdot 407{,}7} = 1{,}27 > 1!$

Die Nachweisbedingung ist weit überschritten, sodass zusätzliche Stabilisierungsmaßnahmen erforderlich sind. Das mittlere Dachfeld wird, wie in Abschnitt 10.3 im Zusammenhang mit Bild 10.10 erläutert, als Schubfeld ausgebildet. Die Schubsteifigkeit kann mit den Kennwerten aus der Zulassung für das Trapezprofil T 135.1 bestimmt werden:

$K_1 = 0{,}232$ m/kN $\quad K_2 = 36{,}8$ m²/kN

Schubfeldlänge $L_S = 6$ m (in Profilrichtung!)

$$\text{vorh } S = \frac{10^4}{K_1 + K_2/L_S} \cdot L_S = \frac{10^4}{0{,}232 + 36{,}8/6} \cdot 6 = 9426 \text{ kN}$$

Die Binder in den Giebelwänden werden später nachgewiesen und das Schubfeld nur zur **Stabilisierung der vier inneren Binder** herangezogen. Auf einen Binder entfällt daher eine Schubsteifigkeit von

$S_i = $ vorh $S/4 \cong 2350$ kN

Für die Berechnung wird das Schubfeld am Obergurt des HEB 300, also bei z = –15 cm angesetzt. Mit dem EDV-Programm KSTAB erhält man folgende Ergebnisse:

$M_{Ki,y}$ = 936 kNm für S_i = 2350 kN und c_ϑ = 0
$M_{Ki,y}$ = 1332 kNm für S_i = 2350 kN und c_ϑ = 7,27 kNm/m

Das Schubfeld führt zu einer starken Erhöhung des idealen Biegedrillknickmomentes, sodass nun der Tragsicherheitsnachweis erfolgreich geführt werden kann:

$$\bar{\lambda}_M = \sqrt{\frac{407,7 \cdot 1,1}{1332}} = 0,580 \Rightarrow \chi_{LT,mod} = 0,952$$

Nachweis: $\dfrac{385}{0,952 \cdot 407,7} = 0,992 < 1$

Nachweis des Schubfeldes

Der hier nunmehr erfolgreich geführte Nachweis setzt die Ausbildung eines Schubfeldes voraus. Im mittleren Dachfeld, s. Bild 10.19, müssen die Stahltrapezprofile in **jeder** Profilrippe mit den beiden Dachbindern verbunden werden. Darüber hinaus werden Randträger benötigt, da die Schubfeldwirkung nur erzielt werden kann, wenn die Profile auch im Bereich der Seitenwände entsprechend befestigt werden. Die Randträger werden von Giebelwand zu Giebelwand durchgeführt, damit die Horizontallasten infolge Wind auf die Giebelwände in die Stahlbetonscheiben der Seitenwände eingeleitet werden können.

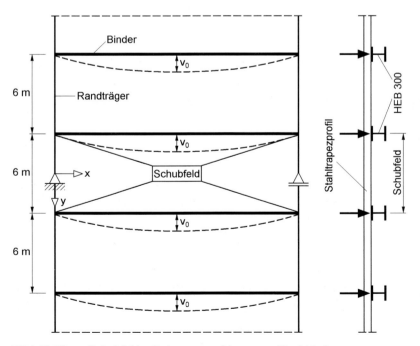

Bild 10.22   Schubfeld mit vier angeschlossenen Dachbindern

10.6 Ausführungsbeispiel Sporthalle

Zur Ermittlung der Beanspruchungen des Schubfeldes wird von Bild 10.22 ausgegangen. Da das Stahltrapezprofil die gedrückten Binderobergurte der HEB 300 miteinander verbindet, entspricht das Gesamtsystem weitgehend einem schubweichen Stab, der mit einem mehrteiligen Druckstab vergleichbar ist. Gemäß DIN 18800 Teil 2 wird daher als geometrische Ersatzimperfektion eine Vorkrümmung mit

$v_0 = \ell/500 = 1800/500 = 3{,}6$ cm

angesetzt und die Schnittgrößen mit dem EDV-Programm KSTAB nach Theorie II. Ordnung ermittelt. Bei dieser Berechnung wird $\gamma_M = 1{,}1$ angesetzt und eine Drehbettung $c_{9,d} = 7{,}27/1{,}1 = 6{,}6$ kNm/m sowie eine Schubsteifigkeit $S_d = 2350/1{,}1 \cong 2140$ kN berücksichtigt. Als Ergebnis erhält man den in Bild 10.23 dargestellten Querkraftverlauf aufgrund der Schubsteifigkeit und ein Streckentorsionsmoment aufgrund der Drehbettung.

Querkraft V_S infolge Steifigkeit S_d des Schubfeldes

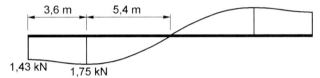

Streckentorsionsmoment m_x infolge Drehbettung $c_{9,d}$

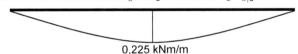

Bild 10.23 Querkraft infolge Schubfeld und Streckentorsionsmoment infolge Drehbettung für **einen** Binder

Da das Schubfeld vier Dachbinder stabilisiert, ergibt sich die maximale Querkraft zu:

max $V_S = 4 \cdot 1{,}75 = 7{,}0$ kN

Damit folgt für den Schubfluss:

max T = max $V_S/L_S = 7{,}0/6{,}0 = 1{,}17$ kN/m

Der zulässige **Schubfluss für das Stahltrapezprofil** T 135.1 mit t = 0,88 mm ergibt sich wie folgt:

vorh $L_S = 6$ m > min $L_S = 4{,}7$ m

$\Rightarrow$ zul $T_1 = 1{,}97$ kN/m und zul $T_2 = 2{,}52$ kN/m

vorh $L_S = 6$ m > $L_G = 5{,}6$ m

$\Rightarrow$ zul T_3 ist nicht maßgebend.

Da die zulässigen Schubflüsse für das Gebrauchslastniveau gelten (altes Sicherheitskonzept) ist der Nachweis wie folgt zu führen:

max $T = 1{,}17$ kN/m $< 1{,}97 \cdot 1{,}35 \cdot 1{,}1 = 2{,}93$ kN/m = zul $T_1 \cdot \gamma_F \cdot \gamma_M$

Neben der Querkraft ergibt sich gemäß Bild 10.23 auch ein Streckentorsionsmoment m_x, das die **Stahltrapezprofile auf Biegung** beansprucht. Da das maximal aufnehmbare Biegemoment des Profils max $M_{B,k}$ = 12,7 kNm/m ist, spielt die Zusatzbeanspruchung durch das m_x keine Rolle. Die Schnittgrößen in Bild 10.23 werden nicht nur für die Bemessung der Stahltrapezprofile benötigt. Sie sind auch für die folgenden Nachweise anzusetzen:

- Verbindung der Profiltafeln untereinander (V_S)
- Befestigung der Trapezprofile auf den Randträgern (V_S)
- Befestigung der Trapezprofile auf den Dachbindern (V_S und m_x)

Die entsprechenden Nachweise werden hier nicht geführt, jedoch noch die Zusatzbeanspruchung der Binderobergurte als Bestandteil des Schubfeldes ermittelt. Dazu wird der Querkraftverlauf in Bild 10.23 herangezogen, in Bild 10.24 linearisiert und Gleichstreckenlasten ermittelt, die zu dem linearisierten Querkraftverlauf führen. Mit diesem Ersatzsystem kann das maximale Biegemoment M_z des Schubfeldes wie folgt ermittelt werden:

$$\max M_z = 5{,}72 \cdot 9{,}0 + 0{,}36 \cdot 3{,}6 \cdot (5{,}4 + 1{,}8) - 1{,}30 \cdot 5{,}4^2/2 = 41{,}9 \text{ kNm}$$

Damit ergibt sich die maximale Gurtkraft N = 41,9/6,0 = 7,0 kN und eine zusätzliche Spannung in den Binderobergurten

$$\Delta\sigma = \frac{7{,}0}{1{,}9 \cdot 30} = 0{,}12 \text{ kN}/\text{cm}^2 ,$$

die für die Bemessung der Binder unbedeutend ist.

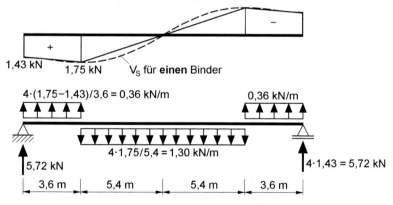

Bild 10.24 Ersatzsystem zur Ermittlung von M_z für

Anmerkungen: Die **Tragfähigkeit der Dachbinder** wurde mit **Abminderungsfaktoren** nachgewiesen und dabei das ideale Biegedrillknickmoment $M_{Ki,y}$ unter Berücksichtigung der Schubsteifigkeit des Schubfeldes und der Drehbettung durch die Stahltrapezprofile verwendet. Da der Nachweis des **Schubfeldes** mit dem **Ersatzimperfektionsverfahren** geführt wurde, ist es im Hinblick auf die Verringerung des Rechenaufwandes sinnvoll, auch die Dachbinder mit diesem Verfahren nachzuweisen. Abschnitt 10.7 enthält ein vergleichbares Beispiel.

10.6 Ausführungsbeispiel Sporthalle

Die Beanspruchungen des Schubfeldes wurden hier mit dem EDV-Programm KSTAB berechnet. Als Alternative dazu kann man sie auch mit Handrechnungen ermitteln, beispielsweise durch die Idealisierung als mehrteiliger Druckstab und der Verwendung von Vergrößerungsfaktoren. Dies führt aber zu unrealistisch großen Querkräften im Schubfeld. Da sich die Querkräfte auch auf die Dimensionierung der Verbindungsmittel auswirken, wurde neben der Schubsteifigkeit auch die Drehbettung berücksichtigt, sodass man ein EDV-Programm für die Schnittgrößenermittlung nach Theorie II. Ordnung benötigt.

Stabilität und Tragfähigkeit der äußeren Dachbinder

Da die Sporthalle später möglicherweise erweitert werden soll, werden auch im Bereich der Giebelwände Walzprofile HEB 300 angeordnet. Der Nachweis wird für das baustatische System in Bild 10.25 geführt und dabei die Unterstützung der Binder durch die Pendelstützen in den Drittelspunkten berücksichtigt.

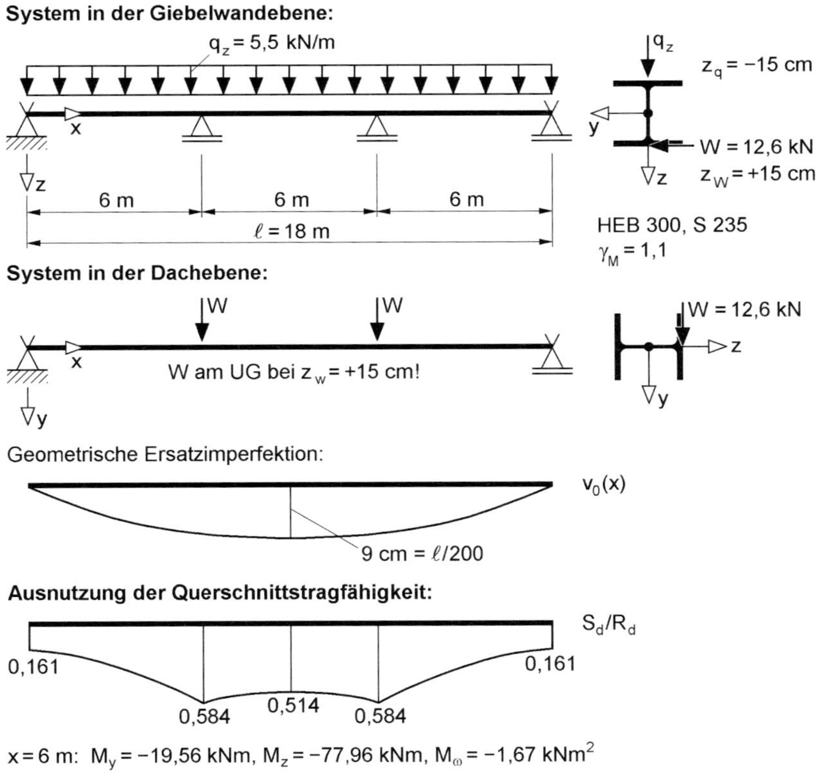

System in der Giebelwandebene:

$q_z = 5{,}5$ kN/m

$z_q = -15$ cm

$W = 12{,}6$ kN

$z_W = +15$ cm

6 m | 6 m | 6 m

$\ell = 18$ m

HEB 300, S 235
$\gamma_M = 1{,}1$

System in der Dachebene:

W am UG bei $z_w = +15$ cm!

$W = 12{,}6$ kN

Geometrische Ersatzimperfektion:

$v_0(x)$

9 cm = $\ell/200$

Ausnutzung der Querschnittstragfähigkeit:

S_d/R_d

0,161 — 0,584 — 0,514 — 0,584 — 0,161

x = 6 m: $M_y = -19{,}56$ kNm, $M_z = -77{,}96$ kNm, $M_\omega = -1{,}67$ kNm²

Bild 10.25 Nachweis der äußeren Dachbinder

Als vertikale Belastung wird aufgrund der geringeren Lasteinzugsfläche $q_z = 5{,}5$ kN/m angesetzt. Hinzu kommen Horizontallasten infolge Winddruck auf die Giebelwand, die über die Pendelstützen in den Binder eingeleitet werden. Dabei wird angenommen, dass sie aufgrund der konstruktiven Ausbildung am Untergurt der Binder wirken. Die Windlasten können wie in Abschnitt 10.7.3 bestimmt werden und ergeben sich mit $\gamma_F = 1,5$ auf der sicheren Seite zu W = 0,525 · 4 · 6 = 12,6 kN. Abtriebskräfte aus den Pendelstützen werden vernachlässigt.

Der Binder in Bild 10.25 wird planmäßig durch zweiachsige Biegung und, wegen des Lastangriffs von W am Untergurt, durch Torsion beansprucht. Da das Biegedrillknicken zu untersuchen ist, wird eine einwellige geometrische Ersatzimperfektion mit $v_0 = \ell/200 = 9$ cm gemäß Abschnitt 7.2 angesetzt, beim Nachweis der Querschnittstragfähigkeit α_{pl} begrenzt und der Nachweis mit dem Ersatzimperfektionsverfahren geführt. Eine Berechnung mit dem EDV-Programm KSTAB führt zu der in Bild 10.25 unten dargestellten Ausnutzung der Querschnittstragfähigkeit. Wegen max S_d/R_d = 0,584 ist die Tragfähigkeit des Binders bei weitem nicht ausgenutzt. Da Abschnitt 9.8, und dort insbesondere Abschnitt 9.8.5, ausführliche Beispiele zum Tragverhalten und zur Tragfähigkeit enthält, kann hier auf eine detaillierte Wiedergabe der Schnittgrößenverläufe verzichtet werden. An den maßgebenden Bemessungspunkten, bei x = 6 m und 12 m, ergeben sich M_y = –19,56 kNm, M_z = –77,96 kNm und M_ω = –1,67 kNm². Mit diesen Schnittgrößen ist die Querschnittstragfähigkeit zu 57,8 % ausgenutzt, sodass die anderen Schnittgrößen bei x = 6 und 12 m praktisch keinen Einfluss haben.

Anmerkungen: Bei dem Binder in Bild 10.25 wird das Biegedrillknicken mit planmäßiger Torsion nachgewiesen. In Abschnitt 5.8 wird für diesen Beanspruchungsfall ein Nachweis mit Abminderungsfaktoren geführt.

10.7 Ausführungsbeispiel eingeschossige Halle

10.7.1 Vorbemerkungen

In Bild 10.7 ist eine stahlbautypische Halle von etwa 30 m Länge, 20 m Breite und 8 m Höhe dargestellt. Die Bauteile sind in Abschnitt 10.3 zusammengestellt und es werden dort die Ableitung planmäßiger Horizontallasten, die Stabilisierung und die Ableitung von Abtriebskräften erläutert. In den folgenden Abschnitten werden die Stabilität der Zweigelenkrahmen sowie der Nachweis der Dach- und Wandverbände behandelt.

10.7.2 Stabilität der Zweigelenkrahmen

Die Berechnung der Zweigelenkrahmen **in der Rahmenebene** wird in Abschnitt 8.11 unter Berücksichtigung des Biegeknickens ausführlich behandelt. Das baustatische System ist in Bild 8.54 und die konstruktive Ausbildung der Rahmenecken ist in Bild 8.55 dargestellt, s. auch Bild 10.26. Tabelle 8.7 enthält bemessungsrelevante Schnittgrößen für zwei Lastfallkombinationen.

10.7 Ausführungsbeispiel eingeschossige Halle

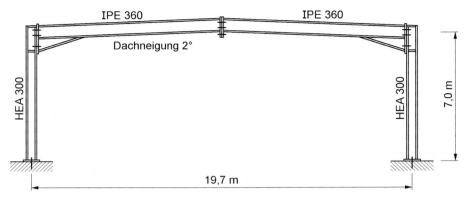

Bild 10.26 Konstruktion und Abmessungen der Zweigelenkrahmen

Zur Vereinfachung der Nachweisführung wird die in den Abschnitten 5.11 und 6.5 beschriebene Methode „Aufteilung in Teilsysteme" verwendet und die Zweigelenkrahmen werden in **Rahmenstiele** und **Rahmenriegel** unterteilt. Bei der Definition der Ersatzsysteme wird angenommen, dass die Rahmenecken senkrecht zur Rahmenebene unverschieblich gehalten sind, was durch entsprechend steife Wandverbände gewährleistet werden muss. Darüber hinaus wird von Gabellagern in den Rahmenecken ausgegangen, da die Verdrehungen durch die Biegesteifigkeit der angrenzenden Bauteile um die schwache Achse behindert werden.

Stabilität der Rahmenstiele

Gemäß Tabelle 8.7 ergeben sich bei Lastfallkombination 2 die größten Beanspruchungen im **rechten** Stiel des Zweigelenkrahmens. Es wird daher das in Bild 10.27 dargestellte Ersatzsystem untersucht, bei dem Biegeknicken um die schwache Achse des HEA 300 oder Biegedrillknicken infolge N und M_y maßgebend werden kann. Bei der Normalkraft N am Stützenkopf wird ergänzend zu Tabelle 8.7 das Eigengewicht der Stütze berücksichtigt.

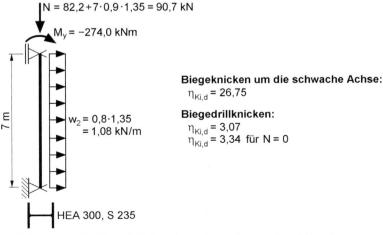

Bild 10.27 Rechter Stiel des Zweigelenkrahmens in Bild 8.54

Beim Biegeknicken um die schwache Achse erhält man für den Eulerfall II $\eta_{Ki,d}$ = 26,75 > 10, sodass dieser Fall nicht weiter verfolgt zu werden braucht. Maßgebend ist das Biegedrillknicken, für das sich mit dem EDV-Programm KSTAB $\eta_{Ki,d}$ = 3,07 ergibt. Da für N = 0 $\eta_{Ki,d}$ = 3,34 ist, hat die Drucknormalkraft auf das Biegedrillknicken nur einen geringfügigen Einfluss. Der Nachweis wird nach Abschnitt 5.6 mit Bedingung (5.12) geführt, jedoch anstelle von κ_M der Abminderungsfaktor $\chi_{LT,mod}$ gemäß Abschnitt 5.9 verwendet. Maßgebend ist der Querschnitt am Stützenkopf, weil dort das betragsmäßig größte Biegemoment auftritt, s. auch Bild 10.28.

$N_{pl,d}$ = 2455 kN $M_{pl,y,d}$ = 301,8 kNm   (aus [30])

$N_{Ki,z,d}$ = 26,75 · 90,7 = 2426 kN $\Rightarrow \bar{\lambda}_{K,z}$ = 1,006   und κ_z = 0,536   für Linie c

$M_{Ki,y,d}$ = 3,34 · 274,0 = 915,2 kNm $\Rightarrow \bar{\lambda}_M$ = 0,574

Mit k_c = 1/1,33 nach Tabelle 5.7 folgt $\chi_{LT,mod}$ = 1,0.

$a_y \cong 0,15 \cdot 1,006 \cdot 1,8 - 0,15 = 0,12 < 0,9$

$k_y = 1 - \dfrac{90,7}{0,536 \cdot 2455} \cdot 0,12 = 0,992 < 1$

Nachweis: $\dfrac{N}{\kappa_z \cdot N_{pl,d}} + \dfrac{M_y}{\chi_{LT,mod} \cdot M_{pl,y,d}} \cdot k_y = 0,069 + 0,901 = 0,970 < 1$

Der Nachweis kann mit Bedingung (5.12), wie man sieht, erfolgreich geführt werden, sodass der Rahmenstiel in Bild 10.27 ohne seitliche Zwischenabstützungen eine ausreichende Tragsicherheit aufweist. Da das Tragverhalten des Rahmenstiels mit dem **Ersatzimperfektionsverfahren** zutreffender erfasst werden kann, wird der Nachweis im Folgenden auch mit diesem Verfahren geführt.

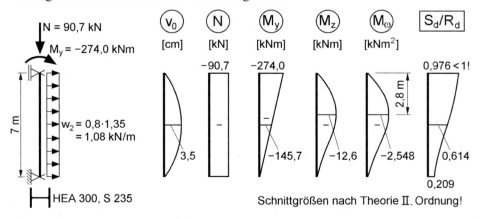

Bild 10.28   Nachweis des rechten Rahmenstiels mit dem Ersatzimperfektionsverfahren

Welche geometrischen Ersatzimperfektionen anzusetzen sind, wird ausführlich in Abschnitt 7.2 erläutert. Wegen h/b < 1,2 beim HEA 300 ergibt sich nach DIN 18800

10.7 Ausführungsbeispiel eingeschossige Halle

Teil 2 $v_0 = \ell/400$. Gemäß Abschnitt 7.2 wird jedoch eine Vorkrümmung mit $v_0 = \ell/200 = 700/200 = 3{,}5$ cm gewählt und $\alpha_{pl,z}$ beim Nachweis der Querschnittstragfähigkeit begrenzt. Bild 10.28 enthält mit dem EDV-Programm KSTAB berechnete Ergebnisse. Das Biegemoment M_z um die schwache Achse und das Wölbbimoment M_ω ergeben sich aufgrund der geometrischen Ersatzimperfektionen und der Berechnung nach Theorie II. Ordnung. Wie man sieht, ist auch beim Ersatzimperfektionsverfahren der Querschnitt am Stützenkopf für die Bemessung maßgebend, da dort die maximale Ausnutzung der Querschnittstragfähigkeit mit $S_d/R_d = 0{,}976 < 1$ auftritt. Bei diesem Beispiel führen die Schnittgrößen M_z und M_ω nicht dazu, dass S_d/R_d im Feldbereich größer als am Stützenkopf ist.

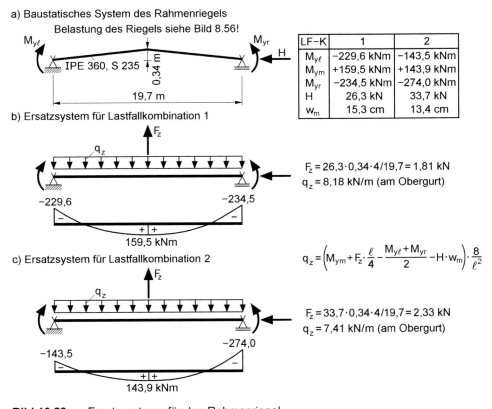

Bild 10.29 Ersatzsysteme für den Rahmenriegel

Biegedrillknicken der Rahmenriegel

Zur Untersuchung der Rahmenriegel wird von dem baustatischen System in Bild 10.29a ausgegangen und es werden die in Abschnitt 8.11 in der Rahmenebene ermittelten Schnittgrößen angesetzt. Die Nachweise werden für die Lastfallkombinationen 1 und 2 mit den in der Tabelle angegebenen Biegemomenten und H-Lasten geführt. Da die Dachneigung gering ist, werden ersatzweise **gerade** Rahmenriegel betrachtet und zwecks Anpassung der Momentenverläufe nach oben wirkende Einzellasten F_z in Feldmitte nach oben eingeführt. Sie ergeben sich aus der Bedingung:

$$F_z \cdot \frac{\ell}{4} = H \cdot 0{,}34 \text{ m}$$

Als eine weitere Vereinfachung werden nicht die Lasten auf dem Riegel gemäß Bild 8.56 angesetzt, sondern ersatzweise durchgehende Gleichstreckenlasten q_z. Sie werden, wie in Bild 10.29 angegeben, so festgelegt, dass sich die in Feldmitte vorhandenen Biegemomente M_{ym} ergeben.

Es ist natürlich aussichtslos, für die Ersatzsysteme in Bild 10.29 Biegedrillknicknachweise zu führen. Ohne Stabilisierungsmaßnahmen erhält man mit dem EDV-Programm KSTAB für die beiden Systeme $\eta_{Ki,d} = 0{,}220$ und $\eta_{Ki,d} = 0{,}237$, sodass kein stabiles Gleichgewicht vorhanden ist. Aufgrund ihrer Länge von 19,70 m sind die Riegel aus Walzprofilen IPE 360 viel zu schlank und müssen daher stabilisiert werden, was durch den Dachverband (seitliche Abstützung) und die Stahltrapezprofile (Drehbettung) erreicht wird. Allein mit einem Dachverband kann man jedoch hochausgenutzte Systeme wie die Rahmenriegel in Bild 10.29 nicht ausreichend stabilisieren, weil positive und negative Biegemomente vorhanden sind, die bereichsweise im Obergurt (Feldmitte) bzw. im Untergurt (Riegelenden) zu **Druckkräften** führen.

Selbst wenn die Rahmenriegel **kontinuierlich seitlich unverschieblich** gehalten würden, wären zusätzliche Stabilisierungsmaßnahmen erforderlich. Bild 10.30 können Verzweigungslastfaktoren $\eta_{Ki,d}$ für unterschiedliche Höhenlagen der seitlichen Abstützung entnommen werden. Der entsprechende Paramter z_{Lager} ist auf der **vertikalen** Achse aufgetragen, damit die Höhenlage der Abstützung des Riegelprofils unmittelbar erkennbar ist. Beispielhaft wird hier die Lastfallkombination 2 untersucht und $\eta_{Ki,d}$ für $c_9 = 0$ ermittelt. Bild 10.30 zeigt, dass der Verzweigungslastfaktor für alle untersuchten Höhenlagen kleiner als Eins ist. Das System befindet sich daher nicht im stabilen Gleichgewicht und muss durch weitere Maßnahmen stabilisiert werden. Unter Berücksichtigung der Drehbettung durch die Stahltrapezprofile ergibt sich ein deutlicher Anstieg von $\eta_{Ki,d}$, wobei sich max $\eta_{Ki,d} = 4{,}645$ für $z_{Lager} = -1$ cm ergibt.

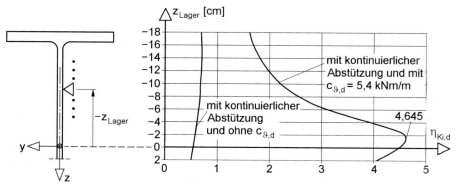

Bild 10.30 Verzweigungslastfaktor $\eta_{Ki,d}$ für unterschiedliche Höhenlagen einer kontinuierlichen seitlichen Abstützung

10.7 Ausführungsbeispiel eingeschossige Halle

Anmerkung: Die Berechnungen für Bild 10.30 sind mit dem EDV-Programm KSTAB durchgeführt worden. Da exzentrische Lager nicht unmittelbar eingegeben werden können, wurden ersatzweise sehr steife außermittige Streckenfedern c_v berücksichtigt.

Eine kontinuierliche seitliche Abstützung liegt hier nicht vor, weil der Dachverband nur in Feldmitte und in den Viertelspunkten an die Rahmenriegel angeschlossen ist. Da **ein** Dachverband eine Dachhälfte stabilisiert, wird für die Nachweise von Bild 10.31 ausgegangen und angenommen, dass der Winddruck auf die windseitige Giebelwand gemäß Abschnitt 10.7.3 in die Verbandsebene eingeleitet wird. Da der Verband außermittig bei $z_{VB} = -9$ cm angeordnet ist, ergeben sich infolge Winddruck für die Riegel Torsionsbeanspruchungen. Sie sind im vorliegenden Fall gering und werden daher vernachlässigt.

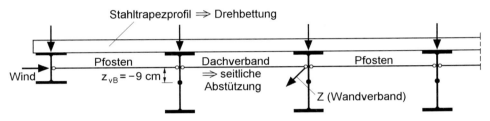

Bild 10.31   Zur Stabilisierung der Rahmenriegel

Die Skizze in Bild 10.31 zeigt, dass die vier Rahmenriegel durch die Stahltrapezprofile und den Dachverband stabilisiert werden. Der Dachverband nimmt Windlasten und Stabilisierungslasten auf und gibt die Windlasten an die Verbände in den Seitenwänden ab.

Für den Nachweis der Rahmenriegel wird zunächst die Dacheindeckung berücksichtigt und die Drehbettung aufgrund der Stahltrapezprofile ermittelt. Da es sich um die gleichen Trapezprofile wie in Abschnitt 10.6 handelt, kann auf die dort durchgeführte Berechnung zurückgegriffen werden. Bei analoger Vorgehensweise erhält man

$$c_{9M} = 289 \text{ kNm/m}, \quad c_{9A} = 6,60 \text{ kNm/m}, \quad c_{9P} = 77,5 \text{ kNm/m}$$

und als resultierende **Drehbettung**:

$$\frac{1}{c_9} = \frac{1}{289} + \frac{1}{6,60} + \frac{1}{77,5} \Rightarrow c_9 = 5,96 \text{ kNm/m} \quad \text{und} \quad c_{9,d} \cong 5,4 \text{ kNm/m}$$

Die Berücksichtigung der Drehbettung führt zu $\eta_{Ki,d} = 0{,}662$ für das System in Bild 10.29b und $\eta_{Ki,d} = 0{,}675$ für das System in Bild 10.29c. Sie ist, wie zu erwarten, nicht ausreichend, sodass nun zusätzlich die in Bild 10.7 dargestellten Dachverbände zur Stabilisierung der Rahmenriegel herangezogen werden. Sie bestehen aus druckweichen Diagonalen ⌀ 20 (Rundstäbe) und Pfosten aus Rohren 76,1 × 4,0 und natürlich den Rahmenriegeln als Gurte der Fachwerke.

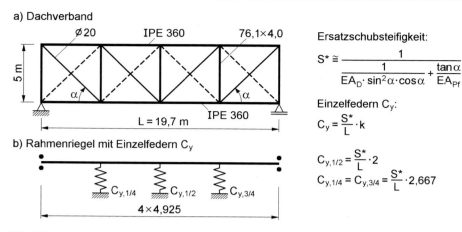

Bild 10.32 Ersatz des Dachverbandes durch Einzelfedern

Das baustatische System eines Dachverbandes ist in Bild 10.32 dargestellt. Der Verband wird, wie in [48] beschrieben, unter Verwendung seiner **Schubsteifigkeit** durch Einzelfedern ersetzt. Mit Hilfe von Bild 10.32 erhält man:

$$S^* = \frac{1}{\frac{7{,}02^3}{21000 \cdot 3{,}14 \cdot 5^2 \cdot 4{,}925} + \frac{5}{21000 \cdot 9{,}06 \cdot 4{,}925}} = 20860 \text{ kN}$$

Zwei Dachverbände müssen gemäß Bild 10.7 fünf innere und zwei äußere Rahmenriegel stabilisieren. Da bei den äußeren Rahmenriegeln nur die halbe Belastungsbreite eingeht, wird für einen Rahmenriegel die folgende Ersatzschubsteifigkeit berücksichtigt.

$$S_1^* = \frac{2 \cdot S^*}{0{,}5 + 5 + 0{,}5} = 6950 \text{ kN}$$

Damit ergeben sich in Feldmitte und in den Viertelspunkten die **Einzelfedern**:

$C_{y,1/2} = 6950/1970 \cdot 2 = 7{,}06$ kN/cm

$C_{y,1/4} = C_{y,3/4} = 6950/1970 \cdot 2{,}667 = 9{,}41$ kN/cm

Unter Berücksichtigung von $\gamma_M = 1{,}1$ werden für die Berechnung 6,4 kN/cm und 8,5 kN/cm angesetzt und die Lage des Verbandes wird gemäß Bild 10.33 bei $z_{VB} = -9$ cm angenommen, siehe auch Bild 10.31.

Gemäß Bild 8.55 werden die Rahmenriegel mit Hilfe von Stirnplatten und Schrauben an die Rahmenstiele angeschlossen. Die **Stirnplatten** wirken, wie in Abschnitt 10.5 erläutert, als **Wölbfedern** und werden zur Stabilisierung herangezogen, weil die Riegel hoch ausgenutzt sind. Die Wölbfedern werden unter Verwendung von Bild 10.18a für ein Walzprofil IPE 360 berechnet und als Stirnplattendicke $t_p = 25$ mm angesetzt:

$$C_{\omega,d} = 17 \cdot 2{,}5^3 \cdot (36{,}0 - 1{,}27) \cdot 8100/(3 \cdot 1{,}1) = 22{,}643 \cdot 10^6 \text{ kNcm}^3$$

10.7 Ausführungsbeispiel eingeschossige Halle

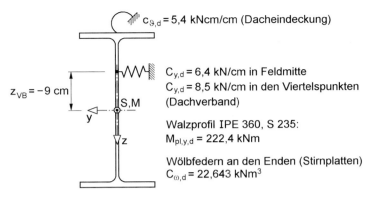

Bild 10.33 Drehbettung c_ϑ, Wegfedern C_y und Wölbfedern C_ω zur Stabilisierung der Rahmenriegel

Berechnungen mit dem EDV-Programm KSTAB führen unter Berücksichtigung der Stabilisierungsmaßnahmen in Bild 10.33 zu $\eta_{Ki,d}$ = 1,563 für das System in Bild 10.29b und zu $\eta_{Ki,d}$ = 1,489 für Lastfallkombination 2. Beispielhaft wird nun der Nachweis mit dem κ_M-Verfahren für das maximale Feldmoment in Bild 10.29b (LF-K1) geführt. Für diesen Nachweis werden $M_{Ki,y}$ und $N_{Ki,z}$ für die alleinige Wirkung von M_y und N benötigt. Mit KSTAB erhält man für diese Beanspruchungen $\eta_{Ki,M}$ = 1,609 und $\eta_{Ki,N}$ = 30,03. Damit kann der Nachweis wie folgt geführt werden:

$M_{Ki,y,d}$ = 1,609 · 159,5 = 256,6 kNm

$$\bar{\lambda}_M = \sqrt{\frac{222,4}{256,6}} = 0,931 \quad \Rightarrow \quad \chi_{LT,mod} = 0,716 \quad \text{(mit } k_c = 0,90 \text{ nach Tab. 5.7)}$$

$N_{Ki,z,d}$ = 30,03 · 26,3 = 789,8 kN

$$\bar{\lambda}_{K,z} = \sqrt{\frac{1587}{789,8}} = 1,42 \quad \Rightarrow \quad \kappa_z = 0,373 \quad \text{(s. Tabelle 3.2)}$$

$$\beta_{M,y} = 1,11 + \frac{391,6}{394} \cdot (1,3 - 1,11) = 1,30$$

$a_y = 0,15 \cdot 1,42 \cdot 1,30 - 0,15 = 0,127 < 0,9$

$$k_y = 1 - \frac{26,3}{0,373 \cdot 1587} \cdot 0,127 = 0,994 < 1$$

Nachweis: $\dfrac{26,3}{0,373 \cdot 1587} + \dfrac{159,5}{0,716 \cdot 222,4} \cdot 0,994 = 0,044 + 0,996 = 1,040 > 1$

Wie man sieht, kann mit Bedingung (5.12) in Feldmitte keine ausreichende Tragsicherheit nachgewiesen werden. Andererseits liegt der Nachweis mit $\chi_{LT,mod}$ für k_c = 0,90 auf der sicheren Seite, weil für den Momentenverlauf in Bild 10.29b ein günstigerer k_c-Wert zu erwarten ist. Darüber hinaus ist die Eigenform nicht einwellig, was aber Grundlage der Korrekturbeiwerte und der Abminderungsfaktoren in Abschnitt 5.9 ist. Es ist daher zweckmäßig, das Ersatzimperfektionsverfahren zu verwenden. Mit diesem Verfahren kann eine ausreichende Tragsicherheit nachgewiesen werden, was hier nicht dargestellt wird, weil die Lastfallkombination 2 mit dem Ersatzimperfektionsverfahren untersucht wird.

Bei dieser Lastfallkombination treten gemäß Bild 10.29c am rechten Riegelende große negative Biegemomente auf. Dort sind zwar gemäß Bild 8.55 Vouten vorhanden, es ist aber zu erwarten, dass der Querschnitt am Voutenende für die Bemessung maßgebend ist. Der Verzweigungslastfaktor beträgt $\eta_{Ki,d}$ = 1,489 (s. oben) und die zugehörige Eigenform, ermittelt mit KSTAB, ist in Bild 10.34 dargestellt. Wie man sieht, haben die Verformungsfunktionen v(x) und ϑ(x) am **rechten** Riegelende ausgeprägte Amplituden, sodass das Biegedrillknicken aufgrund des großen negativen Randmomentes ausschlaggebend ist. Die Verschiebungsfunktion v(x) ist vierwellig, klingt aber von rechts nach links stark ab. Im Bereich der Einzelfedern sind die Verschiebungen näherungsweise gleich Null, sodass das Biegedrillknicken zwischen den Verbandspfosten maßgebend ist. Wie in Bild 10.34 unten skizziert, wird eine vierwellige geometrische Ersatzimperfektion gewählt und als Stich der Vorkrümmung wird gemäß Abschnitt 7.2 $v_0 = \ell_i/200 = 492{,}5/200 = 2{,}47$ cm angesetzt.

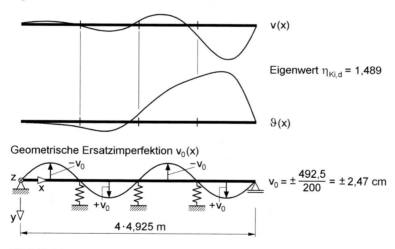

Bild 10.34 Eigenform für das System in Bild 10.29c und geometrische Ersatzimperfektion v_0

Zum Nachweis ausreichender Tragsicherheit werden die Schnittgrößen mit dem EDV-Programm KSTAB berechnet und dabei die Stabilisierungsmaßnahmen gemäß Bild 10.33 sowie die geometrischen Ersatzimperfektionen berücksichtigt. Ausgewählte Ergebnisse sind in Bild 10.35 mit den bemessungsrelevanten Schnittgrößen zusammengestellt. Unten im Bild ist die mit dem Teilschnittgrößenverfahren ermittelte Ausnutzung der Querschnittstragfähigkeit S_d/R_d dargestellt, bei der durchgehend ein Walzprofil IPE 360 Berücksichtigung findet. Da am rechten Riegelende Überschreitungen bis zu 42,1 % auftreten, muss die Tragfähigkeit der Voute (s. Bild 8.55) gesondert nachgewiesen werden. Auf diesen Nachweis wird an dieser Stelle verzichtet.

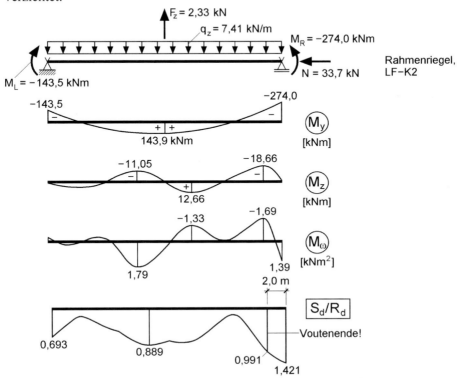

Bild 10.35 Maßgebende Schnittgrößen für die Bemessung des Rahmenriegels in Bild 10.29c und Ausnutzung der Querschnittstragfähigkeit S_d/R_d

Anmerkungen: Die erhöhte Steifigkeit im Bereich der Vouten ist bei den Berechnungen vernachlässigt worden. Darüber hinaus könnte nach dem Kommentar zur DIN 18800 [58] eine höhere Drehbettung angesetzt werden, die aus einer günstigeren Beurteilung der Anschlusssteifigkeit (Beiwerte k_t und k_a) resultiert.

10.7.3 Dachverbände

Die beiden Dachverbände in Bild 10.7 dienen zur Ableitung der Horizontallasten infolge Wind und zur Stabilisierung der biegedrillknickgefährdeten Rahmenriegel. **Zunächst werden nur die Horizontallasten infolge Wind berücksichtigt und die Verbandsstäbe mit den entsprechenden Schnittgrößen nachgewiesen.** Da eine umlaufende Attika vorhanden ist, wird gemäß Bild 8.54 als Höhe für die Giebelwand h = 8 m angesetzt. Aus dem Lastfall „Wind in Hallenlängsrichtung" ergeben sich für die Windlastzone 1 folgende Flächenlasten:

- Winddruck auf die windseitige Giebelwand
  $w = \gamma_F \cdot c_{pe} \cdot q = 1{,}5 \cdot 0{,}7 \cdot 0{,}5 = 0{,}525 \text{ kN/m}^2$
- Windsog an der windabgewandten Giebelwand
  $w = 1{,}5 \cdot 0{,}3 \cdot 0{,}5 = 0{,}225 \text{ kN/m}^2$

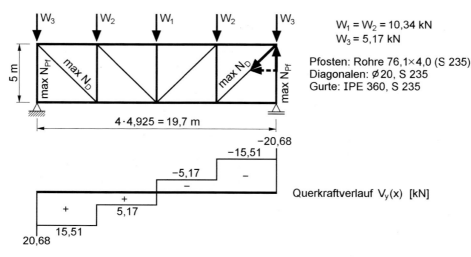

Bild 10.36 Dachverband mit Windbelastung und Querkraftverlauf $V_y(x)$

Beide Dachverbände werden für den **Winddruck** auf die benachbarte Giebelwand bemessen und dabei wird das in Bild 10.36 dargestellte baustatische System zugrunde gelegt. Die Windlasten auf die obere Hälfte der Giebelwand werden durch die Giebelwandstützen in den Verband eingeleitet, sodass man folgende Einzellasten erhält:

$$W_1 = W_2 = w \cdot \frac{8}{2} \cdot \frac{19{,}7}{4} = 0{,}525 \cdot 4 \cdot 4{,}925 = 10{,}34 \text{ kN} \; ; \; W_3 = 10{,}34/2 = 5{,}17 \text{ kN}$$

Für die einzelnen Bauteile ergeben sich folgende Beanspruchungen und Nachweise:

- **Verbandspfosten** Rohre 76,1×4,0, S 235

  $A = 9{,}06 \text{ cm}^2 \quad I = 59{,}06 \text{ cm}^4 \quad N_{pl,d} = 197{,}7 \text{ kN}$

  max N_{Pf} $= W_1/2 + W_2 + W_3 = $ **20,68 kN** (Druck, am Auflager)

  $$N_{Ki} = \frac{\pi^2 \cdot E \cdot 59{,}06}{500^2} = 49 \text{ kN}$$

  $$\bar{\lambda}_K = \sqrt{\frac{197{,}7 \cdot 1{,}1}{49}} = 2{,}107 \quad \Rightarrow \quad \kappa_b = 0{,}19$$

  Nachweis: $\dfrac{20{,}68}{0{,}19 \cdot 197{,}7} = 0{,}55 < 1$

10.7 Ausführungsbeispiel eingeschossige Halle

- **Diagonalen,** Gewindestangen ⌀ 20, 4.6

  Die maximale Zugkraft tritt in den Randfeldern auf:

  $$\Sigma V = 0 : \max N_D \cdot \frac{h}{d} = \max N_{Pf} - W_3$$

  ⇒ **max N_D** = 15,51 · 7,02/5 = **21,78 kN**

  Nachweis: max N_D = 21,78 kN < 48,6 kN = $N_{R,d}$

- **Zusatzbeanspruchung in den Rahmenriegeln des Verbandsfeldes**

  Für das baustatische System in Bild 10.34 erhält man:

  max M_z = 10,34 · 19,7/4 + 10,34 · 4,925 = 101,85 kNm

  Damit folgt für einen Rahmenriegel N = 101,85/5,0 = 20,4 kN

  und wegen der Exzentrizität (s. Bild 10.33): M_y = 20,4 · 9,0 = 183,6 kNcm.

  Im Obergurt treten maximal folgende Spannungen zusätzlich auf:

  $$\sigma = \frac{20,4}{72,73} + \frac{183,6}{16266} \cdot 18,0 = 0,48 \text{ kN}/\text{cm}^2$$

Stabilisierende Ersatzkräfte nach Eurocode 3

Die Dachverbände werden nicht nur durch Horizontallasten infolge Wind beansprucht, sondern auch durch Stabilisierungslasten aufgrund der seitlichen Abstützung der stabilitätsgefährdeten Rahmenriegel. Da im Eurocode 3 Imperfektionen zur Berechnung aussteifender Systeme angegeben werden, kann auf die Regelungen in Abschnitt 5.3.3 von [12] zurückgegriffen werden.

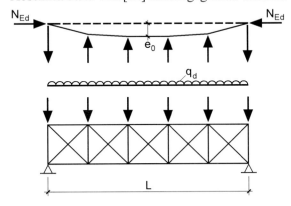

Geometrische Ersatzimperfektion:

$e_0 = \alpha_m \cdot L/500$

$\alpha_m = \sqrt{0,5 \cdot (1 + \frac{1}{m})}$

m Anzahl der aussteifenden Bauteile

Stabilisierende Ersatzkräfte:

$q = \Sigma N_{Ed} \cdot 8 \cdot \frac{e_0 + \delta_q}{L^2}$

Bild 10.37 Äquivalente stabilisierende Ersatzkräfte nach [12]

Gemäß [12] ist bei der Berechnung aussteifender Systeme, die zur seitlichen Stabilisierung von Trägern oder druckbeanspruchter Bauteile benötigt werden, in der Regel der Einfluss der Imperfektionen der aussteifenden Bauteile durch äquivalente geometrische Ersatzimperfektionen in Form von Vorkrümmungen zu berücksichtigen. Zur

Vereinfachung darf der Einfluss der Vorkrümmung der durch das aussteifende System stabilisierten Bauteile durch äquivalente stabilisierende Ersatzkräfte nach Bild 10.37 ersetzt werden. Ein Vergleich mit Tabelle 7.1 zeigt, dass e_0 dem Stich der Vorkrümmung v_0 entspricht und α_m einem Reduktionsfaktor, der die Anzahl der auszusteifenden Bauteile berücksichtigt. Bei den Ersatzkräften q in Bild 10.37 ist δ_q die Durchbiegung des aussteifenden Systems in seiner Ebene infolge q und weiterer äußerer Einwirkungen, gerechnet nach Theorie I. Ordnung. δ_q darf gleich Null gesetzt werden, falls nach Theorie II. Ordnung gerechnet wird.

Die Kraft N_{Ed} wird innerhalb der Spannweite L des aussteifenden Systems konstant angenommen. Für nicht konstante Kräfte ist die Annahme leicht konservativ. Wird das aussteifende System zur Stabilisierung des druckbeanspruchten Flansches eines Trägers mit konstanter Höhe eingesetzt, kann die Kraft N_{Ed} in Bild 10.37 wie folgt ermittelt werden:

$$N_{Ed} = \frac{M_{Ed}}{h} \qquad (10.2)$$

Dabei ist

M_{Ed} das maximale einwirkende Biegemoment des Trägers und
h die Gesamthöhe des Trägers.

Soweit die Regelungen in Abschnitt 5.3.3 von [12]. Es stellt sich die Frage, ob sie für die hier vorliegende Problemstellung verwendet werden können. Offensichtlich ist das nicht der Fall, weil die Biegemomente gemäß Bild 10.29 sehr stark veränderlich sind und große negative Biegemomente an den Riegelenden auftreten. Darüber hinaus ist auch zu bedenken, dass die Verbände nicht in der Obergurtebene wirken und bereichsweise Ober- bzw. Untergurte durch Druckkräfte infolge M_y beansprucht werden. Die Berechnung einer Kraft N_{Ed} nach Gl. (10.2) ist daher nicht sinnvoll und es ist auch keine brauchbare Näherung möglich, mit der die Beanspruchungen einigermaßen realistisch berechnet werden können.

Anmerkungen: Die Regelungen in Abschnitt 5.3.3 von [12] entsprechen weitgehend den **Druckstabmodellen** von Gerold in [19] und von Petersen in [68]. Sofern konstante oder nahezu konstante Druckkräfte auftreten, können sie für die Bemessung von Verbänden verwendet werden. Krahwinkel untersucht in [48] verschiedene Methoden und ihre Eignung für den Nachweis von Dachverbänden.

Beanspruchung des Dachverbandes durch Wind- und Stabilisierungskräfte

Für die Erfassung von Stabilisierungskräften müssen geeignete geometrische Ersatzimperfektionen angesetzt werden. Gemäß Abschnitt 9.7.3 „Näherungen" führt eine geometrische Ersatzimperfektion $v_0(x)$ mit einem Biegemoment $M_y(x)$ zu einer Ersatzbelastung:

$$m_{x,0}(x) = -M_y(x) \cdot v_0''(x) \qquad (10.3)$$

10.7 Ausführungsbeispiel eingeschossige Halle

Wie man sieht, ist die Ersatzbelastung ein Streckentorsionsmoment, das vom Biegemomentenverlauf und der Krümmung $v_0''(x)$ abhängt. Für

$$v_0(x) = v_{0m} \cdot \sin \frac{n \pi x}{\ell} \tag{10.4}$$

erhält man beispielsweise:

$$m_{x,0}(x) = M_y(x) \cdot \frac{n^2 \pi^2}{\ell^2} v_{0m} \cdot \sin \frac{n \pi x}{\ell} \tag{10.5}$$

Das Biegedrillknicken der Rahmenriegel führt zu einem Streckentorsionsmoment als Ersatzbelastung. Im Vergleich dazu werden im Eurocode 3 gemäß Bild 10.37 vereinfachend Streckenlasten q angesetzt, die der Ersatzbelastung für das Biegeknicken von Druckstäben (s. Tabelle 7.1) entsprechen.

Zur Ermittlung der Beanspruchung des Dachverbandes durch Wind- und Stabilisierungslasten wird wie folgt vorgegangen:

- **Lastfallkombination**
  Es wird die Lastfallkombination 1 gemäß Bild 10.29b untersucht, weil sie die Horizontallasten infolge Wind auf die Giebelwände enthält.
- **Stabilisierungsmaßnahmen**
  Es werden die in Bild 10.33 zusammengestellten Stabilisierungsmaßnahmen berücksichtigt, d. h. die Drehbettung (Stahltrapezprofile), die Wegfedern (Verband) und die Wölbfedern (Stirnplatten).
- **Geometrische Ersatzimperfektionen**
  Es werden **ein- und vierwellige** geometrische Ersatzimperfektionen gemäß Bild 10.38 angesetzt. Der **einwellige Verlauf** entspricht der Annahme in Bild 10.37 und weitgehend auch der Eigenform des Dachverbandes als Gesamtsystem, bei dem anstelle der Einzelfedern C_y wie bei einem mehrteiligen Druckstab die Schubsteifigkeit des Verbandes als Ersatzschubsteifigkeit S^* berücksichtigt wird. Im Gegensatz dazu ergibt sich mit den Einzelfedern eine antimetrische **vierwellige Eigenform** und es wird daher auch eine geometrische Ersatzimperfektion mit diesem Verlauf angesetzt. In beiden Fällen werden Vorkrümmungen mit dem Stich $v_0 = \ell/200$ verwendet, ein Wert, der im Vergleich zu Bild 10.37 relativ groß ist. Die Auswirkungen auf die Verbandsbemessung sind aber nicht ausschlaggebend, was anschließend mit Hilfe von Bild 10.38 gezeigt wird.

Bei der Ermittlung der Beanspruchungen des Dachverbandes durch Wind- und Stabilisierungskräfte wird wie in Bild 10.31 skizziert, **eine** Dachhälfte betrachtet. In Bild 10.38 sind einige wesentliche Annahmen für die Berechnungen zusammengestellt. Aus Gründen der Übersichtlichkeit ist dort nur der Dachverband mit der Windbelastung ohne die angeschlossenen Rahmenriegel dargestellt und die geometrischen Ersatzimperfektionen werden für jeden Rahmenriegel angesetzt. Das baustatische System „Dachverband mit Rahmenriegeln" entspricht dem in Bild 10.22 dargestellten „Schubfeld mit vier angeschlossenen Dachbindern", s. Abschnitt 10.6.

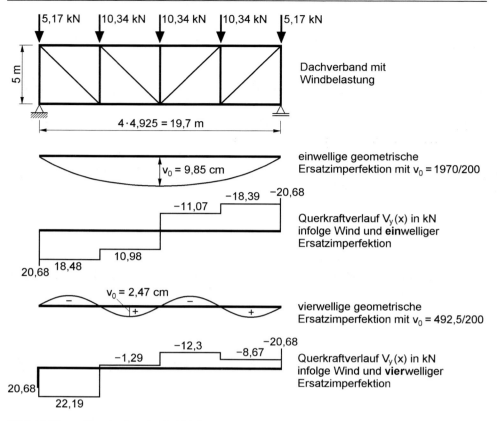

Bild 10.38 Querkraftverläufe $V_y(x)$ durch Wind- und Stabilisierungskräfte

Die Berechnungen werden mit dem EDV-Programm KSTAB durchgeführt und unter Verwendung der Stabilisierungsmaßnahmen in Bild 10.33 wird jeweils **ein** Rahmenriegel untersucht. Als Ergebnis der Berechnungen ergeben sich die in Bild 10.38 dargestellten Querkraftverläufe, die für die gesamte Dachhälfte gelten. Aufgrund der Aufteilung der Schubsteifigkeit des Verbandes auf die Rahmenriegel in Abschnitt 10.7.2 wurde dabei der Faktor 3 berücksichtigt. Wenn man die Querkraftverläufe in den Bildern 10.36 und 10.37 miteinander vergleicht, kann aus der Differenz der Anteil der Stabilisierungslasten abgelesen werden. Die maximale Querkraft in Bild 10.38 beträgt $V_y = 22{,}19$ kN. Sie ergibt sich infolge Wind und **vier**welliger geometrischer Ersatzimperfektion und führt zu

$$\max N_D = 22{,}19 \cdot 7{,}02/5 = 31{,}15 \text{ kN}$$

in der am höchsten beanspruchten Zugdiagonalen. Diese Zugkraft kann problemlos aufgenommen werden, weil sich folgender Nachweis ergibt:

$$\max N_D = 31{,}15 \text{ kN} < 48{,}6 \text{ kN} = N_{Rd} \text{ (s. oben)}$$

Die Verbandspfosten werden für die maximale Querkraftdifferenz max N_{Pf} = 22,19 + 1,29 = 23,48 kN

wie im Zusammenhang mit Bild 10.36 (s. oben) nachgewiesen:

$$\frac{\max N_{pf}}{\kappa \cdot N_{pl,d}} = \frac{23,48}{0,19 \cdot 197,7} = 0,63 < 1$$

Anmerkung: Gemäß Bild 10.38 beträgt die Querkraft an den Auflagern (und daher auch die Auflagerkraft) in beiden Fällen V_y = 20,68 kN. Sie ist genauso groß wie für die Windbelastung in Bild 10.36 (ohne v_0!). Die geometrischen Ersatzimperfektionen führen aus Gleichgewichtsgründen aufgrund der Bedingung $\Sigma F_y = 0$ nicht zu Auflagerkräften.

10.7.4 Wandverbände

Die Wandverbände werden wie in Bild 10.7 dargestellt ausgeführt, sodass die Windkräfte wie in Bild 10.8 skizziert abgeleitet werden. Entsprechende Nachweise werden hier nicht geführt, weil Abschnitt 4.13 ein vergleichbares Berechnungsbeispiel enthält.

11 Stabilitätsproblem Plattenbeulen und Beulnachweise

11.1 Problemstellung

Wie in Abschnitt 2.3 erläutert, kann bei **ebenen Flächentragwerken** das **Stabilitätsproblem Plattenbeulen** auftreten. Ausgelöst wird es durch

- Druckspannungen σ_x
- Druckspannungen σ_y
- Schubspannungen τ

oder eine Kombination dieser Spannungen. Sie wirken in der Ebene der Flächentragwerke und sind daher im Sinne der Mechanik die **Beanspruchungen von Scheiben**. Beim Stabilitätsproblem Plattenbeulen treten, wie mit den Bildern 2.3 und 2.4 verdeutlicht, Verschiebungen w(x,y) auf, die den Durchbiegungen von Platten entsprechen. Da bei Stabilitätsproblemen stets die möglichen Verformungen den Namen prägen, ist Plattenbeulen und nicht Scheibenbeulen die zutreffende Bezeichnung und die *Eigenformen des Plattenbeulens* werden *Beulflächen* genannt.

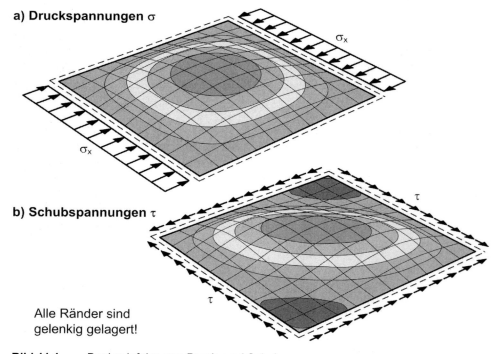

Bild 11.1 Beulen infolge von Druck- und Schubspannungen

11.1 Problemstellung

Bild 11.1 zeigt beispielhaft die Beulflächen von quadratischen unausgesteiften Beulfeldern, deren Ränder gelenkig gelagert sind. Das Bild soll anschaulich vermitteln, dass das Stabilitätsproblem Plattenbeulen nur auftreten kann, wenn Druckspannungen (σ_x, σ_y) oder Schubspannungen τ vorhanden sind. Dies gilt auch für ausgesteifte Platten mit Längs- und Quersteifen, bei denen unterschiedliche Stabilitätsfälle möglich sind: *Einzel-, Teil- und Gesamtfeldbeulen* sowie Beulen oder Knicken der Steifen. Bild 11.2 zeigt die bei einem Traglastversuch erzeugten Beulen der Einzelfelder zwischen den Steifen (unter den weißen Linien), die aufgrund des Wassers auf der Platte gut erkennbar sind.

Bild 11.2 Einzelfeldbeulen bei einer ausgesteiften Platte [73]

Unausgesteifte und ausgesteifte Bleche, die durch Druck- oder Schubspannungen beansprucht werden, kommen in vielen Tragwerken und Bauteilen vor, sodass häufig Tragsicherheitsnachweise unter Berücksichtigung der Beulgefahr zu führen sind. Bild 11.3 enthält Beispiele für häufig vorkommende Anwendungsfälle. Deckbrücken wie beispielsweise in Bild 11.1a werden überwiegend durch Biegemomente beansprucht. In den Feldbereichen wird daher der Obergurt und in den Stützbereichen von Durchlaufträgern der Untergurt gedrückt. Da die Querkräfte an den Auflagern am größten sind, müssen insbesondere dort die schubbeanspruchten Stege nachgewiesen werden. Häufig wird jedoch auch für die Stege die gemeinsame Wirkung von Biegemoment und Querkraft in Stützbereichen maßgebend. Bei Brücken, die in der Regel als längs- und querausgesteifte Blechkonstruktionen ausgeführt werden, müssen bei den Beulnachweisen *Einzel-, Teil- und Gesamtfelder* unterschieden werden.

Die Querschnitte b bis d in Bild 11.3 werden überwiegend im Hoch- und Industriebau eingesetzt und häufig durch Biegemomente und/oder Drucknormalkräfte beansprucht. Walzprofile aus S 235 oder S 355 sind meistens nicht oder nur geringfügig beulgefährdet. Dagegen nimmt beim Einsatz höherfester Stähle (z. B. S 460) die Beulgefahr zu und kann maßgebend werden. Hohlprofile (Bild 11.3d) sind insbesondere bei großen Außenabmessungen, kleinen Blechdicken und reiner Druckkraftbeanspruchung beulgefährdet. Bei geschweißten Querschnitten hängt die Beulgefahr vorrangig von den Blechdicken ab. Teilweise werden sehr dünne Bleche gewählt, die dann entsprechend stark zum Beulen neigen.

Zu einer anderen Kategorie von Querschnitten gehören die dünnwandigen Kaltprofile in Bild 11.3e. Ihre Blechdicken liegen häufig nur bei etwa 2 mm. Aufgrund großer Abmessungen und hoher Streckgrenzen sind sie fast immer beulgefährdet. Ihre Tragfähigkeit kann mit den üblichen Beulnachweisen durch Begrenzung der Spannungen nur unzureichend beurteilt werden.

a) Fußgängerbrücke

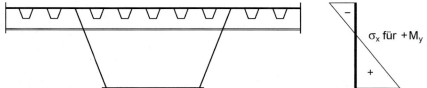

- Obergurt: Feldbereiche von Einfeld- und Durchlaufträgern (pos. M_y)
- Stege: Endauflager (Querkraft), Feldbereiche (pos. M_y), Stützbereiche von Durchlaufträgern (neg. M_y und Querkraft)
- Untergurt: Stützbereiche von Durchlaufträgern (neg. M_y)

b) Walzprofil   c) geschweißter Querschnitt   d) Hohlprofil

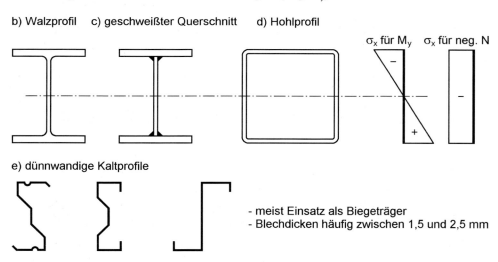

e) dünnwandige Kaltprofile

- meist Einsatz als Biegeträger
- Blechdicken häufig zwischen 1,5 und 2,5 mm

Bild 11.3   Beispiele für beulgefährdete Querschnitte [25]

11.2 Nachweise bei beulgefährdeten Konstruktionen

Das Plattenbeulen infolge von Druckspannungen ähnelt dem Biegeknicken von Stäben, sodass viele Parallelen hinsichtlich der Nachweisführung vorhanden sind. Da Platten Flächentragwerke sind, ist das Tragverhalten natürlich unterschiedlich und es sind entsprechend angepasste Nachweisverfahren erforderlich.

Tabelle 11.1 Vorschriften und Methoden für den Nachweis beulgefährdeter Konstruktionen

	Vorschrift	Methode	Bemerkungen
1	DIN 18800 Teil 1 Tabellen 12, 13, und 14	Beulnachweis mit b/t-Verhältnissen	Grenzwerte b/t für Einzelbleche und max. Druckspannungen
2	DIN 18800 Teil 3	Beulnachweis durch Begrenzung der Spannungen	ausgesteifte und unausgesteifte Rechteckplatten unter Druck- und Schubbeanspruchungen
3	DIN 18800 Teil 2 Abschnitt 7	wirksame Breiten	Einfluss des Beulens auf das Knicken; Ermittlung wirksamer Breiten bei Druckbeanspruchungen
4	EC 3 Teil 1-1 Tabelle 5.2	Beulnachweis mit b/t-Verhältnissen	maximale b/t-Verhältnisse für druckbeanspruchte Querschnitte
5	EC 3 Teil 1-5	wirksame Breiten Beulnachweis durch Begrenzung der Spannungen	Plattenbeulen bei Längsspannungen Schubbeulen Beanspruchbarkeit bei Querbelastung Flanschinduziertes Stegblechbeulen Methode der reduzierten Spannungen
6	DIN Fachbericht 103	s. EC 3 Teil 1-5	s. EC 3 Teil 1-5
7	DASt-Ri 015	Zugfeldtheorie wirksame Querschnitte	für Träger mit schlanken Stegen
8	DASt-Ri 016	wirksame Querschnitte	für dünnwandige kaltgeformte Bauteile

Tabelle 11.1 gibt eine Übersicht über die in den Vorschriften enthaltenen Methoden, die wie folgt unterschieden werden können:

- Begrenzung der **b/t-Verhältnisse** bei unausgesteiften Platten
- **Beulnachweise mit Abminderungsfaktoren** κ, s. auch Tabelle 2.6 unten
- Tragsicherheitsnachweise mit Querschnitten, bei denen druckbeanspruchte Bereiche teilweise weggelassen werden (**Methode der wirksamen Querschnitte**)
- Nachweis schubbeanspruchter Bauteile mit Hilfe der **Zugfeldtheorie**

In Tabelle 2.5 (s. Abschnitt 2.4) sind alternative Methoden für den Nachweis ausreichender Tragsicherheit beim Biegeknicken, Biegedrillknicken und Plattenbeulen zusammengestellt. Dort wird ausgeführt, dass das „Ersatzimperfektionsverfahren" und die „Fließzonentheorie" für Nachweise zum Biegeknicken und Biegedrillknicken von Stäben eingesetzt werden können, für Beulnachweise von Platten in der Baupraxis zurzeit aber noch ungeeignet sind. Im Folgenden werden daher die o. g. „vereinfachten Nachweise" behandelt. Dabei steht das Verständnis für das Stabilitätsproblem

Plattenbeulen, die Berechnung von Beulspannungen, die sinnvolle Anordnung von Steifen, die konstruktive Ausbildung und die zweckmäßige Durchführung der Beulnachweise im Vordergrund. Da in Deutschland traditionell Beulnachweise mit Hilfe von Abminderungsfaktoren geführt werden, wird diese Methode bevorzugt behandelt und die Methode der wirksamen Querschnitte nur in ihren Grundzügen angesprochen. Bei den Berechnungsbeispielen werden die Nachweise aus didaktischen Gründen mit Handrechnungen geführt. In [31] wird die Methode der finiten Elemente (FEM) für das Plattenbeulen und der Einsatz von EDV-Programmen zur Ermittlung von Beulwerten und Beulflächen ausführlich behandelt.

11.3 Linearisierte Beultheorie

Virtuelle Arbeit

In Kapitel 9 werden die Grundgleichungen für Stäbe ausführlich hergeleitet und als Bedingung, dass sich ein Tragwerk im Gleichgewicht befindet, die virtuelle Arbeit verwendet. Gemäß Gl. (9.17) lautet die Gleichgewichtsbedingung $\delta W_{ext} + \delta W_{int} = 0$, die bei Stäben zu den Arbeitsanteilen in den Tabellen 9.1 für die lineare Stabtheorie und 9.2 für die Theorie II. Ordnung und Stabilität führt.

Beim Stabilitätsproblem Plattenbeulen kann in analoger Weise vorgegangen werden, sodass an dieser Stelle auf ausführliche Herleitungen verzichtet werden kann. Für das Verständnis ist es vorteilhaft, wenn man vom Biegeknicken von Stäben um die starke Achse ausgeht und zum Plattenbeulen übergeht. Die erforderlichen Zuordnungen sind in Tabelle 11.2 zusammengestellt.

Tabelle 11.2 Stabilitätsproblem Plattenbeulen im Vergleich zum Biegeknicken von Stäben

	Biegeknicken von Druckstäben um die starke Achse	Plattenbeulen
Eigenformen	Knickbiegelinie mit Durchbiegungen $w(x)$	Beulfläche mit den Durchbiegungen $w(x,y)$
Steifigkeiten	Biegesteifigkeit EI_y	Plattenbiegesteifigkeit $B = \dfrac{E \cdot t^3}{12 \cdot (1 - \mu^2)}$
Stabilitätsgefahr durch	**Druck**normalkräfte N	**Druck**normalspannungen σ_x und σ_y sowie Schubspannungen τ („Scheibenspannungen")

Flächentragwerke sind voraussetzungsgemäß so dünn, dass es ausreicht, ihre Mittelebene zu betrachten, was mit der Reduktion eines Stabes auf seine Stabachse vergleichbar ist. Da beim Plattenbeulen die Durchbiegungen und die Biegesteifigkeit von Platten sowie die Beanspruchungen von Scheiben eingehen, sind in den Bildern 11.4 und 11.5 die Spannungen und Schnittgrößen zusammengestellt.

11.3 Linearisierte Beultheorie

Spannungen nach der Elastizitätstheorie:

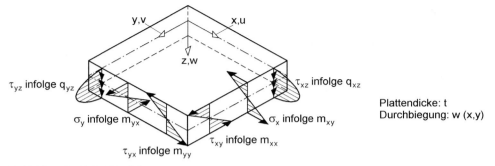

Plattendicke: t
Durchbiegung: w (x,y)

Definition der Schnittgrößen:

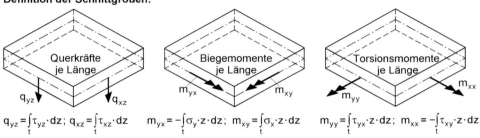

$q_{yz} = \int_t \tau_{yz} \cdot dz$; $q_{xz} = \int_t \tau_{xz} \cdot dz$ $m_{yx} = -\int_t \sigma_y \cdot z \cdot dz$; $m_{xy} = \int_t \sigma_x \cdot z \cdot dz$ $m_{yy} = \int_t \tau_{yx} \cdot z \cdot dz$; $m_{xx} = -\int_t \tau_{xy} \cdot z \cdot dz$

Bild 11.4 Spannungen und Schnittgrößen bei **Platten**

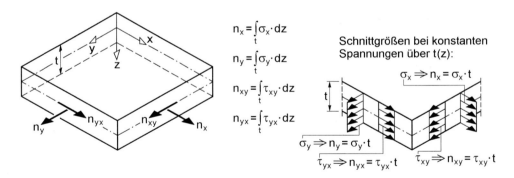

$n_x = \int_t \sigma_x \cdot dz$

$n_y = \int_t \sigma_y \cdot dz$

$n_{xy} = \int_t \tau_{xy} \cdot dz$

$n_{yx} = \int_t \tau_{yx} \cdot dz$

Schnittgrößen bei konstanten Spannungen über t(z):

$\sigma_x \Rightarrow n_x = \sigma_x \cdot t$

$\sigma_y \Rightarrow n_y = \sigma_y \cdot t$

$\tau_{yx} \Rightarrow n_{yx} = \tau_{yx} \cdot t$ $\tau_{xy} \Rightarrow n_{xy} = \tau_{xy} \cdot t$

Bild 11.5 Spannungen und Schnittgrößen bei **Scheiben**

Für die Formulierung der virtuellen Arbeit wird nur die **innere** virtuelle Arbeit benötigt, da äußere Lasten keinen Einfluss auf das Eigenwertproblem Plattenbeulen haben. Wie bei Stäben wird angenommen, dass die Normalspannungen und Schubspannungen in z-Richtung gleich Null sind und es können daher auch für das Plattenbeulen die Gln. (9.18) und (9.19) verwendet werden:

$$\delta W_{int} = -\int_V \delta\underline{\varepsilon} \cdot \underline{\sigma} \cdot dV \qquad (11.1)$$

$$= -\int_A \int_{-t/2}^{+t/2} \left(\delta\varepsilon_x \cdot \sigma_x + \delta\varepsilon_y \cdot \sigma_y + \delta\varepsilon_{xy} \cdot \tau_{xy} + \delta\varepsilon_{yx} \cdot \tau_{yx} \right) \cdot dz \cdot dA$$

Die Spannungen und die virtuellen Verzerrungen in Gl. (11.1) können durch die Verschiebungsfunktionen u(x,y), v(x,y) und w(x,y) ersetzt werden. Wenn man dabei wie in Abschnitt 9.4 vorgeht, erhält man folgende Beziehungen:

- nichtlineare kinematische Beziehungen

$$\varepsilon_x = u' - z \cdot w'' + 1/2 \cdot (w')^2$$

$$\varepsilon_y = v^{\bullet} - z \cdot w^{\bullet\bullet} + 1/2 \cdot (w^{\bullet})^2 \qquad (11.2)$$

$$\varepsilon_{xy} = 1/2 \cdot \left(u^{\bullet} - z \cdot w^{\bullet\prime} + v' - z \cdot w^{\prime\bullet} + w' \cdot w^{\bullet} \right)$$

- virtuelle Dehnungen

$$\delta\varepsilon_x = \delta u' - z \cdot \delta w'' + \delta w' \cdot w'$$

$$\delta\varepsilon_y = \delta v^{\bullet} - z \cdot \delta w^{\bullet\bullet} + \delta w^{\bullet} \cdot w^{\bullet} \qquad (11.3)$$

$$\delta\varepsilon_{xy} = 1/2 \cdot \left(\delta u^{\bullet} + \delta v' - z \cdot \delta w^{\bullet\prime} - z \cdot \delta w^{\prime\bullet} + \delta w' \cdot w^{\bullet} + \delta w^{\bullet} \cdot w' \right)$$

- Spannungen

$$\sigma_x = \frac{E}{1-\mu^2} \left(\varepsilon_x + \mu \cdot \varepsilon_y \right) = \frac{E}{1-\mu^2} \cdot \left[u' - z \cdot w'' + \mu \cdot \left(v^{\bullet} - z \cdot w^{\bullet\bullet} \right) \right]$$

$$\sigma_y = \frac{E}{1-\mu^2} \left(\varepsilon_y + \mu \cdot \varepsilon_x \right) = \frac{E}{1-\mu^2} \cdot \left[v^{\bullet} - z \cdot w^{\bullet\bullet} + \mu \cdot \left(u' - z \cdot w'' \right) \right] \qquad (11.4)$$

$$\tau_{xy} = \frac{E}{1+\mu} \cdot \varepsilon_{xy} \qquad = \frac{E}{1+\mu} \cdot \frac{1}{2} \cdot \left(u^{\bullet} + v' - z \cdot w^{\bullet\prime} - z \cdot w^{\prime\bullet} \right)$$

mit: u, v und w als Verschiebungen der Mittelfläche

$$w' \triangleq \frac{\partial w}{\partial x}; \quad w^{\bullet} \triangleq \frac{\partial w}{\partial y}; \quad u' \triangleq \frac{\partial u}{\partial x}; \quad v^{\bullet} \triangleq \frac{\partial v}{\partial y}$$

Im Hinblick auf eine übersichtliche Schreibweise werden Ableitungen in x-Richtung mit einem Strich „'" und Ableitungen in y-Richtung mit einem Punkt „•" gekennzeichnet. Bei den Spannungen in Gl. (11.4) werden gemäß Tabelle 2.1 nur **die linearen kinematischen Beziehungen** verwendet. Die **linearisierte Beultheorie** entspricht daher sinngemäß der Theorie II. Ordnung bei Stäben und es werden daher auch bei den Integrationen in Gl. (11.1) nur maximal zweifache Produkte der Verschiebungsfunktionen berücksichtigt. Da

$$\int_{-t/2}^{+t/2} z \cdot dz = 0 \qquad (11.5)$$

11.3 Linearisierte Beultheorie

ist, erhält man die folgenden Arbeitsanteile:

a) Scheibe

$$\delta W_{int} = -\int_A \Big[D \cdot \big(\delta u' \cdot u' + \delta u' \cdot \mu \cdot v^\bullet + \delta v^\bullet \cdot v^\bullet + \delta v^\bullet \cdot \mu \cdot u' \big)$$
$$+ G \cdot t \big(\delta u^\bullet \cdot u^\bullet + \delta u^\bullet \cdot v' + \delta v' \cdot u^\bullet + \delta v' \cdot v' \big) \Big] \cdot dA \quad (11.6)$$

b) Platte

$$\delta W_{int} = -\int_A \Big[B \cdot \big(\delta w'' \cdot w'' + \delta w'' \cdot \mu \cdot w^{\bullet\bullet} + \delta w^{\bullet\bullet} \cdot w^{\bullet\bullet} + \delta w^{\bullet\bullet} \cdot \mu \cdot w'' \big)$$
$$+ G \cdot t^3/12 \cdot \big(\delta w'^\bullet \cdot w'^\bullet + \delta w'^\bullet \cdot w'^\bullet + \delta w'^\bullet \cdot w'^\bullet + \delta w'^\bullet \cdot w'^\bullet \big) \Big] \cdot dA \quad (11.7)$$

c) Kopplung Scheibe/Platte (für das Plattenbeulen)

$$\delta W_{int} = -\int_A \Big[\delta w' \cdot \sigma_x t \cdot w' + \delta w^\bullet \cdot \sigma_y t \cdot w^\bullet + \tau_{xy} t \cdot \big(\delta w' \cdot w^\bullet + \delta w^\bullet \cdot w' \big) \Big] \cdot dA \quad (11.8)$$

In den Gln. (11.6) und (11.7) sind D die *Dehnsteifigkeit der Scheibe* und B die *Biegesteifigkeit der Platte*:

$$D = \frac{E \cdot t}{1-\mu^2} \, ; \quad B = \frac{E \cdot t^3}{12 \cdot (1-\mu^2)} \quad (11.9)$$

Die Arbeitsanteile für die Scheibe in Gl. (11.6) werden für das Stabilitätsproblem Plattenbeulen nicht benötigt, da die Normal- und Schubspannungen mit den üblichen Methoden der Festigkeitslehre für Stäbe berechnet werden. Entsprechende Berechnungsformeln können Abschnitt 7.4.1 entnommen werden. Sehr häufig werden für Beulnachweise die Normalspannungen infolge N und M_y ermittelt:

$$\sigma_x = \frac{N}{A} + \frac{M_y}{I_y} \cdot z \quad (11.10)$$

Ausgangspunkt für das Stabilitätsproblem Plattenbeulen ist die virtuelle Arbeit in den Gln. (11.7) und (11.8). Sie erfassen die Biegesteifigkeit der Platte (lineare Plattentheorie) und den Einfluss der Stabilitätsgefährdung durch Druckspannungen σ_x und σ_y sowie durch Schubspannungen.

Differentialgleichungen für das Plattenbeulen

Wie in den Abschnitten 8.4 und 9.5 für Stäbe gezeigt, können die *Differentialgleichungen* durch Umformen der virtuellen Arbeit bestimmt werden. Wenn man die partielle Integration gemäß Gl. (8.41) bei den Gln. (11.7) und (11.8) zweimal durchführt, erhält man die folgende homogene Differentialgleichung (DGL) für das Plattenbeulen:

$$B \cdot \big(w'''' + 2 \cdot w'''^\bullet + w^{\bullet\bullet\bullet\bullet} \big) + \sigma_x \cdot t \cdot w'' + \sigma_y \cdot t \cdot w^{\bullet\bullet} + 2 \cdot \tau_{xy} \cdot t \cdot w'^\bullet = 0 \quad (11.11)$$

Wie in Gl. (11.8) sind auch in Gl. (11.11) die Spannungen σ_x und σ_y als **Zug**spannungen positiv definiert. Da beim Stabilitätsproblem Plattenbeulen die Normalspannungen in der Regel als Druckspannungen positiv angenommen werden, sind dann die positiven Vorzeichen in beiden Gleichungen durch negative zu ersetzen. Als Ergänzung von Tabelle 11.2 soll hier auch der Vergleich mit dem Biegeknicken von Stäben durchgeführt werden. Dazu wird in Gl. (8.45) eine gleich bleibende Steifigkeit EI_y und eine konstante Normalkraft N angenommen, sodass man für $q_z = 0$ die folgende DGL erhält:

$$EI_y \cdot w_M'''' - N \cdot w_M'' = 0 \tag{11.12}$$

In Gl. (11.12) ist die Normalkraft als **Druck**kraft positiv definiert.

11.4 Beulen unausgesteifter Rechteckplatten

11.4.1 Ideale Beulspannungen

Wenn man mit Hilfe von Gleichung (11.11), bzw. mit den Gln. (11.7) und (11.8), eine Eigenwertuntersuchung durchführt, erhält man als Ergebnis den Verzweigungslastfaktor η_{Pi}, mit dem die idealen Beulspannungen

$$\sigma_{xPi} = \eta_{Pi} \cdot \sigma_x, \quad \sigma_{yPi} = \eta_{Pi} \cdot \sigma_y \quad \text{und} \quad \tau_{Pi} = \eta_{Pi} \cdot \tau \tag{11.13}$$

berechnet werden können. Sie gelten für die gemeinsame Wirkung aller drei Spannungen, die in Bild 11.6 beispielhaft dargestellt sind.

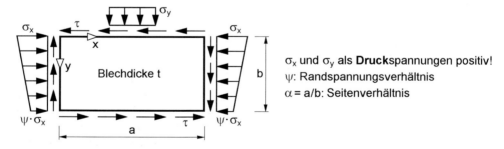

Bild 11.6   Beulfeld mit Spannungen σ_x, σ_y und τ [9]

Da für die Beulnachweise mit Abminderungsfaktoren κ die idealen Beulspannungen für die **alleinige Wirkung** von σ_x, σ_y und τ benötigt werden, müssen drei verschiedene Verzweigungslastfaktoren für die einzelnen Fälle berechnet werden. In der Regel verwendet man aber Berechnungsformeln oder Diagramme und ermittelt die *idealen Beulspannungen* wie folgt:

$$\sigma_{xPi} = k_{\sigma x} \cdot \sigma_e, \quad \sigma_{yPi} = k_{\sigma y} \cdot \sigma_e \quad \text{und} \quad \tau_{Pi} = k_\tau \cdot \sigma_e \tag{11.14}$$

11.4 Beulen unausgesteifter Rechteckplatten

In Gl. (11.14) sind $k_{\sigma x}$, $k_{\sigma y}$ und k_τ **Beulwerte** der untersuchten Beulfelder bei alleiniger Wirkung von Randspannungen σ_x, σ_y und τ und σ_e ist die *Bezugsspannung*:

$$\sigma_e = \frac{\pi^2 \cdot E}{12 \cdot (1-\mu^2)} \cdot \left(\frac{t}{b}\right)^2 \qquad (11.15)$$

Sie ist gleich der *Eulerschen Knickspannung* eines an beiden Enden einspannungsfrei gelagerten Plattenstreifens der Länge b und der Dicke t, dessen Biegesteifigkeit durch die *Plattenbiegesteifigkeit* ersetzt wird. Mit den Zahlenwerten $E = 21000$ kN/cm² und $\mu = 0{,}3$ für Baustahl erhält man:

$$\sigma_e = 1{,}898 \cdot \left(\frac{100 \cdot t}{b}\right)^2 \; \frac{kN}{cm^2} \qquad (11.16)$$

Für die Berechnung der idealen Beulspannungen gelten die folgenden Voraussetzungen:

- unbeschränkte Gültigkeit des *Hookeschen* Gesetzes
- ideal isotroper Werkstoff
- ideal ebenes Blech
- ideal mittige Lasteinleitung
- keine Eigenspannungen

Die Spannungen σ_x, σ_y und τ sind bei der Eigenwertuntersuchung Eingangswerte, die als bekannt vorausgesetzt werden. Sie werden vorab mit den üblichen Methoden der Festigkeitslehre in Stabquerschnitten berechnet, s. auch Abschnitt 7.4.1 und Gl. (11.10).

11.4.2 Konstante Randspannungen σ_x

Als Einführungsbeispiel zum Beulen von unausgesteiften Platten wird die *Rechteckplatte* in Bild 11.7 *mit konstanten Randspannungen* σ_x untersucht. Alle vier Ränder sind unverschieblich und gelenkig gelagert, sodass dort die Durchbiegungen und Plattenbiegemomente gleich Null sind. Da die Ränder gerade Linien sind (und bleiben), gilt für die Ränder mit $y = 0$ und $y = b$ $w = w' = w'' = 0$ und für die Ränder mit $x = 0$ und $x = a$ $w = w^\bullet = w^{\bullet\bullet} = 0$. Die Plattenbiegemomente können mit Bild 11.4 und Gl. (11.4) nach kurzer Rechnung wie folgt bestimmt werden:

$$\begin{aligned} m_{xy} &= -B \cdot \left(w'' + \mu \cdot w^{\bullet\bullet}\right) \\ m_{yx} &= +B \cdot \left(w^{\bullet\bullet} + \mu \cdot w''\right) \end{aligned} \qquad (11.17)$$

Aufgrund der gelenkigen Lagerung ist an den Rändern $x = 0$ und $x = a$ $m_{xy} = 0$, sodass wegen $w^{\bullet\bullet} = 0$ auch $w'' = 0$ sein muss. Analog ist an den Rändern $y = 0$ und $y =$

b auch $w^{\bullet\bullet} = 0$. Daraus ergeben sich die so genannten *Navierschen* **Randbedingungen**:

$$w = 0 \quad \text{und} \quad \Delta w = w'' + w^{\bullet\bullet} = 0$$

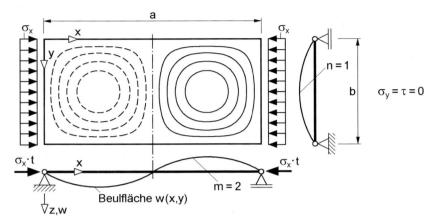

Bild 11.7   Unausgesteifte Rechteckplatte mit konstanten Randspannungen σ_x

Gemäß Abschnitt 6.7 kann die Beulfläche bei Rechteckplatten mit *Navierschen* Randbedingungen durch eine *Fouriersche* Doppelreihe angenähert und der Näherungsansatz gemäß Gl. (6.53) verwendet werden. Für die Problemstellung in Bild 11.7 reicht jedoch **ein** Reihenglied aus, wenn man die **Beulfläche** durch

$$w(x,y) = A \cdot \sin\frac{m \cdot \pi \cdot x}{a} \cdot \sin\frac{n \cdot \pi \cdot y}{b} \qquad (11.18)$$

mit m = 1, 2, 3, ··· und n = 1, 2, 3 ··· beschreibt. Dieser Ansatz erfüllt sowohl die DGL (11.11) als auch die o. g. Randbedingungen. Zur Lösung des Eigenwertproblems werden nun die für Gl. (11.11) benötigten Ableitungen gebildet:

$$w''(x,y) = -A \cdot \frac{m^2 \cdot \pi^2}{a^2} \cdot \sin\frac{m \cdot \pi \cdot x}{a} \cdot \sin\frac{n \cdot \pi \cdot y}{b}$$

$$w''''(x,y) = A \cdot \frac{m^4 \cdot \pi^4}{a^4} \cdot \sin\frac{m \cdot \pi \cdot x}{a} \cdot \sin\frac{n \cdot \pi \cdot y}{b}$$

$$w''^{\bullet\bullet}(x,y) = A \cdot \frac{m^2 \cdot \pi^2}{a^2} \cdot \frac{n^2 \cdot \pi^2}{b^2} \cdot \sin\frac{m \cdot \pi \cdot x}{a} \cdot \sin\frac{n \cdot \pi \cdot y}{b}$$

$$w^{\bullet\bullet\bullet\bullet}(x,y) = A \cdot \frac{n^4 \cdot \pi^4}{b^4} \cdot \sin\frac{m \cdot \pi \cdot x}{a} \cdot \sin\frac{n \cdot \pi \cdot y}{b} \qquad (11.19)$$

Wenn man die vorstehenden Ableitungen in die DGL (11.11) einsetzt, erhält man als Bedingung für das Eigenwertproblem:

11.4 Beulen unausgesteifter Rechteckplatten

$$\left[B \cdot \pi^4 \cdot \left(\frac{m^4}{a^4} + 2 \cdot \frac{m^2 \cdot n^2}{a^2 \cdot b^2} + \frac{n^4}{b^4}\right) - t \cdot \sigma_x \cdot \frac{m^2 \cdot \pi^2}{a^2}\right] \cdot A \cdot \sin\frac{m \cdot \pi \cdot x}{a} \cdot \sin\frac{n \cdot \pi \cdot y}{b} = 0$$

(11.20)

Gl. (11.20) führt zur idealen Beulspannung, wenn man die eckige Klammer gleich Null und $\sigma_x = \sigma_{xPi}$ setzt. Man erhält dann:

$$\sigma_{xPi} = \left(\frac{m}{\alpha} + \frac{\alpha \cdot n^2}{m}\right)^2 \cdot \frac{\pi^2 \cdot E}{12 \cdot (1 - \mu^2)} \cdot \left(\frac{t}{b}\right)^2 = k_{\sigma x} \cdot \sigma_e \quad (11.21)$$

mit: α = a/b (Seitenverhältnis)
  m Anzahl der Sinushalbwellen in x-Richtung
  n Anzahl der Sinushalbwellen in y-Richtung

Aus Gl. (11.21) können $k_{\sigma x}$ und σ_e gemäß Gl. (11.14) unmittelbar abgelesen werden und darüber hinaus auch, dass sich die kleinste ideale Beulspannung für n = 1 ergibt, was auch in Bild 11.7 dargestellt ist. Die Halbwellenzahl m hängt vom Seitenverhältnis α ab und muss noch bestimmt werden. Dazu wird

$$k_{\sigma x} = \left(\frac{m}{\alpha} + \frac{\alpha}{m}\right)^2 \quad (11.22)$$

für Halbwellenzahlen m = 1, 2, 3, 4 und 5 ausgewertet und in Bild 11.8 dargestellt. Man erhält so genannte *Beulgirlanden*, die Hyperbelfunktionen sind und sich in vergleichbarer Form auch für den elastisch gebetteten Druckstab in Bild 4.34 ergeben. Da die kleinste ideale Beulspannung bestimmt werden muss, sind die maßgebenden Linien in Bild 11.8 dicker dargestellt.

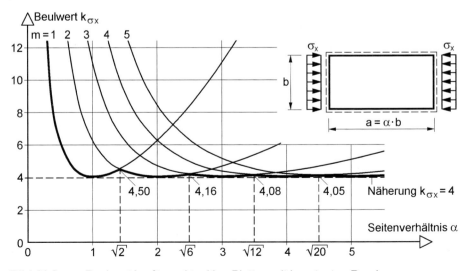

Bild 11.8 Beulwert $k_{\sigma x}$ für rechteckige Platten mit konstanten Randspannungen σ_x

Die Schnittpunkte der Beulgirlanden und damit die Übergänge von m zu m + 1 liegen bei $\alpha = \sqrt{m \cdot (m+1)}$. Als Näherung auf der sicheren Seite ergibt sich eine horizontale Gerade $k_{\sigma x} = 4$ und der Beulwert wird daher im Allgemeinen für baupraktische Nachweise wie folgt bestimmt:

$$\alpha < 1: \quad k_{\sigma x} = \alpha^2 + 2 + 1/\alpha^2$$
$$\alpha \geq 1: \quad k_{\sigma x} = 4$$
(11.23)

Im Bereich der Schnittpunkte von Beulgirlanden können selbstverständlich auch die genauen Werte gemäß Gl. (11.22) angesetzt werden, die etwas größer sind.

11.4.3 Linear veränderliche Randspannungen σ_x

Wenn man *Rechteckplatten mit linear veränderlichen Randspannungen* σ_x wie in Bild 11.9 untersuchen will, kann die DGL (11.11) nicht verwendet werden, da sie für σ_x = konst. gilt. Sie kann zwar für veränderliche Spannungen hergeleitet werden, ist aber schwierig zu lösen. In der Regel verwendet man daher bei derartigen Problemstellungen die virtuelle Arbeit in den Gln. (11.7) und (11.8) oder andere vergleichbare Prinzipien, wie z. B. das Prinzip vom Minimum der potentiellen Energie.

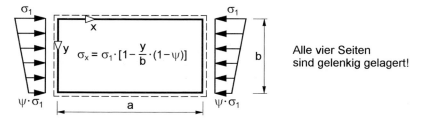

Bild 11.9   Rechteckplatte mit linear veränderlichen Randspannungen σ_x

Für die Platte mit *Navierschen* Randbedingungen in Bild 11.9 kann die Beulfläche mit Gl. (6.53) beschrieben werden:

$$w(x,y) = \sum_m \sum_n A_{mn} \cdot \sin\frac{m \cdot \pi \cdot x}{a} \cdot \sin\frac{n \cdot \pi \cdot y}{b}$$
(11.24)

Wenn man diesen Ansatz bzw. die entsprechenden Ableitungen in die Gln. (11.7) und (11.8) einsetzt, so ergeben sich vierfache Produkte der Sinusfunktion und die Integrationen sind sehr aufwändig. Mit Hilfe von Tabelle 6.4 kann man den Aufwand beurteilen, da dort Integrale mit **zwei**fachen Produkten der Sinusfunktion zusammengestellt sind. Man kann natürlich die Integrale numerisch, beispielsweise mit der *Simpson*-Formel, auswerten. Einfacher ist es, EDV-Programme zu verwenden, die das Eigenwertproblem mit Hilfe der Methode der finiten Elemente lösen, [31]. Für sehr viele Fälle, die in der Baupraxis benötigt werden, stehen jedoch Näherungsformeln und Diagramme zur Bestimmung der Beulwerte zur Verfügung.

11.4 Beulen unausgesteifter Rechteckplatten

Gemäß Tabelle 12 in DIN 18800 Teil 1 [9] können die Beulwerte für das in Bild 11.9 dargestellte Beulfeld wie folgt berechnet werden:

$\psi = 1$: $k_{\sigma x} = 4$

$1 > \psi > 0$: $k_{\sigma x} = \dfrac{8,2}{\psi + 1,05}$

$\psi = 0$: $k_{\sigma x} = 7,81$ (11.25)

$0 > \psi > -1$: $k_{\sigma x} = 7,81 - 6,29 \cdot \psi + 9,78 \cdot \psi^2$

$\psi = -1$: $k_{\sigma x} = 23,9$

Die vorstehenden Formeln decken Fälle mit σ_x = konst. ($\psi = +1$) bis hin zur reinen Biegung ab ($\psi = -1$). Sofern größere Zugspannungen auftreten, kann der Beulwert mit

$$k_{\sigma x} = 5,97 \cdot (1 - \psi)^2 \quad (11.26)$$

berechnet werden (Näherung für ψ zwischen -1 und -3). Der Beulwert $k_{\sigma x} = 4$ für $\psi = 1$ und ein Vergleich mit Bild 11.8 zeigen, dass es sich um eine gute Näherung handelt, wenn das Seitenverhältnis α größer als Eins ist. Für $\alpha < 1$ und $1 \geq \psi \geq 0$ ist

$$k_{\sigma x} = \left(\alpha + \dfrac{1}{\alpha}\right)^2 \cdot \dfrac{2,1}{\psi + 1,1} \quad (11.27)$$

eine brauchbare Näherung.

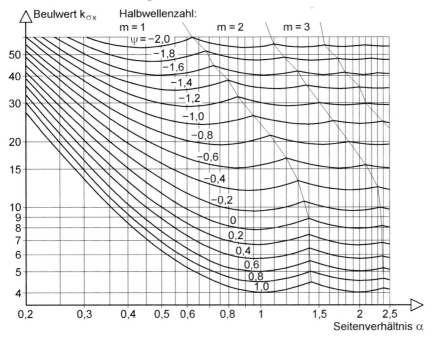

Bild 11.10   Beulwerte $k_{\sigma x}$ für Rechteckplatten mit linear veränderlichen Randspannungen σ_x gemäß Bild 11.9

Als Alternative zu den Berechnungsformeln kann der Beulwert aus Bild 11.10 abgelesen werden. Darüber hinaus ist erkennbar, in welchen Bereichen die o. g. Näherungsformeln genaue Lösungen erwarten lassen. Bild 11.10 kann die Anzahl der Sinushalbwellen m in Längsrichtung entnommen werden, die als ergänzende Information für die sinnvolle Anordnung von Quersteifen benötigt wird, s. auch Abschnitt 11.5.4. In Bild 11.11 ist die Beulfläche für ein Seitenverhältnis von $\alpha = 1$ und ein Spannungsverhältnis von $\psi = 0$ dargestellt. Sie wurde mit dem EDV-Programm „Beulen" nach der FEM berechnet, [31]. Wie zu erwarten, treten die größten Amplituden im oberen Bereich der Platte auf, d. h. dort, wo hohe Drucknormalspannungen wirken.

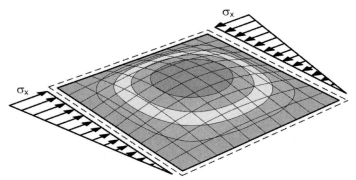

Bild 11.11   Beulfläche für $\alpha = 1$ und σ_x mit $\psi = 0$

11.4.4   Schubspannungen τ

Neben den Drucknormalspannungen können auch Schubspannungen zum Beulen von Platten führen. Bild 11.12 zeigt beispielhaft die Beulfläche für τ = konst. und α = a/b = 2. Die Beulen liegen, wie zu erwarten, schräg in der Platte, sodass w(x,y) nicht mit einfachen Ansätzen beschrieben werden kann und die Erläuterungen in Abschnitt 11.4.3 hinsichtlich der Berechnung von Beulwerten auch für Schubbeanspruchungen gelten. Beulwerte k_τ können für unausgesteifte Rechteckplatten mit Hilfe von Bild 11.13 ermittelt werden.

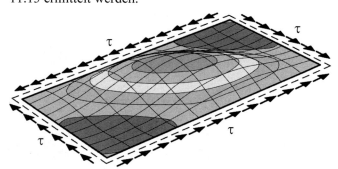

Bild 11.12   Beulfläche für $\alpha = 2$ und τ = konst.

11.4 Beulen unausgesteifter Rechteckplatten

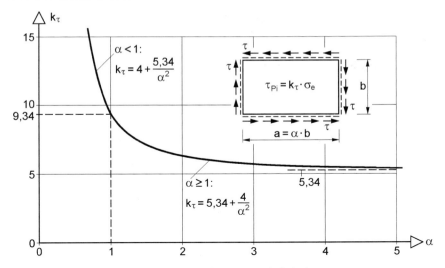

Bild 11.13 Beulwerte k_τ für Rechteckplatten mit Schubspannungen τ

11.4.5 Beulfelder mit unterschiedlichen Randbedingungen

Teilweise werden auch Beulwerte für Beulfelder benötigt, bei denen freie, eingespannte und gelenkige Ränder auftreten. Ein häufig vorkommender Fall sind Platten mit **einem** freien Rand und **drei** gelenkig gelagerten Rändern, da Querschnitte häufig freie Ränder aufweisen. Entsprechende Beulwerte können Tabelle 13 von DIN 18800 Teil 1 [9] entnommen werden und sind hier in Tabelle 11.3 zusammengestellt.

Tabelle 11.3 Beulwerte $k_{\sigma x}$ für Plattenstreifen mit einem freien Längsrand

Rand-spannungs-verhältnis ψ	Größte Druckspannung am **gelagerten** Rand	Größte Druckspannung am **freien** Rand
1	0,43	0,43
$1 > \psi > 0$	$\dfrac{0,578}{\psi + 0,34}$	$0,57 - 0,21 \cdot \psi + 0,07 \cdot \psi^2$
0	1,70	0,57
$0 > \psi > -1$	$1,70 - 5 \cdot \psi + 17,1 \cdot \psi^2$	$0,57 - 0,21 \cdot \psi + 0,07 \cdot \psi^2$
-1	23,8	0,85

Tabelle 11.4 enthält Beulwerte für Platten mit anderen Lagerungsbedingungen. Die Werte gelten für längliche Platten und ψ zwischen +1 und −1. Mit Hilfe von Tabelle 11.4 kann beurteilt werden, wie sich beispielsweise die Einspannung einzelner Rän-

der auf die Erhöhung des Beulwertes auswirkt. Bei Platten mit kleinen Seitenverhältnissen α empfiehlt sich die Berechnung des Beulwertes mit einem FEM Programm.

Tabelle 11.4 Beulwerte $k_{\sigma x}$ für Platten mit unterschiedlichen Lagerungsbedingungen

		Lagerung der Ränder oben/unten/links/rechts				
ψ	alle gelenkig	eingespannt eingespannt gelenkig gelenkig	gelenkig eingespannt gelenkig gelenkig	eingespannt gelenkig gelenkig gelenkig	frei eingespannt gelenkig gelenkig	eingespannt frei gelenkig gelenkig
1	4	6,94	5,41	5,41	1,28	1,28
0,8	4,44	7,74	5,94	6,08	1,33	1,52
0,6	4,99	8,70	6,57	6,94	1,39	1,87
0,4	5,68	9,90	7,35	8,07	1,46	2,43
0,3	6,08	10,63	7,80	8,77	1,49	2,86
0,2	6,59	11,46	8,31	9,59	1,53	3,45
0,1	7,10	12,42	8,89	10,56	1,57	4,36
0	7,81	13,55	9,54	11,73	1,61	5,86
–0,1	8,55	14,85	10,28	13,14	1,65	8,50
–0,2	9,49	16,38	11,13	14,86	1,70	12,45
–0,3	10,57	18,22	12,11	16,91	1,74	16,01
–0,4	11,86	20,29	13,23	19,36	1,79	19,06
–0,6	15,13	25,57	15,99	25,23	1,90	25,23
–0,8	19,23	32,07	19,58	32,03	2,02	32,02
–1	23,88	39,56	23,94	39,56	2,15	39,56

11.5 Ausgesteifte Beulfelder

11.5.1 Steifentypen

Sofern **un**ausgesteifte Beulfelder keine ausreichende Tragsicherheit aufweisen, kann man die Blechdicke erhöhen oder mit Hilfe von Steifen die idealen Beulspannungen anheben. Aus wirtschaftlichen Gründen kommt die Erhöhung der Blechdicke nur in Frage, wenn die erforderliche Tragsicherheit knapp nicht erreicht wird. In der Regel werden stabilitätsgefährdete Platten durch orthogonal zueinander angeordnete Längs- und Quersteifen verstärkt.

In Bild 11.14 sind verschiedene Steifentypen zusammengestellt, die in dieser Darstellung Längssteifen an einem vertikalen Stegblech sein können. Flachstähle werden relativ selten verwendet, da sie selbst zum Beulen neigen und ihre aussteifende

11.5 Ausgesteifte Beulfelder

Wirkung gering ist. Wulstflachstähle sind aus dem Schiffsbau als Spanten bekannt und wurden früher im Brückenbau eingesetzt. Heutzutage kommen sie im Stahlbau nicht mehr vor. Dagegen sind Winkel für den Stahlbau typisch und man spricht auch von Beulwinkeln. Aufgrund von Mindestanforderungen in einschlägigen Vorschriften werden häufig Beulwinkel 70×7 mm verwendet. Die Aussteifung mit T-Querschnitten (geschweißte Querschnitte oder halbierte Walzprofile) und mit Trapezprofilen eignet sich vorzugsweise, wenn hohe Drucknormalspannungen und große Querträgerabstände auftreten.

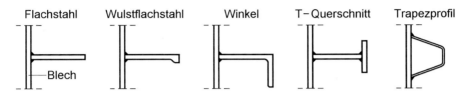

Bild 11.14 Blech mit verschiedenen Beulsteifen

11.5.2 Querschnittswerte von Steifen

Steifen werden fast ausschließlich **einseitig** an stabilitätsgefährdete Bleche angeschweißt. Für die Steifen werden in DIN 18800 Teil 3 bei ausgesteiften Beulfeldern folgende Querschnitts- und Systemgrößen verwendet:

I   Flächenmoment 2. Grades (früher Trägheitsmoment), berechnet mit wirksamen Gurtbreiten

A   Querschnittsfläche der Steifen ohne wirksame Plattenanteile

$\gamma = 12\left(1-\mu^2\right)\dfrac{I}{b_G \cdot t^3}$ Bezogenes Flächenmoment 2. Grades; für $\mu = 0{,}3$ ist $\gamma = 10{,}92 \cdot \dfrac{I}{b_G \cdot t^3}$

$\delta = \dfrac{A}{b_G \cdot t}$ Bezogene Querschnittsfläche

b_G Gesamte Breite des Beulfeldes

Das ausgesteifte Blech wirkt als Gurt der Steifen mit und das Trägheitsmoment der Steifen ist daher unter Berücksichtigung der mitwirkenden Plattenanteile zu berechnen. Die dafür erforderlichen wirksamen Gurtbreiten werden im nächsten Abschnitt ermittelt.

11.5.3 Wirksame Gurtbreiten

Wirksame Gurtbreiten von Steifen können mit Hilfe von Bild 11.15 und Tabelle 11.5 ermittelt werden, die auf DIN 18800 Teil 3 basieren. Gemäß Kommentar zur DIN

[58] wurden die *wirksamen Gurtbreiten* gedrückter Längssteifen unter Verwendung von Bild 11.16 hergeleitet. Es zeigt den Grenzfall, dass an den Rändern des Beulfeldes die Streckgrenze erreicht wird und dass die mittlere Spannung $\sigma_{x,m,d}$ gleich der Grenzspannung $\sigma_{P,R,d}$ unter Berücksichtigung des Beulens ist. Sofern die vorhandenen Spannungen kleiner sind, liegt diese Vorgehensweise mehr oder weniger weit auf der sicheren Seite.

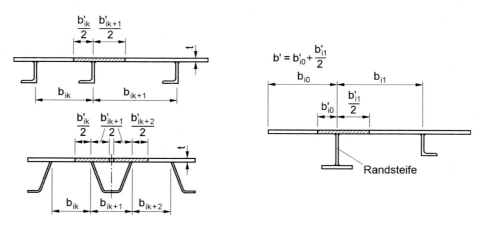

Bild 11.15 Wirksame Gurtbreiten von gedrückten Längs- und Randsteifen, [9]

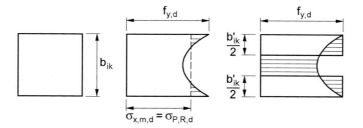

Bild 11.16 Zur wirksamen Gurtbreite gedrückter Längssteifen, [58]

Tabelle 11.5 Wirksame Gurtbreiten von Längssteifen [9]

Gurtbreite von		
gedrückten Längssteifen	gedrückten Randsteifen	nicht gedrückten Längs- und Randsteifen
$b' = \dfrac{b'_{ik}}{2} + \dfrac{b'_{i,k+1}}{2}$ mit $b'_{ik} = 0{,}605 \cdot t \cdot \lambda_a \cdot \left(1 - 0{,}133 \cdot \dfrac{t \cdot \lambda_a}{b_{ik}}\right)$ jedoch $b'_{ik} \le b_{ik}$ und $b'_{ik} \le \dfrac{a_i}{3}$	$b' = b'_{i0} + \dfrac{b'_{i1}}{2}$ mit $b'_{i0} = 0{,}138 \cdot t \cdot \lambda_a$ oder $b'_{i0} = \dfrac{0{,}7}{\overline{\lambda}_P} \cdot b_{i0}$ jedoch $b'_{i0} \le b_{i0}$ und $b'_{i0} \le \dfrac{a_i}{6}$	$b'_{ik} = b_{ik}$ jedoch $\le \dfrac{a_i}{3}$ $b'_{i0} = b_{i0}$ jedoch $\le \dfrac{a_i}{6}$

11.5.4 Steifenanordnung

Es hängt vom Beulverhalten der unversteiften Beulfelder ab, ob Steifen erforderlich sind und an welchen Stellen ihre Anordnung sinnvoll ist. Grundsätzlich gilt: **In *Knotenlinien* der Beulfläche sind Beulsteifen nutzlos, da dort w(x,y) = 0 ist. Am wirkungsvollsten sind Steifen in Bereichen, wo die größten Amplituden der Beulfläche auftreten.** Man muss daher wissen, wie die Beulflächen aussehen und wo *Knotenlinien* liegen. Zur Erläuterung wird Bild 11.17 betrachtet, in dem die Beulflächen für unterschiedlich lange Beulfelder mit konstanten Randspannungen σ_x skizziert sind. Die entsprechenden Halbwellenzahlen n (quer) und m (längs) können Abschnitt 11.4.2 bzw. Bild 11.8 entnommen werden.

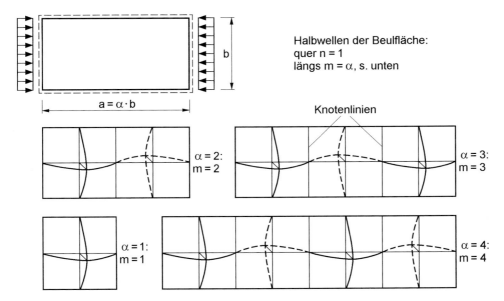

Bild 11.17 Beulfächen für unterschiedlich lange Beulfelder mit konstanten Randspannungen σ_x

In Bild 11.17 sind Beulflächen für Seitenverhältnisse α = 1, 2, 3 und 4 skizziert. Da n = 1 und m = α ist, tritt in jedem Quadrat **eine** Beule auf und bei x = b, 2b sowie 3b liegen Knotenlinien. Für alle vier Beulfelder ist gemäß Bild 11.8 $k_{\sigma x}$ = 4. Wenn man in den *Knotenlinien* **Quersteifen** anordnet, ändert sich an den Beulflächen nichts, sodass $k_{\sigma x}$ nach wie vor gleich 4 ist. Sinnvoller ist es daher, in der Mitte eine **Längssteife** anzuordnen, die dort die Verformungen behindert und bei entsprechender Steifigkeit sogar eine *Knotenlinie* erzwingt. Dadurch entstehen Einzelfelder, die nur noch halb so breit sind, sodass die Bezugsspannung σ_e nach Gl. (11.16) viermal so groß wird. Da für diese Felder ebenfalls $k_{\sigma x}$ = 4 ist, wächst auch die ideale Beulspannung auf das Vierfache an, sodass die Längssteife die Beulgefahr deutlich reduziert.

Die vorstehenden Überlegungen gelten nur, wenn man lediglich die Biegesteifigkeit der Steifen berücksichtigt und ihre Torsionssteifigkeit vernachlässigt. Zur Erläuterung zeigt Bild 11.18 ein Beulfeld mit einer *Quersteife* in einer *Knotenlinie*. Natürlich biegt sich die Steife nicht durch. Sie verformt sich aber, weil sie sich aufgrund der Beulfläche des unversteiften Beulfeldes um ihre Längsachse verdreht. Da ihre Torsionssteifigkeit die Verdrehungen behindert, hat sie eine gewisse aussteifende Wirkung, was zur Anhebung der idealen Beulspannung führt. Die hier beschriebene Verdrehbehinderung kann mit FEM-Berechnungen erfasst werden, wird aber in der Regel vernachlässigt.

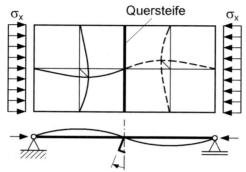

Verdrehung der Quersteife ⇒ austeifende Wirkung!

Bild 11.18   Zum Einfluss der Torsionssteifigkeit von Steifen

11.5.5 Beulwerte für ausgesteifte Beulfelder

Bild 11.19 zeigt die prinzipielle Wirkung der Biegesteifigkeit von Steifen. Sofern die bezogene Steifigkeit der Steife klein ist, werden die Verformungen in der Mitte des Beulfeldes etwas behindert und die Beulfläche ist in Querrichtung symmetrisch. Der in Bild 11.19 dargestellte Fall entspricht dem in Abschnitt 4.11 ausführlich behandelten Druckstab mit einer Wegfeder in Feldmitte. Dort wird festgestellt, dass die Knickbiegelinie bei Erreichen der so genannten Mindestfedersteifigkeit von der symmetrischen in eine antimetrische Form umspringt. Genauso verhält es sich auch beim Beulen des ausgesteiften Beulfeldes in Bild 11.19: Mit Erreichen der **Mindeststeifigkeit** wechselt die Beulfläche in die antimetrische Form. Darüber hinaus ist anschaulich erkennbar, dass die ideale Beulspannung der Einzelfelder nicht größer wird, wenn man die Steife über die Mindeststeifigkeit hinaus verstärkt und ihr EI vergrößert.

Beim Beulen ausgesteifter Platten können folgende Fälle unterschieden werden:

- Die Biegesteifigkeit ist so groß, dass die Beulfläche in eine andere Form umspringt. Dies ist beispielsweise in Bild 11.19 der Fall, bei dem der Sonderfall auftritt, dass für die Beulfläche an der Stelle der Steife w = 0 ist. Bei diesem Beispiel liegt die Steife auf einer Knotenlinie der Beulfläche.

11.5 Ausgesteifte Beulfelder

- Im Hinblick auf die Bemessung wird die **Mindeststeifigkeit** γ^* einer Steife beim Plattenbeulen wie folgt definiert: Für $\gamma = \gamma^*$ ist die ideale Beulspannung des ausgesteiften Gesamtfeldes gleich der idealen Beulspannung des unausgesteiften Einzelfeldes mit der größten Beulgefahr. Dabei wird bei den unausgesteiften Einzelfeldern in der Regel von einer **gelenkigen Lagerung aller Ränder** ausgegangen.

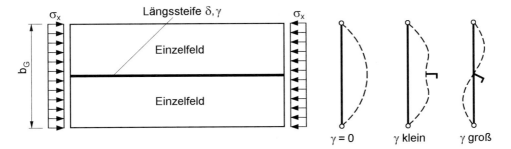

Bild 11.19 Zur Wirkung von Beulsteifen in Abhängigkeit von ihrer Steifigkeit

Ideale Beulspannungen ausgesteifter Beulfelder kann man mit FEM-Programmen berechnen. [31] enthält dazu ausführliche Erläuterungen und Berechnungsbeispiele. Allgemein üblich ist es aber, die Diagramme in [44] und [45] zu verwenden und Beulwerte abzulesen. In zahlreichen Beulwerttafeln sind dort Beulgirlanden wie in Bild 11.10 aufgetragen, denen Beulwerte für viele Beanspruchungsfälle und Steifenlagen entnommen werden können. Kurvenparameter ist das bezogene Trägheitsmoment γ (bezogene Steifigkeit) und es werden bezogene Querschnittsflächen von $\delta = 0$, 0,05, 0,10 und 0,15 unterschieden. Bild 11.20 zeigt als Beispiel ein Diagramm für das Beulfeld in Bild 11.19. Die Kurven enden bei $k_\sigma = 16$, weil die Mindeststeifigkeit erreicht ist und die ideale Beulspannung des (ausgesteiften) Gesamtfeldes gleich der der (unausgesteiften) Einzelfelder ist.

Als zweites Beispiel sind in Bild 11.21 die *Beulwerte* für ein Beulfeld mit Biegespannungen σ_x dargestellt, die zum Nachweis von Stegblechen in symmetrischen Trägerquerschnitten verwendet werden können. Im Druckbereich liegt bei b/4 von oben eine Längssteife. Da das Einzelfeldbeulen (unter Annahme einer gelenkigen Lagerung aller Ränder) des oberen Einzelfeldes maßgebend ist, was durch die Schraffur kenntlich gemacht wird, endet das Diagramm in Bild 11.21 bei $k_\sigma = 84$. Dort ist $\gamma = \gamma^*$ und der Beulwert des ausgesteiften Beulfeldes kann nur bis zur *Mindeststeifigkeit* γ^* abgelesen werden. Sofern $\gamma > \gamma^*$ ist, kann man natürlich auf der sicheren Seite liegend für das Gesamtfeld den Beulwert für $\gamma = \gamma^*$ verwenden. Eine Extrapolation ermöglicht die in Element 601 von DIN 18800 Teil 3 angegebene Berechnungsformel:

$$k_\sigma = k_\sigma^* \cdot \left[1 + \frac{\sigma_{Ki}^*}{\sigma_{Pi}^*} \cdot \left(\frac{1 + \sum \gamma^L}{1 + \sum \gamma^{L*}} - 1\right)\right] \quad \text{jedoch } k_\sigma \leq 3 \cdot k_\sigma^* \qquad (11.28)$$

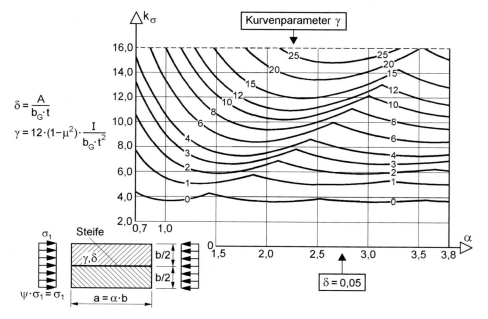

Bild 11.20 Beulwerte k_σ für ein Beulfeld mit einer Längssteife in der Mitte und σ_x = konst., [45]

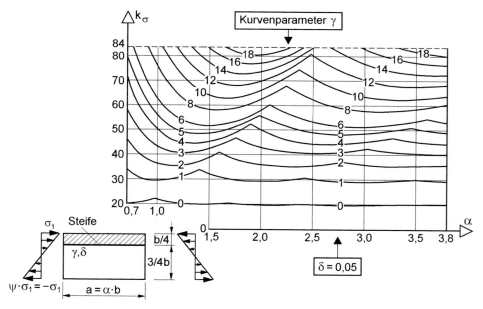

Bild 11.21 Beulwerte k_σ für ein Beulfeld mit einer Längssteife bei b/4 und Biegespannungen σ_x ($\psi = -1$), [45]

11.5 Ausgesteifte Beulfelder

In Gl. (11.28) kennzeichnet der „*" Werte, die zur Mindeststeifigkeit γ^* gehören. Nach dem Kommentar zur DIN [58] wird mit Gl. (11.28) „vorsichtig extrapoliert". Die Vergrößerung des Beulwertes wird so berechnet, als wenn es sich um ein Biegeknickproblem handelt, bei dem die Verzweigungsspannung linear mit der Biegesteifigkeit zunimmt. Genauere Beulwerte können mit FEM-Programmen berechnet werden, was jedoch aufwändig ist, weil das Gesamtfeldbeulen häufig nicht der 1. Eigenwert ist. Bei einem Beispiel in [31] gehört das Gesamtfeldbeulen zum 11. Eigenwert, was anhand der Beulfläche optisch festgestellt werden muss.

11.5.6 Stabilität der Beulsteifen

Beulsteifen sollen beulgefährdete Platten aussteifen, sind aber, sofern sie Druckspannungen ausgesetzt sind, selbst stabilitätsgefährdet. Es muss daher sichergestellt werden, dass die Einzelteile der in Bild 11.14 dargestellten Steifen eine ausreichende Beulsicherheit aufweisen und die auftretenden Spannungen unter Berücksichtigung der Beulgefahr aufnehmen können.

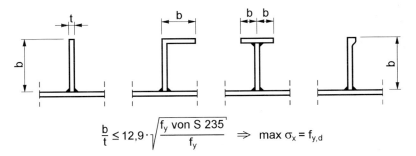

Bild 11.22 Einhaltung von b/t-Verhältnissen bei Steifen mit freien Rändern

Es ist am einfachsten, wenn man die Nachweise nach Abschnitt 11.7 mit *b/t-Verhältnissen* in der Form

$$\text{vorh (b/t)} \leq \text{grenz (b/t)} \tag{11.29}$$

führt. Für Steifenteile mit freien Enden kann

$$\text{grenz (b/t)} = 12{,}9 \cdot \sqrt{\frac{f_y \text{ von S 235}}{f_y}} \tag{11.30}$$

gemäß Bild 11.22 verwendet werden. Da die Einzelteile von Trapezprofilen und die Stege von Winkeln und T-Querschnitten beidseitig gestützt sind, kann der Nachweis mit

$$\text{grenz (b/t)} = 37{,}8 \cdot \sqrt{\frac{f_y \text{ von S 235}}{f_y}} \tag{11.31}$$

geführt werden. Bei Einhaltung der vorgenannten Grenzen können die Spannungen bis zur Streckgrenze $f_{y,d}$ ausgenutzt werden. Sofern eine geringere Spannungsausnutzung vorliegt, können größere b/t-Verhältnisse zugelassen werden, s. Bild 11.28.

Neben dem Beulen der Einzelteile kann auch das Drillknicken der druckkraftbeanspruchten Steifen auftreten. Besonders gefährdet sind dabei die in Bild 11.14 dargestellten Flachstahl- und Winkelsteifen. Element 1004 in DIN 18800 Teil 3 enthält Bedingungen, deren Einhaltung das Drillknicken der Beulsteifen ausschließen.

11.6 Beulnachweise nach DIN 18800 Teil 3

Nach DIN 18800 Teil 3 ist für Einzel-, Teil- und Gesamtfelder nachzuweisen, dass die vorhandenen Spannungen die **Grenzbeulspannungen** nicht überschreiten. Bei alleiniger Wirkung von σ_x, σ_y oder τ sind die Nachweise wie folgt zu führen:

$$\frac{\sigma}{\sigma_{P,R,d}} \leq 1 \quad \text{mit } \sigma_{P,R,d} = \frac{\kappa \cdot f_{y,k}}{\gamma_M} \quad \text{(für } \sigma_x \text{ bzw. } \sigma_y\text{)}$$

$$\frac{\tau}{\tau_{P,R,d}} \leq 1 \quad \text{mit } \tau_{P,R,d} = \frac{\kappa_\tau \cdot f_{y,k}}{\sqrt{3} \cdot \gamma_M}$$

(11.32)

Zur Ermittlung der *Abminderungsfaktoren* werden die in Gl. (11.14) definierten *idealen Beulspannungen* σ_{xPi}, σ_{yPi} und τ_{Pi} herangezogen und damit *bezogene Plattenschlankheitsgrade*

$$\overline{\lambda}_P = \sqrt{\frac{f_{y,k}}{\sigma_{Pi}}} \quad \text{bzw.} \quad = \sqrt{\frac{f_{y,k}}{\tau_{Pi} \cdot \sqrt{3}}}$$

(11.33)

berechnet. Mit diesem Eingangsparameter können die κ-Werte, wie in Tabelle 11.6 angegeben, berechnet werden.

Bild 11.23 zeigt die Beulspannungslinien nach DIN 18800 Teil 3 für Teil- und Gesamtfelder. Wie man sieht, liegen sie bis auf Fall 3 (σ, dreiseitige Lagerung) in weiten Bereichen **über** der *Euler*-Hyperbel. Dies bedeutet, dass die Grenzbeulspannung größer als die ideale Beulspannung ist, was im Vergleich zum Biegeknicken und Biegedrillknicken von Stäben durchaus erwähnenswert ist. Gemäß Bild 3.2 und Bild 5.5 sind die κ- und κ_M-Werte stets kleiner als $1/\overline{\lambda}^2$ (Euler-Hyperbel), sodass mit diesen Werten auch $N < N_{Ki}$ und $M_y < M_{Ki,y}$, d. h. stabiles Gleichgewicht, gewährleistet wird. Im Gegensatz dazu werden beim Plattenbeulen so genannte überkritische Tragreserven ausgenutzt, die in Abschnitt 11.11 erläutert werden. Auffällig ist in Bild 11.23, dass Fall 3 als einziger vollständig unter der *Euler*-Hyperbel liegt. Offensichtlich sind bei **drei**seitig gelagerten Platten nur dann überkritische Reserven vorhanden, wenn konstante Randverschiebungen u erzwungen werden, s. auch DIN 18800 Teil 3, Anmerkung 3 zu Element 601.

11.6 Beulnachweise nach DIN 18800 Teil 3

Tabelle 11.6 Abminderungsfaktoren κ bei alleiniger Wirkung von σ_x, σ_y oder τ, [9]

Beulfeld	Lagerung	Beanspruchung	Bezogener Schlankheitsgrad	Abminderungsfaktor
Einzelfeld	allseitig gelagert	Normalspannungen σ mit dem Randspannungsverhältnis $\psi_T \leq 1$ [*]	$\bar{\lambda}_p = \sqrt{\dfrac{f_{y,k}}{\sigma_{Pi}}}$	$\kappa = c \left(\dfrac{1}{\bar{\lambda}_p} - \dfrac{0{,}22}{\bar{\lambda}_p^2} \right) \leq 1$ mit $c = 1{,}25 - 0{,}12 \cdot \psi_T \leq 1{,}25$
	allseitig gelagert	Schubspannungen τ	$\bar{\lambda}_p = \sqrt{\dfrac{f_{y,k}}{\tau_{Pi} \cdot \sqrt{3}}}$	$\kappa_\tau = \dfrac{0{,}84}{\bar{\lambda}_p} \leq 1$
Teil- und Gesamtfeld	allseitig gelagert	Normalspannungen σ mit dem Randspannungsverhältnis $\psi \leq 1$	$\bar{\lambda}_p = \sqrt{\dfrac{f_{y,k}}{\sigma_{Pi}}}$	$\kappa = c \left(\dfrac{1}{\bar{\lambda}_p} - \dfrac{0{,}22}{\bar{\lambda}_p^2} \right) \leq 1$ mit $c = 1{,}25 - 0{,}25 \cdot \psi \leq 1{,}25$
	dreiseitig gelagert	Normalspannungen σ	$\bar{\lambda}_p = \sqrt{\dfrac{f_{y,k}}{\sigma_{Pi}}}$ [**]	$\kappa = \dfrac{1}{\bar{\lambda}_p^2 + 0{,}51} \leq 1$
	dreiseitig gelagert	Konstante Randverschiebung u	$\bar{\lambda}_p = \sqrt{\dfrac{f_{y,k}}{\sigma_{Pi}}}$ [**]	$\kappa = \dfrac{0{,}7}{\bar{\lambda}_p} \leq 1$
	allseitig gelagert, ohne Längssteifen	Schubspannungen τ	$\bar{\lambda}_p = \sqrt{\dfrac{f_{y,k}}{\tau_{Pi} \cdot \sqrt{3}}}$	$\kappa_\tau = \dfrac{0{,}84}{\bar{\lambda}_p} \leq 1$
	allseitig gelagert, mit Längssteifen	Schubspannungen τ	$\bar{\lambda}_p = \sqrt{\dfrac{f_{y,k}}{\tau_{Pi} \cdot \sqrt{3}}}$	$\kappa_\tau = \dfrac{0{,}84}{\bar{\lambda}_p} \leq 1$ für $\bar{\lambda}_p \leq 1{,}38$ $\kappa_\tau = \dfrac{1{,}16}{\bar{\lambda}_p^2}$ für $\bar{\lambda}_p > 1{,}38$

[*] Bei Einzelfeldern ist ψ_T das Randspannungsverhältnis des Teilfeldes, in dem das Einzelfeld liegt.
[**] Zur Ermittlung von σ_{Pi} ist der Beulwert min $k_\sigma(\alpha)$ für $\psi = 1$ einzusetzen.

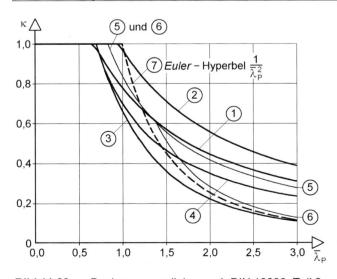

Bild 11.23 Beulspannungslinien nach DIN 18800, Teil 3

Treten **Spannungen σ_x, σ_y und τ gleichzeitig** auf, ist der Beulnachweis nach Element 504 zu führen. Der allgemeine Fall wird hier nicht wiedergegeben, da er in der Baupraxis selten vorkommt. Von größerem Interesse ist die Kombination von σ_x und τ, für die der Nachweis wie folgt zu führen ist:

$$\left(\frac{|\sigma_x|}{\sigma_{xP,R,d}}\right)^{e_1} + \left(\frac{\tau}{\tau_{P,R,d}}\right)^{e_3} \leq 1 \qquad (11.34)$$

mit: $e_1 = 1 + \kappa_x^4$ und $e_3 = 1 + \kappa_x \cdot \kappa_\tau^2$

Auch für den Nachweis mit Bedingung (11.34) sind die idealen Beulspannungen σ_{xPi} und τ_{Pi} unter **alleiniger** Wirkung von σ_x und τ zu verwenden und damit die Abminderungsfaktoren κ_x und κ_τ zu bestimmen.

Der Vergleich der Beulspannungslinien mit den Knickspannungslinien in Abschnitt 3.2 zeigt, dass das Beulen geringere Abminderungen als das Biegeknicken erfordert. Dies gilt allerdings nur, wenn die Beulfelder kein *knickstabähnliches Verhalten* aufweisen. Zur Erläuterung wird Bild 11.24 aus dem Kommentar zur DIN [58] wiedergegeben.

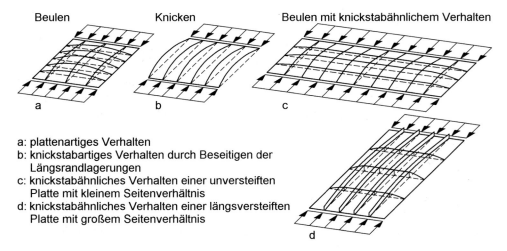

a: plattenartiges Verhalten
b: knickstabartiges Verhalten durch Beseitigen der Längsrandlagerungen
c: knickstabähnliches Verhalten einer unversteiften Platte mit kleinem Seitenverhältnis
d: knickstabähnliches Verhalten einer längsversteiften Platte mit großem Seitenverhältnis

Bild 11.24 Knickstabähnliches Verhalten bei beulgefährdeten Platten nach [58]

Die Nachweisführung beim Beulen von Platten mit *knickstabähnlichem Verhalten* ist in den Elementen 602 und 603 von DIN 18800 Teil 2 geregelt, die im Folgenden wiedergegeben wird. Im Fall von Spannungen σ_x ist der Einfluss des *knickstabähnlichen Verhaltens* auf das Beulverhalten nach Element 603 zu berücksichtigen, wenn die Bedingung (11.35) für den Wichtungsfaktor ρ erfüllt ist.

$$\rho = \frac{\Lambda - \sigma_{Pi}/\sigma_{Ki}}{\Lambda - 1} \geq 0 \qquad (11.35)$$

11.6 Beulnachweise nach DIN 18800 Teil 3

mit:

$$\Lambda = \overline{\lambda}_p^2 + 0{,}5 \quad \text{jedoch} \quad 2 \leq \Lambda \leq 4 \tag{11.36}$$

σ_{Ki} Eulersche Knickspannung des untersuchten Beulfeldes, jedoch mit frei angenommenen Längsrändern

Für den Regelfall gleich bleibender Spannungen in Beanspruchungsrichtung gilt Gleichung (11.37):

$$\frac{\sigma_{Pi}}{\sigma_{Ki}} = k_\sigma \cdot \alpha^2 \cdot \frac{1 + \sum \delta^L}{1 + \sum \gamma^L} \quad \text{jedoch} \quad \frac{\sigma_{Pi}}{\sigma_{Ki}} \geq 1 \tag{11.37}$$

Wird die Änderung der Spannungen in Beanspruchungsrichtung bei der Ermittlung von σ_{Pi} berücksichtigt, so ist dies auch bei σ_{Ki} zu tun.

Im Fall *knickstabähnlichen Verhaltens* ist für die Ermittlung der Grenzbeulspannung ein Abminderungsfaktor κ_{PK} nach Gleichung (11.38) zu ermitteln:

$$\kappa_{PK} = (1 - \rho^2)\kappa + \rho^2 \cdot \kappa_K \tag{11.38}$$

mit:
- ρ Wichtungsfaktor nach Gl. (11.35)
- κ Abminderungsfaktor nach Tabelle 11.6
- κ_K Abminderungsfaktor nach Knickspannungslinie b in DIN 18800 Teil 2 für einen gedachten Stab mit dem bezogenen Plattenschlankheitsgrad $\overline{\lambda}_p$

DIN 18800 Teil 3 unterscheidet **Einzel-, Teil- und Gesamtfelder**, die in Bild 11.25 definiert werden. Die Bilder 11.26 und 11.27 zeigen Beispiele für Plattenränder von Stegen und Gurten in Querschnitten sowie maßgebende Beulfeldbreiten.

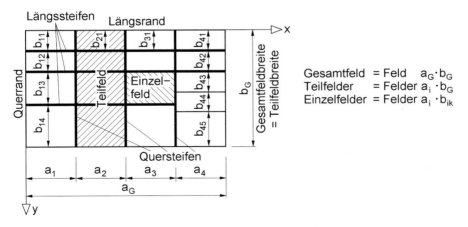

Bild 11.25 Unterscheidung verschiedener Beulfelder, [9]

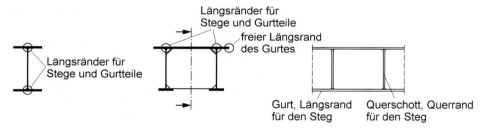

Bild 11.26 Plattenränder von Stegen und Gurtteilen, [9]

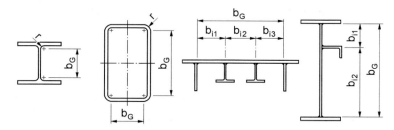

Bild 11.27 Maßgebende Beulfeldbreiten, [9]

11.7 Nachweise mit b/t-Verhältnissen

Unausgesteifte Beulfelder werden häufig mit vorh (b/t) ≤ grenz (b/t), d. h. unter Verwendung ihrer b/t-Verhältnisse, nachgewiesen. Den Tabellen 12 bis 14 in DIN 18800 **Teil 1** können die folgenden Grenzwerte entnommen werden:

- Beidseitig gelagerte Plattenstreifen
  - Bereich $1 \geq \psi > 0$

$$\text{grenz}(b/t) = 420{,}4 \cdot \left(1 - 0{,}278 \cdot \psi - 0{,}025 \cdot \psi^2\right) \cdot \sqrt{\frac{k_\sigma}{\sigma_1 \cdot \gamma_M}} \qquad (11.39)$$

  - Bereich $\psi \leq 0$

$$\text{grenz}(b/t) = 420{,}4 \cdot \sqrt{\frac{k_\sigma}{\sigma_1 \cdot \gamma_M}} \qquad (11.40)$$

- Einseitig gelagerte Plattenstreifen

$$\text{grenz}(b/t) = 305 \cdot \sqrt{\frac{k_\sigma}{\sigma_1 \cdot \gamma_M}} \qquad (11.41)$$

- Kreisförmige Hohlquerschnitte (Rohre)

$$\text{grenz}(d/t) = \left(90 - 20 \cdot \frac{\sigma_N}{\sigma_1}\right) \cdot \frac{240}{\sigma_1 \cdot \gamma_M} \qquad (11.42)$$

mit: σ_N Normalspannung infolge Normalkraft

11.7 Nachweise mit b/t-Verhältnissen

In den vorstehenden Formeln sind k_σ Beulwerte, die Abschnitt 11.4 entnommen werden können, und σ_1 ist die größte Druckspannung in N/mm². Der Begriff „Plattenstreifen" kennzeichnet, dass das Seitenverhältnis groß ist. Da damit das knickstabähnliche Verhalten ausgeschlossen wird, können die o. g. Grenzwerte für Beulfelder mit $\alpha = a/b \geq 1$ verwendet werden. Aus Bild 11.28 kann max σ_1 in kN/cm² für ausgewählte Fälle in Abhängigkeit von den b/t-Verhältnissen abgelesen werden. Wenn man in den o. g. Formeln $\sigma_1 \cdot \gamma_M$ durch $f_{y,d}$ ersetzt, ergeben sich Grenzwerte b/t, die Druckspannungen $\sigma_x = -f_{y,d}$ erlauben. Tabelle 11.7 enthält entsprechende Grenzwerte und Bedingungen für ausgewählte Querschnitte.

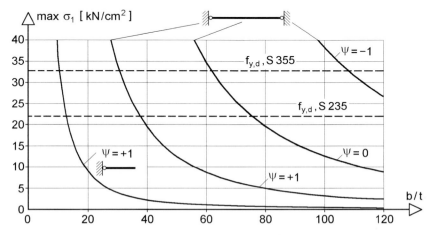

Bild 11.28 Maximale Druckspannungen für Plattenstreifen nach DIN 18800 Teil 1

Tabelle 11.7 Grenzwerte b/t für $\sigma_x = -f_{y,d}$ und Bedingungen für ausgewählte Querschnitte

Querschnitt	I-Querschnitt: $h_i = h - 2 \cdot t_g - 2 \cdot r$; $b_a = (b - t_s - 2 \cdot r)/2$				Hohlkasten: $h_i = h - 2 \cdot t - 2 \cdot r_i$; $b_i = b - 2 \cdot t - 2 \cdot r_i$				Rohr	
	S 235		S 355		S 235		S 355		Werkstoff	
Beanspruchung/ Schnittgröße	Gurt	Steg	Gurt	Steg	Gurt	Steg	Gurt	Steg	S 235	S 355
	$b_a/t_g \leq$	$h_i/t_s \leq$	$b_a/t_g \leq$	$h_i/t_s \leq$	$b_i/t \leq$	$h_i/t \leq$	$b_i/t \leq$	$h_i/t \leq$	$(d-t)/t \leq$	
Druckkraft N ($\psi = 1$)	12,9	37,8	10,5	30,9	37,8	37,8	30,9	30,9	70	46,7
Biegemoment M_y ($\psi = -1$)	12,9	133	10,5	109	37,8	133	30,9	109	90	60

Man kann natürlich auch Beulnachweise für unausgesteifte Beulfelder mit den Abminderungsfaktoren κ in Tabelle 11.6 nach dem **Teil 3** der DIN führen. Die Bilder 11.29 und 11.30 enthalten entsprechende Auswertungen, aus denen maximale Druckspannungen für allseitig und dreiseitig gelagerte Bleche abgelesen werden können. Sie sind in fast allen Fällen größer als die maximalen Druckspannungen nach dem Teil 1 der DIN 18800. Die Diagramme in Bild 11.29 gelten für folgende Fälle:

- max σ_x für $\tau = 0$
- max σ_x für $\tau = 5$ kN/cm^2
- max σ_x für $\tau = 10$ kN/cm^2
- max τ für $\sigma_x = 0$

Die Auswertungen für max τ wurden für $k_\tau = 5{,}34$ (a/b $\to \infty$), $k_\tau = 6{,}34$ (a/b = 2) und $k_\tau = 9{,}34$ (a/b = 1) gemäß Bild 11.13 durchgeführt. Bei max σ_x mit $\tau = 5$ und 10 kN/cm^2 wurde $k_\tau = 5{,}34$, d. h. min k_τ, berücksichtigt.

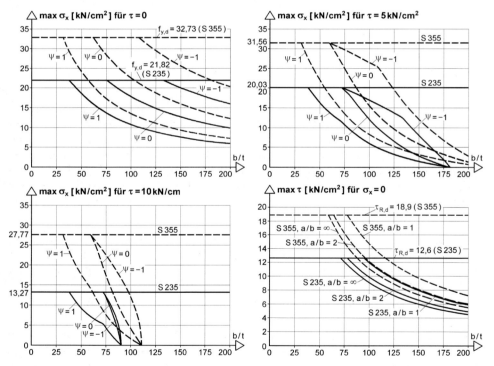

Bild 11.29 Maximale Spannungen bei **allseitig** gelagerten, unversteiften Teil- und Gesamtfeldern mit κ nach Tabelle 11.6

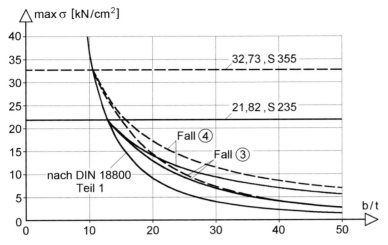

Bild 11.30 Maximale Druckspannungen bei dreiseitig gelagerten Blechen nach DIN 18800 Teil 3

11.8 Beulnachweise nach DIN Fachbericht 103

Der DIN-Fachbericht 103 „Stahlbrücken" [13] gilt für Straßenbrücken und Eisenbahnbrücken und löst die bisherigen nationalen Regelungen für Brücken ab. Grundlage des Fachberichts ist der Eurocode 3 [12] bzw. der Bearbeitungsstand bei Herausgabe des Fachberichts. Der Leitfaden zum DIN Fachbericht 103 Stahlbrücken [80] enthält Kommentare und Berechnungsbeispiele, die die Anwendung des Fachberichtes erläutern und erleichtern. 2008 soll eine überarbeitete Fassung des DIN Fachberichtes 103 erscheinen. In der derzeitigen Fassung werden die folgenden Bezeichnungen verwendet:

- *Ideale Knick-(Beul-)Spannung*: Spannungen in einem Bauteil oder Beulfeld, bei dem das Gleichgewicht im Bauteil oder im Beulfeld nach den Ergebnissen der elastischen Theorie für perfekte Strukturen und kleine Verformungen instabil wird $\Rightarrow \sigma_{cr}, \tau_{cr}$
- *Membran-Spannungen*: Spannungen σ_x, σ_y und τ in der Mittelebene der Platte oder des Blechs
- *Blechatmen*: Wiederholte Verformungen aus der Ebene eines ausgesteiften oder nicht ausgesteiften Beulfeldes infolge von wechselnden Beanspruchungen in der Blechebene
- *Bruttoquerschnitt*: Die gesamte Querschnittsfläche eines Bauteils, aber ohne nicht durchlaufende Längssteifen, Bindebleche oder Bleche für die Stoßdeckung
- *Wirksamer Querschnitt (wirksame Breite)*: Bruttoquerschnitt (-breite) reduziert infolge von Plattenbeulen $\Rightarrow A_{eff}$

- *Mittragender Querschnitt* (**mittragende Breite**): Bruttoquerschnitt (-breite) reduziert infolge der ungleichförmigen Spannungsverteilung aus Schubverzerrung
- *Effektiver Querschnitt* (**effektive Breite**): Bruttoquerschnitt (-breite) reduziert infolge gemeinsamer Wirkung von Plattenbeulen und Schubverzerrung, d. h. Verbindung von wirksamem Querschnitt und mittragendem Querschnitt
- *Blechträger*: Struktur, die aus Flachelementen (ebenen Flachstählen oder Blechen) zusammengesetzt ist. Die Flachelemente können ausgesteift oder nicht ausgesteift sein.
- *Steifen*: Flachstäbe oder Profilstäbe, die an ein Blech angeschlossen werden, um Beulen zu verhindern oder um Lasteinleitungen auszusteifen; Steifen werden bezeichnet
  - als Längssteifen, wenn sie parallel zur Bauteilachse verlaufen
  - als Quersteifen, wenn sie quer zur Bauteilachse verlaufen
- *Ausgesteiftes Beulfeld* (**Gesamtfeld, Blech**): Beulfeld (Gesamtfeld, Blech) mit Quer- und/oder Längssteifen
- *Einzelfeld*: Durch Quer- und/oder Längssteifen oder Flansche begrenztes nicht weiter ausgesteiftes Blech
- *Mitwirkende Teile eines Bleches*: Mitwirkende Teile eines Bleches, die zur Steifigkeit oder Beanspruchbarkeit eines Bauteils (z. B. einer Steife) mit dem das Blech verbunden ist, beitragen

Für das Plattenbeulen werden in [13] zwei Verfahren geregelt, s. a. [80]:

1. Ein Verfahren, bei dem die Beanspruchung eines Trägers in Längsspannungen, Schubspannungen und Querspannungen infolge Lasten an den Längsrändern zerlegt und für jede dieser Beanspruchungskomponenten ein eigener Beulnachweis geführt wird. Zur Berücksichtigung der gemischten Beanspruchung werden danach die Nachweise in Interaktionsbeziehungen zusammengefasst. **Dieses Verfahren arbeitet** bei den Längsspannungen **mit wirksamen Querschnitten**. Es wird im nächsten Abschnitt behandelt.

2. Ein *Verfahren mit Spannungsbeschränkungen*, bei dem für jedes Beulfeld des Querschnitts unter gemischten Beanspruchungen die Grenzbeanspruchung ermittelt wird, für die die volle Mitwirkung des Querschnitts angesetzt werden kann.

Nach [13] ist für die **Bemessung von Stahlbrücken** in der Regel das Verfahren mit **Spannungsbeschränkungen** anzuwenden. Dieses Verfahren entspricht in seiner Methodik weitgehend DIN 18800 Teil 3, soweit die alleinige Wirkung von Spannungen σ_x, σ_y und τ untersucht wird. Die entsprechenden Beulwerte können dabei entweder mit geeigneten Berechnungsformeln, Tabellen, Tafeln oder Computerprogrammen (FEM) ermittelt werden, s. auch Abschnitte 11.4 und 11.5. In Abschnitt 11.12.5 wird das ausgesteifte Bodenblech eines Brückenhauptträgers nach dem DIN-Fachbericht nachgewiesen.

Bei gemeinsam wirkenden Spannungen σ_x, σ_y und τ wird in [13] das *von Mises* Kriterium (Vergleichsspannung) als Grenzbedingung verwendet. In der Schreibweise von [80] lautet es:

$$\left(\frac{\sigma_{x,Ed}}{\sigma_{x,Rd}}\right)^2 + \left(\frac{\sigma_{y,Ed}}{\sigma_{y,Rd}}\right)^2 - \left(\frac{\sigma_{x,Ed}}{\sigma_{x,Rd}}\right) \cdot \left(\frac{\sigma_{y,Ed}}{\sigma_{y,Rd}}\right) + \left(\frac{\tau_{Ed}}{\tau_{Rd}}\right)^2 \leq 1{,}0 \qquad (11.43)$$

Die Grenzbeanspruchungen $\sigma_{x,Rd}$, $\sigma_{y,Rd}$ und τ_{Rd} werden mit Beulkurven bestimmt und das Zusammenwirken in der Systemschlankheit

$$\overline{\lambda}_P = \sqrt{\frac{\alpha_{ult,k}}{\alpha_{crit}}} \qquad (11.44)$$

berücksichtigt. Der Vergrößerungsfaktor α_{crit} ist der Verzweigungslastfaktor η_{Pi} für die gemeinsame Wirkung der Spannungen σ_x, σ_y und τ. Zur Bestimmung von α_{crit} kann eine FEM-Analyse oder eine geeignete Lösung aus der Literatur verwendet werden. Auf die Durchführung der Nachweise wird in [80] detailliert eingegangen.

Nach dem DIN Fachbericht 103 ist ein „flanschinduziertes Stegblechbeulen" zu untersuchen, für das es in DIN 18800 Teil 3 keinen Nachweis gibt. Um das Einknicken des Druckflansches in den Steg zu vermeiden, sollte das Verhältnis h_w/t_w für den Steg das folgende Kriterium erfüllen:

$$\frac{h_w}{t_w} \leq k \frac{E}{f_{yf}} \sqrt{\frac{A_w}{A_{fc}}} \qquad (11.45)$$

Dabei ist:

A_w Stegfläche
A_{fc} Fläche des Druckflansches
h_w lichte Steghöhe
t_w Stegdicke

Der Wert k ist wie folgt anzusetzen:

k = 0,3   bei Ausnutzung plastischer Rotationen
k = 0,4   bei Ausnutzung der plastischen Momentenbeanspruchbarkeit
k = 0,55   bei Ausnutzung der elastischen Momentenbeanspruchbarkeit

11.9 Methode der wirksamen Querschnitte

Bei der Methode der wirksamen Querschnitte werden druckbeanspruchte Querschnittsteile bereichsweise aufgrund ihrer Beulgefahr reduziert. Die Spannungen werden am wirksamen Querschnitt, d. h. nach Entfall der nicht wirksamen Flächen, nach der Elastizitätstheorie berechnet, also unter Berücksichtigung wirksamer Querschnittswerte. Die Bilder 11.32 und 11.33 zeigen Beispiele für wirksame Querschnitte bei Druck- und Biegebeanspruchung.

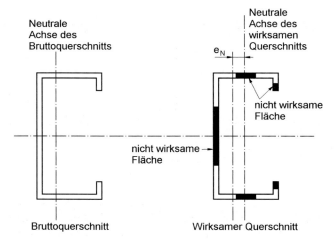

Bild 11.31 Wirksamer Querschnitt bei **Druck**beanspruchungen

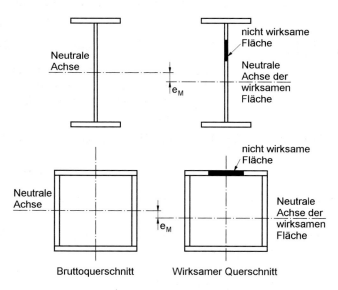

Bild 11.32 Wirksame Querschnitte bei **Biege**beanspruchung

Das Prinzip der Methode wird anhand von Bild 11.33 erläutert. Es wird angenommen, dass der Querschnitt durch ein Biegemoment M_y beansprucht wird und Obergurt sowie Steg beulgefährdet sind (Querschnittsklasse 4). Im ersten Schritt wird die wirksame Breite des Obergurtes für konstante Druckspannungen ermittelt. Nach der Reduktion des Obergurtes ergibt sich die in Bild 11.33b dargestellte Spannungsverteilung. Sie dient zur Reduktion der Stegfläche, sodass sich dann der wirksame Querschnitt in Bild 11.33c ergibt. Er ist Ausgangspunkt für die Spannungsermittlung und die anschließenden Spannungsnachweise.

11.9 Methode der wirksamen Querschnitte

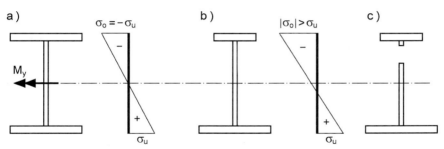

Bild 11.33 a) Bruttoquerschnitt und Spannungsverteilung
b) Abminderung des Obergurtes und Spannungsverteilung
c) Wirksamer Querschnitt (Obergurt und Steg abgemindert)

Wie die Übersicht in Tabelle 11.1 ausweist, findet sich die Methode der wirksamen Querschnitte in mehreren Vorschriften: DIN 18800 Teil 2, EC 3 Teil 1-5 und DASt-Ri 016. Bisher lag der Anwendungsbereich der Methode bei relativ einfachen Querschnittsformen, wie z. B. den Querschnitten in Bild 11.3b-e. Dagegen wurde und wird für Brückenquerschnitte in der Regel der klassische Beulnachweis mit Beschränkung der Spannungen geführt.

Nachweise nach Eurocode 3 Teil 1-5

Gemäß EC 3 Teil 1-5 sind die wirksamen Querschnittswerte von Querschnitten der Klasse 4 mit den *wirksamen Breiten* der druckbeanspruchten Querschnittsteile zu bestimmen. Die wirksamen Breiten für beidseitig und einseitig gestützte Querschnittsteile können mit den Tabellen 11.8 und 11.9 berechnet werden.

Die wirksame Fläche des druckbeanspruchten Teils eines Blechfeldes wird in der Regel wie folgt ermittelt:

$$A_{c,eff} = \rho \cdot A_c \tag{11.46}$$

Dabei ist A_c die Fläche des Blechfeldes und ρ der Abminderungsfaktor für Beulen. Er darf wie folgt ermittelt werden:

- Beidseitig gestützte Querschnittsteile

$$\rho = 1{,}0 \quad \text{für } \overline{\lambda}_p \leq 0{,}673$$

$$\rho = \frac{\overline{\lambda}_p - 0{,}055(3+\psi)}{\overline{\lambda}_p^2} \leq 1{,}0 \quad \text{für } \overline{\lambda}_p > 0{,}673 \text{ und } (3+\psi) \geq 0 \tag{11.47}$$

- Einseitig gestützte Querschnittsteile

$$\rho = 1{,}0 \quad \text{für } \overline{\lambda}_p \leq 0{,}748$$

$$\rho = \frac{\overline{\lambda}_p - 0{,}188}{\overline{\lambda}_p^2} \leq 1{,}0 \quad \text{für } \overline{\lambda}_p > 0{,}748 \tag{11.48}$$

Mit: $\overline{\lambda}_p = \sqrt{\dfrac{f_y}{\sigma_{cr}}} = \dfrac{\overline{b}/t}{28{,}4\,\varepsilon\,\sqrt{k_\sigma}}$

σ_{cr} kritische Plattenbeulspannung
k_σ Beulwert entsprechend dem Spannungsverhältnis ψ gemäß Tabelle 11.8 oder 11.9 sofern maßgebend
ψ Spannungsverhältnis
$\bar{b}$ maßgebende Breite
ε $= \sqrt{23{,}5/f_y}$ mit f_y in kN/cm²

Tabelle 11.8 Wirksame Breiten für beidseitig gestützte Teile

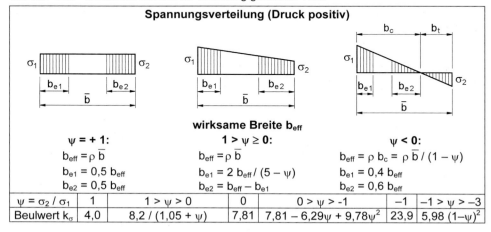

$\psi = \sigma_2 / \sigma_1$	1	$1 > \psi > 0$	0	$0 > \psi > -1$	-1	$-1 > \psi > -3$
Beulwert k_σ	4,0	$8{,}2 / (1{,}05 + \psi)$	7,81	$7{,}81 - 6{,}29\psi + 9{,}78\psi^2$	23,9	$5{,}98\,(1-\psi)^2$

Tabelle 11.9 Wirksame Breiten für einseitig gestützte Teile

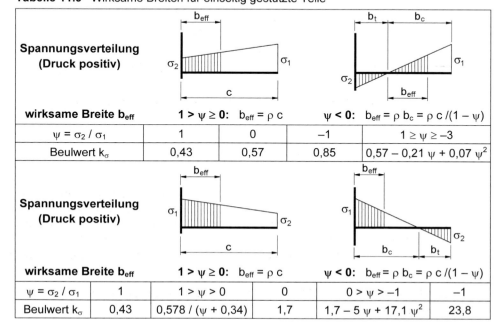

$\psi = \sigma_2 / \sigma_1$	1	0	-1	$1 \geq \psi \geq -3$
Beulwert k_σ	0,43	0,57	0,85	$0{,}57 - 0{,}21\,\psi + 0{,}07\,\psi^2$

$\psi = \sigma_2 / \sigma_1$	1	$1 > \psi > 0$	0	$0 > \psi > -1$	-1
Beulwert k_σ	0,43	$0{,}578 / (\psi + 0{,}34)$	1,7	$1{,}7 - 5\,\psi + 17{,}1\,\psi^2$	23,8

11.10 Konstruktionsdetails

Beim Vergleich von EC 3 Teil 1-5 mit dem DIN Fachbericht 103 stellt man fest, dass die Regelungen für die *wirksamen Breiten* und den Abminderungsfaktor ρ übereinstimmen. Außerdem ist ρ mit dem Abminderungsfaktor κ nach DIN 18800 Teil 3 für den folgenden Fall identisch:

allseitige Lagerung, Normalspannungen, Spannungsverhältnis ψ = 1

Der Abminderungsfaktor ρ kann daher aus Bild 11.23, Kurve ①, abgelesen werden. Bild 11.34 enthält eine Auswertung der Gln. (11.47) und (11.48) für k_σ = 0,43, 4, 7,81 und 23,9, also für die Fälle, die auch in Abschnitt 11.7 behandelt werden. Zu jedem Fall gehören je zwei Linien (S 235, S 355) und der Abminderungsfaktor kann in Abhängigkeit vom b/t-Verhältnis abgelesen werden.

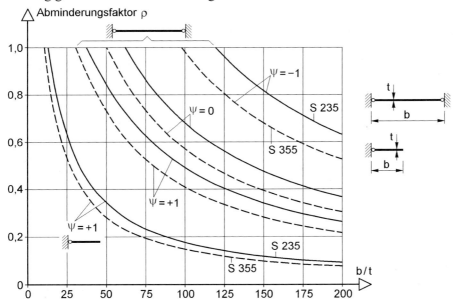

Bild 11.34 Abminderungsfaktor ρ nach EC 3 Teil 1-5 und DIN Fachbericht 103

11.10 Konstruktionsdetails

Längs- und Quersteifen werden in der Regel orthogonal zueinander angeordnet. An den Kreuzungspunkten könnte man ein Bauteil, beispielsweise die Quersteifen, ohne Unterbrechung durchführen und die anderen Bauteile, hier also die Längssteifen, unterbrechen und einpassen. Diese Art der Konstruktion kann aber zu erheblichen Schäden, d. h. Rissen in den Schweißnähten, führen. Bewährt hat sich das folgende Konstruktionsprinzip:

Längssteifen werden ohne Unterbrechung durch Ausschnitte in Quersteifen hindurchgeführt.

Bild 11.35 enthält ein Beispiel, bei dem ein Beulwinkel in Längsrichtung angeordnet ist, der durch einen Ausschnitt in einem Quersteifensteg durchläuft. Dadurch wird die Quersteife geschwächt und man muss auch dafür sorgen, dass der Beulwinkel von der Quersteife ausreichend gehalten wird. DIN 18000 Teil 3 fordert dazu in Element 1006: Die Beulsicherheitsnachweise sind mit dem Nettoträgheitsmoment I_{netto} der Quersteifen zu führen. Außerdem muss an der Stelle des Stegausschnittes die Querkraft

$$V = \frac{I_{netto}}{\max e} \cdot f_{y,d} \cdot \frac{\pi}{b_G} \qquad (11.49)$$

übertragen werden. Dabei bedeuten:

    max e   der größere Randabstand vom Schwerpunkt des Quersteifen-Nettoquerschnitts
    b_G die Breite des Beulfeldes (Stützweite der Quersteife)

Der Stegausschnitt soll nicht größer als 60 % der Quersteifenhöhe h sein.

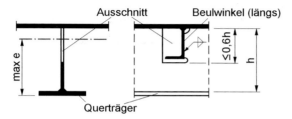

Bild 11.35   Stegausschnitt in Quersteifen und Bedingung für die Ausnehmung

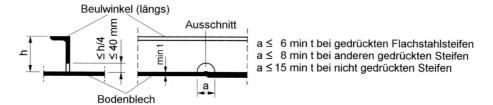

Bild 11.36   Begrenzung der Ausschnitte in Längssteifen

Obwohl die *Längssteifen*, wie oben erwähnt, ohne Unterbrechung durchgeführt werden, kommen auch in *Längssteifen* Ausschnitte vor. Sie werden im Bereich von Schweißnähten bei Blechen angeordnet, um eine einwandfreie Qualität sicherstellen zu können. Das Beispiel in Bild 11.36 zeigt den Stumpfstoß eines Bodenblechs mit unterschiedlichen Blechdicken. Der Beulwinkel, der in Längsrichtung verläuft, hat im Bereich der Quernaht einen Ausschnitt. Gemäß DIN 18800 Teil 3, Element 1005, müssen die Ausschnitte in Längssteifenstegen in Abhängigkeit von der Blechdicke und der Steifenhöhe begrenzt werden. Für die Ausschnittslänge a sollen die Bedin-

11.11 Überkritisches Tragverhalten von Platten

gungen in Bild 11.36 eingehalten werden. Min t ist die kleinere Dicke der im Ausschnitt zusammentreffenden Bleche. Bei örtlichen Nachweisen ist die Querschnittsschwächung zu berücksichtigen.

Anmerkung: Um 1970 sind weltweit mehrere Brücken mit breiten Hohlkästen eingestürzt. Diese Katastrophen haben zahlreiche Todesopfer gefordert. Die Hauptursache lag beim Beulen ausgesteifter Hohlkästen, bei denen Bodenbleche im Bereich negativer Biegemomente versagten. In allen Fällen lag die Ursache bei Mängeln in den Konstruktionsdetails. Bild 11.37 zeigt den Baustellenstoß des Bodenblechs der Rheinbrücke Koblenz, die 1971 eingestürzt ist. Wie man sieht, ist der Ausschnitt in den Längssteifenstegen (1/2 IPE 330) mit über 400 mm Länge viel zu groß, weil das stark gedrückte Bodenblech dort nicht gehalten wird. Es versagt in diesem Bereich wie ein Knickstab. Einzelheiten zu den Brückeneinstürzen können [79] entnommen werden.

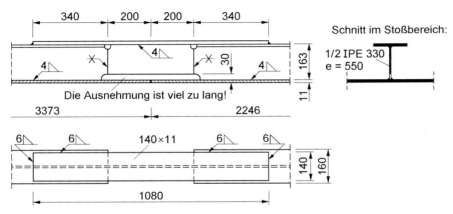

Bild 11.37 Baustellenstoß des Bodenblechs und der Längssteife bei der Rheinbrücke Koblenz, [79]

11.11 Überkritisches Tragverhalten von Platten

Im Zusammenhang mit den Abminderungsfaktoren in Tabelle 11.6 wird erwähnt, dass schlanke Platten ein ausgeprägtes *überkritisches Tragverhalten* aufweisen. Dabei sind die **Grenzbeulspannungen größer als die idealen Beulspannungen**, was aus Bild 11.23 abgelesen werden kann. Man kann also bei beulgefährdeten Platten Spannungen zulassen, die teilweise weit über der Verzweigungslast liegen, sodass $\eta_{Pi} < 1$ ist. Da dies im Vergleich zum Knicken von Stäben ungewöhnlich ist, soll der Hintergrund hier kurz erläutert werden.

Für das unversteifte Beulfeld in Bild 11.38 ist gemäß Abschnitt 11.4.2 $k_\sigma = 4$ und mit den Gln. (11.14) und (11.16) folgt die ideale Beulspannung:

$$\sigma_{Pi} = 4 \cdot 1{,}898 \cdot \left(\frac{100 \cdot 1}{70}\right)^2 = 15{,}49 \text{ kN/cm}^2$$

Der Abminderungsfaktor κ kann mit Hilfe von Tabelle 11.6 bestimmt werden:

$\psi = 1{,}0 \Rightarrow c = 1{,}25 - 0{,}25 \cdot 1{,}0 = 1{,}0$

$$\bar{\lambda}_p = \sqrt{\frac{36}{15{,}49}} = 1{,}524$$

$$\kappa = \frac{1}{1{,}524} - \frac{0{,}22}{1{,}524^2} = 0{,}561$$

Gemäß Gl. (11.32) lautet die Bedingung für die aufnehmbare Spannung:

$$\sigma \leq \sigma_{P,R,d} = \frac{0{,}561 \cdot 36}{1{,}1} = 18{,}36 \text{ kN/cm}^2$$

Sie kann bei diesem Beispiel bis zu 18,5 % größer als die ideale Beulspannung sein, was sich aus dem überkritischen Tragverhalten der Platte gemäß Bild 11.38 unten ergibt.

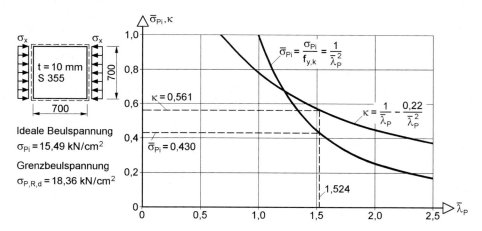

Bild 11.38 Quadratisches Beulfeld mit σ_x = konst. und $\sigma_{P,R,d} > \sigma_{Pi}$

Das *überkritische Tragverhalten* von ebenen Platten ist bereits seit langem aus Versuchen bekannt und kann auch rechnerisch nachgewiesen werden. Die dazu erforderlichen Berechnungen sind allerdings aufwändig, da das tatsächliche Tragverhalten erfasst werden muss. Wie bei der Fließzonentheorie für Stäbe müssen Imperfektionen (Vorverformungen und Eigenspannungen) und das nichtlineare Werkstoffverhalten berücksichtigt werden. Darüber hinaus sind die Verformungen bei Platten so groß, dass auch das geometrisch nichtlineare Verformungsverhalten erfasst werden muss. Die genannten Einflüsse führen dazu, dass sich die Spannungsverteilungen im Verlaufe von Laststeigerungen stark ändern und daher das Scheibenproblem gemäß Gl.

11.11 Überkritisches Tragverhalten von Platten

(11.6) nicht mehr isoliert vom Plattenbeulproblem untersucht werden darf. Für das Verständnis der grundlegenden Zusammenhänge reicht eine qualitative Betrachtung mit anschaulichen Erläuterungen aus. Dazu wird die in Bild 11.39 dargestellte vorverformte Platte herangezogen und eine einwellige Vorverformung angenommen, die gemäß Abschnitt 11.4.2 der Beulfläche entspricht:

$$w_0(x,y) = w_{0m} \cdot \sin\frac{\pi \cdot x}{a} \cdot \sin\frac{\pi \cdot y}{b} \tag{11.50}$$

Die Vorverformung kann wie bei Stäben als geometrische Ersatzimperfektion interpretiert werden, wobei es hier auf die Größe von w_{0m} nicht ankommt. Solange die Beanspruchungen gering sind, kann von einer konstanten Spannungsverteilung für σ_x ausgegangen werden. Wenn man nun die Beanspruchungen vergrößert, treten Biegespannungen in der Platte auf und die Durchbiegungen werden größer. Dadurch wird der mittlere Bereich der Platte weicher, sodass er sich der Spannungsaufnahme entzieht. Die Beanspruchungen der ausgebeulten Platten konzentrieren sich in den wesentlich steiferen Randbereichen und es treten neben den Spannungen σ_x auch Normalspannungen σ_y und Schubspannungen τ auf. Man kann rechnerisch nachweisen, dass bei größeren Plattendurchbiegungen quergerichtete Membranzugspannungen entstehen, die eine wesentliche Ursache für das überkritische Tragverhalten sind. Mit steigender Last beginnt die Platte an den Rändern zu fließen und erreicht bei einer deutlich höheren Beanspruchung als σ_{Pi} ihre Grenztragfähigkeit, weil u. a. auch die ideale Beulspannung für die nichtlineare Spannungsverteilung wesentlich größer ist. Ein ähnliches Verhalten wird auch in Bild 2.13 für einen Druckstab gezeigt (geometrisch nichtlineare Stabtheorie).

Anmerkung: Die nichtlineare Spannungsverteilung ist auch in Bild 11.16 skizziert, mit dem die Ermittlung der wirksamen Gurtbreite gedrückter Längssteifen erläutert wird.

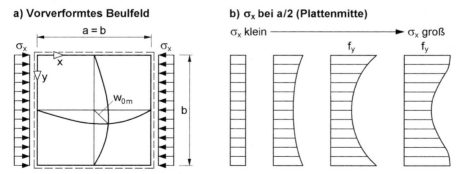

Bild 11.39 Vorverformte quadratische Platte mit nichtlinearer Spannungsverteilung

Wie Bild 11.23 zeigt, haben auch **schubbeanspruchte** Bleche ohne Längssteifen erhebliche überkritische Tragreserven. Da sich die Beulen gemäß Bild 11.12 in den Beulfeldern schräg ausbilden, entstehen entsprechend gerichtete Zugkräfte und die Abtragung der Schubspannungen erfolgt fachwerkartig. Diese Tragwirkung wird in einigen Vorschriften im Rahmen der *Zugfeldtheorie* ausgenutzt, s. Tabelle 11.1.

11.12 Berechnungsbeispiele

11.12.1 Vorbemerkungen

In den folgenden Abschnitten werden für vier Beispiele Beulnachweise nach DIN 18800 Teil 3 bzw. nach dem DIN Fachbericht 103 (Brückenbau) geführt. Tabelle 11.10 gibt dazu eine Kurzübersicht.

Tabelle 11.10 Berechnungsbeispiele zum Plattenbeulen

Bauteil	Beulsteifen	Nachweis nach
Geschweißter Träger mit I- Querschnitt	keine	DIN 18800-3
Geschweißter Hohlkastenträger	keine	DIN 18800-3
Stegblech eines Durchlaufträgers	2 Längssteifen	DIN 18800-3
Ausgesteiftes Bodenblech eines Brückenhauptträgers	5 Längssteifen	DIN FB 103

11.12.2 Geschweißter Träger mit I-Querschnitt

Der in Bild 11.40 dargestellte Träger wird nach DIN 18800 nachgewiesen. Der gedrückte Obergurt wird seitlich ausreichend abgestützt, sodass Biegedrillknicken verhindert ist.

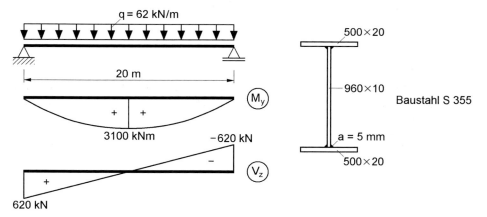

Bild 11.40 Geschweißter Träger mit I-Querschnitt

Spannungsnachweise

- Maximale Randspannung σ_x in Feldmitte
  max $M_y = 62 \cdot 20^2/8 = 3100$ kNm
  $I_y = 1{,}0 \cdot 96^3/12 + 2 \cdot 2{,}0 \cdot 50 \cdot 49^2 = 553928$ cm^4
  $\max \sigma_x = \dfrac{310000}{553928} \cdot 50 = 27{,}98$ kN/cm^2 < $32{,}73$ kN/cm$^2 = \sigma_{R,d}$

- Schubspannungen am Auflager
  max $V_z = 62 \cdot 20/2 = 620$ kN
  $A_{Steg} = 1,0 \cdot 96 = 96$ cm²
  $\tau_m = \dfrac{620}{96} = 6,46$ kN/cm² $< 18,9$ kN/cm² $= \tau_{R,d}$

Beulen im Feldbereich

Die Nachweise werden mit den maximalen Spannungen in Feldmitte geführt. Beulgefährdet sind aufgrund der Drucknormalspannungen der Obergurt und der Steg.

- Steg
  b = 960 – 2 · 5 = 950 mm; t = 10 mm
  vorh b/t = 950/10 = 95 < 109, s. Tabelle 11.7
  ⇒ Beim Steg kann $\sigma_x = - f_{y,d}$ ausgenutzt werden.
- Obergurt
  b = (500 – 10 – 2 · 5)/2 = 240 mm; t = 20 mm
  vorh b/t = 240/20 = 12,0 > 10,5!, s. Tabelle 11.7
  ⇒ Der Obergurt kann nicht bis $\sigma_x = - f_{y,d}$ ausgenutzt werden. Es wird der Beulnachweis nach DIN 18800 Teil 3 geführt:

  $k_\sigma = 0,43$, s. Tabelle 11.3

  $\sigma_{Pi} = 0,43 \cdot 1,898 \cdot \left(\dfrac{100 \cdot 2,0}{24,0}\right)^2 = 56,68$ kN/cm²

  $\overline{\lambda}_P = \sqrt{\dfrac{36,0}{56,68}} = 0,797$

  Der Abminderungsfaktor für die dreiseitig gelagerte Platte darf für „konstante Randverschiebungen u" nach Tabelle 11.6 ermittelt werden, weil der Obergurt symmetrisch beansprucht wird:

  $\kappa = 0,7/\overline{\lambda}_P = 0,7/0,797 = 0,878$

  $\sigma_{P,R,d} = \dfrac{0,878 \cdot 36,0}{1,1} = 28,73$ kN/cm², s. Gl. (11.32)

  Nachweis: $\dfrac{\sigma}{\sigma_{P,R,d}} = \dfrac{27,98}{28,73} = 0,974 < 1$

Beulen im Auflagerbereich

Am Auflager wurde eine mittlere Schubspannung im Steg von $\tau_m = 6,46$ kN/cm² berechnet. Für vorh b/t = 95 des Steges kann aus Bild 11.29 unten rechts max $\tau \approx 11$ kN/cm² abgelesen werden, sodass $\tau_m = 6,46$ kN/cm² unter Berücksichtigung des Schubbeulens aufgenommen werden kann.

11.12.3 Geschweißter Hohlkastenträger

Der in Bild 11.41 dargestellte Abfangträger wird nach DIN 18800 nachgewiesen. Da der Hohlkasten torsionssteif ist, braucht das Biegedrillknicken nicht untersucht zu werden.

a) Baustatisches System, Schnittgrößen
b) Querschnitt

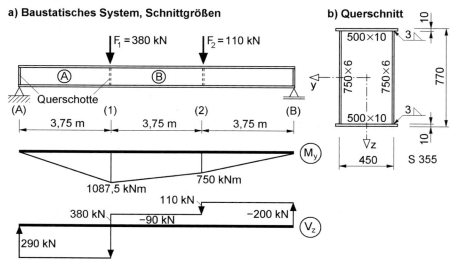

Bild 11.41 Geschweißter Hohlkastenträger

Spannungsnachweise

- Maximale Randspannung σ_x
  $I_y = 2 \cdot 0{,}6 \cdot 75^3/12 + 2 \cdot 1{,}0 \cdot 50 \cdot 38^2 = 186588 \text{ cm}^4$
  $\sigma_x = \dfrac{108750}{186588} \cdot 38{,}5 = 22{,}44 \text{ kN}/\text{cm}^2 < 32{,}73 \text{ kN}/\text{cm}^2 = \sigma_{R,d}$

- Maximale Schubspannung τ
  $\tau_m = \dfrac{290}{2 \cdot 0{,}6 \cdot 75} = 3{,}22 \text{ kN}/\text{cm}^2 < 18{,}9 \text{ kN}/\text{cm}^2 = \tau_{R,d}$

- Vergleichsspannung σ_v
  Nachweis wegen 3,22 < 18,9/2 nicht erforderlich!

Beulnachweise für die Stege

$b = 750 - 2 \cdot 3 = 744 \text{ mm}; \quad t = 6 \text{ mm}$

vorh b/t = 744/6 = 124 > 109 (s. Tabelle 11.7)

Die Bedingung für das volle Ausnutzen von $\sigma_x = -f_{y,d}$ gemäß Tabelle 11.7 ist nicht erfüllt. Aus Bild 11.29 kann für $\psi = -1$ und S 355 Folgendes abgelesen werden:

$\max \sigma_x \cong 29 \text{ kN/cm}^2$ für $\tau = 0$

11.12 Berechnungsbeispiele

max $\sigma_x \cong 19$ kN/cm² für $\tau = 5$ kN/cm²

Da beim Beulfeld B die Schubspannungen unbedeutend sind, hat es eine ausreichende Beulsicherheit. Beim Beulfeld A werden $\tau_m = 3{,}22$ kN/cm² und die maximale Druckspannung σ_x berücksichtigt, die gemäß Element 404 der DIN 18800 Teil 3 anzusetzen ist. Sie errechnet sich wie folgt:

$$M_y = 290 \cdot (3{,}75 - 0{,}744/2) = 979{,}62 \text{ kNm}$$

$$\sigma_x = \frac{97962}{186588} \cdot \frac{74{,}4}{2} = 19{,}53 \text{ kN}/\text{cm}^2$$

Ein Vergleich mit den o. g. Werten zeigt, das $\sigma_x = 19{,}53$ kN/cm² und $\tau = 3{,}22$ kN/cm² auch bei gemeinsamer Wirkung aufgenommen werden können.

Beulnachweis für den gedrückten Obergurt

b = 450 mm; t = 10 mm

vorh b/t = 450/10 = 45 > 30,9 (s. Tabelle 11.7)

Die Bedingung für das volle Ausnutzen von $\sigma_x = -f_{y,d}$ ist gemäß Tabelle 11.7 nicht erfüllt. Mit Bild 11.29 oben links ($\tau = 0$) ergibt sich für $\psi = 1$ und S 355:

max $\sigma_x \cong 25$ kN/cm² > 22,44 kN/cm² = vorh σ_x

11.12.4 Stegblech eines Durchlaufträgers

Wie bereits im Zusammenhang mit Bild 11.3a erwähnt, sind Stegbleche in den Stützbereichen von Durchlaufträgern stark beulgefährdet, weil dort hohe Schubspannungen infolge Querkraft und Drucknormalspannungen infolge von Biegemomenten M_y auftreten. Da die Biegemomente dort negativ sind, treten die größten Drucknormalspannungen am **unteren** Stegblechrand auf. Als Beispiel dazu wird das in Bild 11.42 dargestellte Stegblech untersucht, das zwischen zwei kräftigen Vertikalsteifen liegt und durch zwei Beulsteifen in Längsrichtung ausgesteift wird.

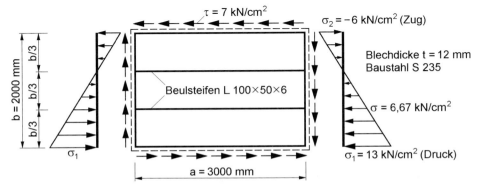

Bild 11.42   Stegblech eines Durchlaufträgers

Einzelfelder zwischen den Längs- und Quersteifen

Das Stegblech in Bild 11.42 wird durch die beiden Beulsteifen in drei gleich große Einzelfelder unterteilt. Maßgebend für den Beulnachweis ist das untere Feld, weil dort die größten Drucknormalspannungen auftreten. Der Nachweis wird nach DIN 18800 Teil 3 wie folgt geführt:

$$\sigma_e = 1{,}898 \cdot \left(\frac{100 \cdot 12}{667}\right)^2 = 6{,}14 \text{ kN/cm}^2, \quad \text{Gl. (11.16)}$$

$\alpha = 3000/667 = 4{,}50$

$\psi = 6{,}67/13 = 0{,}513$

$$k_\sigma = \frac{8{,}2}{0{,}513 + 1{,}05} = 5{,}25, \quad \text{Gl. (11.25)}$$

$\sigma_{Pi} = 5{,}25 \cdot 6{,}14 = 32{,}23 \text{ kN/cm}^2$

$$\bar{\lambda}_P(\sigma) = \sqrt{\frac{24}{32{,}23}} = 0{,}863$$

$c = 1{,}25 + 0{,}12 \cdot 6/13 > 1{,}25 \Rightarrow c = 1{,}25$

$$\kappa = 1{,}25 \cdot \left(\frac{1}{0{,}863} - \frac{0{,}22}{0{,}863^2}\right) = 1{,}079 > 1 \quad \Rightarrow \quad \kappa = 1{,}0$$

$$k_\tau = 5{,}34 + \frac{4}{4{,}50^2} = 5{,}54, \quad \text{Bild 11.13}$$

$\tau_{Pi} = 5{,}54 \cdot 6{,}14 = 34{,}02 \text{ kN/cm}^2$

$$\bar{\lambda}_P(\tau) = \sqrt{\frac{24}{34{,}02 \cdot \sqrt{3}}} = 0{,}638$$

$\kappa_\tau = 0{,}84/0{,}638 = 1{,}32 > 1 \Rightarrow \kappa_\tau = 1{,}0$

Wegen $\kappa = 1$ und $\kappa_\tau = 1$ hat das Beulen keinen Einfluss auf die Tragfähigkeit. Anstelle von Bedingung (11.34) wird daher der Nachweis mit der Vergleichsspannung geführt:

$$\sigma_v = \sqrt{\sigma_x^2 + 3 \cdot \tau^2} = \sqrt{13^2 + 3 \cdot 7^2} = 17{,}78 \text{ kN/cm}^2 < 21{,}82 \text{ kN/cm}^2 = \sigma_{R,d}$$

Anmerkung: Aus Bild 11.29 kann für $\psi = +1$, $b/t = 667/12 = 56$ und S 235 Folgendes abgelesen werden:

max $\sigma \cong 15$ kN/cm^2 für $\tau = 5$ kN/cm^2

max $\sigma \cong 9$ kN/cm^2 für $\tau = 10$ kN/cm^2

Da diese Werte nicht den Schluss zulassen, dass die vorhandenen Spannungen aufgenommen werden können, wurde der vorstehende Beulnachweis geführt.

11.12 Berechnungsbeispiele

Längsausgesteiftes Beulfeld zwischen den Quersteifen

Zunächst werden die Steifenkennwerte ermittelt und dann der Beulnachweis nach DIN 18800 Teil 3 geführt.

- **Steifenkennwerte (s. Abschnitt 11.5)**
  Winkel 100×50×6 mm, $A = 8{,}71$ cm², $I_S = 89{,}9$ cm⁴, $e_x = 3{,}51$ cm, $b_{ik} = 66{,}7$ cm

  $$b'_{ik} = 0{,}605 \cdot 1{,}2 \cdot 92{,}9 \cdot \left(1 - 0{,}133 \cdot \frac{1{,}2 \cdot 92{,}9}{66{,}7}\right) = 52{,}5 \text{ cm}$$

  $< 66{,}7$ cm   und $< a/3 = 100$ cm

  $A' = 52{,}5 \cdot 1{,}2 = 63{,}0$ cm²

  $$I = I_S + \frac{A \cdot A'}{A + A'} \cdot e^2 = 89{,}9 + \frac{8{,}71 \cdot 63{,}0}{8{,}71 + 63{,}0} \cdot (10{,}0 - 3{,}51 + 1{,}2/2)^2 = 475 \text{ cm}^4$$

  $$\gamma^L = 10{,}92 \cdot \frac{475}{200 \cdot 1{,}2^3} = 15{,}0$$

  $$\delta^L = \frac{8{,}71}{200 \cdot 1{,}2} = 0{,}036$$

- **Ideale Einzelbeulspannungen**

  $$\sigma_e = 1{,}898 \cdot \left(\frac{100 \cdot 1{,}2}{200}\right)^2 = 0{,}683 \text{ kN/cm}^2$$

  Aus [45] kann für $\alpha = 1{,}5$ Folgendes abgelesen werden:
  - Beulwerttafel II/7.2:
    $k_\sigma = 47{,}3$ für $\gamma = \gamma^*$; $\gamma^* \cong 10 < 15{,}0 =$ vorh γ
  - Beulwerttafel II/7.6:
    $k_\tau = 26{,}5$ für $\gamma = 15{,}0 < 145 = \gamma^*$

  σ_{Pi} wird näherungsweise mit $k_\sigma = 47{,}3$ für $\gamma = \gamma^*$ berechnet.

  $\sigma_{Pi} = 47{,}3 \cdot 0{,}683 = 32{,}3$ kN/cm²

  $\tau_{Pi} = 26{,}5 \cdot 0{,}683 = 18{,}1$ kN/cm²

- **Beulnachweis**

  $$\bar{\lambda}_P(\sigma) = \sqrt{\frac{24}{32{,}3}} = 0{,}862$$

  $c = 1{,}25 + 0{,}25 \cdot 6/13 > 1{,}25 \Rightarrow c = 1{,}25$

  $\Rightarrow \kappa = 1{,}0$ s. oben

  $$\bar{\lambda}_P(\tau) = \sqrt{\frac{24}{18{,}1 \cdot \sqrt{3}}} = 0{,}875$$

  $\kappa_\tau = 0{,}84/0{,}875 = 0{,}96$

$\sigma_{P,R,d} = \sigma_{R,d} = 21{,}82 \text{ kN/cm}^2$

$\tau_{P,R,d} = \dfrac{0{,}96 \cdot 24}{\sqrt{3} \cdot 1{,}1} = 12{,}09 \text{ kN/cm}^2$

$e_1 = 1 + 1 = 2 \quad e_3 = 1 + 0{,}96^2 = 1{,}92$

Nachweis: $\left(\dfrac{13}{21{,}82}\right)^2 + \left(\dfrac{7}{12{,}09}\right)^{1{,}92} = 0{,}705 < 1$

Anmerkungen: Die vorhandene Steifigkeit der Beulsteifen ist beim Schubbeulen deutlich kleiner als die Mindeststeifigkeit γ^*, sodass das ausgesteifte Beulfeld stärker beulgefährdet als die Einzelfelder ist. Das knickstabähnliche Verhalten wird nicht untersucht, weil es offensichtlich nicht maßgebend ist, s. auch Bild 11.24.

11.12.5 Ausgesteiftes Bodenblech eines Brückenhauptträgers

In den letzten 20 Jahren sind zahlreiche breite Straßenbrücken als Verbundbrücken mit Kastenquerschnitt ausgeführt worden. Als ein typisches Beispiel ist in Bild 11.43 die Thyratalbrücke [5] dargestellt. Die Brücke ist als Durchlaufträger über 13 Felder mit Stützweiten zwischen 70 und 90 m ausgeführt worden. Der Querschnitt besteht aus einer Betonfahrbahnplatte und einem stählernen Kasten mit geneigten Stegen. Sowohl die Stegbleche als auch das Bodenblech sind mit trapezförmigen Längssteifen ausgesteift. Diese Art der Aussteifung setzt sich in den letzten Jahren immer stärker durch und löst die früher im Brückenbau üblichen Beulwinkel und T-Querschnitte (s. Bild 11.14) weitgehend ab.

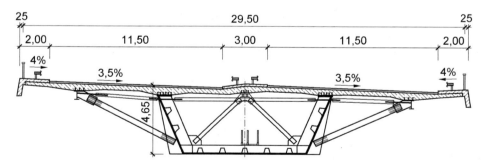

Bild 11.43 Querschnitt einer breiten Straßenbrücke in Verbundbauweise, [5]

Als Beispiel für Beulnachweise im Brückenbau nach dem DIN Fachbericht 103, wird das in Bild 11.44 dargestellte Beulfeld untersucht. Es handelt sich um ein längsausgesteiftes Bodenblech zwischen zwei Querträgern im Stützbereich eines Durchlaufträgers, sodass hohe Drucknormalspannungen auftreten. Wenn man die Skizze in Bild 11.44 mit Bild 11.24 vergleicht, ist unmittelbar erkennbar, dass das knickstabähnliche

11.12 Berechnungsbeispiele

Verhalten des ausgesteiften Beulfeldes zu untersuchen ist. Die Nachweise werden wie folgt geführt:

Einzelfelder zwischen den Steifen

Die Einzelfelder zwischen den Steifen mit b = 800 mm sind maßgebend.

$$\sigma_{cr} = k_\sigma \cdot \sigma_E = 4{,}0 \cdot 1{,}898 \cdot \left(\frac{100 \cdot 25}{800}\right)^2 = 74{,}14 \text{ kN/cm}^2$$

$$\bar{\lambda}_P = \sqrt{\frac{35{,}5}{74{,}14}} = 0{,}692 > 0{,}673$$

$$\rho = \frac{0{,}692 - 0{,}055 \cdot 4}{0{,}692^2} = 0{,}985$$

Nachweis: $\dfrac{\sigma_{x,Ed}}{\rho \cdot f_y / \gamma_{M1}} = \dfrac{26}{0{,}985 \cdot 35{,}5 / 1{,}1} = 0{,}818 < 1$

Beulen der Steifenteile

Die Stege sind mit b = 316 mm maßgebend.

b/t = 316/10 = 31,6 < 32 = 800/25 (Einzelfeld, s. o.)

Da die b/t-Verhältnisse der Steifenteile kleiner als die der Einzelteile zwischen den Steifen sind, braucht kein weiterer Nachweis geführt zu werden.

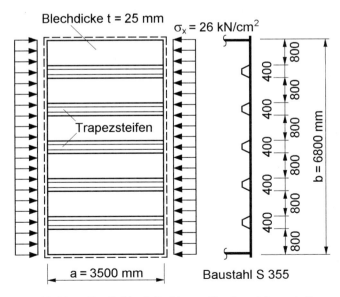

Bild 11.44 Beulfeld mit fünf trapezförmigen Längssteifen

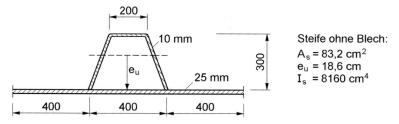

Bild 11.45 Trapezsteife mit anteiligem Bodenblech

Längsausgesteiftes Beulfeld zwischen den Quersteifen

Knickspannung $\sigma_{cr,st}$ der Steife in Bild 11.45:

$$A_{st} = 2{,}5 \cdot 120 + 83{,}2 = 383{,}2 \text{ cm}^2 \text{ (Bruttofläche)}$$

$$I_{x,st} = 8160 + \frac{83{,}2 \cdot 2{,}5 \cdot 120}{383{,}2} \cdot (18{,}6 + 2{,}5/2)^2 = 33825 \text{ cm}^4$$

$$\sigma_{cr,c} = \sigma_{cr,st} = \frac{\pi^2 \cdot E \cdot I_{x,st}}{A_{st} \cdot a^2} = \frac{\pi^2 \cdot 21000 \cdot 33825}{383{,}2 \cdot 350^2} = 149 \text{ kN}/\text{cm}^2$$

Bezogener Schlankheitsgrad des Knickstabes:

Die Beulgefahr der Steifenstege ist gering und wird vernachlässigt. Für die Einzelfelder mit b = 800 mm zwischen den Steifen ist ρ = 0,985 (s. oben) und b_{eff} = 400 + 0,985 · 800 = 1188 mm. Die wirksame Fläche beträgt daher:

$$A_{eff,c} = A_{st} - 2{,}5 \cdot (120 - 118{,}8) = 380{,}2 \text{ cm}^2$$

Mit

$$A_c = A_{st} = 383{,}2 \text{ cm}^2 \text{ folgt:}$$

$$\beta_{A,c} = \frac{A_{eff,c}}{A_c} = 0{,}992$$

$$\bar{\lambda}_c = \sqrt{\frac{\beta_{A,c} \cdot f_y}{\sigma_{cr,c}}} = \sqrt{\frac{0{,}992 \cdot 35{,}5}{149}} = 0{,}486$$

Abminderungsfaktor χ_c:

$$i = \sqrt{I_{x,st}/A_{st}} = \sqrt{33825/383{,}2} = 9{,}4 \text{ cm}$$

$$x_S = 83{,}2 \cdot (18{,}6 + 2{,}5/2)/383{,}2 = 4{,}3 \text{ cm}$$

$$e_1 = 18{,}6 + 2{,}5/2 - 4{,}3 = 15{,}55 \text{ cm}$$

$$e_2 = 4{,}3 \text{ cm} \quad \Rightarrow \quad e = 15{,}55 \text{ cm}$$

11.12 Berechnungsbeispiele

Für Hohlsteifenquerschnitte ist $\alpha_0 = 0{,}34$ (Kurve b) anzunehmen. Zur Berücksichtigung größerer Imperfektionen geschweißter Platten wird dieser Wert mit $0{,}09 \cdot e/i$ vergrößert:

$$\alpha_e = \alpha_0 + 0{,}09 \cdot e/i = 0{,}34 + 0{,}09 \cdot 15{,}55/9{,}4 \cong 0{,}49$$

$$\varphi = 0{,}5 \, [1 + 0{,}49 \cdot (0{,}486 - 0{,}2) + 0{,}486^2] = 0{,}688$$

$$\chi_c = \frac{1}{0{,}688 + \sqrt{0{,}688^2 - 0{,}486^2}} = 0{,}851$$

Bei dem Beulfeld in Bild 11.44 ist zu erwarten, dass die ideale Plattenbeulspannung ungefähr gleich der idealen Knickspannung ist. Der Nachweis wird daher mit $\rho_c = \chi_c$ geführt, was im Übrigen auf der sicheren Seite liegt:

$$\frac{\sigma_{x,Ed}}{\rho_c \cdot f_y / \gamma_{M1}} = \frac{26}{0{,}851 \cdot 35{,}5/1{,}1} = 0{,}95 < 1$$

Literaturverzeichnis

[1] Alber, D.: Das Knicken elastisch gebetteter Balken. Bauingenieur 82 (2007), S. 95-102

[2] Beier-Tertel, J.: Ersatzimperfektionen für biegedrillknickgefährdete Stäbe mit Biegung und Torsion. Erscheint 2008, Informationen: www.rub.de/stahlbau

[3] Bronstein, I. N., Semendjajew, K. A.: Taschenbuch der Mathematik. 25. Auflage, Verlag Harri Deutsch, Thun/Frankfurt am Main 1991

[4] Brune, B.: Stahlbaunormen – Erläuterungen und Beispiele zu DIN 18800 Teil 3. Stahlbau Kalender 2000, Verlag Ernst & Sohn, Berlin

[5] Bundesministerium für Verkehr: Brücken und Tunnel der Bundesfernstraßen 2006. Deutscher Bundes-Verlag, Köln 2006

[6] Bürgermeister, G., Steup, H., Kretschmar, H.: Stabilitätstheorie Teil I. Akademie-Verlag, Berlin 1966

[7] DASt-Ri 016: Bemessung und konstruktive Gestaltung von Tragwerken aus dünnwandigen kaltgeformten Bauteilen. Ausgabe 1992

[8] Dickel, T., Klemens, H.-P., Rothert, H.: Ideale Biegedrillknickmomente. Verlag Vieweg & Sohn 1991

[9] DIN 18800 (11/90)
Teil 1: Stahlbauten, Bemessung und Konstruktion
Teil 2: Stahlbauten, Stabilitätsfälle, Knicken von Stäben und Stabwerken
Teil 3: Stahlbauten, Stabilitätsfälle, Plattenbeulen

[10] DIN 18807 Teile 1 bis 3: Stahltrapezprofile. Juni 1987

[11] DIN 4114: Stabilitätsfälle (Knickung, Kippung, Beulung). Juli 1952

[12] DIN EN 1993: Eurocode 3 – Bemessung und Konstruktion von Stahlbauten
Teil 1-1: Allgemeine Bemessungsregeln und Regeln für den Hochbau (07/05)
Teil 1-5: Plattenförmige Bauteile (02/07)
Teil 1-8: Bemessung und Konstruktion von Anschlüssen und Verbindungen (07/05)
Teil 2: Stahlbrücken (02/07)
Teil 6: Kranbahnträger (07/07)

[13] DIN Fachbericht 103 „Stahlbrücken". Beuth Verlag, Berlin 2003

[14] Dischinger, F.: Untersuchungen über die Knicksicherheit, die elastische Verformung und das Kriechen des Betons bei Bogenbrücken. Der Bauingenieur 18 (1937), S. 487-519

[15] Dutta, D., Krampen, J.: Bemessung vorwiegend ruhend beanspruchter MSH-Konstruktionen. Technische Information Vallourec & Mannesmann Tubes, Düsseldorf 2005

[16] ECCS-CECM-EKS, Publication No. 33: Ultimate Limit State Calculation of Sway Frames with Rigid Joints. Brüssel 1984

[17] Fischer, M.: Zum Kipp-Problem von kontinuierlich seitlich gestützten I-Trägern. Der Stahlbau 45 (1976), S. 120-124

[18] Forschungsvorhaben „Untersuchungen zum Einfluss der Torsionseffekte auf die plastische Querschnittstragfähigkeit und die Bauteiltragfähigkeit von Stahlprofilen". Projekt P554 der Forschungsvereinigung Stahlanwendung e. V., Düsseldorf 2004

[19] Gerold, W.: Zur Frage der Beanspruchung von stabilisierenden Verbänden und Trägern. Stahlbau 32 (1963), S. 278-281

[20] Girkmann, K. G.: Flächentragwerke, Einführung in die Elastostatik der Scheiben, Platten, Schalen und Faltwerke. 6. Auflage, Springer Verlag, Wien/New York 1986

[21] Hanswille, G., Lindner, J., Münich, D.: Zum Biegedrillknicken von Verbundträgern. Stahlbau 67 (1998), S. 525-535

[22] Heil, W.: Stabilisierung von biegedrillknickgefährdeten Trägern durch Trapezblechscheiben. Stahlbau 63 (1994), S. 169 - 178

[23] Hirt, M., Bez, R., Nussbaumer, A.: Stahlbau, Grundbegriffe und Bemessungsverfahren. Presses polytechniques et universitaires romandes, Lausanne 2007

[24] Kindmann, R., Ding, K.: Alternativer Biegedrillknicknachweis für Träger aus I-Querschnitten. Stahlbau 66 (1997), S. 488-497

[25] Kindmann, R., Frickel, J.: Elastische und plastische Querschnittstragfähigkeit; Grundlagen, Methoden, Berechnungsverfahren, Beispiele. Verlag Ernst & Sohn, Berlin 2002

[26] Kindmann, R., Frickel, J.: Grenztragfähigkeit von häufig verwendeten Stabquerschnitten für beliebige Schnittgrößen. Stahlbau 68 (1999), S. 817-828

[27] Kindmann, R., Frickel, J.: Grenztragfähigkeit von I-Querschnitten für beliebige Schnittgrößen. Stahlbau 68 (1999), S. 290-301

[28] Kindmann, R., Krahwinkel, M.: Bemessung stabilisierender Verbände und Schubfelder. Stahlbau 70 (2001), H. 11, S. 885-899

[29] Kindmann, R., Krahwinkel, M.: Stahl- und Verbundkonstruktionen. Teubner-Verlag, Stuttgart 1999

[30] Kindmann, R., Kraus, M., Niebuhr, H. J.: STAHLBAU KOMPAKT, Bemessungshilfen, Profiltabellen. Verlag Stahleisen, Düsseldorf 2006

[31] Kindmann, R., Kraus, M.: Finite-Elemente-Methoden im Stahlbau. Verlag Ernst & Sohn, Berlin 2007

[32] Kindmann, R., Laumann, J.: Erforderliche Einspanntiefe von Stahlstützen in Betonfundamenten. Stahlbau 74 (2005), S. 564-579

[33] Kindmann, R., Laumann, J.: Ermittlung von Eigenwerten und Eigenformen für Stäbe und Stabwerke. Stahlbau 73 (2004), Heft

[34] Kindmann, R., Muszkiewicz, R.: Biegedrillknickmomente und Eigenformen von Biegeträgern unter Berücksichtigung der Drehbettung. Stahlbau 73 (2004), S. 98-106

[35] Kindmann, R., Muszkiewicz, R.: Verzweigungslasten und Eigenformen seitlich gestützter Biegeträger unter Berücksichtigung der Drehbettung. Stahlbau 71 (2002), S. 748-759

[36] Kindmann, R., Stracke, M.: Verbindungen im Stahl- und Verbundbau. Verlag Ernst & Sohn, Berlin 2003

[37] Kindmann, R., Wolf, C.: Ausgewählte Versuchsergebnisse und Erkenntnisse zum Tragverhalten von Stäben aus I- und U-Profilen. Stahlbau 73 (2004), S. 683-692

[38] Kindmann, R., Wolf, Ch.: Wirtschaftliche Bemessung von Druckstäben aus gewalzten I-Profilen mit dem κ-Verfahren. Stahlbau 77 (2008), S. 32-41

[39] Kindmann, R.: Neue Berechnungsformel für das I_T von Walzprofilen und Berechnung der Schubspannungen. Stahlbau 75 (2006), S. 371-374

[40] Kindmann, R.: Starr gestützte durchlaufende Träger und Stützen – Schnittgrößen nach Theorie I. und II. Ordnung und Verzweigungslasten. Bauingenieur 58 (1983), S. 323-328

[41] Kindmann, R.: Traglastermittlung ebener Stabwerke mit räumlicher Beanspruchung. TWM-81-3, Ruhr-Universität Bochum 1981

[42] Kindmann, R.: Tragsicherheitsnachweise für biegedrillknickgefährdete Stäbe und Durchlaufträger. Stahlbau 62 (1993), S. 17-26

[43] Klöppel, K., Goder, W.: Die neuen ω-Zahlen für Rohrquerschnitte. Der Stahlbau 28 (1959), S. 205-212

[44] Klöppel, K., Möller, K. H.: Beulwerte ausgesteifter Rechteckplatten, II. Band. Verlag Ernst & Sohn, Berlin 1968

[45] Klöppel, K., Scheer, J.: Beulwerte ausgesteifter Rechteckplatten. Verlag Ernst & Sohn, Berlin 1960

[46] Klöppel, K., Uhlmann, W.: Die Knickzahlen ω für Druckstäbe aus Walzprofilen mit I-Querschnitt. Der Stahlbau 40 (1971), S. 103-111

[47] Knothe, K., Wessels, H.: Finite Elemente, Eine Einführung für Ingenieure. Springer-Verlag, Berlin 1999

[48] Krahwinkel, M.: Zur Beanspruchung stabilisierender Konstruktionen im Stahlbau. Fortschritt-Berichte VDI, Reihe 4, Nr. 166, VDI Verlag, Düsseldorf 2001

[49] Krüger, U.: Stahlbau Teil 1 – Grundlagen. Verlag Ernst & Sohn, Berlin 2007

[50] Krüger, U.: Stahlbau Teil 2 – Stabilitätslehre, Stahlhochbau und Industriebau. Verlag Ernst & Sohn, Berlin 1990

[51] Kuhlmann, U., Detzel, A.: Gesamtstabilitätsversagen dünnwandiger Rechteckquerschnitte. Shaker Verlag, Aachen 2007, Festschrift Rolf Kindmann, S. 113-126

[52] Laumann, J.: Wirtschaftliche Bemessung von Kranbahnträgern unter Berücksichtigung örtlicher Spannungen infolge Radlasteinleitung. Stahlbau 75 (2006), S. 1004-1012

[53] Laumann, J.: Zum Nachweis stabilitätsgefährdeter Systeme unter Berücksichtigung von Ersatzimperfektionen. Shaker Verlag, Aachen 2007, S. 161-173

[54] Laumann, J.: Zur Berechnung der Eigenwerte und Eigenformen für Stabilitätsprobleme des Stahlbaus. Fortschritt-Berichte VDI, Reihe 4, Nr. 193, VDI-Verlag, Düsseldorf 2003

[55] Lindner, J., Glitsch, T.: Vereinfachter Nachweis für I- und U-Träger – beansprucht durch doppelte Biegung und Torsion. Stahlbau 73 (2004), S. 704-715

[56] Lindner, J., Habermann, W.: Zur Weiterentwicklung des Beulnachweises für Platten bei mehrachsiger Beanspruchung. Stahlbau 57 (1988), S. 333-339

[57] Lindner, J., Heyde, S.: Schlanke Stahltragwerke. Stahlbau Kalender 2004, Verlag Ernst & Sohn, S. 377-446

[58] Lindner, J., Scheer, J., Schmidt, H.: Erläuterungen zur DIN 18800 Teil 1 bis Teil 4. Beuth Kommentare, Verlag Ernst & Sohn, Berlin 1998

[59] Lindner, J.: Stabilisierung von Biegeträgern durch Drehbettung - eine Klarstellung. Stahlbau 56 (1987), S. 365-373

[60] Lindner, J.: Stabilisierung von Trägern durch Trapezbleche. Stahlbau 56 (1987), S. 9-15

[61] Lindner, J.: Zur Frage der Mindeststeifigkeiten angrenzender Bauteile beim Biegedrillknicken von Biegeträgern. Shaker Verlag, Aachen 2007, Festschrift Rolf Kindmann, S. 127-145

[62] Lohse, W.: Stahlbau Teil 2. Teubner Verlag, Stuttgart 1997

[63] Maier, D.: Stahlbaunormen, Erläuterungen und Beispiele zur Anwendung der Stahlbaugrundnorm. Beitrag im Stahlbau Kalender 1999, Verlag Ernst & Sohn, Berlin

[64] Meister, J.: Nachweispraxis Biegeknicken und Biegedrillknicken. Verlag Ernst & Sohn, Berlin 2002

[65] Möller, R., Pöter, H., Schwarze, K.: Planen und Bauen mit Trapezprofilen und Sandwichelementen, Band 1: Grundlagen, Bauweisen, Bemessung mit Beispielen. Verlag Ernst & Sohn, Berlin 2004.

[66] Müller, G.: Nomogramme für die Kippuntersuchung frei aufliegender I-Träger. Stahlbau-Verlags-GmbH 1967

[67] Petersen, C.: Stahlbau. Verlag Vieweg & Sohn, Wiesbaden 1993

[68] Petersen, C.: Statik und Stabilität der Baukonstruktionen. Vieweg-Verlag, Braunschweig 1982

[69] Pflüger, A.: Stabilitätsprobleme der Elastostatik. Springer Verlag, Berlin 1964

[70] Ramm, E.: Stabtragwerke in „Der Ingenieurbau". Verlag Ernst & Sohn, Berlin 1995

[71] Ramm, W., Uhlmann, W.: Zur Anpassung des Stabilitätsnachweises für mehrteilige Druckstäbe an das europäische Nachweiskonzept. Der Stahlbau 50 (1981), S. 161-172

[72] Roik, K., Carl, J., Lindner, J.: Biegetorsionsprobleme gerader dünnwandiger Stäbe. Verlag Ernst & Sohn, Berlin 1972

[73] Roik, K., Kindmann, R., Schaumann, P.: Plattenbeulen – 8 Großversuche mit längs- und querausgesteiften Blechfeldern. Deutscher Ausschuss für Stahlbau, Köln 1982

[74] Roik, K., Kindmann, R.: Berechnung stabilitätsgefährdeter Stabwerke mit Berücksichtigung von Entlastungsbereichen. Stahlbau 57 (1982), S. 310-318

[75] Roik, K., Kindmann, R.: Das Ersatzstabverfahren - Eine Nachweisform für den einfeldrigen Stab bei planmäßig einachsiger Biegung mit Druckkraft. Stahlbau 50 (1981), S. 353-358

[76] Roik, K., Kindmann, R.: Das Ersatzstabverfahren - Tragsicherheitsnachweise für Stabwerke bei einachsiger Biegung und Normalkraft. Der Stahlbau 51 (1982), S. 137-145

[77] Roik, K.: Vorlesungen über Stahlbau. Verlag Ernst & Sohn, Berlin 1983

[78] Scheer, J., Nölke, H.: Zum Nachweis der Beulsicherheit von Platten bei gleichzeitiger Wirkung mehrerer Randspannungen. Stahlbau 70 (2001), S. 718-729

[79] Scheer, J.: Versagen von Bauwerken, Band 1: Brücken. Verlag Ernst & Sohn, Berlin 2000

[80] Sedlacek, G., Eisel, H., Hensen, W., Kühn, B., Paschen, M.: Leitfaden zum DIN Fachbericht 103 Stahlbrücken, Ausgabe März 2003. Verlag Ernst & Sohn, Berlin

[81] Sedlacek, G.: Zweiachsige Biegung und Torsion. Stahlbau Handbuch, Band 1 Teil A. Stahlbau-Verlagsgesellschaft mbH, Köln 1993, S. 329-378

[82] Seeßelberg, C.: Kranbahnen, Bemessung und konstruktive Gestaltung. Bauwerk Verlag, Berlin 2005

[83] Stangenberg, H., Sedlacek, G., Müller, C.: Die neuen Biegedrillknicknachweise nach Eurocode 3. Shaker Verlag, Aachen 2007, Festschrift Rolf Kindmann, S. 175-191

[84] Steup, H.: Stabilitätstheorie im Bauwesen. Verlag Ernst & Sohn, Berlin 1990

[85] Strehl, Ch.: Beitrag zur praktischen Berechnung einfacher Systeme nach Theorie II. Ordnung. Der Stahlbau 40 (1971), S. 86-89

[86] Stroetmann, R.: Zur Stabilität von in Querrichtung gekoppelten Biegeträgern. Stahlbau 69 (2000), S. 391-408

[87] Stroetmann, R.: Zur Stabilitätsberechnung räumlicher Tragsysteme mit I-Profilen nach der Methode der finiten Elemente. Veröffentlichung des Instituts für Stahlbau und Werkstoffmechanik der Technischen Universität Darmstadt, Heft 61, 1999

[88] Vogel, U., Heil, W.: Traglast-Tabellen, 3. Auflage. Verlag Stahleisen mbH, Düsseldorf 1993

[89] Wagenknecht, G.: Stahlbau-Praxis, Band 1 – Tragwerksplanung, Grundlagen. Bauwerk Verlag, Berlin 2002

[90] Wetzell, O. (Hrsg): Wendehorst, Bautechnische Zahlentafeln. Teubner-Verlag, Berlin 2007

[91] Wittenburg, J.: Mechanik fester Körper. Hütte, die Grundlagen der Ingenieurwissenschaften. Springer Verlag, Berlin 1989

[92] Wlassow, W. S.: Dünnwandige elastische Stäbe – Band I und II. VEB Verlag für Bauwesen, Berlin 1964

[93] Wolf, C.: Tragfähigkeit von Stäben aus Baustahl - Nichtlineares Tragverhalten, Stabilität, Nachweisverfahren. Shaker Verlag, Aachen 2006

[94] Wunderlich, W., Kiener, G.: Statik der Stabtragwerke. Teubner Verlag, Wiesbaden 2004

Sachverzeichnis

A

abgespannte Konstruktionen 113
Ableitung von Abtriebskräften 332f
Ableitung von planmäßigen Horizontallasten 326, 331f
Abminderungsfaktoren
– für das Biegedrillknicken 131, 140ff
– für das Biegeknicken 47f
– für das Plattenbeulen 390
–, Genauigkeit 144f
–, modifizierte 64f
abstützende Bauteile 333ff
Abtragung von Horizontallasten 326
Abtriebskräfte 110, 332f
Abweichungen 23
Anordnung von Steifen: s. Steifen
antimetrische Knickbiegelinien:
   s. Knickbiegelinie
Aufteilung in Teilsysteme 163ff
ausgesteifte Beulfelder 382ff
ausgesteifte Hallenkonstruktion 330
ausgesteifter Druckgurt eines Hohlkastens 414ff
ausgesteiftes Beulfeld: s. Beulfeld
ausgesteifter Steg eines Biegeträgers 411ff
ausreichende Behinderung der seitlichen Verschiebung 126
äußere virtuelle Arbeit: s. virtuelle Arbeit
Aussteifung 13, 325ff
– Gebäude 326ff
– Giebelwände 332
–, Skelettbau 327f
–, stabilitätsgefährdete Konstruktionen 326ff
– Zweigelenkrahmen 332; 333
Aussteifungsverband einer Hallenwand 115f

B

b/t-Verhältnisse 369, 389, 394ff
Baustähle 18f
beidseitig gabelgelagerte Einfeldträger 153ff
beidseitig gabelgelagerter Träger unter Gleichstreckenlast 132
Bemessungspunkte 256ff
Bemessung von Stahlbrücken 398
Berechnungsbeispiele 13
Berechnungsverfahren 15
Bernoulli-Hypothese 214
beschränkte Superposition bei Theorie II. Ordnung: s. Theorie II. Ordnung
Beulen: s. Plattenbeulen
– unausgesteifter Rechteckplatten 374ff
Beulfelder
–, ausgesteift 398
–, Einzel- 367, 393, 398
–, mit unterschiedlichen Randbedingungen 381f
Beulflächen 366, 376
Beulgirlande 105, 377
Beulnachweise 366ff
– nach DIN 18800 390ff
– nach DIN Fachbericht 103 397ff
– nach EC3 Teil 1-5 401ff
Beulwerte 374f
– für ausgesteifte Beulfelder 387ff
bezogener Plattenschlankheitsgrad 390
bezogener Schlankheitsgrad 43ff, 129, 152
Bezugsschlankheitsgrad 45
Bezugsspannung: s. Spannungen
biegebeanspruchte Stäbe mit Zug- und Druckkräften 252ff
Biegedrillknicken 1, 125ff, 152ff, 283ff
–, Beispiele
–, – eines Trägers (geometrisch nichtlinear) 39ff
–, –, Einfeldträger 309ff
–, –, Einfeldträger mit planmäßiger Torsion 320ff
–, –, Einfeldträger mit Überständen 322
–, –, Zweifeldträger 314ff
– einachsige Biegung ohne Normalkraft 129ff
– einachsige Biegung mit Normalkraft 136f
– Hinweise zur Nachweisführung 146
– mit planmäßiger Torsion 12, 138ff, 198
– ohne planmäßige Torsion 12
– planmäßig mittiger Druck 127ff
– Verformungen 152
– zweiachsige Biegung mit Normalkraft 138
Biegeknicken 1, 42ff, 66ff, 206ff
–, Beispiele
–, – einer Druckstütze 36f
–, – einer Druckstütze (geometrisch nichtlinear) 38f
–, einachsige Biegung mit Normalkraft 51ff
–, planmäßig mittiger Druck 43ff
–, unabhängiges 82f
–, zweiachsige Biegung mit Normalkraft 56ff
Biegemoment: s. Schnittgrößen
Biegesteifigkeit der Platte: s. Platten
Blechatmen 397
Blechträger 398
Bruttoquerschnitt 397

Sachverzeichnis

D
Dachverband: s. Verbände
Dehnungen 283ff
Determinante 99f
– gleich Null 70, 74, 92, 157
Differentialgleichungen 297ff
–, Biegedrillknicken 171
–, Biegeknicken 217ff
–, homogene 71f
–, Plattenbeulen 373f
Dischinger- Korrekturbeiwerte:
   s. Korrekturbeiwerte
Drehbettung 325, 338ff
–, Nachweis ausreichender Drehbettung:
   s. Nachweis
Drehfeder: s. Federn
Dreifeldträger 169f
– mit einachsiger Biegung und Drucknormalkraft 61
Drillknicken 127ff, 160ff
–, drillknickgefährdete Stütze 128f
druckbeanspruchte Pendelstützen:
   s. poltreue Normalkräfte
Druckgurt
– als Druckstab 133ff
– einer Vollwandträger-Trogbrücke 107ff
– von Fachwerkträgern 110
druckkraftfreie Teile 265f
Druckstab
– aus einem Stababschnitt 221ff
– in Fachwerken 122
– -modell 361f
– mit einer Feder 89
– –, Näherungslösung 91
– mit Federn an den Enden 89ff
– mit Querbelastung 52
– mit Randmomenten 254ff
– mit ungleichen Randmomenten 277
– mit veränderlicher Normalkraft 119ff
– mit Wegfeder in der Mitte 100ff
– mit zwei oder drei Federn 92ff
–, statisch bestimmt 227f
Durchlaufträger 60f, 77, 306

E
ebene Flächentragwerke 366
effektiver Querschnitt 398
Eigenform des Plattenbeulens: s. Beulflächen
Eigenform: s. Knickbiegelinie
Eigenspannungen 34ff
Eigenwert 66, 69, 74
– -ermittlung 82, 155ff
– – mit der Literatur 84
– -probleme: s. Knickbedingung
Einfeldträger
– mit einfachsymmetrischem Querschnitt 317ff
– mit einseitiger Einspannung 247f
– mit Kragarm 231ff
– mit symmetrischer Belastung 246f
– mit unsymmetrischer Belastung 247
– mit U-Querschnitt 323f
eingeschossige Halle 350ff
eingespannte Stütze: s. Stütze
Einheitsverwölbung 289
Einzelbeulfeld: s. Beulfeld
elastische Bettung 103
elastisch gebettete Druckstäbe 102ff
Entlastung durch Zugkräfte 31f
Ersatzbelastungen 188, 266f
Ersatzbelastungsverfahren 266ff
– Bemessungshilfe 275
Ersatzimperfektionen: s. Imperfektionen
– -verfahren: s. Nachweise
Ersatzstabverfahren 42, 146
Ersatzsystem 85ff
Eulerfälle 72ff
–, Eigenwerte 75
–, Knickbedingung 75
–, Knickbiegelinien und Knicklängen 75
Euler-Hyperbel 46, 390
Eulersche Knickspannung 46, 78f, 375

F
Fachwerke 60
Fasermodell 283ff
Federn 85ff, 297
–, Dreh- 86, 89ff, 337
– Ersatz von Tragwerksteilen durch 85ff
–, Koppel- 86
–, Mindestfedersteifigkeit 100, 386f
–, Weg- 86, 89, 103
–, Wölb- 325, 342, 356
Feinkornbaustähle 18
Finite Elemente Methode 229ff
finites Stabelement 93
Flächentragwerke 22, 365ff
Fließgelenktheorie 17f
Fließzonen 24, 33f
Fließzonentheorie 29, 35ff
freistehende, unten eingespannte Stütze:
   s. Stütze
Fußgängerbrücke 107ff, 368

Sachverzeichnis

G
gebundene Drehachse: s. Nachweise
Genauigkeit der Abminderungsfaktoren:
  s. Abminderungsfaktoren
Genauigkeit der Ersatzimperfektionen 192f
geometrisch nichtlineare Berechnungen 37ff
geometrische Ersatzimperfektionen:
  s. Imperfektionen
Gesamtbeulfeld 367, 393
geschweißter Hohlkasten 410f
geschweißter Träger mit Quersteifen 408f
Gleichgewicht
– am unverformten System 208f
– am verformten System 209f
–, Gleichgewichtsschnittgrößen 7, 301ff
–, indifferentes 2, 67f
–, labiles 2, 67f
–, stabiles 2, 19, 67f, 152
Grenzbeulspannung 390

H
Halbwellenzahl 104
Hauptachsen: s. Querschnittshauptachsen
Hohlprofil 57
homogene Bestimmungsgleichung 68
homogene Differentialgleichung:
  s. Differentialgleichung
homogenes Gleichungssystem 69ff
homogenes Problem 80
Hooksches Gesetz 215, 284

I
ideale Beulspannungen 374ff
ideale Biegedrillknickmomente 152ff
–, Basisfälle 158ff
– für einfachsymmetrische Querschnitte 175ff
– für Kragträger 182f
– für Träger mit Abstützungen 177ff
– für Träger mit Drehbettung 184f
– für Träger mit Randmomenten 165ff
ideale Biegeknicknormalkräfte 74, 82
– für Druckstäbe; s. Druckstäbe
ideale Drucknormalkräfte 66, 157ff, 165ff
ideale Knick-(Beul-)Spannung 397
Idealisierung von Dachverbänden 356
Imperfektionen 23
–, geometrische Ersatzimperfektionen 26, 30, 75, 186ff
–, – für Biegedrillknicken 194ff
–, – für Biegeknicken 186ff
–, – für mehrteilige Druckstäbe 194

indifferentes Gleichgewicht: s. Gleichgewicht
innere virtuelle Arbeit: s. virtuelle Arbeit
Integrale 173
Interaktionsbedingungen 201
inverse Vektoriteration 72
iterative Berechnung 248ff

K
Kerne und Scheiben 328
Kippen 21, 333
Knickbedingung 68ff, 89f, 92, 157
– mit dem Parameter ε 84
Knickbiegelinie 75ff
–, antimetrische 78, 85, 87
–, Eulerfälle 77
–, symmetrische 78, 87
–, Zweifeldträger 77
Knicken: s. Biegeknicken
–, in der Fachwerkebene 123
–, senkrecht zur Fachwerkebene 123
–, von Stäben 22
Knicklänge 45, 66
– eines Druckstabs mit drei Federn an den Enden 99f
– eines Druckstabs mit Feder am Stabende 97ff
– eines Zweigelenkrahmens 96f
– Knicklängenbeiwert 75, 84, 89f, 93ff, 112
Knickspannungslinien 43ff, 188
Knickstab mit Feder: s. Druckstab
knickstabähnliches Verhalten 392f
Knickzahl 3, 62ff
Knotenlinie 385
Konstruktionsdetails 403ff
Konstruktionshilfe 134f
Koordinatensystem 4, 6ff
Koppelfedern: s. Federn
Korrekturbeiwerte 242ff
Kragträger 5f, 182f
Kranbahnträger mit planmäßiger Torsion 139f
κ-Verfahren 36, 42, 50
κ_M-Verfahren 125ff, 132, 144ff

L
labiles Gleichgewicht: s. Gleichgewicht
Längssteife 385, 403f
Lastangriffspunkt 155, 296, 323f
Lasten 6
Laststellungen 256ff
Last- Verformungs- Beziehung 2
lineare kinematische Beziehungen 16
lineare Stabtheorie 221

Sachverzeichnis

linearisierte Beultheorie 370ff
Lösung
- der Differentialgleichung 220ff
- Lösungsmethoden zur Berechnung nach Theorie II. Ordnung 303ff
- von Eigenwertproblemen mit der FEM 72
- von Knickbedingungen 97ff

M

Maßgebende Bemessungspunkte und Laststellungen 256ff
Matrizenzerlegungsverfahren 72
maximale Spannungen bei allseitig gelagerten, unversteiften Beulfeldern 396f
mehrteilige Druckstäbe 194
mehrteilige, einfeldrige Stäbe 60
Membran-Spannung 397
Methode der wirksamen Breite 369, 399
Mindestfedersteifigkeit: s. Federn
mittragender Querschnitt 398
mitwirkende Teile eines Blechs 398
modifizierte Abminderungsfaktoren: s. Abminderungsfaktoren
Momentenbeiwert für das Biegedrillknicken 137, 158f, 166f
Momentenbeiwert für das Biegeknicken 51

N

Nachweis 12, 199ff
- ausreichender Drehbettung 184f
- bei beulgefährdeten Konstruktionen 369ff
- der gebundenen Drehachse 338
- der Querschnittstragfähigkeit 12, 199ff
- mit Abminderungsfaktoren 11, 25f
- -, Biegedrillknicken 27, 125ff
- -, Biegeknicken 27, 42ff
- -, Plattenbeulen 27, 390ff
- mit dem Ersatzimperfektionsverfahren 26ff
- -, Biegedrillknicken 28, 194ff, 309ff
- -, Biegeknicken 28, 186ff, 269ff
- -, Plattenbeulen 25
Nachweisführung bei Theorie II. Ordnung 23ff
Nachweisschnittgrößen 7, 301ff
Nachweisverfahren 17ff
-, Elastizitätstheorie 17, 199f
-, Fließgelenktheorie 17f
-, Plastizitätstheorie 17, 200ff
Näherungsverfahren zur Berechnung nach Theorie II. Ordnung 306ff
Naviersche Randbedingungen 378
nichtlineare Gleichungen 97f
nichtlineare kinematische Beziehungen 16

nichtlineare Theorie 15
Normalkraft: s. Schnittgrößen
Normalspannungen: s. Spannungen

P

Pendelstützen: s. poltreue Normalkräfte
Plastische Querschnittstragfähigkeit 200ff
Platten: s. Beulfelder
-, Biegesteifigkeit 373
- mit konstanter Randspannung 375ff
- mit linear veränderlichen Randspannungen 378ff
- mit Schubspannungen 380f
- mit unterschiedlichen Randbedingungen 381f
Plattenbeulen 1, 13, 366ff
Portalrahmen 116
potentielle Energie 67
Prinzip der virtuellen Arbeit: s. virtuelle Arbeit
Prinzip vom Minimum der potentiellen Energie 68
Profilordinate 5
Profilverformung 339f
Punktfeder: s. Feder

Q

Querkraft: s. Schnittgrößen
Querschnitte mit Symmetrieeigenschaften 5
Querschnittshauptachsen 4, 290
Querschnittskennwerte 9
Querschnittstragfähigkeit 199ff
Querschnittswerte von Steifen 383
Quersteife 385, 403f

R

Rahmen: 266, 276ff, 325, 329f
- mit angehängten Pendelstützen 268ff
- seitlich unverschieblich 61, 87, 261ff
- seitlich verschieblich 60, 85, 258ff
Randbedingungen von Stäben 71ff, 217ff, 297ff
Rheinbrücke Koblenz 405
Rückstellkräfte: s. Abtriebskräfte

S

Scheiben 325, 328ff
-, Dehnsteifigkeit 373
Schnittgrößen 7, 9, 299ff
Schnittgrößen nach Theorie II. Ordnung 35, 206ff, 299ff
Schubfelder 297, 325, 329f, 333ff, 346
Schubfluss 335

Schubmittelpunkt 4, 289
Schubspannungen: s. Spannungen
schwach verformtes System 214
Schwerpunkt 4, 289
seitlich abgestützer Träger 177ff
seitlich gestützter Druckgurt 135f
seitlich unverschieblicher Zweigelenkrahmen:
   s. Rahmen
seitlich verschieblicher Zweigelenkrahmen:
   s. Rahmen
Singularität 233
Spannungen 6, 9, 283ff
–, Bezugs- 375
–, Normal- 199f
–, Schub- 199f
Spannungsnachweise 199f
Spannungstensor 293
Spannungstheorie II. Ordnung 28
Sporthalle 342ff
Stäbe mit veränderlichem Querschnitt
   und/oder Normalkraft 58f
Stäbe ohne Biegedrillknickgefahr 125ff
Stabelement 230
stabiles Gleichgewicht: s. Gleichgewicht
Stabilisierung 13, 325ff
– durch Abstützungen 330ff
– durch Behinderung der Verdrehungen 336ff
– durch konstruktive Maßnahmen 341f
Stabilisierungskräfte 362ff
Stabilität 4
– der Beulsteifen 389f
–, Rahmenriegel 351ff
–, Rahmenstütze 353ff
Stabilitätsfälle 1ff, 20ff
–, Biegedrillknicken 21, 152ff
–, Biegeknicken 21, 66ff
–, Drillknicken 21, 160ff
–, Plattenbeulen 22, 366ff
Stabilitätsuntersuchungen 7
Stabkennzahl 84, 159
Stabtheorie 4, 268ff, 283ff
Stahltrapezprofile 333, 335f, 338ff
statisch bestimmte Druckstäbe: s. Druckstäbe
Steifen 325, 342, 382ff, 398
– -anordnung 385f
Steifigkeitsbeziehung für Biegeknicken um die
   y-Achse 230
Steifigkeitsbezüge 304f
Steifigkeitsmatrix 233
Streuungen 23
strukturelle Imperfektionen: s. Imperfektionen
Stütze

–, eingespannt 49, 116, 245, 249f
– mit veränderlicher Normalkraft 59
– mit zweiachsiger Biegung 57
Symmetrie 85ff
- -achsen 5
symmetrische Knickbiegelinien:
   s. Knickbiegelinie
symmetrische Systeme 87
Systeme
– aus mehreren Stababschnitten 226f
– für die Biegedrillknickuntersuchung 147f
– mit Pendelstützen 114ff
– mit Rückstellkräften 117
– mit veränderlichen Querschnitten 147

T
Teilbeulfeld 367, 393
Teilschnittgrößenverfahren 201ff
– für doppeltsymmetrische I-Querschnitte
   201f
– für kreisförmige Hohlprofile 202
Teilsicherheitsbeiwerte 10
Teilsysteme: s. unabhängiges Biegeknicken
Tensor der virtuellen Verzerrungen 293
Theorie I. Ordnung 15, 291
Theorie II. Ordnung 1f, 16, 206ff, 283ff
– beschränkte Superposition 31
– für beliebige Beanspruchungen 12, 283ff
– für Biegung und Normalkraft 12, 206ff
– Vorgehensweise 7
Torsion 283, 289
Torsionsmoment: s. Schnittgrößen
torsionssteif 328
Träger
– mit Drehbettung 184f
– mit Randmomenten 165ff
– -beiwert 129
– -überstände 325, 342
Träger und Platten 325, 329f
Trägheitsradius 79
Tragverhalten 15
– nach Theorie II. Ordnung 17f
Tragwerksverformungen 24, 31

U
überkritisches Tragverhalten von Platten
   405ff
unverformte Ausgangslage 6
unverschiebliche Halterung 126f

Sachverzeichnis

V

veränderliche Normalkraft 84
Verband 116, 325, 329f
–, Dach- 356, 359ff
–, stabilisierende Ersatzkräfte nach EC3 361f
–, Wand- 114, 365
Verdrehungen 152, 289f
vereinfachte Nachweise 11
– für das Biegedrillknicken 125
– für das Biegeknicken 42
Verfahren
–, mit Spannungsbeschränkungen 398
–, mit wirksamen Querschnitten 398
Verformungen 1, 5, 206ff
Vergleichsspannung 19
Vergrößerung des Torsionsträgheitsmomentes 174
Vergrößerungsfaktor 114, 211, 235ff, 267ff
Verschiebungen 214f, 284, 286ff
Verzerrungen 16, 216f, 293f
Verzweigungslast 2, 45
– faktor 69, 81f, 152
– für Biegedrillknicken 12
– für Biegeknicken 12
virtuelle Arbeit 67, 213, 217, 291ff
– äußere 213, 296f
– für einachsige Biegung mit Normalkraft 212ff
– für Flächentragwerke 370ff
– innere 213, 296ff
–, Theorie I. Ordnung 291
–, Theorie II. Ordnung 292
– von Punktfedern, Streckenfedern und Schubfeldern 293
virtuelle Verzerrungen 293
Vorkrümmungen 186f, 188, 192
–, für Biegedrillknicken 195ff
Vorverdrehungen 186f, 266f
Vorzeichendefinition 229

W

Wagner-Hypothese 10
Wandverband: s. Verband
Wegfeder: s. Feder
Weggrößenverfahren 229ff
Werkstoff 10
–, -kennwerte 10, 18
–, -verhalten 10, 15
Wind in Längsrichtung 331f
Wind in Querrichtung 331
wirksame Breiten 401ff
wirksame Gurtbreiten 383

wirksamer Querschnitt 397
Wölbbimoment: s. Schnittgrößen
Wölbfeder: s. Feder
Wölbkrafttorsion 10
Wölbordinate 5, 289

Z

zugbeanspruchte Pendelstützen: s. poltreue Normalkräfte
Zugfeldtheorie 407
Zugkraftentlastung 31
Zugstab aus einem Stababschnitt 225f
Zweifeldträger 163f
– mit Druck und planmäßiger Biegung 257f
Zweigelenkrahmen: s. Rahmen
Zweistöckiger Rahmen 244, 250f